U0216950

本书其他作者

张　琳　黄亚昌　卓传营　蔡亚港　等

水稻形态建成与高产技术

李义珍 黄育民 郑景生 姜照伟 等 著

厦门大学出版社 国家一级出版社
XIAMEN UNIVERSITY PRESS 全国百佳图书出版单位

图书在版编目（CIP）数据

水稻形态建成与高产技术 / 李义珍，黄育民，郑景生，姜照伟等著. --
厦门：厦门大学出版社，2022.12
　　ISBN 978-7-5615-8698-3

　　Ⅰ．①水… Ⅱ．①李… ②黄… ③郑… ④姜… Ⅲ．①水稻栽培
Ⅳ．①S511

中国版本图书馆CIP数据核字(2022)第140364号

出 版 人	郑文礼
责任编辑	施高翔
责任校对	胡　佩
装帧设计	夏　林　雨　秋

出版发行　厦门大学出版社

社　　　址	厦门市软件园二期望海路 39 号
邮政编码	361008
总　　　机	0592-2181111　0592-2181406(传真)
营销中心	0592-2184458　0592-2181365
网　　　址	http://www.xmupress.com
邮　　　箱	xmup@xmupress.com
印　　　刷	厦门集大印刷有限公司

开本	889 mm×1 194 mm　1/16
印张	34.25
插页	8
字数	1000 千字
版次	2022 年 12 月第 1 版
印次	2022 年 12 月第 1 次印刷
定价	198.00 元

厦门大学出版社
微信二维码

厦门大学出版社
微博二维码

水稻形态建成与高产技术
彩　图

① ② 闽东南漳州平原稻—稻—麦／稻—稻—马铃薯一年三熟（左为黎明基点，右为东园基点示范田）

③ ④ 龙海市东园镇水稻品种示范片（左为优质品种佳辐占，右为高产品种特优63）

龙海市千亩杂交稻高产田

彩图一　闽东南漳州平原稻作

①② 闽北山区武夷山市再生稻高产田（左为黄村基点，右为溪州基点示范片）

③④ 闽南山区安溪县龙涓乡举溪村及芦台镇再生稻示范田

安溪县龙涓乡美岭村鼓形
梯田水稻秋色

彩图二　闽北闽南山区稻作

① ② 国内专家在闽中山区尤溪县西城镇麻洋村基点考察再生稻示范片

③ ④ 尤溪县西城镇再生稻丰产田

麻洋基点再生稻高产田　　　　　　　　尤溪县联合乡云山村梯田

彩图三　闽中山区尤溪县稻作

金沙江河谷的云南省永胜县涛源基点，高产田块产量达 16~18 t/hm²，创国际最高产量纪录

1 2 涛源基点缓坡台地的稻田

秋熟验收产量

彩图四　金沙江河谷云南省涛源稻作

闽北建阳区潭香稻谷专业合作社稻田

优质稻机械化生产研究基点

双季超高产甬优2640品种试验田

水稻机械化插秧

水稻机械化收割

彩图五　闽北建阳区潭香稻谷专业合作社稻作

■谢华安院士研究杂交稻品种

■在尤溪县麻洋基点合作研究部分人员：李小萍、李义珍、杨惠杰、林文、卓传营、姜照伟（从左至右）

■谢华安院士（左）与卓传营（中）、李义珍（右）在麻洋基点田间

■郑荣和（左）、郑景生（右）在麻洋基点田间

■王侯聪教授（左）、曾雄香经理（中）、姜照伟（右）在建阳市潭香稻谷专业合作社考察优质稻佳辐占

■云南农业大学彭桂峰（左）、福建省农科院李义珍（中）、丽江地区农科所杨高群（右）在云南省涛源基点田间

■王朝祥（左）、潘无毛（中）、李义珍（右）在龙海市黎明基点杂交稻高产攻关田

■1961年李义珍（前排左1）、马益康（后排左1）与江苏省农科院全国劳模陈永康（前排左3）合作研究水稻高产栽培技术

彩图六　稻作科技人员（一）

■ 赵雅静（左）、姜照伟（右）在龙海市架设自动气象仪，研究太阳辐射与粮食作物光合生产的关系

■ 李义珍在尤溪县麻洋基点镜检水稻根系形态发育

■ 李义珍（左）、姜照伟（中）、黄水龙（右）在龙海市考察稻作生产

■ 日本作物学会会长川田信一郎教授到福建省农科院讲课。图为在龙海黎明基点考察（前左 2 森田茂纪，前左 3 全国劳模潘无毛，前左 4 川田信一郎，前左 5 李义珍）

■ 日本根系研究会会长森田茂纪教授在福建考察水稻根系调控技术

■ 黄育民（一排左 1）、李义珍（一排左 2）、黄亚昌（二排右 2）在日本参加水稻根系研究会时考察稻田

❶❷ 1988 年李义珍率团访问日本长崎县农业试验场〔左图：李义珍（左）、黄波（右）；右图左起人员为：檀俊泽、陈人珍、日本领队、黄波、李义珍、黄金松〕

彩图七　稻作科技人员（二）

■ 卓传营在尤溪县麻洋基地介绍再生稻高产技术

■ 蔡光景（左）、黄育民（右）在尤溪县西城镇考察稻作产业

■ 李义珍（左）、姜照伟（中）、李小萍（右）在麻洋基地

■ 李葆英、赵雅静、陈爱珠测定水稻器官形态〔左图：李葆英（左）；右图：赵雅静（左1）、陈爱珠（右1）〕

■ 云南省涛源基地稻根研究：ⓐ稻根原状土块取样；ⓑ喷雾清洗；ⓒ汕优63超高产根系样品；ⓓ田间稻根活力测定

■ 郑景生（左）、林文（中）、姜照伟（右）在龙海市研究稻根

■ 1997年在日本东京大学，森田茂纪教授主持召开环太平洋地区农业系统水稻根系研讨会〔左图为黄育民介绍福建省农科院水稻垄畦栽培及根系研究；右图为黄亚昌（左2）、李义珍（右2）、黄育民（右1）参与各国水稻栽培和根系改良研讨会〕

彩图八　稻作科技人员（三）

■方文模（左1）、陈爱珠（左2）、曾繁辉（左3）、张上守（右1）在尤溪县麻洋基地

■张伟光研究员在龙海市黎明基点考察

■蔡亚港（左）、黄育民（右）在武夷山市黄村基点研究再生稻高产技术

■郑景生（左）、俞道标（右）在永安市小陶镇基点对再生稻低桩机割试验处理进行测产

■张琳（左图右4；右图右1）在建阳市传授水稻机械化育秧插秧技术，在建宁县合作研究杂交稻制种母本机插技术

■黄育民在龙海市东园的厦门大学现代农业科研与教学基地选种

■王侯聪教授（左3）领衔的厦门大学水稻遗传育种研究团队先后培育出"佳禾早占""佳辐占"等10多个水稻新品种

■王侯聪（中）、黄育民（右）、郑景生（左）2008年在维也纳参加国际原子能机构组织的植物诱变国际会议

彩图九 稻作科技人员（四）

■原福建省农科院院长刘中柱（中）、副院长张伟光（右）、水稻研究所所长李义珍（左）

■北京农业大学指导教师廉平湖教授（中）、苏宝林教授（左2）与研究生李义珍（右2）、黄育民（右1）、张琳（左1）

■黄育民（中）与博士导师陈启锋教授（右）、李义珍教授（左）

■福建农学院吴志强教授（中）、林文雄（左1）与福建省农科院水稻研究所林济生（左2）、李义珍研究员（右2）、黄育民（右1）

■2006年李义珍（左1）、李葆英（右1）到南京农业大学参加同学会，与学校教师朱立宏（中）、沈丽娟（左2）、潘家驹（右2）合影

■北京农业大学研究生学友李义珍（中）、黄育民（右）、张琳（左）会合在北京天安门广场

彩图十　稻作科技人员（五）

再生稻优质高产新品种佳辐占、机械化低桩机割与新栽培技术研讨会（厦门，2013年12月17日）

福建省龙溪农校"米丘林班"毕业50周年纪念会（漳州，2006年10月5日）

南京农业大学农业专业1956级62班同学入学50周年纪念会（南京，2006年10月28日）

彩图十一　历史集会的回忆

主要作者简介

1. 李义珍

男,1936 年生,籍贯福建省安溪县。1960 年南京农学院农学系毕业,1964 年北京农业大学农学专业研究生毕业后到福建省农业科学院工作,一直潜心于水稻栽培学研究。中共党员,研究员,享受国务院政府特殊津贴,荣获"福州市劳动模范"荣誉称号。历任福建省农业科学院稻麦研究所副所长、所长,福建农业大学兼职教授,中国作物学会理事。1999 年退休后,承院长谢华安院士和厦门大学王侯聪教授之邀,参与再生稻研究,直至 2018 年停歇田间试验,又花三年汇集长期研究论文,撰写本书。先后荣获国家级、省级科技成果奖 13 项,其中,国家星火奖三等奖 2 项(列第 1、2 名),农业部丰收奖一等奖 1 项(列第 2 名),农业部科技进步奖二等奖 1 项(列第 3 名),中国农业科学院科技进步奖一等奖 1 项,省科技进步奖三等奖 7 项(列第 1 名 3 项),省星火奖二等奖 1 项(列第 1 名)。

从事稻作研究 61 年,先后发表论文 206 篇,着重水稻栽培学六个方面的研究。(1)水稻形态建成研究。揭示器官相关生长和形态诊断,再生分蘗叶原基和幼穗分化及与茎叶同步生长,水稻根系形态发育、机能及与产量的关联性;(2)福建水稻气候生态研究;(3)山区中低产田改良增产技术研究;(4)杂交稻超高产研究;(5)再生稻高产研究;(6)稻作发展的综合分析。

2. 黄育民

男,1956 年 8 月生,籍贯福建省龙海县。中共党员。1982 年福建农学院农学专业毕业,获学士学位。1987 年北京农业大学农学专业研究生毕业,获硕士学位。1989 年、1991 年先后赴日本农业生物资源研究所和东北大学农学部进修。1996 年福建农学院作物遗传育种专业研究生毕业,获博士学位。1996 年评为研究员。曾任福建省农业科学院稻麦研究所副所长、厦门市农学会副理事长。厦门大学兼职教授、博士生导师。享受国务院政府特殊津贴。从 1974 年高中毕业回乡开始跟随福建省农业科学院李义珍从事水稻研究。先后在水稻形态建成、生理生态、幼穗发育、腋芽萌发、高产技术、低产田改造、冷烂田排渍调根,及遗传育种分子标记辅助选择、水稻品质性状基因功能等领域研究 40 多年。先后在国内外期刊发表论文 80 多篇,获得国家星火奖三等奖(第 2 名)、农业部丰收奖一等奖(第 15 名)、福建省星火奖二等奖(第 2 名)、福建省科学技术进步奖三等奖(第 1 名)2 项、福建省科学技术奖一等奖(第 9 名)等 10 多项国家及省部级科学奖项。获第三届运盛青年科技奖。

2001 年受聘为厦门大学兼职教授,博士生导师,生命科学学院水稻遗传育种研究室副主任以来,主要从事水稻粒形、垩白等主要品质形状的分子标记、基因定位与克隆、基因功能研究与分子标记辅助育种研究。在王侯聪教授主持下,开展了水稻长大粒优质种质创造与优质水稻新品种选育。克隆获得粒形基因 LGS1,分蘗基因 xmd(t)和粒形基因 gs9-1,所定位的不少粒形、垩白和香味性状的 QTLs(数量性状位点)在育种工作中被广为应用,取得显著成效。自 2003 年以来,研究团队先后育成审定了佳辐占等 5 个新品种。并与福建省农业科学院水稻研究所合作,开展佳辐占新品种再生特性与机械化高产栽培技术研究,建立佳辐占生态高效机械化再生稻高产栽培技术体系。

3. 郑景生

男,1969 年生,籍贯福建省安溪县,博士,副教授。1992 年福建农学院农学系毕业,1998 年获福建农业大学作物栽培学与耕作学专业硕士学位,1999 年 4 月—2000 年 3 月为日本琉球大学农学部研究生,2004 年福建农林大学博士毕业,获福建农林大学作物栽培学与耕作学专业博士学位;2004 年 10 月—2006 年 9 月为国际水稻研究所博士后。1992 年毕业至 2007 年 10 月在福建省农业科学院水稻研究所工作,从事水稻栽培生理研究;2007 年 10 月至今在厦门大学生命科学学院工作,主要从事杂交水稻恢复系、常规优质稻新品种选育及水稻重要性状基因定位与克隆、分子标记辅助育种研究。先后在国内外期刊发表论文 40 余篇,获福建省科学技术奖一等奖 1 项(列第 9 名)、福建省科技进步奖三等奖 1 项(列第 3 名),已育成优质抗病长粒香型常规稻新品种"佳福香占"。

4. 姜照伟

男,1973 年生,籍贯湖南省宁乡,研究员,博士。1995 年起在福建省农业科学院水稻研究所工作,长期从事作物高产栽培及生理生态研究等工作,并着力于水稻"优质、高产、高效、生态和安全"的应用基础和应用技术研究。其中,水稻及再生稻高产、超高产栽培生理与技术研究等成果为福建省水稻生产提供了良好的技术支撑。先后主持、参加国家级、省部级课题共 10 余项,现主持国家重点研发计划子课题 1 项,2009—2017 年为福建省现代农业水稻产业技术体系建设栽培岗位专家。主持和参与完成 5 个项目,先后获福建省科学技术奖一等奖 2 项、三等奖 1 项,全国农牧渔业丰收奖二等奖 1 项,授权专利 4 项。独立或合作发表学术论文 80 篇。

5. 张琳

男,1955 年生,籍贯浙江省衢州市,中共党员。1982 年福建农学院农学系农学专业毕业,1988 年中国农业大学研究生毕业,农学硕士,研究员。福建省农业科学院水稻研究所水稻栽培研究室原主任,农业部第三届水稻生产机械化专家组成员,福建省农业工程学会原常务理事。长期从事水稻种植和水稻机械化生产技术研究与推广工作。先后发表论文 35 篇,获国家实用新型专利 8 项。主要工作成果有三项:(1)水稻机械化育插秧技术研究与示范推广。主持研究成本低、质量高的稀泥育秧法培育机插水稻秧苗。该方法在保证水稻机插秧质量不降低的前提下降低育秧成本一半以上。该技术目前仍是我省生产上主要采用的机插秧培育方法。(2)杂交稻制种母本机插技术研究与示范推广。主持研究杂交稻制种母本机插技术。该技术使杂交稻制种的母本插秧作业实现机械化,极大地提高了作业效率,降低了成本,解决了杂交稻制种母本插秧作业人工不足、延误农时、成本高的问题。目前该技术已在生产上广泛应用,每年实际使用面积仍在不断扩大。(3)再生稻全程机械化生产技术研究与示范推广。在研究再生稻生产全程机械化技术过程中,成功筛选出产量高、米质好的低桩耐碾轧杂交稻品种"甬优 2640",克服了原有常规低桩再生稻品种产量不高的缺陷,大大提高了再生稻生产效益。该品种作为闽西北地区主推的再生稻品种之一,在生产上大面积应用,实现了再生稻生产全程机械化,取得了良好的社会效益和经济效益。

6. 黄亚昌

男,1947 年生,籍贯福建省龙海县,中共党员,教授级高级农艺师。1973 年厦门大学生物系毕业后,在龙海县农科所、农业局工作,曾任龙海县农业局副局长兼农业技术推广中心主任,创建吨粮县技术顾问组组长。为龙海粮食亩产跨双纲、超吨谷作出突出贡献。先后获农业部丰收奖一等奖 1 项(第 3 名)、二等奖 2 项(第 3 名)、三等奖 1 项(第 2 名),福建省政府丰收奖一等奖 2 项、二等奖 2 项。在福建省农业科学院专家李义珍的指导下,于 1974—1976 年合作研究龙海地区气候资源、品种调整和生育期合理布局,解决了龙海水稻产量十年徘徊的问题;1977—1979 年合作开展杂交稻推广,组织 16 个公社农科小组开展杂交稻高产攻关,36 丘试验田产量超达 10 000 kg/hm²,其中 4 丘田产量超过 12 000 kg/hm²,创当时全国高产纪录;1980—1990 年代,先后主持或参与"吨粮田定位建档追踪研究"、"水稻根系特性及其调控研究"、"南方冬季农业开发推广"等项目,分别获得国家科技进步三等奖 1 项(第 3 名),福建省科技进步奖二等奖 1 项(第 3 名)、三等奖 2 项(第 3 名)。先后发表论文 28 篇。基于对农业技术推广的突出贡献和稻作研究的成就,1995 年由人事部、农业部授予"全国农技推广先进工作者"称号,1997 年由中共福建省委、福建省人民政府授予"福建省优秀专家"称号。

7. 卓传营

男,1960 年 6 月出生,籍贯福建省尤溪县。1981 年 7 月三明农业大专毕业参加工作。中共党员,教授级高级农艺师。1981—1996 年在尤溪县管前镇农技站从事杂交水稻高产制种技术研究、高产栽培技术推广及主要农作物病虫害预测预报;1997—2001 年任尤溪县农业技术推广站站长;2002—2020 年任尤溪县农业技术推广中心主任;2020 年 7 月荣获县政府聘任在农业农村局推广农业新技术。25 年来,在谢华安院士、李义珍研究员等专家带领下,从筛选强再生力品种入手,深入探索水、肥、病、虫、草与再生稻的关系,研究再生稻高产、超高产集成技术。主持或参与 18 项部、省、市、县的科研课题,获得省级以上科技成果 8 项[国家星火奖三等奖 1 项,省科技奖一等奖 2 项(各列第 2、4 名)、二、三等奖各 1 项,农业部丰收奖一、二、三等奖各 1 项]。先后发表论文 51 篇,撰写著作《图解再生稻高产栽培技术》。

主要奖励有:(1)2009 年成为享受国务院政府特殊津贴专家;(2)2001 年被评为全省优秀共产党员;(3)2012 年被评为全国粮食生产突出贡献科技人员;(4)2013 年被评为福建省劳动模范。

8. 蔡亚港

男,1954 年生,籍贯福建省龙海县。中共党员,高级农艺师,全国农业科技推广先进工作者,福建省科技进步奖三等奖获得者。从事稻作研究 44 年。1971 年中学毕业,即在本村科技小组和县农业气候站工作 13 年。1984—1996 年受聘福建省农业科学院,分别到闽西连城县和闽北武夷山市的农村基点,从事中低产田改良增产和再生稻丰产栽培研究。其间,1991 年承武夷山市审批为干部,派任星村镇农技站兼经作站站长,并继续与福建省农业科学院合作在星村镇黄村研究再生稻。1996 年任龙海县农科所所长兼党支部书记,并组织课题组,继续与福建省农业科学院合作,在龙海市农村基点参与双季稻器官发育与高产技术研究,又历 18 年。先后撰写发表论文 69 篇,其中《再生稻稻桩对再生季产量的形态生理学效应》一文获省级优秀论文二等奖和中国农技推广优秀论文二等奖。

前　言

我国有半数以上人口以米为主食。育种和栽培两个轮子,推动新中国70多年来水稻产量不断增长。现有稻谷总产占世界的1/3,单产居世界十大生产国前列。由于人增地减趋向,争取高产更高产,一直是中国人追求的夙愿。福建省农业科学院水稻研究所水稻栽培与生理生态研究室科技人员与省内外合作单位科技人员,同心通力开展水稻形态建成、气候生态与高产栽培技术研究,先后发表论文328篇。本书汇集1961—2020年研究论文,进行综合锤炼,形成5章50节,主要内容介绍如下:

第一章　水稻形态建成

1. 水稻器官的相关生长和形态诊断

营养器官的分化、伸长井然有序:同名营养器官(叶片、叶鞘、节间、蘖芽、节根)循由下而上的节位顺次分化、伸长;同节位的异名营养器官循叶片、叶鞘、节间、蘖芽和节根顺次分化、伸长;在同一时间内,N节叶片、$N-1$节叶鞘、$N-2$节节间、$N-3$节蘖芽和节根,伴随N节蘖芽原基和节根原基及$N+3$节叶原基分化。而幼穗发育各期,有对应一组营养器官伸长,据此可进行幼穗与营养器官的相关生长和形态诊断。

2. 水稻再生分蘖的叶原基和幼穗分化发育及茎叶同步生长

再生稻头季母茎在上部有6个伸长节间、5片基生叶,其中倒2~倒5节再生分蘖都有1枚腋芽,在适宜条件下腋芽萌发长成再生分蘖,其中倒2、3节再生分蘖总叶数3片,倒4、5节再生分蘖总叶数4片。当茎生腋芽完成其固有的全数叶原基分化后,便分批进入第一苞分化期,从20%个体第一苞分化至100%个体第一苞分化,倒2、3节再生分蘖历3~4周,倒4、5节再生分蘖历5~6周。倒2、3节再生分蘖于头季稻成熟前8 d进入幼穗一次枝梗分化期,成熟前3 d进入二次枝梗分化期;而倒4、5节再生分蘖于头季成熟时才进入一次枝梗分化期。以上情况,黄育民1992年在日本东京大学对粳稻世锦品种、1993年在福建省农业科学院稻麦研究所对汕优63品种,从头季雌雄蕊分化至抽穗后6周分期取样作纵剖、横剖面切片,观察各节分蘖的叶原基分化和幼穗分化进程。1998年、1999年,李义珍在尤溪县麻洋基点对天优3301、Ⅱ优航2号品种观察其头季成熟期再生分蘖幼穗分化。随着再生分蘖幼穗分化各期的发展,再生分蘖的茎叶数(倒2、3节再生分蘖的总叶数3片,倒4、5节再生蘖的总叶数4片)随之增加。每个再生分蘖分化期,都有一组营养器官在伸长。本部分图文并茂地展示了再生分蘖叶原基与幼穗分化发育的纵横剖面形态、再生分蘖幼穗分化发育立体形态、再生分蘖幼穗分化期的茎叶发育形态。

3. 水稻各节位节根及各级侧根的萌发特性

本部分研究完成于1983—1984年,以叶位法分清节根节位,应用漂浮扩展法分清侧根级位,对各节位节根及其侧根的萌发期和萌发数,进行追踪观察,结果明确:①各节位节根及其各级侧根,都在一定的叶龄期开始萌发和终止萌发。②各节位的节根数,由下而上增多,在第8叶节达高峰。在各级侧根中,以一、二级侧根萌发最多,占总根数的90%。节根长而粗,是根系的骨架,但发根数仅占总根数的0.2%;侧根短而细,但发根数占总根数的99%,是根系的主体。③节根及其侧根的总根数增长动态呈Logistic曲线分布,高峰在乳熟初期,主茎总根数达87 699条。

4. 佳辐占低桩机割的再生分蘖节根萌发特性

再生稻头季向来实行高桩手割,花工费力。多地曾试用高桩机割,结果出现两类株行,熟期相差半个月,收成顾此失彼。2015年课题组与永安市农业局合作,在小淘镇八一村选用佳辐占品种头季低桩机割(留桩10 cm),割去上部的倒2、3节腋芽,保留下部的倒4、5节腋芽,于头季成熟后8 d左右萌发倒4、5节再生分蘖。倒4、5节分蘖及其子蘖着生于表土层至近地表,可萌发节根及多级侧根。因此形成形态发达、机能高强的根系,促进地上部生长发育,有利于低桩机割再生稻可持续稳定高产。

第二章　福建水稻气候生态

1. 福建山区双季稻冷害的调查研究

福建山区原以种单季稻为主,1971年进行单季改双季的改革。但山区地形气候复杂,大面积冷害时有发生。受省革委会派遣,课题组于1971年10—11月到闽北7个县调查双季稻生产,分别在各县农业局及其下有关公社农技站,查阅早季和晚季生产资料,听取对当地不同地区(低、中、高海拔地区)的品种布局和栽培技术的意见。取得闽北双季稻冷害的调查资料之后,1972—1974年在福建省农业科学院农场、福州北峰吾洋基点、龙海县气象局等地分别建设温箱,建立气象站,分期播种水稻,以揭示水稻幼苗生长最低温度、幼穗发育的安全温度、早稻花粉发育和开花受精的安全温度、晚稻开花受精的安全温度等。

2. 福建亚热带山区水稻生态和丰产技术体系

福建山区地处北纬$24°31'\sim28°19'$,东经$115°50'\sim120°20'$,属亚热带气候。据1981年调查,有稻田1 080万亩,播种面积1 791万亩,平均亩产248 kg(稻田年亩产411 kg),播种面积占全省的75%,总产占全省的65%。为了提高山区水稻产量,必须揭示福建山区气候生态、土壤类型,提出丰产技术体系。

3. 龙海县双季稻生育期的合理调整

龙海县1956年为全国少数几个千斤县之一,但16年后产量仍然波动。1974年,福建省农业科学院稻麦研究所在龙海县黎明村重建基点,与县农业局和气象局合作研究,查明原有品种类型和生育期布局——未能趋利避害利用当地气候资源,出现剧烈的产量年际波动。是年先提出早稻改早熟品种为晚熟品种,改偏早播种为适时播种,达到孕穗期避过"梅雨寒"危害,开花结实期利用"断梅"后一年最丰富的日照。1975年推广17万亩,1976年推广36万亩,取得显著增产。同年也提出晚稻改强感光型晚熟品种为感光感温性弱的基本营养生长型、生育期中等的品种。然而尚无中意品种。1976年多点试种筛选,终于发现四优2号、汕优2号等杂交稻品种符合设想目标。1977年晚季示范2.5万亩,大获成功。

4. 福建龙海太阳辐射与粮食作物光合生产关系研究

作物产量的90%以上由光合产物构成,而太阳辐射是光合作用的能源。为了提高光合生产力,必须了解地面太阳辐射能量及时空分布规律。太阳辐射观测点少,国内外大多采用$Q-Q_i(a+bS)$经验公式计算太阳总辐射。提高光能利用率并估算潜在产量,成为研究的热点。本课题组于2005年起立项研究粮食作物高产技术,在福建省龙海市建立基点;2006年起架设自动气象站,观测太阳辐射和早稻、晚稻、马铃薯等一年三熟作物的光合生产,分析太阳辐射对光合生产的效应,计算作物的光能利用率和光合生产潜力,为提升作物生产力提供技术支撑。同时,依据太阳辐射和日照率实测值,建立分季节的太阳辐射经验计算式,再以龙海30年各月平均日照率代入公式,计算出龙海常年各月各旬太阳总辐射理论值,为当地太阳能资源的开发利用、应对气候变化、发展低碳经济提供科学依据。

第三章　杂交稻产量构成与高产技术

1. 杂交稻高产攻关田的产量结构和调控技术

福建省农业科学院于 1974 年恢复在龙海县黎明村设研究基点,与县农科所和气象局合作研究,1978年在早晚季推广杂交稻 16 万亩,取得稳定高产。同时,县农业局、农科所与福建省农业科学院黎明基点又合作组织 16 个公社农科组,开展杂交稻高产攻关试验,经验收,早季 54 丘田平均亩产 1 291.6 斤（9 687 kg/hm²）,晚季 57 丘田平均亩产1 326.8斤（9 951 kg/hm²）。其中,黎明基点 5 号田双季合计年亩产 3 187.5 斤（23 906 kg/hm²）,7 号田双季合计年亩产 3 106.4 斤（23 298 kg/hm²）,创当时全国产量最高纪录。

2. 杂交稻高产的产量构成和库源结构

为了揭示杂交稻高产栽培和高产育种的主攻方向,我们依据多年来研究资料,分析同一个水稻品种不同产量构成,及不同年代主栽品种的产量构成:

(1)同一个水稻品种的产量构成。1991—1997 年在福建省龙海市调查了杂交稻品种特优 63 的产量及其 4 个产量构成因素,结果显示以每平方米穗数对产量的贡献率最高(84.95%);每穗粒数对产量的贡献率次之(18.55%);结实率的贡献偏低,且与产量呈负相关(-9.08%);千粒重为品种的稳定性状(0.19%)。将 161 丘田按产量水平分为 4 组,比较其产量构成水平(超高产组产量 12 143 kg/hm²,中高产组产量9 717 kg/hm²,中产组产量 8 021 kg/hm²,低产组产量 6 045 kg/hm²):随着产量的提高,每平方米穗数和每穗粒数逐渐增加,结实率略有降低,千粒重差异不大。超高产组与低产组相比,产量高101%,每平方米穗数多 74%,每穗粒数多 21%,结实率降 6%,千粒重增 0.4%,产量库容扩大 111%。超高产田的特征是穗多穗大,具有巨大的产量库。

(2)水稻不同年代主栽品种的库源结构(本部分为黄育民博士学位论文中相关工作)。选用福建省不同年代种植的高秆品种南特号、矮秆品种珍珠矮和杂交稻品种汕优 63 种植,观察比较它们的产量、产量构成和库源结构。结果显示:随着品种改良换代,在保持旧品种强分蘖力基础上,培育大穗,增加单位面积总粒数,可取得大幅度增产。

3. 超高产水稻生理生态特性与栽培技术研究

为了推动我国超级稻育种和超高产栽培研究,1998—2000 年云南农业大学、丽江地区农科所、福建农业大学和福建省农业科学院合作,在地处金沙江河谷的云南省永胜县涛源乡建立基点,研究杂交稻超高产规律。3 年间从全国引进 33 个杂交稻和常规稻品种,结果有 13 个品种产量达 15 000～16 000 kg/hm²,其中杂交稻 10 个、常规稻 3 个。获取超高产的生态条件有二:①温光条件。云南省涛源乡地处金沙江河谷,26°10′N,100°16′E,海拔 1 170 m,北倚横断山脉,南纳孟加拉湾气流,形成高原型南亚热带气候,年均气温 21.1 ℃,降水 585.7 mm,从 3 月中旬播种至 8 月底成熟历 163 d,其中本田期 120 d,太阳总辐射量2 307 MJ/m²,比福建省龙海市基点增加 67%,干物质净积累量也增加 71%。②土壤条件。稻田分布在金沙江河谷的缓坡台地,土壤属沙壤性黑油田,耕作层厚 17～20 cm,含有机质 0.96%～1.22%、全氮0.28%～0.36%、速效磷 22～40 mg/kg、速效钾 122～126 mg/kg,pH 7.6～8.0。土壤肥沃疏松,渗透性强,平均垂直渗水速率 2 cm/d,隔日需灌水一次,溶解氧可随水不断导入土壤,因而根系形态发达,活力高而持久。

4. 每公顷 17～18 t 超高产水稻的生理生态特性观察

2001 年福建农业大学、福建省农业科学院与云南省丽江地区农科所专家杨高群合作,在云南涛源乡种植 e 特优 86、特优 175 和Ⅱ优明 86,当年产量分别达 17 640、17 783 和 17 948 kg/hm²。其中特优 175

和Ⅱ优明 86 双双突破印度马哈施特立邦 1974 年创造的 17 772 kg/hm² 的世界最高产量纪录。2006 年、2007 年江苏省农业科学院组织两优培九品种的生态适应性试验,在云南涛源种植,2006 年又突破世界最高纪录,产量达 18 527 kg/hm²。作为本研究对照品种的汕优 63,多年产量高达 15 t/hm²,可说是第一个超高产品种,由于高产稳产,是我国 1984—2003 年种植面积最大的水稻品种,累计种植 6 203 万 hm²。而产量突破 18 t/hm² 的两优培九则是我国当时第二个种植面积最大的品种,2002—2009 年累计种植 800 万 hm²,并成为菲律宾、巴基斯坦等国的杂交稻首选品种。

国内外研究肯定,在正常气候条件下,结实率和千粒重变异小,提高潜力有限。每平方米总粒数的变异最大,是决定产量的主要因素。但总粒数与每平方米穗数和每穗粒数有关,何者对扩增每平方米总粒数更有潜力?研究显示,特优 175、Ⅱ优明 86 与汕优 63 的每平方米穗数相近,而每穗粒数显著较多,争取高产,是在保持较好分蘖力基础上,培育更大的穗子,扩大产量库。两优培九穗数、粒数双双显著增加。

第四章 再生稻产量构成与高产技术

本课题组对再生稻研究分三个阶段:第一阶段为 1988—1995 年,在沙县、武夷山市和安溪县等山区,与当地农技站合作,研究再生稻产量构成、器官发育、气候生态和丰产技术;第二阶段为 1999—2010 年,在尤溪县与当地农技站合作,研究再生稻高产生理生态和高产技术;第三阶段为 2011—2018 年,由厦门大学生命科学学院与福建省农业科学院水稻研究所主持,与永安市、建阳市(2014 年改建阳区)、尤溪县、龙海市的农技站合作,研究再生稻机械化栽培技术。

1. 第一阶段(1988—1995 年)

主要研究结果如下:

(1)再生稻气候生态适应性区划。依据福建省热量资源时空分布模式和再生稻热量需求指标,计算出头季播种期至再生季齐穗期的温度指标(4 000 ℃),揭示再生稻在不同纬度(25°N、26°N、27°N、28°N)的适种海拔地理位置。

(2)再生稻器官分化发育。在头季营养生长期,地下部茎节密集不伸长,分节萌发根系,幼穗分化后,头季主茎上部茎秆伸长,共有 6 个伸长节间,其中倒 5、4、3、2 叶节萌发腋芽。在头季减数分裂期至小孢子发育期,可见少数腋芽进入第一苞分化期,但进展缓慢,倒 2、3 节腋芽至头季成熟前 15 d 才全部进入第一苞分化期,倒 4、5 节腋芽至头季成熟前 7 d 才全部进入第一苞分化期,随后腋芽萌发为再生分蘖,进入一次枝梗、二次枝梗、颖花分化期。

(3)再生稻不同产量水平田块的产量及其构成。武夷山市黄村基点 1991—1992 年产量已显著提高,但农户间产量悬殊。为探索不同产量水平的产量构成,观测 3 个农户各 1 丘田的产量及其构成,结果显示:1、2、3 号田头季产量分别为 10 048、8 067、6 446 kg/hm²,再生季产量分别为 6 008、4 419、3 882 kg/hm²。1 号田比 3 号田,头季增产 56%,再生季增产 65%。1 号田大幅增产源于产量构成的优化,其中以每平方米穗数增加最多,每穗粒数次之,再次为结实率,千粒重差异不大,其中:1 号田比 3 号田,头季增产 56%,每平方米穗数增加 28%,每穗粒数增加 9%,结实率增加 7%,千粒重增加 4%,再生季增产 65%,每平方米穗数增加 31%,每穗粒数增加 20%,结实率增加 6%,千粒重减少 1%。因此,提高产量的主攻方向是增加穗数和每穗粒数,建立穗多穗大的群体。

(4)再生稻丰产技术的推广及效益。我国自古就有再生稻零星种植的记述,但从 1980 年代起,随着一批强再生力杂交稻品种的问世,再生稻才成为一种新的农作制,在南方多省大面积发展,然而起初种植成功率和单产偏低。为了提高再生稻种植成功率和单产,本课题组 1988—2000 年在沙县和武夷山市建点,开展田间试验和面上调查,初步揭示了再生稻诸多生育规律和重要栽培技术。1991—1995 年,福建省农业科学院将再生稻研究列为重点课题,获农业部资助,由稻麦所主持,与武夷山市农业局合作,以星村镇黄村为研究基点,建立高产示范片,带动全市 1 300 hm² 推广丰产栽培技术;1994—1995 年又得到福建省农业综合开发办公室资助,与安溪县农业局合作,在 6 个乡镇 1 267 hm² 推广丰产栽培技术;经 3 个合作单位共同努力,研究、示范、推广相结合,1991—1995 年在武夷山、安溪两县市,累计推广再生稻高产高效栽培技术 7 901 hm²,增产稻谷 4 761 t,取得显著的社会效益和经济效益。黄村基点在完成大量试验研究任务同时,其示范片面积逐年扩大,单产逐年提高,1995 年示范片扩大到 45.33 hm²,再生稻双季产量达 11 472 kg/hm²,其中高产田双季合计产量达 15 669 kg/hm²。

2. 第二阶段(1999—2010 年)

主要研究结果如下:

(1)再生稻产量潜力。福建省农业科学院育成多个强再生力的杂交稻品种,先后有汕优明 86 和Ⅱ优航 1 号,在尤溪县麻洋基点栽培(面积 6.71 hm²),2000—2014 年平均产量头季 12 811 kg/hm²,再生季 7 512 kg/hm²。其中 2001 年、2003 年、2005 年和 2010 年各有 1 丘再生季产量分别达 8 717、8 742、8 814、9 027 kg/hm²,刷新世界纪录(1968 年埃塞俄比亚农业研究院,再生季产量 8 693 kg/hm²)。

(2)再生稻各产量构成因素对形成超高产的贡献。在头季田块间,以每穗粒数变异最大,与产量呈极显著正相关;每平方米穗数的变异次之,与产量呈显著正相关;结实率与千粒重比较稳定,与产量无显著相关性。实现再生稻超高产,头季必须着力增加每穗粒数,再生季必须着力增加每平方米穗数。

(3)头季超高产调控技术。头季争取超高产,必须穗多穗大,其关键是培育足额的高质量的茎蘖,主要技术是:①早播早栽,延长营养生长期,为有效分蘖孕育大穗提供充裕的时间;②壮秧密植,提供足额的可长成大穗的主茎和秧田分蘖;③培育形态发达、机能高而持久的根系;④改进施肥技术。

(4)再生季超高产调控技术:①种好头季稻,为萌发比头季多 1 倍的再生分蘖;②保留倒 2 节位优势芽;③适施芽肥。

3. 第三阶段(2011—2018 年)

主要研究结果如下:

(1)再生稻佳辐占机械化生产。头季成熟时采用高桩手割,颇为花工费力。为提高效率,并保留高节位分蘖,当时多地探讨高桩机割,结果出现两类株行,其中 5/7 株行保留倒 2～5 节腋芽,早发早熟;2/7 株行受收割机链轨碾轧,仅保留倒 4、倒 5 节腋芽,但晚发晚熟,比 5/7 株行成熟迟 15 d,收成顾此失彼,产量大减。因此,我们改推行低桩机割,只保留倒 4、倒 5 节腋芽,至头季收割后 8 d,倒 4、5 节腋芽才萌发再生分蘖,但竟长 6 片叶片,比高桩机割处理的倒 2、倒 3 节分蘖 3～4 片叶多 2～3 片叶,每穗粒数显著增加,并萌发大量子蘖,因而低桩机割处理穗多穗大,产量高。佳辐占低桩机割生产的主要栽培技术为:①依据福建省热量资源时空分布模式,安排宜种区域,确保头季安全播种,再生季安全齐穗;②盘式育秧;③头季成熟时低桩机割适宜高度为 10～15 cm;④佳辐占头季抗倒力中等,施氮量不宜超过 150 kg/hm²;⑤佳辐占再生季节间短(70～80 cm),叶片短直,面积小,抗倒力较强。据 2012 年永安基点对比试验,再生季采用平衡施氮法(总施氮量 180 kg/hm²,于头季机割后 3 d、14 d、28 d 各施氮 50%、25%、25%),3 次重复平均产量达 8 087 kg/hm²。

(2)佳辐占与甬优 2640 两个品种机械化生产的产量及其构成。为探索再生稻机械化增产途径,在建阳市潭香稻谷专业合作社考察了 10 丘佳辐占品种和 10 丘甬优 2640 品种的产量及其构成,结果表明:佳辐占品种熟期短,适应山区生育期短的气候生态,10 丘田平均产量头季(7 006±1 399) kg/hm²,再生季(6 443±1 357) kg/hm²,其中有 1 丘田产量达 9 302 kg/hm²。佳辐占产量较高源于单位面积穗数多,头季平均每平方米 263.6 穗,再生季平均每平方米 436.2 穗。且米质优,系省内热销优质米。2014 年在品种示范田发现杂交稻甬优2640矮秆大穗,再生力强,决定试种。2015 年种植 10 hm²,结果表现双高产,头季矮秆抗倒,10 丘共 2 hm² 测产验收田平均产量(10 598±1 333) kg/hm²;再生季再生力强,并保持头季穗大粒多的性状,10 丘共 2 hm² 测产验收田平均产量(10 126±1 527) kg/hm²,其中再生季有 8 丘田单产达9 294~12 401 kg/hm²,超过国内外最高纪录。

(3)甬优 2640 再生季氮肥施用技术。为了推动甬优2640机械化生产,2016 年在建阳市潭香稻谷专业合作社进行甬优2640再生季氮肥施用技术试验。设两类氮肥施用技术。第一类为氮肥施用量试验,有4 个施氮量处理,1、2、3、4 号处理的施氮量分别为 0、75、150、225 kg/hm²,2、3、4 号处理均采用平衡施氮法,即于头季割后 2 d、15 d、30 d,分别施占总量 40%、30%、30% 的氮肥。第二类为氮肥分施法试验,有 3个处理,每个处理的总施氮量均为 150 kg/hm²,其中 5 号处理采用前重后轻施氮法,即于头季割后 2 d 和30 d 分别施占总量 70% 和 30% 的氮肥;6 号处理采用前后并重施氮法,即于头季割后 2 d 和30 d 分别施占总量 50% 和 50% 的氮肥。3 号处理采用平衡施氮法,即于头季割后 2 d、15 d 和30 d 分别施占总量40%、30% 和 30% 的氮肥。结果表明:①甬优2640品种再生季产量与施氮量呈抛物线型相关,施氮量 225kg/hm² 的产量为 10 542 kg/hm²,施氮量 150 kg/hm² 的产量为 10 281 kg/hm²,相差不显著,最佳经济效益的施氮量为 150 kg/hm²。②最佳的施氮技术为平衡施氮法,其产量比前后并重施氮法增产 4%,比前重后轻施氮法增产 9%。

第五章　稻作发展的综合分析

1. 中国稻作超高产的追求与实践

经过半个世纪长期不懈的努力,我国育种技术和栽培技术不断开拓创新,并取得许多辉煌的科技成就,杂交稻育种技术居世界领先水平,水稻最高单产屡屡突破世界纪录。本部分列举了中国各地育种、栽培成就,推介国内外学者全力研发的育种栽培新技术。

2. 闽台稻作生产及科技进步比较与评述

闽台隔海相望,历史上稻作生产基本相同,但因日本据台湾 50 年后又人为隔绝数十年,造成稻作发展各具特色。本部分就闽台稻作制、生态环境、品种改良、栽培技术改进及稻米供需概况等作粗略的比较与阐述,冀以从中吸取有益的经验,启发进一步发展的思路。

3. 福建省中低产区稻作现状和增产途径

水稻是福建省的主要粮食作物,1981 年稻田面积 1 434 万亩,总产136.2 亿斤。位于闽东南沿海平原及低丘陵的高产区平均亩产 691 斤,耕地年亩产 1 339 斤。但人口众多,稻米不能自给。位于内陆山区和闽东北沿海低山丘陵的中低产区,稻田面积占全省的 75%,总产占全省的 65.3%,播面亩产 496 斤,耕地年亩产 822 斤。发展中低产区稻作生产,是实现福建省粮食自给的战略措施。本部分依据对 14 个中低产县的调查考察,及全省历年生产统计资料的整理分析,论述中低产区的分布、稻作生产现状及增产经验,进而分析稻作发展战略和增产策略。

4. 闽南粮食三熟超高产栽培研究初报

1997—1998 年,课题组在福建省龙海市研究粮食超高产栽培,明确:①粮食一年三熟超高产的最佳作物组合是稻—稻—马铃薯,产量高而稳定,平均产量达(27 050±190) kg/hm²;②双季杂交稻的形态生理特性是穗多穗大,具有巨大的库容量;根系形态发达,活力高而持久。

5. 福建龙海稻菇生产系统的养分循环和有机质平衡

福建龙海利用稻草培养蘑菇,蘑菇渣回田改土,逐渐形成稻菇双高产、副产品循环利用的持续高效生产系统。稻菇副产品富含钾元素和有机质,也含有一定的氮、磷元素,在系统内循环利用,节约了大量能源(化肥)投入,并维持了土壤有机质的动态平衡。

6. 冷烂田的稻根发育和排渍调根增产效应

福建山区有冷烂田 10.7 万 hm^2,占当地稻田面积的 30%。由于地处山丘峡谷,地下水位高,长年泉水浸渍沼泽化,烂泥层一般达 20～30 cm,呈高度嫌气状态,有机质经嫌气分解,产生大量的还原性物质,强烈抑制稻根发育。冷烂田稻根发育不良,制约了地上部的生长,前期坐苗,后期早衰。只有改良土壤,培育强大根系,才能有效提高稻谷产量。改良冷烂田的根本途径是建设三沟,降低地下水位,改变土壤长期渍水、高度嫌气状态。冷烂田建设三沟的一次性投资大,只能分期建设。在建设三沟之前,实行垄畦栽培,是一种省工节本、排渍调根的有效措施。垄畦栽培排渍调根,促进了稻谷显著增产。1987—1989 年福建省累计推广垄畦栽培 32.3 hm^2,平均产量 5 133 kg/hm^2,增产 11.3%,其中 21 个试点平均增产22.3%。

7. 杂交稻制种母本机插技术研究

杂交稻种子生育过程中的母本插秧作业用工多,成本高,对杂交稻种子生产极为不利。将水稻机械化育种插秧技术应用于母本插秧作业,有望解决这一问题。福建省农业科学院水稻研究所于 2009 年开始了这方面的研究工作,取得初步成功。本部分介绍杂交稻母本机插的主要措施,并对关键性农艺技术措施指标的选择及设备选型,进行分析讨论。

本书主要作者为李义珍、黄育民、郑景生、姜照伟、张琳、黄亚昌、卓传营、蔡亚港等。本书所涉及的研究工作尚有诸多同事及合作者参与,由于篇幅有限,在此不一一列出。特此说明,并诚表感谢! 本书几经修改锤炼,历经三年完稿,疏漏不周之处,敬请读者指正。

李义珍

2021 年 12 月

目　录

第一章
水稻形态建成

一、水稻器官的相关生长和形态诊断

水稻产量是各器官分工协作的最终产物。为了调控器官生育，必须揭示各器官分化伸长的秩序，寻求生育进程及环境效应的诊断指标。

已有不少关于水稻器官分化伸长秩序的研究。秋元真次郎等[1]观察插秧期幼穗分化的品种间差异之后，松岛省三(1955,1959)等[2-3]、丁颖[4]、松崎昭夫等[5]解剖观察幼穗分化进程，分别提出叶龄指数和叶龄余数诊断指标。片山佃[6]发现稻麦主茎与分蘖间叶片同伸规则之后，有多个日本学者相继观察了营养器官的同伸关系：佐藤庚[7]观察了叶片与节间同伸关系，岚嘉一等[8]观察了叶片与叶鞘同伸关系，濑古秀生等[9]观察了伸长期茎生器官同伸关系，小松良行[10]观察了出叶与节间伸长及节根萌发的关系；闵谷福司[11]观察了分蘖原基及分蘖芽的发育过程，川原治之助等[12]观察了叶原基分化、茎叶伸长与幼穗形成期的相互关系。学者间的研究有所侧重，有待整合，而分节标准不一，其迷乱之处有待梳理。

为了梳理整合器官和幼穗分化伸长的秩序，提出生育进程和环境效应的形态诊断指标，我们于1963年对粳稻品种"水源三百粒"规定基础上，1975年对籼稻品种"珍珠矮"，进行营养器官和幼穗的分化、伸长进程的解剖观察，1966年、1977年又对多个品种的主茎与各节位分蘖的出叶和幼穗发育进程进行补充观察。依据器官相关生长规律的研究结果，提出了营养器官和幼穗生育进程及环境效应的形态诊断指标，并在生产实践中不断进行检验完善。

1　材料与方法

1.1　研究概况

研究地点为福建省龙海县(今龙海区)黎明大队(24°25′N,117°50′E,海拔5 m)，对籼稻珍珠矮定期取样观察各节位器官分化伸长动态和幼穗发育过程。1966年在福建省上杭县古田公社溪背大队对矮脚南特，1977年晚季在龙海对杂交稻四优2号品种，定株观察主茎及各节位分蘖叶龄动态。1977年在龙海县黎明大队对红410、南京11号、四优2号、IR24、V41A、广二矮等品种，取样观察幼穗发育进程。

1.2　营养器官分化伸长动态及幼穗分化进程的观察

供试品种为珍珠矮，1975年3月1日播种，4月2日移栽，6月10日齐穗，7月10日成熟。栽植株行距 20 cm×20 cm,每丛栽 1 株。为确保取样观察株生育进程一致,在秧田期和本田期各定 10 株叶龄及株高一致的标准株,用红漆标记叶龄。秧田播后 10 d 内每日掘取 10 株与标准株叶龄、株高相近的植株,秧田播后 12～30 d 和本田期,每 2 d 掘取 10 株与标准株叶龄、株高相近的稻株,带回实验室,按叶位法由下而上分解主茎各节位的叶片、叶鞘、分蘖和节间,测定其长度,观察主茎及各节位分蘖各节节根原基突起贯穿下位叶鞘开始萌发的叶龄期和显著伸长的条数,同时在实体显微镜下,解剖观察茎端最高叶原基分化节位和幼穗分化期。

1.3　主茎及各节分蘖叶龄动态观察

供试品种有珍珠矮、四优 2 号、矮脚南特。矮脚南特 1966 年在上杭县古田公社溪背大队种植,3 月 8 日播种,4 月 2 日移栽,株行距 20 cm×20 cm,每丛植 5 株,定 10 丛 50 株观察。珍珠矮在 1975 年龙海县黎明大队种植,3 月 1 日播种,4 月 2 日移栽,株行距 20 cm×20 cm,每丛植 5 株,定 10 丛 50 株观察。四优 2 号 1977 年在龙海县黎明大队种植,7 月 8 日播种,8 月 1 日移栽,株行距 20 cm×20 cm,每丛植 2 株,定 10 丛 20 株观察。均以红漆标记主茎及分蘖叶龄。从移栽至抽穗,每 2 d 观察各株主茎和各节位分蘖的叶龄及抽穗期。采用内插法计算出各叶全出期。以塑料绳串不同数量塑料环作为分蘖节位的标记,在分蘖萌发时挂套,成熟期全株挖回室内,鉴别成穗分蘖所属节位,分别考种登记。

1.4　多个品种幼穗发育进程及叶龄的观察

1966 年在上杭县古田对矮脚南特品种,1977 年晚季在龙海县黎明基点品种对比田对红 410、南京 11 号、广二矮、四优 2 号、IR24、V41A 等品种,用红漆标记 10 株主茎叶龄,作为取样参考标准株。在幼穗分化期,每 2 d 一次每个品种各取 10 个主茎镜检幼穗分化进程,同时观测最后 4 叶的叶龄,换算为叶龄余数。

1.5　器官节位划分标准

依据禾谷类胚结构的解释,将节部上方的叶片、叶鞘、叶鞘腋的蘖芽、节部下方的节间、节间根带萌发的节根,划为同一个节位。第 1 伸长节间以下长在地下的各节节间短缩密集,分清节位不易,为此采用叶位法分清节位,即按由下而上的节位,逐节以叶鞘基节为准,分解出同一节位的叶片、叶鞘、蘖芽、节间、节根等器官。其中,蘖芽位于叶鞘腋,节根位于叶鞘着生节部下方,萌发后将突破下一节位的叶鞘,而突破下方节位叶鞘的节根,归属于上一个节位。

2　结果与分析

2.1　营养器官的相关生长

稻茎由众多茎节积叠而成,每个节位具有叶片、叶鞘、节间、节根和蘖芽等 5 个器官。成熟的幼胚有

3个既成的叶原茎,中央是生长锥。其后各节位的叶原基则于种子萌发至幼穗分化前夕的营养生长期,按由下而上节位顺次在生长锥腹侧分化形成。其他营养器官原基也随叶原基分化之后,循由下而上的节位顺次分化。图1示6叶1心叶龄个体纵剖面形态结构模式:第10节位叶原基(L10)刚在生长锥腹侧环状突起;由此向下,第9节位叶原基(L9)膨大如头巾状围卷生长锥,第8节位叶原基(L8)延伸如塔状笼罩生长锥,塔身分化为叶片,塔基分化为叶鞘;第7节位叶原基发育成幼叶(L7),开始显著伸长,叶尖刚从其下节位的叶枕露出,叶鞘腋有该节位蘖芽原基(T7)突起,而茎内周边维管束外侧开始分化节根原基(R7);与第7节位叶片开始显著同时,第4节位的蘖芽(T4)和节根(R4)也开始显著伸长,第5、6节位的节根原基在茎内进一步发育膨大。

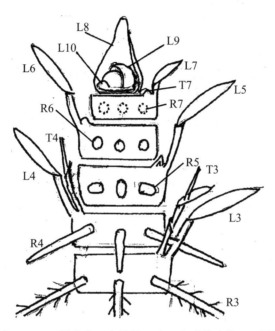

　　*L叶片,T分蘖,R节根,数字3、4、……示节位。本图示6叶1心叶龄个体,L7刚抽出,正在显著伸长,同时T7开始突起,T4、R4显著伸长,L10叶原基刚分化,R7、R6、R5节根原基在茎内分化发育。

图1　水稻器官纵剖面形态模式

　　各营养器官原基分化出来以后,拔节期前仅有叶片、叶鞘、节根正常伸长,蘖芽在条件适宜时伸长为分蘖,而节间无显著伸长,短缩密集长在地下,长仅1 mm左右。拔节期后则叶片、叶鞘、节间正常伸长,而节根和蘖芽一般以原基状态休眠。尽管有这种特点,但是如图2、表1所示,可能伸长的同名器官,皆循由下上的节位顺次伸长;在同一节位中,可能伸长的异名器官,皆循叶片、叶鞘、叶鞘节部下方节间、叶鞘腋蘖芽和节间根节的节根顺序,依次伸长。

　　基于以上分化、伸长动态,在同一时间断面,便有一组正在分化伸长的营养器官,这就是:N节叶片、$N-1$节叶鞘、$N-2$节节间、$N-3$节蘖芽和节根同时伸长,伴随$N+3$节位叶原基、N节位蘖芽原基和节根原基分化。

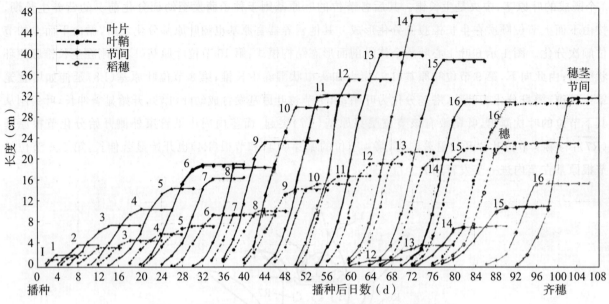

图 2   水稻各节位营养器官及穗伸长动态(籼稻珍珠矮,1975)

表 1   籼稻珍珠矮器官分化伸长动态

(1975,福建省龙海)

播后日数	主茎叶龄	根蘖萌发节位	茎端分化原基	各节位叶片长度(cm)												
				1	2	3	4	5	6	7	8	9	10	11	12	13
0	0			0											
2	0		4	0.2											
4	0.5	C	5	1.9	0.3										
6	1.1			1.8	2.0	0.3									
8	1.6	I	6	1.9	4.0	1.3									
10	2.1			1.9	4.1	3.1	0.2								
12	2.5	1	7		4.0	6.4	1.6								
14	3.0				4.1	7.7	4.2	0.2							
16	3.2					8.0	6.2	1.2							
18	3.5	2	8			7.8	9.6	3.4							
20	4.1					7.9	10.6	5.9	0.2						
22	4.5	3	9			8.1	11.2	11.5	2.0						
24	4.9					7.7	10.8	14.4	5.7	0.2					
26	5.2						10.6	14.5	10.3	1.8					
28	5.5	4	10				10.6	14.4	15.2	4.2					
30	6.1							14.8	18.7	9.0	0.1				
32	6.3							14.0	18.6	13.2	1.0				
34	6.5	5	11					14.4	18.8	16.3	4.2				
36	7.0								18.6	16.3	9.8	1.2			
38	7.6	6	12						18.5	16.3	18.3	4.8			

续表1

播后日数	主茎叶龄	根蘖萌发节位	茎端分化原基	各节位叶片长度(cm)													
				1	2	3	4	5	6	7	8	9	10	11	12	13
40	8.0								18.0	10.5	10.3	9.0	1.1			
42	8.6	7	13							16.2	18.0	22.0	3.8			
44	9.0									16.3	18.4	23.2	13.3	0.2		
46	9.3										18.3	23.2	19.2	2.0		
48	9.5	8	14								18.3	23.4	25.0	7.1		
50	10.0											22.8	29.8	14.0	0.3	
52	10.3											23.4	29.7	23.2	4.3	
54	10.7	9	15									23.2	29.7	31.5	10.0	0.2
56	11.0												29.8	31.8	17.0	3.6
58	11.5	10	16										29.8	31.8	31.0	8.3
60	12.0												29.7	31.6	34.8	17.0
62	12.3													31.8	34.5	27.6

播后日数	主茎叶龄	根蘖萌发节位	茎端分化原基	各节位叶鞘长度(cm)															
				C	I	1	2	3	4	5	6	7	8	9	10	11	12	13
0	0			0.2	0													
2	0		4	0.5	0.3													
4	0.5	C	5	0.8	1.4	0.2												
6	1.1			0.8	1.4	1.6												
8	1.6	I	6	0.8	1.4	2.1	0.5											
10	2.1					2.0	2.0											
12	2.5	1	7			2.0	3.0	0.4										
14	3.0						3.3	2.0										
16	3.2						3.3	3.8										
18	3.5	2	8				3.2	4.8	0.4									
20	4.1						3.3	4.9	3.1	0.2								
22	4.5	3	9				3.3	4.7	4.8	1.7								
24	4.9							4.8	6.0	3.5								
26	5.2							4.7	6.0	6.0	0.2							
28	5.5	4	10					4.8	6.0	7.8	1.2							
30	6.1								5.8	7.7	4.2							
32	6.3								6.2	7.6	7.7							
34	6.5	5	11						6.0	7.5	9.5	0.8						
36	7.0									7.7	9.3	4.8	1.0					
38	7.6	6	12							7.6	9.5	9.0	3.0					
40	8.0									7.7	9.3	9.8	6.5	0.4				
42	8.6	7	13								9.5	9.6	9.6	2.4				
44	9.0											9.8	10.2	6.2				

续表1

播后日数	主茎叶龄	根蘖萌发节位	茎端分化原基	各节位叶鞘长度(cm)														
				C	I	1	2	3	4	5	6	7	8	9	10	11	12	13
46	9.3											9.8	10.2	10.2	1.3			
48	9.5	8	14									9.6	10.6	14.2	3.7			
50	10.0												10.2	14.2	10.5	0.4		
52	10.3												10.2	14.2	14.2	1.4		
54	10.7	9	15											14.4	15.3	5.8		
56	11.0													14.1	15.3	15.3	0.8	
58	11.5	10	16											14.2	15.2	16.8	2.6	
60	12.0														15.3	16.8	8.9	0.5
62	12.3														15.3	16.7	16.8	2.0

播后日数	主茎叶龄	根蘖萌发节位	茎端分化原基	各节位叶片长度(cm)					各节位叶鞘长度(cm)					各节位节间及穗长度(cm)						
				12	13	14	15	16	12	13	14	15	16	12	13	14	15	16	N	S
64	12.7	11	①	34.6	37.5	7.9	0.4		19.1	4.4				0.2						0.02
66	12.9		②	35.2	39.9	16.4	1.2		19.0	11.7	0.2			0.4	0.2					0.04
68	13.2			34.8	38.6	28.2	3.9		19.0	18.1	0.6			0.6	1.0					
70	13.5	12	③	34.8	40.8	38.6	9.8	0.3	19.1	21.2	3.2			0.8	1.6					0.08
72	13.9		④		40.0	46.7	19.2	1.6	19.1	21.0	13.8	0.2		1.0	2.5	0.2				0.13
74	14.2				39.8	46.5	27.8	3.2		20.6	19.4	1.6		0.9	3.8	1.2				
76	14.6		⑤		39.6	46.8	36.0	9.6		22.0	20.1	5.6	0.4	0.8	3.8	2.7				0.2
78	15.0					46.7	38.9	20.0		21.2	20.2	11.6	1.0	0.9	3.7	4.2	0.4			1.1
80	15.3					46.8	39.6	27.3			19.8	20.1	2.0		4.0	6.8	1.5			2.2
82	15.5		⑥			46.7	36.0				20.2	22.0	7.0		3.8	7.5	2.5			4.0
84	15.8						39.7	30.8			20.1	22.2	16.2			7.4	4.8			7.9
86	16.0		⑦				39.8	30.9			20.1	21.8	22.0			7.5	7.5	0.4		14.1
88							38.4	30.8				22.0	26.8			7.5	9.8	0.8		21.3
90								30.9				22.1	30.6			7.5	10.8	2.0		22.5
92								30.7				22.0	30.2				10.6	6.2	0.2	22.6
94			⑧					30.8					30.4				10.9	11.0	2.0	22.5
96													30.7				10.8	15.2	5.2	22.3
98			露穗										30.2				10.8	15.4	10.3	22.5
100													30.5				10.8	15.4	20.6	22.5
102			穗出										30.4					15.2	30.8	22.4
104			终花										30.4					15.3	31.5	22.6
106																		15.3	31.4	22.5

* 茎端分化原基：4～16为第4～16节位刚分化的叶原基。

** C：胚芽鞘(coleoptile)；I：不完全叶(incomplete)；N：穗颈节间(neck of spike)，S：穗(spike)。

*** ①第一苞、②一次枝梗、③二次枝梗、④颖花、⑤雌雄蕊、⑥花粉母细胞及减数分裂、⑦小孢子、⑧雄配子(二、三胞花粉粒—花粉成熟)，其中露穗时穗上部花粉成熟，穗全出时穗下部的花粉成熟。

2.2　出叶与本节位叶片、叶鞘伸长的对应关系及营养器官生育进程的诊断

以往常见出叶表达叶片伸长过程,但由表 1 看出,外观上出叶并不能反映叶片伸长的真实情况,如表 2 所示:就众数而言,当一片叶子的叶尖露出时,该叶已伸达定长的 40%～50%(第 1 叶和剑叶的叶尖露出时已伸达定长的 58%～65%),正处伸长盛期;当出叶一半时,该叶已伸达定长的 80%～100%,而本节位叶鞘和上一节位叶片开始伸长;当叶片全叶抽出展开时,本节位叶鞘已伸达定长的 70%～90%,而上一节位叶片露尖,伸达定长的一半左右。因此,用以表达一定出叶程度的所谓"叶龄",反映了一定节位叶片和叶鞘顺次协同伸长的动态。实践上便可遵循器官相关生长模式,由叶龄诊断各营养器官分化伸长动态。如 9.5 叶龄时,即可诊断当时第 10 节位叶片接近定长,第 11 节位叶片开始伸长,对应地,第 10 节位叶鞘、第 8 节位节根和蘖芽也开始伸长,并伴随第 11 节位蘖芽原基及第 14 节位叶原基分化,第 11 节位节根原基也在茎内开始分化。

叶龄的估测简捷,只要参照下位定型叶的长度,酌情增减后估出心叶的定长,看心叶已抽出将来定长的十分之几,即可估出叶龄。因此,用叶龄诊断各节位营养器官分化伸长进程,不失为一种准确而简捷的形态诊断方法。

表 2　水稻主茎各节位叶片、叶鞘在不同出叶程度时伸长量

(珍珠矮,1975,福建龙海)

器官节位		1	2	3	4	5	6	7	8	9	10	11	12	13	14	15	16
叶片	定长(cm)	1.9	4.1	7.7	10.6	14.4	18.6	16.3	18.3	23.2	29.7	31.8	34.8	39.6	46.7	38.4	30.8
	叶片露尖时长度(cm)	1.1	2.0	3.1	4.2	5.9	7.7	9.0	9.8	9.6	13.3	14.0	17.0	17.0	20.3	21.2	20.0
	为定长的百分比(%)	58	49	40	40	41	41	55	54	41	45	44	49	43	43	55	65
	出叶一半时长度(cm)	1.9	4.0	6.4	9.6	11.5	15.2	16.3	18.3	22.0	25.0	27.4	31.0	34.2	38.6	34.0	30.8
	为定长的百分比(%)	100	98	83	91	80	82	100	100	95	84	86	89	86	83	89	100
叶鞘	定长(cm)	2.0	3.3	4.8	6.0	7.7	9.5	9.6	10.2	14.2	15.3	16.8	19.1	21.2	20.1	22.0	30.4
	出叶一半时长度(cm)	0.2	0.6	0.4	0.4	1.5	1.2	0.8	3.0	2.4	3.7	2.4	2.6	3.4	3.2	4.5	7.0
	为定长的百分比(%)	10	18	8	7	19	13	8	29	17	24	14	14	16	16	20	23
	叶枕露出时长度(cm)	1.4	2.0	3.3	4.8	6.0	7.7	9.0	9.6	10.2	14.2	15.3	16.8	19.1	19.4	20.1	22.0
	为定长的百分比(%)	70	61	69	80	78	81	94	94	72	93	91	88	90	97	91	72

2.3　根叶同伸关系

表 3 列出不同节位节根开始萌发伸长及终止萌发的叶龄期。由于叶龄反映了一定节位叶片的伸长进程,因此可由一定节位节根萌发伸长叶龄期,找出同时伸长的叶片节位,从而确定根叶同伸关系。

表 3　水稻主茎和分蘖各节位节根萌发叶龄期及萌发条数

(珍珠矮,1975,福建龙海)

节根节位		I/P	1	2	3	4	5	6	7	8	9	10	11	12
主茎	始发叶龄	1.6	2.5	3.5	4.6	5.7	6.5	7.6	8.6	9.7	10.6	11.6	12.5	13.7
	终发叶龄	2.3	3.3	4.4	5.6	6.5	7.8	8.6	9.7	10.5	11.5	12.4	13.5	15.2
	节根条数	5.5	5.3	5.2	6.0	9.2	9.0	10.2	9.0	8.6	9.2	8.3	8.4	13.0
6/0 蘖	始发叶龄	1.7	2.5	3.6	4.7	5.4	6.5							
	终发叶龄	2.3	3.3	4.4	5.7	6.5	7.7							
	节根条数	5.0	8.7	7.6	7.8	7.4	8.5							
7/0 蘖	始发叶龄	1.6	2.4	3.5	4.8	5.8								
	终发叶龄	2.3	3.4	4.5	5.8	6.9								
	节根条数	6.5	8.6	7.4	7.7	7.6								
8/0 蘖	始发叶龄	1.6	2.6	3.7	4.8									
	终发叶龄	2.3	3.4	4.4	5.9									
	节根条数	5.8	7.4	6.6	7.1									
9/0 蘖	始发叶龄	1.6	2.4	3.7										
	终发叶龄	2.3	3.4	4.8										
	节根条数	6.6	6.3	7.8										
10/0 蘖	始发叶龄	1.6	2.7											
	终发叶龄	2.3	3.5											
	节根条数	6.7	6.5											

** I 为主茎不完全叶(incomplete),P 为分蘖前出叶(prophyll)。

** 始发指节根开始萌发,有部分节根显著伸长,长度≥1 cm。终发指节根全部萌发,多数节根显著伸长,长度≥3 cm。

*** 主茎胚芽鞘(coleoptile)节根未列入表,该节节根于 0.5～1.5 叶龄期萌发伸长。

表 3 显示:主茎不完叶(I)节节根在第 3 叶开始伸长的 1.6 叶龄开始萌发,有一部分节根显著伸长,长度≥1 cm;在第 3 叶将近定长的 2.3 叶龄全数萌发,多数节根显著伸长,长度≥3 cm。主茎第 1 叶节节根在第 4 叶开始伸长的 2.5 叶龄开始萌发,并部分显著伸长;在第 4 叶将近定长的 3.3 叶龄全数萌发,并多数显著伸长。主茎第 2 叶节节根在第 5 叶开始伸长的 3.5 叶龄开始萌发,并部分显著伸长;在第 5 叶定长的 4.4 叶龄全数萌发,并多数显著伸长。从开始萌发并部分显著伸长,至全数萌发并多数显著伸长,历一个出叶周期。其后,叶片伸长每提高一个节位,节根萌发伸长也相应提高一个节位,不赘。综上所述,主茎 N 节叶片开始伸长时,$N-3$ 节节根开始萌发,部分根显著伸长;N 节叶片定长时,$N-3$ 节节根全数萌发,多数节根显著伸长。显然,N 节叶片伸长与 $N-3$ 节节根萌发伸长同步。不过应该指出,一定节位节根全数萌发并显著伸长(长度≥3 cm)之后,该节节根仍将继续伸长,约再历 2～3 个出叶周期才停止伸长。

分蘖存在与主茎相似的根叶同伸关系,如表 3 所示:各个节位分蘖的前出叶(P)节节根,在第 3 叶开始伸长的 1.6～1.7 叶龄开始萌发,部分节根显著伸长(长度≥1 cm),在第 3 叶将近定长的 2.3 叶龄全数萌发,多数节根显著伸长(长度≥3 cm)。各个节位分蘖的第 1 叶节节根,在第 4 叶开始伸长的 2.4～2.7 叶龄开始萌发并部分显著伸长,在第 4 叶将近定长的 3.3～3.5 叶龄全数萌发并多数显著伸长。分蘖与主茎一样,是 N 节叶片伸长与 $N-3$ 节节根萌发伸长同步。

珍珠矮品种作早稻栽培,主茎有 16 片叶,从胚芽鞘节至第 1 伸长节间的节位(即第 12 节节位),共有 14 个发根节。其中胚芽鞘(C)节有 3 条节根,不完全叶(I)节至第 3 叶节每节有 5~6 条节根。第 4~11 叶节每节有 8~10 条节根,第 12 叶节其双层节根,有 13 条节根。分蘖总叶数显著较少,发根节数也显著较少,随分蘖节位上升,总叶数和发根节数将相应减少。前出叶(P)节萌发 5~6 条节根,第 1~4 叶节每节萌发 6~8 条节根。

2.4　穗与营养器官的相关生长和形态诊断

幼穗发育前期伸长十分缓慢,苞分化期长仅 0.2 mm,一次枝梗分化初期长约 0.4 mm,二次枝梗分化初期长约 0.8 mm,颖花分化初期长约 1.3 mm,雄雌蕊分化初期长约 2 mm。幼穗在雌雄蕊分化中期(内外稃合拢)长约 4.5 mm,从此开始显著伸长,至减数分裂期达最终穗长的 1/3,至小孢子单核靠边期定长。幼穗从开始显著伸长至定长,与剑叶叶鞘及倒 2 叶节节间的伸长同步。但如果将幼穗发育进程与营养器官伸长动态加以比对,则发现:在幼穗发育各期,都有一组营养器官正在伸长,这一组同伸营养器官分属于固定的倒数节位;每个水稻品种在幼穗发育各期的始期,都有相对固定的叶龄,并可换算为相对固定的叶龄余数。表 1 为珍珠矮品种的观察结果,可以看出:

(1)第一苞分化初期至倒数第 3 叶片、第 4 叶鞘、第 5 叶节节间开始伸长,主茎叶龄 12.7,叶龄余数 3.3。

(2)一次枝梗分化初期至上述营养器官伸长近定长的一半,主茎叶龄 13.0,叶龄余数 3.0。

(3)二次枝梗分化初期至倒数第 2 叶片、第 3 叶鞘、第 4 叶节节间开始伸长,主茎叶龄 13.5,叶龄余数 2.5。

(4)颖花分化初期至上述营养器官伸长一半,主茎叶龄 14.0,叶龄余数 2.0。

(5)雌雄蕊分化初期至倒数第 1 叶片、第 2 叶鞘、第 3 叶节节间开始伸长,主茎叶龄 14.5,叶龄余数 1.5。

(6)花粉母细胞形成及减数分裂期至花粉母细胞形成期为倒数第 1 叶鞘、第 2 叶节节间开始伸长,主茎叶龄 15.6,叶龄余数 0.4,进入花粉母细胞减数分裂期,上述营养器官伸长近半,主茎叶龄 15.8,叶龄余数 0.2,顶部之叶的叶枕距为 -6~-1 cm。

(7)花粉内容充实初期至倒数第 1 叶鞘将近定长、倒 1 叶节节间开始伸长,顶部二叶的叶枕平齐,主茎叶龄 16.0,叶龄余数为 0。

(8)花粉成熟期(雄配子形成期)至当穗颈节间开始伸长时,穗上中部颖花进入二胞花粉期;当穗颈节间伸长 6~10 cm,将穗顶托至剑叶叶枕处时,穗上部花粉成熟;当穗颈节间伸长一半时,穗中部花粉成熟;当穗颈节间定长,将穗全部托出剑叶鞘时,穗基部花粉成熟。

兹以珍珠矮品种为代表,将营养器官伸长节位、茎端叶原基分化节位和幼穗 8 个发育期的同步对应关系,综合为表 4,看出:(1)当 N 节叶片伸长时,$N-1$ 节叶鞘、$N-2$ 节节间、$N-3$ 节节根和蘖芽同时伸长,$N+3$ 节叶原基同时分化。(2)当倒 3 叶伸长时,幼穗第 1 苞和一次枝梗分化;当倒 2 叶伸长时,二次枝梗及颖花分化;当剑叶伸长时,雌雄蕊分化;当剑叶鞘和倒 2 叶节节间伸长时,花粉母细胞形成及减数分裂;当剑叶节间伸长时,小孢子发育;当穗颈节间伸长时,雄配子发育(花粉成熟)。

表4　籼稻品种珍珠矮器官相关生长关系

(福建龙海,1975)

营养器官伸长节位		1	2	3	4	5	6	7	8	9	10	11	12	13	14	15	16			
	叶片	1	2	3	4	5	6	7	8	9	10	11	12	13	14	15	16			
	叶鞘	I	1	2	3	4	5	6	7	8	9	10	11	12	13	14	15	16		
	节间														12	13	14	15	16	N
	节根		C	I	1	2	3	4	5	6	7	8	9	10	11	12				
	分蘖				1	2	3	4	5	6	7	8	9	10	11	12				
茎端分化器官		(4)	(5)	(6)	(7)	(8)	(9)	(10)	(11)	(12)	(13)	(14)	(15)	(16)	①②	③④	⑤	⑥	⑦	⑧

* C:胚芽鞘(coleoptile);I:不完全叶(incomplete);N:穗颈节间(neck of spike)。(4)～(16)为第4~16节位叶原基。①～⑧为幼穗分化器官,其中:①第一苞;②一次枝梗;③二次枝梗;④颖花;⑤雌雄蕊;⑥花粉母细胞及减数分裂;⑦小孢子;⑧雄配子。

　　幼穗发育进程的诊断,一直是国内外研究的重点。丁颖[4]提出的"叶龄余数"诊断法,对于幼穗发育进程的诊断较为实用,但只适用于小孢子发育前的诊断。本研究结果显示,应用剑叶节间和穗颈节间伸长度,可以准确而简捷地诊断小孢子和雄配子的发育进程。

　　先后解剖镜检其他8个品种的幼穗分化进程与倒数4叶出叶程度的关系,结果幼穗发育各期的叶龄余数甚为一致,标准差仅±0.1叶(见表5)。但叶龄余数的估算需预知品种主茎总叶数和有叶龄的追踪记载,或在显微镜下解剖观测未出叶数。

表5　几个水稻品种幼穗发育进程的叶龄余数

幼穗发育进程	水源三百粒	矮脚南特	珍珠矮	红410	南京11号	四优2号	IR24	V41A	广二矮	平均
第一苞分化初	3.4	3.3	3.3	3.2	3.3	3.3	3.3	3.2	3.4	3.3±0.1
一次枝梗分化初	3.1	2.9	3.1	2.9	2.8	2.8	2.8	2.9	2.9	2.9±0.1
二次枝梗分化初	2.6	2.4	2.5	2.3	2.3	2.3	2.2	2.3	2.4	2.4±0.1
颖花分化初	2.1	2.0	2.1	2.0	2.0	1.9	1.9	1.9	2.0	2.0±0.1
雌雄蕊分化初	1.5	1.5	1.6	1.4	1.5	1.3	1.3	1.3	1.3	1.4±0.1
花粉母细胞	0.4	0.4	0.5	0.3	0.3	0.3	0.3	0.3	0.3	0.3±0.1
小孢子充实初	0	0	0	0	0	0	0	0	0	0±0
主茎总叶数	15	12	16	12	14	14	17	12	17	—
观察年季	1963	1966早	1975早	1977早	1977早	1977晚	1977晚	1977晚	1977早	—

2.5　水稻茎生叶数及其叶龄与穗发育期的对应关系

　　水稻品种有相对稳定的伸长节间数和茎生叶数。珍珠矮品种1975年在龙海进行周年播种,主茎总叶数变动于 12～16 片之间,但主茎地上部保持 6 个伸长节间、5 片茎生叶(其中穗颈节间的叶片转育为幼穗第 1 苞)。据多年对多个品种的观察,看到大致有 3 类品种类型:特早熟的早稻品种,如青小金早、二九南、V41A、矮脚南特,为 5 个伸长节间、4 片茎生叶;一般的早稻品种和早熟的中、晚稻品种,如水源三百粒、矮脚南特、红 410、珍珠矮、南京 11 号、四优 2 号、IR24,为 6 个伸长节间、5 片茎生叶;迟熟的中、晚稻品种,如广二矮、胞胎矮、晚秋矮、广华 4 号,为 7 个伸长节间、6 片茎生叶。

上节研究结果表明,在幼穗发育各期,都有一组营养器官正在伸长,这一组同伸营养器官分属于固定的倒数节位。既然如此,就同一个品种类型而言,各穗发育期对应的一组营养器官,也分属于伸长节上固定的顺数节位,有固定的茎生叶数(以第 1 伸长节的叶为第 1 茎生叶,向上依次为第 2、3、4……茎生叶),实践上便可分三个品种类型,用茎生叶龄和有关茎生器官伸长动态,去诊断穗发育进程,而无须预知主茎总叶数。各品种类型各穗发育期的茎生叶龄＝品种茎生叶数－叶龄余数。

尽管三类品种各穗发育期的茎生叶龄不同,但都分布在倒 1 至倒 4 叶叶龄内,可以更简捷地用倒 4 至倒 1 各叶抽出程度,诊断穗发育进程,如图 3 所示:倒 4 叶抽出 0.7 叶时,为第一苞分化始期;倒 3 叶抽出 0.1 叶时为一次枝梗分化始期,抽出 0.6 叶时为二次枝梗分化始期,全出时为颖花分化始期;倒 2 叶抽出 0.6 叶时为雌雄蕊分化始期;倒 1 叶抽出 0.7 叶时为花粉母细胞形成期,全出时减数分裂结束,进入小孢子发育始期。

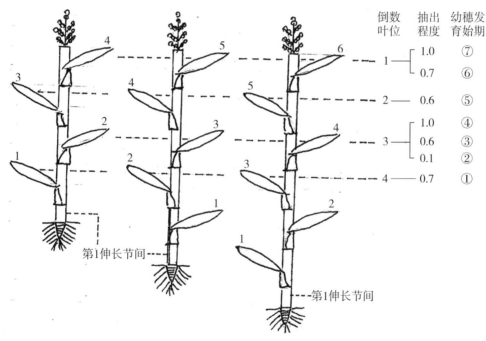

①—第一苞分化始期;②—一次枝梗分化始期;③—二次枝梗分化始期;④—颖花分化始期;

⑤—雌雄蕊分化始期;⑥—花粉母细胞形成期;⑦—减数分裂结束。

图 3　水稻三类品种的茎生叶数及其抽出程度与穗发育期的对应关系

无论是应用茎生叶叶龄还是倒 1～倒 4 出叶程度,诊断穗发育进程,难点在于必须在第 1 伸长节间定长时,才能确定哪一叶是第 1 茎生叶,再顺次确定第 2、3……茎生叶。第 1 伸长节间定长时长 1 cm 左右,萌发双层根,容易识别,据器官相关规则推算,第 1 伸长节间定长时间、7 个和 6.5 个伸长节间品种分别在叶龄余数 3.5、2.5 和 1.5 时,即分别在苞分化前夕、一次枝梗分化期和雌雄蕊分化期。由此看来,上述诊断法只适用于 7 个伸长节间和 6 个伸长节间的品种。

2.6 主茎与分蘖器官的相关生长和形态诊断

据对矮脚南特(1966)、珍珠矮(1975)、四优 2 号(1977)等品种的田间追踪观察,看到:主茎 N 节叶片与 $N-3$ 节分蘖第 1 叶片同时出生,但分蘖出生后有其独立性,依其出叶数的不同,成穗的分蘖可分为基本型和变异型两类。基本型如片山佃[6]所述,主蘖间对应叶片出生基本同步,N 节分蘖总叶数=主茎总叶数$-N-2$。变异型分蘖多长 1 片叶子,N 节分蘖总叶数=主茎总叶数$-N-1$。不管分蘖是基本型还是变异型,随着叶位的增加,出叶速度比主茎略快。

表 6 为对矮脚南特的观察结果。田间定 10 丛 50 株追踪观察,共萌发 152 个分蘖,成穗 111 个分蘖。在成穗分蘖中,基本型占 18%,变异型占 82%。主茎总叶数为 12 片,5/0、6/0、7/0 等分蘖的总叶数分别为 5、4、3 片,符合 N 节位基本型分蘖总叶数=主茎总叶数$-N-2$ 的模式,主蘖间出叶速度相近,剑叶全出期和抽穗期也相近。5/0、6/0、7/0、8/0 等的变异型分蘖的总叶数分别为 6、5、4、3 片,符合 N 节位变异型分蘖总叶数=主茎总叶数$-N-1$ 的模式。变异型分蘖的叶片比基本型分蘖多 1 片,结果其剑叶全出期和抽穗期,比主茎推迟 8~11 d。此外还有 5 个 8/0 节位分蘖和 1 个 9/0 节位分蘖的总叶数还比基本型分蘖多 2 片,则其剑叶全出期和抽穗期,比主茎推迟 16~18 d。

表 6 矮脚南特主茎及分蘖的各叶全出期和抽穗期

(福建省上杭县古田,1966 年早季)

类型及蘖位		叶数	各叶全出期(月-日)					抽穗期	总穗数
主茎		12	04-19	04-26	05-04	05-11	05-20	06-01	50
基本	5/0	5	04-20	04-26	05-03	05-11	05-23	06-04	4
类型	6/0	4		04-25	05-02	05-10	05-23	06-03	15
分蘖	7/0	3			05-01	05-09	05-20	06-01	1
	5/0	6	04-20	04-26	05-11	05-12	05-30	06-11	6
	6/0	5		04-24	04-30	05-07	05-17	05-29	06-10	26
变异	7/0	4			05-01	05-07	05-16	05-28	06-09	41
类型	8/0	3			05-08	05-17	05-31	06-11	12
分蘖	8/0	4			05-08	05-15	05-28	06-05	06-15	5
	9/0	3			05-18	05-28	06-07	06-17	1

表 7 为对四优 2 号的观察结果。田间定 10 丛 20 株追踪观察,共萌发 149 个分蘖,成穗 98 个分蘖。在成穗分蘖中,基本型占 17%,变异型占 83%。81 个成穗的一次分蘖,皆属变异型分蘖,总叶数=主茎总叶数$-N-1$,剑叶全出期和抽穗期比主茎推迟 4~6 d。17 个成穗的二次分蘖属基本型,剑叶全出期和抽穗期与其母茎(一次分蘖)相近。

对珍珠矮的观察结果,在本试验观察区单株植条件下,变异型分蘖占 80%,但在生产田多株植条件下,变异型分蘖占 53%,主蘖总叶数和各叶全出期不再赘述。

表 7　杂交稻四优 2 号主茎及分蘖的各叶全出期和抽穗期

(福建省龙海县黎明,1977 年晚季)

类型及蘖位		叶数	各叶全出期(月-日)										抽穗期	总穗数
主茎		14	08-01	08-05	08-09	08-13	08-17	08-22	08-27	09-03	09-10		09-21	20
变异类型一次分蘖	3/0	10	08-01	08-04	08-07	08-12	08-17	08-22	08-27	09-02	09-08	09-16	09-26	9
	4/0	9		08-05	08-10	08-13	08-17	08-22	08-27	09-02	09-07	09-15	09-25	16
	5/0	8			08-10	08-12	08-15	08-18	08-26	08-29	09-05	09-15	09-25	18
	6/0	7				08-13	08-15	08-18	08-25	08-29	09-05	09-13	09-23	18
	7/0	6					08-16	08-19	08-24	08-31	09-06	09-15	09-25	14
	8/0	5						08-20	08-25	08-31	09-07	09-16	09-26	6
基本类型二次分蘖	1/3	7				08-14	08-17	08-22	08-27	09-02	09-08	09-16	09-26	5
	1/4	6					08-16	08-19	08-25	08-31	09-07	09-15	09-25	5
	1/5	5						08-19	08-24	08-31	09-07	09-14	09-24	4
	1/6	4							08-23	08-28	09-04	09-11	09-21	2
	1/7	3								08-30	09-05	09-12	09-22	1

2.7　环境因素效应的形态诊断

伸长中的叶片生长对环境因素特别敏感。不同环境条件和农业措施,必将塑造出不同的叶片长相(长度、宽度、披垂度)。强烈的环境因素,如严寒、干热、断根、药害,将立即抑制伸长期叶片的生长;而有的环境因素,如施肥控水,则需经一段时间才发挥最大效应,显著促控的将是其后伸长的叶片。掌握叶片对环境因素发生定位反应的规律,参照出叶间隔,便可由一定节位叶片的长相,诊断有关环境因素影响的时期和深刻程度。下面是几个在生产活动中对环境因素效应进行形态诊断的实例。

2.7.1　移栽期的形态诊断

水稻营养生长期的叶片,一般随叶位上升而加长,当遇环境剧变时,这种平稳增长状态将被打乱。如移栽断根,一度抑制水养分吸收,当时正在显著伸长的心叶,乃至其上一片即将伸长的新叶,生长将受强烈抑制,定长后将短于移栽时秧苗顶部全出叶,从而出现"二叶齐"、"三叶齐"长相。如图2、表1所示:1975 年早季珍珠矮于 6.3 叶龄移栽,第 7 叶为心叶,第 8 叶为即将伸长的新叶,移栽断根,抑制了第 7、8 叶的伸长,在移栽后 10 d,田间出现第 6、7、8 叶"三叶齐"长相。

2.7.2　烂秧死苗的形态诊断

1974 年龙海县 1 月底播种的早稻发生大面积烂秧死苗现象,烂秧的原因及时间众说纷纭。我们于 3 月 21 日在黎明生产大队的秧田刮取了 3 处秧田共 0.5 m² 秧板的秧苗,淘洗去泥土后计数各类秧苗数,结果是:哑种占 5%,烂芽占 65%,2.1 叶龄死苗占 5%,4.5 叶龄健苗占 25%,但健苗第 3 叶短小白化。据此诊断:烂秧主要发生在播后发芽期,次为 2.1 叶期。按早春 2 月幼苗出叶间隔 9 d 计算,发芽期距取样之日为 4.5(叶)×9 d＝40.5 d,即 2 月 9 日前后;2.1 叶期距取样之日为(4.5−2.1)(叶)×9 d＝21.6 d,

即 2 月 27 日前后。查阅县气象站气候记录,该两时段确曾出现持续多日低温:2 月 7—12 日的日平均气温为 6.4～9.3 ℃,见霜 4 d;2 月 24—28 日的日平均气温为 6.2～9.2 ℃,见霜 3 d。不过,水稻芽期是耐寒的,烂秧主要是为了防御低温而盲目灌深水保温,气温回升后未及时排水晒芽,引起芽谷生理性缺氧糜烂。2 叶 1 心期的持续低温,显著抑制了心叶(第 3 叶)的生长,定长后短小且白化,并有少数秧苗死亡,但随后气温回升,存活的秧苗仍正常生长。

2.7.3 追施氮肥的形态诊断

水稻追施氮肥,需通过土壤而后吸收利用,一般在追肥后 3 d 开始发挥肥效,促进 3 d 后开始伸长的叶片。表 8 是 1977 年晚季四优 2 号氮素穗肥施用期试验结果,看出:第 5 处理在剑叶(14 叶)全出时施氮,其时各叶已定长,施氮无促进各叶伸长效果,恰可作为其他施氮期处理的对照;第 1 处理在 10.1 叶龄施氮,第 11 叶为心叶,已伸长及半,促进显著伸长的叶片是其后 3～10 d 伸长的第 12 叶和十几日伸长的第 13 叶,分别比对照长 8.1 cm 和 5.2 cm;第 2 处理在 11.0 叶龄施氮,第 12 叶为心叶,促进显著伸长的为第 13、14 叶,分别比对照长 8.6 cm 和 5.1 cm;第 3 处理在 12.1 叶龄施氮,心叶为第 13 叶,促进显著伸长的为第 14 叶,比对照长 7.6 cm;第 4 处理在 13.1 叶龄施氮,心叶为第 14 叶,发挥肥效时已定长,长度与对照相近。由此表明,在 N 节叶片露尖期前后施氮,发挥肥效在 $N+1$～$N+2$ 节叶片伸长期,氮肥将显著促进 $N+1$、$N+2$ 节叶片伸长。因此,依据一定节位叶片的长相,可诊断施氮的叶龄和轻重,再参照出叶间隔,可估算出施氮的时间。

表 8　氮素穗肥施用期对各节位叶片长度及穗粒性状的影响
(四优 2 号,1977 年晚季,福建省龙海)

处理编号	氮素穗肥施用期		各节位叶片长度(cm)					每平方米穗数	每穗粒数	结实率(%)	千粒重(g)	产量(g/m²)
	叶龄	穗分化期	10	11	12	13	14					
1	10.1	苞分化前	30.2	35.2	49.4	43.1	31.1	323.4	139.1	86.3	26.1	1 013
2	11.0	一次枝梗	30.8	35.5	40.1	46.5	33.9	312.2	146.3	88.0	26.5	1 065
3	12.1	颖花	29.8	34.6	41.6	38.0	36.4	309.0	137.2	89.3	26.8	1 015
4	13.1	雌雄蕊	30.4	35.1	40.7	38.2	28.4	313.1	133.1	89.7	27.0	1 009
5	14.0	小孢子	30.0	34.8	41.3	37.9	28.8	311.5	130.4	90.6	27.1	997

* 四优 2 号晚季主茎总叶数 14 片。各处理氮素穗肥施用量均为 12 g/m²。

3　总结与讨论

水稻发育始于茎端分生组织持续进行的分裂分化,使茎不断延伸和异化,其外侧形成叶原基,稍下方加粗分节的茎轴周边维管束外侧形成节根原基,叶腋形成蘖芽原基。各器官分化出来之后,按一定的秩序进行伸长。器官井然有序的相关生长现象,可能与茎端的阻抑作用有关。据现代生理学研究,茎端区域的细胞合成生长素(IAA),并沿茎轴向基极性移动,近顶区域的 IAA 浓度高,抑制该处侧生器官的生长,而随离顶距离的增大,IAA 浓度降低,对侧生器官生长的抑制减弱,直至转为促进侧生器官生长,于是,器官按照有规则的模式进行生育。

在前人研究基础上,我们继 1963 年对粳稻品种水源三百粒器官分化伸长动态的观察,1975 年对籼稻品种珍珠矮的器官分化伸长进行全生育期的追踪观察,并对另外 7 个品种作补充观察,梳理整合了器官相关生长模式,提出器官分化伸长进程和环境因素效应的形态诊断指标。主要研究结果如下:

(1)营养器官的分化伸长遵循井然不紊的秩序,同名器官循由下而上的节位顺次分化、伸长,同节位的异名器官循叶片、叶鞘、节间、蘖芽和节根顺次分化、伸长。于是,在同一时间内,N 节叶片、$N-1$ 节叶鞘、$N-2$ 节节间、$N-3$ 节蘖芽和节根伸长,伴随 N 节蘖芽原基和节根原基及 $N+3$ 节叶原基分化。

(2)外观出叶并不能反映叶片伸长的真实情况,就众数而言,当一片叶子外观上露尖时,该叶已伸达最终定长的 40%~60%;当出叶一半时,该叶已伸达定长的 80%~100%,而本节叶鞘和上节叶片开始伸长;随后 N 节叶片的进一步抽出,则主要是本节叶鞘伸长的顶托;当叶片全叶抽出展开时,本节叶鞘已伸达定长的 70%~90%,而上节叶片外观上露尖,已伸长及半。循此周而复始。因此,用以表达一定出叶程度的所谓“叶龄”,反映了一定节位叶片与叶鞘协同伸长的动态。实践上可按器官相关生长规律,由叶龄诊断各节位营养器官的分化、伸长进程。

(3)将幼穗发育进程与营养器官伸长动态加以比对,发现幼穗发育各期,有对应一组营养器官伸长,这一组同伸营养器官,分属于固定的倒数节位,外观上有固定的出叶程度,据以换算为固定的叶龄余数,即:幼穗苞分化和一次枝梗分化,与倒数第 3 叶片、第 4 叶鞘、第 5 叶节节间同时伸长,它们分化初期的叶龄余数分别为 3.3 和 2.9;二次枝梗和颖花分化,与倒数第 2 叶片、第 3 叶鞘、第 4 叶节节间同时伸长,它们分化初期的叶龄余数分别为 2.4 和 2.0;雌雄蕊分化与倒数第 1 叶(剑叶)、第 2 叶鞘、第 3 叶节节间同时伸长,其分化初期的叶龄余数为 1.4;花粉母细胞形成及减数分裂,与倒数第 1 叶鞘(剑叶叶鞘)、第 2 节节间同时伸长,其分化初期的叶龄余数为 0.3;小孢子充实期与剑叶节间同时伸长,充实初期的叶龄余数为 0;花粉发育期与穗颈节间同时伸长,当穗颈节间开始伸长时,雄配子形成,当穗颈节间定长将稻穗顶托出剑叶鞘时,全穗花粉成熟。

幼穗发育进程的诊断是长期以来探索的问题。松岛省三等[2-3]提出的叶龄余数诊断法是根据主茎总叶数 16 片的品种推算出来的,对于总叶数差异较大品种的诊断误差偏大,后来于 1972 年提出按总叶数订正法[5]。丁颖[4]提出的“叶龄余数”诊断法比较准确,据本研究对 9 个水稻品种的观测,误差为 ±0.1 叶龄,但需预知品种总叶数和有叶龄的追踪标记,或需在显微镜下剥察未出叶数才实用。减数分裂结束,叶片已全数抽出。其后幼穗进一步发育的诊断,散见有秆长、穗长、颖花长、抽穗前日数等诊断指标的报道,甚为粗略。本研究观察到小孢子发育期和花粉发育期,分别与剑叶节间和穗颈节间同伸。

(4)主茎 N 节叶片与 $N-3$ 节分蘖的第 1 叶同时伸长,分蘖出生后生长有其独立性,出叶速度和总叶数不同,成穗分蘖有基本型和变异型两类,而以变异型为多。基本型分蘖与母茎同步出叶,近于同时幼穗分化和抽穗,N 节分蘖总叶数=母茎总叶数-$N-2$;变异型分蘖出叶速度略快,多分化 1 个叶原基而推迟幼穗分化和抽穗,N 节分蘖总叶数=母茎总叶数-$N-1$,还有少数变异型分蘖多分化 2 个叶原基,幼穗分化和抽穗推迟更多。

(5)伸长中的叶片对环境条件特别敏感。强烈的环境条件和农业措施,如严寒、干热、移栽断根、药害等,将抑制处于伸长期的叶片的伸长。而施肥控水需经一段时间才发挥效应,显著促控的将是其后伸长的新叶,如 N 节叶片露尖期施氮,将显著促进几日后发挥肥效时伸长的 $N+1$ 节和 $N+2$ 节叶片的伸长。掌握叶片伸长对环境条件的定位反应规律,由定位叶片长相(长度、宽度、披垂度),可诊断环境因素影响的时期和深刻程度。

著录论文

[1]李义珍.水稻器官的相关生长和形态诊断[J].福建农业科技,1978(4):20-31.

[2]李义珍.水稻器官的相关生长和形态诊断(修订稿)[G]//福建省农业科学院.全国杂交水稻生产福建现场会技术资料.福州:福建省农业科学院,1978:1-16.

参考文献

[1]秋元真次郎,户苅义次.水稲における挿秧の早晚に依る穂の形成の品种间差异[J].日本作物学会纪事,1939,11(1):168-184.

[2]松岛省三,真中多喜夫,小松展之.水稲收量予察の作物学的研究(予报):ⅩⅩ.全分げつを対象とした幼穂発育経過の追跡(1,2)[J].日本作物学会纪事,1955,23(4):274-275.

[3]松岛省三,真中多喜夫.水稲收量の成立原理とその応用こ関する作物学的研究:LⅢ.品种の早晚と栽培时期の早晚にある幼穂発育経過の差异と発育段阶の认定(2)[J].日本作物学会纪事,1959,28(2):201-204.

[4]丁颖.水稻幼穗发育和谷粒充实过程的观察[J].农业学报,1959,10(2):59-85.

[5]松崎昭夫,松岛省三.水稲收量の成立原理とその応用に関する作物的研究:第106报.叶龄指数と出穂前日数との関係について[J].日本作物学会纪事,1972,41(2):134-138.

[6]片山佃.稲麥の分蘖関する研究:Ⅰ.大麥及小麥の主秆及分蘖における相似生长の法則[J].日本作物学会纪事,1944,15(3/4):109-118.

[7]佐藤庚.水稲主秆おける葉及び節间の伸长について(预报)[J].日本作物学会纪事,1952,21(1/2):75-76.

[8]嵐嘉一,江口広.水稲の葉の発育経過に関する研究:(第1报)葉身並びに葉鞘の発育経過[J].日本作物学会纪事.1954,23(1):21-25.

[9]瀬古秀生,佐本啟智,铃木嘉一郎.水稲地上部诸器の発育経過に関する研究:1.水稲伸长期における地上部诸器官の伸长,乾物质の推移及びその相互関系について[J].日本作物学会纪事,1956,24(3):189-190.

[10]小松良行.水稲の出葉及び節间伸长と根の発育的関系[J].日本作物学会纪事,1959,28(1):20-21.

[11]関谷福司.水稲幼作物の分蘖原基及び分蘖芽に関する研究:第7报,分蘖原基及び分蘖芽の発育过程[J].日本作物学会纪事,1958,27(1):75-76.

[12]川原治之助,长南信雄,和田清.稲の形态形成に関する研究:第3报.叶穂秆の伸长の相互関系おちび秆の分裂组织について[J].日本作物学会纪事,1968,37(3):372-383.

[13]丁颖.中国水稻栽培学[M].北京:农业出版社,1961.

二、　水稻再生分蘖的叶原基和幼穗
分化发育及与茎叶的同步生长

　　我国在 1 700 年前就有再生稻零星种植的记述。1980 年代,随着一批具有强再生力杂交稻品种的问世,利用杂交稻蓄养再生稻成为一种新稻作制,在南方各省大面积发展。1997 年全国再生稻合计 75 万 hm²,头季产量 7.5 t/hm² 左右,再生季产量 2.04 t/hm²,为头季产量的 27%。福建省 1989 年杂交稻蓄养再生稻 5 万 hm²,成功 1.67 万 hm²,平均产量 1.83 t/hm²;1990 年杂交稻蓄养再生稻 6.47 万 hm²,成功 3.33 万 hm²,平均产量 1.64 t/hm²。据各地调查,大面积再生稻成功率和单产低的主要原因,是再生穗数少,且普遍认为,提高茎生腋芽萌发成穗率,以多穗补小穗的不足,是提高再生季产量的关键。

　　本课题组 1988—1989 年在沙县村头,1988—1995 年在武夷山市溪洲、黄村等地设研究基点,开展系列试验,揭示影响腋芽萌发的诸多因素,总结提高再生季产量的综合技术。[1-5]据田间调查和试验处理比对,看到再生季高产田块或高产处理,不仅拥有比头季增加 1 倍的穗数,而且具有较多的每穗粒数,因而争取再生季高产,必须兼顾扩增穗数和每穗粒数。为此,课题组在研究再生稻产量构成、成穗规律的同时,从 1991 年开始开展茎生腋芽分化发育特性研究,重点研究不同节位茎生腋芽的叶原基、幼穗分化进程,一次枝梗、二次枝梗和颖花的分化、发育、退化规律以及与茎叶的同步生长关系,冀为揭示再生分蘖稻穗发育规律和形态诊断提供科学依据。

1　材料与方法

1.1　研究概况

　　先后以粳稻世锦和杂交稻汕优 63、天优 3301、Ⅱ 优航 2 号等品种为材料,解剖镜检不同节位再生分蘖腋芽的叶原基及幼穗分化进程;取不同产量水平的再生分蘖镜检一、二次枝梗和颖花的分化、发育及退化率;调查不同节位再生分蘖的总叶片数及各节位叶片、叶鞘、节间长度,考察幼穗分化期和茎叶的同步生长模式。

1.2　茎生腋芽叶原基及幼穗分化进程的观察

　　1992 年在日本东北大学农学部作物学研究室,以粳稻品种世锦为试验材料盆栽,在头季主茎 9、10、

11、12、13、14 叶展开期、抽穗期、抽穗后 1～6 周,分期取主茎 12 支,切取地上部伸长节间各节位腋芽,用 FAA(福尔马林-醋酸-酒精)固定,应用石蜡切片法,作纵剖面、横剖面切片,在光学显微镜下观察各节分蘖的叶原基分化和幼穗分化进程,并照相留作细致分析。

1993 年在福建省农科院稻麦研究所,以汕优 63 为试验材料,网室水泥池土培,在主茎 10～15 叶龄、孕穗、抽穗、抽穗后 1～6 周期,每期取主茎 12 支,切取地上部伸长节间各节位腋芽,用 FAA 固定,用石蜡切片法,作纵剖面、横剖面切片,制成永久装片,然后在光学显微镜下观察各期各节位腋芽的叶原基分化和幼穗分化进程,记录各观察期的叶原基分化数,及各幼穗分化期的个体数。

2006 年在福建省尤溪县麻洋基点,以 Ⅱ 优航 2 号为试验材料,水田栽培。在头季雌雄蕊分化期取样镜检地上部生长节间腋芽,观察到已有一部分个体进入第一苞分化,从头季黄熟期前 12 d(头季抽穗后 18 d)至黄熟后 6 d 止,每 3 d 取 12 支主茎,切取地上部伸长节间各节位腋芽,解剖镜检幼穗分化进程。各节位茎生腋芽的幼穗分化期认定,以达到该分化期的个体多于 1/2 为准。

1.3 再生稻穗一、二次枝梗及颖花分化发育的观察

1992 年在福建省武夷山市黄村基点,以汕优 63 为试验材料,在头季选用 1 丘高产水平田块,在再生季选用 3 丘高、中、低产量水平的田块,在成熟期各取 6 丛有代表性稻株,调查各节位分蘖穗数,从中按节位穗数比例取 30 穗,在解剖镜下计算一次枝梗、二次枝梗、颖花的分化数、发育数和退化率,余下的稻穗供调查每穗粒数、结实率和千粒重。

1.4 再生分蘖萌发节位、总叶片数、各节位叶片、叶鞘、节间长度的调查

1988—1993 年在沙县村头,武夷山市溪洲、黄村等基点调查汕优 63、汕优 64、威优 64、特优 63、401、盐籼 203 等品种再生分蘖萌发的节位。

1992 年在日本东北大学以粳稻世锦为对象,2008 年在福建省尤溪县麻洋基点以汕优 63、天优 3301、Ⅱ 优航 2 号为对象,在再生季成熟期,每个品种取 15 丛,调查再生分蘖萌发节位和总叶数。2008 年同地,还以天优 3301 为研究对象,在再生季穗分化期,每 2 d 取总叶数 3 叶的倒 2 分蘖和总叶数 4 片的倒 4 分蘖各 15 支,测定各节位营养器官(叶片、叶鞘、节间)的长度,同时解剖镜检幼穗分化期和测量穗长,供分析建立幼穗分化与营养器官伸长的同步生长模式。在天优 3301 再生季成熟期,另取 5 丛测定各节位再生分蘖业已定长的各节营养器官长度及穗长和母茎桩高,供分析再生稻发育形态。

2 结果与分析

2.1 再生分蘖的形态性状

分蘖是从茎秆上各节腋芽萌发的个体。在再生稻的头季,分蘖主要在营养生长期从地下部不伸长茎

秆各节位腋芽萌发。头季成熟收割后,由残留的地上部伸长茎秆各节腋芽萌发的分蘖,称为再生分蘖、高节位分蘖或茎生分蘖。再生分蘖具有如下性状:

(1)出生节位:母茎地上部有 6 个伸长节间、5 片茎生叶,其中倒 2～倒 5 叶的叶腋各发育 1 枚腋芽,在适宜条件下可萌发再生分蘖。而地下部不伸长节间的腋芽很少萌发。再生分蘖的萌发率随节位的下移而降低,在头季稻高留桩收割条件下,倒 2、3 节的腋芽萌发率多达 50％以上,是再生分蘖数的主体。

(2)总叶片数:头季分蘖的总叶片数多,而头季高留桩收割萌发的再生分蘖总叶数仅 3～4 片,根据 1992 年对世锦,2008 年对汕优 63、天优 3301、Ⅱ优航 2 号的观察(表1),汕优 63、天优 3301 的倒 2、3 节分蘖以 3 叶居多,倒 4、5 节分蘖以 4 叶居多,而早熟品种世锦的再生分蘖总叶数皆以 3 叶居多,晚熟品种Ⅱ优航 2 号的再生分蘖总叶数皆以 4 叶居多。

(3)茎叶形态:再生分蘖有 5～6 个节,最下一节为前出叶(prophyll)节,节间长 0.3～0.5 cm,叶长 3～8 cm,内部结构类似叶鞘,无叶片。与头季分蘖相比,再生分蘖的叶片、叶鞘、节间显著缩短,主要性状如表 2 所示:

①叶片短直。倒 2、3 节再生分蘖的第 1 叶长仅 1～2 cm,倒 4、5 节再生分蘖的第 1 叶长 4～8 cm,第 3 叶长 20～30 cm,第 4 叶长 15～20 cm。

②叶鞘长度随节位上升而提高,逐渐由 10 cm 左右增加到 20 cm 左右。

③下部 3 个节间短缩,其中前出叶节间长 0.3～0.5 cm,第 1 叶节间长 0.5～1.8 cm,第 2 叶节间长多为 2～3 cm,少数长 7～10 cm。上部节间显著增长,第 3、4 叶节间长 10～18 cm,穗颈节间长 20～23 cm。

④穗长 13～17 cm,茎穗合长 55～68 cm。再加上头季稻桩基座,再生分蘖全株自然高度 70～80 cm。

表 1　各节位再生分蘖的总叶数

品种	分蘖节位	不同总叶数的分蘖数				不同总叶数的分蘖占比(％)			
		3 叶	4 叶	5 叶	合计	3 叶	4 叶	5 叶	合计
世锦	倒 2	198	4	0	202	98	2	0	100
	倒 3	199	6	0	205	97	3	0	100
	倒 4	119	39	0	158	75	25	0	100
	倒 5	38	29	0	67	57	43	0	100
汕优63	倒 2	116	35	0	151	77	23	0	100
	倒 3	87	29	0	116	75	25	0	100
	倒 4	16	50	1	67	24	75	1	100
	倒 5	8	17	0	25	32	68	0	100
天优3301	倒 2	65	21	0	86	76	24	0	100
	倒 3	39	21	0	60	65	35	0	100
	倒 4	6	19	1	26	23	73	4	100
	倒 5	4	8	0	12	33	67	0	100
Ⅱ优航2号	倒 2	73	153	1	227	32	67	1	100
	倒 3	47	97	0	144	33	67	0	100
	倒 4	28	37	1	66	42	56	2	100
	倒 5	2	6	0	8	25	75	0	100

表2 再生分蘖各节位营养器官长度

（天优3301,2008,福建尤溪）

分蘖总叶数	分蘖节位	P长度(cm)	各节叶片长度(cm)				各节叶鞘长度(cm)			
			1	2	3	4	1	2	3	4
3	倒2	4.8	2.2	17.2	23.9	—	10.8	14.7	20.4	—
	倒3	4.5	1.5	18.6	25.6	—	11.1	15.1	21.7	—
	倒4	8.3	8.8	19.2	18.7	—	11.1	13.5	19.9	—
	倒5	7.8	7.3	36.5	28.0	—	17.9	18.4	20.9	—
4	倒2	3.3	0.9	8.0	21.4	14.6	7.3	11.6	13.7	18.6
	倒3	2.9		9.6	23.4	17.7	7.2	12.1	14.7	20.5
	倒4	4.3	3.8	16.4	25.3	18.0	9.3	13.1	14.9	21.0
	倒5	3.1	5.7	23.5	31.0	20.8	11.2	14.2	16.9	23.1

分蘖总叶数	分蘖节位	各节位节间及稻穗长度(cm)								母茎桩高(cm)	自然高度(cm)
		P	1	2	3	4	N	S	合计		
3	倒2	0.5	1.1	2.3	12.3	—	22.1	14.9	53.2	28.3	82.7
	倒3	0.3	1.5	3.0	13.9	—	23.3	15.7	57.7	14.3	72.0
	倒4	0.4	1.8	6.6	16.5	—	21.3	15.1	61.7	5.0	66.7
	倒5	0.3	1.6	10.5	18.5	—	21.5	16.3	68.7	0.7	69.4
4	倒2	0.4	1.2	2.8	3.6	13.1	20.0	13.4	54.5	28.3	82.8
	倒3	0.3	0.6	2.7	4.6	15.5	21.9	15.5	61.1	14.3	75.2
	倒4	0.3	0.5	2.4	10.3	14.8	21.3	15.4	65.0	5.0	70.0
	倒5	0.3	0.6	2.8	9.9	14.7	22.5	17.2	68.0	0.7	68.7

*P:前出叶(prophyll);N:穗颈节间(neck of spike);S:穗(spike)。

2.2 再生分蘖的分化发育特性

2.2.1 茎生腋芽的叶原基分化发育

再生分蘖的总叶数3～4片。图1是总叶数3片的茎生腋芽的叶原基发育形态。纵剖面的茎端生长锥呈半球形,第3叶原基在生长锥腹侧突起,第2叶原基成头巾状环抱生长锥,第1叶原基成圆锥状覆盖第2、3叶原基及生长锥,前出叶(P)呈尖塔状笼罩3个叶原基。横剖面中,生长锥呈圆形居中,第3叶原基呈半月形贴附生长锥,第2叶原基呈环状围卷生长锥,第1叶原基形体加大,叶缘重叠,围卷第2叶原基,前出叶呈半圆形抱合第1叶原基。前出叶无叶片,内部结构似叶鞘,叶背弧形,抱贴母茎,叶缘两羽包围分蘖。

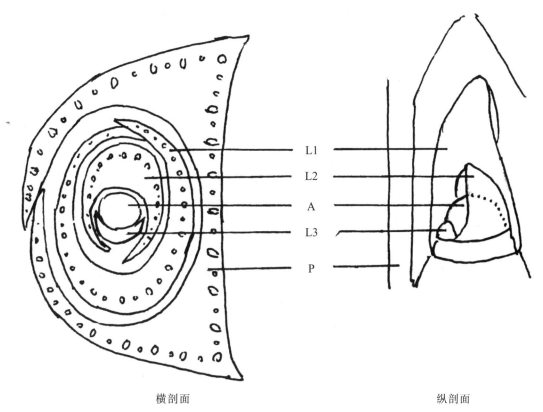

横剖面　　　　　　　　　　　　　　　纵剖面

P:前出叶;L1、L2、L3:第 1、2、3 叶原基;A:茎端生长锥。

图 1　再生稻腋芽叶原基

1992 年在日本东北大学、1993 年在福建省农业科学院稻麦研究所,分别镜检粳稻世锦和杂交稻汕优 63 再生分蘖腋芽的叶原基和幼穗分化进程,结果列于表 3、表 4。世锦母茎总叶数 14 片,表 3 显示:在母茎 12 叶龄期,第 13 叶(倒 2 叶)正在伸长,该叶节腋芽(即倒 2 叶节腋芽)分化出第 1 个叶原基;同时其下方母茎第 12、11、10 叶节腋芽(即倒 3、4、5 叶节腋芽),分别分化出第 2、3、4 个叶原基。汕优 63 品种母茎总叶数 15 片,表 4 显示:在母茎 L3 叶龄期,第 14 叶(倒 2 叶)正在伸长,该叶节腋芽(即倒 2 叶节腋芽)分化出第 1 个叶原基;同时其下方第 13、12、11 叶节腋芽(即倒 3、4、5 叶节腋芽)分别分化出第 2、3、4 个叶原基。

表 3　粳稻世锦各节位再生分蘖的叶原基和幼穗分化进程

(1992,日本东北大学)

分蘖节位	分化期											
	主茎叶龄或生育期						主茎抽穗后周数					
	10	11	12	13	14	孕穗	抽穗	1	2	3	4	5
倒 2			L1	L2	L3	A20	A40	A70	A100	B	C	D
倒 3		L1	L2	L3	A20	A40	A60	A80	A100	B	C	D
倒 4	L1	L2	L3	A20	A30	A40	A50	A60	A80	A100	B	C
倒 5	L2	L3	L4	A20	A30	A40	A50	A60	A80	A100	B	C

* L1、L2、L3、L4 分别为再生分蘖的第 1、2、3、4 叶原基分化期。

** A、B、C、D 分别为再生分蘖幼穗的第一苞、一次枝梗、二次枝梗、颖花分化期。"A"后数据为进入第一苞分化期的分蘖数占总分蘖数的百分比。

*** 本表脚注适用于表 4、表 5,不赘。

表 4　杂交籼稻汕优 63 各节位再生分蘖的叶原基和幼穗分化进程

(1993,福建省农业科学院稻麦研究所)

分蘖节位	分化期											
	主茎叶龄及生育期						主茎抽穗后周数				
	11	12	13	14	15	孕穗	抽穗	1	2	3	4	5
倒 2			L1	L2	L3	A20	A40	A70	A100	B	C	D
倒 3		L1	L2	L3	A20	A40	A60	A80	A100	B	C	D
倒 4	L1	L2	L3	L4	A20	A30	A40	A60	A80	A100	B	C
倒 5	L2	L3	L4	A20	A30	A40	A50	A60	A80	A100	B	C

综观上述,尽管两个品种母茎总叶数不同,但再生分蘖叶原基分化过程模式相同,即:母茎 N 节叶片伸长时,N 节分蘖腋芽分化第 1 个叶原基,$N-1$ 节分蘖腋芽分化第 2 个叶原基,$N-2$ 节分蘖腋芽分化第 3 个叶原基,$N-3$ 节分蘖腋芽分化第 4 个叶原基。

2.2.2　茎生叶腋芽的幼穗分化发育

1992 年对粳稻世锦品种的镜检结果,如表 3 所示。在再生分蘖腋芽完成 3～4 叶原基分化之后,生长锥随即参差不齐地转向分化幼穗第一苞。顺应叶原基分化程序,基部分蘖比上部分蘖较早第一苞分化;在母茎 13 叶龄期(其时母茎处于雌雄蕊分化期),倒 4、5 节分蘖腋芽有 20％个体进入第一苞分化;在母茎 14 叶龄期(其时母茎处于小孢子发育始期),倒 3 节分蘖腋芽有 20％个体进入第一苞分化;在母茎孕穗中期(其时母茎处于小孢子发育末期至二、三胞花粉期),倒 2 节分蘖有 20％个体进入第一苞分化。第一苞分化参差不齐而缓慢,尤以基部分蘖为甚。从 20％腋芽进入第一苞分化,至 100％腋芽进入第一苞分化,倒 2、3 节分蘖历 3～4 周。随后在母茎抽穗后 3 周进入一次枝梗分化;在母茎抽穗后 4 周(母茎稻谷黄熟期)进入二次枝梗分化;在母茎抽穗后 5～6 周,分别进入颖花分化和雌雄蕊分化。倒 4、5 节分蘖从 20％腋芽进入第一苞分化,至 100％腋芽进入第一苞分化历 6 周,随后在母茎抽穗后 4 周(母茎稻谷黄熟期)才进入一次枝梗分化,至母茎抽穗后 5～6 周,才分别进入二次枝梗分化和颖花分化。

1993 年对汕优 63 的镜检结果,如表 4 所示。各节位再生分蘖各幼穗分化期对应的母茎叶龄或抽穗后时间,与上述世锦品种相似,即:倒 5 节再生分蘖在母茎倒 2 叶全期,倒 4、3 节再生分蘖在母茎剑叶全出期,倒 2 节再生分蘖在母茎孕穗中期有 20％个体进入第一苞分化期。但第一苞分化进展缓慢且参差不齐,又以基部再生分蘖为甚。其中,倒 2、3 节再生分蘖从 20％腋芽进入第一苞分化,至 100％腋芽进入第一苞分化,历时 3～4 周,随后迅速进入一次枝梗分化,在母茎抽穗后 4 周(头季稻谷黄熟期),进入二次枝梗分化,在母茎抽穗后 5～6 周进入颖花分化和雌雄蕊分化;倒 4、5 节再生分蘖从 20％腋芽进入第一苞分化,至 100％腋芽进入第一苞分化,历时 5～6 周,随后在头季稻谷黄熟期才进入一次枝梗分化,在头季抽穗后 5～6 周,才分别进入二次枝梗分化和颖花分化。

2006 年以Ⅱ优航 2 号品种为观察对象,从头季稻谷黄熟前 12 d 至黄熟后 6 d,每 3 d 取样解剖镜检一次各节位再生分蘖的幼穗分化进程,结果如表 5 所示。在母茎稻谷黄熟前 12 d,各节再生分蘖仍处于第一苞分化期(A);倒 2、3 节再生分蘖在母茎稻谷茎黄熟前 9～6 d,幼穗进入一次枝梗分化期(B),在母茎稻谷黄熟前 3 d,进入二次枝梗分化期(C),在母茎稻谷黄熟后 3 d,进入颖花分化期(D);倒 4、5 节再生分蘖的同一幼穗分化期均比倒 2、3 节再生分蘖推迟 3～6 d。追踪观察结果表明,Ⅱ优航 2 号各节位再生分蘖各幼穗分化期的对应母茎生育期,与上述两个品种也基本相似。

表 5 杂交籼稻Ⅱ优航 2 号各节位再生分蘖的幼穗分化进程

（2006，福建省尤溪县麻洋）

分蘖节位	分化期						
	黄熟前 12 d	黄熟前 9 d	黄熟前 6 d	黄熟前 3 d	黄熟前 0 d	黄熟后 3 d	黄熟后 6 d
倒 2	A	B	B	C	C	D	D
倒 3	A	B	B	C	C	D	D
倒 4	A	A	A	A	A、B	B	C
倒 5	A	A	A	A	A、B	B	C

2.2.3 幼穗一、二次枝梗及颖花的分化发育和退化规律

1992 年在福建省武夷山市黄村基点，以汕优 63 品种为研究材料，在头季选用 1 丘高产田，在再生季选用 3 丘高、中、低产田，成熟期测产和调查产量构成，并分别割取 5 丛稻株，从中按大、中、小穗比率取 30 个稻穗，在解剖镜下观察计算一次枝梗、二次枝梗、着生于一次枝梗上段的颖花和着生于二次枝梗上的颖花发育数和退化数，结果列于表 6、表 7、表 8。

表 6 显示：再生季产量显著低于头季，再生季 3 丘高、中、低产田的产量分别为头季高产田的 82％、62％、40％，产量较低的主要原因是每穗粒数少，但每平方米穗数却显著为多，弥补了穗小的不足，表明提高再生季产量必须走增穗增粒数的途径。比较再生季高产田与低产田的产量也清晰看出：高产田产量高出 1 倍，主要依靠增穗增粒数，每平方米穗数和每穗粒数分别增加 27％和 47％，而结实率和千粒重差异不大。两相对比，都明确显示，要提高再生季产量，既要着力于提高再生分蘖萌发成穗率，又要着力于培育更多的每穗粒数，建立穗多穗大的群体。

表 6 再生稻不同产量水平的产量构成

（汕优 63，1992，福建省武夷山市黄村）

类别		每平方米穗数	每穗粒数	结实率（％）	千粒重（g）	产量（t/hm²）	对比（以头季为 100％）				
							每平方米穗数	每穗粒数	结实率	千粒重	产量
头季高产		247	130.2	88.8	28.8	8.2	100	100	100	100	100
再生季	高产	509	64.9	83.8	24.3	6.7	206	50	94	84	82
	中产	494	52.8	83.3	23.4	5.1	200	41	94	81	62
	低产	400	43.7	81.2	23.1	3.3	162	34	91	80	40

稻穗着生于穗颈节之上，圆锥花序，中心为穗轴，有 5～10 节，每节长一支分枝，称为一次枝梗；从每个一次枝梗下段长数支二次枝梗；从一次枝梗上段着生 5～6 朵颖花，从二次枝梗上着生 3 朵左右颖花。每穗颖花发育数，即为每穗谷粒数，为了增加每穗谷粒数，必须增加每穗一次枝梗分化数和二次枝梗分化数，并减少一、二次枝梗的退化数和颖花退化数。再生季生育期短，又营养生长期与生殖生长期重叠，抑制了一、二次枝梗及颖花的分化和发育。为了培育更多的每穗谷粒数，必须探索再生分蘖一、二次枝梗及颖花的分化发育规律。

首先比较分析每穗一次枝梗、二次枝梗、颖花的分化数和发育数与产量的关系，结果如表 7 所示。每穗一次枝梗、二次枝梗、颖花的分化数和发育数随产量的降低而减少，如再生季低产田比高产田，产量降低，每穗一次枝梗、二次枝梗、颖花的分化数和发育数分别减少 16％、33％、28％和 17％、40％、28％。以二次枝梗减幅最大，退化率也最高；颖花减幅次之，退化率也次之；一次枝梗减幅较小，退化率也较低。

表 7 再生稻每穗一次枝梗、二次枝梗、颖花的分化数、发育数和退化率

（汕优 63,1992,福建省武夷山市黄村）

类别		每穗一次枝梗				每穗二次枝梗				每穗颖花			
		分化数	发育数	退化数	退化率（%）	分化数	发育数	退化数	退化率（%）	分化数	发育数	退化数	退化率（%）
头季高产		9.5	9.5	0	0	41	24	17	42	180	131	49	28
再生季	高产	7.0	6.9	0.1	1.4	18	10	9	47	86	61	26	30
	中产	6.1	6.0	0.1	1.6	15	8	7	46	79	56	23	30
	低产	5.9	5.7	0.2	3.9	12	6	6	47	62	44	18	30

由于一次枝梗是承载二次枝梗及颖花的柱石,拟以一次枝梗为单位分析平均每个一次枝梗上的二次枝梗、颖花的分化数、发育数和退化率及与产量的关系,结果如表 8 所示。平均每个一次枝梗上的二次枝梗及颖花的分化数、发育数均随产量的降低而减少,其中以二次枝梗的分化数和发育数减幅较大,退化率较高,次为颖花。但在一次枝梗上,有长在上段的颖花,也有长在下段二次枝梗上的颖花,长在一次枝梗上段的颖花分化数和发育数减少不多,退化率差异不大（0~4%）;而长在一次枝梗下段二次枝梗上的颖花分化数和发育数减少较多,退化率也较高（41%~46%）。颖花的退化 90%是随二次枝梗一同退化的。如据表 7、表 8 数据计算,每穗颖花退化数为 116 朵,占颖花总分化数的 28.6%;而二枝梗退化数 37.7 支,每支颖花 2.8 朵,则含有退化颖花 106 朵,占总退化数的 91%。

表 8 再生稻每个一次枝梗上的二次枝梗、颖花的分化数、发育数和退化率

（汕优 63,1992,武夷山市黄村）

类别		每个一次枝梗上的二次枝梗				每个一次枝梗上段颖花[1]				每个一次枝梗下段二次枝梗颖花[2]			
		分化数	发育数	退化数	退化率（%）	分化数	发育数	退化数	退化率（%）	分化数	发育数	退化数	退化率（%）
头季高产		4.3	2.5	1.8	41.9	5.7	5.7	0	0	15.6	10.5	5.1	32.7
再生季	高产	2.6	1.4	1.2	46.2	5.5	5.4	0.1	1.8	9.6	6.5	3.1	32.3
	中产	2.4	1.3	1.1	45.8	5.5	5.3	0.2	3.6	10.2	6.8	3.4	33.3
	低产	2.0	1.1	0.9	45.0	5.1	4.9	0.2	3.9	7.7	4.9	2.8	36.4

类别		每穗一次枝梗上、下段合计颖花[3]				每个二次枝梗上的颖花			
		分化数	发育数	退化数	退化率（%）	分化数	发育数	退化数	退化率（%）
头季高产		18.9	13.7	5.2	27.5	3.3	3.2	0.1	3.0
再生季	高产	12.3	8.8	3.5	28.5	2.7	2.3	0.4	14.8
	中产	13.0	9.3	3.7	28.5	2.8	2.5	0.3	10.7
	低产	10.5	7.7	2.8	26.7	2.8	2.5	0.3	10.7

* (1)指着生于一次枝梗上段的颖花,一般有 5~6 朵;(2)指着生于一次枝梗下段的多个二次枝梗上的合计颖花;(3)指(1)+(2)的合计颖花。

综合上述,提高再生季产量,既要着力于提高再生分蘖萌发成穗数,又要着力于培育较多的每穗粒数。而每穗粒数取决于一、二次枝梗分化数和二次枝梗及其上颖花退化率。为此,必须在头季抽穗后 20 d 左右,再生分蘖个体 100%进入第一苞分化期,重施氮素"促芽肥",促进一、二次枝梗分化;在减数分裂—小孢子分化期,正当穗粒竞长、雌雄蕊迅猛发育之时,及时施用氮、钾素"保花肥"缓解营养竞争,减少二次枝梗及其上颖花的退化。

2.3 再生分蘖器官分化发育形态

2.3.1 再生分蘖幼穗分化发育形态

1998年、1999年在福建省尤溪县研究基点,以天优3301、Ⅱ优航2号品种为试验材料,进行幼穗分化的跟踪解剖镜检。兹将幼穗分化发育各期的形态观察结果,按分化顺序编为10组(见图1~图10),并作简要说明。

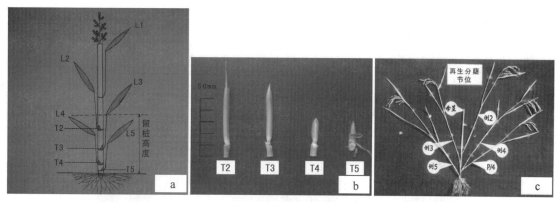

图1 再生分蘖概貌

a:再生分蘖萌发前母茎形态:母茎地上部有6个伸长节间(含穗颈节间),5片茎生叶(穗颈节叶片转化为幼穗第一苞),倒2叶~倒5叶叶腋各有1枚腋芽,将萌发为倒2、3、4、5节再生分蘖。

b:再生分蘖萌发:母茎成熟前3 d,倒2、3、4、5节腋芽P、L萌发伸长,分别长7、5、2、1 cm。

c:再生分蘖成熟期形态:一支母茎稻桩,萌发4个一次分蘖和1个二次分蘖。

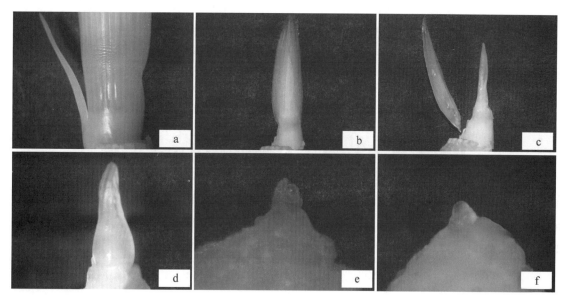

图2 幼穗苞分化期

a:头季成熟前3 d,着生于母茎一侧的倒4节再生分蘖。

b:再生分蘖的前出叶。

c:第1、2叶原基。

d:摘去第2叶原基,显示第3叶原基。

e:摘去第3叶原基,显示剑叶原基(第4叶原基)、第一苞和半球状幼穗。

f:第一苞呈衣领状环抱幼穗基部。

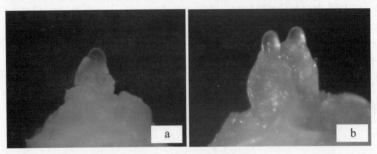

图3　一次枝梗分化期

a:初期,生长锥基部出现一次枝梗原基突起。

b:后期,一次枝梗原基伸长,每穗萌发5～7支一次枝梗,沿穗轴螺旋状向上排列。

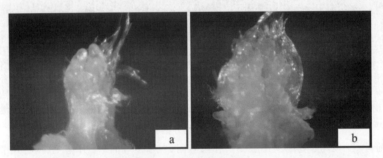

图4　二次枝梗分化期

a:一次枝梗基部出现二次枝梗原基突起,并萌发稀疏苞毛。

b:二次枝梗由上而下发育。穗基部萌发更多苞毛。

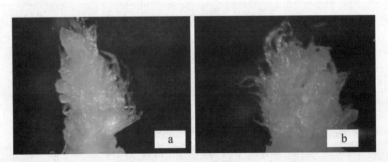

图5　颖花分化期

a:初期,穗上部的一次枝梗上段及下段的二次枝梗,开始出现颖花原基突起。颖花原基逐渐发育,形成完整的形态结构,由下往上为小穗梗、2片颖片、2片不孕外稃、外稃、内稃、花器。

b:后期,穗下部的一、二次枝梗出现颖花原基突起,穗部萌发浓密的苞毛覆盖全穗。

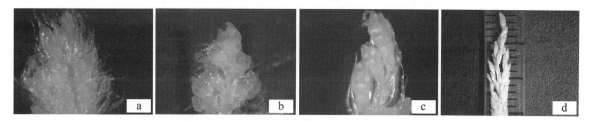

图6　雌雄蕊分化期

a:初期,穗上部的颖花增粗增长,花器开始雌雄蕊分化。

b:颖花外稃显著伸长,颖花状如佛手瓜,内外稃尚有较大的开口。

c:中期,穗下部的颖花也增粗增长,全穗颖花内外稃近于闭合,隐约透视出浆片、雌蕊和雄蕊原基。

d:后期,内外稃合拢,雌蕊子房发育,穗长20 mm,颖花长2 mm。

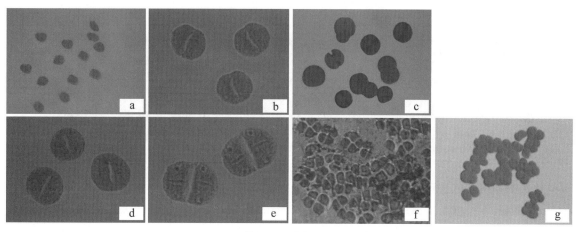

图7　花粉母细胞及减数分裂期

a:花药原基发育花粉母细胞。

b、c:第一次减数分裂,形成二分体。

d、e:第二次减数分裂。

f、g:形成四分体。

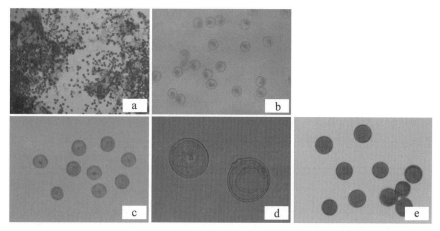

图8　小孢子发育期

a:四分体离散后,成为单核花粉粒,即小孢子。

b:初期,小孢子开始增大,形成外壳和花粉发芽孔。

c、d:小孢子逐渐充实,单核居中。

e:液泡充满,将细胞核推向边缘,称单核靠边。其时穗和籽粒定长,剑叶节间长1～1.5 cm。

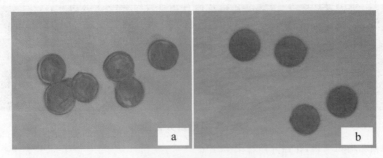

图 9　雄配子发育期

a：单核花粉粒经一次有丝分裂，产生一个营养核和一个生殖核（精子），形成二核花粉粒；接着生殖核经一次有丝分裂，产生两个生殖核，形成三核花粉粒。

b：三核花粉粒细胞质逐渐充实，积累大量淀粉、氨基酸和氮、钾养分。

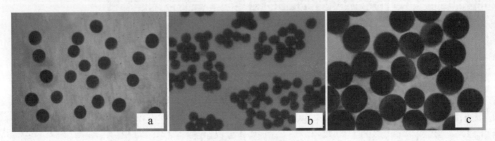

图 10　花粉成熟期

a：三核花粉粒按照稻穗上、中、下位置顺次成熟。成熟花粉富含淀粉，用 I_2-KI 溶液染色，呈深黑色。穗颈节间持续伸长，将稻穗逐渐推托出剑叶鞘。在穗尖露出剑叶叶枕前后，穗上部的花粉成熟。

b：当稻穗抽出一半时，穗中部的花粉成熟。

c：当全穗抽出时，穗下部的花粉成熟。

2.3.2　再生分蘖叶原基及幼穗分化发育的纵横剖面形态

1992 年在日本东北大学以粳稻世锦品种为试验材料，从头季母茎 11 叶龄（母茎总叶数 14 片）至抽穗后 6 周，分期取样作石蜡切片，观察各时期各节位再生分蘖的叶原基及幼穗分化发育的纵剖面和横剖面形态。结果按母茎 12 个生育时期顺序，编为 12 组（见图 11～图 22），并作简要说明。

（1）每组有倒 2、3、4、5 节再生分蘖的纵剖面和横剖面照片各 1 幅，每幅上为纵剖面照片，下为横剖面照片。纵剖面显示幼穗叶原基和第一苞轮廓，幼穗呈现随发育期变化的形体，叶原基呈塔状层叠，第一苞呈衣领状环抱生长锥基部。横剖面显示前出叶形态和叶原基数，前出叶呈半圆环状，分布在外层；叶原基呈椭圆环状，互生卷叠在中层；中央为生长锥或幼穗。第一苞原基在幼穗分化初期较为纤薄，在横剖面照片难觅，需至母茎抽穗后 1～4 周，随幼穗的发育，第一苞增大加厚，在横剖面照片才显见如半月状贴附在幼穗上。

（2）世锦品种倒 2、3、4、5 节再生分蘖总叶数分别以 3、3、3、4 片居多。倒 4、5 节再生分蘖在母茎 12 叶龄期，倒 2、3 节再生分蘖在母茎 13、14 叶龄期，完成全数叶原基的分化。从此起至母茎抽穗后 3 周，倒 2、3、4、5 节再生分蘖在横剖面都可见具固有的 1、2、3、4 个叶原基。但幼穗进入二次枝梗分化期，幼穗显著增粗增长，在横剖面可见多枚呈圆形、椭圆形一次枝梗切片，散布在腋芽中央，由此掩盖了剑叶原基乃至倒 2 叶原基，只露见 2 个叶原基影像。

（3）12 组每幅照片右下方均有编号，编号表示三个指标：左为再生分蘖节位，其中 2、3、4、5 分别代表倒 2、倒 3、倒 4、倒 5 节再生分蘖；中为幼穗分化期，其中 O、A、B、C、D、E 分别代表营养生长期、第一苞、一次枝梗、二次枝梗、颖花、雌雄蕊分化期；右为叶原基分化数，其中 L1、L2、L3、L4 分别表示具 1、2、3、4 个叶原基。

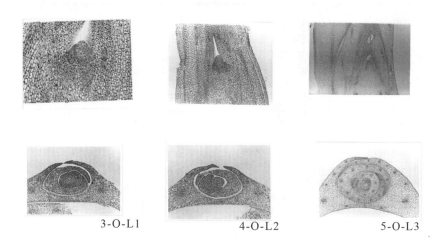

3-O-L1　　　　4-O-L2　　　　5-O-L3

图 11　母茎 11 叶龄期的再生分蘖形态

供试品种母茎总叶数 14 片。本组母茎为 11 叶龄期,倒 2 节腋芽尚未出生,倒 3、4、5 节再生分蘖处于营养生长期,分别具 1、2、3 个叶原基。

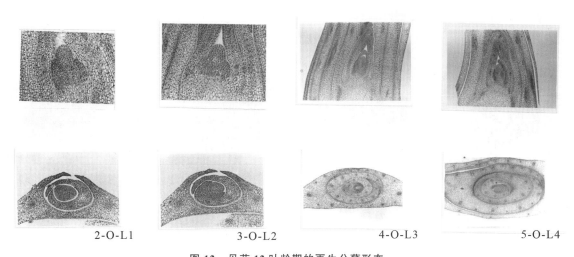

2-O-L1　　　　3-O-L2　　　　4-O-L3　　　　5-O-L4

图 12　母茎 12 叶龄期的再生分蘖形态

倒 2、3、4、5 节再生分蘖仍处于营养生长期,分别具 1、2、3、4 个叶原基。

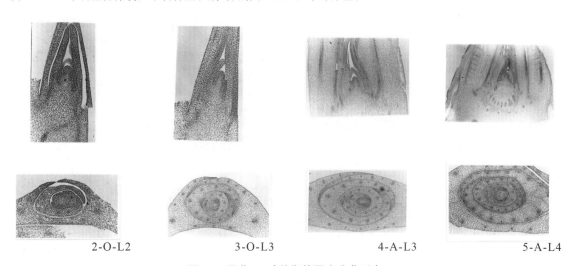

2-O-L2　　　　3-O-L3　　　　4-A-L3　　　　5-A-L4

图 13　母茎 13 叶龄期的再生分蘖形态

倒 2、3 节再生分蘖处于营养生长期,分别具 2、3 个叶原基;倒 4、5 节再生分蘖有 20% 个体进入第一苞分化期,分别具 3、4 个叶原基。

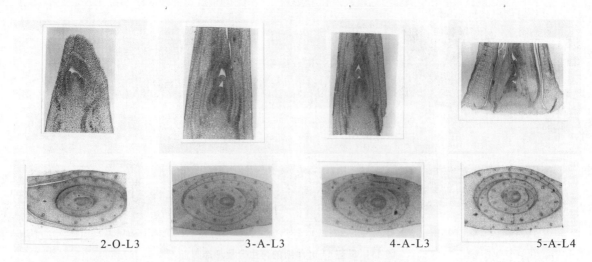

2-O-L3　　　　3-A-L3　　　　4-A-L3　　　　5-A-L4

图 14　母茎 14 叶龄期的再生分蘗形态

倒 2 节再生分蘗仍处于营养生长期,具 3 个叶原基;倒 3、4、5 节再生分蘗有 20%～40%个体进入第一苞分化期,分别具 3、3、4 个叶原基。

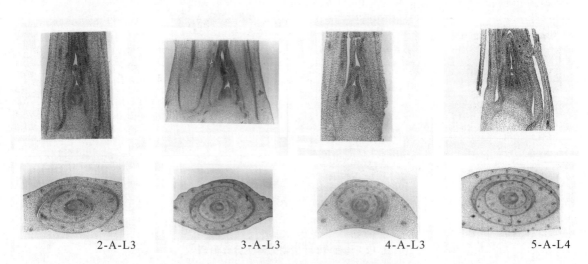

2-A-L3　　　　3-A-L3　　　　4-A-L3　　　　5-A-L4

图 15　母茎孕穗中期的再生分蘗形态

倒 2、3、4、5 节再生分蘗分别有 20%～60%个体进入第一苞分化期,分别具 3、3、3、4 个叶原基。

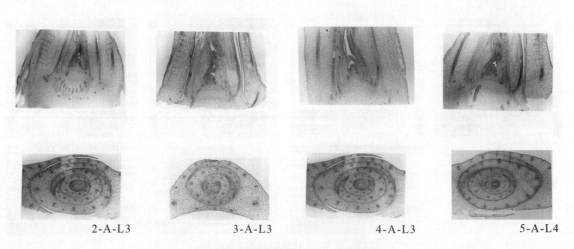

2-A-L3　　　　3-A-L3　　　　4-A-L3　　　　5-A-L4

图 16　母茎抽穗始期的再生分蘗形态

倒 2、3、4、5 节再生分蘗分别有 40%～80%个体进入第一苞分化期,分别具 3、3、3、4 个叶原基。

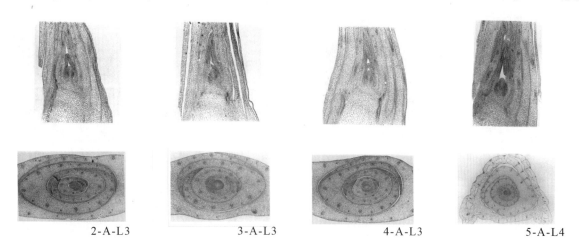

2-A-L3　　　3-A-L3　　　4-A-L3　　　5-A-L4

图 17　母茎抽穗后 1 周的再生分蘖形态

再生分蘖已有 70％～100％个体进入第一苞分化期,保持原有叶原基数。第一苞增大加厚,在横剖面可见呈半月状贴附在幼穗上。

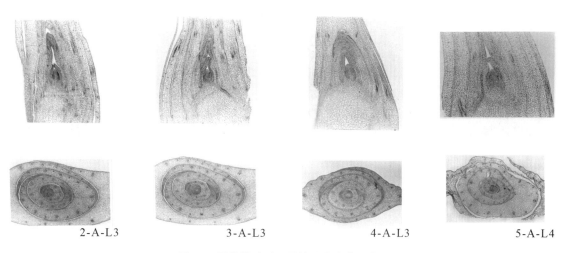

2-A-L3　　　3-A-L3　　　4-A-L3　　　5-A-L4

图 18　母茎抽穗后 2 周的再生分蘖形态

从头季倒 1、2 叶龄期少数茎生腋芽进入第一苞分化期,至母茎抽穗后 2～3 周 100％茎生腋芽进入第一苞分化期,不同节位分蘖历时不同,其中倒 2、3 节分蘖历 3～4 周,倒 4、5 节分蘖历 5～6 周(参见表 3、表 4)。

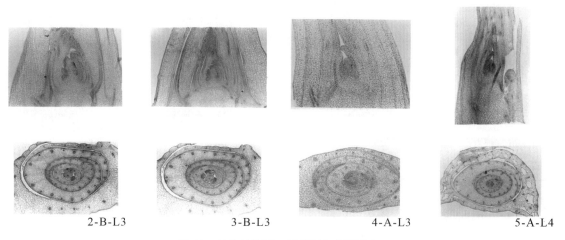

2-B-L3　　　3-B-L3　　　4-A-L3　　　5-A-L4

图 19　母茎抽穗后 3 周的再生分蘖形态

倒 2、3 节再生分蘖进入一次枝梗分化期,横剖面照片可见多个球状一次枝梗影像,散布在环状卷叠的叶原基之内。

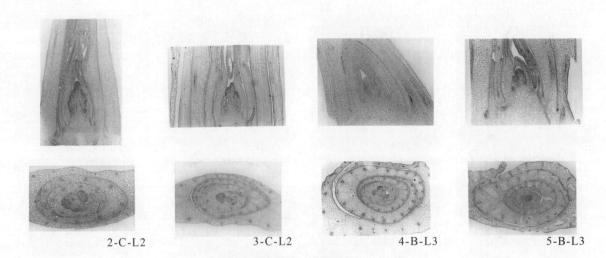

2-C-L2 3-C-L2 4-B-L3 5-B-L3

图 20 母茎抽穗后 4 周的再生分蘖形态

　　倒 2、3 节再生分蘖二次枝梗分化,幼穗增大,掩盖茎生腋芽的第一苞和剑叶原基,横剖面只露见第 1、2 叶原基影像。倒 4、5 节再生分蘖一次枝梗分化,幼穗尚小,横剖面可见第 1、2、3 叶原基及第一苞。

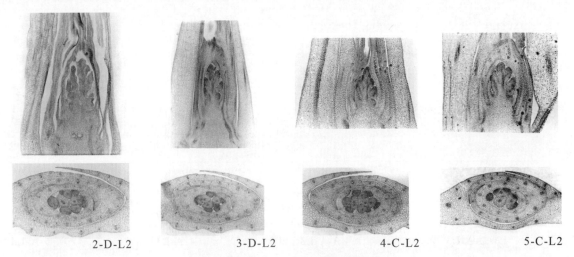

2-D-L2 3-D-L2 4-C-L2 5-C-L2

图 21 母茎抽穗后 5 周的再生分蘖形态

　　倒 2、3 节再生分蘖颖花分化,倒 4、5 节再生分蘖二次枝梗分化。幼穗增大,掩盖部分叶原基,横剖面只露见 2 个叶原基影像。

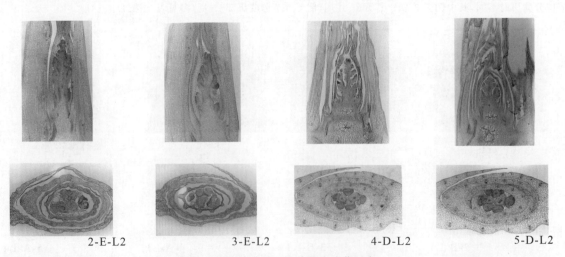

2-E-L2 3-E-L2 4-D-L2 5-D-L2

图 22 母茎抽穗后 6 周的再生分蘖形态

　　倒 2、3 节再生分蘖雌雄蕊分化,倒 4、5 节再生分蘖颖花分化。幼穗发育增大,掩盖部分叶原基,横剖面只露见 2 个叶原基影像。

2.4　再生分蘖幼穗分化的形态诊断

再生分蘖的总叶数为 3、4 片,其中,倒 2、3 节分蘖以 3 叶居多,倒 4、5 节分蘖以 4 叶居多。当再生分蘖完成全数叶原基分化之后,便分批陆续而缓慢进入第一苞分化。从 20％ 个体进入第一苞分化,至 100％ 个体进入第一苞分化,历 3～6 周,在此期间,叶原基处于潜伏状态,只能以头季稻生育期诊断再生分蘖第一苞分化率,即:倒 2、3 节再生分蘖,在头季稻剑叶全出期至孕穗期,有 20％ 个体进入第一苞分化期,在头季稻抽穗后 2 周,100％ 个体进入第一苞分化;倒 4、5 节再生分蘖,在头季倒 2 叶全出期(其时头季稻为雌雄蕊分化中期)至剑叶全出期(其时头季稻为小孢子形成始期),有 20％ 个体进入第一苞分化期,在头季稻抽穗后 3 周,100％ 个体进入第一苞分化。

再生分蘖 100％ 个体进入第一苞分化之后,腋芽内的叶原基陆续萌发为叶片,相应地各节叶鞘、节间陆续伸长,幼穗器官陆续分化,每个幼穗分化期,都有一组营养器官伸长。再生分蘖幼穗分化与营养器官伸长的同步生长模式,如表 9、表 10 和图 23 所示。

表 9　总叶数 3 片的再生分蘖幼穗分化期的营养器官长度

(汕优 63,2008,福建省尤溪县麻洋)　　　　　　　　　单位:cm

幼穗分化期	前出叶长度	各节叶片长度			各节叶鞘长度			各节节间及稻穗长度					
		1	2	3	1	2	3	P	1	2	3	N	S
一次枝梗始期	2.5	1			0			0					
二次枝梗始期	5	2	1		4			0.2					
颖花始期	5	2	11		8			0.5					
雌雄蕊始期			17	2	11	2		0.5	0.5				
减数分裂始期			17	24	11	15	4		1	0.5			3
小孢子始期				24		15	15		1	1.5	0.3		8
二、三胞花粉始期							20			2	5	2	15
穗顶花粉成熟							20			2	9	6	15
穗中花粉成熟											12	14	15
穗基花粉成熟											12	22	15

* P 前出叶,N 穗颈节间,S 稻穗。

** 冠层两叶叶枕距＝倒 1 叶节间长＋倒 1 叶叶鞘长－倒 2 叶叶鞘长。

总叶数 3 片的倒 2、3 节再生分蘖,幼穗各分化期的营养器官生长动态为:一次枝梗分化始期,前出叶和第一叶开始萌发伸长;二次枝梗分化始期,前出叶和第 1 叶定长,第 1 叶叶尖突破前出叶包裹;颖花分化期,第 1 叶鞘和第 2 叶片均显著伸长,第 1 叶全叶抽出,第 2 叶叶尖抽出,形成 1 叶 1 心株型;雌雄蕊分化期,第 1 叶鞘和第 2 叶片定长,但第 2 叶仅从第 1 叶鞘内抽出定长的一半左右,外观呈 1.5 叶龄株型;减数分裂始期,第 3 叶(剑叶)和第 2 叶鞘定长,外观呈 2.5 叶龄株型。

总叶数 4 片的倒 4、5 节再生分蘖,每个幼穗分化期的同伸营养器官都比总叶数 3 片的倒 2、3 节再生分蘖,上升一个节位。因此,4 叶蘖的一次枝梗分化期与 3 叶蘖的颖花分化期,4 叶蘖的二次枝梗分化期与 3 叶蘖的雌雄蕊分化期,4 叶蘖的颖花分化期与 3 叶蘖的减数分裂期,4 叶蘖的雌雄蕊分化期与 3 叶蘖的小孢子分化期,都伴随一组相同节位正在伸长的营养器官,其外观株型甚为相似。

表 10　总叶数 4 片的再生分蘖幼穗分化期的营养器官长度

（天优 3301,2008,福建省尤溪县麻洋）　　　　　单位:cm

幼穗分化期	前出叶长度	各节叶片长度				各节叶鞘长度				各节节间及稻穗长度						
		1	2	3	4	1	2	3	4	P	1	2	3	4	N	S
一次枝梗始期	4.3	4	8			5				0.1						
二次枝梗始期	4.3	4	16	2		9	4			0.2	0.1					
颖花始期	4.3	4	16	12		9	10			0.3	0.3					
雌雄蕊始期				25	2		13	2		0.3	0.5	1.2				
减数分裂始期				25	18		13	15	6	0.5	2.4	2				3
小孢子始期					18			15	15		2.4	5	0.4			10
二、三胞花粉始期									21		10	7	2			15
穗顶花粉成熟									21		10	10	7			15
穗中花粉成熟												15	13			15
穗基花粉成熟												15	20			15

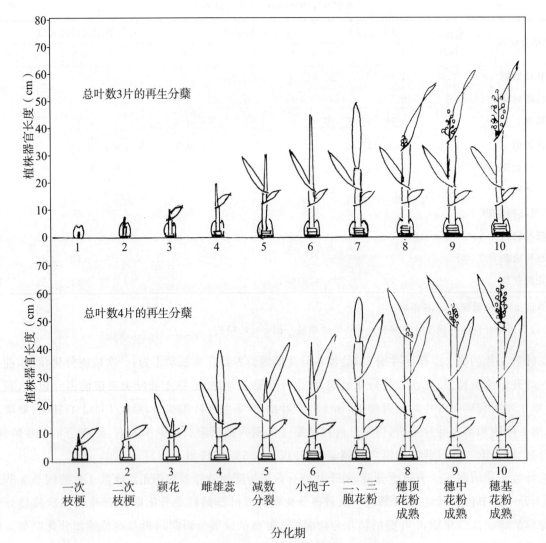

图 23　再生分蘖幼穗分化期的植株发育形态

表9、表10还显示,不管是3叶蘖还是4叶蘖,从小孢子发育至穗基部花粉成熟,后5个幼穗分化期的同伸营养器官的倒数节位是相同的,植株形态也甚为相似。其中,小孢子发育始期,剑叶叶鞘已经伸长至定长的7/10,将剑叶全叶托出,剑叶叶枕与倒2叶叶枕重叠,俗称"叶枕平"。二、三胞花粉粒形成始期,剑叶叶鞘和稻穗定长,穗颈节间长2 cm。其后由于穗颈节间的持续伸长将稻穗逐渐推托出剑叶叶鞘,当穗尖抵达剑叶叶枕时,穗上部的花粉成熟;当穗子抽出一半时,穗中部的花粉成熟;当穗子全抽出时,穗基部的花粉成熟。

3　总结与讨论

3.1　再生分蘖叶原基分化发育

再生稻母茎地上部有6个伸长节间(含穗颈节间)、5片茎生叶(穗颈节叶片转化为幼穗第一苞,抽穗后萎缩脱落),其中倒2叶至倒5叶节都有1枚腋芽,在适宜条件下,腋芽萌发长成再生分蘖。茎生腋芽呈现三重组织结构,外层为前出叶,中层为环状卷叠的多个叶原基,中间为生长锥或幼穗。在头季稻谷成熟前几天,茎生腋芽的第1叶原基开始萌发为叶片。施能浦等综合多个研究,在《中国再生稻栽培》[6]一书中介绍,在头季稻高桩收割条件下,再生分蘖总叶数为3~4片;在头季稻低桩收割条件下,再生分蘖总叶数增加到6~7片。

本研究对5个品种的观察结果相似:在头季稻成熟高桩收割条件下,早熟粳稻世锦的再生分蘖总叶数以3片居多;中晚熟的汕优63、天优3301倒2、3节再生分蘖总叶数以3叶居多,倒4、5节再生分蘖以4叶居多;晚熟的Ⅱ优航2号的各节再生分蘖以4叶居多;佳辐占品种在头季成熟高桩收割条件下,倒4、5节再生分蘖的总叶数为4片,在头季成熟低桩收割条件下,倒4、5节再生分蘖的总叶数为6~7片[7]。

本研究进一步追踪观察了世锦、汕优63两品种叶原基分化进程,发现再生分蘖叶原基分化与母茎叶片伸长存在稳定的同步生长关系,即:母茎N节叶片伸长时,N节腋芽突起,分化前出叶和第1叶原基,同时,$N-1$节腋芽分化第2叶原基,$N-2$节腋芽分化第3叶原基,$N-3$节腋芽分化第4叶原基。当茎生腋芽完成其固有的叶原基分化数之后,再生分蘖即陆续进入第一苞分化。

3.2　再生分蘖幼穗分化进程

学界将生长锥出现第一苞,作为稻株由营养生长转入生殖生长的起点[8]。再生分蘖何时进入第一苞分化,有不少研究报道,但差异极大。施能浦等综合以往研究结果,在《中国再生稻栽培》[6]一书中介绍:我国研究再生稻元老杨开渠1940年前后在四川观察高秆品种水白条,再生分蘖幼穗分化始期在头季稻雌雄蕊分化期;凌启鸿[9]1989年在江苏观察庆莲16等品种,再生分蘖幼穗分化始期在头季稻颖花分化期至雌雄蕊形成期;黄友钦等[10]1980年、1983年、1987年在西南农业大学分别观察南优2号、矮优1号、汕优63等品种,再生分蘖第一苞分化在头季稻抽穗后15 d前后;四川省绵阳农业专科学校水稻组1979年对盐籼23号等品种观察,再生分蘖第一苞分化在头季稻抽穗后4~15 d,穗分化全期历24~28 d;福建农业大学林菲1994年对汕优63观察,倒2～倒5再生分蘖第一苞分化在头季稻抽穗后15～21 d,穗分化全期历30 d。[11]

徐是雄等[8]系统研究了水稻形态建成,揭示在正常条件下,茎端生长锥完成叶片的分化之后,便进入幼穗第一苞分化(注:这里应系指头季稻的分化动态)。本课题组1992年、1993年对粳稻世锦、杂交稻汕优63的追踪解剖,看到:再生分蘖完成固有全数叶原基分化之后,便分批陆续进入第一苞分化,从20%个体第一苞分化至100%个体第一苞分化,叶原基总数3枚的倒2、3节再生分蘖历3～4周,叶原基总数4枚的倒4、5节再生分蘖历5～6周。凡进入第一苞分化期的腋芽,都时日不等地处于类似休眠的潜伏状态。但至头季稻抽穗后2周,倒2、3节分蘖100%个体进入第一苞分化,至头季稻抽穗后3周,进入一次枝梗分化;低节位的再生分蘖则延后一周100%个体进入第一苞分化和一次枝梗分化;而至头季黄熟前3 d,绝大多数再生分蘖腋芽的第一个叶原基快速地萌发为叶片,从此,再生分蘖的幼穗分化和营养器官生长,进入旺盛时期。

经过多年多品种的追踪解剖镜检,再生分蘖的叶原基和幼穗分化发育动态,以及母茎生育期和再生分蘖茎叶伸长的对应关系,已较为明晰,并证实杨开渠、凌启鸿等揭示的再生分蘖第一苞分化期为头季稻雌雄蕊分化期前后。但本研究发现再生分蘖完成叶原基分化之后,是参差不齐而缓慢地进入第一苞分化的,20%个体进入第一苞分化至100%个体进入第一苞分化,倒2、3节再生分蘖历3～4周,倒4、5节再生分蘖历5～6周。推论这一现象,可能源于头季母茎顶端优势的调控,其机理有待深入探索。

再生分蘖何时进入第一苞分化的报道存在较大差异,看来主要在于第一苞原基诊断难度大。徐是雄等[15]指出,第一苞原基与剑叶原基在初分化时,形态上差别不明显,建议依据第一苞呈衣领状环抱生长锥基部,其高度总低于生长锥这一特征,对第一苞与剑叶原基加以鉴别。

著录论文

[1]黄育民.水稻高节位分蘖器官发育进程研究[J].福建稻麦科技,1993,11(2):27-29.

[2]黄育民,李义珍.水稻高节位腋芽发育进程观察[G]//福建省农业科学院稻麦研究所:水稻再生器官发育、生理生态与高产高效综合技术体系研究综合报告.福州:福建省农业科学院,1995:40-45.

[3]黄育民,李义珍.再生稻枝梗、颖花分化退化规律研究[J].福建稻麦科技,1993,11(2):12-15.

[4]李义珍,黄育民,张海峰,等.再生稻的生长发育[C].杭州:中国水稻研究所学术委员会一届二次会议,1991.

[5]郑荣和,李小萍,张上守,等.再生稻茎生腋芽的生育特性观察[J].福建农业学报,2009,24(2):91-95.

参考文献

[1]李义珍,黄育民.水稻再生成穗规律[J].福建稻麦科技,1990,8(1):26-28

[2]李义珍,黄育民,陈子聪,等.再生稻产量构成的多元分析[J].福建稻麦科技,1990,8(2):64-69.

[3]李义珍,黄育民,陈子聪,等.再生稻丰产技术研究[J].福建省农科院学报,1991,6(1):1-12.

[4]李义珍,黄育民,蔡亚港,等.水稻-再生稻吨谷田产量形成规律研究[J].福建稻麦科技,1993,11(2):25-27.

[5]HUANG Y M, LI Y Z.Retoon character of Indica hybrid rice(F1)in mountain area of southern China[C]//The 2nd AC-SC.Japan,1995:388-389.

[6]施能浦,焦世纯.中国再生稻栽培[M].北京:中国农业出版社,1999:85-137.

[7]俞道标,赵雅静,黄顽春,等.低茬机割再生稻生育期特性和氮肥施用技术研究[J].福建农业学报,2012,27(5):485-490.

[8]徐是雄,徐学宾,等.稻的形态与解剖[M].北京:农业出版社,1984:35-43.

[9]凌启鸿.水稻潜伏芽生长和穗分化形成规律及其应用的研究[J].中国农业科学,1989,21(1):35-43.

[10]黄友钦,张洪松.汕优63再生芽幼穗分化发育规律[J].杂交水稻,1988(4):10-12.

[11]林菲,庄宝华,朱朝枝.汕优63再生芽幼穗发育规律[J].福建农业大学学报,1994(1):7-10.

三、水稻幼苗根叶伸长动态观察

在水稻生产系列机械化中,最后解决的是插秧机械化。随着农业劳动力紧缺现象的出现和国家支农力量的加强,插秧机械化正在各地推进。适应机插的秧苗为盘育小苗。为了育成符合机插规格的小苗,必须掌握小苗生育规律。为此,2013年在福州观察幼苗从浸种至4叶期的根叶伸长动态。

1　材料与方法

1.1　试验概况

供试水稻品种为佳辐占,2013年10月9日在福州浸种,11日播于塑盘,薄水沙培,置自然日光下生育,10月31日达4.3叶龄结束观察。育苗期间日平均气温变幅为21~24 ℃。

1.2　观察项目及方法

1.2.1　叶鞘根等器官伸长动态的观测

每日固定在下午2—5时,从塑盘挖出10株自然高度一致的幼苗,剥测胚芽鞘、叶片、叶鞘的长度,取平均值。同时,借助实体显微镜,分清根系节位,观测胚根(种子根)及各节位节根的条数和长度。根系细脆易断,只取未断幼苗数据,取平均值。

1.2.2　叶龄的观测

叶龄表达叶片外观上抽出的程度。计算方法是:依据叶片伸长动态的观测数据,逐日计算出心叶高于下节位叶鞘的长度,除以该叶定长,其比率即为心叶外观上抽出的程度。以第1完全叶作为第1叶起算(日本以不完全叶作为第1叶起算),叶龄的整数是最上全出展开叶的节位数,小数是心叶外观抽出长度占该叶定长的比率。

1.3　节位划分标准

依据禾谷类胚结构的解释,将节部上方的叶片、叶鞘及蘖芽,节部下方的节间及节根,划为同一个节位。由于秧苗基部节间密集,遵照上述节位划分标准,采用叶位法确定节根的节位,即将紧贴 N 节叶鞘基部萌发的节根,划为 N 节节根,将戳破 N 节叶鞘的节根,划为 $N+1$ 节节根。

2　结果与分析

2.1　种子萌发和幼苗生育进程

谷种浸种 24 h 后,胚吸水膨胀;36 h 后外稃基部受胀纵裂,外胚叶、腹鳞、胚根鞘先后露出外稃;48 h 后胚芽鞘从外胚叶和两片腹鳞间人字形缝隙突起,外胚叶和腹鳞环拥胚芽鞘基部——俗称"破胸"、"露白"、"胚白",即行播种。播种后 1 d,胚根突破胚根鞘萌发,2～3 d 不完全叶突破胚芽鞘露尖——俗称"见青",3～4 d 第 1 叶露尖,4～5 d 第 1 叶展开,第 2 叶露尖。此后每隔 4～5 日抽出 1 片新叶,顺次达到 2 叶 1 心期、3 叶 1 心期、4 叶 1 心期。

2.2　胚芽鞘、叶片和叶鞘的伸长动态

表 1 显示:叶片、叶鞘按由下而上的节位顺次伸长,相邻节位叶片的伸长期首尾衔接,同一节位的叶片先伸长,定长后叶鞘再伸长。由此在一个时间断面, N 节叶片与 $N-1$ 节叶鞘同步伸长。由于不完全叶只有叶鞘,叶片萎缩退化(长仅 1 mm),遵循上述同伸规则,不完全叶与第 1 叶同步伸长;在不完全叶露尖前,第 1 叶略短,在不完全叶露尖后,第 1 叶伸长速度加大,叶尖高过不完全叶,但两叶同时定长。

外观上,当 N 节叶片抽出十分之二三时(记 N 节叶片的叶龄为 0.2、0.3), N 节叶片已伸达最终定长的一半左右;当 N 节叶片抽出十分之六七时(记 N 节叶片的叶龄为 0.6、0.7), N 节叶片已经定长,而 $N+1$ 节叶片开始伸长。据此,可以叶龄为指标,诊断各节叶片、叶鞘伸长进程。

表 1　水稻幼苗胚芽鞘,各节位叶片、叶鞘的伸长动态

(佳辐占,福州,2013)

播后日数	叶龄	各节位叶片长度(cm)					各节位叶鞘长度(cm)					
		1	2	3	4	5	C	I	1	2	3	4
0							0.2					
1							0.3					
2		0.2					0.5	0.3				
3		0.9	0.4				0.8	1.2	0.2			
4	0.6	2.8	1.3				0.8	1.4	0.8			
5	1.3	2.8	3.5				0.8	1.4	2.0			
6	1.5	2.8	6.9	0.5			0.8	1.4	2.4	0.2		

续表1

播后日数	叶龄	各节位叶片长度(cm)							各节位叶鞘长度(cm)			
		1	2	3	4	5	C	I	1	2	3	4
7	1.7	2.8	8.4	0.9					2.4	0.6		
8	1.9	2.8	8.4	1.5					2.4	1.1		
9	2.0		8.4	2.5					2.4	1.8		
10	2.2		8.4	4.9					2.4	3.4		
11	2.4		8.4	7.5	0.3					3.6	0.2	
12	2.6			10.0	0.6					3.6	0.4	
13	2.8			10.6	1.6					3.6	0.8	
14	3.0			10.6	3.6					3.6	1.9	
15	3.2			10.6	5.9						3.0	
16	3.4			10.6	7.9	0.2					3.6	0.1
17	3.6			10.6	9.5	0.5					3.6	0.2
18	3.8				10.7	2.1					3.6	1.1
19	4.0				10.7	4.7					3.6	3.2
20	4.3				10.7	8.3						4.2

* C:胚芽鞘(coleoptile);I:不完全叶(incomplete leaf)。

2.3 胚根和节根的伸长动态

表2显示:胚根在播种后1 d萌发;节根按由下而上的节位顺次萌发伸长,并与叶片伸长存在井然有序的相关关系。当 N 节叶片开始伸长时(此时 N−1 节叶片抽出十分之六七),N−3 节有少量节根萌发;当 N 节叶片伸长及半时(此时 N 节叶片外观上抽出十分之二三),N−3 节有更多节根萌发,并开始显著伸长;当 N 节叶片定长时(此时 N 节叶片抽出十分之六七),N 节节根全部萌发,平均长度3 cm。显然,N 节叶片与 N−3 节节根同步伸长。不过节根从全部萌发至定长还需历1个出叶周期。

水稻幼苗只有1条胚根,定长时平均长度15.2 cm;各节都萌发多条节根,在供试条件下,胚芽鞘节根3条,定长时平均长度9 cm;不完全叶节、1叶节和2叶节各萌发节根5.7条、5.5条和5.6条,至供机插的4.3叶龄时尚在伸长。每株秧苗的胚根和节根合计20.8条,总长113 cm,此外还有众多的一、二级分枝根。据观察,每厘米节根可萌发分枝根15～20条,每条长0.8～1 cm,按低值估算,每株秧苗总根长可达15 m,一个秧盘成苗4 000株,总根长达6万 m。根系在秧盘底部缠结成网,确保秧苗连片不散,便于运输和带土机插。

表 2　水稻幼苗胚根和各节位节根的萌发伸长动态

(佳辐占,福州,2013)

插后日数	叶龄	各节位节根条数					各节位节根长度(cm)				
		S	C	I	1	2	S	C	I	1	2
0		0									
1		1					0.3				
2		1					1.3				
3		1	0				2.7				
4	0.6	1	1.7				6.9	0.3			
5	1.3	1	2.5	0			8.2	2.5			
6	1.5		3.0	1.0			9.4	2.8	0.7		
7	1.7		3.0	2.0			10.3	3.1	0.8		
8	1.9		3.0	3.0			11.2	4.4	1.6		
9	2.0		3.0	3.8			12.3	5.5	2.3		
10	2.2			4.6			13.5	6.6	3.0		
11	2.4			5.7	0		14.4	7.8	3.3		
12	2.6			5.7	0.2		15.2	8.9	3.5		
13	2.8			5.6	1.0		15.2	8.8	3.8	0.1	
14	3.0			5.9	3.4		15.2	9.0	4.0	0.4	
15	3.2			5.7	4.7		15.2	9.1	4.2	1.2	
16	3.4				5.3	0		8.9	4.6	2.0	
17	3.6				5.5	0.5		9.0	5.0	2.4	0.1
18	3.8				5.4	1.9			5.4	2.8	0.3
19	4.0				5.5	5.0			5.8	3.7	1.0
20	4.3			5.5	5.5	5.6			6.5	4.6	1.5

* S:胚根(种子根)(seminal root);C:胚芽鞘(coleoptile);I:不完全叶(incomplete leaf)。

3　总结与讨论

3.1　"鸡爪根"和"渔网根"发育问题

从胚芽鞘节萌发的节根,俗称"鸡爪根",在幼苗生育中起着承前启后的作用。胚芽鞘节在第 1 叶抽出一半时萌发 2 条节根并开始伸长,在 1.5 叶龄时发齐 3 条节根并显著伸长,与胚根互为犄角支撑幼苗,确保防御风雨冲击,渡过倒苗烂秧关。

秩苗长至 2.4 叶龄时,不完全叶节节根已全数萌发并显著伸长,此时每株有胚根、胚芽鞘节根和不完全叶节根,共 9.7 条,总长 56.6 cm,加上分枝根,总长达 7.4 m。按佳辐占品种播种密度算,一个秧盘成苗 4 000 株,则一盘秧苗根系总长约 3 万 m,在秧盘底部缠结如网,达到 2 叶 1 心小苗机插要求形成"渔网根",确保秧苗不散,便于运输和机插。

川田信一郎[1]报道,俗称"鸡爪根"的胚芽鞘节根有 5 条,其中编号 a、a′为下位根,b、c、c′为上位根。实际上,c、c′等 2 条节根戳破胚芽鞘伸出,属于不完全叶节节根。据本研究观察,胚芽鞘在第 1 叶抽出一半时开始萌发并伸长,在 1.5 叶龄全数萌发并显著伸长,而不完全叶节节根在 1.5 叶龄开始萌发,在 2.5 叶龄全数萌发并显著伸长。

3.2　机插秧苗培育问题

机插秧苗有大苗(5 叶龄)、中苗(3～4 叶龄)、小苗(2 叶龄)、乳苗(1 叶龄)之分,以下暂按此分类讨论。

日本在 1970 年代研制示范动力式插秧机,配套培育盘育大苗、中苗和小苗,以盘育小苗为主;1980 年代普及乘坐式动力插秧机和盘育小苗(秧盘规格 60 cm×30 cm×3 cm,每盘播种 200 g,2～2.5 叶龄机插,每亩插 12 盘)。星川清亲[2]系统研究了盘育小苗的生理及育苗技术。为大幅提高劳动生产率,小仓照男研究了"长毯水培乳苗"(1 叶龄)培育技术及配套机械。

中国在 1980 年代从日本引进成套育秧、插秧机械,在江浙一带示范,其后逐步发展育秧设施和插秧机生产。随着水稻规模经营的发展,机械插秧在各地悄然推进,并探索出一套田间泥浆盘育中苗的技术(杂交稻每盘播种 70～80 g,常规稻每盘播种 100～140 g,4 叶龄机插,每亩插 20～25 盘)[3-5];但盘育中苗花费的劳力、成本远高于盘育小苗。

在推进育秧中心的建设中,其难点是绿化炼苗阶段排盘的场地,需比出苗见青阶段叠盘架盘的场地扩大 10 倍,为大面积供秧机插不易。但现代化农业的发展要求建立能为村镇大面积供秧的大型育秧中心。为降低场地、劳力、设备、机械等费用,育秧中心可能要走盘育小苗的途径。

著录论文

李小萍,赵雅静,李义珍,等.水稻幼苗根叶伸长动态观察[J].福建稻麦科技,2014,32(1):13-16.

参考文献

[1]川田信一郎.水稻的根系[M].申廷秀,刘执钧,彭望瑗,译.北京:农业出版社,1984:3-5.

[2]星川清亲.水稻小苗的生理及其育秧技术[M].沈若谦,译.北京:科学出版社,1977.

[3]张树标,吴华聪,张琳.机插水稻的稀泥育秧技术[J].福建稻麦科技,2012,30(4):32-33.

[4]黄水龙.水稻机插工厂化育秧技术[J].福建稻麦科技,2012,30(4):34-35.

[5]林锋利.优质佳辐占全程机械化丰产栽培技术[J].福建稻麦科技,2013,31(2):14-15.

四、水稻花粉发育进程与冠层茎生器官的同步生长

水稻花粉萌发将所携带的 2 个精细胞送入胚囊,分别与卵和极核融合,产生双受精,形成新一代籽粒,确保了世代生命的延续。花粉发育过程中对环境胁迫十分敏感,尤以减数分裂期、小孢子单核期和开花期为甚。但环境敏感期诱发变异的概率高,又为育种利用提供契机。如选用单核靠边期的花粉培育单倍体植株,选用成熟花粉进行核辐射诱变筛选突变体。为此,花粉发育进程及其诊断长期以来是研究热点。

花粉形成过程从花粉母细胞开始,经过 2 次减数分裂,形成单核花粉粒的小孢子,小孢子细胞核经 2 次有丝分裂,形成三胞花粉粒的雄配子,经不断充实形成成熟花粉。星川清亲[1]、徐是雄等[2]、杨弘远[3]详细解剖镜检了减数分裂小孢子发育和雄配子发育三阶段的花粉发育形态。松岛省三[4]提出用顶部二叶叶枕距诊断减数分裂期,李义珍[5]揭示小孢子发育期和雄配子发育期与剑叶节间和穗颈节间伸长同步。本研究着重观察花粉发育进程与冠层茎生器官伸长的关系,冀为花粉发育进程提供形态诊断指标。

1　材料与方法

1.1　研究概况

研究地点为福建省尤溪县西城镇麻洋村基点,供试品种为杂交稻天优 3301,2010 年 3 月 11 日播种,4 月 15 日移栽,7 月 8 日齐穗,8 月 10 日成熟,再生季 9 月 7 日齐穗,10 月 12 日成熟。头季每公顷施氮 240 kg、磷 70 kg 和钾 180 kg;头季齐穗后 20 d 每公顷施氮 135 kg 作促芽肥,头季收割后 3 d 每公顷施氮 35 kg 作促苗肥。头季成熟时留桩 40 cm 手割。再生季以萌发倒 2、倒 3 节位分蘖为主。

1.2　观察项目及方法

取样观察时间为从剑叶抽出一半时(相当于花粉母细胞形成前夕)至稻穗抽出之日(相当于全部花粉成熟)。前一周每日取样一次,其后每 2 d,取样 1 次。为确保取样观察株生育进程一致,取样首日在供试田选择生长整齐、剑叶抽一半的稻株 10 株挂上标签,作为取样标准株。每次掘取 20 丛稻株,头季从中选与标准株生育进程一致的主茎 10 枚,再生季选取与标准株生育进程一致、总叶数 3 片的倒 2、3 节位分蘖 10 枚。分解出倒 1、2、3 节位的叶片、叶鞘、节间和穗颈节间及稻穗,测定长度,然后选 5 个稻穗投入卡诺

固定液中,24 h 后转至 70％酒精中保存备用。之后分别田间取样时间提取颖花,镜检花粉发育进程,具体方法是:每期从 70％酒精溶液保存的稻穗中取出 3 穗顺次在 50％、30％、10％酒精溶液各浸渍 30 min,用镊子夹出其中 1 穗,摘取穗子上部(倒数第 2 支一次枝梗)、中部(倒数第 4 支一次枝梗)、下部(倒数第 5 支一次枝梗)的顶端颖花,用镊子夹出花药置载玻片上,取样首日至抽穗前 2 d 所取样品,滴 1～2 滴醋酸洋红染色剂,抽穗前 2 d 以后所取样品,滴 1～2 滴 I_2-KI 染色剂,用镊子研破花药释放花粉粒,盖上盖玻片,烤干,镜检花粉发育进程。同时,摘取穗上部、中部、下部颖花各 5 粒,测定颖花长度,作为诊断花粉发育进程的参考指标。

2　结果与分析

2.1　茎秆冠层茎生器官伸长动态

水稻头季和再生季,都在剑叶抽出一半时,开始取样观察冠层各节位营养器官和稻穗的伸长动态及花粉发育进程,结果如表 1、图 1、图 2 所示:剑叶抽出一半时,倒 1 叶(剑叶)、倒 2 叶鞘和倒 3 叶节间这一组同伸器官刚好定长,而倒 1 叶鞘和倒 2 叶节间及稻穗这一组同伸器官开始显著伸长,显著伸长期 6～8 d。相邻节位的同名器官显著伸长期首尾衔接。倒 1 叶节间(剑叶节间)开始显著伸长,4 d 后穗颈节间也开始显著伸长,显著伸长期首尾重叠。

2.2　花粉发育进程与冠层茎生器官伸长的相关生长模式

表 1 和图 1、图 2 显示:花粉母细胞减数分裂、小孢子发育和雄配子发育,分别与倒 2 叶节间、倒 1 叶节间(剑叶节间)和穗颈节间的伸长存在对应关系,其中:

花粉母细胞形成时,倒 2 叶节间开始伸长,花粉母细胞 2 次减数分裂形成二分体、四分体时,倒 2 叶节间伸长至 1～3 cm。

四分体离散成为小孢子,在小孢子外壳形成、单核居中期,剑叶节间开始伸长。随着小孢子的发育,原生质加浓,将细胞核挤向周边的单核靠边期,剑叶节间伸达 1～2 cm。

小孢子充实后,细胞核经过 2 次有丝分裂,形成二核、三核雄配子,穗颈节间开始显著伸长,长度 2 cm 时为二核花粉期,长度 4～5 cm 时为三核花粉期。随着花粉粒内容充实,体形扩大,花粉趋于成熟,当穗颈节间伸达 6～8 cm,将稻穗顶端顶托至剑叶叶枕处时,稻穗上部的颖花花粉成熟;当穗颈节间伸达 15～20 cm,将稻穗顶托出近半时,穗中部颖花花粉成熟;当穗颈节间定长,将稻穗全部顶托出剑叶叶鞘时,穗基部颖花花形成熟。

减数分裂期短,一般仅 3～4 d,期内同伸的倒 2 叶节间的伸长量有限,不如同伸的剑叶叶鞘伸长量。减数分裂始期,倒 2 叶鞘已定长,剑叶叶枕与倒 2 叶叶枕距的变化动态反映了剑叶叶鞘伸长的动态。因此,

表1 水稻花粉发育进程及冠层器官伸长动态
（天优3301，福建省尤溪县，2010）

季别	观察时间（月-日）	花粉发育进程	器官长度（cm）倒1叶片	倒2叶鞘	倒3叶节间	倒1叶鞘	倒2叶节间	倒1叶节间	穗颈节间	稻穗	顶二叶叶枕距（cm）	穗顶叶枕距（cm）	颖花长度（cm）稻穗上部	稻穗中部	稻穗下部
头季	06-23	花粉母细胞	35.8	26.6	9.2	9.8	0.5	0.2		4.1	−16.6		4.5	4.5	3.9
	06-24	二分体	36.0	27.3	9.1	16.6	1.0	0.3		7.4	−10.4		5.5	5.0	4.5
	06-25	四分体	35.8	27.1	9.3	21.5	2.6	0.5		10.2	−5.1		6.5	6.0	5.0
	06-26	小孢子外壳形成	35.5	27.4	9.0	26.8	6.7	0.7	0.1	15.2	0.1		8.0	7.0	6.0
	06-27	单核居中	35.5	27.2	8.9	33.0	10.8	1.0	0.2	20.8	6.8	−12.0	9.0	8.5	8.0
	06-29	单核靠边	35.7	27.3	9.2	36.3	13.0	1.5	0.8	25.5	10.7	−10.0	10.0	9.7	9.5
	07-01	二胞花粉	35.5	27.5	9.0	36.0	12.6	5.6	2.0	25.6	14.1	−8.4	10.0	10.0	9.5
	07-03	穗上部花粉成熟	35.2	26.9	9.2	36.1	13.3	10.7	8.9	25.5	19.9	−1.7	10.5	10.2	10.2
	07-05	穗中部花粉成熟	35.4	26.7	9.3	36.4	12.7	16.2	20.1	25.3	25.9	9.0	10.5	10.0	9.5
	07-07	穗下部花粉成熟	35.3	27.4	9.1	36.6	13.0	16.4	34.6	25.0	25.6	23.0	10.3	9.8	9.8
	07-09	终花	35.2	27.2	9.2	36.5	12.8	16.4	35.6	25.1	25.7	27.2	10.2	10.0	9.7
	07-11		35.5	27.5	9.3	36.7	13.1	16.1	35.4	25.2	25.3	26.9	10.4	10.2	10.0
再生季	08-20	花粉母细胞	25.6	17.3	1.6	5.0	0.4			3.5	−12.1		4.5	4.5	4.0
	08-21	二分体	25.4	17.7	1.8	8.5	0.9	0.1		5.0	−9.1		5.2	5.0	4.5
	08-22	四分体	25.6	17.5	1.7	12.1	1.4	0.2	0.1	7.0	−5.2		6.5	6.0	5.0
	08-23	小孢子外壳形成	25.6	17.5	1.5	17.3	1.8	0.4	0.2	10.8	0.3		8.5	7.0	6.7
	08-24	单核居中	25.8	17.9	1.8	22.0	2.8	0.6	0.2	14.2	4.7	−7.6	9.3	9.3	8.5
	08-25	单核靠边	25.6	18.0	1.5	24.8	3.6	1.1	0.3	18.5	7.7	−6.0	10.0	9.7	9.3
	08-26	二胞花粉	25.1	18.3	1.4	24.7	4.6	4.4	2.0	19.3	10.8	−3.4	10.3	10.1	9.8
	08-28	穗上部花粉成熟	25.6	18.0	1.7	24.5	5.5	9.0	6.0	19.5	15.9	1.0	10.5	10.5	10.3
	08-30	穗中部花粉成熟	25.8	18.2	1.8	24.8	5.6	11.3	16.1	19.2	17.9	10.5	10.5	10.3	10.0
	09-01	穗下部花粉成熟	25.6	17.7	1.9	24.3	5.4	11.5	26.5	19.2	18.1	21.4	10.5	10.5	10.1
	09-03	终花	25.7	17.9	1.6	24.8	5.4	11.4	26.2	19.5	18.3	20.9	10.4	10.6	10.3
	09-05		25.9	18.0	1.5	24.6	5.6	11.2	26.4	19.3	17.8	21.1	10.4	10.5	10.0

* 顶二叶叶枕距=倒1叶鞘长+倒1叶节间长—倒2叶鞘长。穗顶叶枕距=穗颈节间长+穗长—倒1叶鞘长。

顶二叶叶枕距是简捷诊断减数分裂期的指标。表 1 显示：顶二叶叶枕距－10～－15 cm 时，为花粉母细胞形成期；顶二叶叶枕距－8～－5 cm 时，为减数分裂始期；顶二叶叶枕距为 0 时，减数分裂结束，进入小孢子发育期。表 1、图 1、图 2 还显示，穗长和颖花长也可作为诊断花粉发育进程的参照指标：当穗长 5～7 cm、颖花长为品种定长之 50％～60％时，为减数分裂始期；当稻穗和颖花定长时，为小孢子单核靠边期。

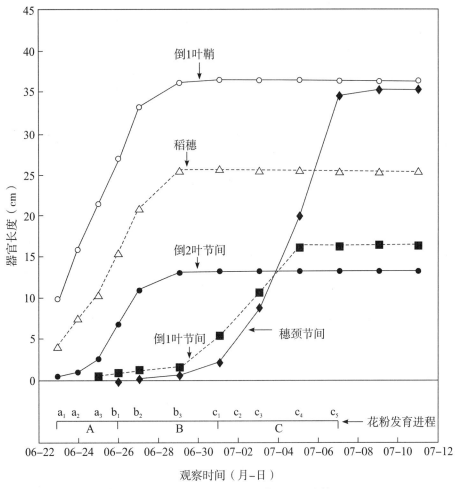

A：花粉母细胞形成及减数分裂期（a_1：花粉母细胞形成；a_2：二分体；a_3：四分体）。

B：小孢子发育期（b_1：四分体离散；b_2：单核居中；b_3：单核靠边）。

C：雄配子发育期（c_1：二胞花粉；c_2：三胞花粉；c_3：穗上部花粉成熟；c_4：穗中部花粉成熟；c_5：穗下部花粉成熟）。

图 1　水稻头季花粉发育期与茎生器官伸长的关系

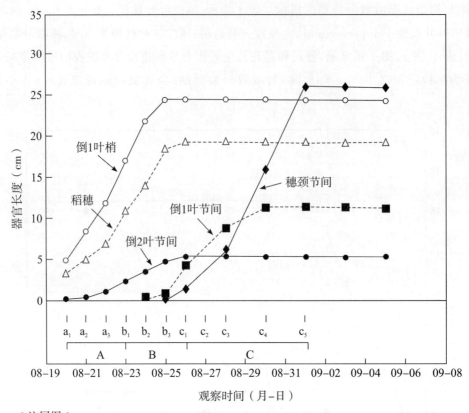

* 注同图1。

图 2　水稻再生季花粉发育进程与茎生器官伸长的关系

3　总结与讨论

花粉的形成过程,从花粉母细胞开始,经 2 次减数分裂,形成单核花粉粒(小孢子);经细胞核 2 次有丝分裂,形成三胞花粉(雄配子)。三个发育阶段与茎顶三个节间伸长存在对应关系:当倒 2 叶节间、剑叶节间、穗颈节间顺次开始伸长时,花粉母细胞开始分裂,小孢子和雄配子开始发育。据对水稻头季和再生季的持续观察,几个花粉粒重要发育期的形态诊断指标如下:减数分裂始期为倒 2 叶节间伸长 1 cm,小孢子单核靠边期为剑叶节间伸长 1~15 cm,二胞花粉期为穗颈节间伸长 2 cm,三胞花粉期为穗颈节间伸长 4~5 cm。由于穗颈节间的顶托,当穗尖抵近剑叶叶枕时,穗上部花粉成熟;当穗子一半抽出时,穗中部花粉成熟;当穗子全出时,穗下部花粉成熟。

减数分裂期间,剑叶叶鞘伸长量大。松岛省三[4]敏锐地抓住反映剑叶叶鞘伸长度的顶二叶叶枕距指标,诊断减数分裂的进展:当叶枕距为 -10 cm 时,为减数分裂始期;当叶枕距为 0 时,为减数分裂盛期;当叶枕距为 10 cm 时,为减数分裂终期。本研究对多个品种进行观察后发现:当叶枕距为 -15~-10 cm 时,为花粉母细胞形成期;当叶枕距为 -8~-5 cm 时,为减数分裂始期;当叶枕距为 0 时,减数分裂结束,进入小孢子发育期。

厦门大学王侯聪教授在培育单倍体植株实践中,发现连苞(包裹稻穗的剑叶叶鞘)拔出稻穗,剑叶鞘下方节间长度为 5 mm 左右的稻穗正当小孢子单核靠边期。本研究观察到小孢子单核靠边期的剑叶节间长度为 10~

15 mm,连苞拔出稻穗时,幼嫩的剑叶节节间将被拉断,拉出半截,也残留半截,长各 5~8 mm。显然,两项观察结果全然一致,同时显示王教授田间连苞拔穗快速诊断法堪称绝技。

著录论文

赵雅静,姜照伟,李小萍,等.再生稻分蘖花粉发育进程的形态诊断[J].福建稻麦科技,2012,30(4):21-23.

参考文献

[1]星川清亲.解剖图说稻的生长[M].蒋彭炎,许德海,译.上海:上海科学技术出版社,1980:209-236.

[2]徐是雄,徐雪宾.稻的形态与解剖[M].北京:农业出版社,1984:35-44.

[3]杨弘远.水稻生殖生物学[M].杭州:浙江大学出版社,2005:36-55.

[4]松岛省三.稻作诊断と增收技术(改订新版)[M].东京:农山渔村文化协会,1977:59-71.

[5]李义珍.水稻器官的相关生长和形态诊断[J].福建农业科技,1978(4):20-31.

五、水稻各节位节根及各级侧根的萌发特性

　　根是固持植株、吸收水养分、合成重要的氨基酸及根源激素的器官,同地上部保持着一定的形态和机能的均衡,同时通过向土壤分泌物质与微生物建立共生关系,通过物质交换及根茬残留参与农田生态系统的物质循环。因而根系研究对于调控水稻自身的生育,以及对于包括土壤的生态系统结构及功能的探索,都具有十分重要的意义。

　　日本研究水稻根系早而深入,大致分为 4 个时期:(1)1930—1940 年代,单纯描述根系在土壤中的发育形状,观测节根的数、长、重。(2)1946—1960 年代,引入生理生化测定方法,研究根系生理机能。(3)1960—1980 年代,研究根系形态建成及形态生育。小松良行[1]观察根系与出叶的同伸关系。川田信一郎[2]观察稻根解剖结构、原基分化、节根伸长、根毛形成、根系形态与土壤生态的关系,以及产量与表层根鲜重的关系。田中典幸等[3]观测了各层根系的生长量。(4)1980 年以后重点研究根系机能形态学和根系定量化指标,并开始注重根系整体研究。森田茂纪于 1992 年发起组织日本根研究会(JSRR),编写两本经典著作[4-5],并于 1996—1997 年主持组织中、日、韩、美、泰、菲等 6 国参加的国际会议研究项目"环太平洋地区环保型低投入持续性水稻高产栽培的根系战略性管理"。本课题组为合作研究单位。国内研究相对滞后,从发表的论文看,大多类似于日本 1960 年代的根系生理研究,较有新意的研究是吴志强[6]、凌启鸿等[7]、石庆华等[8]、王余龙等[9]关于水稻根系形态发育与机能的研究。

　　由于根长在地下,观察测定费时耗力,迄今大多数研究局限在实验室研究个根,或从田间切取一部分根体研究根系生理机能,对田间条件下根系的发育、机能及调控的研究很少。同时由于稻根分枝发达,数量繁多,对各节位的各级侧根的发育及数量不明,限制全面摸清根系发育特性。

　　本课题拟重点研究田间条件下不同生态、措施、产量水平的根系发育特性,建立根系调控技术,进而调控地上部生育,推动水稻生产向高产、优质、低投入、高效益的方向发展。1983—1985 年着重研究根系形态建成,各节位节根及各级侧根萌发特性,冀为进一步研究田间条件下根系形态发育和机能奠定形态学基础。

1　材料与方法

1.1　水稻主茎各节位节根及各级侧根的萌发期和萌发数观察

　　供试品种为杂交稻汕优 63,1983 年 6 月 25 日,1984 年 4 月 3 日直播于本研究所网室的水泥池沙培,通过浇

水,保持沙层湿润状态。每个水泥池长 100 cm,宽 70 cm,深 50 cm,沙层厚 30 cm。按株行距 15 cm×15 cm 播一粒浸种露白的种子,每池播 18 粒,共 10 池。池定 5 株,用红漆标记主茎叶龄,作为取样参照株。从播种至成熟初期,每 2 d 挖取 2~3 株叶龄一致的稻株,洗去根际沙粒,剥离分蘖,尽量保持主茎完整根系。记载取样日期和主茎叶龄后,应用叶位法切取不同节位的节根,分别置于盛有浅水层的培养皿中漂浮扩展,然后在实体显微镜下观测不同节位节根及其上萌发的各级侧根的条数。

1.2 主茎节根及侧根形态建成的解剖观察

供试品种为杂交稻汕优 63,1984 年、1985 年按上述规范沙培,在主茎 10~12 叶龄期,取样切取第 7、8 叶节的节间及其上萌发的节根和一级侧根,作横剖面石蜡切片,在显微镜下观察节间、节根、粗的一级侧根和细的一级侧根的横剖面结构,进行显微照相,嗣后仿照绘图。

1.3 节根节位鉴别标准

依照禾谷类胚结构的解释,将叶片、叶片连接的叶鞘、叶鞘腋的蘖芽、叶鞘着生节部下方的节间、节间上萌发的节根,划为同一个节位。主茎从胚芽鞘节间(下胚轴)至第 1 伸长节间,分蘖从前出叶节间至第 1 伸长节间,都萌发节根,但因节间短缩密叠,分清节位不易,为此采用叶位法进行分节,即将叶鞘着生部下方节间上萌发的节根,划入该叶鞘所属的节位,该节节根萌发伸长后将会戳破下一节位的叶鞘,而戳破本节叶鞘的节根,属于上一节位的节根。

2 结果与分析

2.1 根的形态建成

稻根按其原基形成的部位分为三类:胚生根——胚根或称种子根(seminal root),茎生根——节根(nodal root),根生根——侧根(lateral root)或分枝根(branch root)。

主茎从胚芽鞘(coleoptile)节位至第 1 伸长节间节位(分蘖是从前出叶节位至第 1 伸长节间节位),在每一节的节间,一般萌发数条至二三十条节根(图 1a)。

因节根绕茎环生,呈冠状伸长,又称为冠根(coronal root)。

胚根(种子根)和节根伸长到一定程度,便分枝长出侧根,称为一次侧根,其中粗的一次侧根会再分枝长出侧根,称为二次侧根。粗的二次侧根又会分枝长出三次侧根。如此逐级分枝,最高为五次侧根(图 1b)。侧根多次分枝,故又称为分枝根。

1984 年、1985 年取根制作石蜡切片镜检,明确节根和侧根的形成都是内始式(endogenous)的:在主茎或分蘖的茎内环状的周边维管束外侧组织,经细胞分裂形成节根原基,持续分裂后逐渐分化出表皮、皮层、中柱的各种组织,接着节根原基逐渐伸长突破皮层和表皮,伸出茎外(图 1a);胚根、节根的中柱鞘组织,经细胞分裂形成侧根原基,持续分裂后逐渐分化出表皮、表层、中柱等组织,接着侧根原基逐渐伸长突破皮层和表皮,伸出母根体外(图 2a);粗的侧根,其中柱鞘组织也会分化形成新的侧根原基,萌发高一级侧根。

胚根、节根和粗的侧根,其横剖面结构由外而内都是:表皮、外皮、厚壁组织、皮层、内皮、中柱鞘、维管束(图 2a、2b)。细的侧根则没有皮层,厚壁组织直接与内皮相连(图 2c)。

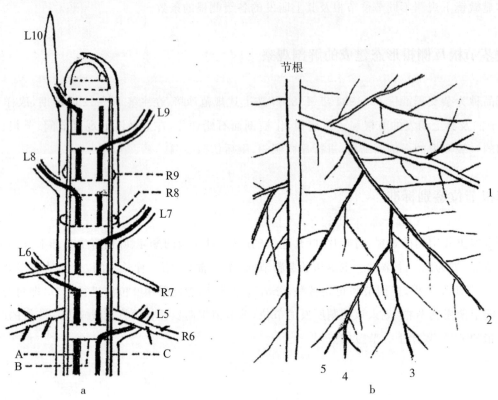

a:节根发生模式(第 7 节节根与第 10 节叶片同伸)。L5、L6、L7、L8、L9、L10 分别为第 5、6、7、8、9、10 节叶;R6、R7、R8、R9 分别为第 6、7、8、9 节节根;A 为髓走大维管束,B 为节网维管束,C 为周边维管束。

b:侧根分枝模式。1、2、3、4、5 分别为第一、二、三、四、五级侧根。

图 1　稻根发育形态模式图

2.2　根的萌发期

胚根和各节位节根及其各级侧根,都在一定的叶龄期开始萌发和终止萌发。如表 1、图 3 所示,1983 年、1984 年两年观察,第 1 叶节位的节根都在 2.6～2.8 叶龄期开始萌发。节根原基陆续突破茎秆表皮伸出,并明显伸长,在 4.0 叶龄期终止萌发,并进一步伸长。据对叶片不同叶龄期的伸长程度的解剖观察[10](见本章"水稻器官的相关生长和形态诊断"一节),在第 1 叶节节根开始萌发的 2.6～2.8 叶龄期,正值第 4 节叶片在下节叶鞘内开始伸长,在第 1 叶节节根终止萌发的 4.0 叶龄期,正值第 4 节叶片定长不久。如将第 4 叶节记为 N 节,第 1 叶节记为 $N-3$ 节,则 N 节叶片开始伸长时,$N-3$ 节节根开始萌发,N 节叶片定长前后,$N-3$ 节节根终止萌发。概言之,N 节叶片伸长与 $N-3$ 节节根萌发同步。各节位根叶同步生长规则尽皆如此。如第 4 叶节节根,1983 年、1984 年两年都在 5.6～5.7 叶龄期开始萌发,都在 6.9 叶龄期终止萌发,正值第 7 节叶片开始伸长至定长不久,同样是 N 节叶片伸长与 $N-3$ 节节根萌发同步。不过节根萌发后开始伸长至全根定长,需历 20～30 d。

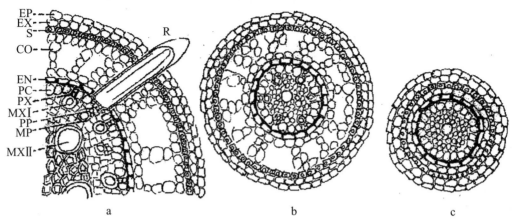

EP—表皮；EX—外皮；S—厚壁组织；CO—皮层；EN—内皮；PC—中柱鞘；PX—原生木质导管；
MXⅠ—后生木质导管Ⅰ；MXⅡ—后生木质导管Ⅱ；PP—原生筛管；MP—后生筛管；R—侧根。

图2　稻根的横剖面结构

a：节根；b：粗的侧根；c：细的侧根。

　　表1、图3还显示，节根开始萌发后一个出叶周期左右，其上开始萌发一次侧根，节根终止萌发后一个出叶周期左右，其上结束萌发一次侧根；再历一个出叶周期左右，粗的一次侧根开始萌发或终止萌发二次侧根。如此逐级分枝，大致每隔一个出叶周期，分枝更进一级。

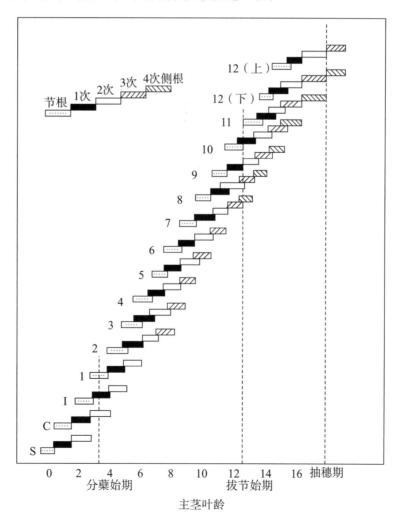

图3　水稻主茎各节位节根及各级侧根的萌发叶龄期

表1 水稻主茎各节位节根及各级侧根的萌发叶龄

（汕优63，福州）

年份	进程	稻根种类	S	C	I	1	2	3	4	5	6	7	8	9	10	11	12下	12上
1983	开始发根叶龄	节根	0	0.4	1.6	2.6	3.6	4.9	5.7	6.9	7.5	8.6	9.7	10.6	11.7	12.8	13.8	14.4
		1次侧根	0.4	1.6	2.6	3.6	4.4	5.4	6.2	7.4	8.2	9.3	10.3	11.4	12.8	13.6	14.6	15.2
		2次侧根	1.6	2.6	4.0	4.9	6.0	6.9	7.7	8.9	9.9	10.8	11.7	12.7	13.6	14.6	15.4	16.0
		3次侧根											13.0	13.6	14.4	15.4	孕穗	出穗
		4次侧根												14.4	15.4	孕穗		
		5次侧根												15.7	孕穗			
	终止发根叶龄	节根	0	1.6	3.2	4.0	4.9	6.2	6.9	7.7	8.2	9.5	10.6	11.7	13.2	14.0	15.0	15.5
		1次侧根	1.6	2.3	4.0	4.9	5.9	6.9	7.7	8.6	9.7	10.6	11.2	12.6	14.1	14.9	15.9	孕穗
		2次侧根	2.6	3.6	5.0	6.2	7.2	8.2	8.9	9.5	10.6	11.7	12.7	13.6	14.6	15.8	孕穗	出穗
		3次侧根											13.8	14.8	15.8	孕穗	出穗	乳熟
		4次侧根												15.8	孕穗	出穗	乳熟	
		5次侧根												孕穗	出穗			
1984	开始发根叶龄	节根	0.	0.5	1.9	2.8	3.9	4.9	5.6	6.9	7.6	8.5	9.6	10.8	11.6	12.6	13.8	14.4
		1次侧根	0.5	1.6	2.9	3.9	4.9	5.6	6.6	7.6	8.5	9.6	10.7	11.7	12.5	13.5	14.4	15.1
		2次侧根	1.6	2.8	4.0	5.0	6.2	6.7	7.6	8.6	9.6	10.8	11.4	12.7	13.5	14.3	15.2	15.8
		3次侧根					7.2	7.8	8.6	9.5	10.6	11.7	12.6	13.5	14.4	15.2	孕穗	出穗
		4次侧根										12.6	13.5	14.4	15.3	孕穗	出穗	
	终止发根叶龄	节根	0	1.6	3.0	4.0	5.2	6.2	6.9	7.7	8.7	9.6	10.7	11.7	12.6	13.8	14.6	15.4
		1次侧根	1.6	2.8	4.0	5.0	6.2	6.9	7.6	8.6	9.6	10.8	11.7	12.6	13.5	14.8	15.7	孕穗
		2次侧根	2.8	4.1	5.3	6.2	7.2	8.0	8.6	9.9	10.8	11.7	12.8	13.7	14.6	15.3	孕穗	出穗
		3次侧根					8.3	9.0	9.6	10.6	11.7	12.6	13.5	14.6	15.7	孕穗	出穗	乳熟
		4次侧根										13.2	14.3	15.4	孕穗	出穗	乳熟	

* S：胚根；C：胚芽鞘节根；I：不完全叶节根；12下：第12节下位根；12上：第12节上位根。

总之,各节位节根及其各级侧根都在一定的叶龄期萌发,井然有序。其模式是:N 节叶片伸长时,$N-3$ 节的节根、$N-4$ 节的一次侧根、$N-5$ 节的二次侧根、$N-6$ 节的三次侧根,同时萌发。同一节位的节根,或同一节位的同级侧根,从开始萌发至终止萌发,持续一个出叶周期左右。

2.3　节根分枝级数和节根、侧根萌发条数

表 2、图 4 显示,主茎节根的分枝级数随节位的上升而增加。据 1983 年观察,胚芽鞘节至第 7 叶节节根分枝较少,具 2 级侧根,第 8 叶节至 12 叶节节根分枝较多,具 3～4 级侧根,其中第 9、10 叶节节根还具 5 级侧根。据 1984 年观察,胚芽鞘节至第 2 叶节节根分枝较少,具 2 级侧根,第 3 叶节至 12 叶节节根分枝较多,具 3～4 级侧根。

节根萌发条数随节位上升而增加,其中胚根仅 1 条,胚芽鞘节根 3 条(2 条戳破胚芽鞘的节根属于不完全叶节的节根)。不完全叶节至 11 叶节节根 5～19 条,第 1 伸长节间(第 12 叶节的节间)长 0.6～1 cm,具双层节根,萌发 24～43 条节根。

侧根萌发条数多,以一、二级侧根萌发条数最多,占总根数的 91%～94%;三级侧根的条数显著减少,占总根数的 5%～8%;四、五级侧根条数很少,占总根数的 1%。

一支主茎最终萌发 6 万～9 万条根,1983 年、1984 年的观察结果是一支主茎共萌发节根 131～171 条,占 0.2%,共萌发侧根 62 847～87 506 条,占 99.8%,平均每条节根萌发 480～512 条侧根。节根长而粗,是根系的骨架,侧根短而细,但根数多,是根系的主体。

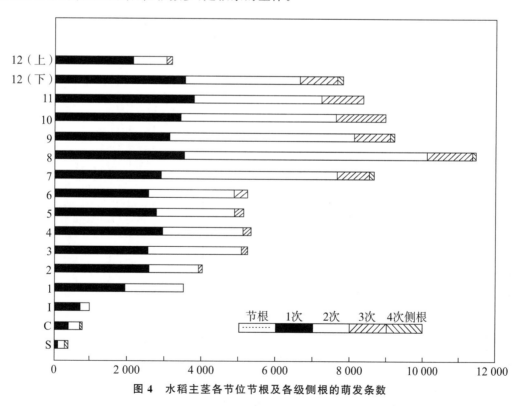

图 4　水稻主茎各节位节根及各级侧根的萌发条数

表2　水稻主茎各节位节根及各级侧根的萌发条数

（汕优63，福州）

年份	稻根种类	S	C	I	1	2	3	4	5	6	7	8	9	10	11	12下	12上	合计	占比(%)
1983	节根	1	3	5	5	5	7	7	8	8	9	11	12	11	13	13	11	131	0.2
	1次侧根	128	397	469	394	1 044	1 346	1 323	1 328	1 841	1 852	2 442	2 418	1 858	2 685	2 346	1 690	23 561	37.4
	2次侧根	540	107	119	121	603	2 268	1 978	3 048	3 365	4 452	4 827	3 088	2 265	3 361	3 264	2 014	35 420	56.2
	3次侧根											715	770	456	465	644	83	3 133	5.0
	4次侧根												229	132	49	127		537	0.9
	5次侧根												148	48				196	0.3
	合计	669	509	593	520	1 652	3 621	3 308	4 384	5 214	6 313	7 995	6 665	4 770	6 573	6 394	3 798	62 978	100.0
1984	节根	1	3	5	7	8	8	9	9	10	11	11	12	15	19	21	22	171	0.2
	1次侧根	82	449	755	1 887	2 532	2 525	2 916	2 737	2 516	2 852	3 474	3 113	3 375	3 695	3 489	2 099	38 498	43.9
	2次侧根	241	289	252	1 588	1 372	2 529	2 180	2 117	2 321	4 739	6 833	4 997	4 192	3 475	3 065	872	41 062	46.8
	3次侧根						134	195	247	362	982	1 019	998	1 165	994	1 005	130	7 231	8.3
	4次侧根										99	74	104	138	145	153		713	0.8
	合计	324	743	1 012	3 482	3 912	5 196	5 300	5 112	5 209	8 683	11 411	9 224	8 885	8 328	7 733	3 123	87 677	100.0

2.4　主茎总根数增长动态

图 5、表 3 显示 1984 年对汕优 63 主茎节根及侧根总发根数的增长动态,看出:总发根数增长动态呈 Logistic 曲线分布,高峰在乳熟初期,1 枚主茎总根数达 87 677 条,其中倒 2 节位分蘖始期(5 叶龄)、分蘖高峰(9.6 叶龄)、苞分化期(12.6 叶龄)、孕穗期(16 叶龄)的根数分别占最终总根数的 5%～31%、60% 和 97%,表明发根盛期在分蘖期和幼穗分化前中期。最上发根节(第 12 叶节)的节根在减数分裂期全数萌发,大多数侧根在孕穗期前萌发,只有最上 3 个发根节的 3、4、5 级侧根在孕穗期萌发,最上发根节的 3、4、5 级侧根延至乳熟初期萌发。但最上 3 个发根节的节根及其 3、4、5 级侧根在抽穗后 10～20 d 还在继续伸长。

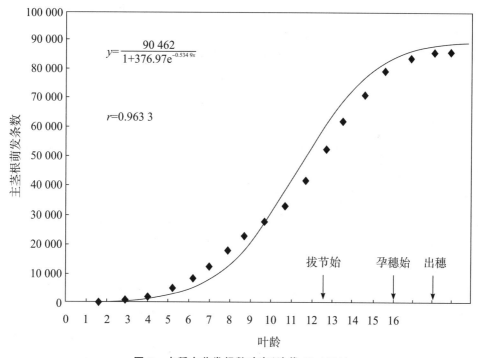

图 5　水稻主茎发根数动态(汕优 63,1984)

表 3　水稻主茎节根及侧根总根数的增长动态

(汕优 63,1984,福州)

生育期	幼苗	分蘖始期	分蘖盛期	分蘖高峰	第一苞	孕穗始期	乳熟期
主茎叶龄	2.8	5.2	8.0	9.6	12.6	16.0	—
根数	783	4 062	17 594	27 496	52 348	85 372	87 677
占比(%)	0.9	4.6	20.1	31.4	59.7	97.4	100

3 总结与讨论

小松良行[1]观察了出叶与节根发育的关系。川田信一郎[2]观察了节根及分枝根（侧根）的原基分化、解剖结构及形态特征，指出主茎 N 节叶片开始抽出时，$N-3$ 节节根开始伸长。由于根长在地下，观察测定费时耗力，迄今大多数研究局限在研究室研究个根，或从田间切取一部分根体研究根系生理机能。由于节根分枝发达，一支主茎的侧根成千上万条，交错成网，其萌发期和萌发量尚且不明，给全面摸清稻根发育规律和调控带来困难。

本研究经 1983—1985 年研究，应用叶位法分清节根节位，应用漂浮扩展法分清侧根级位，对各节位节根及其侧根的萌发期和萌发数，进行追踪观察，结果明确：

（1）各节位节根及其各级侧根，都在一定的叶龄期开始萌发和终止萌发，其规则是：N 节叶片开始伸长时，$N-3$ 节节根、$N-4$ 节一级侧根、$N-5$ 节二级侧根、$N-6$ 节三级侧根、$N-7$ 节四级侧根，同时开始萌发；N 节叶片定长至定长不久，上述节位节根和级位侧根，同时终止萌发。同一节位的节根和同一级位的侧根，从开始陆续萌发至全数萌发，历一个出叶周期左右。相邻节位的节根萌发和同一节位相邻级位的侧根萌发，也相隔一个出叶周期左右。第 1 伸长节间（12 叶节节间）具双层节根，其上层根比下层根，萌发期推迟 0.6 个出叶周期。

（2）各节位的节根数，按由下而上的节位顺次增多。各级侧根数，也按由下而上的节位顺次增多，在第 8 叶节达高峰，其后略有减少，但第 1 伸长节间的侧根数又显著增多。在各级侧根中，以一、二级侧根萌发最多，占总根数的 90%。一支主茎十几个发根节，总根数达 6 万～9 万条。节根长而粗，是根系的骨架，但发根数仅占总根数的 0.2%。侧根短而细，但发根数占总根数的 99.8%，是根系的主体。

（3）节根及侧根的总发根数增长动态呈 Logistic 曲线分布，分蘖始期（5 叶龄）、分蘖高峰期（9.6 叶龄）、穗分化始期（12.6 叶龄）和孕穗始期（16 叶龄）的发根数分别占最终总发根数的 5%、31%、60% 和 97%，表明发根盛期在分蘖期和幼穗发育前中期。最高发根节（第 1 伸长节间节）的节根在幼穗减数分裂期结束萌发；其 3—5 级侧根在抽穗期至乳熟初期结束萌发，但最上三个发根节的节根及其 3—5 级侧根，在抽穗后 10～20 d 还将继续伸长。

著录论文

[1]李义珍,陈仰文,余亚白,等.水稻高产生理理论研究:Ⅲ.水稻根系研究[R].福建省农业科学院稻麦研究所:科学研究年报.福州:福建省农业科学院,1983:41-45.

[2]李义珍,郑志强,陈仰文,等.水稻根系的生理生态研究[J].福建稻麦科技,1986,4(3):1-4.

参考文献

[1]小松良行.水稻の出葉及ひ"節間伸長と根の發育との関係[J].日本作物学会纪事,1959,28(1):20-21.

[2]川田信一郎.イネの根[M].东京:農山漁村文化协会,1982.

[3]田中典幸,藤井義典,江頭俊雄,等.水における栽培樣式の相違と根群の生育について:coring tubeど根洗機を使用した調查から[J].日本作物学会纪事,1985,44(1):27-28.

[4]森田茂纪.根の發育学[M].東京:東京大学出版社,1998.

［5］根の事典編集委員會.根の事典［M］.鳥取：朝倉书店,1998.

［6］吴志强.杂交水稻根系发育研究［J］.福建农学院学报,1982(2):19-27.

［7］凌启鸿,张国平,朱庆森,等.水稻根系对水分和养分的反应［J］.江苏农学院学报,1990,11(1):23-27.

［8］石庆华,李木英.水稻根系特征与地上部关系的研究初报［J］.江西农业大学学报,1995,17(2):110-115.

［9］王余龙,姚友礼.不同生育时期氮素供应水平对杂交水稻根系生长及其活力的影响［J］.作物学报,1997,23(6):699-706.

［10］李义珍.水稻器官的相关生长和形态诊断［J］.福建农业科技,1978(4):20-31.

六、水稻根系在土壤中的伸展、分布和形态性状

各节位节根及其各级侧根,构成一个茎蘖的根系,一个个茎蘖的根系组成单株水稻的根系。根系的机能不仅决定于个根的生理特性,也决定于根系的量及在土壤中的分布。然而根系长在地下,既看不见,取样也难以保持原状,研究难度大。国外偏重在实验室研究个根,或从田间切取一部分根体研究根系生理。由于研究方法的进步,特别是原状土块改良法(Monolith method)[1]和 Tennant 的直线交点推算法[2]的出现,解决了田间分层观察根系形态和测量根系总长度的难题。但从田间掘取稻根仍然费时耗力。藤井义曲等[3-6]观察了不同节位节根、侧根的生育及不同栽培条件下根系在各层土壤的分布。川田信一郎等[7-11]观察了各节位根系在土壤中的分布,研究土壤环境与根系发育的关系,提出改良土壤、合理施肥、灌溉培育根系的技术。森田茂纪等[12-20]观察了节根在土壤伸长方向及与根形态结构的相关性,考察产量与节根伸向方向及根长密度的关系,并创建一套根系形态指标的推算方程。

本研究在不同地点、土壤、水稻品种等多种条件下,分层测定了根系的干重、体积和总长度,计算出根长密度、直径、表面积等形态指标,从中揭示根系在土壤中的分布模式和形态结构。

1 材料与方法

1.1 研究概况

1988 年,研究地点为福建省农业科学院稻麦研究所,供试水稻品种为汕优 63,7 月 1 日播种,7 月 28 日移栽,9 月 24 日齐穗。株行距 20 cm×20 cm,每丛栽 1 株。在分蘖始期、分蘖盛期、穗分化初期、齐穗期和成熟期,每期取 2 株测定不同土层根系的体积和干重,以揭示根系生长动态及在各层土壤的分布。在蜡熟期还采用圆筒法[17]取样,测定不同节位节根的伸长方向。1996 年、1997 年晚稻成熟期,在福建省龙海市东园镇厚境村和海澄镇山后村,选择 20 丘不同产量水平的杂交稻特优 63 田块,应用 Monolith 改良取根法,每丘田掘取 3 株根系,测定不同土层的根系性状。1996 年还选取 2 株特优 63 稻株,分主茎和分蘖,观测节根和侧根的形态。

1.2 田间根系的取样方法

采用原状土块改良法(Monolith method)取根。(1)其方法为:以稻株为中心,用西瓜刀切取长等于

行距、宽等于株距、深 30 cm 的土块,挖去四周泥土,起出带根土块,置木板上,由土表至深 25 cm 处,按厚 5 cm 横切为 5 层,分层装入尼龙网袋,在质量分数为 10% 的盐水中浸泡 1～2 月后,用自来水冲洗网袋中泥土,淘去砂砾,换在清水中洗涤,剔除漂浮杂屑,再捞出摊在搪瓷盘内,剪去表土层根茎,得到每株各层次的纯净稻根。最后按研究计划分别测定各层次稻根的有关性状。

1.3　各土层根系主要形态性状的测定

(1)鲜根重测定:稻根用吸水纸吸干根表水分,用盛量 0.01 g 电子天平称鲜质量。

(2)根系总长度测定:采用 Tennant 的直线交点法。[2] 在搪瓷盘底贴上方格幅度 1 cm 的坐标纸,盘内盛一薄层清水,取出重约 0.3 g 的鲜根段,放入盘内水面,轻轻拨动使之均匀扩展,然后在放大镜下计数根系与方格横线及纵线交叉的点数(记为 N),乘上不同大小方格的系数 K(方格幅宽 0.5 cm、1 cm、2 cm、3 cm 的 K 值,分别为 0.39、0.79、1.57、2.36),即得到供测根系的总长度 R:$R = N \cdot K$。供测鲜根经烘干称重,求出占该层根系总干重的比率,再算出该层根系的总长度。

(3)鲜根体积测定:采用排水法。根据稻根样品的大小,选取相应规格有体积刻度的量筒,筒内装一定量的清水,记下读数,然后将根系放入筒内,用玻棒轻搅排出气泡进行读数,前后两次读数之差即为鲜根体积。

(4)稻根干重测定:各层次稻根放入烘干箱,经 105 ℃ 杀青 1～2 h 调温至 80 ℃ 左右烘干至恒重后称干重。

1.4　有关根系形态性状的计算

从形态与机能的相关性视角分析,根系系数,根系总长度和根系表面积,与根系机能的关系最密切,是评价根系机能的重要形态指标。根系体积与根系机能关系不一定密切,但测定容易,是推算根系直径和根系表面积必不可少的数据。根系分支发达,胚根和节根都萌发多级侧根,最高达 5 级分支,侧根占全株总根数的 99%,总长度的 96%,总表面积的 82%,因而是根系的主体。侧根纤细多如牛毛,测定不易,一般以根系直径、比根长、根长密度为指标衡量侧根发达的程度。根系的直径、表面积、根长密度、比根长等性状,均可通过上述根系测定所得的数据进行推算。

(1)根系直径($2r$)$= 2\sqrt{V/(\pi L)}$。式中 V 为根系体积,L 为根系总长度。

(2)根系表面积(S)$= 2\pi r \cdot L$,式中 r 为根系半径,L 为根系总长度。

(3)根长密度 = 根系总长度/根系分布土层的体积。

(4)比根长 = 根系总长度/根系干重。

1.5　节根有关形态的测定和计算

为了分别揭示节根和侧根的形态特征,采用 Monolith 改良法掘取根系,按 1.2 节所述方法,得到单株根系,在水中摘取主茎和第 6 节分蘖(各分蘖代表)的根系,分别计算节根条数,逐条测定根长,得总根长(L)。从中选取 30 条长、粗度中等的节根,平铺紧密排列于盘中,测量横向距离,求算节根平均直径($2r$)。据所得数据计算出节根总根长(L)、总体积(V)、总表面积(S)、总干重(W)和根长密度。计算式如下：

(1)节根总长度(L)＝节根平均长度×节根条数。

(2)节根体积(V)＝$\pi r^2 \cdot L$，式中 r 为节根半径，L 为节根总长。

(3)节根总表面(S)＝$2\pi r \cdot L$，式中 $2\pi r$ 为节根横剖面面积，L 为节根总长度。

(4)节根干重(M)＝$V \cdot Q$。V 为节根体积，Q 为每立方厘米新鲜节根的干重(0.20 g/cm³)。

节根形态测定后，按 1.3 节所述方法分别测定主茎和第 6 节分布根系的总长度、总体积、鲜重、干重、计算出根系平均根长、平均直径、根系表面积和根长密度。由根系的总长度、总体积、总表面积、总干重扣除节根的相应值，计算出测根的总长度、总体积、总表面积、总干重、根直径、根长密度。侧根总条数按每 1 cm 节根萌发 25 条侧根的经验值进行推算。

1.6　节根伸长方向的测定

节根长而粗，是根系的骨架。节根以地下茎为中心，向四周辐射状伸长，而其上的各级侧根，则沿其上级根轴作树枝状排列。因而各节位侧根的分布方位决定于该节根的伸长方向。采用森田茂纪的圆筒法[16]测定节根的伸长方向(见图 1)，方法是：用一管内半径(R)为 7.5 cm、长 20 cm 的圆形铁管，下缘磨利，以稻株为中心在套稻入土，切断筒周的节根，挖出稻株测定地下茎周长($2\pi r$)，求地下茎半径(r)，分别测定最上 6 节节根的长度(L)，按余弦函数计算出各节位节根与水平面的夹角(A)：$\cos A = R/(L+r)$。

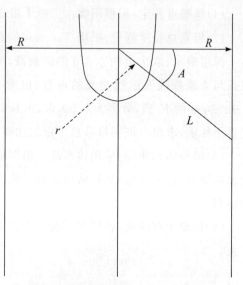

R 为圆筒半径，r 为地下茎半径，L 为被切断的节根长度，A 为节根与水平面的夹角。

图 1　节根伸长方向推定法示意图

2　结果与分析

2.1　根系在土壤中的伸长

水稻根系随着生育期的推移，逐渐向土壤的深度和广度伸展。据 1988 年观察(表 1)，移栽后 7 d 开始分蘖时，根系深入到 5～10 cm 土层，95％的干重和体积集中分布在 0～5 cm 土层内；分蘖盛期(移栽后 22 d)根系深入到 15～20 cm 土层，95％的干重和体积集中分布在 0～10 cm 土层内；颖花分化形(移栽后 33 d)根系深入到 25～30 cm 土层，95％的干重和体积集中分布在 0～15 cm 土层内；齐穗期(移栽后 58 d)根系深入到 30～35 cm 土层，90％～93％的干重和体积集中分布在 0～20 cm 土层内。

表 1、图 2 显示根系总干重和总体积的增长动态呈抛物线曲线，增长盛期在分蘖期和幼穗分化期。最高发根节(第 1 伸长节间节)的节根在减数分裂期全数萌发，其上的 3、4 级侧根在齐穗期全数萌发，萌发

后仍继续伸长,伸长期 2～3 周。因而,齐穗后根量增长有限,齐穗期根系的干重和体积已达成熟期的 97％。

表 1 水稻根系在土壤中的伸展动态

(汕优 63,福州,1988)

土层深度	根系干重(g/m²)					根系体积(cm³/m²)				
(cm)	分蘖始	分蘖盛	颖花分化	齐穗	成熟	分蘖始	分蘖盛	颖花分化	齐穗	成熟
0～5	47.8	98.9	143.5	190.8	196.0	309.3	476.7	643.1	873.3	910.4
5～10	2.4	24.4	41.7	69.1	72.0	14.0	134.0	189.5	360.0	375.1
10～15		5.6	21.8	47.2	49.2		29.0	94.7	218.8	230.0
15～20		1.1	10.9	23.2	24.1		4.3	48.0	153.8	144.1
20～25			3.4	14.2	15.7			17.3	108.0	108.3
25～30			0.6	7.8	8.0			2.7	58.0	67.0
30～35				2.9	3.0				13.3	12.0
合计	50.2	130.0	221.9	355.2	368.0	323.3	644.0	995.3	1 785.2	1 846.9
占比(%)	13.6	35.3	60.3	96.5	100	17.5	34.9	53.9	96.7	100

* 分蘖始期、分蘖盛期、颖花分化期、齐穗期和成熟期,分别在移栽后 7、22、33、58、90 d。

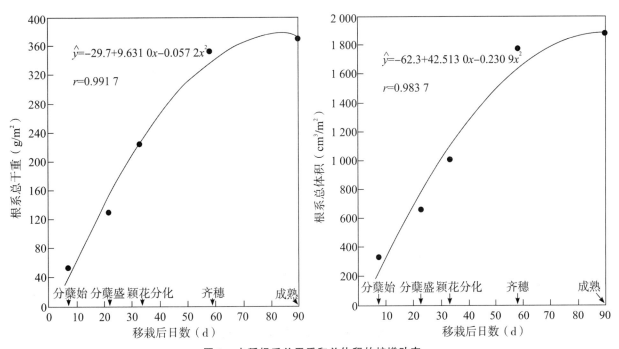

图 2 水稻根系总干重和总体积的扩增动态

2.2 根系在土壤中的分布

据 1996 年、1997 两年在龙海市对 20 丘特优 63 的取样观测(见表 2、图 3),稻谷成熟期的根系干重、体积和总长度,都随着在土壤中分布层次的加深按负对数曲线减少,并向 x 轴渐近。其中 0～5 cm 土层的根系干重、体积和总长度分别占 48％、49％和 56％;5～10 cm 土层分别占 26％、26％和 23％,10～15 cm 土层分别占 17％、16％和 15％;15～20 cm 土层分别占 6％、6％和 5％,20～25 cm 土层分别占 3％、3％和 1％。

根系直径以 0～5 cm 土层为最小,随着分布层次的加深逐渐增大,表明表土层的根系中具有更多份额的侧根。由于根总长度随着在土壤中分布层次的加深而减少,根长密度也随之大幅降低,耕作层底层(15～20 cm 土层)每 1 cm³ 土壤容积的总根长仅 7 cm,而表土层(0～5 cm 土层)达 74 cm,密集如网,具有更高的生理机能。

表 2   水稻成熟期根系在不同土层的形态

(特优 63,福建龙海,1996—1997)

土层深度 (cm)	鲜根体积 (cm³/m²)	鲜根表面积 (cm²/m²)(占比)	根干重 (g/m²)(占比)	根总长度 (m/m²)(占比)	根长密度 (m/cm³)	比根长 (m/g)	根直径 (mm)
0～5	772.8(49)	186 511(52%)	141.7(48%)	37 105(56%)	74.0	261	0.16
5～10	413.8(26%)	87 458(25%)	78.3(26%)	15 466(23%)	30.9	198	0.18
10～15	257.7(16%)	54 992(15%)	49.3(17%)	9 723(15%)	19.4	197	0.18
15～20	96.8(6%)	20 766(6%)	19.0(6%)	3 479(5%)	7.0	183	0.19
20～25	37.4(3%)	6 416(2%)	7.6(3%)	888(1%)	1.8	117	0.23
合计	1 578.7(100%)	356 143(100%)	205.9(100%)	66 661(100%)	26.6	225	0.17

* 20 丘田平均值,平均稻谷产量 9 540 kg/hm²。

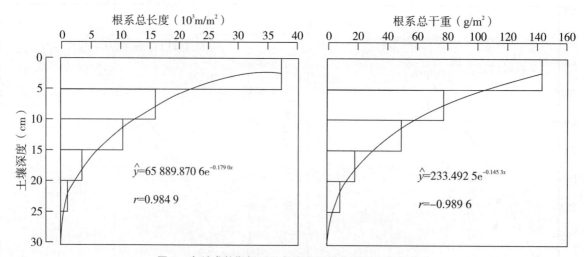

图 3   水稻成熟期根系总长度和干重在不同土层的分布

2.3   各节位节根在土壤中的伸长方向及其侧根的分布方位

1988 年在福州应用圆筒法[16]测定各节节根在土壤中伸长的方向,结果如表 3、图 4 所示:倒数第 1、2、3、4、5、6 节位的节根,与水平面的平均夹角分别为:21.6°、27.2°、33.0°、49.6°、64.2° 和 75.0°。表明:最上三个节位的节根向横向伸长,其上各级侧根大多分布在 0～5 cm 土层;倒 4 节位的节根斜向伸长,其上各级侧根大多分布在 0～10 cm 土层;倒 5 节以下各节位的节根向斜下方至直下方伸长,其上各级侧根大多分布在 5 cm 以下的中、下部土层。

最上三个发根节位的节根,是在倒 5 叶抽出一半时(幼穗分化前一周)至剑叶抽出一半时(减数分裂期)萌发的,其上的各级侧根是在幼穗分化初期至齐穗期萌发的(见"水稻各节位节根及各级侧根的萌发特性"一节表1)。它们的功能是在幼穗发育期和结实期。由于其根系大多分布在 0～5 cm 土层,特称为表层根或上层根。其下各节位节根是在 0.5 叶龄至幼穗分化前 1 周萌发,其上的各级侧根是在 1.5 叶龄至减数分裂期萌发的,它们的功能在营养生长期和幼穗发育期,其根系大多分布在中下部土层,特称为下层根。

表 3　水稻各节位节根的伸长方向

(汕优 63,福建福州,1988)

节根节位	节根对水平面的平均夹角(°)	各伸长夹角的节根比率(%)		
		<30°	30°～60°	>60°
倒 1	21.6	66	26	8
倒 2	27.2	56	32	12
倒 3	33.0	42	44	14
倒 4	49.6	20	47	33
倒 5	64.2	8	20	72
倒 6	75.0	0	15	85

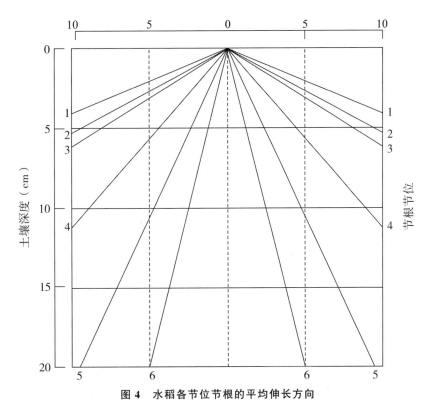

图 4　水稻各节位节根的平均伸长方向

2.4　一株水稻主茎和分蘖的节根及侧根的形态性状

一株水稻的根系由主茎、分蘖的节根及其侧根构成。据 1996 年在福建龙海对特优 63 生产田的取样观察,一株水稻有1个主茎、10个分蘖(2个秧田分蘖,5个大田一次分蘖,3个大田二次分蘖)。主茎从胚根至第12叶节(第1伸长间的节位),共15个发根节,10个分蘖从前出叶节至第1伸长节间的节共有51个发根节,平均每个分蘖有5.1个发根节,接近第6叶节5蘖的5个发根节。为明确一株水稻根系的形态性状,采用 Monolith 改良法掘取2株水稻根系,从中摘取主茎和第6节分蘖(代表10个分蘖)的根系。首先观测主茎和第6节分蘖的节根的条数、长度、直径,计算出体积、表面积和根长密度。节根形态的测定及计算方法详见1.5节。节根形态观测后再观测根系总体(含节根和侧根)的体积、总长度,计算出根系表面积及根长密度。根系各形态性状值减去节根相应值,即得侧根形态性状值。结果列于表4,看出:

表4 一株水稻主茎和分蘖的节根及侧根的形态性状

(特优63,福建龙海,1996)

类别	茎数	根的种类	发根条数 (占比)	根的直径 (mm)	平均根长 (cm)	根总长度 (m) (占比)	根总体积 (cm³) (占比)	根总表面积 (cm²) (占比)	根长密度 (cm/cm³) (占比)
主茎	1	节根	168 (0.1%)	0.89	19.64	33 (1.3%)	20.53 (25.8%)	922.7 (5.9%)	0.3 (1.2%)
		侧根	82 500 (30.2%)	0.10	0.89	732 (29.6%)	5.53 (6.9%)	4 124.3 (26.1%)	7.3 (29.6%)
		合计	82 668 (30.3%)	0.21	0.93	765 (30.9%)	26.06 (32.7%)	5 047.0 (32.0%)	7.6 (30.8%)
分蘖	10	节根	460 (0.2%)	0.83	16.52	76 (3.1%)	41.12 (51.6%)	1 981.7 (12.6%)	0.8 (3.2%)
		侧根	189 750 (69.5%)	0.10	0.86	1 632 (66.0%)	12.54 (15.7%)	8 750.0 (55.4%)	16.3 (66.0%)
		合计	190 210 (69.7%)	0.20	0.90	1 708 (69.1%)	53.66 (67.3%)	10 731.7 (68.0%)	17.1 (69.2%)
合计	11	节根	628 (0.2%)	0.85	17.36	109 (4.4%)	61.65 (77.3%)	2 904.4 (18.4%)	1.1 (4.4%)
		侧根	272 250 (99.8%)	0.10	0.87	2 364 (95.6%)	18.07 (22.7%)	12 874.3 (81.6%)	23.6 (95.6%)
		合计	272 878 (100%)	0.20	0.91	2 473 (100%)	79.72 (100%)	15 778.7 (100%)	24.7 (100%)

* 观察田稻谷产量9 280 kg/hm²。种植行株距20 cm×20 cm,单株根系土壤分布体积10 000 cm³。

在一株水稻根系中,主茎、分蘖所占根量的比率,因成穗分蘖数而异,在供试条件下,一株水稻的总根量(总条数、总长度、总体积、总表面积、根长密度),主茎占30%～33%,分蘖占67%～70%。平均根长和平均直径,主茎略大,分蘖略小。

一株水稻的节根和侧根在数量和形态上有很大的差异。在供试条件下,全株节根628条,占总根数的0.2%,侧根27万多条,占总根数的99.8%。节根长而粗,平均根长17.4 cm,平均直径0.85 mm;侧根短而细,平均长度0.87 cm,平均直径0.1 mm;等长节根体积为侧根的72倍。因而节根的体积占根系总体积的77%,侧根的体积占根系体积的23%。但是毕竟侧根的根数多(占99.8%),使侧根的总长度和根长密度达根系总长度和根长密度的 96%,侧根的总表面积占根系总表面积的 82%。因此可以说,节根是根系的骨干,侧根是根系的主体。

综上分析,看出水稻根系形态有两个突出的特征:

(1)根系分支发达。胚根和各节位节根,都萌发多级侧根,最高达 5 级侧根,侧根占总根数的99.8%,总长度的 96%,总表面积的 82%。根系分支发达程度的指标是分支指数,等于侧根总长度与节根总长度之比,本研究一株稻根的分支指数＝2 364/109≈22,但分别测定节根和侧根的总长度不易,因而一般以根系直径和比根长为指标衡量分支发达的程度,凡根系直径越小,比根长越大的,分支也越发达。

(2)根系总长度大,根长密度高。在供试条件下,一株根系总长度为 2 473 m,1 m² 地面积栽植25 株,则 1 m² 地面积土壤中的根系总长度达 61.8 km,按根深 25 cm 计,1 m² 地面积根系分布土壤体积为250 000 cm³。则 1 cm³ 土壤体积中的根系长度(称为根长密度)为 24.7 cm。其中,愈是靠近地表,根长密度愈大,如表 2 所示,0～5 cm 表土层的根长度密度达 74 cm/cm³,可以说是密集成网,因而在水稻地上、下部重量悬殊情况下,得以确保根系对地上部水分养分的供应。

3　总结与讨论

水稻根系在土壤中密布成网,研究难度大。国内外偏重在实验室研究个根,或从田间切取一部分根体研究根系生理。由于研究方法的进步[1-2],藤井义曲[3-6]、川田信一郎[7-11]、山崎耕宇[12]、森田茂纪[13-20]在 1960—1990 年代接续研究了田间条件下水稻根系的生育、形态特征、空间分布,与环境条件及产量水平的关系。森田茂纪于 1994 年总结了日本过去 30 年来根系研究的进展[21-22]。

本课题组在 1983—1985 年研究稻根形态建成、节根及各级侧根萌发特性基础上,1988—1997 年在福建省福州、龙海等地,观察了田间条件下水稻根系的伸展动态、伸长方向、分布方位、根长密度、节根和侧根的形态特征,结果如下:

(1)根系在土壤中的伸展

根系随着生育期的推移,逐渐向土壤的深度和广度伸展,移栽后 7 d 开始分蘖时,根系深入到 0～10 cm 土层,95%的干重和体积分布在 0～5 cm 土层;移栽后 33 d 的颖花分化期,根系深入 25～30 cm 土层,93%的干重和体积分布在 0～15 cm 土层;齐穗和成熟期,根系深入到 30～35 cm,90%的干重和体积分布在 0～20 cm 土层。总根量的增长动态呈抛物线曲线,增长盛期在分蘖期和幼穗分化期。

(2)根系在土壤分布方位

不管何一生育时期,根量总是随着土层的加深而减少,在成熟期,根系干重和总长度,都随着在土壤中分布层次的加深按负对数曲线减少,并向 x 轴渐近。

(3)各节位节根伸长的方向

节根以地下茎节为中心向四周呈辐射状伸长,而其上萌发的各级侧根沿母根轴作树枝状排列。因而各节位根系分布方位决定于节根伸长的方向。最上三个节位的节根向横向伸长,其根系(含节根及侧根)主要分布在 0～5 cm 土层;倒 4 节位的节根向斜向伸长,其根系主要分布在 0～10 cm 土层;倒 5 节以下各节位的节根向斜下方至直下方伸长,其根系大部分分布在 5 cm 以下的土层。

（4）节根和侧根的形态特征

节根与侧根在数量和形态上有很大差异。一株水稻有数百条节根，数万条侧根，平均一条节根萌发400～500条各级侧根。节根长而粗，平均根长 17.2 cm，直径 0.85 mm，占根系总体积、总干重的 80%，是根系的骨架。侧根短而细，平均根长 0.9 cm，直径 0.1 mm，但其条数多，占根系总条数的 99.8%，因而占根系总长度的 96%，占根条总表面积的 80%，因而是根系的主体。

（5）根系总长度和根长密度

据 1996 年在龙海对特优 63 的测定，1 个主茎、10 个分蘖的单株根系总长度为 2 473 m，每平方米种植 25 株，根系总长度达 61.8 km。根长密度（单位土壤容积的总根长）达 24.7 cm/cm^3，其中 0～5 cm 表土层的根长密度竟达 74 cm/cm^3，密集成网。

著录论文

[1]黄育民,郑志强,余亚白,等.水稻根群形态发育[J].福建稻麦科技,1988,6(1):21-24.

[2]郑景生,林文,姜照伟,等.超高产水稻根系发育形态学研究[J].福建农业学报,1999,14(3):1-6.

参考文献

[1]安间正虎,小田桂三郎.根系调查法[M]//户苅义次.作物试验法.东京:农业技术协会,1956:137-155.

[2]伯姆.根系研究法[M].薛德榕,谭协麟,译.北京:科学出版社,1985:178-181.

[3]藤井义曲,水稻および″小麦におはる蘗位别の根の生理、形态的相異につひて[J].日本作物学会纪事,1957,26(2):156-158.

[4]藤井义曲.水稻における分岐根の発达につひて[J].日本作物学会纪事,1959,28(1):15-16.

[5]藤井义曲.水稻における分岐根の発达につひてそのて[J].日本作物学会纪事,1960,29(1):66-68.

[6]田中典幸,藤井义曲,江头俊雄,等.水稻における栽培様式の相达と根群の生育につひて[J].日本作物学会纪事,1975,44(别1):27-28.

[7]川田信一郎,山崎耕宇,石原邦,等.水稻における根群の形熊形成につひて,そくにその生育段阶记着目した场合の一例[J].日本作物学会纪事,1963,32(2):163-180.

[8]川田信一郎,芝山秀次郎.水稻冠根におる2次根の分枝の様相[J].日本作物学会纪事,1966,35(1/2):59-70.

[9]川田信一郎,大桥幸成,山崎耕宇,等.水稻の根群形态形成につひて,とくに土壤环境在考虑した场合の一例一山形,秋田,岐章の各县下におひて採集した水稻を中心として[J].日本作物学会纪事,1969,38(3):434-441.

[10]副岛增夫,川田信一郎.水稻の"うお"根における"ししの尾状"根の形成と土壤环境と关す,とくに水管理に着目した场合につひて[J].日本作物学会纪事,1969,38(3):443-446.

[11]川田信一郎.イネの根[M].東京:農山渔村文化协会,1982.

[12]山崎耕宇,森田茂纪,川田信一郎.水稻冠根の伸长方向と直径との关系[J].日本作物学会纪事,1981,50(4):452-456.

[13]森田茂纪,山崎耕宇,川田信一郎.水稻冠根の伸长方向と组织构造との关系[J].日本作物学会纪事,1983,52(4):551-554.

[14]森田茂纪,山崎耕宇,川田信一郎.水稻冠根の伸长方向と通導机能との关系[J].日本作物学会纪事,1983,52(4):562-566.

[15]森田茂纪,根本圭介,中元朋实,等.水稻1次根の空间的分布を推定、评価する方法[J].日本作物学会纪事,1984,53(别2):226-227.

[16]森田茂纪,岩渊辉,山崎耕宇.水稻1次根の伸长方向と籾重との关系:一氮素施用量を変えた场合一[J].日本作物学会纪事,1986,55(4):520-525.

[17]森田茂纪,菅徹也,山崎耕宇.水稻における根长密度と收量との关系[J].日本作物学会纪事,1988,57(3):438-443.

[18]森田茂纪,山崎耕宇.光条件が水稲1次根の伸长方向に及ばす影响.一"葉さ"し"法を利用した場合一[J].日本作物学会纪事,1992,61(4):689-690.

[19]森田茂纪,根本圭介.水稲1次根の空间的分布を评価するための方法[J].日本作物学会纪事,1993,62(3):359-362.

[20]森田茂纪,山田章平,阿部淳.イネの根系形態の解析,成熟期における品种间比较一[J].日本作物学会纪事,1995,64(1):58-65.

[21]森田茂纪.植物の根に関する诸问题(13):水稲の根系形成を考える場合の视点(1)[J].农业および"園芸,1994,69(8):933-938.

[22]森田茂纪.植物の根に関する诸问题(14):水稲の根系形成を考える場合の视点(2)[J].农业および"園芸,1994,69(9):1031-1036.

七、超高产水稻根系发育形态和机能

中国人口多耕地少,人增地减趋势不断提高粮食单产。中国半数以上人口以稻米为主食,追求水稻高产更高产是不变的心愿。经过近半个世纪的不懈努力,育种技术和栽培方法不断开拓创新,水稻单产已升达每公顷 6.4 t。1990 年代,科技界提出超高产育种和栽培的设想,1996 年农业部组织十几个单位进行"中国超级稻选育及栽培体系"攻关[①],目标产量是 2000 年 9～10 t/hm²,2005 年 11～12 t/hm²,2015 年 13～15 t/hm²。但有关超高产的研究,大多集中于地上部性状的改良和调控。由于根系是固持植株,吸收水养分,合成氨基酸和某些重要激素的器官,与地上部保持着一定的形态和机能上的均衡,人们开始注意对超高产水稻根系的研究。Morita[1]提出培育理想型根系,实现环保型持续多产的构想。川田信一郎[2-3]调查日本多地不同产量水平根系形态和土壤生态,提出培育高产根系的途径。国内吴志强[9]、凌启鸿等[10-11]研究了高产杂交稻根系形态及机能。大多偏重在实验室研究,田间条件下的研究资料有限,未见每公顷产量 12 t 以上超高产根系的研究报道。1984—2001 年先后在福建山区,沿海平原和云南金沙江河谷调查研究每公顷 3～18 t 稻田的根系形态发育和机能,冀为超高产育种和栽培提供科学依据。

1　材料与方法

1.1　研究概况

1984 年、1985 年在福建省 4 个山区县对产量 3～5 t/hm² 的低产田,1996 年、1997 年在福建龙海市对产量 6～12 t/hm² 的中高产田,1999—2001 年在云南省永胜县涛源乡对产量 15～18 t/hm² 的超高产田,进行产量实收,同时测定根系干重、体积、总根长及根系活力。意在宽泛产量范围内比较根系的形态和机能,探明每公顷产量 12～18 t 的超高产水稻根系的特征特性。

1.2　研究项目及观测方法

(1)稻谷产量及不同土壤层次根系形态的测定

1984 年、1985 年在福建省 4 个山区县建立低产田研究基点,每个基点每年都在水稻成熟期定 5 丘田

---

① 《中国超级稻育种——背景、现状和展望》,农业部"新世纪农业曙光计划",1996.

全丘收割称产,并调查产量构成因素。1996 年、1997 年在福建省龙海市东园镇建立高产研究基点,在水稻成熟期先后对 20 丘不同产量水平田,抽样收割 40 丛稻株(面积约 2 m²)测产,并调查产量构成因素。1998—2001 年在云南省永胜县涛源乡建立超高产研究基点,在水稻成熟期对产量超过 15 t/hm² 田全丘收割称产,并调查产量构成因素。在 4 个低产田研究基点各定一丘产量验收田,在超高产研究基点各定 5 丘产量验收田,在龙海中高产研究基点的 20 丘抽样测产田,均按 5 丛平均穗数标准,定 3~4 丛稻株,齐泥收割,测定稻谷晒干重和地上部干物重,同时采用 Monolith 改良法[8]掘取不同土层根系,分别测定体积和干重,龙海基点和云南基点还采用 Tennant 的直线交点推算法测定各土层根系总长度。

(2)稻株伤流量测定

1996 年、1997 年水稻齐穗期,对龙海基点 4 丘预定的中高产测产田,2000 年、2001 年水稻齐穗期,对云南基点 3 丘预定的超高产验收田,测定伤流量。据森田茂纪测定法[7],早晨 7—8 时,每丘供测田各定 10 丛稻株,用塑料绳束紧,从田水面上 10 cm 剪断稻茎,在剪口贴上预先称重的脱脂棉,包上保鲜膜,再用橡皮筋扎紧,1 h 后(记测定时刻)取下带回室内称吸液棉重,计算出平均每丛稻株 1 h 的伤流量[mg/(株·h)]。由同丘田成熟期测定的根系干重,计算平均每克根系干重的伤流强度[mg/(g·h)]。

(3)水稻根系 α-奈胺氧化量测定

根系具氧化 α-奈胺(α-NA)功能。通过测定 α-NA 氧化量[12],反映根系氧化能力。1997 年在福州本所,水培 3 个不同时期主栽、具不同产量潜力的水稻品种(南特号、珍珠矮、汕优 63),分 5 个生育时期,每期每个品种取 2 株水稻,剪取上层根和下层根,称鲜重,从中取 1 g 鲜根,投入 α-NA 溶液,经一定时间,测定 α-NA 氧化量,计算 α-NA 氧化力[μg/(g·h)]。氧化力乘以每株根鲜重,得每株水稻根系 α-NA 氧化量[μg/(g·h)]。上层根为最上三个发根节萌发的根系,下层根为倒 4 节以下各节萌发的根系。为分别测定上层根和下层根的 α-NA 氧化量,采用圈缚法,预先将上层根和下层根分开,方法是:在上层根开始萌发前夕的倒 4 叶露尖期,用塑料带圈缚业已萌发的下层根基段,其后在塑料带之外长出的根,即为上层根。

1.3　有关根系形态指标的计算

(1)根系干重计算数据

本研究取低产、中高产、超高产三个基点观测数据分析根系干重与稻谷产量的关系。中高产的龙海观测田多达 20 丘,其中产量 6~7 t/hm² 有 5 丘,平均产量 6.79 t/hm²;8~10 t/hm² 有 9 丘,平均产量 9.28 t/hm²;11~12 t/hm² 有 6 丘,平均产量 12.22 t/hm²。为平衡三地观测数据,将龙海 20 丘田按产量水平归并为三组计算,另加入福建山区 4 丘低产田,云南 4 丘超高产田,汇总为 11 组数据,列于表 1。

(2)根长密度、比根长和根系直径的计算

根长密度:单位土壤容积的根系长度＝根系总长度/根系分布土壤容积(cm/cm³)。

比根长:单位根系干重的根长＝根系总长度/根系干重(m/g)。

根系直径$(2r)$:$=2\sqrt{V/(\pi L)}$,式中 V 为根系体积,L 为根系总长度。

2 结果与分析

2.1 根系形成量与稻谷产量的关系

表1列出三地不同产量水平下的各层次根系干重,根系总干重(R)、地上部总干物重(T)和冠根比(T/R)。

表1 水稻产量与地上下部干重及冠根比的关系

地点 土壤 类型	永泰白云 山坡 黄泥田	建瓯徐墩 山垅 深烂田	明溪福西 山垅 浅烂田	连城隔口 河边 沙壤田	龙海东园 河网平原 轻黏性灰泥田			云南省永胜涛源 金沙江河谷 沙壤性黑油田			
产量(t/hm²)	3.39	3.11	4.04	5.63	6.79	9.28	12.22	15.23	17.07	17.78	17.95
各层次(cm)根系干重(g/m²) 0～5	60.4	52.8	65.0	81.7	105.2	140.8	173.7	168.3	165.2	184.1	188.4
5～10	50.3	37.1	39.8	47.3	63.6	79.5	88.7	90.9	121.7	101.7	98.3
10～15	13.3	16.3	25.5	34.9	41.6	47.1	58.9	67.4	61.4	73.8	80.3
15～20	1.5	5.4	10.5	22.6	16.8	16.8	24.0	36.9	26.2	37.3	40.3
20～25	0	1.2	2.0	4.7	7.8	7.8	7.3	7.6	5.5	9.9	7.6
5～25	65.1	60.0	77.8	109.5	129.8	151.2	178.9	202.8	214.8	222.7	226.5
合计	125.5	112.8	142.8	191.5	235.0	292.0	352.6	371.1	380.0	406.8	414.9
地上部干重(g/m²)	677.7	609.1	799.7	1 070.7	1 307.4	1746.1	2 255.2	2 887.2	3 113.0	3 293.1	3 326.4
冠根比	5.40	5.40	5.60	5.60	5.56	5.98	6.40	7.78	8.19	8.10	8.02
根深指数	5.74	6.52	7.24	7.83	7.36	6.87	6.86	7.44	7.04	7.43	7.44

由表1数据计算出各土层根系干重之间的相关及与产量的相关,结果如表2,图1显示:在每公顷产量3～18 t范围内,各土层根系干重都与稻谷产量呈极显著正相关,其中以0～5 cm、5～10 cm和10～15 cm土层的根重与产量的相关度最高。但5～25 cm土层的总根重,即所谓下层根的总根重,与产量的相关系数达0.987 2,略高于0～5 cm土层根重(即所谓上层根的根重)与产量的相关系数0.960 1。显见上、下层根对产量形成具有同等重要的作用。由表2还看出,各层次根系干量之间多存在极显著正相关,其中,分布在0～5 cm土层的上层根根重,与分布在5～25 cm土层的下层根干重的相关系数达0.980 4,表明下层根的发育是上层根发育的基础,下层根除对产量的直接作用外,还通过促进上层根发育而对产量的间接作用。因此,为了形成高产乃至超高产,必须同时注重对上、下层根的培育。

表 2　水稻各土层根重之间及与稻谷产量的相关

根系层次（cm）	因素间相关系数（R）					
	x_2	x_3	x_4	x_5	x_f	y（产量）
$0\sim5,x_1$	0.932 2**	0.973 5**	0.819 8**	0.851 4**	0.980 4**	0.960 1**
$5\sim10,x_2$		0.886 4**	0.663 2*	0.714 3*		0.951 3**
$10\sim15,x_3$			0.932 7**	0.865 9**		0.966 7**
$15\sim20,x_4$				0.791 9**		0.908 3**
$20\sim25,x_5$						0.759 2**
$5\sim25,x_f$						0.987 2**

* $n=11,r_{0.05}=0.602,r_{0.01}=0.735$。

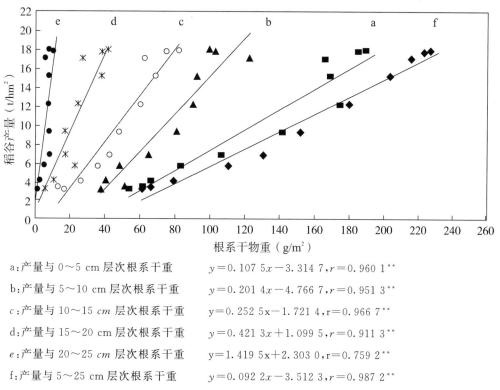

a:产量与 0～5 cm 层次根系干重　　　　　$y=0.107\ 5x-3.314\ 7,r=0.960\ 1^{**}$

b:产量与 5～10 cm 层次根系干重　　　　$y=0.201\ 4x-4.766\ 7,r=0.951\ 3^{**}$

c:产量与 10～15 cm 层次根系干重　　　$y=0.252\ 5x-1.721\ 4,r=0.966\ 7^{**}$

d:产量与 15～20 cm 层次根系干重　　　$y=0.421\ 3x+1.099\ 5,r=0.911\ 3^{**}$

e:产量与 20～25 cm 层次根系干重　　　$y=1.419\ 5x+2.303\ 0,r=0.759\ 2^{**}$

f:产量与 5～25 cm 层次根系干重　　　　$y=0.092\ 2x-3.512\ 3,r=0.987\ 2^{**}$

图 1　水稻产量与各层次根系干重的关系

（综合闽云两省结果）

2.2　根系总干重、地上部总干物重及冠根比与稻谷产量的关系

由表 1 数据计算出,稻谷产量(y)与地上部总干物量(T)、根系总干重(R)及冠根比(T/R)的相关系数,结果如图 2。可看出:稻谷产量与地上部总干物量、根系总干重及冠根比,都达极显著正相关;但随产量的提高,根系总干重的增长速率低于地上部总干物重的增长速率(例如,由相关方程计算,当产量由每公顷 5 t 提高到 10 t 和 15 t 时,地上部总干物量分别增长 94% 和 188%,而根系总干重分别增长 58% 和

117％）。于是,冠根比随产量的提高而增大,由相关方程计算,每公顷产量 5 t、10 t 和 15 t 的冠根比（T/R）分别为 5.47,6.50 和 7.53。

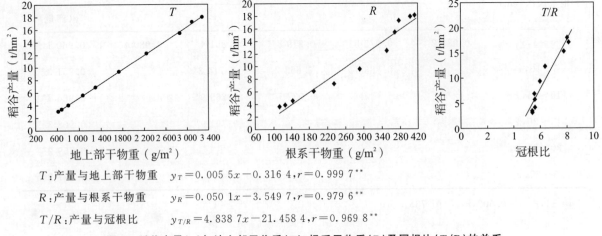

T：产量与地上部干物重　$y_T=0.005\ 5x-0.316\ 4,r=0.999\ 7^{**}$

R：产量与根系干物重　$y_R=0.050\ 1x-3.549\ 7,r=0.979\ 6^{**}$

T/R：产量与冠根比　$y_{T/R}=4.838\ 7x-21.458\ 4,r=0.969\ 8^{**}$

图 2　稻谷产量(y)与地上部干物重(T)、根系干物重(R)及冠根比(T/R)的关系

(综合闽云两省结果)

2.3　根系机能与稻谷产量的关系

对龙海基点预定的 4 丘中高产测产田,对云南基点预定的 3 丘超高产验收田,在齐穗期测定了反映根系吸收水养分能力的伤流量,结果如表3、图3所示:平均每克根系干重的伤流强度,随产量的提高而增加,二者呈极显著正相关。由于根系干重还随产量的提高而增加,每 1 m² 稻株的伤流量(＝每 1 m² 稻株根系干重×每克根系干重的伤流强度),随产量提高的增幅更大(二者也呈极显著正相关),从而弥补了根系形态生长与地上部形态生长的差距,维持地上、下部形态与机能在更高产量水平上的综合平衡。

表 3　水稻产量与根系机能的关系

地点	产量 （t/hm²）	根系干重 （g/m²）	齐穗期伤流强度 [mg/(g·h)]	齐穗期伤流量 [g/(m²·h)]
福建龙海	6.55	240.3	158	38.0
	9.33	306.7	135	41.4
	10.90	309.3	173	53.5
	12.63	356.7	189	67.4
云南涛源	15.23	371.1	279	103.7
	17.78	406.8	357	145.2
	17.95	414.9	364	151.0

为了探索上、下层根机能的变化规律及与稻谷产量的关系,1997 年水培三个不同产量潜力的不同年代主栽的品种,测定根系 α-NA 氧化力及氧化量。结果如表4、图4所示:在营养生长期萌发的下层根,在分蘖盛期至孕期具有较高的 α-NA 氧化力,高峰在苞分化期;在拔节前一个叶龄期至齐穗期萌发的上层根,在孕穗至齐穗期具有较高的 α-NA 氧化力,高峰在齐穗期。三个品种高峰期的 α-NA 氧化力差异不

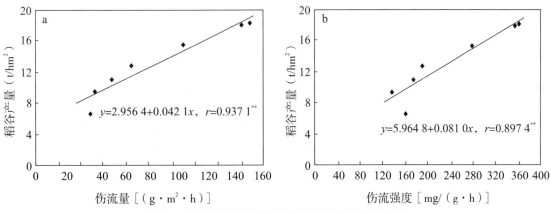

图3 水稻产量与齐穗期伤流强度及伤流量的关系

a：产量与伤流量；b：产量与伤流强度

大，但下层根在孕穗期以后，上层根在齐穗期以后，低产的南特号的氧化力大幅衰减，中产的珍珠矮的氧化力也显著降低，而高产的汕优63的氧化力则保持相对稳定，老而不衰。加上汕优63根重最大，珍珠矮次之，南特号最小，各生育期的根系α-NA氧化量（全株根系鲜重×α-NA氧化力），皆汕优63＞珍珠矮＞南特号，高峰期以后，这种差异日益扩大，成为制约产量的主要因素。由此表明，根系高而持久的机能是高产的基础。

表4 水稻不同品种上、下层根的α-NA氧化量变化动态

（福州，水培，1997）

根系层次	生育时期	α-NA 氧化力 [μg/(g·h)]			α-NA 氧化量 [μg/(株·h)]			根系鲜重 (g/株)		
		南特号	珍珠矮	汕优63	南特号	珍珠矮	汕优63	南特号	珍珠矮	汕优63
下层根	分蘖盛	35	33	38	50	61	60	1.43	1.84	1.59
	苞分化	44	43	43	81	94	101	1.84	2.18	2.34
	孕穗	42	34	38	93	102	132	2.21	2.99	3.47
	齐穗	26	30	36	55	82	124	2.12	2.73	3.44
	乳熟末	11	20	34	27	59	117	2.47	2.96	3.45
上层根	孕穗	50	47	46	213	256	265	4.26	5.44	5.76
	齐穗	55	53	54	413	472	551	7.51	8.90	10.20
	乳熟末	24	40	48	243	472	550	10.12	11.80	11.46
全根	分蘖盛	35	33	38	50	61	60	1.43	1.84	1.59
	苞分化	44	44	43	81	94	101	1.84	2.18	2.34
	孕穗	48	43	44	306	358	397	6.47	8.43	9.23
	齐穗	48	47	49	468	554	675	9.63	11.63	13.64
	乳熟末	21	35	45	270	531	667	12.59	14.76	14.91

* 田间小区三重复试验的平均产量：南特号 571 g/m²，珍珠矮 728 g/m²，汕优63 963 g/m²。

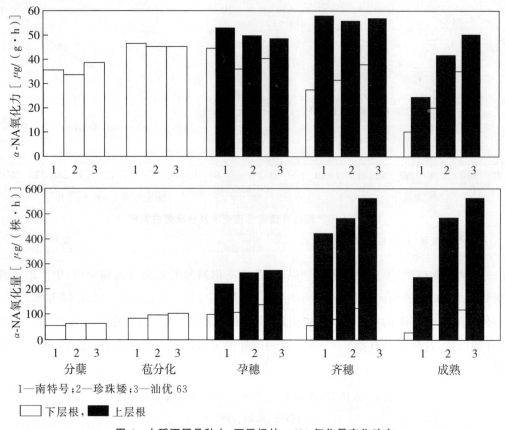

1—南特号;2—珍珠矮;3—汕优 63

□ 下层根, ■ 上层根

图 4　水稻不同品种上、下层根的 α-NA 氧化量变化动态

2.4　超高产水稻根系的形态与机能

比较不同产量水平的根系形态及机能,看出每公顷产量 12~18 t 的超高产水稻根系具有如下重要的特征特性:

(1)上下层根系形成量都较大。表 5、图 5 是 2 丘龙海基点,3 丘云南基点不同产量水平的根系形态,看出超高产水稻的根系形成量很大。产量 12.63 t/hm² 的水稻,根系总干重达 356.7 g/m²,总长度达 80 km/m²,而产量 17.95 t/hm² 的水稻,根系总干重达 414.9 g/m²,总长度达 103 km/m²。其中,上、下层根的形成量都显著较大。与产量 6.55 t/hm² 的水稻相比,12.63 t/hm² 的水稻产量上层根的干重和总长度分别增加 51%和 57%,下层根的干重和总长度分别增加 44%和 63%;产量 17.95 t/hm² 的水稻,上层根的干重和总长度分别增加 70%和 98%,下层根的干重和总长度分别增加 75%和 120%。超高产田下层根形成量增幅更大。尽管如图 5 所示,根系形成量(干重、体积、总长度)随分布土壤层次的加深而按负对数曲线逐渐减少,但 5~25 cm 等 5 个层次叠合的所谓下层根的形成量仍占达全根的 50%左右。

(2)分枝发达。侧根的比根长较大,直径小,因而比根长和根直径是衡量根系分枝发达程度的重要指标。如表 5 所示;产量 6.55 t/hm² 的水稻,比根长为 206 m/g,根平均直径为 0.18 mm;产量 17.95 t/hm² 的水稻,比根长为 249 m/g,根平均直径为 0.17 mm。加之超高产水稻根系干重大,根系总长度和根长密度便显著增加,其增幅远大于根重的增幅。如产量 17.95 t/hm² 的水稻比产量 6.55 t/hm² 的水稻,根系总干重增加 73%,根系总长度增加 109%。产量 17.95 t/hm² 的水稻,根长密度为每 1 cm³ 土壤体积的根长达 41.3 cm,其中 0~5 cm 土层每 1 cm³ 土壤体积的根长达 103.6 cm。密集成网,为形成超高产奠定了强大的水养分吸收能力的形态学基础。

(3)根系机能高而持久。表 3 显示,产量达到每公顷 12.63 t 和 17.95 t 的水稻,齐穗期的伤流量分别达 67.4 g/(m²·h)和 151 g/(m²·h),换算为每公顷每小时的伤流量分别达 674 kg 和 151 kg,可见根系机能之高。而且,根系机能持久不衰,如表 4 表示,从齐穗期至乳熟末期,低产的南特号 α-NA 氧化量减少 43%,中产的珍珠矮减少 7%,高产的汕优 63 仅减少 1%。可见,超高产水稻根系具有高而持久的机能。

表 5 不同产量水平的根系发育动态

分布深度(cm)	不同产量水平的根系干重(g/m²)					不同产量水平的根系体积(cm³/m²)				
	6.55 t/hm²	12.63 t/hm²	15.23 t/hm²	17.78 t/hm²	17.95 t/hm²	6.55 t/hm²	12.63 t/hm²	15.23 t/hm²	17.78 t/hm²	17.95 t/hm²
0~5	111.1	171.2	168.3	184.1	188.4	595.1	947.2	917.2	994.1	1 018.7
5~10	63.4	91.7	90.9	101.7	98.3	330.2	493.4	481.8	541.0	525.1
10~15	38.2	62.2	67.4	73.8	80.3	195.0	328.1	350.5	384.5	417.7
15~20	20.5	25.9	36.9	37.3	40.3	102.5	134.1	188.2	191.0	204.7
20~25	7.1	5.7	7.6	9.9	7.6	35.7	29.6	38.0	47.5	37.6
合计	240.3	356.7	371.1	406.8	414.9	1 258.5	1 932.4	1 975.7	2 158.1	2 203.8

分布深度(cm)	不同产量水平的根系总长度(m/m²)					不同产量水平的根长密度(cm/cm³)				
	6.55 t/hm²	12.63 t/hm²	15.23 t/hm²	17.78 t/hm²	17.95 t/hm²	6.55 t/hm²	12.63 t/hm²	15.23 t/hm²	17.78 t/hm²	17.95 t/hm²
0~5	26 209	42 569	41 234	48 787	51 810	52.4	85.1	82.5	97.6	103.6
5~10	11966	19 549	21 362	24 408	24 477	23.9	39.1	42.7	48.8	49.0
10~15	6 743	12 617	13 547	16 088	17 827	13.5	25.2	27.1	32.2	35.7
15~20	3 644	4 842	6 790	7 237	7 899	7.3	9.7	13.6	14.5	15.8
20~25	1 012	978	1 330	1 733	1 356	2.0	2.0	2.7	3.5	2.7
合计/平均值	49 574	80 555	84 263	98 253	103 369	19.8	32.2	33.7	39.3	41.4

分布深度(cm)	不同产量水平的比根长(m/g)					不同产量水平的根系直径(mm)				
	6.55 t/hm²	12.63 t/hm²	15.23 t/hm²	17.78 t/hm²	17.95 t/hm²	6.55 t/hm²	12.63 t/hm²	15.23 t/hm²	17.78 t/hm²	17.95 t/hm²
0~5	236	249	245	265	275	0.17	0.17	0.17	0.16	0.16
5~10	189	213	235	240	249	0.19	0.17	0.17	0.17	0.17
10~15	177	203	201	218	222	0.19	0.18	0.18	0.17	0.17
15~20	178	187	184	194	196	0.19	0.19	0.19	0.18	0.18
20~25	143	172	175	175	178	0.21	0.20	0.19	0.19	0.19
平均值	206	226	227	242	249	0.18	0.18	0.17	0.17	0.17

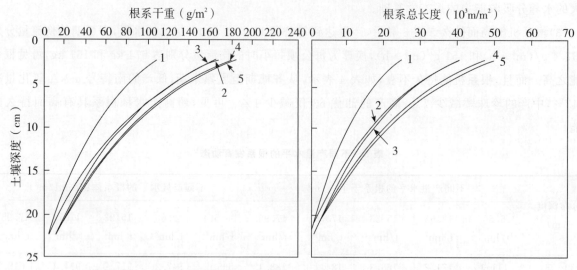

* 1、2、3、4、5 号处理的每公顷产量分别为 6.55 t、12.63 t、15.23 t、17.78 t、17.95 t。

图 5　不同产量水平的根系干重及总长度在土壤中的分布

3　总结与讨论

3.1　水稻产量与根系形态及机能的关系

产量与根系的关系,历来引人关注。早期的研究只描述根系总量与产量的关系。川田信一郎等[3]研究上层根和下层根的形态发育,1978 年在日本各地调查 150 处水稻产量与上、下层根形成量(鲜根重)的关系,发现以糙米产量 900 kg/hm² (相当于稻谷产量 7.5 t/hm²)为限界,产量与上层根重量呈高度正相关($y_1 = 188.68 + 0.58x$, $r = 0.831$);当糙米产量超过 900 kg/hm² 时,产量与上层根重量的相关度很低($y_2 = 595.68 + 0.08x$, $r = 0.313$)。据此推论争取更高产量必须着眼培育下层根。森田茂纪等研究了节根伸长方向与产量的关系[4],观察到施氮量 12 kg/hm²、稻谷产量达 6 t/hm² 时,节根萌发数最多,其后随施氮量增加、产量提高,节根数却减少,但节根直径增大,向下方伸长(50°~80°)的比率显著提高,据此认为,7 t/hm² 以上的高产与节根直径较大、向下方伸长比率高存在密切的关系。直径较大、向下方伸长的节根,正是倒 4 发根节以下各节萌发的下层根,从而证实了川田信一郎的推断。尔后森田茂纪等又研究了水稻根长密度与产量的关系[5-6],观察到在施氮量 12 kg/hm²、稻谷产量 7 t/hm² 限界内,产量与根长密度呈正相关,超此产量,根长密度减少,但下层根比重显著提高,据此认为,争取更高产量,除需较多根量外,更需注重增加向下方伸长的下层根比率。国内凌启鸿等[10-11]的研究结果,则是杂交稻在 6~11.4 t/hm² 范围内,稻谷产量与上层根重仍呈报显著正相关($r = 0.855 1^{**}$),而与下层根重无关($r = -0.144 7$)。但他们认为下层根在水稻生育中后期对养分的吸收仍达上层根的 30%~40%,而且上层根的根量及机能受制于下层根,培育良好的下层根,对于形成高产也十分重要。郑景生等[13] 1996 年、1997年在福建龙海调查 20 丘杂交稻特优 63 产量(6.1~12.6 t/hm²)与各层根重的关系,明确产量与 0~

5 cm、5～10 cm 和 10～15 cm 土层根重极显著正相关,与 15～20 cm 土层根重显著正相关,产量还与地上部总干物重和根系总干重呈极显著正相关,但根重随产量提高的增重速率低于地上部干重的增重速率,由此反映根系活力的伤流量随产量提高而增加,弥补了根系形态生长的差距,从而维持了地上下部形态及机能在更高产量水平上的综合平衡。

本研究揭示在每公顷产量 3～18 t 的宽泛范围内,各土层根系形成量(也可说是作用)与稻谷产量存在极显著正相关。其中下层根(倒 4 发根节以下各节萌发的节根及其侧根,向斜下方及直下方伸长,主要分布在 5～25 cm 土层),上层根(最上三个发根节萌发的节根及其侧根,向横向伸长,主要分布在 0～5 cm 土层)相互依存,二者形成量存在高度正相关($r = 0.980\ 4^{**}$),并都与产量呈高度正相关($r = 0.987\ 2^{**}$,$0.960\ 1^{**}$),显示对形成高产乃至超高产具有同等重要的作用。本研究还发现随着产量的提高,根系干物重增长速率低于地上部总干物重的增长速率,但单位根重的根系伤流强度随产量的提高而增强,弥补了根系形态生长的差距,使水稻地上下部的形态和机能在更高产量水平上的综合平衡。根重和单位根重活力的双双增长,提高了根系的整体机能,确保超高产的形成。

3.2　超高产水稻根系的特征特性

比较不同产量水平的根系形态和机能,明确每公顷产量 12～18 t 水稻根系的特征特性为:

(1)上下层根的形成量都较大。产量 12.63 t/hm² 和 17.95 t/hm² 的水稻,与产量 6.55 t/hm² 的水稻相比,上层根的根重分别增加 51% 和 70%,总根长分别增加 57% 和 98%;下层根的根重分别增加 44% 和 75%,总根长分别增加 63% 和 120%。下层根的增幅还略大。上下层根合计,总根重分别达 356.7 g/m² 和 441.9 g/m²,总根长分别达 80 km/m² 和 103 km/m²。

(2)分枝发达,根长密度高。在根系中,节根长而粗,是根系的骨架;侧根(分枝根)短而细,但萌发条数多,据在龙海对一丘产量 9.28 t/hm² 的水稻观测,侧根条数占全根总条数的 99.8%,总根长的 95.6%,根长密度达 23.6 cm/cm³,是根系的主体。超高产水稻的根系总长度更长,根长密度也更高,产量 12.63 t/hm² 和 17.95 t/hm² 的平均根长密度分别为 32.2 cm/cm³ 和 41.3 cm/cm³,其中 0～5 cm 土层的根长密度分别高至 97.6 cm/cm³ 和 103.6 cm/cm³,密集成网,为形成超高产奠定了强大的水养分吸收能力的形态学基础。

(3)根系机能高而持久。产量 12.63 t/hm² 和 17.95 t/hm² 的水稻齐穗期的伤流量分别达到 67.4 g/(m²·h)和 151 g/(m²·h),换算为每公顷每小时的伤流量分别达 674 kg 和 1 510 kg,可见根系机能之高。而且,超高产水稻的根系机能持久不衰。如本研究选用高秆常规稻(南特号),矮秆常规稻(珍珠矮)和具有超高产潜力的杂交稻(汕优 63),测定根系对 α-NA 氧化量,结果看到汕优 63 从齐穗期至乳熟末期,α-NA 氧化量基本保持稳定,可见超高产水稻根系具有高而持久的机能。

3.3　培育超高产水稻根系的途径

川田信一郎等[2-3]在日本各地调查 150 处稻田,发现在稻谷产量 7.5 t/hm² 范围内,产量与上层根形成量成极显著正相关。经进一步考察和试验,认定采用以氮素施肥为重点,只能增加上层根,难以突破 7.5 t/hm² 产量,走以改良土壤环境为重点的途径,才能既增加上层根,又增加向斜下方、直下方伸长的下层根,大幅提高产量。主要措施有:建立明渠暗渠排水系统,改低湿田为干田;深耕、客土,加厚耕作层;施用堆肥,改善土壤结构;中期烤田,间断灌溉,提高透水性。结果上、下层根形成量都增加,其中,下层根的节根数量、长度、粗度和粗的侧根密度都显著增加,萌发 3~5 级侧根,根系密集布满全耕层。于是,稻谷产量达 8 t/hm² 以上。据在日本东北具有高产土壤环境的地区对 14 个种田能手的调查,有 5 人采取深耕和增强透水性措施,稻谷产量在 10 t/hm² 以下,有 6 人采用客土、堆肥和增加透水性措施,稻谷产量达 10~11 t/hm²,有 3 人全面采用改良措施(深耕,客土,堆肥,透水性),稻谷产量超 11 t/hm²,其中丹民藏产量达 12.34 t/hm²,工藤雄一产量达 13.19 t/hm²。

福建省龙海市的九龙江三角洲地区,稻田具有明渠灌排水系统,长期每年施用蘑菇渣稻草堆肥 6~8 t/hm²,推行中期烤田等措施,双季稻年产达 15 t/hm²,其中黎明村在 1978 年、1979 年曾有 3 丘杂交稻双季年产分别达 23.30、23.91、24.04 t/hm²,创当时全国双季稻高产纪录[14],其后测定同一产量水平的根系形态,平均根系总干重 360.4 g/m²,上下层根分别占 48% 和 52%,平均根系总长度 80 km/m²,上下层根各占 50%。云南省永胜县涛源乡地处金沙江河谷台田,为高原型亚热带气候,稻菜两熟,土壤为沙质壤土黑油田,透水性强,渗水速率 2 cm/d,灌一次水,2 d 渗干,4 d 再灌,形成间断灌溉,溶解氧不断导入耕层。长期坚持施用堆肥,每年施用稻草沤厩肥 8~10 t/hm²,水稻稳定高产。从 1982 年以来,连年涌现 15 t/hm² 的超高产田,逐渐引起国内外学者的注意,1998—2001 年云南、福建两省在该处建立超高产水稻育种、栽培合作研究基点,超高产示范田累计 212 hm²,平均稻谷产量 13.32 t/hm²,其中有 13 个品种 28 丘展示田的产量达 15~17 t/hm²,2001 年有 2 丘田(品种为特优 175,Ⅱ优明 86)产量分别达 17.78 t/hm² 和 17.95 t/hm²,创世界最高纪录[15]。其根系比福建龙海更旺盛,根系总干重达 406.8~414.9 g/m²,上、下层根分别占 45% 和 55%;根系总长度达 98~103 km/m²,上、下层根各占 50%。以上两地都显示,坚持走以改良土壤为重点的途径,培育密集分布全层土壤的上下层根系,是实现水稻高产乃至超高产的基础。

著录论文

[1]郑景生.高产水稻根系发育形态学研究[D].福州:福建农业大学,1998.

[2]李义珍,郑志强,陈仰文,等.水稻根系的生理生态研究[J].福建稻麦科技,1986,4(3):1-4.

[3]李义珍,杨高群,彭桂峰.两系杂交稻培矮 64S/E32 的高产特性与栽培研究Ⅱ:超高产的植株性状[J].杂交水稻,2000,15(3):28-30.

[4]李义珍,郑景生,林文,等.水稻根系与产量的相关性研究[C]//中国作物学会作物栽培专业年会论文.三亚:中国作物学会,2003:1-4.

参考文献

[1]MORITA S.Viewpoints for studying root system development in rice[C]//Proceedings of the 4th JSRR Symposium.Tokyo,1997:13.

[2]川田信一郎.写真图说イネの根[M].東京:农山渔村文化协会,1982.

[3]川田信一郎,副島增夫,山崎耕宇.水稻における"うね根"の形成量と玄米收量と關係[J].日本作物学会纪事,1978,47(3):617-628.

[4]森田茂纪,岩渊辉,山崎耕宇.水稻一次根の伸長方向と籽重との關係—窒素施用量を变えた場合一[J].日本作物学会纪事,1986,55(4):520-525.

[5]森田茂纪,菅徹也,山崎耕宇.水稻の根長密度と籽数、籽重との關係[J].日本作物学会纪事,1986,55(别 2):11-12.

[6]森田茂纪,菅徹也,山崎耕宇.水稻における根長密度と收量との關係[J].日本作物学会纪事,1988,57(3):438-443.

[7]森田茂纪,阿部淳.出液速度の测定、评价方法[J].根の研究,1999,8(4):117-119.

[8]安间正虎,小田桂三郎.根系调查法[M]//户苅義次.作物试验法.東京:农业技术协会,1956:137-155.

[9]吴志强.杂交水稻根系发育研究[J].福建农学院学报,1982(2):19-27.

[10]凌启鸿,凌励.水稻不同层次根系的功能及对产量形成作用的研究[J].中国农业科学,1984,17(5):3-11.

[11]凌启鸿,张国平,朱庆森,等.水稻根系对水分和养分的反应[J].江苏农学院学报,1990,11(1):23-27.

[12]华东师范大学生物系植物生理教研组.植物生理学实验指导[M].北京:高等教育出版社,1988:68-70.

[13]郑景生,林文,姜照伟,等.超高产水稻根系发育形态学研究[J].福建农业学报,1999,14(3):1-6.

[14]李义珍,王朝祥.水稻高产工程(晚稻部分)[J].福建农业科技,1979(4):11-17.

[15]李义珍,杨高群,彭桂峰,等.水稻超高产库源的研究[C]//全国水稻栽培理论与实践研讨会论文集.厦门:中国作物学会,2001:1-5.

八、再生稻根系形态和机能及与产量的关联性

再生稻头季稻桩有倒 2～倒 5 叶节 4 个腋芽,成熟时采用高桩(40 cm 左右)手割,以倒 2、倒 3 叶节腋芽萌发率最高,但距地面高,不发根;倒 4、倒 5 叶节腋芽贴近地表可发根,但萌发率低,且仅 2 个发根节,根数有限。因而再生分蘖依赖头季遗存的根系吸收水养分。为了探索头季遗存根系的形态和机能及与再生季产量的关系,1991—2002 年在福建和海南两地设置相应项目的试验研究。

1 材料与方法

1.1 研究概况

1999 年研究在福建省尤溪县洋中镇后楼村进行,稻田为沙壤性灰泥田,供试品种为汕优明 86、特优 70、汕优 63(CK)。大区种植,每个品种种植面积 200 m²。头季施氮肥 168 kg/hm²,磷肥 75 kg/hm²,钾肥 162 kg/hm²,按基肥、蘖肥、穗肥 5∶4∶1 分施。再生季施氮肥 170 kg/hm²,按促芽肥(头季齐穗后 20 d 施)、促苗肥(头季收割后 2 d 施)8∶2 分施。

2000 年、2001 年研究在福建省尤溪县西城镇麻洋村进行,稻田土壤为沙壤质灰泥田,供试品种有汕优明 86、Ⅱ优明 86、特优 73、汕优 87、汕优 88、汕优 63(ck),大区种植每个品种种植 133.3 m²氮、磷、钾肥施用量同 1999 年。同时选用汕优明 86 作再生季施氮水平试验,施氮量分别为 0、5.75、11.50、17.25、23.00、28.75 g/m²,分别在头季齐穗后 20 d 和头季收割后 2 d 按 8∶2 作促芽肥和促苗肥分施,而各小区的头季氮磷钾肥施用量均为每公顷施氮肥 168 kg,磷肥 75 kg,钾肥 162 kg。试验 3 次重复,小区面积 18.2 m²。

2001、2002 年研究在海南省三亚的热带农业资源开发利用研究所试验农场进行,两年引进 40 个杂交稻品种,于 12 月播种,1 月上、中旬移栽,每个品种种 40 株,株行距 20 cm×20 cm。头季施氮肥 222 kg/hm²,磷肥 65 kg/hm²,钾肥 147 kg/hm²,再生季施氮肥 150 kg/hm²,按促芽肥和促苗肥 8∶2 分施。

1.2 稻谷产量及其构成因素的测定

1999、2000 年大区种植的品种,头季和再生季成熟期分区收割脱粒,晒干扬净称产,并在收割前每一品种调查 50 丛穗数,按平均每丛穗数标准,割取 10 丛稻株带回室内考察 4 个产量构成因素。2001 年施氮水平试验,在再生季成熟期分小区单独收割脱粒,晒干扬净称产,收割前每处理调查 60 丛穗数,按每丛

　　平均穗数标准割取 10 丛稻株,带回室内考察 4 个产量构成因素。

　　2001、2002 年 40 个杂交稻品种再生季成熟期,各割取 30 丛稻株测定产量割取 8 丛考察产量构成。

1.3　根系形态和机能调查

　　对 1999 年 3 个供试品种,在头季成熟期和再生季成熟期,各选有代表性稻株 3 丛,采用 Monolith 改良法[1]掘取不同土层根系,测定体积和干重。对福建尤溪 1999 年、2000 年、2001 年各供试品种和施氮水平试验各处理,在头季齐穗期、头季成熟期、再生季齐穗期和再生季成熟期,采用森田茂纪伤流液测定法[2],各定 10 丛穗株测定伤流量。对海南三亚 2001 年、2002 年各供试品种同样采用森田茂纪测定法,在头季成熟期各定 8 丛稻株测定伤流量。

2　结果与分析

2.1　再生稻不同品种的根系形态、机能及与产量的关系

　　1999 年在福建省尤溪县示范一批再生稻新品种,对其中头季产量较高的汕优明 86、特优 70 及主栽种汕优 63,观测其根系形态和机能及与产量的关系,结果列于表 1～表 3 和图 1、图 2,看出:

　　在头季成熟期,汕优明 86 的全根及其各层次根系的干重、体积最大,次为特优 70,再次为汕优 63。从头季成熟至再生季成熟(间隔 55～60 d),汕优明 86、汕优 63 的根系干重和体积变化不大,汕优明 86 仅分别减少 1.8% 和 5.3%,汕优 63 仅分别减少 3.2% 和 10.2%。但特优 70 则大量消减,干重消减 33%,体积消减 38%。

　　反映单位根重活性的伤流强度,在头季齐穗期达高峰,随生育推移而逐渐降低,收割后随着再生分蘖的萌发和生长,可能由于根源激素的活化及调节,伤流强度一度保持不变甚至略有提高,再生季齐穗以后又急剧降低。伤流强度在从头季齐穗到成熟和从再生季齐穗到成熟的两次大跌落中,汕优明 86 的伤流强度降低 69%,汕优 63 降低 84%,特优 70 降低 93%。可见汕优明 86 的根系属延缓衰老型,而特优 70 的根系属快速衰老型。

　　反映根系整体机能的伤流量,是根重与单位根重平均伤流量——伤流强度的乘积,与地上部形态生长保持着平衡的关系。汕优明 86 不管在头季成熟期还是在再生季成熟期,都是根重大,伤流强度也大,因而伤流量最高,两季的产量也相应最高。汕优 63 在头季成熟期虽伤流强度最大,但根量小,因而伤流量偏低,产量也偏低,但根量在再生季消减较少,伤流强度跌落幅度也较小,因而再生季产量仅次于汕优明 86。特优 70 在头季成熟期保留有强大的根系形态,虽然其时的伤流强度最低,使伤流量最小,但其伤流强度可能是到乳熟末期才骤然降低,对产量的负面影响不大。然而头季成熟期伤流强度的急剧降低,伤流量不到其他两品种的一半,大幅度降低了腋芽萌发率,再生季齐穗后根系活力的进一步降低,直到衰竭,引发根体大量腐解消减,结实率明显下降,从而由头季高产逆转为再生季低产。

表 1　再生稻不同品种根系干重及体积在不同时期不同土层的分布

(福建尤溪,1999)

生育期	品种	各层次(cm)根系干重(g/m²)						各层次(cm)根系体积(cm³/m²)					
		0~5	5~10	10~15	15~20	20~25	合计	0~5	5~10	10~15	15~20	20~25	合计
头季成熟	油优明 86	141.1	65.3	40.2	25.1	12.6	286.3	1 054.2	539.7	253.5	153.1	87.9	2 088.4
	特优 70	145.6	62.8	32.9	17.6	10.0	268.6	1 041.7	502.0	228.4	105.4	55.2	1 932.7
	油优 63	107.9	57.7	27.6	17.6	10.0	220.8	790.7	414.2	198.3	125.5	75.3	1 604.0
再生季成熟	油优明 86	138.1	62.8	45.2	25.1	10.0	281.2	986.4	489.5	276.1	150.6	75.3	1 977.9
	特优 70	95.4	47.7	25.1	12.6	5.0	180.8	652.6	301.2	138.1	75.3	25.1	1 192.3
	油优 63	105.4	55.7	30.1	15.1	5.0	213.3	753.0	376.5	188.3	100.4	22.6	1 440.8

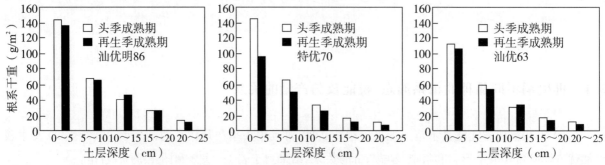

图 1　三个再生稻品种的根系干重在不同时期不同土层的分布

表 2　再生稻不同品种的根系机能的时期变化

(福建尤溪,1999)

根系机能		头季齐穗期	头季成熟期	再生季齐穗期	再生季成熟期
伤流强度 [mg/(g·h)]	油优明 86	456	266	273	141
	特优 70	458	123	145	32
	油优 63	486	315	265	77
伤流量 [g/(m²·h)]	油优明 86	127.8	76.1	77.3	39.7
	特优 70	120.5	33.1	32.6	5.8
	油优 63	116.8	69.5	57.5	16.3

表 3　再生稻不同品种的产量及其构成

（福建尤溪，1999）

品种		稻谷产量（kg/hm²）	每平方米穗数	每穗粒数	结实率（%）	千粒重（g）
头季	汕优明 86	12 339	326.8	141.1	94.6	28.3
	特优 70	11 630	346.2	138.3	92.1	27.4
	汕优 63	8 978	298.9	119.7	90.2	27.8
再生季	汕优明 86	6 519	582.7	49.6	87.5	26.6
	特优 70	3 348	316.1	46.4	84.2	26.0
	汕优 63	6 389	576.2	46.8	88.2	26.1

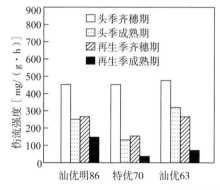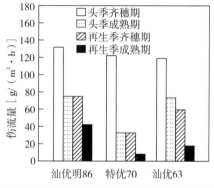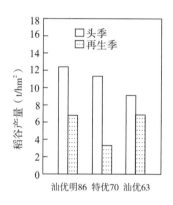

图 2　再生稻不同品种根系活力变化及两季产量比较

2.2　杂交稻不同品种的伤流量与再生季产量的关系

为进一步验证应用伤流量鉴定品种再生力的功效，为筛选再生稻品种提供科学依据，2000 年在福建尤溪引种 6 个杂交稻品种，2001—2002 年在海南三亚引种 40 个杂交稻品种，在不同时期测定伤流量，再生季成熟时收割称产并考察产量构成因素。

2000 年在福建尤溪引种 6 个杂交稻品种的观察结果列于表 4 和表 5，看出：

反映根系整体机能的伤流量，高峰期在头季齐穗期，随后下降，头季收割后随着再生分蘖的萌发生长又有所回升，再生季齐穗以后再度降低。根系机能的两次跌落现象与上述三个品种相似。

6 个杂交稻组合中，以汕优明 86 和Ⅱ优明 86 的根系机能最高，汕优 63 和特优 73 居中，汕优 87 和汕优 88 最低。相应地，不管是头季还是再生季，都以汕优明 86 和Ⅱ优明 86 的产量最高，汕优 63 和特优 73 的产量居中，汕优 87 和汕优 88 的产量最低。显示根系机能与产量密切相关。

计算 6 个品种不同生育期的根系机能与产量及其构成的相关性，结果列于表 5，看出：供试品种的伤流量差异较大，即使经过两次跌落，仍然保持着这种品种间的差异。因而产量与各个时期的伤流量都呈极显著正相关，但以头季成熟期的伤流量与再生季产量的相关度最高，再生季齐穗期的伤流量与再生季产量的相关度次高。各个时期的伤流量与每平方米穗数及每穗粒数也有一定程度的相关，其中也以头季成熟期和再生季齐穗期的伤流量与穗粒数的相关最密切。

2001 年、2002 年搜集 40 个二系、三系杂交稻新组合,在海南省三亚市观察头季和再生季产量表现及伤流量,如表 6 所示,头季成熟期伤流量与再生季的产量及再生穗数,存在极显著正相关。

表 4　再生稻不同品种的根系机能、产量及其构成

（福建尤溪,2000）

品种		伤流量[g/(m²·h)]		稻谷产量	每平方米	每穗粒数	每平方米	结实率	千粒重
		齐穗期	成熟期	(kg/hm²)	穗数		总粒数	(%)	(g)
头季	汕优明 86	144.6	95.1	9 341	277	121.4	33 628	93.2	29.8
	Ⅱ优明 86	136.2	87.9	9 318	260	145.4	37 804	89.9	27.4
	汕优 63	134.7	79.5	9 174	313	118.7	37 153	86.7	28.5
	特优 73	133.2	78.9	9 144	285	116.5	33 203	93.0	29.6
	汕优 87	128.1	54.3	8 439	306	105.6	32 314	92.4	28.1
	汕优 88	124.2	53.1	8 124	276	124.3	34 307	83.8	28.3
再生季	汕优明 86	110.4	72.3	4 338	341	48.7	16 607	94.2	27.7
	Ⅱ优明 86	122.4	73.5	4 140	318	50.6	16 091	95.5	26.9
	汕优 63	84.3	74.1	3 852	381	40.4	15 392	95.1	26.3
	特优 73	80.7	60.6	3 473	286	45.2	12 927	93.1	28.9
	汕优 87	52.8	40.5	2 498	262	40.4	10 585	93.3	25.3
	汕优 88	45.0	48.9	2 151	266	33.9	9 017	96.2	24.8

表 5　再生稻不同品种各生育时期伤流量与稻谷产量及其构成的相关性

（福建尤溪,2000）

相关因素	头季	再生季					
	稻谷产量	稻谷产量	每平方米穗数	每穗粒数	每平方米总粒数	结实率	千粒重
头季齐穗期伤流量	0.885 7*	0.933 4**	0.686 4	0.821 1*	0.9215**	0.564 9	0.666 7
头季成熟期伤流量	0.963 8**	0.985 1**	0.716 7	0.860 4*	0.941 1**	0.122 1	0.754 7
再生季齐穗期伤流量	—	0.950 4**	0.622 1	0.923 3**	0.958 4**	0.093 5	0.619 4
再生季成熟期伤流量	—	0.927 5**	0.873 9*	0.650 2	0.926 4**	0.185 2	0.547 8

*$n=6$, $r_{0.05}=0.811$, $r_{0.01}=0.917$。

表 6　再生稻不同品种头季成熟期的伤流量与再生季产量及其构成的相关性

（海南三亚）

观察年度	相关因素	再生季稻谷产量	每平方米穗数	每穗粒数	结实率	千粒重
2001 年	头季成熟期伤流量	0.827 2**	0.738 5**	0.509 1**	0.487 8**	0.701 8**
2002 年	头季成熟期伤流量	0.983 4**	0.936 3**	0.409 7	0.791 3**	0.664 3*

*观察水稻品种数:2001 年 28 个,2002 年 12 个。

2.3 再生稻不同施氮水平的根系机能及与产量的关系

2001 年在福建省尤溪县,设置 6 个促芽促苗氮肥施用量试验,于头季齐穗后 20 d(腋芽膨大伸长)和头季收割后 2 d(腋芽开始萌发成苗),分施计划量 80％和 20％的氮肥。处理随机排列,3 次重复,小区面积 18.2 m²。在头季齐穗期、头季成熟期、再生季齐穗期和再生季成熟期,每一处理各测定 10 株伤流量,成熟时分小区收割核定产量,并取样考察产量构成。结果列于表 7、图 3,看出:

施用促芽促苗氮肥以后的头季成熟期、再生季齐穗期和再生季成熟期,伤流量与施氮量呈抛物线型相关,其中头季成熟期和再生季齐穗期的伤流量与施氮量的相关达显著性标准。在各施氮量中,以施氮 23 g/m² 处理的伤流量最高,头季成熟期达 103.5 g/(m²·h),仅比齐穗期降低 19％,再生季齐穗期回升到 111 g/(m²·h),再生季成熟期仍保留 45.9 g/(m²·h)。由于该施氮水平的根系机能最高,稻谷产量也高居各处理之首。

当施氮量超过 23 g/m² 时,伤流量下降,产量随之下降。究其原因,可能是吸氮过多时,过量的氮素与光合产物——碳水化合物结合形成蛋白质,而减少碳水化合物的积累,于是减少碳水化合物向根部的供应,使根系缺乏足够的能源而难以保持较高的活力。

表 7 再生季氮素芽苗肥施用量对各时期根系伤流量及产量的影响

(福建尤溪,汕优明 86,2001)

施氮量 (g/m²)	各生育期伤流量[g/(m²·h)]				再生季产量及其构成						
	头季齐穗	头季成熟	再生季齐穗	再生季成熟	产量 (g/m²)	显著性 0.05	0.01	平方米穗数	每穗粒数	结实率 (％)	千粒重 (g)
0	127.9	71.1	87.3	37.2	463.4	e	D	373.4	49.2	96.2	29.8
5.75	127.5	67.2	888.8	38.1	534.8	d	C	416.5	49.6	95.6	26.8
11.50	127.8	87.9	100.2	42.3	573.3	c	BC	499.5	45.8	93.1	27.1
17.25	128.1	100.2	109.5	40.2	589.8	bc	AB	558.5	42.4	93.7	26.9
23.00	127.5	103.5	111.0	45.9	624.0	a	A	551.2	44.5	93.9	27.2
28.75	128.2	92.4	98.7	38.4	608.1	ab	AB	535.5	44.4	95.1	27.2
与施氮量的相关性	0.455 2	0.882 9*	0.889 0*	0.699 6	0.956 6**						

$n = 6$,$r_{0.005} = 0.811$,$r_{0.01} = 0.917$. 再生季产量 $LSD_{0.05} = 33.2$ g/m²,$LSD_{0.01} = 46.5$ g/m²。

根系机能受品种特性制约,也受环境条件的调控,如上所述根系机能与施氮量关系密切。计算了 6 个施氮水平不同生育期的根系机能与产量及其构成的相关性,结果列于表 8,看出:再生稻的促芽促苗氮肥于头季齐穗后 20 d 和头季收割后 2 d 才施用,只影响头季成熟期及其后的根系机能,头季齐穗期各处理的伤流量并无差异,因而该期的伤流量与头季产量和再生季的产量及其构成,均无显著相关。而头季成熟期及其后的伤流量,便与再生季产量及再生穗数呈正相关,其中头季成熟期的伤流量和再生季齐穗期的伤流量,与再生季产量达显著正相关,与再生穗数达极显著正相关。

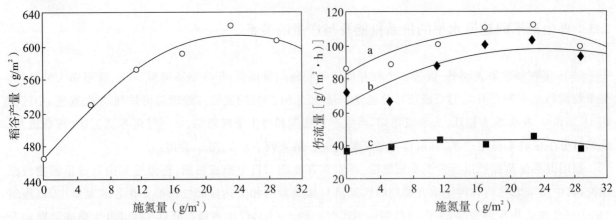

* 图中再生季稻谷产量：$y=465.26+12.396\ 0x-0.257\ 6x^2$，$r=0.956\ 6^{**}$

(a)头季成熟期伤流量：$y=64.49+2.771\ 2x-0.057\ 0x^2$，$r=0.882\ 9^*$

(b)再生季齐穗期伤流量：$y=83.31+2.346\ 7x-0.058\ 7x^2$，$r=0.889\ 0^*$

(c)再生季成熟期伤流量：$y=36.24+0.694\ 7x-0.019\ 4x^2$，$r=0.699\ 6$

图 3　再生季稻谷产量及各生育期伤流量与氮素芽苗肥施用量的关系

表 8　再生稻不同施氮水平下各生育期伤流量与稻谷产量及其构成的相关性

(福建尤溪，汕优明 86，2001)

相关因素	头季	再生季					
	稻谷产量	稻谷产量	每平方米穗数	每穗粒数	每平方米总粒数	结实率	千粒重
头季齐穗期伤流量	0.492 0	0.064 3	0.274 4	−0.480 8	0.125 3	0	0.107 4
头季成熟期伤流量	0.185 4	0.854 0*	0.949 5**	−0.947 8**	0.902 1*	−0.741 0	0.724 3
再生季齐穗期伤流量	—	0.841 7*	0.929 4**	−0.909 1*	0.891 5*	−0.806 1	0.612 6
再生季成熟期伤流量	—	0.672 7	0.627 7	−0.496 4	0.690 7	−0.753 5	0.648 2

* $n=6$，$r_{0.05}=0.811$，$r_{0.01}=0.917$。

3　总结与讨论

3.1　再生稻根系形态及机能与产量的相关性

再生稻品种必须具有头季产量高和再生力高的"双高"特性[4-5]。我国在 1930 年代开始选育再生稻品种，多因头季产量潜力偏低而推广面积不大。1980 年代出现一批高再生力的杂交稻品种，利用杂交稻蓄养再生分蘖成为一种新的种植制，在南方多省悄然崛起，汕优 63 成为大面积种植的主栽品种。1999—2002 年本课题组引进一批经过审定或鉴定的杂交水稻新品种，在鉴定双季产量潜力同时，观察了根系形态和机能及与产量的关系，发现"双高"品种根系具有形态发达和机能高而持久的特性。如 1999 年、2000

年引种的汕优明 86 和Ⅱ优明 86,根系形成量和机能都优于汕优 63,双季产量也高于汕优 63。另一品种特优 70,头季根系、体积高于汕优 63,头季齐穗期根系伤流强度和伤流量与汕优 63 持平,头季产量显著高于汕优 63,但是在头季结实末期,根系伤流强度骤然降低,头季成熟期伤流量仅为汕优 63 的 48%,从而严重抑制再生腋芽的萌发,结果,再生穗数仅为汕优 63 的 55%,再生季产量仅为汕优 63 的 52%,由头季高产逆转为再生季低产。汕优 87 和汕优 88 两个品种,则各生育期的根系伤流量显著低于汕优 63,双季产量都显著为低。

3.2　再生稻促芽促苗氮肥施用量与根系机能及产量的相关性

2001 年设置 6 个促芽促苗氮肥施用量试验,分别按 8∶2 在头季齐穗后 20 d 作促芽肥和在头季收割后 2 d 作促苗肥分施。设定的施肥期排除对头季齐穗期伤流量的影响,对头季产量的影响也很有限,但深刻影响头季成熟期及其各期的根系伤流量和再生季产量。研究结果表明,促芽促苗氮肥施用量与头季成熟期和其后时期的伤流量,以及再生季产量,呈抛物线型相关,其中与头季成熟期伤流量和再生季齐穗期伤流量的相关达显著水平,与再生季产量达极显著性标准。头季成熟期伤流量和再生季齐穗伤流量深刻影响了再生力,与每平方米再生穗数呈极显著正相关,与再生季产量呈显著正相关。以施氮量 23 g/m² 处理的各期伤流量最高,再生季产量也最高;当施氮量超过 23 g/m² 时,伤流量下降,产量随之下降,其原因可能是吸氮过多,过量的氮素与光合产物的碳水化合物化合形成蛋白质,而减少碳水化合物的积累,于是减少向根部的供应,供根系缺乏足够的能源,以保持较高的活力。

然而,23 g/m² 促芽促苗氮肥施用量的稻谷生产效率偏低,扣减地力产量后,平均每 1 kg 施入氮仅增产稻谷 7 kg。据姜照伟等[6]研究,主要原因是氮肥吸收率偏低(25%～39%),大量氮肥被土壤固定和散失,此外,被吸收的促芽促苗氮肥,又大量被头季植株吸收(占 60%～80%),其中仅 35%～45%留存在割后遗留的稻桩及腋芽可供再生季生育所用,55%～65%在头季收割时随收获物携走。看来,改进再生稻栽培体系和改进促苗氮肥施用技术,亟待研发,以冀大幅提高氮肥吸收率和稻谷生产效率。

3.3　再生稻根系机能的评价指标

定量评价再生稻根系机能的指标很多,主要有呼吸强度,溶解氧吸收量,过氧化物酶活性,α-NA 氧化力,TTC 还原力等[3]。这些指标必须掘根并取其中一部分进行测定,既花工费力,又易受各种因素干挠。森田茂纪[2]推荐用伤流量(出液速度)作为评价根系机能指标,理由是伤流量反映了根系吸收水养分的综合能力,不必掘取根系和分割根体,可反映全株根系的生理功能。现在又将以往的指管套测法改进为整株贴棉测定法,操作简捷,只要在上午 8 时前测定,指标波动小。据森田茂纪研究,全株根系伤流量表达了全株根系的机能,如辅以掘根测定干重,则可计算出表达根系活性的单位根重的伤流强度,计算式为:伤流强度＝全株伤流量/全株根干重。

本研究以伤流量作为再生稻根系机能的评价指标,每个品种在头季齐穗、头季成熟、再生季齐穗和再生季成熟等 4 个时期,各测定一次伤流量,在头季成熟期和再生季成熟又各掘根测定干重,计算出两季伤流强度。结果看出:根系伤流量在头季齐穗期达高峰,其后随生育期推移而逐渐降低,头季收割后随着再生分蘖的萌发和生长,可能由于根源激素的活化和调节,伤流量保持不变甚至略有回升,再生季齐穗后又急剧降低。尽管根系伤流量历经两次跌落,但保持着产量与各期伤流量相关度的品种间差异。

　　比较同品种产量与各时期伤流量的相关性,看出:头季产量与头季成熟期的伤流量相关度最高,达极显著正相关,与头季齐穗期的伤流量相关度次之,达显著正相关。再生季产量与 4 个时期的伤流量都达极显著正相关,其中以与头季成熟期伤流量的相关度最高。因此,头季成熟期伤流量可作为诊断再生力,筛选再生稻"双高"品种的诊断指标。据此指标,几年来先后鉴定汕优明 86、Ⅱ优明 86 和两优培九,具有"双高"特性,推荐作为再生稻接班种示范推广。

著录论文

[1]林文,李义珍,姜照伟,等.再生稻根系形态和机能的品种间差异及产量的关联性[J].福建农业学报,2001,16(1):1-4.

[2]林文,张上守,姜照伟,等.再生稻产量与根系机能的相关性[J].福建稻麦科技,2001,19(4):9-11.

[3]姜照伟.再生稻的 N 素吸收特性及增产效率的研究[D].福州:福建农林大学,2002.

参考文献

[1]安间正虎,小田桂三郎.根系调查法[J].户苅义次.作物试验法.東京:农业技术协会,1956:137-155.

[2]森田茂纪,阿部淳.出液速度の测定、评价方法[J].根の研究,1999,8(4):117-119.

[3]二見敬三.根の活性の测定[G]//森田茂纪,阿部淳.根ハンドブック.東京:根研究学会,1994:215-216.

[4]李义珍,黄育民,陈子聪,等.再生稻丰产技术研究[J].福建农科院学报,1991,6(1):1-12.

[5]郑景生,林文,姜照伟,等.超高产水稻根系形态学研究[J].福建农业学报,1999,14(3):1-6.

[6]姜照伟,林文雄,李义珍,等.不同氮肥施用量对再生稻氮素吸收和分配的影响[J].福建农业学报,2003,18(1):50-55.

九、水稻不同土壤生态的根系形态和机能

福建省境内有西部和中部 2 条北北东—西西南走向的山带。中部山带北段东侧为闽东北沿海丘陵低山区,南段东侧为闽东南沿海平原丘陵区;两山带之间的广大腹地为串珠状盆地,周围为海拔 300～700 m 低中山区,两大山带主体所经之处为海拔 800 m 以上高山。地形地貌十分复杂。水稻土以山区红壤、黄壤和平原冲积土为母质,经人类长期耕作而发育形成的灰泥田。耕地面积较大的有 5 类:(1)平原冲积土发育形成的轻黏性灰泥田、乌泥田;(2)山间盆地红壤、黄壤发育形成的中壤,重壤性灰泥田、乌泥田;(3)山陇峡谷及盆地低洼处由红黄壤长期渍水沼泽化的冷浸田;(4)山坡梯田黄壤发育形成的黄泥田;(5)盆地溪边、沙洲由近代河流冲积发育的沙壤田[1-3]。本课题组 1999—2002 年参加的超高产水稻合作研究,项目基点云南省金沙江河谷水稻土为台田沙壤黑油田。

本节为综合 1983—2002 年不同土壤生态水稻根系形态和机能的研究结果。

1　材料与方法

1.1　研究概况

1983—1985 年在闽西北山区的永泰、明溪、建瓯、连城 4 县建立水稻中低产田研究基点,分别调查了山坡黄泥田、山垅冷浸田、溪边沙壤田和盆地红黄壤灰泥田的根系形态。1997 年、1998 年在闽东南沿海平原的龙海市建立双季杂交稻高产研究基点,调查了冲积土轻黏性灰泥田根系形态。1999—2002 年在云南省永胜县涛源乡建立水稻超高产研究基点,调查了河谷沙质壤土黑油田的根系形态。为了探讨不同还原性状土壤的根系形态及机能,在福州本研究所采用塑桶土培,调节为高度还原性状和轻度还原性状土壤,调查其根系形态和伤流量。

1.2　不同土壤根系形态的调查

在闽西北山区 4 个县研究期间,对相应土壤稻田,每年实割 5 丘田产量,并采用 Monolith 改良法掘取不同土层根系,测定根系干重和体积。在闽东南沿海龙海市,研究期间对冲积土轻黏性灰泥田,抽样测定 20 丘田稻谷产量,并采用 Monolith 改良法掘取不同土层根系,测验定根系体积、干重和总长度。在云南省涛源乡,研究期间对估产超 15 t/hm² 的台田沙质壤土黑油田,全丘实割称稻谷产量,先后选 5 丘田

采用 Monolith 改良法，掘取不同土层根系，测定根系体积干重和总长度。

依据根系体积(V)、干重(G)、总长(L)数据，进一步计算出如下根系形态指标：

(1)根长密度：单位土壤容积的根系长度，等于根系总长度/根系分布土壤容积(cm/cm^3)。

(2)根直径：$2r = 2\sqrt{V/(\pi L)}$，式中 r 为根半径，V 为根系体积，L 为根系总长度。

(3)比根长：单位根系干重的长度，等于根系总长度/根系干重(m/g)。

(4)根深指数：表达根系分布深度的重心，$\sum$（某一土壤层次的深度×某一土壤层次的根量）÷全根量。

1.3　不同还原性状土壤的根系形态及机能调查

为了深入探讨冷浸田对根系的生态生理效应，1999 年在福州本所网室采用塑桶土培进行模拟试验。供试水稻品种为汕优 63。塑桶黑色，内径 28 cm，高 28 cm，填灰泥田土壤厚 20 cm。调节为两类还原性状态：一是高度还原状态，于栽稻后第 1 周和第 5 周各在土深 10 cm 处每桶灌注 150 g 面粉，使之分解产生大量的 CH_4，H_2S 和有机酸；二是轻度还原状态，长期淹灌，常规管理。两个处理各 5 桶，每桶植稻一株。两个处理于齐穗期各测定 2 株水稻根系伤流量，成熟期各测定 3 株水稻不同土壤层次的根系体积、干重和总长度，并考察产量及其构成。

2　结果与分析

2.1　不同土壤生态类型的根系发育形态

历年观测的各种土壤生态类型的根系发育形态数据，已多列于本章"超高产水稻根系发育形态和机能"表 1、表 5，现取 10 丘代表 6 类土壤生态田块的根系形态数据，汇总如表 1、表 2 和图 1，看出：

山坡黄泥田耕作层浅薄，厚仅 12～16 cm，坚实的犁底层阻碍根系向深处伸展，根重的 90% 集中分布在 0～10 cm 土层内，根深指数（表达根系分布深度的重心指标）仅 5.74 cm，在各类土壤中属最短。虽然土壤透气性良好，根系活性较高，但因物理性限制，根系形成量小，进而制约了地上部的生长，产量不高。

山垄冷浸土壤长期渍水沼泽化，根系伸长的物理阻力虽小，但是土壤处于高度还原状态，大量还原性物质毒害根系的发育，特别是下层根系受害愈甚，根重的 80% 集中分布在 0～10 cm 土层内，分支稀少，活力低下，常引发地上部前期坐苗不长，后期茎叶早衰。

沙壤田土层较深，土层疏松，透水性能好，促进根系向深处伸展，分布于 0～5 cm 层次的上层根，占全根的比率较低（占 43%～45%），而分布于 5 cm 土层以下的下层根占全根的比率较高，根深指数因之也显著增大。但沙壤土保水保肥能力差，有机质含量低（仅 1%～2%）。在耕作年限短，不施或少施有机肥料的河边或沙洲的沙壤田，土壤贫瘠，根系形成量不足，机能不高，限制产量的提高。但如云南省金沙江河谷的沙壤性黑油田，长期施用大量稻草堆沤肥进行培肥，虽然土壤有机质仍仅 1% 左右，但富含氮、磷、钾有效养分，根系分布深广，机能高而持久，稻谷产量普遍达到 12 t/hm²，一部分田块超过 15 t/hm²。

表 1　不同土壤生态类型的根系干重分布及根深指数

土壤类型 地点		山坡 黄泥田 永泰	山垅 深烂田 建瓯	盆地 灰泥田 连城	河网平原 轻黏性灰泥田 龙海			河边 沙壤田 连城	高原河谷 沙壤性黑油田 云南省永胜		
产量(t/hm^2)		3.39	3.11	6.80	6.55	9.28	12.63	5.63	15.23	17.78	17.95
根系干重(g/m^2)		125.5	112.8	237.8	240.3	292.0	356.7	191.2	371.1	406.8	414.9
各层次 (cm)根 系干重 占比 (%)	0~5	48	47	48	46	48	48	43	45	45	45
	5~10	40	33	27	26	27	26	25	25	25	24
	10~15	11	14	17	16	16	17	18	18	18	19
	15~20	1	5	6	9	6	7	12	10	10	10
	20~25	0	1	2	3	3	2	2	2	2	2
根深指数(cm)		5.74	6.52	6.85	7.28	6.87	6.94	7.83	7.44	7.50	7.44

表 2　不同土壤生态类型的根系总长度分布及根系形态指标

土壤类型 地点		河网平原轻黏性灰泥田 福建龙海			高原河谷沙壤性黑油田 云南省永胜		
产量(t/hm^2)		6.55	9.28	12.63	15.33	17.78	17.95
根系总长度(m/m^2)		49 574	63 113	80 555	84 263	98 253	103 369
各层次(cm) 根系总长度 占比 (%)	0~5	53	53	53	49	50	50
	5~10	24	24	24	25	25	24
	10~15	14	15	16	16	16	17
	15~20	7	6	6	8	7	8
	20~25	2	2	1	2	2	1
根长密度(cm/cm^3)		19.8	25.5	32.2	33.7	39.3	41.3
根系直径(mm)		0.18	0.18	0.18	0.17	0.17	0.17
比根长(m/g)		206	216	226	227	242	249
根深指数		6.55	6.50	6.40	6.95	6.80	6.80

　　盆地红壤、黄壤发育形成的灰泥田，经长期耕作，普遍施堆厩肥，富含有机质和氮、磷、钾养分，耕作层厚 16 mm±2 cm，根深指数 6.5 cm 左右，根系发育良好，上下层根平衡发展，活力较强，水稻稳定高产，多达 6~7 t/hm²。

　　沿海平原轻黏性灰泥田，系海陆相冲积，耕作层深厚，肥力较高，根系发育良好，0~5 cm 土层根系占 46%~48%，水稻稳定高产，凡灌排渠道分设，地下水位低，实行够苗烤田，中后期间歇性灌溉的田片，上下层根均较发达，产量超过 9 t/hm²。

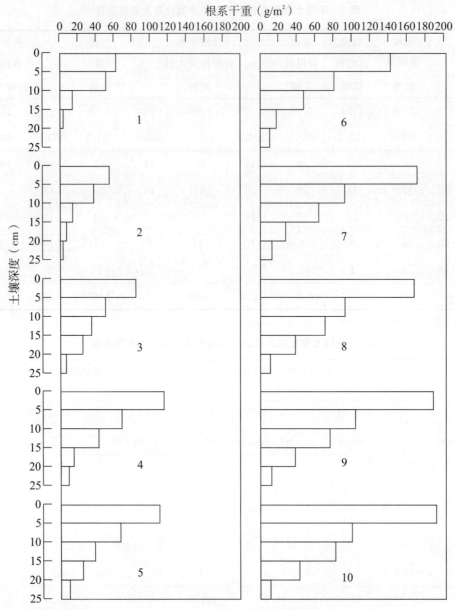

1. 永泰县山坡黄泥田,产量 3.39 t/hm²;   2. 建瓯山垅冷浸田,产量 3.11 t/hm²;

3. 连城县河边沙壤田,产量 5.63 t/hm²;   4. 连城县盆地灰泥田,产量 6.80 t/hm²;

5. 龙海平原灰泥田,产量 6.55 t/hm²;   6. 龙海平原灰泥田,9.28 t/hm²;

7. 龙海平原灰泥田,12.63 t/hm²;   8. 云南河谷沙壤黑油田,15.23 t/hm²;

9. 云南河谷沙壤黑油田,17.78 t/hm²;   10. 云南河谷沙壤黑油田,17.95 t/hm²。

图 1   不同土壤生态类型的根系干重在土壤中的分布

比较不同土壤类型根系在土壤中的分布看出:山坡黄泥田耕作层浅薄,犁底层坚实,限制根系伸展,根量的 90% 分布在 0～10 cm 土层,根深指数＜6 cm;山垅冷浸田土壤沼泽化,根系伸长阻力小,但土壤呈高度还原状态,抑制根系发育,下层根受害愈甚,分支稀少,根深指数仅 6.5 cm;灰泥田耕作层较为深厚,上下层根均发育良好,根系干重的根深指数,提高至 7 cm 左右;沙壤田耕作层深厚,土质疏松渗水性高,促进根系向深层伸展,下层根比重显著提高,根系干重的根深指数达 7.4 cm。

产量与根量存在高度正相关。山坡黄泥田和山垅冷浸田的根量最少,产量最低,仅 3～4 t/hm²。溪边沙洲中河流冲积的沙壤田,根量显著增加,但机能不高,产量在 5 t/hm² 左右。盆地、平原灰泥田根系发达,产量高而稳定。沙壤性黑油田根系最发达,产量超达 12~15 t/hm²。

同一类土壤的根系在各土层的分布比率相近,根深指数也相近。同一类土壤产量的差异,源于其总根量的差异,如平原冲积土灰泥田产量由 6.55 t/hm² 提高到 12.63 t/hm²,其总根干重提高 48%,总根长增加 62%。由比根长(单位根重的根长)随总根长和产量提高而逐渐增大向趋势,看出总根长的增加中,侧根(分枝根)比节根增加幅度更大。

2.2　不同还原状态土壤的根系形态和机能

为了深入探讨冷浸田对根系的生态生理效应,调节为两种土壤还原状态:一是高度还原状态,于栽稻后第一周和第五周各在土深 10 cm 处灌注面粉,使之分解产生大量的 CH_4、H_2S 和有机酸;二是轻度还原状态,长期淹灌,常规管理。于齐穗期测定伤流量,成熟期测定各层次根系的干重、体积和总长度,并考察产量及其构成。结果列于表 3、图 2,看出:

高还原状态的土壤环境,严重地抑制了根系的发育,其干重、体积和总长度,比对照分别减少 30%、22% 和 48%。以根系总长度减少最多。由比根长显著变短、根的平均直径显著增大的现象,反映总根长的大幅减少,源于高度还原状态严重抑制了侧根的萌发。

高度还原的土壤条件对下层根的抑制更大,与轻度还原的土壤条件相比,上层根的干重和总长度分别减少 22% 和 39%,而下层根的干重和总长度分别减少 39% 和 57%。上下层根系形成量所占比率也由此发生变动:在轻度还原土壤环境,下层根的干重和总长度占全根的比率分别为 48% 和 50%,而高度还原的土壤环境,下层根的干重和总长度,则都仅占全根的 42%。

在高度还原的土壤环境,除了根量显著减少外,根系机能也显著降低,表 4 显示:齐穗期的伤流强度降低 38%,伤流量降低 57%。根系形态和机能一并劣化,最终导致稻谷产量显著降低(−24%)。

必须指出的是,采用塑桶土培,桶壁桶底的通气性较好,使 15~20 cm 层次根量高于 10~15 cm 层次的根量。

表 3　不同土壤还原状态的根系形态

(塑桶土培,汕优 63,1999)

分布层次(cm)	普通氧化状态土壤						高还原状态土壤					
	根系干重(g/m²)(占比)	根系体积(cm³/株)(占比)	根系总长度(m/株)(占比)	根长密度(cm/cm³)	比根长(m/g)	根直径(mm)	根系干重(g/m²)(占比)	根系体积(cm³/株)(占比)	根系总长度(m/株)(占比)	根长密度(cm/cm³)	比根长(m/g)	根直径(mm)
0~5	9.1(52%)	54.3(52%)	1266(50%)	41.1	139	0.23	7.1(58%)	45.7(56%)	774(58%)	25.1	109	0.27
5~10	3.3(19%)	20.3(19%)	436(17%)	14.2	132	0.24	2.3(19)	14.7(18%)	228(17%)	7.4	99	0.29
10~15	2.1(12%)	12.4(12%)	347(13%)	11.3	165	0.21	1.3(10%)	9.5(12%)	128(10%)	4.2	98	0.31
15~20	3.1(17%)	18.2(17%)	507(20%)	16.5	164	0.21	1.6(13%)	11.7(14%)	198(15)	6.4	124	0.27
合计	17.6(100%)	105.2(100%)	2 556(100%)	20.8	145	0.23	12.3(100%)	81.6(100%)	1 328(100%)	10.8	108	0.28
根深指数	7.27	7.24	7.69	—	—	—	6.44	6.72	6.56	—	—	—

表4　不同土壤还原状态的根系机能和产量及其构成

（塑桶土培，汕优 63，1999）

土壤还原状态	齐穗期伤流强度 [mg/(g·h)]	齐穗期伤流量 [mg/(株·h)]	每株产量 (g)	每株穗数	每穗粒数	结实率(%)	千粒重(g)
强还原	83	1 026	66.8	14.7	191.1	88.4	26.8
普通对照	134	2 365	87.9	16.3	207.5	93.2	27.9

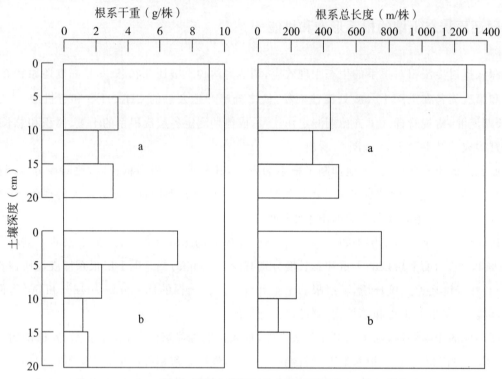

图 2　不同土壤还原状态的根系形态

a：普通氧化状态，b：高还原状态。

3　总结与讨论

森田茂纪[5]报道，日本在 1949—1968 年开展"米作第一"竞赛活动，涌现糙米产量突破 10 t/hm²（相当于稻谷产量突破 12.5 t/hm²）的纪录，20 年间糙米产量增加 1.5 t/hm²。众多调查报告一致指出实现高产有赖于如下技术：(1)暗沟排水、客土、施堆肥、深耕等改良土壤环境；(2)选用适宜品种；(3)健苗培育及早植、密植、条植；(4)合理施肥；(5)间断灌溉、中期烤田为主的水分管理；(6)防除病虫害。其中(1)、(4)、(5)技术实际上为土壤改良即根系培育技术。日本对根系研究早而多，集大成者当推川田信一郎 1959—1982 年着眼于水稻根系土壤生态的形态形成学研究，由 1982 年汇总发表的《水稻の根：その生态に関する形态形成の研究论文集》[6]及其缩写本《写真图说イネの根》[7]看出：川田系统研究了稻根的形态建成，解剖结构、各节间单位上位根和下位根的分化，伸长秩序，及在土壤中的伸长方向和分布。在此研究基础上,川田南从九洲奄美岛北至北海道,深入日本各地考察水稻栽培,观察根系与土壤环境及产量的关系,总结出以土壤环境改良为重点培育健根、达到高产的途径。实地调查显示:日本各地的水稻高产田都是通过建设明渠暗渠保护排水畅通的水田,以此为前提,实行深耕、客土、施用堆肥、间断灌溉及中期烤田增强透水性,切实改善土壤环境。据 150 处稻田调查,以氮素追肥为重点,只能增加上层根,最高稻谷产量限于 7.5 t/hm²;以改良土壤为重点,不仅上层根增多,下层根也增多,深扎分布全层,稻谷产量才能突破 10 t/hm²。据在东北地区 14 个农户调查,只零星实施上述改土措施者,稻谷产量在 10 t/hm² 以下;实施客土、堆肥、增强透水性措施者,稻谷产量达 10~11 t/hm²;全面实施改土措施的 3 户种田能手,稻谷产量达 11.6~15.2 t/hm²。

本课题多年在各地不同土壤生态条件下,观察比较根系的形态及机能,调查产量及其构成,并开展相关试验,揭示了不同土壤生态的根系发育特性:山坡黄泥田耕作层浅薄,物理性限制形成浅根化根系;山垅冷浸田土壤高度还原状态则抑制侧根发育,分支稀少,氧化力低下,下层根发育尤为不良;溪边沙洲的沙壤田有良好的透水性,促进根系向深层伸展,但凡近代冲积的沙壤田养分贫乏,根系机能不高。上述三类均属低产田。山区盆地的红、黄壤灰泥田和沿海河网平原冲积灰泥田,耕层深厚肥力高,根系发育良好,水稻稳定高产。但田片间的产量仍然差异较大,重要差异在于土壤透水性。凡灌排渠道分设,实施中期烤田或中后期间断灌溉的,上下层根形成量显著增加,水稻产量达到 9 t/hm² 左右,一部分地下水位在 50 cm 以下,日纵向渗水速度达 2 cm 并坚持施用堆肥的田块,可见产量达 11~12 t/hm²。云南省金沙江河谷的永胜县涛源乡,系沙壤地黑油田,长年每公顷施用 5~10 t 稻草类堆沤肥,虽土壤有机质仅 1% 左右,但富含氮、磷、钾养分,属沙壤台田,纵向渗水速率达 2 cm/d,灌水后 2 d 落干,4 d 复灌,上下层根均十分发达,根系干重＞370 g/m²,总长度＞80 km/m²,根长密度＞33 cm/cm³,根系机能高而持久,水稻达到非同寻常的高产,全乡 333 hm² 稻田平均稻谷产量达 12 t/hm²,1998—2001 年有 30 丘田稻谷产量达 15~18 t/hm²[8]。

著录论文

[1]李义珍,郑志强,陈仰文,等.水稻根系的生理生态研究[J].福建稻麦科技,1986,4(3):1-4.

[2]郑景生,林文,姜照伟,等.超高产水稻根系发育形态学研究[J].福建农业学报,1999,14(3):1-6.

[3]云南省丽江地区农业科学研究所,云南省滇型杂交水稻研究中心,福建省农业科学院稻麦研究所,等.水稻超高产研究技术总结报告[R].昆明:云南省科学技术委员会,2001:1-58.

参考文献

[1]李义珍,郑志强,张琳.福建省中低产区稻作现状和增产途径[G]//福建省农业委员会.福建省农业厅.福建省中低产田改造与科学利用学术论文选编.福州:福建省农业委员会,1983:6-13.

[2]彭嘉桂.福建中低产土壤及其改良利用途径[G]//福建省农业委员会,福建省农业厅.福建省中低产田改造与科学利用学术论文选编.福州:福建省农业委员会,1983:17-22.

[3]彭嘉桂,林炎金,林代炎.福建山区中低产水稻土特性研究[G]//福建省中低产田协作攻关领导小组.福建山区水稻中低产田配套增产技术专题研究资料(1983—1985).福州:福建省农业厅,1986:24-36.

[5]森田茂纪.植物の根に関する諸問題[13]:水稲の根系形成を考える場合の視点(1)[J].農業および園芸,1994,69(8):933-938.

[6]川田信一郎.水稲の根:その生態に関する形態形成の研究論文集[C].東京:農山漁村文化協会,1982.

[7]川田信一郎.写真図説イネの根[M].東京:農山漁村文化協会,1982.

[8]李义珍,郑景生,林文,等.水稻根系与产量的相关性研究[C]//中国作物学会作物栽培专业年会论文集.三亚:中国作物学会,2003:1-4.

十、水稻不同养分生态的根系形态和机能

福建省 1949 年水稻播种面积的平均产量仅 1.7 t/hm²。新中国成立后稻作生产飞速发展,1976 年平均产量 2.84 t/hm²,增长 93%。1989 年平均产量 5.07 t/hm²,又增长 79%。增产是台阶式的。第一台阶大增产源于解放了生产力,激发广大农民精耕细作积极性,兴修小型水利,增施有机肥料,推广农家良种,1960 年代沿海地区推广矮秆品种,1970 年代山区大面积改单季稻为双季稻。第 2 台阶大增产源于早稻推广了新一代常规矮秆良种,晚稻和单季稻推广了杂交水稻,并大量施用化学肥料。据统计[1-2],按播种面积计算,1976 年每亩(667 m²)平均施氮肥 14.1 kg,磷肥 4.9 kg,钾肥 0.1 kg(均为商品量),1989 年每亩平均施氮肥 44.2 kg,磷肥 21.1 kg,钾肥 5.3 kg,分别为 1976 年的 3.1 倍、4.3 倍、53 倍。就全国平均值而言,氮、磷化肥施用量已达高限,而对一部分地区而言,已属超限,显著降低了经济效率,也增加了环境污染。

水稻产量与根系形成量及机能存在高度正相关,又都受制于氮、磷、钾肥料的施用量和施用方法。为了探索根系调控途径,设置氮、磷、钾肥施用量和施用法试验,观察比较根系的发育形态和机能。

1　材料与方法

1.1　研究概况

1998 年在本所网室采用水培,设置 3 种氮、磷、钾肥剂量和 V 字形施肥试验,分别在水稻拔节始期、齐穗期和成熟期,测定根系形态和机能。同年同地采用水泥池土培,设置 3 种施氮量及氮肥深施试验,测定成熟期根系形成量、稻谷产量及干物质总重。

1.2　不同氮、磷、钾肥养分剂量及 V 字形施肥法的试验设计和方法

试验于 1998 年在本所网室进行,供试品种为汕优 63,采用春日井配方的营养液培养。塑料培养桶口径 30 cm,底径 22 cm,高 28 cm,装液 12 L。液面覆盖泡沫板,板上钻 4 孔植稻。试验设高、中、低 3 个氮、磷、钾肥养分剂量处理和 1 个前、中期变换剂量的 V 字形施肥法处理。试验方案示如表 1。每处理 6 桶,每桶植稻 4 株,稻株基部包裹棉花插入泡沫孔,根系浸触营养液。每周换新液一次。

表1　氮、磷、钾肥不同剂量及施用法水培试验设计方案

处理编号	处理内容	前期养分剂量(mg/L)			中期养分剂量(mg/L)			后期养分剂量(mg/L)		
		氮	磷	钾	氮	磷	钾	氮	磷	钾
1	平衡高剂量氮、磷、钾	40	8.8	33.2	40	8.8	33.2	40	8.8	33.2
2	平衡中剂量氮、磷、钾	20	4.4	16.6	20	4.4	16.6	20	4.4	16.6
3	平衡低剂量氮、磷、钾	10	2.2	8.3	10	2.2	8.3	10	2.2	8.3
4	V字形中剂量氮、磷、钾	20→10	4.4→2.2	16.6→8.3	10→20	2.2→4.4	8.3→16.6	20	4.4	16.6

﹡前期:移栽至苞分化,中期:苞分化至齐穗,后期:齐穗至成熟。

﹡﹡第4处理前期氮、磷、钾剂量变换在移栽后20 d,中期氮、磷、钾剂量变换在雌雄蕊形成始期。

水稻于3叶龄移栽,每周观测一次主茎叶龄和茎蘖数。于苞分化、齐穗和成熟期,每处理各取一桶4株,测定伤流量后分开上、下层根,分别测定节根条数、全根体积、总长度、鲜重、干重和取样测定 α-NA 氧化量。根系总长度采用 Tennant 的直线交点法[4]推算。据此再计算出根系直径和比根长。

根系直径$(2r)=2\sqrt{V/(\pi L)}$,式中 V 为根系体积,L 为根系总长度。比根长为单位根重的根长,比根长=根系总长度/根系总干重。

成熟期每处理留存4桶稻株(含该期取样测定根系形态及机能的1桶),分别测定产量、产量构成和地上部干物重。

下层根和上层根分别在前期和中期出生,分布节位和生理功能差异颇大。采用圈缚法[4]区分上、下层根。上层根为上部3个发根节萌发的根,即倒5、6、7节节间萌发的根,于倒5叶抽出一半时开始萌发。据此,在上层根萌发前夕,即倒5叶刚刚露尖时,用塑料带圈缚业已萌发的下层根,此后在塑料带之外长出的根,即为上层根。

1.3　不同氮肥施用量及深施试验设计和方法

试验于1998年在本所网室进行,供试水稻品种为汕优63,采用水泥池土培。每个水泥池长100 cm,宽70 cm,深70 cm,填灰泥田土壤厚50 cm,植稻20株,行株距20 cm×17.5 cm,3月20日播种,4月15日移栽,7月10日齐穗,8月10日成熟。设每平方米面积施氮肥6 g、15 g、24 g表施和15 g深施等4个处理,3次重复.每个处理每平方米面积配施磷肥4 g、钾肥15 g。于移栽后5日施计划总量60%的氮肥和100%的磷肥,一次枝梗分化期施计划总量40%的氮肥和100%的钾肥。肥料深施采用打洞法将肥料施在株间10 cm深处。试验方案见表2。

移栽前用网袋法[4]在每个水泥池预埋4个直径21 cm、深30 cm的聚氯乙烯编织袋,袋中装土,正中植稻1株,每株营养面积346 cm²,相当于袋外单株营养面积(350 cm²)。成熟时连袋挖出,齐泥割下稻株,晒干测定产量和产量构成因素,再烘干称地上部植株干物重。割去稻株地上部的含根土袋,则横切为6层,每层厚5 cm,剥去编织袋,洗去泥土,剪去表层地下茎,得到各层次纯正的稻根。采用排水法[4]测定各层次根系体积,然后烘干称重,供计算根系干重和冠根比。

表2　氮肥不同施用量及施用法土培试验设计方案

处理编号	处理内容	总施肥量(g/m²)			栽后5 d施肥量(g/m²)		一次枝梗分化施肥量(g/m²)	
		氮	磷	钾	氮	磷	氮	钾
1	高氮表施	24	4	15	14.4	4	9.6	15
2	中氮表施	15	4	15	9.0	4	6.0	15
3	低氮表施	6	4	15	3.6	4	2.4	15
4	中氮深施	15	4	15	9.0	4	6.0	15

* 肥料深施采用打洞法将肥料施在株间 10 cm 深处。

2　结果与分析

2.1　氮、磷、钾养分不同剂量及 V 字形施用法水培的根系形态和机能

表3、表4和图1、图2示水培试验的结果,看出:

在低剂量的氮、磷、钾溶液(每升含氮 10 mg、磷 2.2 mg、钾 8.3 mg)中培养的水稻,节根最长,在中剂量的氮、磷、钾溶液(每升含氮 20 mg、磷 4.4 mg、钾 16.6 mg)中培养的水稻节根次长;在高剂量的氮、磷、钾溶液(每升含氮 40 mg、磷 8.8 mg、钾 33.2 mg)中培养的水稻,节根最短。表明氮、磷、钾养分贫乏,诱导节根竞争性伸长;氮、磷、钾养分富余,则抑制节根伸长。

据观察,1 cm 长的节根上,一般萌发 15～20 条各级侧根。节根长度的增加,必然增加各级侧根的萌发数,而使根系的干重、体积和总长度逐渐增加。由此之故,随着氮、磷、钾剂量的降低,节根长度的延长,全株根系的干重、体积和总长度逐渐增加。如齐穗期高、中、低氮、磷、钾养分剂量的全株上下层根系合计的总干重分别为 1.95 g、2.47 g 和 3.84 g,总长度分别为 478 m、593 m 和 1 035 m,差距很大。

反映单位根重活性的 α-NA 氧化力,以中养分剂量的最高,高养分剂量次之,低养分剂量最低。但由于低养分剂量的根量大,反映根系整体机能的 α-NA 氧化量,则高于高养分剂量而低于中养分剂量。相应地,中养分剂量的产量最高,低养分剂量的产量次之,高养分剂量的产量最低。

在水培条件下,稻根吸收养分的阻力小,可供养更多的地上部器官,冠根比显著高于土培,同时根系形成量受养分剂量的影响更深,因而高养分剂量的冠根比远大于低养分剂量。在本试验条件下,高、中、低养分剂量的冠根比分别为 12.88、11.50 和 6.70。

第1、2、3处理的氮、磷、钾养分剂量全期固定不变,但第4处理在移栽后 20 d 至雌雄蕊形成始期采用低剂量养分,其前其后采用中剂量养分水培水稻,称为 V 字形施肥法,结果如表3、4 和图1、2 所示;V 字形施肥法,在分蘖末期和幼穗分化前期的低养分水平,诱导了根系的竞争性伸长,其前其后的中养分水平促进了分蘖萌发、节根萌发和颖花发育,提高根系机能,结果,根系形态发达,机能高而持久,产量显著提高。与全期用中等养剂量培养水稻的第2处理相比,齐穗期测定的上、下层节根萌发总数(＋16%)、根系总干重(＋81%)、根系总长度(＋130%)、齐穗期的 α-NA 氧化量(＋70%)都显著增加,最终地上部干物

质积累增加 23%,稻谷产量提高 19%。

表3　不同养分剂量的根系形态和机能

(汕优 63,水培,福州,1998)

肥料处理	每株节根条数					每株根系干重(g)					每株根系总长度(m)				
	下层根			上层根		下层根			上层根		下层根			上层根	
	A	B	C	B	C	A	B	C	B	C	A	B	C	B	C
平衡高剂量氮、磷、钾	173	156	114	339	385	0.54	0.50	0.42	1.45	1.45	108	118	93	360	381
平衡中剂量氮、磷、钾	195	173	164	354	384	0.85	0.89	0.80	1.58	1.63	184	179	168	414	413
平衡低剂量氮、磷、钾	229	222	170	306	322	1.40	1.36	1.27	2.48	2.65	312	348	295	687	703
V字形中剂量氮、磷、钾	249	227	204	382	473	1.47	1.45	1.41	3.03	3.20	410	434	397	928	924

肥料处理	每株根系体积(cm³)					比根长(m/g)					根系直径(mm)				
	下层根			上层根		下层根			上层根		下层根			上层根	
	A	B	C	B	C	A	B	C	B	C	A	B	C	B	C
平衡高剂量氮、磷、钾	4.8	4.5	4.0	13.7	13.8	200	236	221	248	263	0.24	0.22	0.23	0.22	0.22
平衡中剂量氮、磷、钾	8.3	8.4	7.5	15.1	15.7	216	201	210	262	254	0.24	0.24	0.24	0.22	0.22
平衡低剂量氮、磷、钾	14.4	14.1	13.0	25.5	26.3	223	256	232	277	265	0.24	0.24	0.24	0.22	0.22
V字形中剂量氮、磷、钾	15.8	15.9	15.0	31.1	31.9	279	299	282	306	289	0.22	0.22	0.22	0.21	0.21

肥料处理	α-NA 氧化力 [μg/(g·h)]					α-NA 氧化量 [μg/(株·h)]					伤流强度 [mg/(g·h)]			伤流量 [mg/(株·h)]		
	下层根			上层根		下层根			上层根							
	A	B	C	B	C	A	B	C	B	C	A	B	C	A	B	C
平衡高剂量氮、磷、钾	22	84	4	132	29	106	378	16	1 808	400	1 909	790	294	1 031	1 541	549
平衡中剂量氮、磷、钾	75	142	8	149	44	623	1 142	60	2 250	691	1 896	684	413	1 612	1 690	1 003
平衡低剂量氮、磷、钾	52	72	3	87	8	749	1 015	39	2 219	210	674	399	81	944	1 533	319
V字形中剂量氮、磷、钾	76	108	4	130	20	1 201	1 717	60	4 043	638	1 342	362	324	1 973	1 621	1 494

* A:拔节始期,B:齐穗期,C:成熟期。

** 平衡低剂量养分每升溶液含氮 10 mg、磷 2.2 mg、钾 8.3 mg。

平衡中剂量养分每升溶液含氮 20 mg、磷 4.4 mg、钾 16.6 mg。

平衡高剂量养分每升溶液含氮 40 mg、磷 8.8 mg、钾 33.2 mg。

V 字形中剂量养分为移栽后 20 d 至雌雄蕊形成始期低剂量养分,其前其后中剂量养分。

表 4 不同氮、磷、钾养分剂量的产量、产量构成及冠根比

(汕优 63,水培,福州,1998)

处理	每株产量 (g)	每平方米产量 (g)	每株 穗数	每穗 粒数	结实率 (%)	千粒重 (g)	地上部干重 (g/株)	冠根比 (T/R)
平衡高剂量氮、磷、钾	12.12	684.8	8.3	83.8	69.7	25.0	24.08	12.88
平衡中剂量氮、磷、钾	14.37	811.9	8.3	81.2	83.6	25.5	27.94	11.50
平衡低剂量氮、磷、钾	13.74	776.3	7.0	88.0	84.8	26.3	26.27	6.70
V 型中剂量氮、磷、钾	17.03	962.2	8.3	89.9	86.8	26.3	34.29	7.44

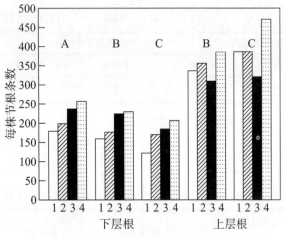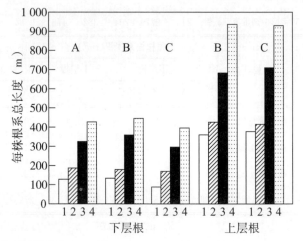

1:高剂量养分;2:中剂量养分;3:低剂量养分;4:V 字形中剂量养分。

A:拔节始期;B:齐穗期;C:成熟期。

图 1 不同氮、磷、钾养分剂量的根系形态

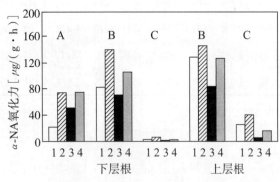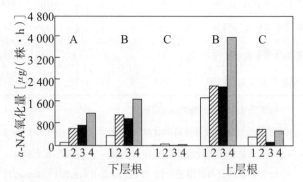

1:高剂量养分;2:中剂量养分;3:低剂量养分;4:V 字形中剂量养分。

A:拔节始期;B:齐穗期;C:成熟期。

图 2 不同氮、磷、钾养分剂量的根系形态

2.2 氮肥不同施用量及深施法土培的根系形态

表 5、表 6 及图 3 示氮肥施用量及深施法土培试验结果,看出:

　　全根及各层次根系的形成量(干重、体积、总长度)与施氮量呈抛物线型相关,以中氮水平的根量最大,低氮水平次之,高氮水平最少。低氮促进根系向深处伸展,下层根比重显著提高,上层根比重显著降低,使根系在土壤中的分布趋于均匀化。高氮水平则反之,抑制了根系的伸长,下层根比重显著减少,上层根比重显著提高,使根系在土壤中的分布趋于浅根化。经计算,水泥池土培试验的高、中、低施氮水平的根长指数分别为 8.01 cm、10.26 cm 和 10.27 cm。

　　与地上部茎叶干重增长相比,根系形态生长对氮肥反应更灵敏,因而冠根比随施氮水平的提高而增大,在水泥池土培试验,低、中、高施氮水平的冠根比分别为 5.89、6.78 和 9.75。

　　总施氮量同为 15 g/m²,采用深施 10 cm 的第 4 处理比表施的第 2 处理,上层根形成量有所减少,下层根形成量显著增加,总根量也显著增加,显示肥料深施促进了根系向深处伸长,使根系在土壤中趋于均匀分布,增强对水养分的吸收。这一现象的动力学原因可能是根系生长的趋化性。结果,总根重增加5%,根系体积增加 6%,稻谷产量提高 2%。

表 5　不同施氮量及施肥法的根系发育形态

(汕优 63,水泥池土培,福州,1998)

观测项目	施肥处理	施肥量(g/m²)			不同根系分布层次根数量(占比)						
		氮	磷	钾	0～5 cm	5～10 cm	10～15 cm	15～20 cm	20～25 cm	25～30 cm	合计
根系干重 (g/m²)	高氮表施	24	4	15	91.3(50%)	35.3	22.0	19.2	11.5	3.8	183.1
	中氮表施	15	4	15	108.5(38%)	49.7	43.1	38.9	33.3	11.1	284.5
	低氮表施	6	4	15	98.8(39%)	41.4	34.4	32.8	31.7	10.5	249.6
	中氮深施	15	4	15	100.0(33%)	51.4	46.6	44.5	42.3	14.1	298.9
根系体积 (cm³/m²)	高氮表施	24	4	15	414.7(56%)	45.9	72.9	64.4	36.4	12.2	746.5
	中氮表施	15	4	15	500.6(46%)	65.9	143.0	137.3	100.8	33.6	1 081.2
	低氮表施	6	4	15	343.2(44%)	33.0	111.5	88.7	72.9	24.3	773.6
	中氮深施	15	4	15	450.4(39%)	197.3	158.7	154.4	137.2	45.8	1 143.8

* 肥料深施是用打洞方法将肥料施在株间 10 cm 深处。

表 6　不同施氮量及施肥法的产量、产量构成和冠根比

(汕优 63,水泥池土培,福州,1998)

施肥处理	施肥量(g/m²)			产量 (kg/hm²)	每平方米 穗数	每穗 粒数	每平方米 总粒数	结实率 (%)	千粒重 (g)	干物质总量 (g/m²)	冠根比 (T/R)
	氮	磷	钾								
高氮表施	24	4	15	837.1	197.3	173.0	34 133	92.9	26.4	1 785.7	9.75
中氮表施	15	4	15	863.3	183.0	181.8	33 269	95.4	27.2	1 928.0	6.78
低氮表施	6	4	15	691.3	149.9	177.9	26 667	95.3	27.2	1 469.9	5.89
中氮深施	15	4	15	879.2	231.7	156.6	36 284	93.2	26.0	1 932.1	6.64

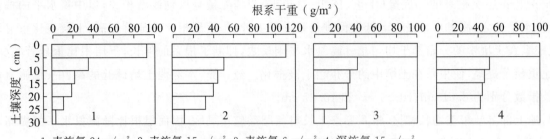

1：表施氮 24 g/m²；2：表施氮 15 g/m²；3：表施氮 6 g/m²；4：深施氮 15 g/m²。

图 3　不同施氮量及施肥法的根系发育形态

3　总结与讨论

据川田信一郎[5]研究，水稻根系在土壤中分布的范围，受氮素施用量的影响很大，由设置每 1 000 m² 施氮量 0、8、16、24 kg 试验结果看到，施氮量越少，根伸越长，扩张范围也越广；反之，施氮量越多，根伸越短，扩张范围越狭。但若设置 12 kg/hm² 等氮量而分次施用，则可见分布在 0～5 cm 土层的上层根形态有很大差异，随着施氮次数的增加，上层根的节根和分枝根增多，但分布在 5 cm 以下的下层根形态几无差异。川田信一郎依据在日本各地的广泛考察，指出上层根形成量再多，也难以突破糙米产量 6 t/hm²（稻谷产量 7.5 t/hm²）。为了争取水稻更高产，必须着眼于下层根的培育，即走以改良土壤为重点的途径，既增加上层根，也扩增向下伸长的下层根。森田茂纪等[6-7]1984 年在东京大学实验场开展相似的施氮水平试验，结果显示，随着施氮水平的提高，节根横向（与水平面夹角 0～30°）伸长数减少，直下方向（与水平面夹角 50°～90°）伸长数增加，节根总长度则与施氮量呈抛物线型相关：施氮量由 0 增至 8～20 kg/hm²，根系总长度逐渐增加；施氮量增加到 36 kg/hm²，则节根总长度减少，不过向直下方向伸长的节根增加，产量也有所提高。据此认为，争取稻谷产量 7.5 t/hm² 以上的高产，除需保持较多根量外，更应注重培育直下方向伸长的根系。

本研究水培试验结果表明，低氮、磷、钾养分供应水平诱导根系竞争性伸长，根系形成量（根萌发条数，根系干重，体积和总长度）最大，但单位根重的活性低；高氮、磷、钾抑制根系伸长，根系形成量最少，但单位根重的活性较高；适中的氮、磷、钾养分供应水平，使根系形态发育与单位根重的活性平衡发展，根系机能和产量最高。在分蘖末期至幼穗分化初期以低养分水平，其前其后以中等养分水平供养水稻，既诱导根系竞争性伸长，又促进有效分蘖和增强中后期根系机能，根系形态发达，机能高而持久，大幅提高稻谷产量。根系伸长及形成量与氮肥水平量负相关的结论与川田信一郎等的研究结论相同。本研究土培试验结果表明，水稻全根及不同层次根系形成量与施氮水平呈抛物线型相关，此一结果与森田茂纪的研究结果相同，但稻谷产量以适中施氮量为最高，高量施氮量（36 kg/hm²）的产量偏低。采用中等氮量（1 kg/hm²）深施，上层根形成量有所减少，下层根形成量显著增加，总根量也显著增加，根系向深广范围伸展，增强了对水养分吸收机能。

土培条件下的根系形成量，以中氮水平为最多，低氮水平次之，高氮水平最少。水培条件下的根系形成量，以低氮水平为最多，中氮水平次之，高氮水平仍最少。为何水培条件下的根系形成量，低氮水平远多于中氮水平，可能是稻根吸收养分的阻力小，有利于根系形态发育，同时也可更顺畅供养地上部器官发育,结果其冠根比显著高于土培。

著录论文

[1]林文,李义珍,郑景生,等.杂交水稻根系形态与机能对养分的反应[J].福建农业学报,2000,15(1):1-6.

[2]林文,李义珍,郑景生,等.施氮量及施肥法对水稻根系形态发育和地上部生长的影响[J].福建稻麦科技,1999,17(3):21-24.

参考文献

[1]李义珍,郑志强,张琳.福建省中低产区稻作现状和增产途径[C]//福建省农业委员会,福建省农业厅.福建省中低产田改造与科学利用学术论文选编.福州:福建省农业委员会,1983:6-13.

[2]李义珍,黄育民.福建的水稻[M]//熊振民,蔡洪法.中国水稻.北京:中国农业科技出版社,1992:241-257.

[3]马场赳,高桥保夫.水耕法及び砂耕法[M]//户苅義次.作物試験法.東京:農業技術協会,1957:162-164.

[4]林文,郑景生,姜照伟,等.水稻根系研究方法[J].福建稻麦科技,1997,15(4):18-21.

[5]川田信一郎.写真図説イネの根[M].東京:農業漁村文化協会,1982.

[6]森田茂纪,岩渊辉,山崎耕宇.水稻一次根の伸長方向と粮重との關係—窒素施用量を変えた場合[J].日本作物学会纪事,1986,55(4):520-525.

[7]森田茂纪,菅徹也,山崎耕宇.水稲におる根長密度と收量との關係[J].日本作物学会纪事,1988,57(3):438-443.

第二章
福建水稻气候生态

一、早稻品种"倒种春"生育特性及气候生态适应性观察

在亚热带的闽南地区,常见早稻品种早晚兼用,俗称"倒种春"。闽东的福州地区,历史上种植双季间作稻,1950 年代开始试种双季连作稻,晚季以种植感光性的"乌壳尖"品种为主,也试用早稻品种"南特号"倒种春水直播,城门公社 1958 年曾推广倒种春水直播 711 hm²,产量高的达 4 500 kg/hm²。福州地区 1960 年代普遍种植双季连作稻,局地也模仿秋季倒种春,主要品种为育成的矮秆早稻品种矮脚南特和珍珠矮,种好的产量可达 6 000~7 000 kg/hm²,但也有出现减产的,主要问题有二:一是选用去年早季收成的陈种,生长期显著缩短,产量显著降低;二是播种偏迟,抽穗结实遭遇冷害,引发大幅减产乃至绝收。为此,福建省农业科学院农艺系开展倒种春生育特性及气候生态适应性研究。

1 材料与方法

1.1 研究概况

1965 年 7—12 月,在福州城门谢坑本院实验农场开展本试验,选用国内育成的早稻矮秆品种珍珠矮 10 号、二九矮 7 号、矮脚南特、汕矮早 1 号等 4 个品种,搜集新种、倒种、陈种等三类种子设置 2 项试验:一为 4 个品种、3 类种子的生育特性、产量结构及气候、生态适应性研究;二为早稻品种珍珠矮和矮脚南特晚季不同播种期生育特性、产量结构及气候生态适应性研究。共 18 个试验处理。每个试验处理种植面积 12 m²,行株距 20 cm×15 cm,每丛插植 5 苗。为了揭示不同处理水稻的气候生态及孕穗、齐穗、成熟期的气温安全指标,到近邻的福州市气象站抄录试验期间(1965 年 7—12 月)逐旬平均气温。

1.2 早稻品种晚季播用新种、倒种、陈种等不同种子生育特性及气候生态适应性研究

晚季播用的种子有三类:一为当年早季收成的新种,二为去年晚季收成的倒种,三为去年早季收成的陈种。选用 4 个早稻品种秋种,其中二九矮 7 号和珍珠矮 10 号,各设置播用新种和倒种一个处理;矮脚南特和汕矮早 1 号各设置新种和陈种一个处理,含计 8 个处理。稻作期间分别观察记载生育期,成熟时分处理收割脱粒,晒干扬净,称谷重,同时每处理各取 10 丛稻株,考察产量构成。

1.3 早稻两个品种晚季不同播种期的生育特性及气候生态适应性研究

选用珍矮 10 号和矮脚南特两个品种，播用今年早季收成的新种，分五期（7 月 17 日、7 月 21 日、7 月 26 日、8 月 6 日、8 月 11 日）播种，掌握秧龄 15～17 d 移栽。观察记载项目同上。

2　结果与分析

2.1 早稻品种秋种播用新种、倒种、陈种的生育特性及产量构成

表 1 显示：早稻品种秋种，其生长期有随种子贮藏时间的延长而缩短的趋势。其中播用去年秋收的倒种，生长期仅比今年早季收成的新种缩短 2～3 d，而播用去年早季收成的陈种，则生长期比新种缩短 10 d 左右。如二九矮 7 号和珍珠矮 10 号皆播用倒种，比播用新种，从播种至齐穗期的日数，仅分别缩短 1 d 和 3 d；矮脚南特和汕优早 1 号皆播用陈种，从播种至齐穗期的日数，则分别缩短 9 d 和 12 d。

表 1　早稻品种秋种播用新种、倒种、陈种的生育特性

（福建福州，1965）

种子		生育期（月-日）					各生育阶段日数			
		播种	移栽	苞分化	齐穗	成熟	营养	幼穗	结实	合计
二九矮 7 号	新种	07-21	08-06	09-03	10-06	11-08	44	33	33	110
	倒种	07-21	08-06	09-02	10-05	11-07	43	33	33	109
珍珠矮 10 号	新种	07-26	08-09	09-06	10-12	11-13	42	36	33	110
	倒种	07-26	08-08	09-04	10-09	11-09	40	35	31	106
矮脚南特	新种	07-21	08-06	09-04	10-10	11-17	45	36	38	119
	陈种	07-21	08-06	08-31	10-01	11-07	41	31	37	109
汕矮早 1 号	新种	07-24	08-09	09-13	10-20	12-07	51	37	48	136
	陈种	07-24	08-09	09-05	10-08	11-11	43	33	34	110

表 2 显示：二九矮和珍珠矮两品种播用倒种，与播用新种的生育期相近，其 4 个产量构成也近似，最终产量无显著性差异，均每公顷产量高达 6 000 多 kg。矮脚南特播用陈种，比播用新种，生育期显著缩短，每穗粒数显著减少，产量降低 25％。但是汕矮早 1 号生长期长，播用新种的齐穗期迟至 10 月 20 日，气温偏低，籽粒充实不良，结实率仅 45.3％，产量仅 3 617 kg/hm²。而播用陈种的齐穗期在 10 月 8 日，结实率 68.9％，产量达 5 681 kg/hm²。显示在秋冷较早的山区，适宜播用生长期较短的陈种。

表 2 早稻品种秋仲播用新种、倒种、陈种的产量构成

(福建福州，1965)

种子		产量 （kg/hm²）	每平方米 穗数	每穗 粒数	结实率 （％）	千粒重 （g）
二九矮 7 号	新种	6 271	411.0	83.0	79.9	23.1
	倒种	6 171	406.5	81.2	81.6	22.9
珍珠矮 10 号	新种	6 581	444.0	83.4	73.8	23.8
	倒种	6 556	444.0	84.0	72.1	24.2
矮脚 南特	新种	6 229	460.5	65.9	75.4	27.5
	陈种	4 646	436.5	48.5	74.6	28.6
汕矮早 1 号	新种	3 617	505.5	59.1	45.3	28.9
	陈种	5 681	505.0	59.7	68.9	27.9

2.2 早稻品种秋种不同播种期的生育持性和产量构成及气候生态适应性

早稻品种珍珠矮和矮脚南特，应用早季收成的种子（新种）。作晚季种植，从 7 月 17 日—8 月 11 日分 5 期播种，掌握秧龄 15～17 d 移栽，结果如表 2 所示：珍珠矮具有较高的感温性，在 7 月 17—26 日播种者，生育期比矮脚南特短；但在 8 月 6 日、8 月 11 日播种，两种品种同日苞分化，其后珍珠矮生育进程显著缓慢，籽粒充实期只有 6～11 d，结实率和产量近于 0。矮脚南特在 8 月 6 日、8 月 11 日播种者，齐穗期比珍珠矮早 10～12 d，结实率 10.5％～17％。

珍珠矮在 7 月 17 日、7 月 21 日播种者，于 10 月 3—6 日安全齐穗，结实率 73.8％～79.3％，产量达 6 856～6 778 kg/hm²；7 月 26 日播种者，齐穗期推迟至 10 月 13 日，其后气温下降，秕粒率增加，产量比 7 月 21 日播种者降低 10％。矮脚南特 7 月 17 日、7 月 21 日播种者，10 月 10—11 日齐穗，该时平均气温 21.6 ℃，结实率和产量略低于同时播种的珍珠矮。矮脚南特 7 月 26 日播种者，10 月 25 日才齐穗，空壳率高达 39％，结果比 7 月 21 日播种者减产 24％。

2.3 水稻籽粒发育与气温的关系

水稻籽粒不实有两类：空壳和秕粒。空壳是孕穗期遭遇冷害引发花粉败育，或齐穗期遭遇冷害引发开花不受精。秕粒是结实期光合生产物质供应不足，或播种过迟，致结实期短促。

表 3 显示珍珠矮和矮脚南特两品种晚季不同播种期的生育进程及产量构成。表 4 抄录了近邻福州市气象站 1965 年下半年逐旬平均气温，供查寻两品种各生育时期的气温。结果分析两品种籽粒发育与气温的关系如下：

表 3　早稻品种晚季不同播种期的生育进程、产量构成及气候生态适应性

(福建福州,1965)

| 品种 | 生育期(月-日) | | | | | | 各生育阶段日数 | | | |
	播种	移栽	苞分化	孕穗	齐穗	成熟	营养	幼穗	结实	合计
珍珠矮10号	07-17	08-01	08-29	09-23	10-03	11-06	43	35	34	110
	07-21	08-05	09-01	09-26	10-06	11-09	42	35	34	111
	07-26	08-10	09-03	10-02	10-13	11-15	39	40	35	112
	08-06	08-23	09-20	10-22	11-19	不熟	45	60	11	110
	08-11	08-27	09-25	10-27	11-24	不熟	45	60	6	111
矮脚南特	07-17	08-01	09-05	09-30	10-10	11-15	50	35	36	121
	07-21	08-05	09-06	10-01	10-11	11-16	47	35	36	118
	07-26	08-10	09-09	10-11	10-25	12-01	45	46	37	128
	08-06	08-23	09-20	10-21	11-07	不熟	45	48	23	116
	08-11	08-27	09-20	10-23	11-14	不熟	46	49	16	111

品种	播种 (月-日)	齐穗 (月-日)	产量 (kg/hm²)	每平方米穗数	每穗粒数	千粒重 (g)	结实率 (%)	空壳率 (%)	秕粒率 (%)
珍珠矮10号	07-17	10-03	6 856	422.5	82.8	24.7	77.8	7.4	14.8
	07-21	10-06	6 778	415.5	76.8	24.7	79.3	7.0	13.7
	07-26	10-13	6 104	423.0	77.7	23.9	74.1	5.6	20.3
	08-06	11-19	17	415.0	52.7	20.6	0.4	97.2	2.4
	08-11	11-24	0	415.5	48.7	—	0	98.7	1.3
矮脚南特	07-17	10-10	6 646	465.0	65.7	27.9	70.1	10.6	19.3
	07-21	10-11	6 515	469.5	60.2	28.4	70.4	10.7	18.9
	07-26	10-25	4 927	514.5	58.6	28.1	53.7	39.0	7.3
	08-06	11-07	475	445.5	41.7	24.3	10.5	89.0	0.5
	08-11	11-14	105	420.5	47.7	24.1	1.7	98.2	0.1

* 12 月上旬平均气温<15 ℃,籽粒停止发育。

(1)两品种 7 月 17 日、7 月 21 日播种的籽粒发育及气温动态。珍珠矮孕穗期(9 月下旬)平均气温 23.6 ℃,齐穗期(10 月 3—6 日)平均气温 22.5 ℃,空壳率和秕粒率均低,结实率高,产量高达 6 856、6 778 kg/hm²。矮脚南特孕穗期(10 月上旬)平均气温 22.5 ℃,齐穗期(10 月 10—11 日),平均气温 21.5 ℃,空壳率略增;乳熟期(10 月中下旬)阴天较多,光合产物略少,秕粒率略增,结实率和产量比珍珠矮略低。

(2)两品种 7 月 26 日播种的籽粒发育及气温动态。珍珠矮乳熟期(10 月下旬)阴天较多,光合产物略少,秕粒率略增,产量略降(比 7 月 17 日播种的产量降低 11%)。矮脚南特孕穗期(10 月中旬)和齐穗期(10 月 25 日)气温都为 20.5 ℃,显著低于安全指标,空壳率高达 39%,结实率仅 53.7%,产量比 7 月 16 日播种处理产量降低 26%。

（3）两品种 8 月 6 日、8 月 11 日播种的籽粒发育及气温动态。珍珠矮孕穗期（10 月下旬）和齐穗期（11 月 19 日）显著推后，平均气温仅 20.4 ℃和 18 ℃，空壳率高达 97.2%～98.7%，结实率和产量近于 0。矮脚南特的孕穗期（10 月下旬）和齐穗期（11 月 7—14 日），平均气温仅 20.4 ℃和 19.4 ℃，空壳率 89%～98%，结实率 10.5%～1.7%，产量为 7 月 17 日播种的产量的 7%和 2%。

表 4　福州 1965 年下半年逐旬平均气温

（福州市气象站，城门胪雷）

月份	旬	平均气温（℃）	平均最高气温（℃）	平均最低气温（℃）	月份	旬	平均气温（℃）	平均最高气温（℃）	平均最低气温（℃）
7 月	上	27.9	32.0	24.3	10 月	上	22.5	25.7	20.3
	中	28.5	32.1	25.0		中	20.6	25.0	16.8
	下	28.3	32.3	24.8		下	20.4	24.2	17.4
8 月	上	28.6	33.3	25.3	11 月	上	21.4	25.8	17.8
	中	27.8	31.2	24.9		中	19.4	22.8	16.9
	下	27.1	31.1	23.5		下	16.4	20.0	13.2
9 月	上	26.5	30.3	23.7	12 月	上	14.2	18.3	10.8
	中	23.0	27.4	18.7		中	11.8	15.0	9.5
	下	23.6	27.1	21.0		下	11.6	14.5	9.6

3　总结与讨论

在双季稻生产中，闽南地区常见早稻品种晚季兼用，俗称"倒种春"。福州地区 1950 年代，开始探讨改双季间作稻为双季连种稻，随之也探讨倒种春生产。邓履端等[1]在 1954—1957 年用倒种春方法，研究早籼品种"南特号"的复壮效应，并为良种繁育开辟新途径。高仕强等[2] 1958 年调查总结了城门公社大面积推广早籼"南特号"品种倒种春水直播技术。福州市 1960 年代普遍改双季间作稻为双季连作稻，晚季以种植感光性的"乌壳尖"品种为主，也涌现用育成的矮秆早稻品种珍珠矮、矮脚南特等品种倒种春，产量高达 6 000 kg/hm²，但也有出现减产的，主要问题一是播用去年早季收成的陈种，生长期显著缩短，产量大幅下降，二是播种过迟，抽穗开花期遭受冷害，引发减产乃至绝失。为此，福建省农业科院农艺系，在陈存深副主任主持下，开展倒种春生育特性及气候生态适应性研究，1965 年重点研究倒种春种子类别和播种期。

"倒种春"种子有三类：一为当年早季收成的新种，二为去年秋季收成的倒种，三为去早季收成的陈种。选用 4 个早稻矮秆品种（珍珠矮 10 号，二九矮 7 号，矮脚南特，汕矮早 1 号），分别播用新种、倒种、陈种等三类种子，结果看到，倒种春的生育期，有随着种子贮藏时间的延长而缩短的趋势，其中，播用倒种的齐穗期只比播用新种缩短 2～3 d，产量构成差异不大，产量也相近；而播用陈种的齐穗期，比播用新种的齐穗期缩短 10 d 左右，如矮脚南特同日播用陈种和新种，陈种的齐穗期比新种的齐穗期缩短 9 d，每平方米穗数和每穗粒数都相应显著减少,产量降低25%。汕矮早1号同日播用陈种和新种,播用陈种的齐穗期比播种新种的齐穗期,缩短12 d,但是由于汕矮早1号感温性低,播用新种的齐穗期迟至10月20日,其时气温仅20.5 ℃,开花受精率低,结实率仅45.3%,而播用陈种的处理却由于齐穗期早(10月8日),其时气温22.5 ℃,结实率高(68.9%),反而产量更高(比播用新种的产量高57%),显示在秋冷较早山区,适宜播用生育期较短的陈种。

早稻品种倒种春适当早播,安全抽穗开花,是取得稳产高产的关键。选用珍珠矮和矮脚南特两品种,从7月17日—8月11日分5期播种,掌握秧龄15~17 d移栽。结果如表2所示,珍珠矮和矮脚南特,从播种至齐穗日数,7月17日播种的分别为78 d和85 d,都比早季栽培的为短;8月11日播种的分别为105 d和95 d,比早季栽培的为长。表明早稻品种感光性弱,感温性强,特别是珍珠矮品种的感温性更强。

珍珠矮和矮脚南特倒种春,在7月17日、7月21日播种,孕穗—齐穗期处于早秋(9月下旬—10月上旬)适温多照条件(旬均气温23.6~22.5 ℃),穗大粒饱结实率高,产量高达6 515~6 856 kg/hm²。稍迟于7月26日播种的,孕穗—齐穗期处于开始转向冷凉时期(10月中下旬),旬均气温20.5 ℃,结实率和产量显著降低。播种延至8月6日、8月11日,10月下旬20.5 ℃,结实率和产量显著降低。播种延至8月6日、8月11日,10月下旬20.5 ℃孕穗,11月中下旬气温19~16 ℃齐穗,小孢子败育,开花不受精,不久进入严冬季节,寥寥无几的籽粒还无法成熟。

著录论文

李义珍.早稻品种秋种(倒种春)生育特性及气候生态适应性观察[R].福州:福建省农业科学院,1965:1-5.

参考文献

[1]邓履端,林权,高仕强,等.早籼良种南特号"倒种春"复壮效果[G]//福建省农业科学院.福建农业科学研究十年:水稻第一集.福州:福建省农业科学院,1960:247-263.

[2]高士强,陈振藩.水稻"倒种春"水直播栽培几个问题的商榷[G]//福建省农业科学院.福建农业科学研究十年:水稻第二集.福州:福建省农业科学院,1960:196-206.

[3]李义珍,陈人珍.福建山区双季稻冷害的调查研究[J].福建农业科技,1975(1):27-36.

二、 水稻"矮脚南特"在高山区早季栽培的生育特性和气候生态适应性观察

1　材料与方法

研究地点在福建省上杭县古田镇溪背大队,海拔 780 m,25°15′N,116°50′E。供试水稻品种矮脚南特,1966 年 3 月 8 日播种,4 月 2 日移栽,6 月 8 日齐穗,7 月 10 日成熟。观察了生育期和镜检主茎幼穗发育进程,在田间定 10 丛稻株,用油印墨汁标记 50 个主茎及其滋生的分蘖叶龄,并用塑料绳串不同数量塑环作为编码套主茎和各节位分蘖,分清主茎及分蘖节位,每 2 d 观察一次叶龄,直到剑叶全出和抽穗。成熟时取回室内,逐株逐蘖考察每穗总粒数、秕谷数和空壳数。气候资料录自近处古田气象哨。

2　结果与分析

2.1　生育期和主茎穗发育进程

3 月 8 日播种,4 月 2 日移栽,4 月 14 日始蘖,5 月 12 日终蘖,有效分蘖临界期 4 月 25 日(第 7 节分蘖出生期)。有效分蘖临界期与主茎苞分化期(4 月 24 日)同日,分蘖高峰期与花粉母细胞形成期同日。分蘖期与稻分化期首尾重叠。主茎于 5 月 14—20 日孕穗,5 月 29—31 日齐穗,主体分蘖(5/0—7/0)于 5 月 23—28 日孕穗,6 月 4—8 日抽穗。稻谷九成熟期 7 月 10 日,全生长期 124 d,其中本田期 99 d。主茎总叶数 12 片居多。属早稻早熟种。

主茎穗发育历期 36 d,各发育期始日的叶龄余数为:苞分化 3.3,一次枝梗 2.9,二次枝梗 2.4,颖花2.0,雌雄蕊 1.5,减数分裂 0.4,花粉内容充实 0(见表 1)。

表 1 矮脚南特主茎穗发育进程及诊断指标

稻穗发育期	第一苞分化	一次枝梗分化	二次枝梗分化	颖花分化	雌雄蕊形成	花粉母细胞形成	减数分裂	花粉内容充实	花粉成熟
始期(月-日)	04-24	04-27	05-01	05-04	05-07	05-13	05-14	05-17	05-25
历时(d)	3	4	3	3	6	1	3	8	5
始期叶龄	8.7	9.1	9.6	10.0	10.5	11.4	11.6	12.0	—
叶龄余数	3.3	2.9	2.4	2.0	1.5	0.6	0.4	0	—
抽穗前日数(d)	36	33	29	26	23	17	16	13	5

2.2 主茎总叶数、各叶生长期及穗粒性状

矮脚南特主茎总叶数 11～12 片,以 12 叶居多,占 58%,11 叶占 40%,13 叶占 2%。

移栽后 25 日内出叶间隔短,每叶 5～6 d,最后 3 叶出叶间隔长,每叶 7～10 d。从剑叶全出期(孕穗始期,即小孢子充实始期)至抽穗期历 10～14 d。每穗平均 70～73 粒,秕谷率 10%～13%,但空壳率高达 32%～93%。

表 2 主茎各叶全出期和穗粒性状

总叶数	个数	各叶全出期(月-日) 7	8	9	10	11	12	13	抽穗期(月-日)	每穗粒数	秕谷率(%)	空壳率(%)
11	20	04-15	04-21	04-27	05-06	05-14			05-28	71.2	12.8	31.7
12	29	04-14	04-19	04-26	05-04	05-11	05-20		05-31	70.1	10.6	50.1
13	1	04-14	04-19	04-25	05-02	05-09	05-17	05-28	06-07	73.0	6.8	93.2

2.3 各节位有效分蘖的总叶数、各叶生长期和穗粒性状

各节位分蘖都按主茎 N 节叶片与 N-3 节分蘖第 1 叶同伸的规则出生,即第 5、6、7、8、9 节分蘖第 1 叶露尖(出生)与主茎第 8、9、10、11、12 叶露尖同时,随后主茎和各节位有效分蘖基本保持同一速度出叶。但只少数分蘖与主茎同时抽出剑叶,其总叶数等于主茎同伸叶至剑叶的叶片数,如主茎总叶数为 12 片,第 5、6、7 节有效分蘖的总叶数分别为 5、4、3 片,称此为基本型分蘖。然而据对矮脚南特的观察(表 3),多数有效分蘖比基本型分蘖多 1 叶,在主茎剑叶全出后 7～10 d 再出剑叶,则第 5、6、7 节有效分蘖的总叶数分别达 6、5、4 片。第 8、9 节有效分蘖的总叶数还比基本型分蘖多 2～3 片。

有效分蘖的第 1、2 叶出叶间隔 5～6 d,最后 2～3 叶出叶间隔 7～10 d。孕穗始期—抽穗期 10～12 d。每穗粒数 40～50 粒,秕粒率 5%～13%,空壳率 77%～100%。

表 3　各节位分蘖各叶的生长和穗粒性状

分蘖节位	总叶数	个数	出生期（月-日）	各叶全出期（月-日）						抽穗期（月-日）	每穗粒数	秕谷数（%）	完壳率（%）
				1	2	3	4	5	6				
5	5	4	04-15	04-20	04-26	05-03	05-11	05-23		06-04	46.0	5.0	99.8
5	6	6	04-15	04-20	04-26	05-03	05-11	05-21	05-30	06-10	45.2	4.9	83.2
6	4	15	04-20	04-25	05-02	05-10	05-23			06-03	54.2	6.6	77.9
6	5	26	04-19	04-24	04-30	05-07	05-17	05-29		06-08	55.3	7.8	82.6
7	3	1	04-26	05-01	05-09	05-20				06-02	45.0	0.0	100.0
7	4	41	04-25	05-01	05-07	05-16	05-28			06-08	39.1	8.4	90.0
8	3	12	05-04	05-08	05-17	05-31				06-10	43.6	9.9	77.1
8	4	5	05-04	05-08	05-15	05-28	06-05			06-15	28.2	12.8	83.0
9	3	1	05-12	05-18	05-28	06-07				06-17	38.0	13.2	86.8

2.4　分蘖成穗规律

矮脚南特移栽时（4 月 2 日）6 叶龄，于 8 叶露尖时（5 月 15 日）开始萌发第 5 节分蘖，其后顺次萌发第 6～9 节分蘖，罕见二次分蘖。第 5、6、7 节分蘖成穗率达 90%～100%，第 8 节分蘖成穗率降为 39.5%，第 9 节分蘖成穗率仅 9.1%。有效分蘖临界期可定为第 7 节分蘖出生期，即移栽后 23 日，其后出生的分蘖多数为无效分蘖。

无效分蘖与有效分蘖同时出生，在有效分蘖孕穗初期至部分抽穗时停止生长，多数无效分蘖停止生长的叶龄在 2.3 叶以下，即尚无独立根系。

表 4　各节位分蘖的出生数、成穗率和无效分蘖的特性

分蘖节位	出生数及成穗率（%）				有效分蘖		无效分蘖		
	有效分蘖	无效分蘖	合计	成穗率（%）	出生期（月-日）	最终叶龄	出生期（月-日）	最终叶龄	停止生长期（月-日）
5	10	1	11	90.9	04-15	5～6	04-15	4.1	06-05
6	41	0	41	100.0	04-20	4～5	—	—	—
7	42	4	46	91.3	04-25	3～4	04-28	2.4±1.0	06-05
8	17	26	43	39.5	05-04	3～4	05-05	1.7±0.6	05-25—06-05
9	1	10	11	9.1	05-12	3	05-11	1.2±0.7	05-30—06-05

2.5　矮脚南特在高山区作双季早稻栽培的气候生态适应性

1966 年 5 月下旬至 6 月上旬，古田地区出现罕见的"梅雨寒"，旬平均气温 20.6～21.8 ℃，其中 6 月

5—10 日的日平均气温仅 17.6～20.4 ℃。当时正值矮脚南特孕穗—抽穗开花期,诱发严重的花粉败育和开花受精障碍,形成大量空壳,造成歉收。据本试验定株观察:总叶数 11 片的主茎,5 月 14 日开始孕穗,小孢子发育初期日平均气温 23.3 ℃,小孢子发育中后期日平均气温降为 21.8 ℃,受冷害稍轻,平均空壳率 31.7％;总叶数 12 片的主茎,以小孢子发育初期至抽穗开花期,日平均气温 21.8 ℃,遭受轻量冷害,平均空壳率 50.1％;大多数分蘖在 5 月下旬孕穗,6 月上旬抽穗开花,日平均气温 20～21.8 ℃,其中 6 月 5—10 日的日平均气温 17.6～20.4 ℃,花粉败育和开花受精障碍均严重,平均空壳率高达 77％～100％。

表 5　上杭县古田 1966 年旱季逐旬气温(℃)(古田气象哨观测)

月	2 月	3 月			4 月			5 月			6 月			7 月		
旬	下	上	中	下	上	中	下	上	中	下	上	中	下	上	中	下
平均气温(℃)	14.0	15.3	17.6	14.6	17.8	18.5	21.9	19.8	22.3	21.8	20.6	22.3	23.6	24.4	24.7	24.2

3　总结与讨论

古田地区海拔 800 m 左右,气温冷凉,以种单季早稻(立秋前后收成)和单季中稻(秋分前后收成)为主。1963 年开始试种双季稻,1966 年出现罕见"梅雨寒",双季早稻大面积减产。1966 年境遇是否仅为偶见?

据分析,安全种植双季稻必须避过"双寒",早稻孕穗期避过"梅雨寒",防止花粉败育,晚稻齐穗避过"早秋寒",防止开花不受精。早稻孕穗—成熟需 40 d,晚稻移栽—齐穗至少需 40 d。安全种植双季稻,从早稻安全孕穗期至晚稻安全齐穗期间隔,至少需 80 d。据气候资源推断,古田地区的达到保障率 90％的早稻安全孕期为 6 月 20 日,晚稻安全齐穗期为 9 月 5 日,间隔 77 d。因此,种植双季稻不安全。

著录论文

李义珍.水稻"矮脚南特"在高山区旱季栽培的生育特性与气候生态适应性观察[R].福州:福建省农业科学院,1966:1-4.

参考文献

[1]李义珍,陈人珍.福建山区双季稻冷害的调查研究[J].福建农业科技,1975(1):27-36.

三、福建山区双季稻冷害的调查研究

福建山区原以种单季稻为主,1971 年起进行单改双改革,全省双季稻扩增至 1 100 万亩左右。但山区地形气候复杂,大面积冷害时有发生。为摸索防御冷害技术,我们于 1971 年到闽北 7 个县、1972 年到闽东北 2 个县调查双季稻新区生产情况,1971—1973 年在福建省农科院农场和福州北峰吾洋基点,开展有关试验研究。本节为多年调查研究总结。

1　水稻器官发育的安全温度

1.1　幼苗生长的最低温度

1973 年在福州北峰吾洋基点设 4 个油热温箱,分别调控 11 ℃±1 ℃、13 ℃±1 ℃、16 ℃±1 ℃、18 ℃±1 ℃;选用粳型品种闽建粳和籼型品种珍珠矮经浸种催芽至破胸露白的种子,分置于 4 个温箱作日夜恒温 11、13、16、18 ℃条件培养,另又于每日 19 时和 7 时将 6 批种子移换温箱作日夜变温(11～13 ℃、11～16 ℃、11～18 ℃、13～16 ℃、13～18 ℃、16～18 ℃)培养。培养期 30 d,每日调查达到萌发胚芽胚根和不完全叶(见青)的种子数。每个温度处理用铝培养皿装湿润土壤播种 100 粒。结果如表 1 所示:萌发胚芽胚根的最低温度,粳稻为日夜恒温 11 ℃,籼稻为日夜恒温 13 ℃;萌发不完全叶的最低温度,粳稻为日夜恒温 13 ℃,籼稻为日夜恒温 16 ℃。不过,不管夜温如何,当昼温达到上述最低温度指标时,稻种便能按日夜恒温大体相近的生长速度萌发胚芽胚根或不完全叶。由此表明,昼温对幼苗生长更重要,即使夜温低一点,只要昼温达到幼苗生长的最低温度,水稻就能充分利用有利的昼温进行生长。

然而,水稻幼苗有一定的耐寒性,遇最低生长温度以下的连续多日低温,生长停顿,但不一定引起冷害。1974 年 8 月,在福建省农科院实验室将珍珠矮芽谷播在铝盒湿润土壤上,放置恒温 2 ℃的冰箱 6～12 d,仅胚根胚芽端冻焦,生长锥却安然无恙,取出置于 25 ℃室温中照常发根长叶。另将珍珠矮 2 叶期的壮苗和弱苗各 100 株,先置恒温 7 ℃冰箱 6 d,再转置恒温 2 ℃冰箱 6 d,发现弱苗在 6 ℃冰箱中处理 6 d 有 73%死亡,壮苗和弱苗在转置 2 ℃冰箱 6 d 后,全部死亡。由此表明,幼苗出叶后,抗寒力已显著降低,尤其是弱苗。

1.2　水稻幼穗发育的安全温度

吾洋基点 1973 年 3 月 16 日播种的早熟早籼"二九青",在雌雄蕊分化期(5 月 9—13 日)遇连续小于

17 ℃低温(日均温 12.4～16.2 ℃,日最低气温 11.2～15.2 ℃),诱发畸形小穗;在小孢子发育初期(5 月 20—24 日)又遇连续低温(日均气温 15.6～16.6 ℃,日最低气温 14.2～15.4 ℃),诱发穗上部白化小穗。据在实体显微镜下解剖观察,畸形小穗多恢复了原始的多花性状,有单花、双花、三花、四花形态,但器官发育不完全,雌雄蕊大多萎缩退化。白化小穗与畸形小穗相伴发生,集中分布在穗顶部三个枝梗上,占该处枝梗小穗数的 12%～26%,内外稃已合拢,长度为正常小穗的一半,白化,米硅化变硬,停留在小孢子单核居中期的发育形态。

表 1　水稻种子萌发胚芽胚根和不完全叶的日数

(福州岭头吾洋,1973)

夜温～昼温(℃)	80%种子萌发胚根胚芽日数		80%种子不完全叶抽出日数	
	闽建粳	珍珠矮	闽建粳	珍珠矮
11～11	11	—	—	—
13～13	9	10	21	—
16～16	5	8	13	16
18～18	4	4	9	13
11～13	9	13	21	—
11～16	9	9	15	17
11～18	5	7	11	14
13～16	6	9	13	16
13～18	5	6	10	14
16～18	4	5	9	14

表 2　温度对水稻种苗生长的影响

(珍珠矮,福州,1974)

处理时苗情	处理	处理后 6 d 死亡率(%)	处理后 12 d 死亡率(%)
胚根胚芽萌发	2 ℃6 d,25 ℃6 d	0	0
胚根胚芽萌发	2 ℃12 d	0	0
2 叶龄壮苗	7 ℃6 d,2 ℃6 d	0	100
2 叶龄弱苗	7 ℃6 d,2 ℃6 d	73	100

1.3　早稻花粉发育及开花受精的安全温度

试验研究地点为福州北峰区吾洋基点,供试水稻品种为早熟早籼"二九青",分 6 期播种(3 月 16 日、21 日、26 日、31 日和 4 月 5—10 日),掌握秧龄 20 d 移栽。每一播期栽插 9.6 m² 共 240 丛,每丛 4 本,行株距 20 cm×20 cm。在试验田旁建一个观测气温的百叶箱,逐日观察记载日平均气温、日最低气温和最高气温。花粉发育经历一系列复杂的形态生理过程,穗子间、穗子上中下部间,花粉发育进程并不整齐。为了提高试验的精确度,对每一播期小区,在剑叶刚露尖时,选择株高,剑叶抽出长度一致的茎蘖 30 支,挂上纸牌作标志,逐日巡视记载孕穗始期(以顶二叶叶枕重叠为准)、露穗期(以穗顶刚露出剑叶鞘为准,次日穗上部开始开花)和终花期(以穗子全部抽出穗子基部开花为准),并以孕穗始期前推 2 d 作为减数分裂期,在孕穗中期和露穗前 1～2 d 采集穗子上部三个枝梗的颖花,分别镜检确定花粉粒单核居中期和花粉育性(以 I_2-KI 溶液染色,计数花粉不育率)。成熟时摘取 20 支挂牌的穗子考察每穗总粒数、空壳数和秕粒数,以空壳率衡量颖花受精率。由各播期的花粉发育进程比对气温数据,分析花粉发育和开花受精的安全温度。结果如图 1、表 3、表 4 所示:

第 6 播期的花粉发育全期处于日均气温＞22 ℃、日最低气温＞18 ℃条件,花粉发育正常,不育率仅 9.1％,空壳率仅 3.9％;第 5 期的减数分裂期 3 d 日均温 19～19.9 ℃,花粉育性进一步降低,不育率 58.9％,空壳率 64.2％;第 2 播期的小孢子发育后期至雄配子发生期(二、三胞花粉期至花粉成熟期)10 d 的日均温 17.6～19.9 ℃,开花初期 3 d 的日均温 20.2～21.9 ℃,花粉不育率和空壳率也较高,分别达 57.3％和 75.7％;第 3 播期的小孢子发育初期至花粉成熟期 10 d,日均温 17.6～19.9 ℃,第 1 播期的减数分裂至小孢子发育前期 7 d 的日均温 15～19 ℃,雄配子发生初期至始花期 5 d 的日均温 17.6～19.0 ℃,花粉不育率超 80％,空壳率分别达 70.5％和 96.6％。综观上述,籼稻从减数分裂至花粉成熟前,遇连续 3 d 以上日均温＜21 ℃的低温,花粉发育即出现不同程度的障碍,低温持续时间愈长,花粉不育率和空壳率愈高。其中以减数分裂期和小孢子发育前期(单核靠边之前)对持续低温最敏感。开花期遇连续 3 d 以上日均温＜21 ℃,开花受精也出现一定程度障碍,空壳率显著提高。研究结果表明,籼稻花粉发育和开花受精的安全温度为日均温≥21 ℃。粳稻花粉发育和开花受精的安全温度大致为日均温＞20 ℃(见图 2 闽建粳)。

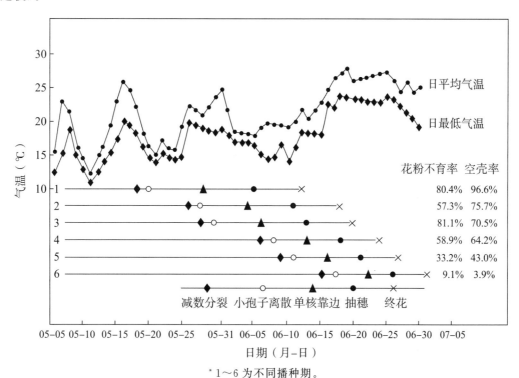

* 1～6 为不同播种期。

图 1 早稻孕穗开花期气温与花粉育性及受精率的关系

(二九青,福州吾洋,1973)

表 3　水稻早季(5—6 月)和晚季(9—11 月)孕穗、齐穗及结实期的气温动态

(福州岭头吾洋，1973)

日	5 月		6 月		9 月		10 月		11 月	
	平均气温(℃)	最低气温(℃)	平均气温(℃)	最低气温(℃)	平均气温(℃)	最低气温(℃)	平均气温(℃)	最低气温(℃)	平均气温(℃)	最低气温(℃)
1			21.6	180			22.2	21.5	15.0	8.1
2			18.4	16.9			20.2	17.5	15.6	8.9
3			18.2	17.0			21.5	18.8	14.4	8.0
4			17.9	17.1			22.8	19.8	13.1	8.2
5			17.6	16.3			24.1	20.0	15.1	8.4
6	15.2	12.5	19.0	15.0	26.8	25.0	23.2	19.0	15.2	8.5
7	22.8	15.0	19.9	14.5	26.1	24.4	22.2	20.1	15.3	11.2
8	21.4	18.9	19.6	14.7	25.4	23.7	21.1	18.6	15.4	13.7
9	16.2	15.2	19.4	16.7	24.7	23.1	20.1	17.0	13.7	11.1
10	14.5	13.2	19.0	13.8	25.4	23.9	18.8	16.9	16.2	13.6
11	12.4	11.2	19.7	16.1	26.2	24.7	20.3	16.9	14.1	11.1
12	15.0	12.7	21.9	18.4	24.5	22.5	21.4	16.9	12.0	8.6
13	16.2	14.3	20.2	18.3	23.3	22.2	22.7	18.2	9.8	6.0
14	19.4	15.5	21.5	18.1	25.1	23.5	20.3	16.0	8.5	4.7
15	22.7	17.5	22.7	18.0	22.8	22.0	18.3	14.8	7.3	3.5
16	25.9	20.0	24.6	22.6	23.2	22.0	16.0	11.2		
17	24.8	19.9	26.4	22.0	23.5	22.1	16.8	13.2		
18	21.9	18.2	27.1	23.8	23.9	22.2	17.7	15.2		
19	18.1	16.5	27.8	23.6	24.2	22.3	17.2	14.9		
20	16.2	14.8	25.9	23.4	24.5	22.4	16.8	14.7		
21	15.0	14.2	26.3	23.2	25.0	22.5	19.0	16.2		
22	16.9	15.4	26.6	23.0	23.9	20.9	18.4	15.5		
23	15.6	14.7	27.0	22.9	22.8	19.3	17.9	14.7		
24	15.5	14.4	27.2	22.8	21.6	17.7	17.3	14.0		
25	19.0	14.7	27.4	23.8	20.6	16.2	15.6	11.5		
26	22.4	19.9	26.0	23.1	20.8	16.4	14.4	9.8		
27	21.6	19.5	24.3	22.2	21.0	19.0	13.9	12.1		
28	20.7	19.0	25.9	21.3	21.1	18.0	13.5	11.8		
29	22.0	18.7	24.2	20.4	21.2	19.2	13.0	5.9		
30	23.4	18.3	25.0	19.0	23.1	20.2	13.7	6.8		
31	24.7	19.1			14.3	7.5				

表 4 早稻各播种期的花粉发育进程及冷害动态

（品种二九青，福州岭头吾洋，1973）

编号	生育期（月-日）						花粉不育率（%）	空壳率（%）	冷害动态
	播种	减数分裂	小孢子离散	单核靠边	露穗	终花			
1	03-16	05-18	05-20	05-28	06-05	06-12	80.4	96.6	减数分裂及小孢子前期 7 d（5 月 19—25 日），日均温 15～19 ℃，二胞期至初花 5 d（6 月 2—6 日），日均温 17.6～19 ℃。
2	03-21	05-26	05-28	06-04	06-11	06-18	57.3	75.7	小孢子后期至露穗 10 d（6 月 2—11 日），日均温 17.6～19.9 ℃，花期 3 d（6 月 12—14 日），日均温 20.2～21.9 ℃。
3	03-26	05-28	05-30	06-06	06-13	06-20	81.1	70.5	小孢子初期至二胞期 10 d（6 月 2—11 日），日均温 17.6～19.9 ℃。
4	03-31	06-06	06-08	06-13	06-18	06-24	58.9	64.2	减数分裂及小孢子前期 6 d（6 月 6—11 日），日均温 19.0～19.9 ℃。
5	04-05	06-09	06-11	06-16	06-21	06-27	33.2	43.0	减数分裂 3 d（6 月 9—11 日），日均温 19.0～19.7 ℃。
6	04-10	06-15	06-17	06-22	06-26	07-01	9.1	3.9	减数分裂期以后日均温＞22 ℃，最低温＞18 ℃。

1.4 晚稻开花受精的安全温度

研究地点为福州岭头乡吾洋基点，供试品种有籼稻珍珠矮和粳稻闽建粳，于 1973 年 6 月 26 日至 8 月 7 日各分 6 期播种，掌握秧龄 20 d 移栽。每一播期栽播 9.6 m² 共 240 丛，每丛 5 本，行株距 20 cm×20 cm，试验田旁建有测定气温的百叶箱，逐日记载日平均气温，最低气温和最高气温。为了提高试验精确度，与早稻试验一样，对每一播期在水稻剑叶露尖时，选择株高、剑叶抽出长度一致的茎蘖 30 支，挂上纸牌作标志，逐日巡视观察记载孕穗始期、露穗期、终花期、蜡熟期和黄熟期。露穗前 1～2 d 摘取穗子上部三个枝梗的颖花镜检花粉育性，成熟时每一个播期，摘取 20 个挂牌的稻子考察每穗总粒数，空壳数和秕粒数。由各播期的花粉发育、开花进程比对气温数据，分析晚稻开花受精的安全温度，结果如图 2、表 3、表 6 所示：

籼稻珍珠矮第 1、2 播期的孕穗、开花期日均温分别为 22.8～26.8 ℃和 21～25.1 ℃（个别日平均气温 20.2～20.8 ℃），花粉不育率和空壳率都不高；第 3、4 播期的孕穗日均温 21.0～24.1 ℃，花粉不育率也不高，但第 3 播期的花期有一次连续 3 d 的日均温 18.8～20.3 ℃，第 4 播期另加一次连续 3 d 的日均温 16.0～20.3 ℃，空壳壳显著提高到 60.5%和 65.9%，第 5 播期的孕穗后期曾遇日连续 3 d 日均温 18.8～20.3 ℃低温，花粉不育率略有升高，但开花期 10 d 连续低温，日均温 14.8～19.0 ℃，严重阻碍开花受精，空壳率高达 93.8%；第 6 播期在 10 月 5 日进入雌雄蕊分化期，10 月 15 日以后日均温持续＜18 ℃，日最低气温＜15 ℃，结果不进入减数分裂期。综上分析，籼稻珍珠矮花粉发育和开花受精的安全温度为日均温 21 ℃。

粳稻闽建粳第 1、2 播期的孕穗期日均温分别为 22.8～26.2 ℃和 20.6～25.0 ℃,开花期日均温分别为 21.6～25.0 ℃和 21.1～23.1 ℃,花粉不育率和空壳率都很低;第 3 播期的孕穗期日均温 20.2～24.1 ℃,花粉不育率也很低,但开花期遇二次连续 3 d 低温,日均温分别为 18.8～20.3 ℃和 16.0～20.3 ℃,空壳率显著提高到 47.1%;第 4 播期的孕穗期遇连续 3 d 偏低气温,日均温 18.8～20.3 ℃,花粉不育率略有提高,但开花期 11 d 遇<19 ℃低温,日均温为 15.6～19 ℃,空壳率高达 96.1%;第 5 播期的孕穗期温度偏低,长 20 d,前 10 d 的日均温 18.3～23.2 ℃,后 11 d 的日均温 15.6～19 ℃,花粉不育率提高到 65.6%,开花期 11 d 的日均温 15.6～19 ℃,空壳率达 100%,第 6 播期在 10 月 10 日进入雌雄蕊分化期,10 月 15 日起日均温持续<18 ℃,日最低气温持续<15 ℃,长期停留在雌雄蕊分化期。综合分析,粳稻闽建粳花粉发育和开花受精的安全温度为日均温 20 ℃。

表 5　晚稻各播种期穗粒发育及冷害动态

品种	播期(月-日)	编号	花粉不育(%)	空壳率(%)	秕粒率(%)	始孕	露穗	终花	蜡熟	黄熟	冷害动态
珍珠矮(籼稻)	06-26	1	19.0	23.5	22.4	09-06	09-16	09-22	10-10	10-22	孕穗、花期日均温 23.2～25.0 ℃
	07-01	2	11.4	24.6	17.6	09-14	09-25	10-02	10-20	11-01	孕穗、花期 21.0～23.1 ℃,个别日均温 20.2～20.8 ℃
	07-11	3	11.8	60.5	15.2	09-22	10-05	10-12	10-30	11-03	花期有 3 d(10 月 9—11 日)日均温 18.8～20.3 ℃,其余日均温 21.1～24.1 ℃
	07-18	4	22.6	65.9	17.5	09-26	10-08	10-16	11-08	—	花期各有 3 d(10 月 9—11、14—16 日)日均温分别为 18.8～20.3 ℃、16.0～20.3 ℃
	07-25	5	27.7	93.8	6.2	10-01	10-14	10-24	—	—	花期 11 d(10 月 14—24 日)日均温 16.0～20.3 ℃
	07-31	6	100	100							10 月 14 日以后(雌雄蕊形成期)日均温<19.0 ℃,不孕
闽建粳(粳稻)	07-01	1	7.8	8.1	2.4	09-10	09-18	09-24	10-17	10-28	花期日均温 21.6～25.0 ℃
	07-11	2	7.2	15.3	8.2	09-17	09-28	10-04	10-28	11-09	花期日均温 21.1～23.1 ℃,仅 1 日 20.2 ℃
	07-18	3	8.2	47.1	14.2	09-26	10-07	10-17	11-10	—	花期各有 3 d(10 月 9—11、14—16 日)日均温分别为 18.8～20.3 ℃、16.0～20.3 ℃
	07-25	4	21.9	96.1	3.9	10-02	10-13	10-25	—	—	花期 11 d(10 月 15—25 日)日均温 15.6～19.0 ℃
	07-31	5	65.6	100		10-06	10-26	11-08			花期 14 d(10 月 26 日—11 月 8 日)日均温 13.0～15.6 ℃
	08-07	6	100	100		—	—	—			10 月 14 日以后日均温<19.0 ℃,停留在雌雄蕊形成期

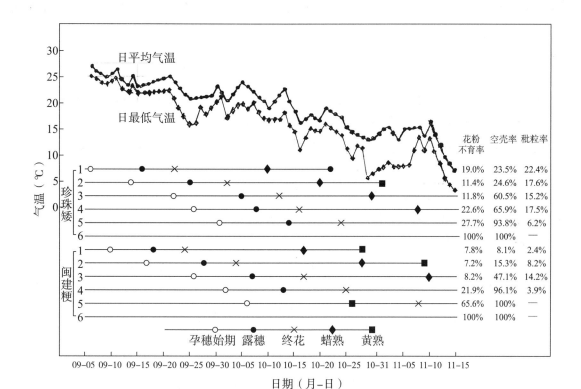

图2　晚稻孕穗—成熟期气温与花粉不育率、空壳率及秕粒率的关系

（珍珠矮，闽建粳，福州北峰吾洋，1973）

1.5　水稻籽粒发育的最低温度

1972年晚季在福州福建省农科院试验农场分期播种籼稻珍珠矮和粳稻闽建粳。其中7月15日播种、10月3日抽穗的珍珠矮，定75穗挂牌标记，于10月4日对定穗当日开花的颖花用红漆标记。从开花至开花后15 d，每日取3穗，开花后16～35 d每2 d取3穗，摘下红漆标记的颖花，剥去谷壳，测定米粒（子房）的长、宽、厚度和干物重。结果表明，开花后6～7 d子房的长度达最大值，10～12 d其宽、厚度达最大值，凡在此期间出现有害低温、子房中途停止发育，成为秕粒。随着子房的发育、干物质不断积累，灌满浆时干物重达最终干重的40％，至开花后20～25 d蜡熟时干物重达最大值，凡在开花至蜡熟期出现有害低温，粒重减轻。蜡熟后籽粒逐渐失水转黄，如遇有害低温，则不能黄熟，成为青米。

1972年秋暖，珍珠矮8月10日播种，10月下旬抽穗的开花受精正常，空壳秕粒率不高，但至11月中旬的乳熟末期出现日平均气温15～18 ℃低温，抑制籽粒干物质积累，千粒重降低17.6％；蜡熟期后日平均气温进一步降至12～15 ℃，竟未能黄熟，成为青米。粳型稻"闽建粳"比较耐寒，8月5日播种，与珍珠矮8月10日播种的，同期开花结实，而粒重仅减轻3.2％，并能勉强黄熟。但8月10日播种的，11月上旬末抽穗，终花后6 d起，日平均气温下降到15 ℃以下，严重抑制籽粒充实，秕粒率高达75.9％，余下实粒的千粒重仅16.7 g；蜡熟后日平均气温下降到13 ℃以下，籽粒未能黄熟。

1965年4个早稻品种秋播的观察结果大体相同，珍珠矮、矮脚南特、二九矮和油矮早等品种在8月6日、11日播种，于11月中旬齐穗的，开花期日均温为19.4 ℃，乳熟初期日均温为16.4 ℃，乳熟末期日均温为 14.2 ℃,结果,结实率为 0~13.1%,残存无几的实粒,千粒重下降 13.6%~25.0%,且不能黄熟。

1.6 结论

(1)水稻不同品种类型和不同器官的发育要求不同的温度。粳稻比籼稻耐寒;早期和晚期发育的器官比中期发育的器官耐寒。各器官发育的最低温度是:幼苗发根长叶,粳 13 ℃,籼 16 ℃;幼穗发育,粳(暂缺),籼 17 ℃;花粉发育和开花受精,粳 20 ℃,籼 21 ℃;籽粒充实,粳 15 ℃,籼 17 ℃;籽粒成熟,粳 13 ℃,籼 15 ℃。

(2)花粉发育和开花受精对低温最敏感。当日平均气温连续 3 d 以上粳稻<20 ℃,籼稻<21 ℃,即发生花粉不育或开花不受精,低温持续时间愈长,冷害愈严重,但是上述指标的夜温及短暂不连续的低温,并不障碍花粉发育和开花受精。

(3)幼穗发育对低温也较敏感,遇最低温度的连续低温,会引发幼穗器官退化消亡或畸变。

(4)幼苗和结实较耐寒,芽苗期遇最低温度以下的连续低温,生长停顿,气温回升后可恢复生长。苗期还有适应日昼温变温的能力,可利用达到最低温度以上的昼温进行生长。

2 福建山区双季稻的安全生育期

2.1 福建山区的气候特点

福建省境内山丘起伏,谷盆交错,地形气候十分复杂。总的趋势,气温由南到北,由低海拔到高海拔逐渐降低。据龙岩、浦城二地比较,平均纬度增加 1°,年平均气温下降 0.9 ℃。据闽北建瓯与屏南,闽中德化与九仙山等毗邻气象站观测值对比,年平均气候的直减率(海拔每升高 100 m 的气温降低值)为0.53 ℃,但直减率因季节而有变动:冬季小,夏季大,春秋季介于二者之间(见表6)。福建地形复杂,一县一乡之内即存在不同地貌,而气象又多设在县城,代表性有限,如能系统整理气象资料,掌握气温直减率变化规律,就可计算出不同高程山区的温度条件和双季稻安全生育期。

表 6   闽北、闽中山区逐月平均气温直减率

(1961—1970 年平均值)

比较地点	高差(m)	海拔每升高 100 m 的气温降低值(℃)												
		1 月	2 月	3 月	4 月	5 月	6 月	7 月	8 月	9 月	10 月	11 月	12 月	全年
建瓯—屏南	685	0.39	0.42	0.57	0.57	0.61	0.57	0.64	0.69	0.63	0.57	0.44	0.39	0.53
德化—九仙山	1 150	0.44	0.39	0.41	0.50	0.55	0.58	0.61	0.58	0.61	0.56	0.55	0.44	0.52

* 建瓯 27°02′N,118°19′E,海拔 154 m;屏南 26°54′N,118°59′E;德化 25°30′N,118°15′E,海拔 500 m;九仙山 26°42′N,118°13′E,海拔 1 065 m。

从大地形看,福建东部濒海,中部和西部有戴云、武夷两组作北北东至南南西走向的大山带。气温除存在纬向、垂向差异外,还存在海陆差异。东部沿海地区有海洋气流调剂,温度变化缓和,春季回暖较迟,秋季降温也较迟。内陆山区则颇具大陆性,吸热散热快,春季回暖早,秋季降温也早。由于地势由西向东阶梯状降落,内陆广大腹地海拔低,比西部又暖和些。因此,在同一纬度上,全省春暖期,内陆腹地早于西部,又早于沿海;全省秋冷期,西部早于腹地,又早于沿海(见表7)。因此,同一纬度的双季稻安全生长期日数,沿海与腹地相近,西部山区略短。认识山区气温时空变化规律,可以更好安排农事,确保双季稻安全生产。

表7　福建省几个沿海、内陆县份春秋季节旬平均气温比较(1961—1970年平均)

	地点	龙海	崇武	福州	上杭	龙岩	长汀	永安	南平	泰宁	宁德	寿宁
	纬度(N)	24°27′	24°54′	26°00′	25°03′	25°06′	25°51′	25°58′	26°39′	26°53′	26°41′	27°32′
	经度(E)	117°49′	118°55′	119°23′	116°25′	117°01′	116°22′	117°31′	118°10′	117°09′	119°32′	119°25′
	海拔(m)	7	22	5	205	341	318	208	127	341	31	756
2月	上	12.0	10.6	9.6	10.6	11.5	8.6	9.7	9.4	6.7	8.9	4.7
	中	13.1	11.4	10.6	12.1	13.3	10.0	11.2	10.8	8.1	9.8	5.8
	下	12.6	10.9	10.1	11.1	12.0	8.8	10.5	10.3	7.4	9.3	5.3
3月	上	14.3	12.3	12.0	13.8	14.6	11.8	13.1	12.8	10.2	11.3	3.3
	中	15.8	13.7	13.8	16.1	15.8	13.8	14.8	14.4	12.5	13.1	9.9
	下	15.8	13.8	13.6	16.4	16.1	14.3	15.8	15.2	13.3	12.9	9.9
4月	上	18.6	16.2	16.9	19.0	18.8	17.3	18.6	18.0	16.0	16.0	13.3
	中	19.8	17.7	17.9	20.1	20.0	18.6	19.4	19.4	17.3	17.2	14.6
	下	21.6	19.4	19.9	22.2	21.8	20.5	21.6	21.4	19.5	19.0	16.3
9月	上	27.9	27.8	27.4	27.1	26.5	26.3	26.7	27.4	25.7	27.4	22.8
	中	26.3	26.4	25.7	25.7	25.0	24.6	24.7	25.2	23.5	25.6	20.9
	下	25.7	25.8	24.6	25.0	24.6	23.7	23.7	24.4	22.5	24.6	19.7
10月	上	24.0	24.1	22.6	23.3	23.0	21.9	22.1	22.4	20.4	22.5	17.8
	中	23.1	23.1	21.7	22.7	21.7	20.2	20.7	21.1	18.9	21.3	15.5
	下	21.1	21.4	19.9	20.1	19.4	18.2	18.4	18.6	16.6	19.3	14.4

(各月旬平均气温(℃)列标签位于左侧纵向)

2.2　早稻安全播种期

昼温对幼苗的生长更重要。春季昼温的高低同天气类型关系密切。据对龙海1974年1—3月份气温自动记录值查证(表8),当时平均气温12 ℃,晴天昼温即有5 h达16 ℃以上,而阴雨天昼间最高气温尚未达15 ℃;当日平均气温10 ℃时,晴天昼温即2.8 h达16 ℃以上,5 h达13 ℃以上,而阴雨天昼间最高气温尚未达11 ℃。因此,当日平均气温达到10 ℃和12 ℃时,晴天即有5 h超达幼苗生长的最低温度,供幼苗发根长叶。据此,当保障率 80% 的历年旬平均气温升达 10 ℃和 12 ℃时,可分别确定为粳稻和籼稻的早季安全播种期。基于气温纬向、垂向、海陆向的差异,福建早稻安全播种期,按由南而北,由低而高,由内陆腹地而沿海而西部山区,从 2 月下旬至 3 月下旬顺次推进。

表 8　各级日平均气温在不同天气类型中昼温≥16 ℃、18 ℃的时长

(据龙海 1974 年 1—3 月自记温度记录整理)

日平均气温(℃)	气温组距(℃)	每日日照>8 h的天气			每日日照<4 h的天气		
		平均最高气温(℃)	昼温≥16 ℃的时长	昼温≥18 ℃的时长	平均最高气温(℃)	昼温≥16 ℃的时长	昼温≥18 ℃的时长
10	9.6~10.5	17.5	2.8	0	10.9	0	0
11	10.6~11.5	17.0	4.0	0	11.9	0	0
12	11.6~12.5	18.2	5.3	1.3	14.9	0	0
13	12.6~13.5	17.6	5.7	1.3	15.0	0	0
14	13.6~14.5	19.7	7.3	4.0	16.5	1.7	0
15	14.6~15.5	21.4	8.8	5.8	17.4	4.5	1.0

2.3　早稻安全孕穗期

早稻花粉从减数分裂(孕穗始期前 2~3 d)至花粉成熟(抽穗始期),对降温十分敏感。花粉发育期相当于孕穗期。当孕穗期遇日平均气温连续 3 d<21 ℃,即诱致花粉败育,低温持续时间愈长,花粉败育率和空壳率愈高,产量愈低。如本试验早籼二九南在减数分裂期遇连续 3 d 的日均温 19.0~19.9 ℃,花粉不育率 33.2%,减数分裂及小孢子发育前期连续 6 d 的日平均气温 19.0~19.9 ℃,花粉不育率 58.9%,小孢子发育全期 10 d 均温 17.6~19.9 ℃,花粉不育率 81.1%。上杭县古田 1966 年矮脚南特大多数茎蘖在 5 月下旬—6 月上旬孕穗,日均温持续 20.6~21.8 ℃,其中 6 月 5—10 日为 17.6~20.4 ℃,诱发花粉严重败育,空壳率高达 50%~100%。浦城县枫溪大队(海拔 800 m)1971 年有 305 亩二九南一号 5 月下旬—6 月上旬孕穗时,日均温 19.6 ℃,全部秀而不实。

福建春夏之交的梅雨季节,气温很不稳定,在梅雨强盛年份,除发生洪涝灾害外,往往伴随出现日平均气温<21 ℃的连续低温,危害早稻早熟种的孕穗。1966 年、1971 年、1973 年福建多地在 5 月下旬至 6 月中旬出现日均温连续<21 ℃的"梅雨寒",发生较大面积早稻孕穗期冷害,据调查,1973 年全省有 150 万亩早稻受不同程度冷害,其中屏南县有 1.5 万亩受害,绝收 8 040 亩。

上述事例说明,早稻必须越过最后一次"梅雨寒"孕穗,才能确保花粉发育安全。由于纬度、海拔、离海远近的不同,各地不再出现伤害花粉发育的"梅雨寒"时间不一,年际间也悬殊颇大,如福州最早为 1963 年 5 月 6 日,最迟为 1966 年 6 月 14 日,相距 39 d。为此必须查阅历年逐日气温资料,统计有害低温在不同时段的分布频率,才能从中确定出一地早稻安全孕穗期。我们据龙海、福州历年气象资料并用气温直减率订正,结果看出,80% 年份不再出现日平均气温连续 3 d 以上<21 ℃的时间,龙海为 5 月 15 日,福州平原为 5 月 28 日,福州北峰海拔 420 m 的岭头为 6 月 11 日,海拔 700 m 的寿山为 6 月 17 日。这一日期便是早籼安全孕穗期。可惜手头无全省各地气候资料,无从一一分析确定。现据粗略调查所得和相似气候推寻,各地早籼安全孕穗期大致是:闽南沿海和闽西南谷地为 5 月中旬,闽中沿海和闽西北谷地为

5月底至6月初,内陆海拔400 m山区为6月10日,内陆海拔800 m山区为6月20日。

2.4　晚季安全齐穗期

开花是水稻又一个低温敏感期。齐穗期相当于盛花期。在齐穗前后,粳稻遇日平均气温<20 ℃,籼稻遇日平均气温<21 ℃连续3 d以上的低温,即显著障碍开花受精,形成大量空壳。为确保开花受精安全,晚稻必须调节在秋季气温降达上述界限之前齐穗。初秋,由于寒流频繁南下,气温呈波浪式下降。各地气温降到开花受精安全界限之下的时间不一,且年际变动甚大。如闽北浦城出现日平均气温<21 ℃连续3 d以上的时间,最早为1965年、1966年的9月16日,最迟为1951年10月22日,相距36 d。大面积生产不可能期求绝对完全。如能在频率10%左右出现首次有害开花的低温之前齐穗,则大多数年份晚稻的开花受精是安全的,反之,就有较大风险。据此设想,统计了福建有代表性地点首次出现连续3 d以上日平均气温<21 ℃的冷空气在秋季各候的分布频率,并据此推算出其晚稻安全齐穗期,如表9。由表看出:闽北高山区(寿宁)多数年份出现有害低温在9月第2候以后,晚稻安全齐穗为9月5日;闽西北谷地(浦城、泰宁)多数年份有害低温出现在9月第4候以后,晚稻安全齐穗期9月15日;闽中、闽西腹地(南平、永安、长汀)大多数有害低温出现在9月第6候以后,晚稻安全齐穗期为9月25日;闽西南谷地、闽东、闽中沿海(龙岩、福鼎、福州)大多数有害低温出现在10月第2候以后,晚稻安全齐穗期为10月5日;闽南沿海(龙海)大多数有害低温出现在10月第3候以后,晚稻齐穗期为10月10日。

以上晚稻安全齐穗期系指籼稻,粳稻耐寒些,安全齐穗可推迟5 d左右。

表9　福建各地秋季首次出现日平均气温<21 ℃连续3 d以上的冷空气在各候的分布频率(%)及晚籼安全齐穗期

月	候	寿宁	浦城	泰宁	南平	永安	长汀	龙岩	福鼎	福州	龙海
9月	1										
	2	20									
	3	27		8							
	4	20	15	17	5	6	6				
	5	20	10	0	0	0	6				
	6	13	15	25	10	11	6			6	
10月	1		20	17	20	11	19	7	6	6	
	2		25	25	20	37	31	20	35	12	8
	3		10	8	20	26	13	20	35	12	8
	4		0		10	11	6	20	0	24	12
	5		5		10		6	13	12	12	20
	6			5			6	20	6	24	36
11月	1									0	4
	2									12	8
	3										0
	4										4
晚籼安全齐穗期		09-05	09-15	09-15	09-25	09-25	09-25	10-05	10-05	10-05	10-10

著录论文

[1]李义珍,陈人珍.福建山区双季稻冷害的调查研究[J]、福建农业科技,1975(1):27-36.

[2]黄海澄,李义珍,陈人珍,等.建阳地区双季稻生产调查报告[G]//福建省革命委员会农业局.福建省山区双季稻生产经验汇编.福州:福建省革命委员会农业局,1972:24-52.

四、龙海县稻稻麦三熟气候资源及合理利用

龙海是福建省双季稻高产县,1971 年平均产量达 10.29 t/hm²。历来大小麦种植面积不大,在 26 000 hm² 水田中,1949 年仅种麦 600 hm²,1957 年以后逐渐扩种到 5 333 hm²,但产量很低,只占稻麦三熟总产的 3%。当时开始把大小麦作为一季粮食来抓,1974 年春收 10 493 hm²,平均产量 1 580 kg/hm²,有 10 个生产大队面积 1 000 hm²,平均产量达 3 000 kg/hm²。充分利用本地气候资源,是争取稻麦三熟高产的关键之一。为此,整理了龙海县 1960—1974 年气候及稻麦生产资料,分析气候变化规律及与稻麦产量的关系,探讨稻麦三熟生育期合理布局。

1　龙海气候生态

龙海位于闽东南沿海,九龙江下游,中东部是漳州平原和九龙江三角洲,河网密布,田连阡陌,西部是波状起伏的丘陵台地。属南亚热带气候,热量丰富、雨水充沛。表 1 列出 1960—1974 年平均各旬平均气温、降水、日照、霜日,以及 1949—1974 年在诏安—泉州间登陆对龙海有重大影响的台风次数。为了解气温、降水、日照的年际变异,还分别列出标准差。按概率常态分布,平均数±标准差($\bar{x} \pm s$)包含 84% 年份的保证率。

1.1　热量

年平均气温 20.9 ℃,最冷月为 1 月上旬—2 月上旬,旬平均气温 12.0~12.6 ℃,极端低温−0.2 ℃;最热 7—8 月,旬平均气温 28.2~28.9 ℃,极端高温 38.1 ℃。平均霜日 7 d,初霜 12 月 28 日,晚霜 1 月 31 日,无霜期 332 d。因大气环流异动,年际热量有一定波动,以 1—3 月气温最不稳定,旬平均气温的变异系数达 20%。

保证率 84% 的旬平均气温≥12 ℃的时间为 3 月上旬,是早稻露地安全播种期,塑料薄膜保温育秧的安全播种期可提前到 2 月下旬。保证率 84% 的旬平均气温≥15 ℃的始期为 4 月上旬,终期为 11 月下旬,相当于早稻安全移栽期和晚稻安全成熟期,持续 244 d,种双季稻绰绰有余。

水稻的孕穗开花期对低温最敏感,籼稻遇日平均气温＜21 ℃连续 3 d 以上,即引起程度不同的花粉败育和不开花受精。据此统计有害指标在各候的分布概率,如表 2 所示,保证率 90% 的早稻安全孕穗期为 5 月 20 日,晚稻安全开花期为 10 月 10 日。据报道,春小麦孕穗期遇最低气温＜0.5 ℃引起小穗冻死,开花期遇最低气温＜−1 ℃引起不受精,但未指明是否需连续数日遇此低温。龙海出现最低气温 0 ℃左

右只在霜日。而可能出现连续 2～3 d 霜日只出现在 12 月下旬,因此将春小麦安全孕穗开花期初定在 2 月上旬。

1.2　降水

年平均降水 1 352 mm,最多的 1961 年达 1 782 mm,最少的 1966 年仅 897 mm,相差 1 倍。旬降雨量的年际差异更大,变异系数超过 100%,水旱常见。由于中华人民共和国成立后大力兴修水利,80%农田已旱涝无忧。

表 1　龙海逐旬气候(1960—1974 年平均值)

月	旬	平均气温 (℃)	降水量 (mm)	日照 (h)	霜日 (d)	1949—1974 年 台风登陆次数
1 月	上	12.0±1.5	9.6±13.4	56.7±24.7	1.5	
	中	12.2±2.1	9.0±13.0	56.6±22.9	1.1	
	下	12.6±2.5	18.0±27.7	46.3±20.5	0.9	
2 月	上	12.0±2.1	18.0±28.4	47.3±22.6	0.7	
	中	12.4±1.9	8.2±9.3	48.0±19.6	0.4	
	下	12.9±2.4	28.2±25.6	26.7±18.3	0.3	
3 月	上	14.8±2.5	15.4±26.8	46.3±12.5	0.4	
	中	15.6±2.1	23.8±39.6	50.9±24.9		
	下	16.5±1.7	45.2±42.3	46.8±23.6		
4 月	上	18.3±1.5	52.1±57.5	44.7±18.6		
	中	20.1±1.9	33.8±36.7	46.7±20.9		
	下	21.6±1.6	38.2±33.5	54.6±17.4		
5 月	上	23.0±1.4	51.8±43.9	50.7±26.4		
	中	23.8±1.8	67.1±47.7	53.2±21.5		
	下	24.5±1.5	60.6±48.5	57.7±31.2		
6 月	上	24.7±1.2	96.8±52.3	48.4±22.5		
	中	26.2±1.3	132.0±107.2	52.1±29.8		
	下	27.6±1.4	52.5±55.6	70.1±27.7		
7 月	上	28.6±0.7	66.8±92.0	86.7±22.2		1
	中	28.9±0.9	47.0±52.0	93.1±16.2		1
	下	28.6±0.8	55.1±57.1	96.2±22.2		2
8 月	上	28.3±0.8	74.1±50.3	76.4±21.7		2
	中	28.2±0.6	60.4±68.9	77.9±24.1		0
	下	28.2±0.6	53.6±53.6	92.5±23.0		4

续表1

月	旬	平均气温 （℃）	降水量 （mm）	日照 （h）	霜日 （d）	1949—1974 年 台风登陆次数
9 月	上	27.7±0.6	41.6±49.1	77.4±20.6		1
	中	26.3±1.1	41.5±42.9	79.4±21.5		3
	下	25.8±1.4	25.3±33.0	71.7±15.4		1
10 月	上	24.3±1.3	31.4±69.0	65.8±22.1		1
	中	23.0±1.3	15.6±50.9	64.8±24.5		
	下	21.1±1.1	4.2±7.6	77.2±22.6		
11 月	上	20.6±1.4	12.4±29.1	70.3±18.9		
	中	19.3±1.6	16.0±25.9	53.2±19.9		
	下	17.5±1.5	10.8±11.2	53.3±20.6		
12 月	上	15.3±2.1	3.6±3.7	59.3±19.1	0.2	
	中	14.9±1.9	11.5±11.9	58.1±17.4	0.5	
	下	13.8±1.7	10.4±17.0	60.2±18.8	0.8	

表 2　龙海各候出现有害水稻孕穗开花低温的概率（1960—1974）

月	候	早季末次日均气温 <21 ℃连续 3 d 以上概率（%）	月	候	晚季首次日均气温 <21 ℃连续 3 d 以上的概率（%）
5 月	1	20	10 月	1	0
	2	7		2	0
	3	27		3	7
	4	0		4	20
	5	7		5	20
	6	0		6	40

　　按降雨特点，全年可分为春雨季、梅雨季、不稳定雨季和干季。春雨季在 3、4 月，平均雨量 208 mm，占全年总雨量的 15%。但由于冷暖气团力量对比的不同，每年雨季迟早，雨量多少不一，有的年份晴旱少雨，有的年份绵雨不止，对麦作有一定影响。梅雨季在 5、6 月，平均雨量 461 mm，占全年总雨量的 34%。这时由于副热带高压脊线北跃到北纬 25°附近，南方的暖湿空气源源北上，同北方的干冷空气交会，势均力敌，互相对峙，构成大范围持久的丰沛降雨，常绵雨、雷暴雨并见。有的年份南方暖温空气特别活跃，梅雨雨量竟占全年总雨量之半。平均入梅期为 5 月 7 日，出梅期为 6 月 24 日，持续 51 d，雨日 32 d。凡是梅雨偏迟，6 月份早稻开花结实期出现连阴雨的年份，会严重抑制早稻谷粒充实。不稳定雨季在 7、8、9 月，这时副热带高压脊线第 2 次北跃至北纬 30°附近，雨区移向北方，本地完全受单一的副热带暖气团控制，除局地小雷雨外，如无台风影响，雨水稀少，而一旦台风来袭，又暴雨成涝。平均雨量 470 mm，占全年总雨量的 35%。干季在 10 月—次年 2 月，本地在北方干冷气团控制下，气层稳定，前期秋高气爽，

后期晴冷间霜,降雨稀少,5 个月仅 213 mm,占全年总雨量的 16%。

1.3　日照

全年可照 4 419 h,平均每日 12.1 h。冬至日最短,10.6 h;夏至日最长,13.5 h;白露日长 12.5 h,感光型的晚稻品种不管播种早迟,每年皆到白露日长降至 12.5 h 才开始分化幼穗,于 10 月中下旬抽穗。

本地云雨较多,全年实际日照仅 2 206 h,占可照的 50%。以 7 月、8 月日照最多,各旬平均 76～96 h,次为 9 月、10 月,各旬平均 66～79 h。11 月—次年 2 月夜长昼短,3 月上旬—6 月中旬为春雨、梅雨季、日照最少,每旬 60 h 以下。

1.4　台风

台风登陆位置受副热带高压影响,7 月份副热带高压脊线北跃至北纬 30°,台风开始登陆本地,10 月副热带高压南撤,台风转袭两广。1949—1974 年 26 年来在诏安—泉州间登陆对龙海有重大影响的台风有 16 次,最早为 7 月上旬,最迟为 10 月上旬,以 7 月下旬至 9 月中旬为最频繁,占总次数的 75%。台风往往带来狂风暴雨,以对抽穗开花期和成熟期的水稻危害较大。

2　稻麦产量的年际波动与气候的关系

龙海是双季稻高产县,1956 年为全国少数几个千斤县之一,39 万亩双季稻年亩产 546 kg;1960 年代,早稻亩产在 216～298 kg 波动,晚稻亩产在 275～333 kg 波动;1970 年代初早稻亩产突破 300 kg,晚稻亩产达 350 kg。黎明大队 3 000 亩双季稻单产始终居龙海县榜首,1956 年双季稻年亩产 728 kg;60 年代早稻亩产在 328～424 kg 波动,晚稻亩产在 330～445 kg 波动;1970 年代初早稻亩产突破 450 kg,晚稻亩产突破 480 kg。小麦从 1957 年逐渐扩种,由 1960 年代占稻田面积的 30%,至 1970 年代的 60%,但产量不高。1960 年代平均亩产仅 40～70 kg,1970 年代初升到 100 kg。稻麦产量年际波动颇大,而且全县与黎明大队的单产波动趋势十分相似,同升同降,显见受气候因素的影响甚大。

2.1　早稻

春季乍暖乍寒,常引起早稻烂秧。但几个烂秧年(1964 年、1968 年、1970 年、1972 年、1974 年)产量并不一定低。烂秧同当季产量似无直接关系,对早稻产量有较大影响的是中后期的几个气候因素。

低温:1960 年 5 月 20—23 日早稻孕穗期出现日平均气温<21 ℃连续低温,引起一定程度的花粉败育;1966 年 6 月 4 日—13 日早稻开花期出现日平均气温 21 ℃左右的长期阴冷,也一定程度地障害正常受精。结果都产生大量空壳,引起减产。

台风:1960 年 6 月 9 日在香港登陆的强台风转向入闽中,带来大暴雨,九龙江泛滥,淹没龙海县稻田 18 万亩,时当早稻灌浆,引起早稻烂秆倒伏。1973 年 7 月 3 日在同安登陆的 12 级台风袭击已经成熟的早稻,引起严重落粒歉收。

日照:龙海早稻传统上种早熟种(高秆的南特号、陆财号,矮秆的矮脚南特),5月底至6月初抽穗,可避过第二代、三代螟虫危害引发的白穗,6月底至7月初成熟。而5、6月正是梅雨季节,凡是早稻开花结实期的6月份出现连绵阴雨天气,日照不足,即削弱早稻光合生产,籽粒充实不良,秕粒率高,千粒重轻,反之,日照较多,结实饱满,从而引起产量的年际波动。由图1看出:6月份日照180 h以上的年份(1967年、1970年、1971年、1972年),均获得大丰收。凡6月份日照140～180 h的年份(1964年、1965年、1969年、1973年)为平年,除1973年成熟期受台风袭击失收外。凡6月份日照120 h以下的年份(1966年、1968年、1974年),早稻歉收,尤以1966年花期冷害和结实期阴雨寡照相续,产量为历年来最低。

按现行早稻推广早熟品种的生育季节,从1960—1974年15年中,孕穗开花期出现冷害2年(1960年、1966年),开花结实期(6月上旬—6月下旬)日照不足(<120 h)4年(1962年、1966年、1968年、1974年),成熟期遭受台风袭击一年(1973年)。扣除三灾重叠者,总共出现气候灾害6年,概率40%。

2.2　晚稻

龙海县晚稻以种感光性强的晚熟籼稻为主,通常在日长降为12.5 h的9月10日才开始幼穗分化,10月10—15日抽穗,11月20—25日成熟。开花结实期处于秋高气爽、日照较充足的季节,10月中旬—11月中旬平均日照266 h,其中日照≥250 h有8年(1963年、1966年、1967年、1968年、1969年、1971年、1972年、1973年),占67%,多为丰年,日照少的有2年(1970年、1974年),尤其是1974年,日照仅105 h,产量为历年来最低。孕穗期偶有台风,招致剑叶破损,诱发白叶枯病、细条病。10月上旬末、10月中旬初开始出现日平均气温<21 ℃连续3 d以上的有害孕穗开花的低温,概率10%。

2.3　小麦

龙海一般是小雪种麦,2月下旬—3月下旬小麦开花结实,正值春雨开始季节。春雨迟而少的年份,气候晴冷至晴暖(日均13～15 ℃),日照较多(160～250 h),有利光合生产,成花数多,千粒重大,常是丰年(1964年、1965年、1967年、1971年、1972年、1974年);春雨早而多的年份,有一部分阴冷年(日均温13.4 ℃,日照70～150 h),"阴"有降低光合率一面,"冷"则延长籽粒灌浆期,增加总光合量,因而常为平年,乃至丰年;但一部分阴热年如1966年、1973年,日均温16.7 ℃,日照123～177 h,株间湿热,土壤渍水,赤霉病、锈病大流行,出现大减产。

表 3　龙海县及黎明大队历年稻麦产量和开花结实期气候

年份		1963 年	1964 年	1965 年	1966 年	1967 年	1968 年	1969 年	1970 年	1971 年	1972 年	1973 年	1974 年
早稻开花结实期 （6 月上旬—6 月下旬）日照(h)		184	147	144	125	308	119	148	189	225	236	167	100
晚稻开花结实期 （10 月中旬—11 月中旬）日照(h)		306	246	246	278	285	331	303	228	304	250	263	105
小麦开花结实期 （2 月下旬—3 月下旬）日照(h)			160	180	145	177	149	102	70	213	248	123	190
小麦开花结实期（2 月下旬 —3 月下旬）平均气温(℃)			13.5	14.4	16.7	15.2	13.6	13.4	13.4	15.4	14.5	16.7	13.4
早稻产量 （kg/亩）	黎明大队	353	391	425	269	328	350	385	453	503	475	397	409
	龙海县	219	266	300	235	297	247	278	325	336	315	251	280
晚稻产量 （kg/亩）	黎明大队	482	402	403	445	330	370	440	407	483	483	433	292
	龙海县	333	291	328	307	275	308	350	309	350	350	310	250
小麦产量 （kg/亩）	龙海县		74	91	38	56	76	53	102	100	101	80	106
双季稻年产 （kg/亩）	龙海县	552	557	628	542	572	555	628	634	686	665	561	530

3　稻麦生育期的合理布局

3.1　早稻

　　从有产量与气候资料可供查证的 1963—1974 年 12 年中，早稻出现孕穗开花期冷害 1 年（1966 年），台风袭击 1 年（1973 年），低日照 3 年（1966 年、1968 年、1974 年），中日照 3 年（1964 年、1965 年、1969 年），扣除重复，气候灾害 7 年，占 58%。可见早稻气候灾害之频繁，其中以寡照为主。这是由于早稻开花结实期的 6 月份正逢梅雨季节，半数年份绵雨寡照，抑制了光合生产，空秕率达二至三成，甚至更多，从而导致歉产。只半数年份雨日少，日照多，籽粒充实良好，获得丰收。丰年、歉年互见，产量不稳定。

　　龙海历年平均"出梅"为 6 月 26 日，6 月下旬的日照即显著增加，而一俟梅雨结束，本地完全受单一的副热带高压气团的控制，"三时已断黄梅雨，万里初来棹舶风"，即进入一年日照最丰的盛夏季节。如能将早稻调节在 6 月 20 日齐穗，7 月 20 日成熟，开花结实期日照可从原来的 6 月份平均 171 h 增加到 6 月下旬—7 月中旬的 250 h，提高 46%，而且可以完全避过孕穗花期冷害，也可以避过芒种第二代、三代螟盛孵期危害，可能获得稳定高产。但生育期推迟可能增加台风袭击的危险。1949—1974 年中 7 月上、中旬登陆诏安—泉州间的台风计 2 次，最忌 7 月中旬早稻成熟期台风袭击，引发掉粒和倒伏，但概率仅 4%，即

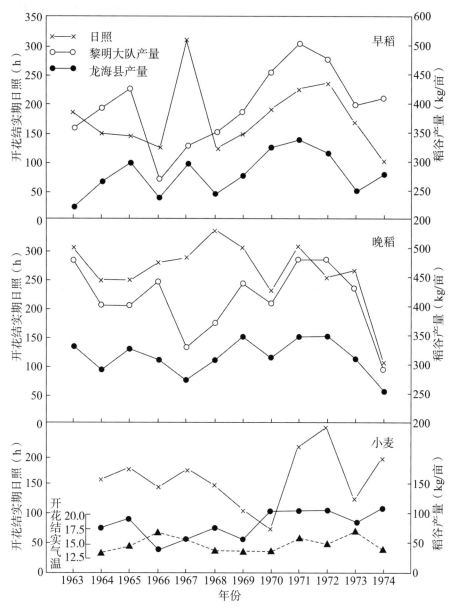

* 开花结实期早稻为 6 月份,晚稻为 10 月中旬—11 月中旬,小麦为 2 月下旬—3 月下旬。

图 1　龙海县及黎明大队历年稻麦产量与气候的关系

使是既有的生育期布局,7 月初也曾发生一次台风袭击,其概率也是 4%。

　　早稻生育期可通过改换品种和播种期进行调节。原来选用避螟的早熟品种于 2 月上中播种,5 月底、6 月初齐穗,6 月底、7 月初成熟。可选用迟熟早籼品种(如珍珠矮),于 2 月下旬—3 月上旬播种,便能调整在 6 月 15—20 日齐穗。

3.2　晚稻

　　现行晚季栽培有晚稻、中稻、早稻三种品种类型,以强感光性的晚籼品种为主,10 月 10—15 日抽穗,11 月 20—25 日成熟,开花结实期 40 d,平均日照 266 h,产量比早稻高。孕穗、开花期和成熟期无台风袭击之虞,但孕穗开花期(10 月上旬末—10 月中旬末)有日平均气温<21 ℃连续 3 d 以上的低温出现,概率

为27%。中稻型品种感光性、感温性均较弱,基本营养生长期长,并较稳定,可早播早抽穗、但尚缺优良品种。早稻型品种为珍珠矮,感温性强,晚季栽培早熟,生长期可人工调节,但叶片宽薄,在秋季干冷气候中易早衰,未能充分利用光能,产量不如晚稻。因此,目前仍以种植感光性强、产量高的强感光性的晚稻型品种为主,从长远看,宜加速对生育期可人工调节、属基本营养生长期长的品种的选育,将晚稻抽穗期调整在10月初,既避孕穗开花期冷害,又适当增加开花结实期的日照(10月上旬—11月上旬的40 d日照可达273 h),并为小麦播种提供早茬口。

3.3 小麦

现在小麦栽培早熟种,小雪前后播种,2月下旬—3月下旬开花结实,恰为春雨节前半期,有半数年代气候晴冷,获得丰收,有1/4年份阴冷,延长了灌浆期,增加光合量,不至于歉收,有的还得到丰收。但有1/4年气候阴热,日平均气温>16 ℃,引发病害(赤霉病、秆锈病)大流行,出现减产。由于目前晚稻以种晚熟晚稻品种为主,只适宜种植早熟性小麦品种。1973年种了部分中迟熟品种,1974年春季在晴冷气候条件下,开花结实,产量显著较高,但1973年秋播茬口是早割的中熟品种和早稻品种"倒种春"。为了争取稻麦双丰收,调整晚稻品种布局,是今后必须研究解决的重要问题。

著录论文

福建省农业科学实验站黎明基点,龙海县气象站,龙海县农业科学研究所.利用气候资源,争取三熟高产:论龙海县稻麦生育期的合理布局[R].福州:福建省农业科学实验站,1975:2.

五、龙海县双季稻生育期的合理调整

龙海县是双季稻高产县(1956年年亩产见表1)。但如前文("龙海县稻稻麦三熟气候资源及合理利用")分析,原有的品种类型和生育期布局,未能趋利避害利用本地气候资源,出现剧烈的产量年际波动,至1968年,双季年亩产仍徘徊在1956年水平,1969—1972年气候向好,年亩产突破600 kg,但1973年早稻成熟期遭台风袭击,年亩产又跌至561 kg,1974年早、晚稻开花结实期都出现阴晦寡照,产量降至历史最低点。为此,由福建省农业科学院稻麦研究所与龙海县农业局主持的稻麦高产协作组,重新整理分析气候资料,多年多点设置水稻品种、播期试验,分期提出早、晚稻生育期布局方案,在大面积示范推广。

1　龙海县双季稻气候资源

本节增录1975—1981年气象资料,汇集成龙海县1960—1981年22年平均逐旬气候(表2)。与前文比较,各旬平均气温、降水、日照值仍在前文的$\bar{x}\pm s$范围内,略有不同的是6月第1候出现一次末次"梅雨寒",10月第2候出现一次首次"秋寒"。

1.1　热量

龙海县年平均气温21.0 ℃,属亚热带气候。保证率84%旬平均气温≥12 ℃为3月上旬,为早籼稻露地育秧安全播种期,薄膜保温育秧安全播种期可提前至2月下旬。保证率84%旬平均气温升达15 ℃为4月上旬,降达15 ℃的终旬为11月下旬,分别为早稻安全播种期和晚稻安全成熟期。保证率90%的日平均气温<21 ℃连续3 d以上的末次低温为5月25日,首次低温为10月10日,分别为早籼安全孕穗期和晚籼安全齐穗期,保证率100%的早籼安全孕穗期和晚籼安全齐穗期分别为6月5日和10月5日。

1.2　降水

年降水量1 360 mm。2月下旬—4月下旬为春雨季,平均降水2 435 mm,占全年总量的17.9%,5月上旬—6月中旬为梅雨季平均降水394.8 mm,占全年总量的29.0%。6月下旬—10月上旬为台风雨、雷阵雨不稳定雨季,平均降水量545.3 mm,占全年总量的40.1%。10月中旬—次年2月中旬为干季,平均降水176.2 mm,占全年总量的13.0%。以春雨季和梅雨季的雨日最多,尤其是梅雨季,副热带高压脊线北跃至北纬25°附近,南方暖、湿空气源源北送,同北方干冷空气交汇,势均力敌,构成大范围持久降雨,严重削弱早稻光合作用,并时有有害早稻孕穗开花的低温出现。历年平均入梅为 5 月 9 日,出梅为 6 月 24 日,梅雨高峰在芒种前后。

1.3　日照

全年日照 2 163 h,日照率 49%。春雨季和梅雨季平均每日日照分别为 4.3 h 和 4.9 h,自古有"清明时节雨纷纷"、"熟梅天气半晴阴"之说。一旦梅雨结束,天气一转而为强光多照。平均每日日照,6 月下旬—8 月下旬为 8.2 h,9 月上旬—11 月上旬为 7 h,11 月中旬起复又变得阴沉。

表 1　龙海县历年双季年亩产

年份	亩产(kg)	年份	亩产(kg)	年份	亩产(kg)
1949	312	1965	628	1973	561
1956	546	1966	542	1974	530
1957	499	1967	572	1975	573
1960	423	1968	555	1976	608
1961	404	1969	628	1977	685
1962	491	1970	634	1978	763
1963	552	1971	686	1979	790
1964	557	1972	665	1980	811

表 2　龙海县逐旬气候(1960—1981 年平均)

月	旬	平均气温(℃)	降水(mm)	日照(h)	末次有害孕穗开花低温(%)	月	旬	平均气温(℃)	降水(mm)	日照(h)	末次有害孕穗开花低温(%)
1 月	上	12.4	8.3	55.0		7 月	上	28.8	58.6	87.5	
	中	12.1	10.9	53.5			中	29.0	34.7	94.2	
	下	12.9	18.8	46.1			下	28.7	57.1	91.8	
2 月	上	12.1	17.8	44.8		8 月	上	28.4	72.9	76.2	
	中	13.5	18.8	46.7			中	28.5	57.9	80.4	
	下	13.2	25.8	28.3			下	28.3	61.7	90.4	
3 月	上	14.9	23.3	43.2		9 月	上	27.8	41.1	81.4	
	中	15.6	28.6	42.4			中	26.5	37.3	73.2	
	下	16.7	46.7	42.5			下	25.6	35.4	65.8	
4 月	上	18.2	52.0	38.9		10 月	上	24.3	31.3	69.8	0/5
	中	20.3	33.1	44.8	0/5		中	23.1	17.7	65.5	5/13
	下	21.8	34.0	54.6	5/23		下	21.4	5.8	75.8	18/41
5 月	上	22.9	52.0	47.1	13/13	11 月	上	20.6	12.9	66.4	5/9
	中	23.6	71.1	47.7	18/5		中	19.0	19.3	52.2	0/5
	下	24.6	63.1	51.7	13/0		下	16.9	14.6	57.1	
6 月	上	24.9	97.3	46.0	5/0	12 月	上	15.7	4.4	62.7	
	中	26.3	110.4	53.8			中	14.8	13.2	56.7	
	下	27.8	57.3	70.9			下	13.7	13.7	57.9	

　* 有害孕穗开花低温指标为日平均气温<21 ℃连续 3 d 以上,栏中数,斜线左方为该旬前一候的概率,斜线右方为该旬后一候的概率。

　** 全年积温 7 667 ℃,日均 21 ℃。

2　双季稻传统生育期布局的评价

2.1　早稻

龙海县常年第二代、三代螟盛孵期在"芒种"前后。传统上采用"早熟避螟"的策略,即选种早熟品种,1月上中旬播种,4月初插秧,5月底、6月初齐穗,6月底、7月初成熟,早稻破口期错开二代螟虫盛孵期。其弊病是:(1)过早播种,频遇春寒(日平均气温<10 ℃持续数日),引发烂秧死苗。其中 1964 年、1968年、1969 年、1970 年、1972 年、1974 年烂秧死苗均严重。(2)过早孕穗、开花,梅雨寒危害概率 18%。如1960 年 5 月 20—23 日早稻孕穗期出现日平均气温<21 ℃有害花粉发育低温,加之 6 月 9 日洪水淹稻,比 1957 年减产 15%;1966 年 6 月 4—13 日早稻开花成熟初期,出现日平均气温 21~22 ℃的长期阴冷,严重障害受精和籽粒充实,早稻比 1965 年减产 22%。(3)籽粒充实期在 6 月份,处于梅雨季节,常年绵雨寡照,削弱光合作用,结实率低,如 1964 年、1965 年、1966 年、1968 年、1969 年、1974 年 6 月份日照在 145h 以下,发生大面积歉产,特别是 1966 年冷害寡照相续,全县早稻亩减产 65 kg(比 1955 年减产 21.7%),黎明大队亩减 156 kg(比 1955 年减产 36.7%)。只有少数出梅较早的年份,如 1970 年、1971 年、1972 年,6 月份日照较多(189~236 h),全县早稻平均亩产突破 300 kg,黎明大队平均亩产达 453~503 kg。而1976—1980 年,全县大面积早稻的开花结实期调整到 6 月下旬—7 月中旬,开花结实期日照跃至 209~331 h,全县早稻平均亩产跃上 300 kg 水平,直至 400 kg。图 1 显示:1963—1980 年各年早稻产量随开花结实期日照时数而有规律地波动,二者达极显著正相关(龙海县 $r=0.788\,9^{**}$,黎明大队 $r=0.807\,7^{**}$)。

综观上述,传统的早稻生育期布局仅一避(早熟避螟)而三不避(秧苗期避不过倒春寒,孕穗开花期避不过梅雨寒,开花结实期避不过梅雨季寡照)。据 1960—1974 年 15 年统计,秧苗期出现严重春寒 6 年次,孕穗开花期出现梅雨寒 2 年次,开花结实期出现寡照(6 月份日照少于 145 h)7 年次。这是早稻产量不稳不高的原因。

2.2　晚稻

龙海县晚稻传统上选种感光性强的典型晚籼品种为主,6 月上旬播种,大暑—立秋插秧,10 月中旬齐穗,11 月下旬成熟。以老壮秧、夏闲(7 月份)沤田,延长大田营养生长期,而争取较好的收成(产量比早稻高)。其弊病是:(1)过迟孕穗、开花,遇秋寒概率 18%,如 1974 年 10 月 12—14 日,1979 年 10 月 6—8日,都出现数日日平均气温<21 ℃的低温,对开花受精都有一定影响。(2)11 月中旬日照剧减,影响籽粒后期充实。但总体而言,开花结实期日照较充足,1960—1981 年平均达 260 h,有 6 年超过 300 h,获得高产。但有 4 年日照较少(1970 年、1974 年、1975 年、1976 年),出现歉产,特别是 1974 年,日照仅 105 h,全县平均亩产 250 kg,降到 1956 年以来 19 年产量的最低点。由此,无论是全县还是黎明大队,各年晚稻产量都随开花结实期日照时数而有规律地波动,二者达极显著正相关(龙海县 $r=0.688\,9^{**}$,黎明大队 $r=0.699\,5^{**}$)。(3)典型晚熟品种必须预留秧田,减少了复种指数,成熟过迟,小麦也不能早播争高产。

(4)7月份夏闲正值一年中日照最充足季节,早晚两季都未予利用,造成太阳光能的极大浪费。

表3 龙海县历年双季早晚稻产量及开花结实期日照

	年份	1963	1964	1965	1966	1968	1969	1970	1971	1972	1973	1974	1975	1976	1977	1978	1979	1980
早稻	开花结实期日照(h)	184	147	144	125	119	148	189	225	236	167	100	111	209	239	331	275	266
	黎明大队产量(kg/亩)	353	391	425	269	350	385	453	503	475	397	409	341	410	428	515	516	533
	龙海县产量(kg/亩)	219	266	300	235	247	278	325	336	315	251	280	276	308	310	375	408	410
晚稻	开花结实期日照(h)	306	246	246	278	331	303	228	304	250	263	105	160	188	329	269	344	281
	黎明大队产量(kg/亩)	482	402	403	445	370	440	407	483	483	433	292	380	427	504	528	535	506
	龙海县产量(kg/亩)	333	291	328	307	308	350	309	350	350	310	250	297	300	375	388	382	401

* 早稻开花结实期,1963—1975年为6月上旬—6月下旬,1976—1980年为6月下旬—7月中旬;
  晚稻开花结实期,1963—1977年为10月中旬—11月中旬,1978—1980年为10月上旬—11月上旬。

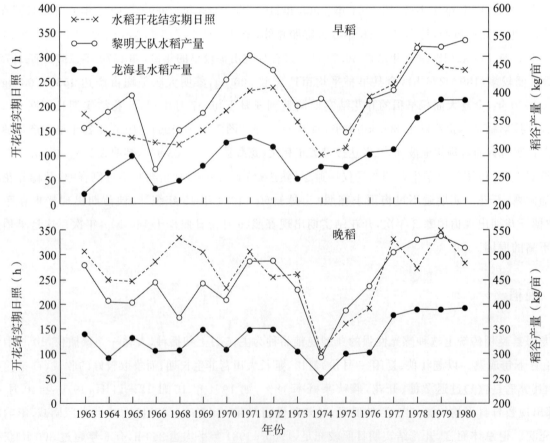

图1 龙海县及黎明大队历年双季稻产量与开花结实期日照的关系

* 稻谷产量与开花结实期日照的相关:

早稻:龙海 $y=174.89+0.673\,7x$,$r=0.788\,9^{**}$,黎明大队 $y=252.74+0.888\,5\,x$,$r=0.807\,7^{**}$

早稻:龙海 $y=216.77+0.438\,7x$,$r=0.688\,9^{**}$,黎明大队 $y=259.94+0.699\,9\,x$,$r=0.695\,5^{**}$

3　双季稻生育期调整方案

3.1　早稻

根据趋利避害,充分利用当地光热资源的原则,1974 年提出早稻改早熟品种为晚熟品种,改偏早播种(2 月上中旬)为适时播种(2 月下旬),将生育期调整为 6 月 15—20 日齐穗,7 月 15—20 日成熟的方案(表 4),其优点是:(1)秧苗期基本避过春寒,防止烂秧死苗。(2)孕穗开花期平均气温 26 ℃,完全避过"梅雨寒"危害。(3)开花结实期基本避过梅雨季,利用断梅后一年中最丰富的日照,平均日照由原来生育期布局(6 月上旬—6 月下旬)的平均 170.7 h,提高到新布局(6 月下旬—7 月中旬)的平均 252.6 h,增加48%,从而增强光合作用,促进籽粒充实,提高产量。

3.2　晚稻

根据秋季日长逐渐缩短、日照逐渐减少、气温逐渐降低的规律,1974 年提出改强感光型晚稻品种为感温、感光性弱,基本生长期长、而总生育期日数适中的中稻型品种,将生育期由原来布局的 10 月 10—15 日齐穗,11 月 20—25 日成熟,调整为 10 月初齐穗,11 月 10 日成熟的方案(表 4)。其优点是:(1)孕穗开花期平均气温 24~25 ℃,完全避过"秋寒"危害。(2)开花结实期利用初秋天高气爽、日照丰富的气候,回避 11 月中旬以后"秋日方阑"时节,平均日照由原来生育布局(10 月中旬—11 月中旬)的 259.9 h,提高到新布局(10 月上旬—11 月上旬)的 277.5 h,增加 7%,从而增强了光合作用,促进籽粒充实,提高产量。(3)中稻型品种在 7 月中旬播种,无须预留秧田,增加复种指数。(4)晚季早熟,为小麦播种提供早茬口,提高小麦产量。

然而,1974 年提出的更换中稻型品种,尚无中意品种,经过 1975 年、1976 年多点试种筛选,终于发现四优 2 号,汕优 2 号等杂交水稻符合设想目标,于是科技协作组在 1977 年提出晚稻选用杂交稻品种,7 月10—15 日播种,国庆前后齐穗的方案,1978 年全县推广 14 万亩,1979 年后每年推广 20 万亩,占稻田总面积的 50%~60%。同时,杂交水稻经 1976 年试种,1977 年示范 9 540亩,1978 年组织高产协作攻关,出现亩产 700~800 kg 超高产田之后,名声大振,不仅在晚季大面积推广,也在早季大面积推广开来,其生育期竟与新布局目标契合。至 1979 年其种植面积已超过常规晚熟种珍珠矮,全县平均早稻产量从此超过晚稻。

4　双季稻生育期调整成效

1974 年提出调整早稻生育期方案,1975 年推广 17 万亩,占全县稻田面积 36 万亩的 47%。这一年 5

月下旬出现"梅雨寒",6月份日照111 h,为历年次低,传统布局的早稻发生严重减产,而调整了生育期的早稻丰收,如黎明大队农科组对比,选用迟熟品种珍珠矮,调整在6月14日齐穗,亩产360 kg,而早播种于6月10日齐穗的,减产8.3%,种植早熟品种广陆矮于6月1日齐穗的,减产26.7%(见表5)。因此,全县以丰补歉,早稻平均亩产276 kg,比同样冷害寡照相续的1966年还增产17.4%。于是,1976年新方案推广到30万亩,占早稻总面积的83%,全县平均亩产跃达308 kg。据几个协作点验证,新方案的增产效果相当显著,如表5所示,紫泥公社农科站、南书大队农科组和巧山大队农科组,分别增产26.8%、32.8%和17.7%。1977年后,新方案每年都推广30万亩以上,在一般年份,大面积平均每亩增产50 kg左右,低温寡照年份每亩增产75~100 kg。1979年、1980年杂交稻面积超过早稻迟熟种珍珠矮、南京11号,全县平均亩产突破400 kg。1981年全省遭受梅雨寒危害之严重为历史所罕见,龙海县由于全面调整了生育期,却安然无恙,平均亩产415 kg,获得6年稳产、高产。据估计,龙海县1975—1981年早稻新生育期布局方案累计推广197万亩,每亩约增产50 kg,共增产稻谷1亿 kg。

表4 龙海县双季稻两种生育期布局及其光温条件(1960—1981年平均值)

| 季别 | 生育期布局类型 | 品种类型 | 生育期 | | | | 孕穗开花期 | | 开花结实期日照(h) |
			播种	移栽	齐穗	成熟	平均气温(℃)	冷害概率(%)	
早稻	传统布局	早熟早籼	2月上中旬	4月上中旬	5月25日—6月5日	6月下旬	24.6	18	171
	新布局	晚熟早籼	2月下旬	4月上中旬	6月15日—20日	7月15日—20日	26.3	0	253
晚稻	传统布局	感光晚籼	6月上中旬	7月下旬—8月上旬	10月10日—20日	11月20日—25日	23.1	23	260
	新布局	基本型籼	7月中旬	7月下旬—8月上旬	10月1日—5日	11月10日	24.5	0	278

1974年提出改换品种类型和播种期,调整晚稻生育期的设想,经1975年、1976年组织多点设置品种、播期试验,明确接近新的生育期布局的处理比传统生育期布局显著增产,如表5所示,龙海县农科所等5个试点,选用四优2号、汕优2号等杂交稻品种、于7月5—10日播种、9月底齐穗,11月5—12日成熟的新生育期布局,比选用强感光型晚籼广华4号、晚秋矮等品种,于6月上中旬播种、10月17日—20日齐穗,11月19—26日成熟的传统的生育期布局,每亩提高50~109 kg,增产11%~25%。即使种植同一杂交稻品种,偏早播种而偏早齐穗成熟的,也比接近新生育布局方案者显著减产(减产6%~10%)。据此,1977年春提出调整晚稻生育期布局方案,选用四优2号、汕优2号一类基本营养生长型杂交稻品种,7月10—15日播种,10月初齐穗,11月10日成熟,并于该年晚季在16个协作点示范,结果,51丘共136亩示范田平均亩产598 kg。1978年新方案推广14万亩,占晚稻总面积39%,1979以后每年推广20万亩,占晚稻总面积的50%~60%。选用新品种,调整播种、齐穗、成熟生育期,大面积平均每亩增产40 kg左右,促进了晚稻稳定高产。如1979年10月上旬末,漳州地区出现30年来罕见的早秋寒,典型晚稻受害80万亩,而龙海县由于大面积调整生育期,减轻冷害,晚稻平均亩产仍达382 kg。1980年气候正常,亩产跃达401 kg。据估计,龙海县1978—1981年晚稻新生育期布局方案累计推广75万亩,每亩以增产40 kg计,共增产稻谷300万 kg。

表 5 龙海县双季稻不同品种及生育期布局的产量效应试验

(1975,1976)

时间	地点	品种	生育期(月-日)				产量	增产
			播种	移栽	齐穗	成熟	(kg/亩)	(%)
1975 年早季	黎明大队农科组	广陆矮	03-03	04-15	06-01	06-27	264	0
		珍珠矮	02-01	04-07	06-10	07-08	330	25.0
		珍珠矮	02-21	04-07	06-14	07-12	360	36.4
1976 年早季	紫泥公社农科站	广陆矮	03-07	04-20	06-05	07-05	399	0
		南京 11 号	02-20	04-20	06-14	07-15	506	26.8
	南书大队农科组	原丰早	04-07	04-20	05-28	06-25	369	0
		南京 11 号	02-20	04-20	06-15	07-15	490	32.8
	巧山大队农科组	矮南特	02-15	04-15	05-30	06-27	408	0
		珍珠矮	02-21	04-15	06-14	07-12	480	17.7
1976 年晚季	龙海县农科所	广华 4 号	06-05	07-27	10-17	11-19	369	0
		四优 2 号	06-26	07-27	09-22	11-01	419	13.6
		四优 2 号	06-30	07-27	09-26	11-06	428	16.0
		四优 2 号	07-05	07-27	09-28	11-08	442	19.8
	角美公社农科站	晚秋矮	06-16	08-07	10-20	11-26	448	0
		四优 2 号	06-28	07-30	09-23	11-09	453	1.1
		四优 2 号	07-03	07-30	09-26	11-11	483	7.8
		四优 2 号	07-08	07-30	09-28	11-12	497	10.9
	黄浦大队农科组	四优 2 号	06-30	07-30	09-19	11-03	417	0
		四优 2 号	07-05	07-30	09-23	11-07	455	9.1
		四优 2 号	07-10	07-30	09-27	11-11	483	15.8
	紫泥公社农科站	广华 4 号	06-08	07-31	10-17	11-19	433	0
		四优 2 号	07-07	07-28	09-27	11-05	541	24.9
		汕优 2 号	07-07	07-28	09-27	11-05	542	25.2
	溪堀大队农科组	番溪	06-18	08-03	10-20	11-25	349	0
		南优 2 号	07-15	08-07	10-01	11-18	409	17.2

著录论文

李义珍,张达聪,黄亚昌,等.龙海县双季稻生育期的合理调整[R]//福建省农业科学院稻麦研究所.科学研究年报.福州:福建省农业科学院,1981:42-48.

参考文献

[1]福建省农业科学实验站黎明基点,龙海县气象站,龙海县农业科学研究所.利用气候资源,争取三熟高产:论龙海县稻麦生育期的合理布局[R].福州:福建省农业科学实验站,1975.

六、福建龙海太阳辐射与粮食作物光合生产关系研究

作物产量的 90% 以上由光合产物构成,而太阳辐射是光合作用的能源。为了提高光合生产力,必须了解地面太阳辐射能储量及其时空分布规律。太阳辐射观测点少,分布又不均匀,常用间接方法计算。国内外大多采用 $Q = Q_i(a + bS)$ 经验公式计算太阳总辐射[1-5]。目前作物的光能利用率仅 1%～2%,提高光能利用率并估算潜在产量,成为研究的热点[6-10]。

本研究于 2005 年起立项研究粮食作物高产技术,在福建省龙海市建立基点,2006 年起架设自动气象站,观测太阳辐射和早稻、晚稻、马铃薯等一年三熟作物的光合生产,分析太阳辐射对光合生产的效应,计算作物的光能利用率和光合生产潜力,为提升作物生产力提供技术支撑。同时,依据太阳辐射和日照率实测值,建立分季节的太阳辐射经验计算式,再以龙海 30 年各月平均日照率代入公式,计算出龙海常年各月各旬太阳总辐射理论值,为当地太阳能资源的开发利用,应对气候变化,发展低碳经济提供科学依据。

1　材料与方法

1.1　研究时间地点

2005—2009 年立项研究粮食作物高产技术,在福建省龙海市海澄镇黎明村建立研究基点,种植 2 hm² 马铃薯—早稻—晚稻一年三熟作物。2006 年起在龙海市气象局(24°26′N,117°50′E,海拔 32.2 m)安装 Watchdog 型自动气象仪(生产厂家 Spectrum,USA),观测太阳总辐射。

1.2　观测项目

1.2.1　生育期

马铃薯观测记载播种、齐苗(出苗 70%)、现蕾(50% 主茎顶见花蕾)、开花(50% 主茎开花)、茎叶生长高峰(茎叶重达高峰)、成熟(50% 叶片枯黄)等生育期。水稻观测记载播种、移栽、分蘖盛(移栽后 15 d)、一次枝梗分化、孕穗(顶部二叶叶枕平)、齐穗(80% 茎蘖的穗顶露出剑叶叶鞘)、黄熟(90% 谷粒转黄)等生育期。

1.2.2　器官干物质重和叶面积

马铃薯在齐苗、现蕾、开花、茎叶高峰、成熟等期各取样 5 株,分解为绿叶、枯叶、茎枝(含叶柄)、块茎(含匍匐茎)等器官,称鲜重后烘干称重。同时随机取 30 片绿叶,采用圆管器(内缘直径 2 cm)截取 30 个小圆片(面积合计 94.2 cm²),称鲜重,求积重比,由此计算 5 株绿叶总面积,再按种植密度计算叶面积指数(LAI)。水稻在移栽、分蘖盛、一次枝梗分化、孕穗、齐穗、乳熟(齐穗后 15 d)、黄熟等期各取样 5 丛,分解为绿叶、枯叶、茎鞘、穗等器官烘干称重。同时随机取 20 片绿叶,截取中部 10 cm 长叶段,测定 20 片叶段总宽度,得 20 片叶段面积,烘干称重,求积重比,由此计算 5 丛绿叶总面积,再按种植密度计算叶面积指数(LAI)。

1.2.3　气象指标

自动气象仪自动观测记录太阳辐射、气温、降雨量、相对湿度、风向、风速,观测间隔为 1 h。日照及日照百分率由龙海市气象局观测提供。

1.3　计算方法

1.3.1　太阳总辐射

由李克煌专著《气候资源学》附表内查得龙海所处纬度各月天文总辐射(Q_0)、晴天太阳总辐射(Q_A)、理想大气太阳总辐射(Q_m)。太阳总辐射单位间的换算关系为:

$$1 \text{ kW} \cdot \text{h/m}^2 = 3.6 \text{ MJ/m}^2 \tag{1}$$

$$1 \text{ W} \cdot \text{h/m}^2 = 0.36 \text{ J/cm}^2 \tag{2}$$

依据龙海 2006—2009 年各月太阳总辐射(Q)和日照百分率(S)的实测值,应用国内外学者研拟的 $Q = Q_i(a + bS)$ 经验公式,建立分季节的月太阳总辐射计算式,再以龙海 1980—2009 年共 30 年平均各月日照百分率代入公式,计算出龙海常年各月太阳总辐射理论值,并由各月上、中、下旬日照时数占该月日照总时数的比率,摊算各旬太阳总辐射理论值。

1.3.2　光合生产

依据植物生长分析法,由干物质净积累量(ΔW)、观测日数(D)和叶面积指数(LAI),计算群体生长率(CGR)和净同化率(NAR):

$$\text{RCG} = \Delta W/D \tag{3}$$

$$\text{NAR} = \text{RCG/LAI} \tag{4}$$

由干物质净积累量(ΔW)、单位干物质氧化热量(K)和同期入射的太阳总辐射(Q),计算水稻、马铃薯各生育时期的化学能净获得量(C)和光能利用率(E_u):

$$C = \Delta W \cdot K \tag{5}$$

$$E_u = (C/Q) \cdot 100\% = (\Delta W \cdot K/Q) \cdot 100\% \tag{6}$$

式中干物质氧化热量(K)的数值随植物种类和器官而异,在日本国际生物学计划(JIBP)项目研究中,对水稻植株所有部分采用 0.015 675 MJ/g = 15.675 MJ/kg 的数值,本研究取此值(马铃薯也取此值)。

1.3.3 光合生产潜力

最高潜在干物质积累总量(W)决定于当地太阳总辐射量(Q)和理想条件下最高的光能利用率(E_u)：

$$W = Q \cdot E_u / K \tag{7}$$

最高光能利用率因学者间采用的假设不同而不同，本研究取其中间值 5%。由潜在干物质积累总量转换成潜在经济产量(Y_o)，必须乘以收获指数，加上经济产量标准的含水量和含灰分量。则潜在经济产量(Y_o)计算式为：

$$Y_o = W \cdot A / [(1-B)(1-H)] = Q \cdot E_u \cdot A / [K(1-B)(1-H)] \tag{8}$$

式中 A 为收获指数，水稻为 0.45～0.50，取中间值 0.47；马铃薯为 0.80～0.84，取中间值 0.82；B 为标准含水率，稻谷为 14%，马铃薯块茎为 82%；H 为经济产量含灰分率，一般取 5%。

日本学者[8]还提出水稻用有效灌浆期（齐穗至黄熟期）的干物质净积累量(ΔW)、太阳总辐射(Q)、最高光能利用率(E_u)、单位干物质氧化热量(K)、稻谷含水率($B=14\%$)、谷壳占谷粒总重百分率($D=20\%$)，来计算潜在稻谷产量(Y_o)：

$$Y_o = \Delta W / (1-B)(1-D) = Q \cdot E_u / [K(1-B)(1-D)] = Q \cdot E_u / [K(1-0.14)(1-0.20)] \tag{9}$$

2 结果与分析

2.1 福建省龙海太阳总辐射

表 1 列出自动气象仪观测记录的 2006—2009 年各月太阳总辐射。为了反映龙海常年太阳能资源储量及其时间分布的总体规律，参照前人研究方法，利用现有太阳辐射实测值和当地日照观测值，建立适用于龙海的太阳辐射经验计算式，计算出龙海常年各月太阳总辐射量。采取的步骤、计算方法和结果如下：

2.1.1 汇集计算基础数据

汇集 2006—2009 年各月太阳总辐射观测值，龙海市气象局观测的 2006—2009 年各月日照百分率，从李克煌专著《气候资源学》附表内插查得的龙海（24°26′N）的各月天文总辐射(Q_o)、晴天太阳总辐射(Q_A)和理想大气太阳总辐射(Q_m)，列于表 1。

2.1.2 划分自然辐射季节

据高国栋等[4]计算太阳总辐射的经验式 $Q = a + bQ_oS$，代入不同月份组合的月太阳总辐射(Q)与月天文总辐射、月日照百分率乘积(Q_oS)，建立线性回归方程，将方程的相关系数达到极显著水平的月份组合划归为同一个自然辐射季节。结束划分 1—3 月（早春季）、4—6 月（春夏过渡季）、7—9 月（夏季）、10—12 月（秋季）等 4 个自然辐射季节（图 1）。

表 1　福建省龙海各月天文总辐射、理想大气总辐射、晴天总辐射和 2006—2009 年各月太阳总辐射实测值及日照率

月份	天文总辐射 Q_o [MJ/(m²·月)]	理想大气总辐射 Q_m [MJ/(m²·月)]	晴天总辐射 Q_A [MJ/(m²·月)]	太阳总辐射实测值 Q [MJ/(m²·月)]					日照率 S				
				2006年	2007年	2008年	2009年	平均	2006年	2007年	2008年	2009年	平均
1 月	763.2	677.7	553.6	269.5	306.1	206.6	333.2	278.9	0.443 9	0.516 1	0.320 6	0.630 7	0.477 8
2 月	816.1	718.9	606.1	280.6	280.3	237.8	298.2	274.2	0.381 6	0.401 8	0.356 7	0.468 6	0.402 2
3 月	1 053.0	937.4	701.5	301.4	250.7	378.9	290.3	305.3	0.343 1	0.221 6	0.499 9	0.285 8	0.337 6
4 月	1 142.8	1 018.8	814.5	313.2	328.4	321.9	384.3	337.0	0.278 7	0.326 3	0.307 4	0.403 9	0.329 1
5 月	1 246.5	1 113.5	909.9	312.7	476.5	416.7	460.6	416.6	0.237 5	0.463 2	0.410 1	0.494 6	0.401 4
6 月	1 225.2	1 095.8	934.0	390.6	339.8	381.8	395.4	376.9	0.361 2	0.238 6	0.323 2	0.389 0	0.328 0
7 月	1 253.6	1 119.9	925.7	504.9	551.8	483.8	507.3	512.0	0.596 6	0.709 5	0.553 8	0.610 1	0.617 5
8 月	1 203.0	1 072.8	854.1	534.2	376.2	495.1	495.3	475.2	0.584 4	0.385 0	0.630 0	0.605 0	0.551 1
9 月	1 065.0	948.7	749.4	473.3	376.6	450.1	445.0	436.3	0.593 8	0.497 7	0.618 9	0.578 9	0.572 3
10 月	957.3	847.0	671.2	420.4	373.8	317.3	360.0	367.9	0.680 7	0.607 8	0.480 7	0.683 5	0.613 2
11 月	779.5	689.8	577.8	256.0	290.1	288.0	230.7	266.2	0.421 1	0.603 6	0.627 7	0.451 3	0.525 9
12 月	723.7	641.5	520.1	288.2	227.2	226.0	195.2	234.1	0.561 5	0.554 6	0.550 2	0.440 1	0.526 6
合计	12 228.9	10 881.8	8 817.9	4 345.0	4 177.5	4 204.0	4 395.5	4 280.5	0.455 5	0.457 7	0.473 2	0.503 9	0.472 6

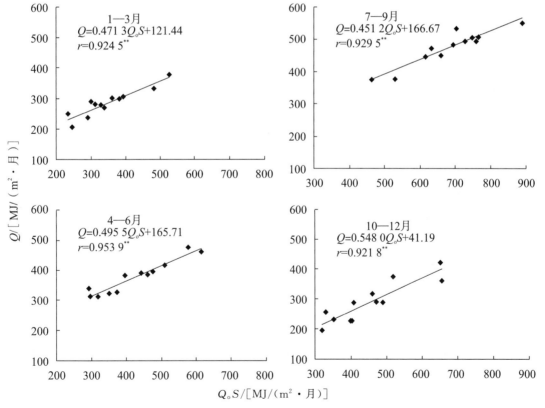

图 1　福建省龙海分季节月太阳总辐射(Q)与天文总辐射×日照率(Q_oS)的关系

2.1.3 建立 4 类分季节的月太阳总辐射经验计算式

按上述划分的自然辐射季节点绘 2006—2009 年各月的 Q 与 $Q_o S$、Q/Q_o 与 S、Q/Q_A 与 S、Q/Q_m 与 S 的相关散点图(如图 1),分别计算 a、b、r 值,建立 4 类分季节的月太阳总辐射经验计算式,列于表 2。

表 2　福建省龙海 4 类分季节月太阳总辐射(Q)经验计算式

太阳月总辐射计算式	季节	月份	线性方程参数		
			a	b	r
$Q=a+bQ_o S$	早春	1—3	121.442 0	0.471 3	0.924 5**
	春夏过渡	4—6	165.714 8	0.495 5	0.953 9**
	夏	7—9	166.672 7	0.451 2	0.929 5**
	秋	10—12	41.189 7	0.540 4	0.921 8**
$Q=Q_o(a+bS)$	早春	1—3	0.125 5	0.505 1	0.970 6**
	春夏过渡	4—6	0.148 9	0.462 9	0.961 4**
	夏	7—9	0.156 8	0.426 6	0.870 2**
	秋	10—12	0.111 0	0.430 1	0.795 5**
$Q=Q_m(a+bS)$	早春	1—3	0.141 3	0.570 4	0.968 0**
	春夏过渡	4—6	0.166 8	0.518 1	0.962 8**
	夏	7—9	0.177 1	0.476 0	0.866 2**
	秋	10—12	0.124 6	0.487 3	0.795 5**
$Q=Q_A(a+bS)$	早春	1—3	0.202 9	0.642 9	0.960 9**
	春夏过渡	4—6	0.197 7	0.644 3	0.967 4**
	夏	7—9	0.246 2	0.547 3	0.781 9**
	秋	10—12	0.125 1	0.650 5	0.803 3**

2.1.4　检验 4 类分季节的月太阳总辐射经验计算式应用的精确度

以 2006—2009 年平均各月日照百分率,代入 4 类分季节的月太阳总辐射经验计算式,计算出 2006—2009 年平均各月太阳总辐射理论值,与同期平均各月太阳总辐射实测值比较,算出误差百分率,列于表 3。结果看出,4 类计算式计算出来的各月太阳总辐射理论值与实测值都比较接近,大多数月份误差<5%,年误差≤0.01%,只有 $Q=a+bQ_o S$ 类计算式有 3 个月的误差为 5.2%～5.6%,$Q=Q_A(a+bS)$ 类计算式有 1 个月的误差为 5.6%。4 类计算式都达到实际应用的标准。

4 类计算式不仅误差小,而且同一月份的太阳辐射理论值相近。究其原因,发现 Q_o、Q_m、Q_A 值之间存在一定的数量关系。以表 1 龙海数据为例,如各月的 Q_o 值为 100,则 Q_m 值为 89+0.4,Q_A 值为 72.1+2.5。因此,4 类分季节计算式计算出来的太阳总辐射数值差异甚小,是理所当然的,也正因如此,实用时只需建立其中一类计算式即可。本研究后面的计算皆选用 $Q=Q_o(a+bS)$ 类计算式。

表 3　各类经验公式计算的龙海 2006—2009 年平均各月太阳总辐射(Q)理论值及其误差

月份	实测 Q [MJ/(m^2·月)]	$Q=a+bQ_0S$ 式		$Q=Q_0(a+bS)$ 式		$Q=Q_m(a+bS)$ 式		$Q=Q_A(a+bS)$ 式	
		测算 Q	误差（%）	测算 Q	误差（%）	测算 Q	误差（%）	测算 Q	误差（%）
1 月	278.9	293.3	5.2	280.0	3.9	280.5	0.6	282.4	1.3
2 月	274.2	276.1	0.7	268.2	−2.2	266.5	−2.8	279.7	2.0
3 月	305.3	289.0	−5.3	311.7	2.1	313.0	2.5	294.6	−3.5
4 月	337.0	352.1	4.5	344.3	2.2	343.6	2.0	333.7	−1.0
5 月	416.6	413.6	−0.7	417.2	0.1	417.3	0.2	415.2	−0.3
6 月	376.9	364.8	−3.2	368.5	−2.2	369.0	−2.1	382.0	1.4
7 月	512.0	515.9	0.8	526.8	2.9	527.5	3.0	540.8	5.6
8 月	475.2	465.8	−2.0	471.5	−0.8	471.4	−0.8	467.9	−1.5
9 月	436.2	441.7	1.3	427.0	−2.1	426.5	−2.2	419.2	−3.9
10 月	367.9	358.4	−2.6	358.7	−2.5	358.7	−2.5	351.7	−4.4
11 月	266.2	262.7	−1.3	262.8	−1.3	262.7	−1.3	269.9	1.4
12 月	234.1	247.1	5.6	244.2	4.3	244.5	4.4	243.2	3.8
合计	4 280.5	4 280.5	—	4 280.9	—	4 281.1	—	4 280.3	—

2.1.5　计算福建省龙海常年各月各旬太阳总辐射

将龙海市气象局提供的 1980—2009 年共 30 年平均各月日照百分率,代入分季节的 $Q=Q_0(a+bS)$ 计算式,计算出龙海常年各月太阳总辐射理论值,并由 30 年平均各月上、中、下旬日照时数占该月日照总时数的比率,推算各旬太阳总辐射,列于表 4、图 2。可以看出,龙海常年全年太阳总辐射为 4 188.1 MJ/m^2;高值期在 6 月下旬至 8 月下旬,各旬平均太阳总辐射达 155～180 MJ/m^2;中值期在 4 月中旬至 6 月中旬和 9 月上旬至 10 月下旬,各旬平均太阳总辐射为 110～140 MJ/m^2;低值期在 11 月上旬至次年 4 月上旬,各旬平均太阳总辐射小于 100 MJ/m^2。全年各旬太阳总辐射变化呈以 7 月为高峰的单峰曲线。日照时数的变化趋势相似,但呈明显右偏的单峰曲线,上半年长时间春雨、梅雨绵绵,日照偏少,下半年处于不稳定雨季和干季,日照偏多,特别是从 6 月下旬"断梅"起,天气转进入一年中辐射最丰的强光盛暑季节。

2.2　水稻的光合生产及与太阳辐射的关系

图 3、表 5 显示,水稻前期(移栽至一次枝梗分化)、中期(一次枝梗分化至齐穗)、后期(齐穗至成熟)的干物质净积累量,大致各占 20%、45% 和 35%,积累优势在中、后期。稻穗干物质总积累量有 18%～20% 来自中期光合生产的结构性物质(构成穗轴、枝梗、颖壳),15%～20% 来自中期光合生产贮积于茎叶,抽穗后转运入穗的非结构性物质,60%～70% 来自后期光合生产直运入穗的干物质。稻谷产量 9～10 t/hm^2 群体的最高叶面积指数(LAI)为 7.5 左右,中期平均 LAI 为 5.2～6.0,后期平均 LAI 为 5.6～6.2。衡量群体光合生产力指标的群体生长率(CGR),以中期最高,后期次之。衡量单位叶面积光合机能指标的净同化率(NAR),以前期最高,中期次之。

表4 福建省龙海常年各月各旬太阳总辐射理论值

月份	可照时长（h）	日照（h）				日照率（S）	天文辐射（Q_0）	太阳总辐射（MJ/m²）			
		全月	上旬	中旬	下旬			全月	上旬	中旬	下旬
1 月	332.5	145.3	53.3	47.1	44.9	0.437 0	763.2	266.5	97.8	86.4	82.3
2 月	317.1	101.7	39.4	34.7	27.6	0.320 7	816.1	235.7	91.3	80.4	64.0
3 月	371.9	106.9	41.1	31.1	34.7	0.287 4	1053.0	293.4	112.8	85.4	95.2
4 月	380.3	121.0	33.0	43.1	44.9	0.318 2	1142.8	334.4	91.2	119.1	124.1
5 月	410.6	146.7	46.0	51.2	49.5	0.357 3	1246.5	387.0	121.4	135.1	130.5
6 月	406.2	173.7	51.8	52.2	69.7	0.427 6	1225.2	419.6	125.1	126.1	168.4
7 月	415.5	248.8	81.6	81.0	86.2	0.598 8	1253.6	516.8	169.5	168.2	179.1
8 月	399.7	223.7	74.0	72.9	76.8	0.559 7	1203.0	475.9	157.4	155.1	163.4
9 月	367.1	193.2	67.2	64.8	61.2	0.526 3	1065.0	406.1	141.2	136.2	128.7
10 月	358.0	202.7	67.4	65.6	69.7	0.566 2	957.3	339.4	112.8	110.2	116.4
11 月	327.7	174.6	63.1	54.0	57.5	0.532 8	779.5	265.2	95.9	82.0	87.3
12 月	319.7	172.3	61.7	51.0	59.6	0.538 9	723.7	248.1	88.9	73.4	85.8
合计	4 406.3	2 010.6	—	—	—	0.455 9	12 228.9	4 188.1	—	—	—

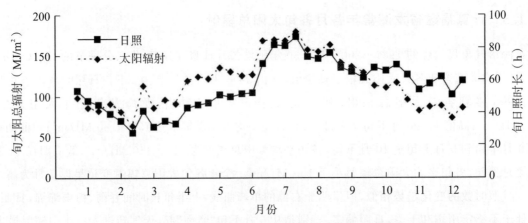

图2 福建省龙海市常年逐旬太阳总辐射与日照动态

太阳辐射是干物质生产的能源。表5表6显示，水稻各生育期的干物质净积累量（ΔW）与同期的太阳总辐射量（Q_i）呈现正相关趋势，但由于干物质生产量还与群体叶面积、单位叶面积光合机能和多种环境因素有关，前、中期的 Q_i 与同期的 ΔW 的相关未达到显著相关水平，只有后期的 Q_i 与同期的 ΔW、CGR、NAR 以及稻谷产量呈显著正相关。由此表明，后期的太阳辐射对干物质生产和稻谷产量有决定性影响。

表7显示：龙海早稻、晚稻4年平均稻谷产量分别为 10 207 kg/hm² 和 9 217 kg/hm²，全生育期的光能利用率（E_u）分别为 2.10% 和 1.98%。云南涛源基点中稻 2006 年稻谷产量 18 527 kg/hm²，与福建龙海基点早稻4年平均值相比，全生育期太阳总辐射增加 72.7%，干物质积累总量增加 81.9%，稻谷产量增加 81.5%，光能利用率由 2.10% 提高到 2.21%，只提高 0.11%。由此之故，所谓作物增产的本质是提高光能利用率的提法，应改正为：提高作物产量的基本途径是在扩增太阳总辐射拦截量基础上，提高光能利用率。

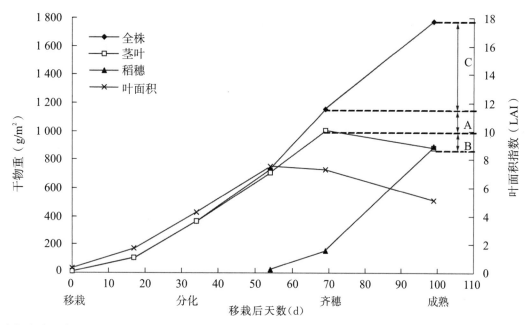

A：中期光合生产的结构性物质（占 17.5％）；B：中期光合生产贮积于茎叶、抽穗后转运入穗的非结构性物质（占 13.4％）；C：后期光合生产直输入穗的干物质（占 69.1％）。

图 3　水稻干物质积累运转和叶面积发展动态（龙海，2006，早季）

表 5　福建龙海与云南涛源两基点历年水稻各生育时期的光合生产

地点稻作	年份	生育时期	起讫时间（月-日）	日数（d）	LAI	CGR	NAR	ΔW	C	Q	E_u	积温（℃）	平均气温（℃）
		移栽—分化	04-08—05-02	34	2.27	10.34	4.56	351.6	5.5	379.7	1.45	765.5	22.5
	2006年	分化—齐穗	05-12—06-16	35	5.78	22.60	3.91	791.1	12.4	291.0	4.26	824.1	23.6
		齐穗—成熟	06-16—07-16	30	5.68	20.51	3.61	615.3	9.7	516.1	1.87	871.6	29.1
		合计	04-08—07-16	99	4.54	17.76	3.91	1 758.0	27.6	1 186.8	2.32	2 461.2	24.9
		移栽—分化	04-02—05-11	39	2.29	10.01	4.37	390.2	6.1	512.9	1.19	796.9	20.4
	2007年	分化—齐穗	05-11—06-15	35	5.78	23.93	4.14	837.4	13.1	411.4	3.18	872.4	24.9
		齐穗—成熟	06-15—07-15	30	6.20	21.18	3.42	635.4	10.0	459.9	2.17	870.2	29.0
福建龙海双季早稻		合计	04-02—07-15	104	4.59	17.91	3.90	1 863.0	298.2	1 384.2	2.11	2 539.5	24.4
		移栽—分化	04-03—05-16	43	2.42	9.45	3.90	406.5	6.4	558.0	1.15	957.4	22.3
	2008年	分化—齐穗	05-16—06-20	35	6.00	24.92	4.15	872.1	13.7	398.5	3.44	884.3	25.3
		齐穗—成熟	06-20—07-20	30	6.35	22.06	3.47	661.7	10.4	462.5	2.25	842.6	28.1
		合计	04-03—07-20	108	4.67	17.97	3.85	1 940.3	30.5	1 419.0	2.15	2 684.3	24.9
		移栽—分化	04-03—05-17	44	2.24	9.19	4.10	404.5	6.3	650.8	0.97	970.1	22.0
	2009年	分化—齐穗	05-17—06-21	35	5.68	23.67	4.17	828.4	13.0	429.2	3.03	900.9	25.7
		齐穗—成熟	06-21—07-24	33	6.12	18.78	3.07	619.8	9.7	478.4	2.03	952.2	28.9
		合计	04-03—07-24	112	4.46	16.54	3.71	1 852.7	29.0	1 558.4	1.86	2 823.2	25.2

续表5

地点稻作	年份	生育时期	起讫时间（月-日）	日数（d）	LAI	CGR	NAR	ΔW	C	Q	E_u	积温（℃）	平均气温（℃）
福建龙海双季晚稻	2006年	移栽—分化	08-03—09-03	31	2.07	13.24	4.95	317.4	5.0	542.9	0.92	894.4	28.9
		分化—齐穗	09-03—10-08	35	5.32	20.40	3.83	714.0	11.2	545.5	2.05	912.1	26.1
		齐穗—成熟	10-08—11-15	38	5.01	14.62	2.92	555.4	8.7	451.8	1.93	914.2	24.1
		合计	08-03—11-15	104	4.24	15.26	3.60	1 586.8	24.9	1 540.2	1.62	2 720.7	26.2
	2007年	移栽—分化	08-03—09-03	31	2.07	11.84	5.72	366.9	5.8	361.9	1.60	863.9	27.9
		分化—齐穗	09-03—10-08	33	5.40	22.77	4.22	751.4	11.8	416.1	2.84	902.7	27.4
		齐穗—成熟	10-08—11-15	37	5.83	13.22	2.27	489.3	7.7	332.9	2.31	833.1	22.5
		合计	08-03—11-15	101	4.54	15.92	3.51	1 607.6	85.3	1 110.9	2.28	2 599.7	25.7
	2008年	移栽—分化	08-02—08-30	28	2.00	12.97	6.49	363.1	5.7	445.5	1.28	804.0	28.7
		分化—齐穗	08-30—10-01	32	5.20	23.24	4.47	743.7	11.7	443.7	2.64	913.5	28.5
		齐穗—成熟	10-01—11-07	37	5.65	14.69	2.60	543.6	8.5	363.3	2.34	924.8	25.0
		合计	08-02—11-07	97	4.45	17.01	3.82	1 650.4	25.9	1 252.5	2.07	2 642.3	27.2
	2009年	移栽—分化	08-02—09-01	30	2.16	12.59	5.83	377.7	5.9	448.2	1.32	889.8	29.7
		分化—齐穗	09-01—10-04	33	5.51	23.63	4.29	779.8	12.2	414.2	2.94	957.2	29.0
		齐穗—成熟	10-04—11-10	37	5.92	14.85	2.51	549.5	8.6	420.5	2.05	889.1	24.0
		合计	08-02—11-10	100	4.66	17.07	3.66	1707.0	26.7	1282.9	2.08	2736.1	27.4
云南涛源中稻	2006年	移栽—分化	04-25—06-10	46	3.40	14.11	4.15	649.1	10.2	840.0	1.21	1115.8	24.3
		分化—齐穗	06-10—07-20	40	9.68	45.43	4.69	1817.1	28.5	822.1	3.47	1045.2	26.1
		齐穗—成熟	07-20—08-25	36	10.70	25.15	2.35	905.5	14.2	733.0	1.94	867.2	24.1
		合计	04-25—08-25	122	7.61	27.64	3.63	3371.7	52.9	2395.3	2.21	3028.2	24.8

注：LAI—叶面积指数；CGR—群体生长率[g/(m² · d)]；NAR—净同化率[g/(m² · d)]；ΔW—干物质净积累量（g/m²）；C—光合生产中化学能净获得量（MJ/m²）；Q—太阳总辐射量（MJ/m²）；E_u—光能利用率（%）。

表6　福建龙海水稻各生育时期太阳总辐射与同期光合生产因素及稻谷产量的相关性

相关因素	相关系数（r）				
	稻谷产量	ΔW	CGR	NAR	E_u
移栽至分化期太阳总辐射（Q_1）	0.406 2	−0.664 7	−0.604 0	−0.912 2**	0.371 9
分化至齐穗期太阳总辐射（Q_2）	−0.478 3	−0.488 0	−0.024 6	−0.966 7**	0.574 9
齐穗至成熟期太阳总辐射（Q_3）	0.813 8*	0.765 0*	0.878 6**	−0.759 2*	0.734 0*
移栽至成熟期太阳总辐射（$Q_总$）	0.356 6	−0.184 8	0.031 7	−0.836 2**	0.253 3

注：$n=8$，$r_{0.05}=0.707$，$r_{0.01}=0.834$。

表 7　福建龙海与云南涛源两基点历年水稻产量、产量构成及光合生产

地点	稻作类型	年份	品种	产量(kg/hm²)	每平方米穗数	每穗粒数	每平方米总粒数	结实率(%)	千粒重(g)	W(g/m²)	C(MJ/m²)	Q(MJ/m²)	E_u(%)
福建龙海	双季早稻	2006年	特优航1号	10 166	215.0	185.3	39 840	91.4	28.2	1 758.0	27.6	1 186.8	2.32
		2007年	特优63	10 139	282.5	143.7	40 595	88.1	28.5	1 863.0	29.2	1 384.2	2.11
		2008年	天优3301	10 514	255.8	162.4	41 542	87.0	29.4	1 940.3	30.5	1 419.0	2.15
		2009年	天优3301	10 010	244.4	157.0	38 371	88.3	29.5	1 852.7	29.0	1 558.4	1.86
		平均		10 207	249.4	162.1	40 087	88.7	28.9	1 853.5	29.1	1 387.1	2.10
	双季晚稻	2006年	特优63	9 173	257.8	136.6	35 215	91.8	28.4	1 586.8	24.9	1 540.2	1.62
		2007年	特优63	9 210	250.3	145.4	36 394	91.0	28.3	1 607.6	25.3	1 110.9	2.28
		2008年	天优3301	9 096	225.4	157.4	35 478	89.6	28.8	1 650.4	25.9	1 252.5	2.07
		2009年	天优3301	9 389	240.8	150.4	36 216	89.6	29.2	1 707.0	26.7	1 282.9	2.08
		平均		9 217	243.6	147.5	35 846	90.5	28.7	1 638.0	25.7	1 296.5	1.98
云南涛源	中稻	2006年	两优培九	18 527	412.1	166.1	68 450	92.6	27.9	3 371.7	52.9	2 395.3	2.21

表 8　福建龙海基点历年马铃薯各生育时期的光合生产

年份	生育时期	起讫日期(月-日)	日数	LAI	CGR	NAR	ΔW	C	Q	E_u	积温(℃)	平均气温(℃)
2006年	齐苗—现蕾	01-05—01-25	20	1.62	7.29	4.50	145.7	2.3	146.9	1.56	286.0	14.3
	现蕾—开花	01-25—02-09	15	2.28	6.80	2.07	102.0	1.6	169.4	0.94	221.7	14.8
	开花—高峰	02-09—02-27	18	4.15	21.11	5.09	380.0	6.0	177.2	3.39	280.0	15.6
	高峰—成熟	02-27—03-20	21	3.38	12.57	3.72	264.0	4.1	218.3	1.88	330.7	15.8
	合计	01-05—03-20	74	3.07	12.05	3.93	891.7	14.0	711.8	1.97	1 118.4	15.1
2009年	齐苗—现蕾	12-19—01-20	32	1.59	5.67	3.57	181.3	2.8	255.2	1.10	419.2	13.1
	现蕾—开花	01-20—02-04	15	3.41	9.87	2.89	148.0	2.3	122.0	1.89	216.3	14.4
	开花—高峰	02-04—02-24	20	4.24	17.05	4.02	341.0	5.3	186.9	2.84	356.1	17.8
	高峰—成熟	02-24—03-11	15	3.34	10.23	3.06	153.5	2.4	92.1	2.61	234.5	15.6
	合计	12-19—03-11	82	2.84	9.80	3.45	823.8	12.9	656.2	1.97	1 226.1	15.0
2007年	合计	01-05—03-15	69	—	10.72	—	739.7	11.6	651.7	1.78	1 058.7	15.3
2008年	合计	01-05—03-21	76	—	9.86	—	749.4	11.7	679.3	1.72	1 060.1	13.9
	平均合计	—	75.3	—	10.57	—	796.2	12.5	674.8	1.85	1 115.8	14.8

注:2006年、2007年、2008年、2009年马铃薯块茎每公顷产量分别为47 640 kg、38 835 kg、39 345 kg、41 520 kg,平均41 835 kg。

2.3 马铃薯的光合生产及与太阳辐射的关系

图 4、表 8 显示，马铃薯全株干物质积累动态呈 Logistic 曲线。在齐苗至现蕾、现蕾至开花、开花至茎叶高峰、茎叶高峰至成熟等 4 个时期，干物质净积累量各占 16%～22%、12%～18%、41%～43%、19%～30%，以开花至茎叶高峰期积累量最多，其时的 CGR、NAR 和 E_u 也最高。马铃薯的收获产品为块茎，齐苗时即萌发匍匐茎，十几日后尾端开始膨大结薯。各生育期的块茎干物质积累量占最终产量的百分率，现蕾期为 12%，开花期为 28%，茎叶高峰期为 72%。茎叶生长高峰后茎叶向块茎输出的干物质仅占块茎干物质总积累量的 10% 左右，表明块茎干物质主要来自叶片光合产物直接输入。最终块茎干物积累量占全株干物质积累总量的 80%～84%，即收获指数为 0.80～0.84。

马铃薯高产群体的叶面积指数(LAI)在茎叶高峰期达最高，为 4.6，开花至茎叶高峰期平均 LAI 为 4.2，茎叶高峰至成熟期平均 LAI 为 3.3。马铃薯上层叶片斜举，下层叶片披垂，群体消光系数 0.8 左右，开花至成熟期平均每日太阳辐射强度在 800～1000 J/(cm² · d)，按 Monsi 公式[8] $I = I_{oe} - k_f$ 计算，漏光率仅 3%～7%，底叶光强为 25～70 J/(cm² · d)，高于光补偿点，全部叶片都能进行有净积累的光合作用，与同地的水稻相比，其 CGR 略低，而 NAR 略高。

马铃薯干物质积累量与太阳辐射量密切相关。马铃薯全生育期的太阳总辐射，以 2006 年为最多，其干物质积累总量、块茎产量、光能利用率也比其他年份为高。龙海马铃薯全生育期 4 年平均 E_u 值为 1.85%，短期最高 E_u 值为 3.39%。但是，马铃薯从齐苗至成熟仅 70～80 d，生育期间的太阳辐射强度又偏弱，常年全生育期的太阳总辐射仅为同地水稻的一半，干物质积累总量也仅为水稻的一半，光能利用率接近晚稻水平。然而马铃薯收获指数高，块茎含水率也较高，其鲜薯单产还是相当高的，经济收益显著高于水稻。

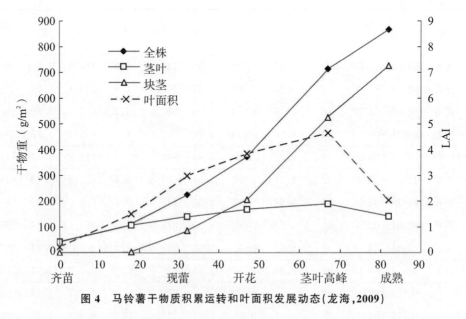

图 4 马铃薯干物质积累运转和叶面积发展动态(龙海，2009)

2.4 水稻、马铃薯光合生产潜力

光合生产潜力是指在作物群体和环境条件处于最优状态时，由太阳能所决定的产量潜力。它决定于当地太阳总辐射(Q)和理想条件下所能达到的最高光能利用率(E_u)。潜在经济产量(Y_o)的计算式如式(8)。龙海早稻—晚稻—马铃薯等一年三熟粮食作物的潜在经济产量计算如下：

早稻 4 月 5 日移栽，7 月 20 日成熟，由表 4 查得全生育期常年太阳总辐射为 1 433.1 MJ/m²，代入式(8)得：

$$Y_o = 1443.1 \times 0.05 \times 0.47/(15.675 \times 0.86 \times 0.95) = 2.648\ 1(\text{kg/m}^2) = 26.48(\text{t/hm}^2)。$$

晚稻 8 月 1 日移栽，11 月 10 日成熟，由表 4 查得全生育期常年太阳总辐射为 1 399.3 MJ/m²，代入式(8)得：

$$Y_o = 1399.3 \times 0.05 \times 0.47/(15.675 \times 0.86 \times 0.95) = 2.567\ 7(\text{kg/m}^2) = 25.68(\text{t/hm}^2)。$$

马铃薯 1 月 1 日齐苗，3 月 20 日成熟，由表 4 查得全生育期常年太阳总辐射为 700.4 MJ/m²，代入式(8)得：

$$Y_o = 700.4 \times 0.05 \times 0.82/(15.675 \times 0.18 \times 0.95) = 10.713\ 4(\text{kg/m}^2) = 107.13(\text{t/hm}^2)。$$

日本学者[8]提出以齐穗至成熟期光合生产估算水稻潜在稻谷产量的计算式如式(9)，计算龙海早、晚稻潜在稻谷产量如下：

早稻 6 月 20 日齐穗，7 月 20 日成熟，由表 4 查得齐穗至成熟期常年太阳总辐射为 506.1 MJ/m²，代入式(9)得：

$$Y_o = 506.1 \times 0.05/(15.675 \times 0.86 \times 0.80) = 2.346\ 4(\text{kg/m}^2) = 23.46(\text{t/hm}^2)。$$

晚稻 10 月 1 日齐穗，11 月 10 日成熟，由表 4 查得齐穗至成熟期常年太阳总辐射为 435.3 MJ/m²，代入式(9)得：

$$Y_o = 435.3 \times 0.05/(15.675 \times 0.86 \times 0.80) = 2.018\ 2(\text{kg/m}^2) = 20.18(\text{t/hm}^2)。$$

式(8)和式(9)计算的潜在稻谷产量有一定差异，其原因将于后面讨论。龙海基点 2006—2009 年早稻—晚稻—马铃薯一年三熟粮食作物平均产量分别为 10.21、9.22 和 41.84 t/hm²。以式(8)估算的早稻、晚稻、马铃薯潜在产量为指标，潜在产量分别比现有产量高 1.6 倍、1.8 倍和 1.6 倍。而龙海基点产量又比全市大面积平均产量高 20%，由此显示，增产潜力仍然很大。

3　总　结

(1)依据 2006—2009 年在福建省龙海的太阳总辐射和日照百分率实测值，分自然辐射季节建立月太阳总辐射经验计算式，月误差大多<5%，最高误差 5.6%，年平均误差≤0.01%。以近 30 年各月平均日照百分率代入公式，计算出龙海常年各月各旬太阳总辐射理论值，为当地太阳能的开发利用，发展低碳经济提供了科学依据。

(2)太阳辐射与干物质积累量和经济产量呈正相关。由于稻穗干物质的 60%～70%来自抽穗后的光合产物，齐穗至成熟期的太阳总辐射对稻谷产量有决定性影响。

(3)龙海基点早稻—晚稻—马铃薯等一年三熟作物全生育期平均光能利用率分别为 2.10%、1.98% 和 1.85%，短期最高光能利用率分别达 4.26%、2.94% 和 3.39%。在扩增太阳总辐射拦截量基础上提高光能利用率，是作物增产的基本途径。

(4)依据常年太阳总辐射和理论上最高的光能利用率，估算出龙海早稻、晚稻、马铃薯的最高潜在产量分别为 26.48、25.68、107.13 t/hm²，比基点现有产量分别高 1.6 倍、1.8 倍和 1.6 倍。而基点现有产量又比龙海市大面积平均产量高 20%。由此显示，增产潜力仍然很大。

4 讨 论

4.1 太阳总辐射的计算

太阳以电磁波形式投射到地面的辐射能，是作物生产能量的最终来源。了解地面太阳能储量及其时空分布，可为太阳能开发利用提供科学依据。太阳能资源的数量常用太阳总辐射来表示，太阳总辐射观测点少，分布又不均匀，故常用间接方法进行计算。国内外大多采用 $Q=Q_i(a+bS)$ 经验公式计算太阳总辐射。李克煌[1]依据 Q_i 的不同，将国内学者建立的总辐射计算式分为 4 类：(1)左太康等[2]的 $Q=Q_A(a+bS)$；(2)翁笃鸣[3]的 $Q=Q_0(a+bS)$；(3)高国栋等[4]的 $Q=a+bQ_0S$；(4)王炳忠等[5]的 $Q=Q_m(a+bS)$。其中 Q_A 为晴天太阳总辐射，Q_0 为天文总辐射，Q_m 为理想大气太阳总辐射。

我国于 1957 年才建立少量太阳总辐射观测点，国内学者于 1960—1980 年代根据这些观测点的短期资料，建立全国应用或广大区域应用的太阳总辐射经验公式，用于概略分析全国太阳能时空分布规律，如左太康研拟的适用于全国的经验公式为 $Q=Q_A(0.248+0.752S)$。翁笃鸣研拟的适用于华南地区的经验公式为 $Q=Q_0(0.130+0.625S)$。王炳忠等研拟的适用于除西北干旱区以外的我国其他地区的经验公式为 $Q=Q_m[0.18+(0.55+1.11/E_n)S]$，式中 E_n 为地面年平均绝对湿度（单位为 hPa，龙海年平均 E_n 值为 20.8 hPa）。

李克煌[1]指出经验公式的回归系数 a、b 值随地区和季节变化很大，为提高计算精度，应分季节求出 a、b 值。蔡金禄[10]依据福州 1960—1974 年太阳总辐射和日照百分率实测值，分月份求出 $Q=Q_m(a+bS)$ 式的回归系数 a、b 值，然后以福建各地的日照百分率代入公式，计算出各地的各月太阳总辐射理论值。还有部分省区也依据类似方法，尝试建立当地分季节或分月份的月太阳总辐射经验计算式。

本研究应用国内学者[2-5]研拟的太阳总辐射经验公式，依据龙海 2006—2009 年各月太阳总辐射和日照率实测值，建立 4 类适用于龙海的分季节月太阳总辐射经验计算式。经检验，4 类计算式计算出来的理论值与实测值的月误差大多小于 5%，最高月误差 5.6%，年平均太阳总辐射误差小于 0.01%，都达到实用的标准。经查证龙海各月 Q_0、Q_m、Q_A 值存在 100：(89.1+0.4)：(72.1+2.5)的数量关系（其他地区三者数量关系有微小差别）。因此，应用时只需建立其中一类计算式即可。

采用国内学者早期研拟的回归系数 a、b 值无季节变化的经验公式，计算龙海 2006—2009 年平均各月太阳总辐射理论值，结果与实测值的年误差达 18.3%～24.3%。依据福州资料求出 $Q=Q_m(a+bS)$ 方程分月份 a、b 值，计算龙海 2006—2009 年平均各月太阳总辐射理论值，与实测值的年误差有所缩小，但也达到 14.3%。

实践表明，为了建立符合一个地区总辐射储量及其时空分布特点的经验公式，应在前人研拟的 $Q=Q_i(a+bS)$ 通式基础上，架设太阳辐射观测仪，依据太阳辐射和日照率实测值，建立分季节或分月份的月太阳总辐射经验计算式。本研究建立了具有较高精度的龙海分季节月太阳总辐射经验计算式，揭示常年太阳总辐射储量及其时间变化规律,为当地太阳能资源的开发利用提供了科学依据。这一经验计算式的适用地区还需研究确定,初步判断对闽南沿海邻近县市有参考应用价值。

4.2　太阳辐射对作物光合生产的影响

太阳辐射是作物光合生产的能源。干物质积累和经济产量都与太阳辐射量呈正相关。如云南涛源基点的中稻全生育期太阳总辐射达 2 395.3 MJ/m²,比福建龙海基点早稻多 72.7%,与之相关联,干物质积累总量高 81.9%,稻谷产量高 81.5%,光能利用率也由 2.10% 提高到 2.21%。但是影响干物质生产的因素还有群体叶面积、单位叶面积光合机能和多种环境条件,不同生育期对太阳辐射需要量也互不相同,在太阳总辐射差异不悬殊条件下,太阳辐射量与干物质积累量的相关往往不显著。如龙海 4 年 8 季水稻前、中期的太阳总辐射与干物质净积累量的相关未达到显著性水平,只有后期的太阳总辐射与同期的干物质净积累量、CGR、NAR 以及稻谷产量呈显著水平的正相关。由此表明,后期的太阳辐射,对于稻谷产量具有决定性的影响。其原因如前文 2.2 节分析:稻穗干物质的 60%~70% 来自后期光合生产直运入穗的干物质。因而,将齐穗至成熟期调整在强光季节,是争取水稻高产稳产的关键。一个成功的例子[11],是本研究 3 个合作单位在 20 世纪 70 年代调研龙海县粮食作物气象生态时,发现双季稻产量年际变化与齐穗至成熟期日照时数呈极显著正相关(早稻 $r=0.779\ 7^{**}$,晚稻 $r=0.689\ 7^{**}$),于是在 1974 年提出通过改变品种类型和播种期调整生育期布局的方案,即早稻利用"断梅"后光温高值期开花结实,晚稻利用初秋适温多照的季节开花结实。全面推广后,全县 2 万 hm² 双季稻趋利避害,连年增产,1980 年双季年产量达 12.09 t/hm²,比 1975 年增产 41%。

4.3　粮食作物光能利用率和光合生产潜力

目前粮食作物的光能利用率(E_u)仅 1%~2%。日本 20 世纪 70 年代初开展的国际生物学研究计划(JIBP)报道[7-8],水稻全生育期 5 年平均 E_u 值为 1.25%,短期最高 E_u 值为 2.83%~3.32%,玉米短期最高 E_u 值为 4.53%。本研究 2006—2009 年对龙海基点一年三熟粮食作物进行追踪观测,早稻全生育期 4 年平均 E_u 值为 2.10%,短期最高 E_u 值为 4.26%;晚稻全生育期 4 年平均 E_u 值为 1.98%,短期最高 E_u 值为 2.94%;马铃薯全生育期 4 年平均 E_u 值为 1.85%,短期最高 E_u 值为 3.39%。理论上最高的 E_u 值因采用的假设不同而有一定差异,李克煌[1] 取 5.7%,村田吉男[7] 取 5.5%,吉田昌一[8] 取 4%,高亮之等[9] 取 2.6%~4.8%。

由于现实 E_u 值仅为最高 E_u 值的 30%~40%,因而认为提高产量的本质是提高光能利用率。本研究数据表明不能笼统而论,因为净光合率与光强呈双曲线关系[6,8-9],在相对较弱的光强下往往有相对较高的光能利用率。据龙海 4 年 8 季水稻观测,各生育时期的光能利用率与同期的太阳总辐射呈显著至极显著水平的负相关,只有在太阳总辐射差异悬殊时,才显见太阳总辐射与光能利用率双高现象。因此确切地说,提高作物产量的基本途径,是在扩增太阳总辐射拦截量基础上,提高光能利用率。

粮食作物光合生产潜力是国内外热烈探索的问题之一。作物光合生产潜力是指在作物群体和环境条件处于最优状态时,由太阳能所决定的最高潜在产量。估算最高潜在产量,可告诉人们在力求提高产量上能走多远,指引人们不断去克服光合生产的瓶颈,攀登产量新台阶。本研究依据式(8)计算出来的龙海马铃薯最高潜在产量为 107.13 t/hm²,早、晚稻的最高潜在稻谷产量分别为 26.48 t/hm² 和

25.68 t/hm²。但依据式(9)计算出来的龙海早、晚稻的最高潜在稻谷产量分别为 23.46 t/hm² 和 20.18 t/hm²。

式(8)与式(9)计算结果有一定差异的主要原因,是式(8)采用全生育期的太阳总辐射数据,式(9)采用齐穗至成熟期太阳总辐射数据,前者多得多,虽然式(8)加了收获指数(A)扣减用于生产非稻谷干物质的太阳辐射,但用于计算潜在产量的 Q 值仍然比齐穗至成熟期的 Q 值显著较多。式(9)在估算齐穗至成熟期潜在干物质积累量基础上增加了谷壳干重估算值,弥补了一些差距,但缺少稻谷含 5% 灰分的估算值,并假定开花前贮存的非结构性碳水化合物对潜在产量的贡献极微。而据本课题对产量达 12~18 t/hm² 的超高产水稻的观测,开花前贮藏性物质对超高产的贡献率达 10%~25%。如果式(9)加上灰分和贮藏性物质估计值,则与式(8)计算结果差异不大。

著录论文

苏松涛,李义珍,李小萍,等.福建龙海太阳辐射与粮食作物光合生产关系研究[J].福建农业学报,2011,26(1):33-44.

参考文献

[1]李克煌.气候资源学[M].开封:河南大学出版社,1990.

[2]左太康,王懿贤,陈建绥.中国地区太阳总辐射的空间分布特征[J].气象学报,1963(1):78-96.

[3]翁笃鸣.试论总辐射的气候学计算方法[J].气象学报,1964(3):304-315.

[4]高国栋,陆渝蓉.中国地表面辐射平衡与热量平衡[M].北京:科学出版社,1982.

[5]王炳忠,张富国,李立贤.我国太阳能资源及其计算[J].太阳能学报,1980(1):1-9.

[6]户刈义次.作物的光合作用与物质生产[M].薛德榕,译.北京:科学出版社,1979.

[7]MURAT A Y.Crop productivity and solar energy utilization in various climates in Japan [M].Tokyo:University of Tokyo Press,1975.

[8]吉田昌一.稻作科学原理[M].厉葆初,译.杭州:浙江科学技术出版社,1984.

[9]高亮之,李林.水稻气象生态[M].北京:农业出版社,1992.

[10]蔡金禄.福建太阳能分布与水稻高产[J].福建农业科技,1981(4):13-16.

[11]李义珍,张达聪,黄亚昌,等.龙海县双季稻生育期的合理调整[R]//福建省农业科学院稻麦研究所科学研究年报.福州:福建省农业科学院,1981:42-48.

七、福建亚热带山区水稻生态和丰产技术体系

福建山区地处北纬 $24°30'\sim28°19'$，东经 $115°50'\sim120°20'$，属亚热带气候，温光资源比较丰富。水稻土多系红黄壤发育而成，中低产田占 75％。据 1981 年调查[1]，有稻田 1 080 万亩，播种面积 1 791 万亩，平均亩产 248 kg（稻田年亩产 411 kg），稻田面积、播种面积和稻谷总产分别占全省的 75％、72％和 65％。是福建省的商品粮生产基地，但生产水平低，平均亩产比沿海高产区低 98 kg（年亩产则低 259 kg）。为了提高山区水稻产量，福建省科委于 1983—1985 年和 1986—1989 年组织两期全省协作研究，并将水稻垄畦栽培列为 1987—1989 年国家星火计划项目[2-9]。本节是笔者参加协作研究的部分结果的总结，论述了福建山区水稻气温资源和土壤类型的分布规律，提出丰产技术。

1　气候资源的时空分布模式

福建山区峰峦起伏，盆谷交错，地形气候十分复杂。蔡金禄等[7]整理 162 个气象站（哨）的历年观测数据，明确热量资源的时空分布模式（表1、表2）如下：

（1）在同一纬度及高度上，不同经度地区之间，气温稳定通过 12 ℃，西侧比东侧略早，气温稳定通过 15 ℃终日，西侧比东侧也略早，则气温稳定通过 12 ℃初日至 15 ℃终日的间隔（相当于籼稻安全生长日数）及其积温甚为接近。

（2）各旬平均气温随纬度北移和海拔升高而递减。7、8 月份海拔每升高 100 m，气温递减 0.6 ℃，而同一高度不同纬度间的气温几无差异；由 7、8 月份向前或推后，气温的垂直递减率逐渐变小到 0.4～0.5 ℃，纬向递减率逐渐扩大到 0.8～2.0 ℃。

（3）气温稳定通过 12 ℃初日至 15 ℃终日的间隔日数（相当于籼稻安全生长季日数）及其积温，气温稳定通过 22 ℃初日至终日的间隔日数（相当于早稻安全孕穗至晚稻安全齐穗开花的间隔日数），也随纬度北移和海拔升高而递减：海拔每升高 100 m，安全生长季缩短 6～7 d，期内积温减少 204—247 ℃，安全孕穗开花间隔缩短 7～8 d；纬度每北移 1°，安全生长季和安全孕穗开花间隔各缩短 7～11 d。大致是纬度北移 1°相当于海拔升高 100 m。但是由于海拔 1 200 m 以上的戴云山主体在内陆中段腹地崛起，形成南北屏障，显著扩大了北纬 25°与 26°山区纬向温差。

依据上述热量资源的时空分模模式，参照水稻生育热量指标，将福建山区划分为 3 个气候层：25°N 600～800 m，26°N 400～600 m，27°N 300～500 m，28°N 200～400 m 为温地气候层，该层籼稻安全生产季 210～225 d，期内积温 4 500～5 000 ℃，安全孕穗开花间隔 72～90 d 稻作季气候相当于中亚热带；温地之下为暖地气候层，稻作季气候相当于南亚热带；温地之上为凉地气候层，稻作气候相当于北亚热带。

山区地势高低悬殊,在一个县内,甚至1个乡、1个村内,往往3个气候层并存,呈现立体气候的特征。

表1 福建山区三个纬区逐旬平均气温(a)及垂向递减率(b)

月	旬	25°N a(℃)	b	26°N a(℃)	b	27°N a(℃)	b	月	旬	25°N a(℃)	b	26°N a(℃)	b	27°N a(℃)	b
1月	上	11.0	0.53	8.9	0.34	8.6	0.47	7月	上	28.9	0.59	29.0	0.59	28.9	0.57
	中	11.2	0.52	9.1	0.36	8.5	0.47		中	29.2	0.62	29.3	0.59	29.2	0.59
	下	12.2	0.53	10.0	0.37	9.5	0.45		下	28.8	0.62	29.0	0.59	29.1	0.60
2月	上	12.1	0.50	9.7	0.37	9.2	0.46	8月	上	28.6	0.58	28.6	0.59	28.8	0.60
	中	13.7	0.52	11.2	0.39	10.4	0.45		中	28.6	0.58	28.5	0.59	28.6	0.59
	下	13.7	0.53	11.5	0.39	10.9	0.46		下	28.3	0.58	28.1	0.58	28.2	0.59
3月	上	15.9	0.51	13.7	0.42	12.7	0.46	9月	上	27.9	0.56	27.6	0.58	27.6	0.58
	中	16.6	0.51	14.5	0.43	13.6	0.46		中	26.5	0.57	25.8	0.57	25.7	0.57
	下	17.8	0.52	15.8	0.46	15.0	0.46		下	25.6	0.56	24.6	0.55	24.4	0.57
4月	上	19.3	0.52	17.6	0.47	16.8	0.47	10月	上	24.2	0.57	23.0	0.54	22.8	0.57
	中	21.3	0.54	19.6	0.47	18.9	0.47		中	22.8	0.58	21.4	0.52	21.1	0.56
	下	23.0	0.53	21.5	0.51	20.7	0.49		下	20.7	0.56	19.9	0.49	19.0	0.55
5月	上	24.2	0.54	22.8	0.52	21.9	0.50	11月	上	20.1	0.55	18.7	0.46	18.2	0.54
	中	24.6	0.55	23.3	0.52	22.5	0.51		中	18.0	0.56	16.6	0.44	16.0	0.52
	下	25.3	0.55	24.2	0.52	23.6	0.53		下	15.3	0.55	13.9	0.42	13.2	0.50
6月	上	25.9	0.57	25.0	0.54	24.7	0.54	12月	上	14.8	0.63	12.6	0.36	11.9	0.48
	中	26.7	0.58	26.1	0.54	25.7	0.54		中	14.0	0.59	11.8	0.37	11.0	0.48
	下	27.9	0.57	27.5	0.55	27.2	0.55		下	12.9	0.56	10.8	0.36	10.1	0.50

* 垂向递减率为海拔每升高100 m,旬平均气温降低数(℃)。

** $y=ax+b$ 回归方程均达极显著水平。

表2 福建山区水稻安全生长季的热量指数

热量指标	各纬区线性回归方程参数*		
	25°N	26°N	27°N
日平均气温稳定12℃初日	$60.27+3.64x$	$75.43+2.86x$	$81.65+2.43x$
日平均气温稳定15℃终日	$331.04-3.63x$	$320.33-2.76x$	$318.29-3.48x$
安全生长季间隔日数	$270.94-7.36x$	$246.06-5.63x$	$237.07-5.88x$
安全生长季积温(℃)	$6416.57-246.84x$	$5858.14-222.16x$	$5587.90-203.50x$

* 回归方程中 x 为海拔梯度(=海拔高度/100),12℃初日或15℃终日的 a 为从1月1日起算的日数。

2 水田土壤类型的分布和理化性状

福建山区水稻土大多由红壤、黄壤发育而来,但因所处地域空间不同,在长期自然条件和人为耕作的作用下,形成 4 类理化性状各异的土壤类型[5-6]。对 52 个土壤剖面的观察化验结果,大体明确 4 类土壤的主要理化性状(表 3)。

表 3　四类水稻土壤的理化性状

土壤类型	耕层厚度 (cm)	<0.01 mm 物理黏粒 (%)	<0.01 mm 微团聚体 (%)	阳离子交换量 C.E.C (mg/100 g)	盐基饱和度 (%)
河边沙质田	13.3	32.3	15.4	5.48	60.2
山坡黄泥田	14.0	38.8	21.5	8.61	65.6
山垅冷烂田	18.4	45.0	18.3	8.96	57.9
洋面乌泥田	16.0	47.1	32.8	9.69	81.7
土壤类型	有机质 (%)	全氮 (g/kg)	碱解氮 (mg/kg)	速效磷 (mg/kg)	速效钾 (mg/kg)
河边沙质田	2.68	1.31	160	8.7	76
山坡黄泥田	2.89	1.39	145	16.7	80
山垅冷烂田	4.17	1.87	202	6.7	103
洋面乌泥田	3.06	1.51	218	28.9	81

山坡黄泥田:分布在丘陵山地的坡面,由红壤、黄壤发育而成。常年流水串灌,水土流失,微团聚体含量、阳离子交换量及盐基饱和度偏低,有机质和氮、磷、钾养分偏少。在森林遭受破坏的地区,常受夏秋干旱的威胁。

山垅冷烂田:分布在丘陵山地峡谷和山脚低洼处,是红壤、黄壤长期渍水的沼泽化土壤。地下水位高,常有泉水侵入,土体糜烂冷凉,呈高度还原状态。有机质及全氮丰富,但有效养分低,有机质在高温季节分解产生大量有毒的还原性物质,引起水稻前期坐苗不长,后期烂根早衰。

河边沙质田:主要分布在河边、沙洲,由近代河流冲积物发育而成。耕层浅薄,含大量粗沙,易淀浆板结,漏水漏肥。微团聚体、阳离子交换量、有机质和氮、磷、钾养分含量比其他土壤少,多种微量元素贫乏。

平洋乌泥田、灰泥田:主要分布在盆谷地的洋面,由红壤、黄壤发育、人工长期改良培肥而成。灌溉方便,沙黏适中,微团聚体、阳离子交换量、盐基饱和度、有机质及氮、磷养分含量均高。是肥沃的水稻高产田。

3　水稻丰产技术体系

在气候、土壤生态分类基础上,经几年来研究,提出一套利用亚热带山区温光资源,克服各类土壤主要障碍因素的水稻丰产栽培技术[2-4]。

(1)三个气候层的水稻熟制、品种和生育期布局

由表 4 列出的三个气候层的稻作热量可知:暖地的籼稻安全生长季长达 220～256 d,期内积温 5 000～6 000 ℃,安全孕穗开花间隔 90～118 d,适宜推行双季稻制,种植中偏晚熟至晚熟类型的品种。凉地的

籼稻安全生长季仅 180～210 d,期内积温 3 600～4 500 ℃,安全孕穗开花间隔仅 40～74 d(种植双季稻至少需 80 d,其中早稻孕穗至成熟需 40 d,晚稻移栽至齐穗需 40 d),只能推行单季稻制,种植中熟至中偏晚熟类型的品种。温地的热量资源介于二者之间,推行单、双季稻并存制,双季稻适宜种植中熟类型的品种,单季稻适宜种植中偏晚熟类型的品种。

双季稻以回避"三寒"(引起烂秧死苗的春寒,引起早稻雄性不育的梅雨寒,引起晚稻花而不实的秋寒)为目标布局双季生育期,即早季掌握在日平均气温稳定 12 ℃初日播种,稳定 22 ℃初日孕穗,晚季掌握在日平均气温稳定 22 ℃终日齐穗(见表 4)。单季稻的生长期有较大的调节余地,应依据品种生长期长短和当地热量资源确定,但以将对产量有重大影响的齐穗前后 20 d 的时期,调节在历年旬平均气温 25 ℃左右(海拔 800 m 以上地区调节在旬平均气温 23～24 ℃),旬平均日照≥60 h 的时段。

再生稻的低温敏感期在头季孕穗至再生季齐穗期,间隔 70 d 左右,要求日平均气温稳定在 22 ℃以上,达到这一热量指标,可种植再生稻为暖地和温地。但温地间隔日数仅 72～90 d,只能种植早熟的品种,于 3 月下旬播种,调节再生季在 9 月上旬安全齐穗。暖地安全孕穗开花期持续 90～120 d,可种植中偏迟熟的品种,于 3 月上中旬播种,调节头季在 7 月上旬孕穗,再生季在 9 月中旬齐穗。

表 4　福建山区各地水稻安全生育期

气候	北纬纬度	海拔(m)	安全播种期(稳定 12 ℃初日)	安全成熟期(稳定 15 ℃终日)	间隔日数(d)	积温(℃)	早季安全孕穗(稳定 22 ℃初日)	晚季安全孕穗(稳定 22 ℃终日)	间隔日数(d)
暖地	25°	200～600	03-09—03-23	11-20—12-05	256～227	5 923～4 936	05-30—06-16	09-25—10-13	118～89
	26°	200～400	03-22—03-28	11-11—12-05	235～224	5 414～4 970	06-10—06-19	09-22—10-13	104～86
	27°	200～300	03-28—03-30	11-07—12-04	225～219	5 181～4 977	06-14—06-17	09-19—10-15	97～90
温地	25°	600～800	03-23—03-30	10-29—11-05	227～212	4 936～4 442	06-16—06-25	09-13—10-07	89～74
	26°	400～600	03-28—04-03	10-31—11-05	224～212	4 970～4 525	06-19—06-28	09-13—10-08	86～72
	27°	300～500	03-30—04-04	10-28—12-04	219～208	4 977～4 570	06-17—06-28	09-15—10-08	90～72
凉地	25°	800～1200	03-30—04-10	10-29—11-18	212～190	4 442～3 701	06-25—07-07	08-27—09-07	74～51
	26°	600～1000	04-03—04-14	10-31—11-20	212～190	4 525～3 637	06-28—08-10	08-22—09-08	72～43
	27°	500～900	04-04—04-14	10-28—11-14	208～184	4 570～3 756	06-28—08-11	08-20—09-08	72～40

(2)三类中低产土壤的改良培肥

山坡黄泥田和河边沙质田的主要障碍因素是土壤瘠瘦,耕性不良。改良培肥的根本途径是建立有机肥、化肥结合的养地体系,主要措施为冬种紫云英、夏秋双季稻草回田,配施氮、磷、钾化肥,以就近开辟有机肥源,兼顾当季水稻增产和长远土壤维养。据在闽侯县溪头村黄泥田定位观察田观测[6],连续 4 年实行有机肥与化肥配施,比单纯施用化肥,耕层有机质由 1.82% 提高到 2.05%,土壤密度由 1.07 g/cm³ 降为 0.95 g/cm³,总孔隙度由 59.3％增加到 63.4％,全氮和速效磷、钾养分也有所提高,第 4 年水稻产量提高 6.7％～10.6％(表 5)。

表 5 黄泥田连续 4 年定位施肥处理对土壤理化性状的影响

(闽侯溪头,1981—1984 年处理,1984 年测定)

处理	有机质量 (g/kg)	阳离子代 换量 (mg/100 g)	全氮 (g/kg)	速效钾 (mg/kg)	有效磷 (mg/kg)	容重 (g/cm³)	总孔隙 度(％)	稻谷产量(kg/hm²)	
								早稻	晚稻
无肥区	17.8	8.40	1.22	112	22	1.06	59.9	3 600	4 313
化肥区	18.2	8.58	1.18	112	48	1.07	59.3	5 876	5 687
有机肥＋ 化肥区	20.5	8.89	1.25	159	48	0.95	63.4	6 268	6 293

山垅冷烂田的主要障碍因素是"冷、烂、毒",改良的根本途径是建"三沟"(顺垄向剖腹式排水主沟,深 1.2～1.5 m;沿垄田两侧水平向开灌排两用支沟;沿垄田两旁开环山排洪沟),降低地下水位,改变土壤长期溃水,高度嫌气状态。据在建阳麻沙冷烂田定位追踪观察(建阳地区农科所,1985),开"三沟"三年,土壤还原性物质和 Fe^{2+} 逐年降低,氧化还原电位逐年提高,有机质矿化增强,氮磷养分略有提高(表 6)。冷烂田建设"三沟"一次性投资大,只能分期开展,在建设"三沟"之前或建设"三沟"不久,土壤未干化之前,实行垅畦栽,是一项有效排溃调根的耕作措施,其技术要点是:稻田在种稻前起垄筑畦,高 20 cm,宽 40～150 cm;畦沟宽 30 cm;垄畦上种稻(行距 20 cm,每畦 2～8 行),种稻后 15 d 内浅水淹畦灌溉,15 d 后实行半沟水灌溉,耕层露出水面 10～15 cm,水分沿土壤毛细管浸润,而大量氧气沿土壤孔隙导入,从而改变冷烂田高度嫌气状态。据在多个基点观察[8-9],垅畦作的还原性物质减少 29％,氧化还原电位提高 110％,由此稻根发育形态改善,稻根机能增强(根干重增加 98％,α-NA 氧化力提高 63％,表 7)。

表 6 冷烂田开三沟对土壤理化性的影响

(建阳麻沙)

测定时间	耕层 5 cm 处氧化还原电位 (mV)	还原性物 质总量 (mg/100 g)	活性还原性 物质量 (mg/100 g)	Fe^{2+} 量 (mg/kg)	有机质量 (g/kg)	全氮量 (g/kg)	水解氮量 (mg/kg)	有效磷量 (mg/kg)
开沟前 (1983 年 3 月)	56	8.9	8.0	581	3.88	2.42	100	19
开沟后 1 年 (1983 年 11 月)	98	7.5	7.2	475	3.01	2.54	90	14
开沟后 2 年 (1984 年 11 月)	195	6.1	5.5	301	2.71	2.51	110	14
开沟后 3 年 (1985 年 11 月)	350	4.0	2.9	203	3.03	2.59	120	18

表 7　冷烂田垄畦栽培对稻根形态及活力的影响

（福州，1987）

栽培方式	稻根层次 （cm）	稻根干重 （g/株）	稻根体积 （cm³/株）	α-NA 氧化力 [μg/(g·h)]	伤流强度 [mg/(株·h)]
垄畦栽培	0～10	6.38	28.2	55.8	
	10～20	0.98	6.6	9.3	
	20～30	0.16	1.2	6.7	
	合计	7.52	36.5	48.7	198.3
常规栽培	0～10	3.20	15.8	33.9	
	10～20	0.50	5.7	9.0	
	20～30	0.09	1.1	0.2	
	合计	3.79	22.6	29.9	129.3

（3）杂交水稻配套丰产技术

福建山区 1980 年代起，杂交稻种植面积迅速扩大，1985 年已占总播种面积 70%。福建省中低产田协作攻关组经多年多点试验研究，总结出一套依据气候资源合理布局熟制、品种和生育期，依据中低产土壤类型确定因土治理改良的途径和措施，已如上述，此外，还研究总结出以下几个重要的丰产技术[4,10]。

培育多蘖壮秧：研究总结提出采用超稀播种（每亩秧田播种 15 kg），和秧苗二、三叶期喷施 PP333 促蘖剂，培育多蘖壮秧的技术。

适当密植：山区传统习惯是稀植，行株距一般达 25～30 cm。经过 1983—1985 年多点设置栽植密度及秧苗素质复合试验，结果[4]明确：杂交稻产量（y）与栽植密度（x）呈双曲线关系，而在同一种栽植密度下，都以栽植多蘖壮秧，比单秆秧极显著增产，且壮秧增产效应有随栽植密度增加而加大的趋势（图1）。

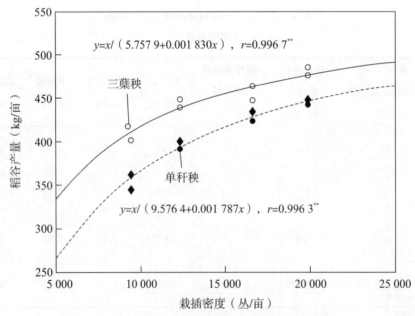

图 1　杂交稻产量与秧苗素质及栽插密度的关系

优化施肥　多年多点试验表明,杂交稻产量(y)与施肥量(x)呈二次曲线关系:$y=a+bx-cx^2$。由方程求极值,可计算出一定条件下取得最高产量的施肥量($x_{opt}=-b/2C$)和达到最佳经济效益的施肥量$[x_{eco}=(p-b)/2C]$。式中p为肥粮单价比。由1987—1988年全省山区44次试验汇总结果[10],如表8看出,氮、磷、钾肥的适宜施用量和生产效率因土壤类型,稻作季而不尽相同,其趋势是:

①氮肥:灰泥田供氮力高,地力产量(方程的a值)可达380 kg/亩左右,最佳效益施氮为8～9 kg/亩,平均施1 kg氮肥可增产稻谷8～9 kg。黄泥田瘠瘦,供氮力低,地力产量仅230 kg/亩左右,需氮量较多,但增产效益也较高,最佳效益的施氮量为9～11 kg/亩,平均施1 kg氮肥可增产稻谷10～11 kg。冷烂田,存在明显的障碍因素,双季稻的地力产量更低,仅190～220 kg/亩,增产效益也很低,最佳效益的施氮量为6～7 kg/亩,平均1 kg氮肥仅增产稻谷3～4 kg。但是冷烂田种植单季杂交稻,以气候优势弥补土壤劣势,需氮量及增产效率明显提高,最佳效率的施氮量为8.6 kg,平均1 kg氮肥增产稻谷5.2 kg,单季产量接近双季稻年产量。

②磷肥:多数试点不同施磷水平的产量差异不显著,这可能与山区长期施磷有关。但为了储磷于上,一般每亩施磷3～4 kg为宜。

③钾肥:不同土壤类型和稻作季的需钾量差异不大,但增产效益却差异较大,最佳效益的施钾量为7 kg/亩左右,平均1 kg钾肥增产的稻谷,黄泥田为6～8 kg,灰泥田为5～6 kg,冷烂田为4～7 kg,单季稻为9 kg。

表8　不同稻作季和土壤类型的杂交稻产量-施肥量模型

肥料	稻作季	土壤类型	产量-施肥量方程	最高产量			最佳效益产量		
				每亩施肥量（kg）	每亩产量（kg）	肥效（kg/kg）	每亩施肥量（kg）	每亩产量（kg）	肥效（kg/kg）
氮肥	双早	灰泥田	$389.7+13.9x-0.69x^2$	10.1	458	6.9	9.0	457	7.7
		黄泥田	$229.9+20.3x-1.00x^2$	10.2	333	10.2	9.4	332	10.9
		冷烂田	$239.9+5.1x-0.30x^2$	8.5	246	2.6	6.0	244	3.3
	双晚	灰泥田	$372.3+16.6x-1.00x^2$	8.3	441	8.3	7.6	441	9.0
		黄泥田	$232.0+19.7x-0.84x^2$	11.7	348	9.9	10.8	347	10.6
		冷烂田	$196.1+8.6x-0.48x^2$	9.0	235	4.3	7.4	224	3.7
	单晚	冷烂田	$391.8+11.0x-0.55x^2$	10.0	447	5.5	8.6	446	5.2
钾肥	双早	灰泥田	$427.0+10.8x-0.70x^2$	7.7	469	5.4	6.6	468	6.2
		黄泥田	$288.1+14.6x-1.00x^2$	7.3	341	7.3	6.6	341	8.0
		冷烂田	$236.6+6.2x-0.40x^2$	7.8	261	3.2	5.9	259	3.8
	双晚	灰泥田	$407.8+9.8x-0.64x^2$	7.7	445	4.9	6.5	445	5.6
		黄泥田	$304.3+11.6x-0.69x^2$	8.4	353	5.8	7.3	352	6.6
		冷烂田	$235.7+12.8x-0.87x^2$	7.4	283	6.4	6.5	282	7.1
	单晚	冷烂田	$440.7+17.7x-1.10x^2$	8.0	512	8.9	7.4	514	9.6

* 按1988年肥粮单价比为1.5计算;

** 肥效=(实收产量-地力产量)/施肥量。

著录论文

[1]李义珍,彭嘉桂,蔡金禄.亚热带山区水稻生态和丰产技术体系[C]//2000年稻作展望:中国水稻研究所落成典礼暨稻作科学讨论会论文集.杭州:浙江科学技术出版社,1991:346-360.

[2]李义珍,彭嘉桂,蔡金禄,等.福建亚热带山区水稻生态和丰产技术体系[J].福建省农科院学报,1992,7(1):1-8.

参考文献

[1]李义珍,郑志强,张琳.福建中低产区水稻增产对策[J].福建稻麦科技,1983,1(1):1-7.

[2]福建省中低产田攻关领导小组.福建山区水稻中低产田配套增产技术研究(综合报告)[R].福州:福建省农业厅,1986:1-43.

[3]福建省中低产田攻关领导小组.福建省冷浸型、黄泥型中低产田改良增产规范化技术研究(综合报告)[R].福州:福建省农业厅,1989:1-27.

[4]李义珍,郑志强.福建山区杂交水稻中低产田配套增产技术研究[R]//福建省中低产田协作攻关领导小组.福建山区水稻中低产田配套增产技术专题研究资料(1983—1985).福州:福建省农业厅,1986:1-16.

[5]彭嘉桂,林炎金,林代炎.福建山区中低产水稻特性研究[R].福州:福建省农业厅,1986:24-36.

[6]彭嘉桂,郑仲登,林增泉,等.黄泥田肥力特性及其改良利用研究[R].福州:福建省农业厅,1986:53-67.

[7]蔡金禄,李征.福建省山区水稻光热资源利用研究[R].福州:福建省农业厅,1986:37-52.

[8]李义珍,黄育民,郑志强,等.水稻垄畦栽培配套技术研究总结[R].福建省中低产田协作攻关领导小组.福建省冷浸型、黄泥型中低产田改良增产规范化技术专题研究资料.福州:福建省农业厅,1989:20-25.

[9]李义珍,黄育民,郑志强,等.冷烂型稻田起垄调培的排渍调根增产机理研究[R].福州:福建省农业厅,1989:26-31.

[10]陈维高,关文芬.黄泥型、冷浸型稻田氮磷钾肥效及用量研究[R].福州:福建省农业厅,1989:67-75.

八、闽恢 3301 配制的 4 个杂交稻品种的光温特性研究

福建省农业科学院生物技术研究所应用闽恢 3301 配制了系列杂交稻品种,其中,Ⅱ优 3301 于 2005 年、2006 年参加福建省中稻组区域试验,比对照(汕优 63)平均增产 16.1％,米质达国标 3 级,2007 年通过福建省品种审定,在各地示范推广;天优 3301 于 2006 年、2007 年参加福建省晚稻组区域试验,比对照(汕优 63)平均增产 13.9％,2007 年、2008 年参加长江中下游中籼迟熟 C 组区域试验,比对照(Ⅱ优 838)平均增产 6.3％,米质达国标 3 级,2008 年通过福建省品种审定,在各地示范推广;特优 3301 和闽优 3301 于 2007 年、2008 年通过福建省区域试验,在作生产试验。为了合理规划这些品种适宜种植的地区、熟制、播栽期和栽培管理,建立 4 个试验点,对 4 个杂交稻新品种进行光温反应特性的鉴定。

1　材料与方法

1.1　供试杂交水稻品种

Ⅱ优 3301、特优 3301、闽优 3301、天优 3301。

1.2　感温性鉴定

在福建省尤溪县两个海拔不同、气温相差较大的地点——西城镇麻洋村(26°12′N,118°03′E,海拔 287 m)和汤川镇光明村(26°08′N,118°26′E,海拔 840 m),同时在 3 月 1 日和 4 月 30 日播种 4 个品种,创建日长相近而气温差异较大的生育环境,经过比对,计算出单位温度促进提早抽穗日数的百分率,作为鉴定感温性强弱的衡量指标,计算式为:单位温度出穗促进率＝[(低温区抽穗日数－高温区抽穗日数)/低温区抽穗日数]×100％/(高温区播种至抽穗平均气温－低温区播种至抽穗平均气温)。据促进率数值,按全国水稻光温生态研究协作组制订的九级分类标准[1],鉴定感温性的级别。其中单位温度出穗促进率 0～15％为 1～3 级,属感温性弱;15.1％～30％为 4～6 级,属感温性中;30.1％～45％为 7～9 级,属感温性强。试验重复 3 次,每小区面积 10 m²,栽植 300 株,行株距 20 cm×16.67 cm。按当地常规栽培管理。

1.3　感光性鉴定

采用在日长相差较大的两地播栽 4 个品种,或者同地同时人工控制不同日照长度播栽 4 个品种的方

法,创建气温相近而日长相差较大的生育环境,经过比对,计算出短日促进提早抽穗日数的百分率,作为鉴定感光性强弱的衡量指标,计算式为:短日出穗促进率＝[(长日区抽穗日数－短日区抽穗日数)/长日区抽穗日数]×100％。据促进率数值,按全国分类标准,鉴定感光性的级别。其中短日出穗促进率0～10％为1～3级,属感光性弱;10.1％～30％为4～6级,属感光性中;30.1％～>60％为7～9级,属感光性强。

异地播栽地点之一为海南省三亚市藤桥(18°24′N,109°45′E,海拔10 m),2006年11月29日播种,2007年1月4日移栽,3次重复,每小区面积4 m²,栽植100株,行株距20 cm×20 cm。按当地常规栽培管理。光敏期日长11～11.4 h,播种至抽穗平均气温23～24 ℃。另一地点为福建省尤溪县西城镇麻洋村和汤川镇光明村,播栽期如感温性鉴定所述,选取其中播种至抽穗平均气温与三亚藤桥相近而光敏期日长>13 h的一地一期作为日长差对比方。

人工控制日照长度试点为福建省尤溪县麻洋村,2007年6月23日播种,三叶龄分栽于自然长日区和人工控制日照11 h的短日区,每区面积100 cm×100 cm,栽植5个品种(含Ⅱ优131品种),每个品种20株,行株距10 cm×10 cm。人工控制短日区采用一个长、宽、高各110 cm的木箱,从移栽至抽穗期每日上午7时掀箱曝光,下午6时盖箱遮光,固定日照11 h。自然长日区光敏期平均日长13 h。

1.4 基本营养生长期鉴定

水稻原产热带湿地,在高温短日条件下生育较快,抽穗提早。将品种在高温短日下最少的播种至抽穗日数,定为基本营养生长期,或称高温短日生育期,并据此按全国分类标准,鉴定基本营养生长期的级别。其中基本营养生长期30～40 d为1～3级,属基本营养生长期短;基本营养生长期40.1～55 d为4～6级,属基本营养生长期中;基本营养生长期55.1～65 d为7～9级,属基本营养生长期长。在上述感光性鉴定试验中,福建省尤溪县麻洋村于2007年6月23日播种、三叶龄移入人工控制日照11 h环境栽培的5个品种,在高温(播种—抽穗期平均气温26.6～26.8 ℃)短日条件下生育,其播种—抽穗期日数趋于最少。本鉴定将品种这一趋于最少的播种—抽穗期日数,定为基本营养生长期,按全国分类标准,鉴定其基本营养生长期的级别。

1.5 双季稻生育观察

为验证4个杂交稻品种的光温特性,2008年选在南亚热带的福建省龙海市海澄镇黎明村(24°25′N,117°50′E,海拔5 m)作双季稻栽培。早稻于2月20日播种,4月3日移栽。晚稻于7月15日播种,8月2日移栽。每个品种每季种2丘,面积3～4亩。按当地常规栽培管理。双季稻生育期间,进行生育期、产量及其构成和气象因素的观察记载。

1.6 观察记载项目

1.6.1 生育期

记载播种、移栽、一次枝梗分化(倒6节间伸长0.5～1 cm,叶龄余数3.0)、抽穗(50％植株的穗顶露出剑叶叶鞘)、齐穗(80％植株的穗顶露出剑叶叶鞘)、成熟(90％的谷壳变黄,米粒坚实可以收获)。

1.6.2　产量及其构成

水稻成熟时分小区(或田丘)单独收割、脱粒、晒干、扬净、称产量。收割前每小区(丘)调查 50 丛穗数,按每丛平均穗数额取 5 丛考种。

1.6.3　气象因素

由试验点邻近的气象局提供气象资料,包括水稻生育期间逐日平均气温、最高气温、最低气温、日长(可照时数)、日照、降雨量、相对湿度等。藤桥试验点气象资料由三亚市气象局(18°15′N,109°30′E,海拔10 m)提供;黎明试验点气象资料由龙海市气象局(24°26′N,117°50′E,海拔 33 m)提供;麻洋试验点和光明试验点气象资料由尤溪县气象局(26°10′N,118°09′E,海拔 127 m)提供,但麻洋、光明的逐日平均气温由尤溪县气象局提供的日平均气温按直减率[6]进行了订正。本研究积温为水稻安全生育期间逐日平均气温之和。光敏期平均日长为光周期诱导敏感期(颖花分化前 1～30 d)的平均日长。

2　结果与分析

2.1　四个杂交稻品种在不同生态种植的生育进程

表1显示 4 个杂交稻品种在九种供试生态条件下种植的生育进程,看出各品种生长期变化很大,全生长期日数的变异系数(CV)、变幅和极差情况如下:

Ⅱ优 3301 平均全生长期 148.3 d±22.7 d,CV 15.3％,变幅 118～185 d,极差 56.8％;

特优 3301 平均全生长期 144.1 d±20.7 d,CV 14.4％,变幅 118～178 d,极差 50.8％;

闽优 3301 平均全生长期 144.2 d±22.7 d,CV 15.7％,变幅 112～180 d,极差 60.7％;

天优 3301 平均全生长期 141.4 d±21.3 d,CV 15.1％,变幅 112～175 d,极差 56.3％。

水稻品种的生育期是其光温遗传特性与光温生态互作的结果。为了摸清生育期变化规律,必须查明品种的温光反应特性。

2.2　4 个杂交稻品种的温光反应特性

2.2.1　感温性

尤溪县两地两期播种试验构成 6 种温光对比组合,其中 5 种组合具有明显对比关系。表2显示 5 种组合中各个品种的光敏期平均日长、播种—抽穗期的日数和平均气温,以及由此计算出来的单位温度出穗促进率。

1 号为高温长日与低温长日对比组合,取异地异时播种对比(麻洋村 4 月 30 日播种,光明村 3 月 13 日

表1 4个杂交稻品种在不同生态种植的生育进程及温光条件

地点	品种	生育期(月-日)					各生育时期日数(d)				各生育时期积温(℃)				光敏期平均日长(h)
		播种	移栽	分化	抽穗	成熟	A	B	C	合计	A	B	C	合计	
三亚藤桥	Ⅱ优3301	11-29	01-04	02-19	03-22	04-28	82	31	37	150	1 899.5	796.7	1 008.7	3 704.9	11.36
	特优3301	11-29	01-04	02-17	03-20	04-26	80	31	37	148	1 849.3	797.8	1 000.4	3 647.5	11.32
	闽优3301	11-29	01-04	02-11	03-14	04-22	74	31	39	144	1 702.1	788.6	1 041.6	3 532.3	11.25
	天优3301	11-29	01-04	02-12	03-15	04-22	75	31	38	144	1 725.5	791.8	1 015.0	3 532.3	11.26
尤溪麻洋	Ⅱ优3301	03-13	04-17	06-12	07-13	08-18	91	31	36	158	1 795.7	839.1	984.8	3 619.6	13.49
	特优3301	03-13	04-17	06-07	07-08	08-11	86	31	34	151	1 680.5	811.6	948.0	3 440.1	13.44
	闽优3301	03-13	04-17	06-08	07-09	08-14	87	31	36	154	1 703.0	817.1	994.4	3 514.5	13.45
	天优3301	03-13	04-17	06-06	07-07	08-10	85	31	34	150	1 657.4	806.5	950.4	3 414.3	13.43
尤溪麻洋	Ⅱ优3301	04-30	05-30	07-07	08-06	09-13	68	30	38	136	1 656.1	841.1	952.3	3 445.9	13.61
	特优3301	04-30	05-30	07-03	08-02	09-09	64	30	38	132	1 541.0	849.8	969.0	3 359.8	13.62
	闽优3301	04-30	05-30	07-04	08-03	09-10	65	30	38	133	1 570.1	848.2	963.7	3 382.0	13.61
	天优3301	04-30	05-30	07-03	08-02	09-08	64	30	37	131	1 541.0	849.8	945.9	3 336.7	13.62
尤溪光明	Ⅱ优3301	03-13	04-23	07-04	08-05	09-14	113	32	40	185	2 060.1	795.5	869.8	3 725.4	13.61
	特优3301	03-13	04-23	06-27	07-29	09-07	106	32	40	178	1 889.2	797.4	904.4	3 591.0	13.61
	闽优3301	03-13	04-23	06-29	07-31	09-09	108	32	40	180	1 935.8	800.1	890.0	3 625.9	13.61
	天优3301	03-13	04-23	06-24	07-26	09-04	103	32	40	175	1 821.7	791.1	919.4	3 532.2	13.60
尤溪光明	Ⅱ优3301	04-30	05-30	07-31	09-03	10-19	92	34	46	172	2 053.5	775.1	897.5	3 726.2	13.38
	特优3301	04-30	05-30	07-27	08-30	10-14	88	34	45	167	1 955.4	784.9	908.9	3 649.2	13.43
	闽优3301	04-30	05-30	07-27	08-30	10-15	88	34	46	168	1 955.4	784.9	927.0	3 667.0	13.43
	天优3301	04-30	05-30	07-26	08-29	10-12	87	34	44	165	1 930.4	788.0	893.2	3 611.6	13.44
尤溪麻洋	Ⅱ优3301	06-23	07-08	08-23	09-22	11-05	61	30	44	135	1 665.8	721.0	887.4	3 274.2	12.97
	特优3301	06-23	07-08	08-20	09-19	10-31	58	30	42	130	1 588.5	729.7	879.4	3 197.6	13.03
	闽优3301	06-23	07-08	08-20	09-19	11-02	58	30	44	132	1 588.5	729.7	912.7	3 230.9	13.03
	天优3301	06-23	07-08	08-19	09-18	10-30	57	30	42	129	1 563.5	733.9	883.2	3 179.7	13.06
尤溪麻洋(定光11 h)	Ⅱ优3301	06-23	07-08	08-14	09-12	10-22	52	29	40	121	1 438.4	716.6	877.6	3 032.6	11.00
	特优3301	06-23	07-08	08-13	09-11	10-21	51	29	40	120	1 412.5	719.0	884.7	3 016.2	11.00
	闽优3301	06-23	07-08	08-09	09-07	10-17	47	29	40	116	1 307.4	733.0	911.1	2 951.5	11.00
	天优3301	06-23	07-08	08-09	09-07	10-17	47	29	40	116	1 307.4	733.0	911.1	2 951.5	11.00
龙海黎明	Ⅱ优3301	02-20	04-03	05-27	06-26	07-29	97	30	33	160	1 875.8	781.2	930.5	3 587.5	13.18
	特优3301	02-20	04-03	05-20	06-19	07-22	90	30	33	153	1 699.8	760.0	925.0	3 384.8	13.08
	闽优3301	02-20	04-03	05-23	06-22	07-25	93	30	33	156	1 769.0	776.6	929.5	3 475.1	13.12
	天优3301	02-20	04-03	05-18	06-17	07-20	88	30	33	151	1 656.1	750.9	920.5	3 327.5	13.04
龙海黎明	Ⅱ优3301	07-15	08-02	09-03	10-03	11-10	50	30	38	118	1 428.1	849.9	928.2	3 206.2	12.68
	特优3301	07-15	08-02	09-03	10-03	11-10	50	30	38	118	1 428.1	849.9	928.2	3 206.2	12.68
	闽优3301	07-15	08-02	08-29	09-28	11-04	45	30	37	112	1 289.4	855.0	926.3	3 070.7	12.78
	天优3301	07-15	08-02	08-29	09-28	11-04	45	30	37	112	1 289.4	855.0	926.3	3 070.7	12.78

注:分化指一次枝梗分化;A:播种——一次枝梗分化期;B:一次枝梗分化—抽穗期;C:抽穗—成熟期。

表2 4个杂交稻品种在不同温光对比条件下的单位温度出穗促进率和感温性级别

组合编号	温光对比组合	鉴定地点及播种期（月-日）	鉴定品种	光敏期平均日长（h）	播种—抽穗平均气温（℃）	播种—抽穗日数（d）	单位温度出穗促进率（%）	感温性级别
1	高温长日/低温长日	尤溪麻洋，04-30/尤溪光明，03-13	Ⅱ优3301	13.61/13.61	25.5/19.7	98/145	5.6	2（弱）
			特优3301	13.62/13.61	25.4/19.5	94/138	5.4	2（弱）
			闽优3301	13.61/13.61	25.4/19.5	95/140	5.5	2（弱）
			天优3301	13.62/13.60	25.4/19.4	94/135	5.1	2（弱）
2	高温长日/常温长日	尤溪麻洋，04-30/尤溪麻洋，03-13	Ⅱ优3301	13.61/13.49	25.5/21.6	98/122	5.0	1（弱）
			特优3301	13.62/13.44	25.4/21.3	94/117	4.8	1（弱）
			闽优3301	13.61/13.45	25.4/21.4	95/118	4.9	1（弱）
			天优3301	13.62/13.43	25.4/21.2	94/116	4.5	1（弱）
3	常温长日/低温长日	尤溪光明，04-30/尤溪光明，03-13	Ⅱ优3301	13.38/13.61	22.5/19.7	126/145	4.7	1（弱）
			特优3301	13.43/13.61	22.5/19.5	122/138	3.9	1（弱）
			闽优3301	13.43/13.61	22.5/19.5	122/140	4.3	1（弱）
			天优3301	13.44/13.60	22.5/19.4	121/135	3.4	1（弱）
4	高温长日/常温长日	尤溪麻洋，04-30/尤溪光明，04-30	Ⅱ优3301	13.61/13.38	25.5/22.5	98/126	7.4	2（弱）
			特优3301	13.62/13.43	25.4/22.5	94/122	7.9	2（弱）
			闽优3301	13.61/13.43	25.4/22.5	95/122	7.6	2（弱）
			天优3301	13.62/13.44	25.4/22.5	94/121	7.7	2（弱）
5	常温长日/低温长日	尤溪麻洋，03-13/尤溪光明，03-13	Ⅱ优3301	13.49/13.61	21.6/19.7	122/145	8.4	2（弱）
			特优3301	13.44/13.61	21.3/19.5	117/138	8.5	2（弱）
			闽优3301	13.45/13.61	21.4/19.5	118/140	8.3	2（弱）
			天优3301	13.43/13.60	21.2/19.4	116/135	7.8	2（弱）

表3 4个杂交稻品种在不同光温对比条件下的短日出穗促进率、高温短日抽穗日数和感光性、基本营养生长期级别

组合编号	温光对比组合	鉴定地点及播种期（月-日）	鉴定品种	光敏期平均日长（h）	播种—抽穗平均气温（℃）	播种—抽穗日数（d）	短日出穗促进率（%）	感光性级别	基本营养生长期级别
1	短日常温/长日常温	三亚藤桥，11-29/尤溪光明，04-30	Ⅱ优3301	11.36/13.38	23.9/22.5	113/126	10.3	4（中）	—
			特优3301	11.32/13.43	23.8/22.5	111/122	9.0	3（弱）	—
			闽优3301	11.25/13.43	23.7/22.5	105/122	13.9	4（中）	—
			天优3301	11.26/13.44	23.7/22.5	106/121	12.4	4（中）	—
2	短日高温[*]/长日高温	尤溪麻洋，06-23/尤溪麻洋，06-23	Ⅱ优3301	11.00/12.97	26.6/26.2	81/91	11.0	4（中）	9（长）
			特优3301	11.00/13.03	26.6/26.3	80/88	9.1	3（弱）	9（长）
			闽优3301	11.00/13.03	26.8/26.3	76/88	13.6	4（中）	9（长）
			天优3301	11.00/13.06	26.8/26.4	76/87	12.6	4（中）	9（长）

[*] 采用木箱控制日照长度的处理，从移栽至抽穗期每日上午7时掀箱曝光，下午6时盖箱遮光，固定日照11 h。

播种),双方的光敏期平均日长相等,播种—抽穗期平均温度相差 6 ℃左右。经计算,Ⅱ优 3301、特优 3301、闽优 3301、天优 3301 的单位温度出穗促进率分别为 5.6％、5.4％、5.5％和 5.1％,均属感温性 2 级(弱)。

2 号为高温长日与常温长日对比组合,取同地异时播种对比(麻洋村 4 月 30 日和 3 月 13 日播种),双方的光敏期平均日长相近,播种—抽穗期平均气温相差 4 ℃左右。经计算,Ⅱ优 3301、特优 3301、闽优 3301、天优 3301 的单位温度出穗促进率分别为 5.0％、4.8％、4.9％、4.5％,均属感温性 1 级(弱)。

3 号为常温长日与低温长日对比组合,取同地异时播种对比(光明村 4 月 30 日和 3 月 13 日播种),双方的光敏期平均日长相近,播种—抽穗期平均气温相差 3 ℃左右。经计算,Ⅱ优 3301、特优 3301、闽优 3301、天优 3301 的单位温度出穗促进率分别为 4.7％、3.9％、4.3％、3.4％,均属感温性 1 级(弱)。

4 号为高温长日与常温长日对比组合,取异地同时播种对比(麻洋村与光明村 4 月 30 日同时播种),双方光敏期平均日长相近,播种—抽穗期平均气温相差 3 ℃左右。经计算,Ⅱ优 3301、特优 3301、闽优 3301、天优 3301 的单位温度出穗促进率分别为 7.4％、7.9％、7.6％、7.7％,均属感温性 2 级(弱)。

5 号为常温长日与低温长日对比组合,取异地同时播种对比(麻洋村与光明村 3 月 13 日同时播种),双方光敏期平均日长相近,播种—抽穗期平均气温相差 2 ℃左右。经计算,Ⅱ优 3301、特优 3301、闽优 3301、天优 3301 的单位温度出穗促进率分别为 8.4％、8.5％、8.3％、7.8％,均属感温性 2 级(弱)。

综合上述看出,第 4、5 组合各品种的单位温度出穗促进率高于第 1、2、3 组合,这源于"高地缓长"效应的干扰。如第 4 组合与第 2 组合比较,两个组合的甲方都是麻洋村 4 月 30 日播种的,但乙方不同,4 号组合的乙方为光明村 4 月 30 日播种的,2 号组合的乙方为麻洋村 3 月 13 日播种的,4 号组合乙方比 2 号组合乙方,播种—抽穗期的平均气温较高,而日数却较多,由此,计算第 4 组合 4 个品种单位温度出穗促进率的分子扩大,分母缩小,单位温度出穗促进率抬高。又如第 5 组合与第 3 组合比较,由于相似的原因,第 5 组合的单位温度出穗促进率抬高。只有第 1 组合采用异地异时播种,扩大对比双方的温差,才冲抵了"高地缓长"效应的干扰。"高地缓长"现象在观察云南高原水稻生育时已有察觉,其机理尚待研究。

看来,感温性的鉴定比较复杂,鉴定对比条件的设置值得细心敲定。但综合而言,4 个水稻品种的感温性为 1—2 级,均属感温性弱,其中Ⅱ优 3301、特优 3301、闽优 3301 的感温性略强,天优 3301 的感温性略弱。

2.2.2　感光性

采用异地播种日长差和同地播种人工控制日照长度的方法,鉴定水稻品种感光性,结果列于表 3。

4 个杂交稻品种在三亚藤桥冬播,处于短日常温条件下生育(光敏期平均日长 11.25～11.36 h,播种—抽穗平均气温 23.7～23.9 ℃);在尤溪县光明村春播,处于长日常温条件下生育(光敏期平均日长 13.38～13.44 h,播种—抽穗平均气温 22.5 ℃)。两地气温相近而日长相差大。短日条件的三亚藤桥抽穗日数显著缩短,与长日条件的尤溪光明相比,计算出Ⅱ优 3301、特优 3301、闽优 3301、天优 3301 的短日出穗促进率分别为 10.3％、9.0％、13.9％、12.4％。按全国分类标准,鉴定这 4 个品种的感光性分别为 4、3、4、4 级,属感光性中偏低。其中闽优 3301 和天优 3301 的感光性略强,Ⅱ优 3301 和特优 3301 的感光性略弱。

4 个杂交稻品种在尤溪县麻洋村高温季节播种,三叶龄分栽于自然长日环境(光敏期平均日长 12.97～13.06 h,)和人工控制日照 11 h 的短日环境。结果,同一品种在人工控制短日条件生育比自然长日条件生育,抽穗日数显著缩减,由此计算出Ⅱ优 3301、特优 3301、闽优 3301、天优 3301 的短日出穗促进率分别为 11.0%、9.1%、13.6%、12.6%。按全国分类标准,鉴定这 4 个品的感光性分别为 4、3、4、4 级,属感光性中偏低。

综合上述数据,可看出两法鉴定结论相当一致。

2.2.3　基本营养生长期

4 个杂交稻品种在尤溪县麻洋村高温季节播种,三叶龄移栽于人工控制日照 11 h 的短日环境,在高温(播种—抽穗期平均气温 22.6～22.8 ℃)短日条件下生育,其播种—抽穗期日数趋于最少。将这一趋于最少的播种—抽穗日数,定为基本营养生长期。结果如表 3 所示,Ⅱ优 3301、特优 3301、闽优 3301、天优 3301 的基本营养生长期分别为 81 d、80 d、76 d、76 d。按全国分类标准,鉴定这 4 个品种的基本营养生长期均为 9 级,属基本营养生长期长。其中Ⅱ优 3301 和特优 3301 略长,闽优 3301 和天优 3301 略短。

应当指出,本鉴定是在播种—抽穗期平均气温 26.6～26.8 ℃条件下进行,如果鉴定移往气温更高的地点,也许播种—抽穗日数会有所缩短。但在人工控制日照 11 h 前提下进一步提高气温,能缩短多少抽穗日数,尚需通过试验明确。

2.3　生育期日数、积温与气温的相关

摒除两组光敏期平均日长<12 h 的试验,汇集 7 组试验 4 个品种各生育时期的日数、积温和平均气温资料,计算各生育时期的日数、积温与平均气温的相关,结果如表 4 所示。

表 4　4 个杂交稻品种各生育时期的日数、积温、平均气温以及日数、积温与平均气温的相关性

品种	生育时期	各因素平均值±标准差			日数对平均气温的线性回归			积温对平均气温的线性回归		
		日数(d)	积温(℃)	均温(℃)	a	b	r	a	b	r
Ⅱ优 3301	播种—分化	81.7±22.5	1 790.7±228.8	22.8±4.1	203.15	−5.319 6	−0.965 4**	2 835.72	−45.775 6	−0.815 6*
	分化—抽穗	31.0±1.5	800.4±46.4	25.9±2.1	44.02	−0.503 2	−0.683 6	316.74	−18.695 4	−0.835 3*
	抽穗—成熟	39.3±4.5	921.5±39.8	23.8±3.4	69.52	−1.271 2	−0.966 7**	702.68	−9.199 5	−0.791 3*
	播种—抽穗	112.7±23.3	2 591.1±216.5	23.5±3.2	280.40	−7.122 5	−0.983 5**	4 036.90	−61.409 6	−0.914 0**
	播种—成熟	152.0±23.4	3 512.1±209.4	23.4±2.4	379.17	−9.702 4	−0.984 7**	5 377.03	−79.647 9	−0.904 0**
特优 3301	播种—分化	77.4±20.3	1 683.2±187.6	22.6±4.2	180.88	−4.569 0	−0.954 5**	2 386.85	−31.075 2	−0.702 2
	分化—抽穗	31.0±1.5	797.4±44.1	25.8±2.0	44.30	−0.516 0	−0.665 1	334.22	−17.972 0	−0.802 0*
	抽穗—成熟	38.6±4.2	923.3±29.5	24.2±3.1	70.52	−1.319 5	−0.979 1**	763.65	−6.591 8	−0.702 8
	播种—抽穗	108.4±21.2	2 480.8±176.0	23.4±3.3	252.02	−6.128 8	−0.967 3**	3 416.11	−39.920 5	−0.759 2**
	播种—成熟	147.0±21.5	3 404.1±173.4	23.5±2.4	350.38	−8.665 2	−0.971 5**	4 790.42	−59.064 0	−0.820 2*
闽优 3301	播种—分化	77.7±22.2	1 687.3±231.8	22.7±4.2	193.25	−5.086 3	−0.966 2**	2 686.85	−44.004 8	−0.801 4*
	分化—抽穗	31.0±1.5	801.7±43.5	25.9±2.0	44.74	−0.529 7	−0.693 2	345.72	−17.584 2	−0.808 5*
	抽穗—成熟	39.1±4.6	934.8±34.3	24.2±3.2	72.35	−1.372 4	−0.963 2**	776.23	−6.552 7	−0.612 3
	播种—抽穗	108.7±23.1	2 489.0±216.5	23.5±3.3	268.53	−6.804 7	−0.982 6**	3 838.34	−57.454 7	−0.884 9**
	播种—成熟	147.9±23.5	3 423.8±213.9	23.5±2.5	369.33	−9.436 0	−0.988 1**	5 288.52	−79.447 8	−0.912 1**

续表4

品种	生育时期	各因素平均值±标准差			日数对平均气温的线性回归			积温对平均气温的线性回归		
		日数(d)	积温(℃)	均温(℃)	a	b	r	a	b	r
天优3301	播种—分化	75.6±20.6	1 637.1±286.7	22.6±4.3	179.48	−4.592 1	−0.958 8**	2 408.71	−34.100 2	−0.708 6
	分化—抽穗	31.0±1.5	796.3±45.8	25.7±2.0	43.70	−0.493 5	−0.647 7	319.96	−18.512 9	−0.810 9*
	抽穗—成熟	38.1±4.1	919.9±24.9	24.4±3.1	69.33	−1.302 8	−0.992 2**	756.78	−6.685 2	−0.828 6*
	播种—抽穗	106.6±21.5	2 433.3±191.1	23.4±3.4	248.92	−6.0796	−0.970 5**	3 473.73	−41.871 2	−0.752 1
	播种—成熟	144.7±22.0	3 353.2±188.6	23.5±2.5	348.61	−8.6818	−0.975 2**	4 850.56	−63.754 4	−0.835 1*

* $n=7$, $r_{0.05}=0.754$, $r_{0.01}=0.874$。

由于种植地区、种植季节的不同,各个品种各生育时期的平均气温差异很大,其中营养生长期(播种——一次枝梗分化)的平均气温变异系数最大(18%~19%);结实期(抽穗—成熟)的平均气温变异系数次之(13%~14%);幼穗发育期(一次枝梗分化—抽穗)的平均气温变异系数较小(8%)。

随着各生育时期平均气温的提高,该期日数和积温减少,反之增加。日数与平均气温多呈极显著水平的负相关,积温与平均气温多呈显著水平的负相关。当平均气温提高1℃,营养生长期日数减少4.6~5.3 d,积温降低31~46℃;幼穗发育期日数减少0.5 d,积温降低18~19℃;结实期日数减少1.3 d,积温降低7~9℃;播种—抽穗期的日数减少6.1~7.1 d,积温降低40~61℃;播种—成熟期的日数减少8.7~9.7 d,积温降低59~80℃。

Ⅱ优3301、特优3301、闽优3301、天优3301七组试验平均的播种—抽穗期日数分别为112.7 d、108.4 d、108.7 d和106.6 d,当平均气温提高1℃,播种—抽穗期日数分别减少7.1 d、6.1 d、6.8 d和6.1 d,由此计算出来的单位温度出穗促进率分别为6.3%、5.6%、6.3%和5.7%。此一指标冲抵了"高地缓长"现象的干扰,比较精确反映了感温性的强弱。据此按全国分类标准,鉴定4个品种为感温性2级,属感温性弱,其中Ⅱ优3301和闽优3301的感温性略强,特优3301和天优3301的感温性略弱。

3　总结与讨论

3.1　决定水稻生育期的"三性"

水稻生育期是品种光温遗传特性与光温生态互作的结果。日本学者首先揭示决定水稻生育期的三个基本遗传特性——感温性、感光性和基本营养生长性。我国由丁颖主持于1961—1964年开展了水稻光温生态试验[1],制订出一套光温特性鉴定方法和九级分类标准,并将基本营养生长性更名为高温短日生育期或基本营养生长期。

本研究依据全国制定的方法和分类标准,鉴定了闽恢3301配制的4个杂交稻品种的光温特性。结果明确这4个品种属感温性弱(2级)、感光性中偏低(4级)(但特优3301属感光性弱,3级)、基本营养生长期长(9级)。这一弱—中偏低—长的光温特性与热带亚洲的现代矮秆品种(如IR8)相近,而有别于我国地方品种,如华南迟熟早籼、中籼以及华中、华北、云贵的中籼,它们的基本营养生长期同样属长,但多数品种的感温性为中至强,感光性为弱[4]。

4个品种的光温特性可分为两组:Ⅱ优3301和特优3301的基本营养生长期略长,而感光性略弱;闽优3301和天优3301的基本营养生长期略短,而感光性略强。但在同一组品种中,Ⅱ优3301比特优3301,闽优3301比天优3301,感温性和感光性又略强。由于上述光温特性使然,在日长>13 h的条件下栽培,4个品种的全生长期日数排序为:Ⅱ优3301、闽优3301、特优3301、天优3301;在日长<13 h的条件下栽培,Ⅱ优3301和特优3301的全生长期日数并排第一,闽优3301和天优3301的全生长期日数并排第二。

3.2　日长对生育期的影响

梁光商[2]研究了光周期诱导的反应器官和敏感期,揭示叶片是对光周期诱导反应的器官,敏感期为倒8叶龄期—二次枝梗分化末期,相当于颖花分化前1~30 d。梁光商等[3]又开展了不同日长试验,鉴定不同品种对日长适应的范围。结果明确,早、中籼稻对日长钝感,在长日、短日条件下均能正常抽穗;晚籼稻对日长敏感,在短日条件下提早抽穗,在长日条件下延长抽穗乃至不抽穗,明显促进抽穗的临界日长和明显延迟抽穗的临界日长,晚籼早熟种分别为12 h 50 min~13 h 10 min和13 h 50 min~24 h,晚籼中熟种分别为12 h 30 min~12 h 50 min和13 h 10 min~14 h 10 min或24 h,晚籼晚熟种分别为12 h 30 min~12 h 50 min和12 h 50 min~13 h 10 min。

本研究以人工控制日照11 h和三亚冬播自然日长11.3 h为短日对比方,鉴定4个品种感光性的强弱,未鉴定日长适应的范围。但发现黎明试验点7月15日播种,在光敏期平均日长12 h 41 min~12 h 47 min条件下,闽优3301抽穗日数明显缩短,超越特优3301而与天优3301同日抽穗,表明日长<13 h可促进闽优3301和天优3301抽穗。

福建省日长>13 h的时间,南部的云霄(24°N)为4月29日—8月13日,北部的浦城(28°N)为4月21日—8月20日,夏至日长为一年中最长,南部和北部分别为13 h 37 min和13 h 55 min。因此,这4个杂交稻品种在福建省水稻安全生长季栽培,只有闽南双季晚稻的光敏期出现<13 h的促进抽穗的临界日长,而不分南北,都不出现延迟抽穗的临界日长。显见在福建省现实生产中制约4个水稻品种生育期日数的主要因素是气温。

3.3　气温对生育期的影响

水稻生育期与气温的数量关系曾是长期探索的问题,先后提出积温模式、有效积温模式、当量积温模式和温光模式[4]。本研究明确,水稻品种生育期积温并不恒定,尤以营养生长期变异较大。据7个试验点汇总计算,4个品种生育期日数与平均气温多呈极显著水平的负相关,当平均气温提高1 ℃,播种—幼穗分化期缩短4.6~5.3 d,幼穗分化—抽穗期缩短0.5 d,抽穗—成熟期缩短1.3 d,播种—抽穗期缩短6.1~7.1 d,播种—成熟期缩短8.7~9.7 d。

依据上述光温特性,4个品种适宜在福建全省作单季中、晚稻和烟茬稻栽培,在闽东南作双季晚稻栽培。在高山区作单季稻4月下旬播种,全生长期160~170 d,总积温3 600~3 700 ℃;在低山区作单季稻4月下旬播种,全生长期130~140 d,总积温3 300~3 400 ℃;在低山区作烟茬稻6月中旬播种,全生长期 130~135 d,总积温 3 200~3 300 ℃;在闽东南作双季晚稻 7 月上中旬播种,全生长期 110~120 d,总积温 3 100~3 200 ℃。特优 3301 和天优 3301 还适宜在闽南作双季早稻栽培,2 月中下旬播种,全生长期 150 d,总积温 3 300~3 400 ℃。天优 3301 再生力强,可在低山区作再生稻栽培,但必须在 3 月上中旬播种,将头季本田营养生长期延长至 50 d,结实期调整在光温最丰的 7 月份,并将再生季调整在 9 月上中旬安全齐穗,实现双季稳定高产。

尤志明等[5]鉴定了Ⅱ优 131 的光温特性,并依据福建省热量时空分布模式[6],计算出不同纬度、海拔地区逐旬积温,进而计算出Ⅱ优 131 在福建省不同纬度、海拔地区 3—7 月份播种的生育期,作出详尽的种植规划。本研究鉴定了 4 个杂交稻品种的光温特性,为了扩大推广和提升产量,值得效仿此法,进一步合理规划宜种的地区、熟制、播栽期和栽培管理。

著录论文

程雪华,李小萍,陈建民,等.闽恢 3301 配制的 4 个杂交稻品种的光温特性研究[J].福建农业学报,2010,25(1):39-46.

参考文献

[1]水稻光温生态研究协作组.中国水稻品种的光温生态[M].北京:科学出版社,1978.

[2]梁光商.水稻对光周期反应器官机能的研究[C]//广东省粮油作物学会年会论文集.广州:广东省粮油作物学会,1978.

[3]梁光商,蔡善信.水稻品种出穗临界日长的研究[J].华南农学院学报,1980,1(3):54-66.

[4]高亮之,李林.水稻气象生态[M].北京:农业出版社,1992:190-248.

[5]尤志明,姜照伟,程雪华,等.杂交稻Ⅱ优 131 高产结构与气候生态适应性研究[J].福建农业学报,2008,23(3):281-287.

[6]蔡金禄,李征.福建省山区水稻光热资源利用研究[G]//福建山区水稻中低产田配套增产技术专题研究资料.福州:福建省农业厅,1986:37-52.

九、福建省气温变化规律及与稻作的关系

福建省地处低纬度,东临太平洋,受海洋气团影响,形成亚热带海洋性季风气候,热光水资源丰富,有利稻作生产。但境内多山,地形地势复杂,各地气候仍有较大差异。掌握气候变化规律,才能合理安排水稻熟制、品种和生育期布局。本节着重分析气温变化规律及与稻作的关系。

1　气温的垂向、纬向变化规律

蔡金禄等[1]1980年代整理了福建省162个气象站(哨)历年气温资料,建立三个纬区各旬平均气温对海拔的回归方程。据此,我们计算出25°N、26°N、27°N不同海拔地区的各旬平均气温,列于表1,看出:

各旬平均气温随纬度北移和海拔升高而逐渐降低,但降幅因季节和纬区而有一定差异。7月、8月各旬气温主要受制于海拔,直减率最高(0.6 ℃/100 m),纬减率最低[0～0.2 ℃/(°)]。由此时间向前推后,直减率逐渐减少,纬减率逐渐增大,如4月、5月、6月和9月、10月、11月,直减率为0.50～0.58 ℃/100 m,25°N至26°N的纬减率为0.7～1.4 ℃/(°);12月、1月、2月、3月,直减率为0.35～0.50 ℃/100 m,25°N至26°N的纬减率为2.1～2.5 ℃/(°)。26°N至27°N的纬减率季节变化趋势相似,但纬减率降低。全年平均,25°N、26°N、27°N的直减率分别为0.56、0.48、0.52 ℃/100 m,25°N至26°N和26°N至27°N的纬减率分别为1.03、0.64 ℃/(°)。从26°N至27°N,纬度北移1°的温差,相当于海拔提高100 m的温差。但由于在25°30′N～25°50′N的内陆腹地,海拔1 000 m以上的戴云山和玳瑁山主体崛起,形成南北屏障,显著扩大了25°N纬区至26°N纬区的温差。

2　气温的经向变化规律

蔡金禄等[1]为探索气温的经向变化规律,于1980年代在25°N、26°N、27°N的东西部各选一个气象站,按直减率计算出两站等高处的各旬平均气温,据此再计算出日平均稳定通过12 ℃始日(代表早季安全播种期)和15 ℃终日(代表晚季安全成熟期),以及两期持续日数、积温和日平均气温,结果看出:在同纬度同高程,西部春暖早,秋冷也早,3—6月气温,西部高于东部,7—8月气温持平,9—11月气温,东部高于西部。因而,东西部水稻安全生长期的日数及积温并无显著差异,只是西部比东部,早季安全播种期提早3～8 d,晚季安全成熟期也提早2～13 d。

表 1 福建省不同纬度不同海拔地区的各旬平均气温(℃)

月 旬		25°N 不同海拔的旬均气温(℃)					26°N 不同海拔的旬均气温(℃)					27°N 不同海拔的旬均气温(℃)				
		0 m	200 m	400 m	600 m	800 m	0 m	200 m	400 m	600 m	800 m	0 m	200 m	400 m	600 m	800 m
1月	上	11.0	9.9	8.9	7.8	6.8	8.9	8.2	7.5	6.9	6.2.	8.6	7.7	6.7	5.8	4.8
	中	11.2	10.2	9.1	8.1	7.8	9.1	8.4	7.7	6.9	6.2	8.5	7.6	6.6	5.7	4.7
	下	12.2	11.1	9.0	9.0	8.0	10.0	9.3	8.5	7.8	7.0	9.5	8.6	7.7	6.8	5.9
2月	上	12.1	11.1	10.1	9.1	8.1	9.7	9.0	8.2	7.5	6.7	9.2	8.3	7.4	6.4	5.5
	中	13.7	12.7	11.6	10.6	9.5	11.2	10.4	9.6	8.9	8.1	10.4	9.5	8.6	7.7	6.8
	下	13.7	12.6	11.6	10.5	9.5	11.5	10.7	9.9	9.2	8.4	10.9	10.0	9.1	8.1	7.2
3月	上	15.9	14.9	13.9	12.8	11.8	13.7	12.9	12.0	11.2	10.3	12.7	11.7	10.9	9.9	9.0
	中	16.6	15.6	14.6	13.5	12.5	14.5	13.6	12.8	11.9	11.1	13.6	12.7	11.8	10.8	9.9
	下	17.8	16.8	15.7	14.7	13.6	15.8	14.9	14.0	13.0	12.1	15.0	14.1	13.2	12.2	11.3
4月	上	19.3	18.3	17.2	16.2	15.1	17.6	16.7	15.7	14.8	13.8	16.8	15.9	14.9	14.0	13.0
	中	21.3	20.2	19.1	18.1	17.0	19.6	18.7	17.7	16.8	15.8	18.9	18.0	17.0	16.0	15.1
	下	23.0	21.9	20.9	19.8	18.8	21.5	20.5	19.5	18.4	17.4	20.7	19.7	18.7	17.8	16.8
5月	上	24.2	23.1	22.0	21.0	19.9	22.8	21.8	20.7	19.7	18.6	21.9	20.9	19.9	18.9	17.9
	中	24.6	23.5	22.4	21.3	20.2	23.3	22.3	21.2	20.2	19.1	22.5	21.5	20.5	19.4	18.4
	下	25.3	24.2	23.1	22.0	20.9	24.2	23.2	22.1	21.1	20.0	23.6	22.5	21.5	20.4	19.4
6月	上	25.9	24.8	23.6	22.5	21.3	25.0	23.9	22.8	21.8	20.6	24.7	23.6	22.5	21.5	20.4
	中	26.7	25.5	24.4	23.2	22.1	26.1	25.0	23.9	22.9	21.8	25.7	24.6	23.5	22.5	21.4
	下	27.9	26.8	25.6	24.5	23.3	27.6	26.5	25.4	24.3	23.2	27.2	26.2	25.2	24.2	23.2
7月	上	28.9	27.7	26.5	25.4	24.2	29.0	27.8	26.6	25.5	24.3	28.9	27.8	26.7	25.6	24.4
	中	29.2	28.0	26.7	25.5	24.2	29.3	28.1	26.9	25.8	24.6	29.2	28.0	26.8	25.7	24.5
	下	28.8	27.6	26.3	25.1	23.8	29.0	27.8	26.7	25.5	24.3	29.1	27.9	26.7	25.5	24.3
8月	上	28.6	27.4	26.3	25.1	24.0	28.6	27.4	26.2	25.1	23.9	28.8	27.6	26.4	25.2	24.0
	中	28.6	27.4	26.3	25.1	24.0	28.5	27.3	26.1	25.0	23.8	28.5	27.3	26.1	25.0	23.8
	下	28.3	27.1	26.0	24.8	23.7	28.1	26.9	25.8	24.6	23.5	28.2	27.0	25.8	24.7	23.5
9月	上	27.9	26.8	25.7	24.5	23.4	27.6	26.4	25.3	24.1	23.0	27.6	26.4	25.3	24.1	23.0
	中	26.5	25.4	24.2	23.1	21.9	25.8	24.7	23.5	22.4	21.2	25.7	24.6	23.4	22.3	21.1
	下	25.6	24.5	23.4	22.2	21.1	24.6	23.5	22.4	21.3	20.2	24.4	23.3	22.1	21.0	19.8
10月	上	24.2	23.1	21.9	20.8	19.6	23.0	21.9	20.8	19.8	18.7	22.8	21.7	20.5	19.4	18.2
	中	22.8	21.6	20.5	19.3	18.2	21.4	20.4	19.3	18.3	17.2	21.1	20.0	18.9	17.7	16.6
	下	20.7	19.6	18.5	17.3	16.2	19.9	18.9	17.9	17.0	16.0	19.0	17.9	16.8	15.7	14.6
11月	上	20.1	19.0	17.9	16.8	15.7	18.7	17.8	16.9	15.9	15.0	18.2	17.1	16.0	15.0	13.9
	中	18.0	16.9	15.8	14.6	13.5	16.6	15.7	14.8	14.0	13.1	16.0	15.0	13.9	12.9	11.8
	下	15.3	14.2	13.1	12.0	10.9	13.9	13.1	12.2	11.4	10.5	13.2	12.2	11.2	10.2	9.2
12月	上	14.8	13.5	12.3	11.0	9.8	12.6	11.9	11.2	10.4	9.7	11.9	10.9	10.0	9.0	8.1
	中	14.0	12.8	11.6	10.5	9.3	11.8	11.1	10.3	9.6	8.8	11.0	10.0	9.1	8.1	7.2
	下	12.9	11.8	10.7	9.5	8.4	10.8	10.1	9.4	8.6	7.9	10.1	9.1	8.1	7.1	6.1

3 水稻安全生育期和熟制、品种、生育期的合理布局

据李义珍等[3]在1970年代的观察,水稻冷害主要出现在4个时期:春季早稻播种期遇日平均气温持续<12 ℃时,抑制胚根胚芽萌发及幼叶生长;梅雨季节早稻孕穗期遇日平均气温连续3 d以上<22 ℃时,引发小孢子或雄配子败育;初秋晚稻齐穗开花期遇日平均气温连续3 d以上<22 ℃时,障碍扬花受精;暮秋晚稻籽粒充实期遇日平均气温持续<15 ℃时,阻断籽粒成熟。然而早稻孕穗期冷害多发生在极早熟品种,当下已罕有种植;晚稻安全成熟期距安全齐穗达50~60 d,只要在安全齐穗期前齐穗,就不愁发生成熟期冷害。因此,确保水稻安全生育的重点,是确保早季安全播种和晚季安全齐穗。

据对气温资料的查证,在春季当历年日平均气温升达13.5 ℃时,日平均气温有80%保障率稳定升达12 ℃,可以安全播种;在秋季当日平均气温降达24 ℃时,有80%保障率不会出现连续3 d以上<22 ℃的低温,可以安全齐穗。据研究,海拔800 m以上的高山区秋季冷凉,水稻经受抗寒锻炼后,花期冷害指标降为日平均气温连续3 d以上<21 ℃,相应地在秋季当日平均气温降达23 ℃时,也有80%保障率不会出现连续3 d以上<21 ℃的危害开花受精的低温。

依据表1列出的三个纬区不同海拔的各旬平均气温数据,春季找出旬平均气温13.5 ℃左右的两旬,秋季找出旬平均气温24 ℃左右(高山区为23 ℃左右)的两旬,以其气温值为基点,采用内插法,计算出春季升达日平均气温13.5 ℃的日期和秋季降达日平均气温24 ℃(高山区为23 ℃)的日期,分别确定为早季(头季)安全播种期和晚季(再生季)安全齐穗期,结果列于表2。为便于分析熟制、品种和播栽期布局,还计算出安全播种期至安全齐穗期的持续日数及积温。看出:

早季安全播种期分布在2月下旬至4月上旬,由南向北、由低向高逐渐推迟,在同一纬度同一高程,则为内陆比沿海略早。晚季安全齐穗期分布在9月上旬至10月上旬,由南向北,由低向高,逐渐提早,同一纬度同一高程,则为内陆比沿海略早。

种植双季稻要求有较长的安全生长期,从早季安全播种至晚季安全齐穗,最少需持续180 d,积温4 200 ℃。据此指标,由表2数据采用内插法计算,种植双季稻的高限为25°N海拔500 m,26°N海拔300 m,27°N海拔200 m。在此高限地区,双季水稻必须采用早熟品种搭配中熟品种布局。而在低海拔地区,早季安全播种至晚季安全齐穗长达200 d以上,积温4 800 ℃以上,双季可采用早、中熟品种搭配中、晚熟品种布局。在24°N附近的沿海丘陵平原区,早季安全播种至晚季安全齐穗长达220 d以上,积温5 500 ℃以上,可双季都种植中晚熟杂交稻。

再生稻采用机械化生产后,再生季抽穗期推迟10 d左右,从头季安全播种至再生季安全齐穗,晚熟品种也需积温4 200 ℃,其适宜种植高限与双季稻相同;早熟品种需积温4 100 ℃,其适宜种植高限可提升50 m。

单季稻在福建省有充裕的安全生长期,习惯在4月底—5月初播种,9月中旬—10月中旬收获。稻谷物质有30%来源于幼穗分化期的光合生产,70%来源于抽穗—成熟期的光合生产。而一年中太阳光能最丰的季节为7月、8月。采用传统播种期未能充分利用7月、8月的太阳光能。为此,本课题组在尤溪县高山区和低山区分期播种5个杂交稻品种,探索提早播种能否充分利用7月、8月的太阳光能。表3列出中熟品种天优3301和晚熟品种Ⅱ优3301的试验结果,看出不论低山区或高山区于3月中旬播种,

可将稻谷物质积累期调控在一年中太阳光能最丰的 7 月、8 月,与传统的迟播田相比,结实率提高 10%,增产6%~10%,产量差异达极显著水平。

表 2　福建省不同纬度不同海拔地区的水稻安全播种期和安全齐穗期

海拔（m）	25°N				26°N				27°N			
	安全播种期（月-日）	安全齐穗期（月-日）	持续日数(d)	积温(℃)	安全播种期（月-日）	安全齐穗期（月-日）	持续日数(d)	积温(℃)	安全播种期（月-日）	安全齐穗期（月-日）	持续日数(d)	积温(℃)
0	02-24	10-05	223	5 480	03-05	09-28	207	5 001	03-15	09-27	196	4 765
200	02-28	09-28	212	5 022	03-15	09-21	190	4 483	03-21	09-18	181	4 264
400	03-04	09-16	196	4 433	03-22	09-12	174	3 973	03-27	09-12	169	3 849
600	03-15	09-08	177	3 881	03-28	09-05	161	3 546	04-02	09-05	156	3 427
800	03-25	09-08	167	3 541	04-03	09-05	155	3 288	04-08	09-05	150	3 203

表 3　单季稻不同播种期的光温生态对产量及其构成的影响

(福建省尤溪县,2007)

种植地点	水稻品种	播种期（月-日）	抽穗期（月-日）	成熟期（月-日）	日均温(℃) b	日均温(℃) c	日照时长(h) b	日照时长(h) c	产量(kg/hm²)	每平方米穗数	每穗粒数	结实率(%)	千粒重(g)
汤川镇光明村	天优3301	03-13	07-26	09-04	24.7	23.0	228	173	12 605	227.5	210.4	88.0	30.7
		04-30	08-29	10-12	23.1	20.3	153	130	11 540	242.5	215.7	73.0	30.2
	Ⅱ优3301	03-13	08-05	09-14	24.9	21.0	242	129	12 806	222.5	217.6	93.1	28.6
		04-30	09-03	10-19	22.8	19.5	125	141	11 786	217.5	238.7	78.0	29.4
西城镇麻洋村	天优3301	03-13	07-07	08-10	26.0	28.0	132	243	11 675	260.4	162.9	94.1	30.1
		04-30	08-02	09-03	28.3	25.6	241	114	10 665	271.8	168.4	80.2	30.5
	Ⅱ优3301	03-13	07-13	08-18	25.7	28.0	178	214	11 846	239.0	188.3	92.3	29.1
		04-30	08-06	09-13	28.0	25.1	229	112	11 216	225.8	217.7	80.0	29.0

* 汤川镇光明村 26°08′N,118°26′E,海拔 840 m;西城镇麻洋村 26°12′N,118°03′E,海拔 287 m。

** b 为幼穗分化始期—抽穗期,c 为抽穗—成熟期。

*** 光明村 $PLSD_{0.05}=527$ kg/hm²,$PLSD_{0.01}=719$ kg/hm²;麻洋村 $PLSD_{0.05}=363$ kg/hm²,$PLSD_{0.01}=497$ kg/hm²。

4　总　结

依据福建省气温时空分布模式,计算出 25°N、26°N、27°N 三个纬区不同海拔各旬平均气温,揭示气温纬向、垂向递减率和经向变化规律,以及三个纬区不同海拔的早稻安全播种期和晚稻安全齐穗期,阐明福建稻作熟制、品种及生育期的适宜布局。

著录论文

[1]姜照伟,沈如色,解振兴,等.福建省气温变化规律及稻作的关系[J].福建稻麦科技,2018,36(4):38-41.

　　[2]李小萍,程雪华,姜照伟.山区单季稻和再生稻早播气候生态效应观察[J].福建稻麦科技,2010,28(4):22-25.

参考文献

[1]蔡金禄,李征.福建省山区水稻光热资源利用研究[G]//福建省中低产田协作攻关组.福建山区水稻中低产田配套增产技术专题研究资料.福州:福建省农业厅,1986:37-52.

　　[2]福建省中低产田攻关领导小组.福建山区水稻中低产田配套增产技术研究(综合报告)[R].福州:福建省农业厅,1986:1-43.

　　[3]李义珍,彭嘉桂,蔡金禄,等.福建亚热带山区水稻生态和丰产技术体系[J].福建省农科院学报,1992,7(1):1-8.

十、福建省日长变化动态及与稻作的关系

福建省地处我国东南沿海,位于 23°33′N～28°19′N,115°50′E～120°43′E,属亚热带气候。日长(日出至日落的时数)随节气而变化,农业生产随节气而运作,故日长与节气密不可分。掌握日长变化动态,对合理安排水稻熟制、品种和生育期布局有重要意义,也有利于安排工作和日常起居。

1 日长与节气及纬度的关联性

日长随节气而变化。我国的二十四个节气,是依据地球绕太阳公转所处的位置划分的,一年公转一周 360°,每转动 15°划一个节气。由于地球公转轨道面与赤道面有一定倾斜,太阳直射点随节气徘徊在地球南北回归线之间。春分时太阳直射赤道,南北半球都"日夜平分",白天夜晚各 12 h。从春分起,随地球公转,太阳直射点从赤道逐渐北移,日长逐渐加长,夏至时太阳直射北回归线(23°27′N),北半球的日长最长。从夏至起,随地球公转,太阳直射点逐渐南移,北半球日长逐渐缩短,秋分时太阳又直射赤道,南北半球又"日夜平分"。秋分之后,太阳直射点继续南移,北半球日长继续缩短,冬至时太阳直射南回归线(23°27′S),北半球日长最短。冬至后太阳直射点逐渐北移,北半球日长逐渐加长,春分时太阳复又直射赤道,南北半球又"日夜平分"。从此周而复始。

同日的日长还因纬度而异。在夏半年的春分至秋分期间,太阳直射点在赤道至北回归线之间,北半球的日长为高纬地区＞低纬地区;在冬半年的秋分至春分期间,太阳直射点在赤道至南回归线之间,北半球的日长为低纬地区＞高纬地区。

2 福建省南、中、北三地日长变化动态

2015 年 8 月至 2017 年 1 月,从新浪互联网下载福建省南(云霄)、中(福州)、北(浦城)三地每日的日落日出时间,据此计算出三地每日日长。表 1 列出每月 5 日、10 日、15 日、20 日、25 日、30 日的日长,表 2 列出三地不同日长出现的月日及日出日落的时分,看出:

如上述日长随纬度不同而异,在春分至秋分期间,福建省北部(浦城)日长＞中部(福州)日长＞南部(云霄)日长,夏至(夏至前后 10 d)日最长,北、中、南三地分别为 13 h 55 min、13 h 47 min 和 13 h 37 min;在秋分至春分期间反之,北部日长＜中部日长＜南部日长,冬至(冬至前后 5～12 d)日长最短,北、中、南

三地分别为 10 h 22 min、10 h 30 min 和 10 h 40min。

表 1　福建省南、中、北三地日长变化动态

月	日	日长(h:min) 云霄	福州	浦城	月	日	日长(h:min) 云霄	福州	浦城	月	日	日长(h:min) 云霄	福州	浦城
1月	5日	10:43	10:34	10:26	5月	5日	13:7	13:13	13:19	9月	5日	12:30	12:33	12:35
	10日	10:46	10:37	10:30		10日	13:12	13:19	13:25		10日	12:24	12:25	12:27
	15日	10:49	10:41	10:34		15日	13:18	13:25	13:31		15日	12:17	12:18	12:19
	20日	10:53	10:45	10:38		20日	13:23	13:31	13:37		20日	12:10	12:10	12:11
	25日	10:58	10:50	10:44		25日	13:26	13:34	13:42		25日	12:04	12:03	12:03
	30日	11:02	10:56	10:50		30日	13:30	13:39	13:47		30日	11:57	11:56	11:55
2月	5日	11:09	11:04	10:58	6	5日	13:33	13:43	13:51	10月	5日	11:50	11:48	11:47
	10日	11:15	11:10	11:05		10日	13:35	13:45	13:53		10日	11:43	11:41	11:39
	15日	11:21	11:16	11:12		15日	13:36	13:46	13:55		15日	11:36	11:33	11:31
	20日	11:27	11:24	11:20		20日	13:37	13:47	13:55		20日	11:30	11:27	11:23
	25日	11:34	11:30	11:28		25日	13:37	13:46	13:55		25日	11:23	11:19	11:16
	28日	11:40	11:37	11:35		30日	13:35	13:45	13:53		30日	11:18	11:13	11:08
3月	5日	11:46	11:44	11:43	7月	5日	13:34	13:43	13:51	11月	5日	11:10	11:05	10:59
	10日	11:53	11:52	11:51		10日	13:32	13:40	13:48		10日	11:06	10:59	10:53
	15日	12:00	11:59	11:59		15日	13:28	13:37	13:44		15日	11:00	10:53	10:47
	20日	12:08	12:07	12:07		20日	13:24	13:32	13:40		20日	10:55	10:47	10:41
	25日	12:15	12:15	12:16		25日	13:20	13:28	13:35		25日	10:51	10:53	10:36
	30日	12:21	12:23	12:23		30日	13:16	13:23	13:29		30日	10:47	10:39	10:31
4月	5日	12:29	12:31	12:34	8月	5日	13:09	13:16	13:22	12月	5日	10:44	10:35	10:27
	10日	12:36	12:39	12:41		10日	13:04	13:10	13:15		10日	10:42	10:33	10:25
	15日	12:43	12:46	12:50		15日	12:58	13:03	13:08		15日	10:40	10:32	10:24
	20日	12:49	12:54	12:58		20日	12:52	12:56	13:00		20日	10:40	10:30	10:23
	25日	12:55	13:00	13:05		25日	12:45	12:49	12:53		25日	10:40	10:32	10:23
	30日	13:02	13:07	13:12		31日	12:38	12:42	12:45		31日	10:41	10:33	10:24

* 云霄 23°57′N,117°21′E;福州 26°05′N,119°19′E;浦城 27°55′N,118°30′E。

福建地处低纬度,与我国北方相比,夏半年的日长显著较短,冬半年的日长却显著较长。

同一纬度而不同经度的地区,同日的日长相同,但日出日落时间因经度而异。我国计时以北京时间为标准。北京时间的授台地处 120°E。凡与此经度相同的地区,其日中在北京时间 12:00。以经度 120°E为准,偏东者日出、日中、日落时间偏早。偏西者日出、日中、日落时间偏迟。福建省大多县市位于 120°E之东,日出日中日落偏早。国旗升降时间依当地日出日落而定,农事活动及日常生活也习惯日出而作,日落而息。有鉴于此,表 2 在列出福建省南、中、北三地不同日长出现的月日外,也附列同日的日出日落时分,供参考。

表 2　福建省南、中、北三地不同日长出现月日及日出日落时分

日长	出现时间			日出日落时分		
（h：min）	云霄	福州	浦城	云霄	福州	浦城
10：22			12月19—23日			6：52~54—17：14~16
10：30		12月19—23日			6：45~47—17：15~17	
10：40	12月15—27日			6：46~52—17：26~32		
11：00	1月27日	2月2日	2月6日	6：53—17：53	6：47—17：47	6：50—17：50
11：30	2月22日	2月25日	2月26日	6：39—18：09	6：31—18：01	6：34—18：04
12：00	3月15日	3月15日	3月15日	6：19—18：19	6：12—18：12	6：15—18：15
12：30	4月6日	4月4日	4月3日	5：58—18：28	5：51—18：21	5：54—18：24
13：00	4月29日	4月25日	4月21日	5：38—18：38	5：31—18：31	5：35—18：35
13：30	5月30日	5月20日	5月13日	5：23—18：53	5：15—18：45	5：18—18：48
13：37	6月16—26日			5：23~25—19：00~02		
13：47		6月17—24日			5：11~12—18：58~59	
13：55			6月15—25日			5：09~11—19：04~06
13：30	7月12日	7月23日	7月29日	5：31—19：01	5：24—18：54	5：27—18：57
13：00	8月13日	8月17日	8月20日	5：45—18：45	5：37—18：37	5：39—18：39
12：30	9月05日	9月7日	9月9日	5：54—18：24	5：46—18：16	5：48—18：18
12：00	9月28日	9月27日	9月27日	6：01—18：01	6：54—17：54	6：57—17：57
11：30	10月20日	10月17日	10月16日	6：10—17：40	6：03—17：33	6：07—17：37
11：00	11月15日	11月9日	11月5日	6：25—17：25	6：17—17：17	6：19—17：19

3　日长与稻作的关系

物竞天择，形成感光性不同的水稻品种。据梁光商等[1]研究，早籼、中籼品种对日长钝感，在长日短日条件下都能正常抽穗；晚籼品种对短日敏感，显著促进抽穗的临界日长，早熟品种为 12 h 50 min～13 h 10 min，中熟、晚熟品种为 12 h 30 min～12 h 50 min。对短日敏感的生育期为幼穗分化前25 d 至幼穗分化初期，在光敏期内，感应上述短日 7～8 d 即可通过光周期开始幼穗分化，因而从感应短日始日至抽穗为 40 d。

福建省秋季出现显著促进晚籼中、晚熟品种抽穗的临界日长 12 h 30 min～12 h 50 min 的时间，查表1可知，24°N、26°N、28°N 等南、中、北三地分别为 8月21日—9月5日、8月24日—9月7日、8月27日—9月8日。40 d 后抽穗的时间，分别为 9月30日—10月15日、10月3—17日和10月6—18日。显而易见：24°N 地区预见的抽穗期在当地安全齐穗期内，可以种植强感光性的晚籼品种；26°N 地区沿海平原晚稻安全齐穗为 10月5日，只能种植感光性略低的晚籼中熟品种，26°N 内陆低山区晚稻安全齐期为 9月下旬，早于预见的抽穗期，不宜种植晚籼品种；28°N 地区预见的抽穗期大幅迟过当地安全齐穗期，不宜种植晚籼品种。

目前广泛种植的中、晚熟型杂交稻系基本营养生长期长(或称高温短日生长期长)的品种。据程雪华等[2]对闽恢 3301 配制的 4 个杂交水稻品种的鉴定,其光温遗传特性皆为感温性低(2 级),感光性中偏低(3～4 级),基本营养生长期长(9 级),在长日短日条件下都能正常抽穗,适宜在全省作单季稻和烟后稻栽培,在闽中、闽南的丘陵平原及低山区作双季晚稻栽培,其中的中熟种天优 3301 和特优 3301 还可在闽南作双季早稻栽培。

4　总　结

从互联网下载福建省南中北三地一年每日的日出日落时间,计算出每日日长。地球绕太阳公转,按所处位置划分为 24 个节气,由于地球公转轨道面与赤道面有一定倾斜,太阳直射点随节气而不同,引发日长变化。春分、秋分太阳直射赤道,日夜平分;夏至太阳直射北回归线,日最长;冬至太阳直射南回归线,日最短。同日的日长,春分至秋分期间,高纬地区＞低纬地区,秋分至春分期间则反之。物竞天择,形成感光性不同的水稻品种:早籼、中籼对日长钝感,晚籼对短日敏感。中、晚熟晚籼品种促进抽穗的日长为 12 h 30 min～12 h 50 min,只宜在闽中沿海及闽南地区种植。大多数杂交稻中、晚熟品种的光温特性为基本营养生长期长、感温性弱、感光性中偏低,在长日短日条件下都能正常抽穗。

著录论文

解振兴,沈如色,姜照伟,等.福建省气温变化规律及与稻作的关系[J].福建稻麦科技,2020,38(4):38-41.

参考文献

[1]梁光商,蔡书信.水稻品种出穗临界日长的研究[J].华南农学院学报,1980,1(3):54-66.

[2]程雪华,李小苹,陈建民,等.闽恢 3301 配制的 4 个杂交稻品种的光温特性研究[J].福建农业学报,2010,25(1):39-46.

第三章
杂交稻产量构成与高产技术

一、杂交稻高产攻关田的产量构成和调控技术

龙海县是双季稻高产县,1956 年 40 万亩双季稻年平均双季年单产 548 kg/亩(8 220 kg/hm²),成为全国少数几个亩产千斤县之一。其后产量逐步上升,1965 年双季年单产 628 kg/亩(9 420 kg/hm²)。但随后十年徘徊。

福建省农业科学院于 1974 年恢复在龙海县莲花公社黎明大队设研究基点,还与龙海县农科所和气象站合作研究水稻高产问题。首先分析了龙海县 1960—1974 年气候与双季稻产量变化动态,发现无论是全县或黎明大队历年早、晚季平均产量,都随抽穗—成熟期的日照时数而波动,凡抽穗—成熟期强光多照年份稻谷普获丰收,凡抽穗—成熟期阴晦寡照年份稻谷出现歉产。据此提出依据当地气候资源,改变品种类型和播种期将抽穗—成熟期调节在强光多照季节的技术方案[1]。1975 年先在早季推广,改早熟品种为迟熟品种,改初春播种为仲春播种,将抽穗—成熟期调整在断梅后强光季节。1976 年在 5 个试点设置杂交稻品种与当地晚稻主栽种强感光性的晚籼品种对比试验,发现杂交稻增产 11%~25%。于是,1977 年确定晚季改晚籼稻为杂交稻,7 月 10 日前后播种,国庆节前后齐穗,结实期充分利用初秋多照适温气候的方案,当年晚季示范 2.5 万亩。1978 年早、晚两季都大面积推广杂交稻 16 万亩。结果,双季稻结实率都稳定在 85%~90%,获得连年稳定高产[2]。在双季稻调整品种、播期成功基础上,黎明研究基点与龙海县农技部门又合作在 1978 年、1979 年组织 16 个公社农科小组,开展杂交稻高产攻关试验,涌现出数十丘产量超 10 000 kg/hm² 高产田,其中 4 丘次产量超 12 000 kg/hm²,创当时全国高产纪录,黎明基点 2 丘田三次双季年产分别达 23 298、23 906 和 24 035 kg/hm²,迄今仍未见超越。本节着重总结 1978 年、1979 年龙海县杂交稻高产攻关田的产量构成、茎蘖组合、光合生产及调控技术。

1 材料与方法

1.1 概况

高产攻关由福建省农业科学院黎明基点和龙海县农业科学研究所主持,有 16 个公社农科小组参加,在 22 个大队(农场)建立攻关试验田。主栽品种为四优 2 号,零星种植汕优 2 号、汕优 6 号、威优圭 630。高产形成规律的观察研究主要在黎明基点、龙海县农科所和角美公社农科站开展。

1.2 产量验收

主持单位邀请地、县专家及县社农技干部到现场丈量种植面积,全丘收割,晒干扬净,测定稻谷水分,按含水率13.5%计产。

1.3 产量构成调查

对每丘验收田,在收割前测量行株距,按梅花形5点割稻40丛,计算总穗数后脱粒、晒干,用四分法取出1/4谷粒,拨分为实粒和空秕粒,分别计数粒数,称实粒晒干重。据此计算单位面积穗数、每稻粒数、结实率和千粒重。

1.4 分蘖生育特性观察

在秧田定一批秧苗,每2 d观察一次,用红漆标记主茎叶龄及分蘖节位,移栽时保留叶龄相近的秧苗,小心拔出,每丘定点观察田各移栽10株,并从移栽之日起,每2 d追踪观察一次,用红漆标记主茎叶龄,用尼龙丝串不同颜色及个数的塑环作分蘖节位标识,挂套在新生分蘖上(同时挂套节的每茎叶片,以防标识脱落)。成熟时挖回观察株,据留存标识确定分蘖次位,从母茎摘下,分别考察各节次分蘖的成穗率(以已记录的该节次分蘖萌发数为分母计算)、每穗粒数,结实率和千粒重。

1.5 干物质积累和叶面积发展观察

在重点攻关田,于移栽、移栽后15 d、30 d、孕穗始期、齐穗期、齐穗后20 d左右和成熟期,各掘取10丛稻株,洗去泥沙,剪去根系,分解为茎鞘、绿叶、枯黄叶和稻穗,分别烘干称重。器官分解同时,随机取20片绿叶,剪取中部10 cm长叶段,测量叶幅宽度,计算叶面积,烘干后称重,计算出干重/面积比,据此由绿叶总干重计算出总叶面积。

1.6 齐穗期冠层叶片形态及株高观察

重点攻关田在齐穗各掘取20个茎蘖,保持自然状态靠立于坐标板,测量各叶的长度(c),叶尖至茎轴的平距(a),按照 $\sin A = a/c$ 的公式,求算各叶与茎轴的夹角(A)。另拉直稻穗,测量茎基至穗顶的高度,记为株高。

1.7 生育期观察

每丘攻关田,记载播种、移栽、一次枝梗分化(镜检)、孕穗始、齐穗、黄熟等生育期。

1.8　农产措施记载

每丘攻关田记载各时间施肥的种类、数量,记载重要作业时间(如烤田、复水、喷药)。

2　结果与分析

2.1　高产攻关田的产量水平

1978 年专家组分头对 16 个公社的攻关田进行验收。早季共验收 54 丘田 99.5 亩,平均产量 1 291.6 斤/亩(9 687 kg/hm²),其中有 13 丘田产量达 1 417.7～1 609.6 斤/亩(10 633～12 072 kg/hm²)。晚季共验收 57 丘田,177.7 亩,平均产量 1 326.8 斤/亩(9 951 kg/hm²),其中有 27 丘田产量达 1 404.4～1 606.7 斤/亩(10 633～12 050 kg/hm²)。1979 年专家组对黎明大队攻关田进行验收,有 4 丘田产量达 1 441.7～1 646.8 斤/亩(10 813～12 351 kg/hm²)。

表 1、表 2、表 3 列出一部分实收高产田(考种理论产量误差小于 5%)的高产田的产量及其构成。表 4 从中摘出 11 丘产量达 1 500～1 600 斤/亩(10 000～12 000 kg/hm²)超高产田的产量及其构成。其中黎明大队有 4 丘田产量超过 1 600 斤/亩,1978 年 5 号田四优 2 号早季产量 1 580.8 斤/亩(11 856 kg/hm²),晚季产量 1 606.7 斤/亩(12 050 kg/hm²),两季合计年产量 3 187.5 斤/亩(23 906 kg/hm²);1978 年 7 号田早季产量 1 609.5 斤/亩(12 071 kg/hm²),晚季产量 1 496.9 斤/亩(11 227 kg/hm²)两季合计年产量 3 106.4 斤/亩(23 298 kg/hm²);1979 年 7 号田汕优 2 号早季产量 1 646.8 斤/亩(12 351 kg/hm²),晚季产量 1 557.9 斤/亩(11 684 kg/hm²),两季合计年产量 3 204.7 斤/亩(24 035 kg/hm²),这些田丘产量创当时全国水稻单产最高纪录,获得 1978 年全国杂交稻现场会的赞赏。

表 1　龙海县 1978 年早季杂交稻部分高产田的产量及其构成

品种	公社	大队	面积 (m²)	产量 (斤/亩)	产量 (kg/hm²)	穗数 (万穗/亩)	穗数 (穗/m²)	每穗粒数	结实率 (%)	千粒重 (g)	每平方米总粒数
	莲花	黎明	753	1 580.8	11 856	22.54	338.1	149.0	89.7	26.6	50 377
	莲花	黎明	633	1 500.4	11 253	24.56	323.4	153.1	88.0	26.5	49 513
	莲花	黎明	680	1 417.7	10 633	20.21	303.2	148.3	87.8	26.7	44 965
	莲花	黎明	593	1 378.0	10 335	23.25	348.8	130.4	84.3	26.5	45 484
	莲花	山后	753	1 439.4	10 796	24.50	367.5	134.0	81.2	26.2	49 245
	莲花	山后	733	1 265.1	9 488	20.14	302.1	134.6	85.6	25.9	40 663
	莲花	豆巷	707	1 262.8	9 471	21.52	322.8	130.3	84.1	25.3	42 061
	步文	长福	660	1 396.0	10 470	19.20	288.0	158.0	86.5	27.0	45 504
	县农科所		813	1 392.9	10 447	21.40	321.0	150.9	82.3	25.6	48 439
四优2号	县农科所		1 333	1 301.2	9 759	19.79	296.9	144.6	87.3	25.2	42 932
	浮宫	际都	2 000	1 283.0	9 623	20.94	314.1	152.6	78.1	25.6	47 932
	浮宫	际都	2 000	1 139.0	8 543	21.30	319.5	136.7	78.7	25.5	43 676
	角美	石美	1 133	1 243.1	9 323	16.96	254.4	1 533	89.6	26.5	39 000
	角美	石美	2 000	1 236.8	9 276	17.05	255.8	150.7	86.8	26.9	38 549
	角美	石美	1 213	1 231.6	9 237	17.83	267.5	158.8	85.1	25.7	42 479
	角美	石美	1 200	1 178.4	8 838	16.49	247.4	149.2	90.6	26.5	36 912
	角美	石美	713	1 235.9	9 269	18.00	270.0	142.8	86.6	26.4	38 556
	榜山	高坑	2 000	1 012.5	7 594	18.82	282.3	115.6	86.9	26.5	32 633
	榜山	翠林	887	1 179.6	8 847	19.33	290.0	141.8	89.5	25.2	41 122
	东园	茶斜	687	1 157.6	8 682	20.16	302.4	122.6	92.1	26.7	37 074
	莲花	黎明	693	1 609.5	12 071	22.50	337.5	139.1	90.7	27.8	46 946
	莲花	黎明	640	1 436.2	10 772	22.01	330.2	125.5	90.9	27.6	41 440
汕优2号	莲花	黎明	600	1 429.9	10 724	18.00	27.00	152.9	92.1	28.2	41 283
	角美	石美	713	1 386.3	10 397	18.30	274.5	158.8	90.4	27.3	43 591
	角美	石美	747	1 316.5	9 874	22.10	331.5	123.5	88.5	27.1	40 940

表 2　龙海县 1978 年晚季杂交稻部分高产田的产量及其构成

品种	公社	大队	面积（m²）	产量		穗数		每穗粒数	结实率（%）	千粒重（g）	每平方米总粒数
				（斤/亩）	（kg/hm²）	（万穗/亩）	（穗/m²）				
	莲花	黎明	707	1 606.7	12 050	24.88	373.2	142.8	89.4	26.2	53 293
	莲花	黎明	667	1 502.9	11 272	20.58	308.7	153.3	87.4	26.3	47 324
	莲花	黎明	707	1 496.9	11 227	25.75	386.3	134.1	90.3	24.8	51 803
	莲花	豆巷	707	1 505.0	11 288	22.62	339.3	143.0	91.0	25.2	48 520
	莲花	更巷	803	1 409.3	10 570	23.33	350.0	133.3	89.3	25.5	46 655
	县农科所		1 315	1 418.6	10 640	20.93	314.0	144.0	91.0	25.9	45 216
	县农科所		1 293	1 411.0	10 583	21.43	321.5	132.5	94.0	26.1	42 599
	县农科所		1 386	1 404.5	10 534	20.64	309.6	152.2	84.0	26.3	47 121
	县农科所		1 327	1 404.4	10 533	21.83	327.5	133.6	94.0	25.4	43 754
四优 2 号	县农科所		1 321	1 398.5	10 489	21.61	342.2	137.0	91.0	25.7	44 415
	县农科所		1 303	1 383.4	10 376	21.57	323.6	128.9	93.0	26.1	41 712
	莲花	山后	733	1 410.5	10 579	21.43	321.5	140.2	86.1	25.2	45 074
	莲花	山后	760	1 396.4	10 473	22.14	332.1	140.7	91.3	25.1	46 726
	莲花	山后	733	1 395.4	10 466	22.14	332.1	136.5	92.6	25.2	45 332
	莲花	山后	731	1 309.3	10 120	22.14	332.1	127.5	90.2	26.1	42 343
	莲花	山后	739	1 366.0	10 245	21.43	321.5	129.1	90.1	26.6	41 506
	莲花	埭新	733	1 360.9	10 207	21.74	326.1	141.0	88.0	24.4	45 980
	紫泥	农科站	740	1 114.8	8 361	17.49	262.4	133.6	90.9	26.2	35 057
	紫泥	农科站	740	1 216.3	9 122	17.88	268.2	138.0	90.5	26.2	37 012
	紫泥	农科站	740	1 184.2	8 882	18.86	282.9	136.3	89.3	24.8	38 559
	紫泥	农科站	1 533	1 310.8	9 831	18.76	281.4	168.1	83.5	25.1	47 303
汕优 2 号	莲花	山后	711	1 350.1	10 126	20.75	311.3	137.5	90.0	26.0	42 804
	县农科所		733	1 437.8	10 784	22.50	337.5	126.7	93.0	26.9	42 761
	角美	石美	620	1 330.1	9 996	22.10	331.5	140.9	88.0	25.0	46 708
	角美	石美	619	1 305.7	9 793	22.80	342.0	139.0	82.0	25.6	47 538
汕优 6 号	角美	石美	620	1 577.0	11 828	24.88	373.2	135.0	92.4	26.3	50 382
	角美	石美	773	1 473.7	11 053	24.80	372.0	127.4	92.0	26.2	47 393
威优圭 630	莲花	黎明	600	1 251.0	9 383	20.63	309.5	121.6	72.8	34.5	37 635

表 3 龙海县黎明大队 1979 年杂交稻汕优 2 号高产田的产量及其构成

季别	面积 （m²）	产量		穗数		每穗 粒数	结实率 （%）	千粒重 （g）	每平方米 总粒数
		（斤/亩）	（kg/hm²）	（万穗/亩）	（穗/m²）				
早季	673	1 441.7	10 813	23.67	355.1	128.0	88.6	26.8	45 453
	707	1 646.8	12 351	24.60	369.0	131.0	90.8	27.8	48 339
晚季	667	1 603.4	12 034	20.29	304.4	154.0	90.5	27.9	46 878
	707	1 557.9	11 684	23.32	349.8	134.0	90.1	27.8	46 873

表 4 一部分产量创纪录的攻关田的产量及其构成

年份	季别	地点	面积 （m²）	产量		每平方米 穗数	每穗 粒数	结实率 （%）	千粒重 （g）	每平方米 总粒数	品种	田号
				（斤/亩）	（kg/hm²）							
1978 年	早季	黎明	693	1 609.5	12 071	337.5	139.1	90.7	27.8	46 946	汕优 2 号	7 号
		黎明	733	1 580.8	11 856	338.1	149.0	89.7	26.6	50 377	四优 2 号	5 号
		黎明	633	1 500.4	11 253	323.4	153.1	88.0	26.5	49 513	四优 2 号	4 号
	晚季	黎明	707	1 496.9	11 227	396.3	134.1	90.3	24.8	51 803	四优 2 号	7 号
		黎明	707	1 606.7	12 050	373.2	142.8	89.4	26.2	53 293	四优 2 号	5 号
		黎明	667	1 502.9	11 272	308.7	153.3	87.4	26.3	47 324	四优 2 号	6 号
		豆巷	707	1 505.0	11 288	339.3	143.0	91.0	25.2	48 520	四优 2 号	—
		石美	620	1 577.0	11 828	373.2	135.0	92.4	26.3	50 382	汕优 6 号	—
1979 年	早季	黎明	707	1 646.8	12 351	369.0	131.0	90.8	27.8	48 339	汕优 2 号	7 号
	晚季	黎明	707	1 557.9	11 684	349.8	134.0	90.1	27.8	46 873	汕优 2 号	7 号
		黎明	667	1 603.4	12 034	304.4	154.0	90.5	27.9	46 878	汕优 2 号	6 号

* 5 号、7 号田 1978 年早季收获后田埂改弯取直，面积略有变动。

2.2 高产田的产量构成分析

稻谷产量由单位面积穗数、每穗粒数、结实率和千粒重等 4 个因素构成。为了确定各构成因素对提高产量作用的主次，以为调控产量提供依据，选择四优 2 号早、晚季各 20 丘田，计算产量及各构成因素的变异和相关，列于表 5、6 看出：

在 4 个构成因素中，以千粒重的变异最小，反映出它受抽穗前定型的硅质化颖壳的限制，是品种的稳定性状，与产量的相关不显著；结实率的变异也不大，与产量的相关也不显著；在不同产量水平田中，每平方米穗数和每穗粒数的变异较大，变异系数（CV）达 9.1%～10.7% 和 5.1%～8.3%，与产量的相关系数（r）分别为 0.568 9～0.839 8 和 0.353 4～0.452 5，达到极显著至显著水平。

由每平方米穗数和每穗粒数组成的每平方米总粒数的变异更大（早晚季分别为 11.4% 和 10.1%），与产量的相关更密切（早晚季的 r 分别为 0.867 9 和 0.924 1）。为了调控产量，计算出二者数量依存关系的回归方程及离回归标准差：

早季：$\hat{y} = 1\,899.04 + 0.181\,7x$，$r = 0.867\,9$，$S = 521$，$S_{x/y} = S/b = 2\,867$。

晚季：$\hat{y}=2\,690.71+0.173\,3x$，$r=0.924\,1$，$S=330$，$S_{x/y}=S/b=1\,904$。

式中 $\hat{y}$ 为产量（kg/hm²），x 为每平方米总粒数，S 为产量（Y_i）的离回归标准差，$S_{x/y}$ 为每平方米总粒数的离回归标准差，$S_{x/y}=S/b$。按正态分布特性，$\hat{y}\pm S$ 或 $x\pm S/b$ 的区间内，包含 68.27% 的产量（Y_i）或每平方米总粒数（X_i）的观察值；$\hat{y}\pm 2S$ 或 $x\pm 2S/b$ 的区间内，可望包含 95.45% 的产量或每平方米总粒数的观察值。这就是图 1 四条平行于回归直线的虚线所夹的纵向（S）及横向（S/b）的区间。

依据回归方程及离回归标准差，可由调查所得的每平方米总粒数预测产量，也可由目标产量推导出需形成的每平方米总粒数。例如四优 2 号早、晚季目标产量 12 000 kg/hm² 所需形成的每平方米总粒数在 $X_i\pm S/b$ 的分布区间分别为：

早季：$X_i\pm S/b=(\hat{y}-a)/b\pm S/b=(12\,000-1\,899)/0.181\,7\pm 2\,876=52\,725\sim 58\,459$。

晚季：$X_i\pm S/b=(\hat{y}-a)/b\pm S/b=(12\,000-2\,691)/0.173\,3\pm 1\,904=51\,812\sim 55\,620$。

据此计算结果与表 4 产量相近高产田的产量构成比较，发现这些高产田的每平方米总粒数都落在回归方程推导值的下限。表明这些高产田比其他田块有较高的结实率。

综上所析，产量与每平方米总粒数相关最密切，提高产量的主攻方向是扩增每平方米总粒数。而每平方米总粒数又与每平方米穗数相关最密切，扩增每平方米总粒数必先扩增每平方米穗数。

表 5　龙海县 1978 年早季杂交稻四优 2 号产量、产量构成因素的变异及相关

因素	$\bar{x}\pm s$	CV（%）	相关系数（r）				
			x_2	x_3	x_4	x_t	y
每平方米穗数 x_1	300.8±32.3	10.7	−0.308 4	−0.462 6*	−0.190 1	0.723 4**	0.568 9**
每穗粒数 x_2	142.9±11.9	8.3		−0.001 4	0.059 3	0.431 1	0.452 5*
结实率 x_3（%）	86.0±3.8	4.4			0.459 4*	−0.432 8	−0.037 7
千粒重 x_4（g）	26.2±0.6	2.3				−0.140 3	0.213 4
每平方米总粒数 x_t	42 856±4 875	11.4					0.867 9**
产量 y（kg/hm²）	9 687±1 021	10.5					

* $n=20$，$r_{0.05}=0.444$，$r_{0.01}=0.561$。

表 6　龙海县 1978 年晚季杂交稻四优 2 号产量、产量构成因素的变异及相关

因素	$\bar{x}\pm s$	CV（%）	相关系数（r）				
			x_2	x_3	x_4	x_t	y
每平方米穗数 x_1	322.8±29.5	9.1	−0.067 3	−0.067 2	−0.282 2	0.839 8**	0.839 8**
每穗粒数 x_2	137.9±7.0	5.1		−0.618 5**	−0.001 3	0.436 2	0.353 4
结实率 x_3（%）	90.2±2.5	2.8			−0.006 9	−0.241 8	−0.077 4
千粒重 x_4（g）	25.7±0.6	2.3				−0.255 5	−0.018 2
每平方米总粒数 x_t	44 500±4 479	10.1					0.924 1**
产量 y（kg/hm²）	10 401±840	8.1					

$n=20$，$r_{0.05}=0.444$，$r_{0.01}=0.561$。

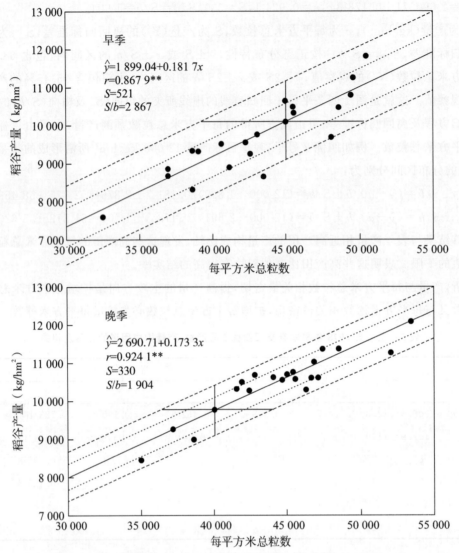

实线为稻谷产量对每平方米总粒数的线性回归线($\hat{y}$);点线为±S 或±S/b 区间的回归线($\hat{y}$±S, x±S/b);段线为±2S 或±2S/b 区间的回归线($\hat{y}$±2S, x±2S/b)。

图1　稻谷产量与每平方米总粒数关系(四优 2 号,1978)

2.3　高产田的茎蘖生育特性和茎蘖组合

(1)分蘖生育特性

表7~表10列出四优 2 号和汕优 2 号早晚季不同次位分蘖出生期、出生数、成穗数、成穗率,看出:

分蘖次位:杂交稻秧田稀播,移栽本田每丛只栽 1~2 株,有萌发众多分蘖的空间,并依赖分蘖为主体构成产量。两个品种主茎叶数为早季 16 片,晚季 15 片,其第 2~11 叶节腋芽都有萌发成分蘖的潜能,称为一次分蘖,其中以第 4~9 节分蘖为多。一次分蘖基部各叶节腋芽都有萌发成二次分蘖的潜能,称为二次分蘖,以秧田期出生的第 4~6 节一次分蘖在其第 1、2 叶节萌发的二次分蘖为多。

叶蘖器官"同伸"关系:主茎 N 节叶片与 $N-3$ 节一次分蘖同时伸长,一次分蘖 N 节叶片与 $N-3$ 节二次分蘖同时伸长。如主茎第 10 叶露尖时(该时已伸长及半),第 7 节一次分蘖同时从主茎第 7 节叶腋抽出,与此同时,第 4 节一次分蘖的第 4 叶露尖,其第 11 叶节的二次分蘖也同时从一次分蘖第 1 叶腋抽出。换言之,主茎第 10 节叶片与 7/0 一次分蘖和 1/4 二次分蘖同时伸长。这种相关生长规则,是片山佃[7]首次发现的。

分蘖成穗率:存在一个有效分蘖临界期,四优 2 号和汕优 2 号高产田都在移栽后 15 d,此前出生的一次分蘖的成穗率在 80%～100%,二次分蘖的成移率多在 50% 以上;此后出生的分蘖成穗率断崖式降落,一次分蘖为 0～40%,二次分蘖为 0～25%。据查,有效分蘖临界期并非恒定不变,似与移栽叶龄、群体茎蘖数和肥水促控有关。本研究的杂交稻高产田,移栽叶龄偏长(8 叶 1 心),重施基肥早施分蘖肥,至栽后 15 d 茎蘖数已达每平方米 40～500 茎,并开始烤田制氮。

分蘖穗粒性状:一次分蘖每穗粒数显著较多,结实率和千粒重略高;二次分蘖每穗粒数显著较少、结实率和各粒重略低。不管是一次分蘖或二次分蘖,都随出生期推晚及节位提升,每穗粒数逐渐减少,结实率和千粒重也有逐渐减少的趋势,但减幅不大。

表 7 四优 2 号各节位分蘖出生期、出生数及成穗率(1978 年早季,5 号田)

生育时期	主茎叶龄	出生(月-日)	主茎及一次分蘖				二次分蘖			
			蘖位	10 株出生数	10 株成穗数	成穗率(%)	蘖位	10 株出生数	10 株成穗数	成穗率(%)
秧田期	0	02-16	主茎	10	10	100				
	4.1—4.3	03-24—03-25	2/0	1	1	100				
	5.1—5.3	03-30—03-31	3/10	3	2	67				
	6.1—6.3	04-05—04-06	4/0	8	8	100				
	7.1—7.3	04-11—04-12	5/10	9	9	100				
	8.1—8.3	04-17—04-18	6/0	9	7	78	1/3	2	1	50
本田期	9.1—9.3	04-23—04-24	7/0	10	6	60	1/4	4	2	50
	10.1—10.3	04-28—04-29	8/10	10	10	100	1/5	6	4	67
	11.1—11.3	05-03—05-04	9/10	10	8	80	1/6	8	1	13
	12.1—12.3	05-09—05-10	10/0	4	0	0	1/7	9	1	11
	13.1—13.3	05-16—05-17	11/0	6	0	0	1/8	2	0	0
合计				80	61	76		31	9	29

* 播种 2 月 16 日,移栽 4 月 18 日,苞分化 5 月 14 日,齐穗 6 月 19 日,成熟 7 月 21 日。主茎总数 16 片。

** 分蘖次位记号:分母代表母茎节位,其中 0 示主茎,1～8 示第 1～8 节一次分蘖;分子代表分蘖节位。如 6/0 为由主茎第 6 节萌发的一次分蘖,1/6 为由第 6 节一次分蘖第 1 节萌发的二次分蘖。

表8 四优2号各节位分蘖出生期、出生数及成穗率(1978年晚季,5号田)

生育时期	主茎叶龄	出生(月-日)	主茎及一次分蘖				二次分蘖			
			蘖位	10株出生数	10株成穗数	成穗率(%)	蘖位	10株出生数	10株成穗数	成穗率(%)
秧田期	0	07-07	主茎	10	10	100				
	4.1—4.3	07-21—07-22	2/0	1	1	100				
	5.1—5.3	07-25—07-26	3/0	1	1	100				
	6.1—6.3	07-29—07-30	4/0	9	9	100				
	7.1—7.3	08-02—08-03	5/0	9	9	100	1/2	1	1	100
	8.1—8.3	08-06—08-07	6/0	2	2	100	1/3	2	0	0
本田期	9.1—9.3	08-11—08-12	7/0	7	6	86	1/4	8	5	63
	10.1—10.3	08-16—08-17	8/0	9	9	100	1/5	8	7	88
	11.1—11.3	08-21—08-22	9/0	9	9	100	1/6	2	1	50
	12.1—12.3	08-26—08-27	10/0	5	2	40	1/7	4	1	25
	13.1—13.1	09-01—09-02	11/0	2	0	0	1/8	5	1	20
合计				64	58	91		30	16	53

* 播种7月7日,移栽8月6日,苞分化8月24日,齐穗9月26日,成熟11月16日,主茎总叶数15片。

表9 汕优2号各节位分蘖出生期、出生数及成穗率(1979年早季,7号田)

生育时期	主茎叶龄	出生月-日	主茎及一次分蘖				二次分蘖			
			蘖位	10株出生数	10株成穗数	成穗率(%)	蘖位	10株出生数	10株成穗数	成穗率(%)
秧田期	0	02-15	主茎	10	10	100				
	4.1	03-21	2/0	0	0	0				
	5.1—5.3	03-28—03-29	3/0	2	2	100				
	6.1—6.3	04-03—04-04	4/0	5	5	100				
	7.1—7.3	04-09—04-10	5/0	10	9	90				
	8.1—8.3	04-15—04-16	6/0	10	7	70				
本田期	9.1—9.3	04-21—04-22	7/0	9	7	78	1/4	1	0	0
	10.1—10.3	04-26—04-27	8/0	10	8	8.0	1/5	7	3	43
	11.1—11.3	05-02—05-03	9/0	10	8	80	1/6,2/5	11	5	45
	12.1—12.3	05-09—05-10	10/0	8	3	38	1/7,2/6	19	3	16
	13.1—13.3	05-17—05-18	11/0	3	0	0	1/8	5	0	0
合计				75	59	79		43	11	26

* 播种2月15日,移栽4月16日,苞分化5月16日,齐穗6月24日,成熟7月28日,主茎总叶数16片。

表 10　汕优 2 号各节位分蘖出生期、出生数及成穗率(1979 年晚季,7 号田)

生育时期	主茎叶龄	出生(月-日)	主茎及一次分蘖				二次分蘖			
			蘖位	10 株出生数	10 株成穗数	成穗率(%)	蘖位	10 株出生数	10 株成穗数	成穗率(%)
	0	07-07	主茎	10	10	100				
秧田期	4.1—4.3	07-20—07-21	2/0	2	2	100				
	5.1—5.3	07-24—07-25	3/0	6	6	100				
	6.1—6.3	07-28—07-29	4/10	8	8	100				
	7.1—7.3	08-01—08-02	5/0	7	7	100	1/2	2	2	100
	7.9—8.1	08-04—08-05	6/0	7	6	86	1/3	5	4	80
本田期	9.1—9.3	08-10—08-11	7/0	7	7	100	1/4	8	7	88
	10.1—10.3	08-15—08-16	8/0	10	10	100	1/5	7	1	14
	11.1—11.3	08-20—08-21	9/0	10	5	50	1/6,2/5	11	1	9
	12.1—12.3	08-25—08-26	10/0	3	1	33	1/7	2	0	0
	13.1—13.3	08-31—09-01	11/0	0	0	0	1/8	0	0	0
合计				70	62	89		35	15	43

* 播种 7 月 7 日,移栽 8 月 4 日,苞分化 8 月 24 日,齐穗 9 月 27 日,成熟 11 月 14 日,主茎总叶数 15 片。

(2)高产田的茎蘖组合

稻谷产量是不同次位茎蘖的集合。两年四季几丘产量 11 250～12 000 kg/hm² 田块,不同次位茎蘖的出生数、成穗率和穗粒性状大体相似。现将 1978 年 5 号田四优 2 号和 1979 年 7 号田汕优 2 号的茎蘖组合数汇总如表 11、表 12,看出:

主茎穗大粒多,结实率和千粒重高,占总穗数的 13.8%,总粒数的 16.6%,总产量的 17.1%。

一次分蘖是构成产量的主体,占总穗数的 68.7%,总粒数的 71.3%,总产量的 71.4%。其中秧田出生的 2/0—6/0 蘖出生数最多,成穗率 90% 以上,每穗粒数次多,结实率和千粒与主茎相近,占总穗数的 34.7%,总粒数的 38.4%,总产量的 39.1%。在本田移栽后 15 d 内出生的 7/0、8/0、9/0 蘖出生数与秧田出生的一次分蘖相近,成穗率 80% 以上,只穗子略小,占总穗数的 32.0%,总粒数的 31.2%,总产量的 30.7%,移栽 15 d 后出生的 10/0、11/0 蘖,出生数较少,成穗率仅 12%～33%,只占总产的 1.6%。

二次分蘖生自众多的一次分蘖的不同节位,较为繁杂,为便于统计分析,按同伸关系加以归类,如将 9/5、1/4、2/3、3/2 归为 1/4 类,将 9/6、1/5、2/4、3/3、4/2 归为 1/5 类。结果看出:二次分蘖成穗率低,穗子小,结实率略低,占总穗数的 17.5%,总粒数的 12.2%,总产量的 11.5%。其中,秧田期出生的 1/2、1/3 蘖很少,只占总产量的 1.5%;本田期头 15 d 出生的 1/4、1/5、1/6 蘖发自秧田期出生的 4/0、5/0、6/0 一次分蘖,出生数据近同期出生的 7/0、8/0、9/0 等一次分蘖,但成穗率显著较低(38%～56%),穗子显著较小,占穗数的 12.8%,总粒数的 9.3%,总产量的 9.09%;本田移栽 15 d 后出生的 1/7、1/8 蘖虽出生数多于同期出生的 10/0、11/0 等一次分蘖,但成穗率很低,穗子小,结实低,只占总产量的 1.1%。

综观上述,在产量构成中,一次分蘖是主体,占总产的 31.4%,次为主茎,占 17.1%,再次为二次分蘖,占 11.5%。一次分蘖中以秧田期出生和本田期头 15 d 内出生的穗多穗大,分别占全体茎蘖总穗数的 34.7% 和 32.0%,总产量的 39.1% 和 30.7%。二次分蘖中则以本田期头 15 d 内出生的 1/4、1/6 成穗最多,占全体茎蘖总穗数的 12.8％,总产量的 9.0％。

表 11　四优 2 号高产田不同时期出生茎蘖的经济性状及产量构成占比

生育时期	茎蘖次位	每平方米出生数	每平方米成穗数	成穗率（％）	占总穗数％	每穗粒数	结实率（％）	千粒重（g）	每平方米总粒数	占总粒数％	产量（g/m²）	占总产量的百分比（％）
秧田	主茎	50.0	50.0	100	13.9	163.5	91.6	26.6	8 175	16.0	199.6	16.6
	2/0—6/0	130.0	122.5	94.2	34.0	154.8	91.3	26.4	18 969	37.2	457.0	38.1
	1/2—1/3	12.5	5.0	40.0	1.4	87.2	82.1	26.0	436	0.9	9.3	0.8
本田前 15 d	7/0—9/0	137.5	120.0	87.3	33.3	137.1	87.1	26.1	16 446	32.3	374.5	31.2
	1/4—6/0	90.0	50.0	55.6	13.9	100.1	89.2	26.2	5 005	11.0	131.3	10.9
本田 15 d 后	10/0—11/0	42.5	5.0	11.8	1.4	124.0	88.3	25.8	620	1.2	14.1	1.2
	1/7—1/8	50.0	7.5	15.0	2.1	93.6	79.6	25.9	702	1.4	14.5	1.2
合计		512.5	360.0	70.2	100	141.6	89.5	26.3	50 959	100	1 200.3	100

* 1978 年 5 号田早、晚两季平均产量为 11 953 kg/hm²。

表 12　汕优 2 号高产田不同时期出生茎蘖的经济性状及产量构成占比

生育时期	茎蘖次位	每平方米出生数	每平方米成穗数	成穗率（％）	占总穗数％	每穗粒数	结实率（％）	千粒重（g）	每平方米总粒数	占总粒数％	产量（g/m²）	占总产量的百分比（％）
秧田	主茎	50.0	50.0	100	13.6	166.3	91.5	27.8	8 315	17.1	211.5	17.5
	2/0—6/0	142.5	130.0	91.2	35.4	148.1	90.7	27.7	19 258	39.5	484.5	40.1
	1/2—1/3	17.5	15.0	85.7	4.1	78.7	82.9	27.1	1 180	2.4	26.5	2.2
本田前 15 d	7/0—9/0	140.0	112.5	80.4	30.6	130.6	89.6	27.6	14 696	30.1	363.9	30.1
	1/4—1/6	112.5	42.5	37.8	11.6	87.5	85.5	27.1	3 719	7.6	86.1	7.1
本田 15 d 后	10/0—11/0	30.0	10.0	33.3	2.7	114.0	80.7	27.2	1 140	2.3	25.0	2.1
	1/7—1/8	65.0	7.5	11.5	2.0	64.6	77.8	26.8	485	1.0	10.1	0.9
合计		55 7.5	367.5	65.9	100	132.8	89.6	27.6	48 793	100	1 207.6	100

* 1979 年 7 号田早、晚两季平均产量为 12 018 kg/hm²。

2.4　高产田的干物质生产及叶面积

2.4.1　高产田的干物质积累和叶面积发展

稻谷产量决定于干物质积累量。干物质的 90％来源于光合生产,光合生产的主要器官是叶片,因而有必要分析高产田的干物质生产规律及与株叶型的关系。

表13、图2显示,1979年早季产量12 t/hm² 高产田的干物质积累和叶面积发展动态,看出:总干物质积累量呈 Logistic 曲线动态,前期(移栽—苞分化)积累量占14%,中期(苞分化—齐穗)积累量占54%,后期(齐穗—成熟)积累量占32%。

前、中期光合生产的干物质转化为结构性干物质,用于构建产量库,其中孕穗期光合生产的一部分干物质为贮藏性干物质(淀粉,可溶性糖),暂贮于茎鞘中,于抽穗后转运入穗,用于构建籽粒。

稻穗干物质则主要来源于孕穗—成熟期三项光合产物:(A)孕穗期光合生产的构建穗轴、枝梗、颖壳的结构性干物质,其重等于齐穗期穗重(206.2 g);(B)孕穗期光合生产暂贮于茎鞘中、于抽穗后转运入穗的贮藏性干物质(淀粉、可溶性糖),其重等于营养器官齐穗期干重与成熟期干重的差值(179.8 g);(C)抽穗—成熟期光合生产直运入穗的贮藏性干物质,其重等于同期穗器官干物质净积累量扣除营养器官转运入穗的干物重(238.8 g)。A、B、C 分别占稻穗总干重的18.5%、16.1%和65.4%。

叶面积发展呈单峰曲线,高峰在孕穗始。表14显示:以穗分化中前期、孕穗期和乳熟期的叶面积最大,其时也是干物质积累速率(群体生长率)最高时期。虽然叶面积大,但冠层三叶直立(与茎轴夹角为15°～20°),阳光可透射入群体底层,净同化率仍保持分蘖期的水平。只是到蜡熟期,叶片开始衰老,净同化率明显下降。

表 13 高产田干物质积累和叶面积发展动态

(汕优 2 号,1979 年早季,产量 12 351 kg/hm²)

生育期		移栽	分蘖盛	苞分化	孕穗始	齐穗	乳熟	黄熟
月-日		04-16	05-01	05-16	06-14	06-26	07-18	07-27
移栽后日数(d)		0	15	30	59	71	93	103
LAI		0.38	1.76	5.71	10.21	8.92	6.93	4.67
干物质积累量(g/m²)	茎叶	18.9	114.8	316.4	1 063.7	1 323.8	1 180.0	1 144.0
	稻穗	0	0	0	36.5	206.2	916.6	1 114.8
	合计	18.9	114.8	316.4	1 100.2	1 530.0	2 096.6	2 258.8

表 14 高产田光合生产参数

(汕优 2 号,1979 年早季)

生育时期	$\Delta W(g/m^2)$	日数(d)	CGR[g/(m²·d)]	平均 LAI	NAR[g/(m²·d)]
分蘖期	316.4	30	10.55	3.05	3.46
穗发育前期	783.8	29	27.03	7.96	3.40
孕穗期	429.8	12	35.82	9.57	3.74
乳熟期	566.6	22	25.75	7.93	3.25
蜡熟期	162.2	10	16.22	5.80	2.80
合计	2 258.8	103	21.93	6.50	3.37

* ΔW 为干物质净积累量,CGR 为群体生长率,LAI 为叶面积指数,NAR 为叶面积净同化率。

2.4.2 高产田的叶片姿态及适宜叶面积

表15列出5丘高产田冠层5叶长度及姿态,看出:四优2号和汕优2号冠层叶片短直,以倒2叶稍

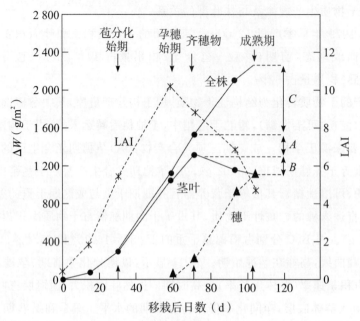

* A—稻穗结构性物质；B—营养器官转运入穗的贮藏性干物质；C—抽穗后生产直运入穗的光合产物

图2　高产田干物质积累及叶面积发展动态

长，45～50 cm，由此向下向上逐渐缩短，且因叶片厚实，中肋粗大，叶片较为挺直，其中 1、2 叶与茎轴夹角为 7°～18°，倒 3～5 叶与茎轴夹角为 20°～26°，虽群体叶面积大，但阳光仍可透射入群体底层。但是威优圭 630 的冠层 5 叶长度较长，主要是叶片宽薄，中肋细小，叶片披垂，倒 1、2 叶与茎轴夹角为 62°～70°，倒 3～5 叶与茎轴夹角为 56°～58°，倒 1 叶即相互重叠，倒 2 叶之下群体昏暗。

按 Monsi 的研究，群体内光强随叶面积增加而按负对数曲线递减，其公式为：

$$\ln(I/I_0)=-KF，F=-\ln(I/I_0)/K$$

式中 I 为群体基部的光强，I_0 群体顶上的自然光强，F 为群体叶面积，K 为消光系数，直立叶群体的 $K=0.4$，披垂叶群体的 $K=0.8$。

当群体基部的光强为光补偿点 2 倍时，其基部叶片的光合积累量与日夜呼吸量相抵，全部叶片都能进行有效益的光合生产，可积累最多的干物质，这时的群体叶面积为最适叶面积（F_{opt}），据此有公式：

$$F_{opt}=-\ln(2I_c/I_0)/K$$

式中 F_{opt} 为最适叶面积，I_c 为水稻补偿光强，据日本学者观测，$I_c=4\,001x$，相当于 4.7 cal/（cm² · d）（1 cal≈4.2 J），$2I_c=9.4$ cal/（cm² · d）。经查，龙海地区杂交稻早季齐穗前后 30 d（6 月 16 日—7 月 15 日）常年平均太阳辐射量为 386 cal/（cm² · d），晚季齐穗期前后 30 d（9 月 21 日—10 月 20 日）常年平均太阳辐射量为 280 cal/（cm² · d），代入上式得：

直立叶群体早季的 $F_{opt}=-\ln(9.4/386)/0.4=9.3$。

直立叶群体晚季的 $F_{opt}=-\ln(9.4/386)/0.4=8.5$。

披垂叶群体早季的 $F_{opt}=-\ln(9.4/280)/0.8=4.6$。

披垂叶群体晚季的 $F_{opt}=-\ln(9.4/280)/0.8=4.2$。

与上述计算出的最适叶面积比较，属于直立叶群体的四优 2 号和汕优 2 号高产田齐穗期的叶面积都落在最适叶面积指标范围，群体光合率高，产量高达 11 227～12 071 kg/hm²。而属于披垂叶群体的威优圭 630 齐穗期的叶面积与四优 2 号、汕优 2 号相近，但叶片披垂浓荫重叠，最适叶面积指数只有 4.2，有

53％的叶面积接受光强低于补偿光强值,呼吸消耗高于光合生产,结果干物质净积累少,虽然总库容量达到 12 984 kg/hm² 水平,但结实率仅 72.8％,产量仅 9 383 kg/hm²。

表 15　高产田齐穗期叶面积、冠层五叶的长度及姿态

(龙海黎明大队,1978)

年季	品种	产量 (kg/hm²)	株高 (cm)	LAI	冠层叶片长度(cm)					叶片与茎轴夹角(°)				
					倒1	倒2	倒3	倒4	倒5	倒1	倒2	倒3	倒4	倒5
1978 年早季	油优 2 号	1 2071	93.5	8.90	32.7	46.1	45.0	41.1	35.2	14.8	15.2	13.2	23.6	34.9
1978 年早季	四优 2 号	11 856	82.1	8.14	34.9	44.4	38.6	32.8	32.9	9.4	17.6	20.8	25.3	35.4
1978 年晚季	四优 2 号	12 050	76.7	7.88	34.9	46.1	40.7	35.5	27.1	7.2	17.9	22.4	26.3	36.5
1978 年晚季	四优 2 号	11 227	82.6	8.24	38.5	49.8	44.2	34.2	34.2	11.8	18.5	22.5	26.4	36.7
1978 年晚季	威优圭 630	9 383	99.2	8.91	40.1	54.9	52.6	47.7	40.1	70.7	62.2	58.5	56.3	53.0

* 5 丘田的产量构成见表 1、表 2。

2.4.3　粒叶比的产量效应

2.2 节显示,稻谷产量与每平方米总粒数相关最密切。本节显示高产田的齐穗期具有姿态直立、适当较大的叶面积。说到底是高产必须具有巨大库容积和丰足的光合产物。每平方米库容积＝每平方米总粒数×单个谷粒的容积,由于粒容(以粒重为衡量指标)是品种的稳定性状,就同一个品种而言,库容量决定于总粒数。而光合生产的能源是太阳辐射能,直立而适当较大的叶面积,才能充分截获太阳辐射能。

为了探索总粒数和叶面积对产量的效应,及粒叶间的关系,于 1978 年早季设置剪叶剪粒试验。供试品种四优 2 号,设 7 个处理,每个处理 2 丛 20 穗,于齐穗期分别剪去一定比率叶面积和谷粒数,成熟期取回分别考察结实率、千粒重、稻谷产量和糙米产量。结果如表 16 所示:

表 16　齐穗期剪去一部分谷粒和叶面积对产量的影响

(四优 2 号,1978 年早季)

处理	20 茎 总粒数	20 茎叶 面积(cm²)	粒叶比 (粒数/cm²)	结实率 (％)	千粒重 (g)	20 茎谷 粒重(g)	产量比较 (以 CK 为 100)	糙米干重/叶面 积(mg/cm²)
剪去 45％谷粒	1 988	2 116	0.94	93.7	26.6	49.55	56	16.1
剪去 23％谷粒	2 774	1 984	1.40	92.9	26.6	68.55	78	23.7
不剪粒不剪叶 (CK)	3 594	2 032	1.77	92.4	26.6	88.33	100	29.9
剪去 17％叶面积	3 608	1 682	2.15	93.2	26.5	89.11	101	36.5
剪去 46％叶面积	3 586	1 102	3.25	88.9	26.3	83.84	95	52.3
剪去 63％叶面积	3 572	756	4.72	89.6	25.5	81.61	92	74.3
剪去 100％叶面积	3 604	0	—	69.4	25.3	63.28	72	—

* 糙米干重＝谷粒量×0.8×0.86。

保留相近的叶面积,分别剪去 23％和 45％的谷粒,与未剪粒的对照比较,结实率和千粒重并未提高,其产量随粒数减少份额而降低;分别剪去 17%、46%、63%、100% 叶面积,结实和千粒重并未按叶面积减幅而降低,其产量只分别降低 0、5%、8% 和 28%。现以粒数/叶面积比代表库叶比,以单位叶面积糙米干重代表齐穗—成熟期净同化率,进一步看出:随着库叶比的增大,净同化率提高,如剪去 45% 谷粒处理的粒叶比为 0.94,每平方厘米叶面积的糙米干重为 16.11 mg,不剪粒不剪叶对照的粒叶比为 1.4,每 1 cm^2 叶面积的糙米干重为 29.91 mg;剪去 63% 叶面积处理的粒叶比为 4.72,每 1 cm^2 叶面积的糙米干重为 74.29 mg。相对较小的粒叶比,使叶片变"懒"了;相对较大的粒叶比,激发叶片提高净光合率。

诚然,糙米干重有一部分来自营养器官暂贮性物质的转运(约占 20%),但糙米物质的 80% 来源于抽穗后叶片光合生产,不会改变叶片净光合率受库活力激发的总趋势。库源之间存在的明显反馈效应的机理虽不甚清楚,但它提供这样一种信息:扩库控叶,是进一步提高产量的途径。

2.5 高产调控技术

2.5.1 齐穗期的调控

闽东南沿海平原丘陵区 5 月上旬—6 月中旬是梅雨季节,常绵雨阴晦,平均每月日照仅 4.8 h,5 月底之前常有危害早稻孕穗、开花的低温(连续 3 d 以上日平均气温 < 22 ℃)出现。平均 6 月 23 日"断梅",天气一转而为强光高温天气,6 月下旬—7 月下旬平均每日日照 8.4 h,日平均气温 28.6 ℃。8 月、9 月两个月持续多照高温天气,平均每日日照分别为 8.0 h 和 7.3 h,日平均气温分别为 28.4 ℃ 和 26.6 ℃。10 月上旬末开始有危害晚稻开花的冷空气南下,11 月中旬起天气复又变得阴晦。以往早稻为了避螟,种植早熟品种,1 月底即开始播种,5 月底齐穗,6 月底成熟,结果孕穗期开花常有低温危害(概率 10%),结实期的大半又绵雨寡照,影响籽粒充实。晚稻则种植典型强感光品种,10 月中旬末齐穗,11 月底成熟,孕穗开花期受冷害的概率达 24%,结实后期阴晦对籽粒充实也有一定影响。因而早、晚稻产量甚不稳定。

为了趋利避害利用当地气候资源,合作组于 1974 年提出将早稻齐穗期调整在 6 月 15—20 日,晚稻齐穗期调整在 9 月底 10 月初的技术改革方案[1]。结果如表 17 所示:早稻孕穗、开花平均气温为 26.4 ℃,冷害概率由 19% 降为 0%,结实期 30 d 日照 252 h,增加 47.4%;晚稻孕穗、开花期平均气温为 25.7 ℃,冷害概率由 24% 降为 0%,结实期 40 d 日照 278 h,增加 10.3%。

表 17　两种齐穗期布局的孕穗开花期冷害和结实期日照比较

季别	齐穗期布局	齐穗期	孕穗—开花期		结实期
			平均气温(℃)	冷害概率(%)	日照总时长(h)
早稻	传统	5 月底	24.2	19	171
	新改	6 月 15 日—20 日	26.4	0	252
晚稻	传统	10 月 15 日	23.0	24	252
	新改	9 月 25 日—10 月 5 日	25.7	0	278

调整齐穗期主要方法是调整品种类型和播种期。根据合作组的建议,龙海县从 1975 年起先在早季改早熟品种矮南特为晚熟品种珍珠矮、南京 11 号,改 1 月底播种为 2 月中下旬播种。经 1975 年、1976 年试种,发现杂交稻属基本营养生长期长的品种,产量更高,并可双季兼种,从 1977 年起,又早晚季逐渐推广杂交稻。1978 年、1979 年的高产攻关田,以四优 2 号、汕优 2 号为主栽种,早季于 2 月 15 日前后播种,

6月20—25日齐穗,晚季于7月5—10日播种,9月25—30日齐穗,孕穗开花期避过冷害,结实期强光多照,结实率达85%～90%,涌现出数十丘产量达10 000～12 000 kg/hm² 的高产田,而大面积推广种植的杂交稻,产量普遍达到7 500～9 000 kg/hm²。

2.5.2　分蘖的调控

杂交稻高产主要依靠秧田期和移栽后15 d内出生的分蘖成穗,占总穗数的82%。为了形成足额的分蘖穗,抓了三项调控措施:

一是培育三叉秧。每亩秧田施稀人粪尿50担(1担=50 kg),过磷酸钙35 kg作基肥,4叶1心开始分蘖时,施用少量尿素促蘖,6叶1心分蘖盛发,至8叶1心移栽时普遍萌发4/0、5/0、6/0蘖,平均每株萌发2.5～3个分蘖。

二是合理密植。高产攻关田的株行距是20 cm×20 cm,每丛插2株带5～6个茎蘖,每平方米插植125～150个茎蘖。这些茎蘖成穗率90%～100%,构成最终穗数的一半。

三是本田早促蘖。每公顷本田普遍施用猪厩稻草沤肥15 t(含缓效性氮153 kg,磷30 kg,钾255 kg),过磷酸钙400 kg作为基肥,移栽后5 d一次施足分蘖肥,一般每公顷施尿素150 kg,遵循蘖叶"同伸"规律,当主茎第10、11、12叶露尖时,依次萌发了7/0、8/0、9/0等一次分蘖和1/4、1/5、1/6类二次分蘖,至移栽后15 d,每平方米茎蘖数达375～450蘖,达到预期穗数所需的茎蘖数。于是立即烤田控氮,抑制高节位分蘖萌发。这样至移栽后30 d分蘖高峰期总茎蘖数控制在每平方米500～550茎,最终成穗数为每平方米320～380穗左右。

2.5.3　稻穗和冠层叶片的调控

据观察,一穗粒数与一穗一、二次枝梗数呈极显著正相关。因此,培育大穗必须提高一、二次枝梗分化期养分水平,增加一、二次枝梗分化数。

水稻齐穗期有5片绿叶,其中冠层3叶是结实期的主要光合器官,它们的面积及姿势,决定了结实期有效光合面积的大小。一般而言,高产田冠层叶片面积都较大,问题在于必须控制其过量伸长,确保直立姿态,让阳光能透射入群体下层,形成适当较大的有光合净积累的叶面积。据观察,冠层3叶是在苞分化至雌雄蕊分化期伸长的,其中,倒3叶与苞及一次枝梗分化同步,倒2叶与二次枝梗及颖花分化同步,剑叶与雌雄分化同步。在相应时期控制适当氮素营养水平,是防控相应叶片过度伸长、保持直立姿态的关键。

为此,我们采取了早施、分次适量施用穗肥的措施。即:在有效分蘖临界期烤田制氮、控制倒4、5叶过度伸长,姿态转为斜直、叶色褪淡基础上,于苞分化至一次枝梗分化期施用促花穗肥,每公顷施尿素110 kg,氯化钾220 kg。肥效高发期正当倒2叶伸长,结果倒2叶适当较长,长度45～50 cm,与茎轴夹角15°～18°,基本保持直立姿态,剑叶伸长时,肥效已显著降低,长度被控在35 cm左右,与茎轴夹角10°～15°,近于直立。其后,每隔7～10 d,看苗补施保花促粒穗肥,即在剑叶露尖期前后(雌雄蕊分化中期),和小孢子形成期,每次每公顷施尿素60～75 kg,防止枝梗颖花退化和促进颖壳增大。由于分次适量施用穗肥,加上前期有效预控总茎蘖数和及早烤田制氮,结果,塑造出穗多、穗大、茎秆矮壮、冠层叶片短直的理想株型。在乳熟期,稻穗弯垂,站立其上的剑叶亭亭玉立,如是景观叹为观止。

表18列出黎明大队5号田1978年早晚季、7号田1979年早晚季施肥量,平均每公顷施肥量为氮349 kg,磷94 kg,钾429 kg。其中基肥施用猪厩稻草沤肥15 t/hm²,含氮153 kg,磷30 kg,钾255 kg,属

于缓效性肥料。追肥施用氮、钾素化肥,平均每公顷施氮素化肥 80.8 kg 作为分蘖肥,施氮素化肥 103.5 kg、钾素化肥 135.6 kg 作为穗粒肥。磷素化肥主要作为基肥施用,基肥只配施极少氮、钾素化肥。

表 18　高产田各时期施肥量

田号	年季	产量 (kg/hm²)	基肥(kg/hm²)			分蘖肥(kg/hm²)			穗肥(kg/hm²)			合计(kg/hm²)		
			氮	磷	钾	氮	磷	钾	氮	磷	钾	氮	磷	钾
5	1978 年早季	11 856	153.0	67.5	255.0	117.0	0	0	90.0	0	112.5	360.0	67.5	367.5
5	1978 年晚季	12 050	153.0	67.5	255.0	75.8	49.5	0	115.5	24.0	112.5	344.3	141.0	367.5
7	1979 年早季	12 351	174.0	73.5	322.5	72.0	0	0	108.0	4.5	150.0	354.0	78.0	472.5
7	1979 年晚季	11 654	178.5	66.0	322.5	58.5	0	0	100.5	24.0	167.5	337.5	90.0	510.0

* 基肥以施用猪厩稻草沤肥为主,经测定含缓效性氮 153 kg/hm²,磷 30 kg/hm²,钾 255 kg/hm²。

2.5.4　土壤的改良

黎明大队的高产田原系旱作台田,沙质红壤,较为瘠薄,耕作层仅 10 cm,含有机质 1.0%~1.5%,全氮 0.061%~0.087%,后坎傍山,有冷泉浸渍。1975 年冬平整,1976 年种稻,前期敦苗,后期早衰,产量仅 6 000~7 000 kg/hm²。为此,1976 年、1977 年都施用大量猪厩沤肥和猪粪,沿山开截渗沟。1978 年春每丘田都挖 1~2 条深 60 cm 暗沟铺设陶管,上覆麦秆、铁芒箕,地面客入大量菜园土,1978 年、1979 年早、晚季每公顷都各施入猪厩蒿秆沤肥 15 t。结果,耕作层增厚至 14 cm,土壤逐渐油泥化,有机质提升至 1.56%~2.39%,全氮升至 0.15%~0.18%,速效磷达 28~31 mg/kg,速效钾达 80~110 mg/kg,土壤渗水性良好,垂直渗水速度为 1.5~2.0 cm/d,排水烤田时地下水位降到 50 cm 以下。由于土壤水肥气热协调,稻苗生长易攻易控,前期早发,中期稳长,后期不早衰,根系形态发达,机能高而持久,从而为建立高产群体提供了良好土壤基础。

经过改良,土壤肥沃度显著提高,而至关重要的是高产田为台田,比洋面田高 1~1.5 m,经过改土、增设暗管,渗水透气,形成形态发达、机能高而持久的根系,这层是实现超高产的根本。相邻洋面田的肥沃度更高,但地下水位高、渗水速率低,产量总难突破 10 000 kg/hm²。

3　总结与讨论

3.1　杂交水稻高产攻关重要结果

(1)攻关田取得大幅增产:1978 年早季 54 丘田平均产量 1 291.6 斤/亩(9 687 kg/hm²),1978 年晚季

57 丘田平均产量 1 326.6 斤/亩(9 951 kg/hm²)，1979 年早晚季 4 丘田平均产量 1 562 斤/亩(11 715 kg/hm²)。其中有 30 丘田产量超过 1 400 斤/亩(>10 500 kg/hm²)，有 4 丘田超 1 600 斤/亩(12 000 kg/hm²)，创当时全国最高纪录；1978 年黎明大队的 5 号、7 号田双季年产量分别达 3 187.5 斤/亩和 3 106.4 斤/亩，1979 年 7 号田双季年产量达 3 204.7 斤/亩，至今仍保持双季稻年亩产最高纪录。

(2)高产田产量构成：1978 年早、晚季各搜集 20 丘四优 2 号不同产量水平田的产量构成数据进行相关分析，显示：结实率和千粒重变异系数低，与产量相关不显著；每平方米穗数和每穗粒数变异系数高，与产量分别呈极显著和显著的正相关，由后二者组成的每平方米总粒数的变异系数更高，与产量呈高度正相关，因此，争取高产的主攻方向是扩增每平方米总粒数，而每平方米总粒数与每平方米穗数呈极显著正相关，扩增每平方米总粒数必先扩增每平方米穗数。

(3)高产田的茎蘖数组合：杂交稻种子昂贵，为此实行秧田稀播培育多蘖壮秧，大田少株插植和早施促蘖肥，建立多蘖群体。产量 12 000 kg/hm² 高产田每平方米达 360～370 穗，其中主茎占 13%～14%，秧田分蘖穗占 35%～40%，本田分蘖穗占 47%～51%。

(4)高产田干物质积累及叶面积：干物质积累动态呈 Logistic 曲线，60% 用于构成产量库，40% 用于构成籽粒。构成产量库的物质来自移栽—齐穗期生产的绝大多数光合产物。稻穗干物质则来自三部分光合产物：(A)抽穗前(主要为孕穗期)构成稻穗穗轴、枝梗及谷壳的结构性干物质；(B)孕穗期暂贮于茎鞘中、抽穗后转运入穗的贮藏性干物质(淀粉，可溶性糖)；(C)抽穗—成熟期生产直运入穗的光合产物。A、B、C 分别占 18.5%、16.1% 和 65.4%。高产田生产大量光合产物，依赖于培育较大且冠层叶片直立的叶面积。产量 12 000 kg/hm² 高产田齐穗期的叶面积指数达 8～9，冠层三叶与茎轴夹角仅 10°～20°，确保阳光可透入群体底层，全部叶片都能进行有效益的光合生产，具有较高的群体生长率。供试品种为株高 90 cm 左右的矮秆杂交稻，具有承载较大叶面积抵抗风雨冲击的能力。株高 120 cm 以上的中秆杂交稻，叶面积指数 8～9 时，在大风雨中往往连片倒伏。剪叶剪粒试验结果显示，降低粒/叶比，净同化率降低，提高粒/叶比，净同化率提高。这种库源间存在的反馈效应机理虽尚不清楚，但提供这样一种信息：扩库控叶，将是进一步提高单产的途径。

(5)高产调控技术：①调整齐穗期，将开花结实期安排在多照适温的季节，截留更多的太阳光能。②秧田稀播培育多蘖壮秧，大田早施分蘖肥，在有效分蘖临界期萌发预期穗数的茎蘖数。③平衡施用氮、磷、钾肥，磷肥作基肥，钾肥作穗肥，氮肥按促分蘖数、促花穗肥、保花攻粒肥分施。④坚持每年施用稻草厩粪堆沤肥，改良土壤。⑤建立排灌分开渠道，降低地下水位，提高垂向透水力。黎明大队涌现 12 000 kg/hm² 的高产田原系旱作台田，耕层浅薄，土壤有机质仅 1%～1.5% 经过 3 年客土、增施稻草厩肥，建灌排渠道，暗沟排水，垂向透水率达 1.5～2 cm/d，源源不断向耕层导入新鲜氧气，根系十分发达，稻株前期早发，中期稳长，后期叶片亭亭玉立，为高产奠定良好基础。相邻的洋面田尽管肥沃度更高，但地下水位较高，透水率较低，产量总难突破 10 000 kg/hm²。

3.2　"库"还是"源"限制水稻高产？

稻谷产量物质 95% 来自光合生产，光合生产的能源为太阳辐射能。据估计，水稻理论上最高产量的光能利用率为 5%。但现行最高产量及其光能利用率仅为理论最高值的一半。如日本工滕 1961 年创糙米产量 10 052 kg/hm²(折稻谷产量 12 565 kg/hm²)纪录，光能利用率为 2.4%。龙海 1978 年、1979 年 4 丘稻谷产量 12 034～12 351 kg/hm² 的杂交稻高产田，光能利用率为 2.3%，到底是什么因素限制了高产？

随着研究的深入,研究人员讨论激烈的是光合产物供应能力(源),还是光合产物贮量能力(库)限制了高产。伊文思[3]认为增加"库"或"源"任何一方都能显著增产。吉田昌一[6]根据开花前后增加 CO_2 浓度的扩库增源效应,认为"库"和"源"都是限制产量的因素,但在 IRRI 所在的热带,不管是早季或雨季,结实率都稳定在 85%,表明提高产量必须寻找扩库的途径。村田吉男等[4]、松岛省三[5]报道温带的日本,库限制型和源限制型并存,库限制型的结实率超过 85%,源限制型的结实率低于 80%,提高产量必须通过产量构成分析,分类确定扩库或增源的主攻方向。

其实水稻高产必须兼具"大库丰源",只有"大库"而无"丰源",只能形成大量空秕的谷粒,只有"丰源"而无"大库",必将造成光能的浪费。福建省农业科学院长期在龙海县建立研究基点,同当地农业部门合作研究水稻高产问题。1974 年合作揭示水稻年际丰歉与结实期日照时数呈高度相关,暗示当时"源"制约了高产。据此,提出通过调整品种类型和播种期将结实期布局在多照适温季节的方案[1],推广后大面积水稻结实率稳定在 85%~90%,取得连年丰产[2]。1978 年、1979 年在此基础上,合作组织杂交稻高产攻关,涌现了数十丘产量 10 000~12 000 kg/hm² 兼具"大库丰源"的高产田,其形态特征是每平方米 4 万~5 万粒,结实率 85%~90%,茎秆矮壮,冠层叶片短直。

"大库"依赖形成穗多穗大的群体。"丰源"依赖建成适当较大又短直的冠层叶面积和将结实期安排在强光多照的季节。进一步提高产量必须扩增库容量,但叶面积扩增已临高限。剪叶剪穗试验结果显示,扩大粒叶比,有提高净光合率的效应。这种"源"生产效率受"库"活力激发的反馈效应机理虽尚不清楚,但为我们提供这样一种信息:"扩库控叶"可以保障"丰源"。为此,进一步提高产量,必须探索"扩库控叶"的途径。村田吉男等[4]强调必须培育光合能力强并在高氮水平下叶面积扩展小的新的理想型品种。我们应从生理生态方面探索"扩库控叶"增"源"的新技术。

著录论文

[1]李义珍,王朝祥.水稻高产工程(早稻部分)[J].福建农业科技,1979(1):1-9.

[2]李义珍,王朝祥.水稻高产工程(晚稻部分)[J].福建农业科技,1979(4):11-17.

[3]潘无毛,张达聪.双季稻亩产过"四纲"的技术总结[J].福建农业科技,1980(2):6-10.

[4]龙海县农业局,龙海县农业科学研究所.早季杂交水稻高产栽培技术初步总结[R]//龙海县农业局,龙海县农业科学研究所.龙海县一九七八年杂交水稻栽培技术与三熟高产措施总结(选编).漳州:龙海县农业局,1979:1-4.

[5]龙海县农业科学研究所.晚稻杂交水稻高产栽培措施总结[R]//龙海县农业局.龙海县农业科学研究所:龙海县一九七八年杂交水稻栽培技术与三熟高产措施总结(选编).漳州:龙海县农业局,1979:16-23.

[6]李义珍,张达聪,潘无毛,等.杂交水稻的高产结构和调控[C]//全国首届作物栽培科学讨论会论文.天津:中国农学会,1980.

[7]李义珍,张达聪,潘无毛,等.杂交水稻的高产结构和调控[J].农牧情报研究,1981(21):31-33.

参考文献

[1]福建省农业科学实验站黎明基点,龙海县气象站,龙海县农业科学研究所.利用气候资源,争取三熟高产:论龙海县稻麦生育期的合理调整(油印本)[R].福州:福建省农业科学实验站,1974.

[2]李义珍,张达聪,黄亚昌,等.龙海县双季稻生育期的合理调整[R]//福建省农业科学院稻麦研究所.科学研究年报.福州:福建省农业科学实验站,1981:42-48.

[3]伊文思.作物产量的生理基础[M]//伊文思.作物生理学.江苏省农业科学院科技情报研究室,译.北京:农业出版社,1979:415-452.

[4]村田吉男,松岛省三.水稻[M]//伊文思.作物生理学.江苏省农业科学院科技情报研究室,译.北京:农业出版社,1979:
　　95-126.

[5]松岛省三.稻作诊断と増产拔術(改订新版)[M].東京:農山渔村文化協会,1978:53-59.

[6]吉田昌一.稻作科学原理[M].厉葆初,译.杭州:浙江科学技术出版社,1984:281-304.

[7]片山佃.稻麦の分蘖関すゐ研究 I.大麦及小麦の主秆及分蘖にねゐ相似生長の法則[J].日本作物学会纪事,1944,15(3/4):
　　109-118.

二、杂交稻高产的产量构成和库源结构

由于人增地减的趋势不可逆转,水稻超高产研究日益引起人们的关注。日本在 1981 年提出通过籼粳交培育增产 50％的品种的 15 年计划[1],IRRI 在 1989 年提出并开始实践通过利用热带粳稻种质培育少蘖巨穗的产量 13～15 t/hm² 的"新株型稻"育种计划[2],我国的杨守仁[3]、黄耀祥[4]、袁隆平[5]也于 1980 年代分别提出"理想株形与有利优势相结合"、"半矮秆丛生快长型"、"二系法籼粳交杂种优势利用"等超高产育种途径。在此基础上,农业部于 1996 年在全国组织了超级稻育种项目[6],目标产量是 2000 年 9～10 t/hm²,2005 年 12 t/hm²,2015 年 13.5 t/hm²。关于超高产栽培途径,国内外学者也提出种种构想。川田信一郎[7]提出改良土壤的途径,松岛省三[8]提出塑造理想株型的途径,凌启鸿[9]提出群体质量的途径,陶诗顺等[8]提出超多蘖壮秧超稀植的途径。

综上所述,国内外关于超高产的目标比较一致,但是,关于超高产的产量构成及库源结构,则尚有歧见,到底是单位面积穗数还是每穗粒数,是库容量(库)还是物质生产能力(源)限制了超高产,争议颇大。这就模糊了遗传操作和栽培调控的方向。为此,我们根据多年来的研究资料,试图通过分析同一品种不同产量水平,及不同年代主栽品种的产量构成和库源结构特征,来揭示超高产水稻的产量结构,为确定超高产育种和超高产栽培的主攻方向提供科学依据。

1 材料与方法

1.1 同一杂交稻品种不同产量水平的产量构成及库源结构调查

1991—1993 年、1996—1997 年在福建省龙海市东园镇、海澄镇,调查了 161 丘当地主栽种特优 63 的产量及产量构成,方法是水稻成熟时,每丘田分 5 点,共收割 10 m² 测定产量,5 点共割取 40 丛稻穗计算穗数后脱粒,用四分法取 1/4 谷粒考种,每丘田同时测定株行距,供计算每平方米穗数。

1.2 水稻不同年代主栽品种的产量构成及库源结构调查

本节为黄育民攻读博士期间研究水稻不同年代主栽品种库源结构的调查,选用不同年代在福建省主栽的高秆品种南特号(主栽期 1956—1960 年,累计种植 1 333×10³ hm²),矮秆品种珍珠矮(主栽期 1966—1977 年,累计种植 2 200×10³ hm²),杂交稻汕优 63(主栽期 1984 年至 1990 年代末,1980—1990

年累计种植 1 857×10³ hm²)等 3 个品种,1995—1996 年早、晚季在福建省农业科学院稻麦研究所试验农场(地址福州市城门镇)种植,随机区组,3 次重复,小区面积 13.33 cm²,行株距 20 cm×16.7 cm。记载各品种各生育阶段的日期。在移栽、苞分化、孕穗始、齐穗、齐穗后 10 d、20 d 和黄熟期,每处理取 10 丛稻株计算茎蘖数,分解叶片、叶鞘、茎秆、穗等器官,取其中 3 丛绿叶用日产 LAM-7 型叶面积仪测定叶面积,然后将 4 类器官分别烘干称重。水稻成熟时分小区收割脱粒,晒干扬净称稻谷重。收割前 1 d 每处理取 40 丛稻株计算穗数后脱粒,用四分法取 1/4 谷粒,考察实粒数、空秕粒数和千粒重,据上数据计算单位产量、产量构成和库源有关参数。

1.3 相关系数计算及通径分析

按相关计算程序,分别求算 4 个产量构成因素(每平方米穗数、每穗粒数、结实率、千粒重)和每平方米穗数与每穗粒数组合成的每平方米总粒数之间的相关系数,及与产量的相关系数,查表测验显著性。

通径分析旨在确定各个产量构成因素对改变产量的相对重要性,即对增产的贡献率。在通径分析中,产量的总变异 $\sum(y-\overline{y})^2$,等于各构成因素对产量的直接通径系数($p_i = p_{i \to y}$)与相关系数(r_{iy})乘积之和并标准化为 1:

$$\sum(y-\overline{y})^2 = r_{1y}p_1 + r_{2y}p_2 + r_{3y}p_3 + r_{4y}p_4 + p_e^2 = R^2 + p_e^2 = 1$$

从方程看出,$r_{1y}p_1$、$r_{2y}p_2$、$r_{3y}p_3$、$r_{4y}p_4$ 等代表 x_1、x_2、x_3、x_4 等产量构成因素,对引发产量总变异的各自贡献率;R^2 是各构成因素对产量的总决定系数,表明全部构成因素对产量总控制的有效度;p_e^2 是未知因素对产量的决定系数,表示随机误差的大小。

通径分析是在算得各构成因素与产量的相关系数基础上,通过解如下标准化正规方程组,得到构成因素 $x_1, x_2, \cdots, x_m$ 对产量(y)的直接通径系数($p_1, p_2, \cdots, p_m$),及构成因素 $x_1, x_2, \cdots, x_m$ 通过其他构成因素对产量(y)的间接通径系数($r_{12}p_2$、$r_{1m}p_m$、$r_{21}p_1$、$r_{2m}p_m$、$r_{m1}p_1$、$r_{m2}p_2$)。r_{1y} 与 p_1 的乘积 $r_{1y}p_1$ 表示 x_1 对 y 的贡献率。$r_{2y}p_2, \cdots, r_{my}p_m$ 亦然。

$$\begin{cases} p_1 + r_{12}p_2 + r_{13}p_3 + r_{14}p_4 = r_{1y} \\ r_{21}p_1 + p_2 + r_{23}p_3 + r_{24}p_4 = r_{2y} \\ r_{31}p_1 + r_{32}p_2 + p_3 + r_{34}p_4 = r_{3y} \\ r_{41}p_1 + r_{42}p_2 + r_{43}p_3 + p_4 = r_{4y} \end{cases}$$

1.4 其他计算方法

产量库容＝每平方米总粒数×稻谷粒重

群体生长率:CGR＝$\Delta W/D$

叶面积净同化率:NAR＝CGR/LAI

经济系数:K＝稻谷晒干重(y)×晒干率(86%)/干物质总积累量(W)

式中 ΔW 为某一生育期的干物质净积累量,D 为某生育期的日数。稻谷标准晒干率为 86%。

2 结果与分析

2.1 杂交稻不同产量水平的产量构成及变异

在龙海市调查 161 丘杂交稻特优 63 的产量及其构成,结果如表 1 所示:田块间以每平方米穗数差异最大,每穗粒数差异次之,结实率和千粒重比较稳定,变异系数分别为 15.1%、3.7%、1.3%和 1.1%。由每平方米穗数与每穗粒数组成的每平方米总粒数,差异更大,变异系数达 18.6%。将 161 丘田按产量水平分为 4 组,比较其产量构成特征,看出:随着产量的提高,每平方米穗数和每穗粒数逐渐增加,结实率略有降低,千粒重差异不大。超高产田的产量构成特征是穗多穗大,保持着与低产组相近的结实率和千粒重,具有巨大的产量库。超高产组与低产组相比,产量高 101%,每平方米穗数多 74%,每穗粒数多 21%,结实率降 6%,千粒重增 0.4%,每平方米总粒数多 111%,产量库容扩大 111%。

表 1 杂交稻不同产量水平的产量构成及其变异

(特优 63,1991—1993 年、1996—1997 年,福建龙海)

调查丘数	稻谷产量 (kg/hm²)	每平方米 穗数	每穗 粒数	每平方米 总粒数	结实率 (%)	千粒重 (g)	产量库容 (g/m²)
5	12 143	318.2	156.0	49 639	87.7	28.0	1 389.9
49	9 717	275.0	137.5	37 813	90.6	28.5	1 077.7
70	8 021	239.6	133.8	32 058	91.4	27.7	888.0
37	6 045	183.2	128.7	23 578	93.3	27.9	657.8
平均	8 211	239.9	134.4	32 407	91.5	28.0	908.4
s	1 510	36.2	5.6	6 026	1.2	0.3	175.6
CV(%)	18.4	15.1	3.7	18.6	1.3	1.1	19.3

* s 为标准差,CV 为变异系数。

2.2 杂交稻产量构成因素与产量的相关性及对产量的贡献

据 161 丘杂交稻特优 63 的产量及其构成因素,计算出各产量构成因素之间的相关系数及与产量的相关系数,在此基础上计算各产量构成因素对产量的直接通径系数和间接通径系数,并据以计算对产量的各自贡献率。结果列于表 2,看出:

在 4 个产量构成因素中,以每平方米穗数与产量的相关最密切,$r_{1y} = 0.858\ 4^{**}$;次为每穗粒数,$r_{2y} = 0.355\ 7^{**}$;结实率与产量存在微弱的负相关,$r_{3y} = -0.258\ 3^{**}$;千粒重是品种的稳定性状,与产量相关不显著,$r_{4y} = 0.148\ 1$。由每平方米穗数和每穗粒数组成的每平方米总粒数,与产量的相关最密切,$r_{4y} = 0.916\ 3^{**}$。每平方米穗数和每穗粒数与每平方米总粒数都呈极显著正相关,r 分别为 $0.866\ 0^{**}$ 和

0.508 8**，以与每平方米穗数的相关更密切。

通径分析结果，以每平方米穗数对产量的直接通径系数最高（$p_1=0.989\ 6$），对产量的独自贡献率也最高（$r_{1y}p_1=0.849\ 5$）；次为每穗粒数，$p_2=0.521\ 6$，$r_{2y}p_2=0.185\ 5$。结实率对产量的直接通径系数偏低（$p_3=0.351\ 5$），且与产量呈负相关，对产量的贡献率为低负值（$r_{3y}p_3=-0.090\ 8$）。千粒重为品种的稳定性状，对产量的直接通径系数（$p_4=0.129\ 1$）和贡献率（$r_{4y}p_4=0.019\ 1$）均最低。4 个产量构成因素对产量的总决定系数 $R^2=0.963\ 3$。未知因素对产量的决定系数为 $R_e^2=0.036\ 7$，表明误差仅 3.67%，调查研究结果可信度高。

鉴于每平方米总粒数与产量相关最密切，又与其 2 个构成因素呈极显著正相关，计算了每平方米穗数及每穗粒数对每平方米总粒数的通径系数及贡献率，结果以每平方米穗数对每平方米总粒数的直接通径系数最高（$p_{1t}=0.853\ 3$），贡献率也最高（$r_{1t}p_{1t}=0.739\ 0$）。显然，在目前杂交稻生产条件下，争取高产乃至超高产的关键，是增加每平方米总粒数，增加总粒数的主要潜力在扩增穗数。

表 2　杂交水稻产量构成因素之间与产量的相关性及对产量的贡献

（特优 63,1991—1993 年、1996 年、1997 年,福建龙海）

产量构成因素	相关系数（r）				
	x_2	x_3	x_4	x_t	y
每平方米穗数 x_1	0.026 2	$-0.449\ 8^{**}$	0.102 9	$0.866\ 0^{**}$	$0.858\ 4^{**}$
每穗粒数 x_2		$-0.401\ 6^{**}$	$-0.392\ 3^{**}$	$0.508\ 8^{**}$	$0.355\ 7^{**}$
结实率 x_3			$0.346\ 2^{**}$	$-0.571\ 8^{**}$	$-0.258\ 3^{**}$
千粒重 x_4				$-0.107\ 1$	0.148 1
每平方米总粒数 x_t					$0.916\ 3^{**}$

产量构成因素	对产量（y）的通径系数				对 y 的贡献率	对 x_t 的通径系数		对 x_t 的贡献率
	p_{1y}	p_{2y}	p_{3y}	p_{4y}	（$r_{iy}p_i$）	p_{1t}	p_{2t}	（$r_{it}p_i$）
每平方米穗数 x_1	0.989 6	0.013 6	$-0.158\ 1$	0.013 3	0.849 5	0.853 3	0.012 7	0.739 0
每穗粒数 x_2	0.025 9	0.521 6	$-0.141\ 2$	$-0.050\ 6$	0.185 5	0.022 4	0.486 4	0.247 5
结实率 x_3	$-0.445\ 1$	$-0.209\ 4$	0.351 5	0.044 7	$-0.090\ 8$			
千粒重 x_4	0.101 8	$-0.204\ 6$	0.121 7	0.129 1	0.019 1			
每平方米总粒数 x_t								

* $n=161$，$r_{0.05}=0.159$，$r_{0.01}=0.208$；$R_{y\cdot1234}^2=0.963\ 3$，$p_e^2=0.036\ 7$；$R_{t\cdot12}^2=0.986\ 5$，$p_e^2=0.013\ 5$。

2.3　水稻不同年代主栽品种的库源结构

选用在福建不同年代主栽的高秆品种南特号、矮秆品种珍珠矮和杂交稻品种汕优 63 种植，观察比较它们的产量、产量构成和库源结构，结果列于表 3，看出，随着品种改良换代，稻谷产量大幅提高，主要原因为：

（1）产量库扩大。在同等生产条件下，杂交稻汕优 63 比高秆常规品种南特号，产量提高 55%，产量库扩大 65%；产量库的扩大，90% 靠每穗粒数的增加，10% 靠每平方米穗数的增加，而结实率和千粒重差异不大。显然，品种改良的总趋势是在保持较好分蘖力基础上，培育大穗，扩大产量库，而提高增产潜能。这一点与上述特优 63 品种在不同田丘栽培，在利用大穗优势基础上，主要靠增加每平方米穗数扩大产量库而增产不同。如表 1 所示,特优 63 高产组比低产组,产量提高 61%,产量库扩大 64%,产量的增加,74% 靠每平方米穗数的增加,25% 靠每穗粒数的增加,结果殊途同归。

(2)库藏物质(源)的增加。在同等生产条件下,杂交稻汕优 63 比高秆常规稻南特号,干物质积累总量(W)增加 34%,其中 W_1(抽穗前结构物质)增加 22%,W_2(抽穗前积累于抽穗后转运入穗的贮藏碳水化合物)增加 111%,W_3(抽穗—成熟期生产直运入穗的光合产物)增加 35%,W_2+W_3 合增 53%,从而提高经济系数。W_2+W_3=库藏物质量,即籽粒产量(占稻谷产量的 80% 左右)。W_2、W_3 的增加,确保有充裕的籽粒物质充实产量库,在产量库大幅扩大情势下库源协调发展,维持较高的结实率。库藏物资(源)的增加得益于生长期的延长、叶面积扩大和株叶型的改善。汕优 63 冠层叶片由南特号的披散型改良为短直型,阳光可透入群体基层,全部叶片都能进行有效益的光合作用,减缓了叶片净同化率(NAR)随叶面积扩大而降低的速率,提高了群体生长率(CGR),增加群体光合生产量。

表 3　水稻不同年代主栽品种的库源结构比较

(1995—1996 年 4 季平均值,福建福州)

水稻品种	稻谷产量 (kg/hm²)	每平方米穗数	每穗粒数	每平方米总粒数	结实率 (%)	千粒重 (g)	产量库容 (g/m²)	经济系数	本田期日数
南特号(A)	5 331	270.8	82.5	22 341	88.7	26.8	598.7	0.42	84.5
珍珠矮(B)	6 610	281.0	110.5	31 051	88.7	24.3	754.5	0.45	90.0
汕优 63(C)	8 273	282.5	131.0	37 008	85.0	26.7	988.1	0.49	102.5
(B−A)/A	0.24	0.04	0.34	0.39	0	−0.09	0.26	0.07	0.07
(C−A)/A	0.55	0.04	0.59	0.66	−0.04	−0.004	0.65	0.17	0.21

水稻品种	干物质积累量(g/m²)				齐穗期 LAI	全期平均 LAI	叶积 LD	CGR [g/(m²·d)]	NAR [g/(m²·d)]
	W_1	W_2	W_3	合计					
南特号(A)	645.6	103.9	335.4	1 084.9	4.10	2.37	201.4	12.84	5.39
珍珠矮(B)	714.4	162.6	376.7	1 253.7	5.30	31.6	284.1	13.93	4.41
汕优 63(C)	786.2	219.2	452.7	1 458.1	6.10	3.36	345.7	14.23	4.22
(B−A)/A	0.11	0.57	0.12	0.16	0.29	0.33	0.41	0.08	−0.18
(C−A)/A	0.22	1.11	0.35	0.34	0.49	0.42	0.72	0.11	−0.22

　* W_1 为抽穗前积累的结构物质,W_2 为抽穗前积累、抽穗后转运入穗的贮藏物质,W_3 为抽穗后叶片生产直运入穗的光合物质。

3　总结与讨论

3.1　关于超高产水稻的产量库结构问题

产量库可定义为单位面积总粒数与单个谷粒容积的乘积。现有杂交稻高产品种的粒容差异不大,同一品种其粒容更为稳定。因而扩大产量库主要靠增加单位面积总粒数。161 丘特优 63 的调查结果是,每平方米穗数和每穗粒数对扩增每平方米总粒数的贡献率分别为 74％和 25％。表明水稻超高产栽培应首先争取有足额的穗数,并在此基础上培育大穗,形成相对较多的每平方米总粒数(产量 9 t/hm² 为 3.5万粒/m²,产量 12 t/hm² 为 5 万粒/m²)。以牺牲穗数求巨穗不可取。据袁平荣等[11]报道,地处低纬高原的云南省永胜县涛源乡,1993 年种植的 D 优 10 号稻谷产量达 16.6 t/hm²,其产量构成是每平方米 444穗,每穗 145.6 粒,结实率 89.2％,千粒重 30.0 g,每平方米库容 1 939.4 g。与龙海市 5 丘特优 63 平均产量 12.143 t/hm²(表 1)相比,产量提高 37％,产量库扩大 40％,穗数增加 40％,每穗粒数减少 7％,结实率提高 2％,千粒重提高 7％。可以说是在保持大穗基础上,促进萌发与当地生态相适应的高额穗数,形成大库而取得超高产。福建省几个不同年代主栽品种产量结构的演化趋向则表明,稳定穗数,培育大穗,增加单位面积总粒数,是超高产育种的趋向。但应该指出,当时育成的杂交稻高产品种(汕优 63),是在保持较强分蘖力(在同等条件下,其单位面积穗数甚至比早期主栽品种南特号和珍珠矮略有增加)基础上培育大穗而大幅增产的。如果栽培不当,穗数不足,高产品种并不能取得高产。培育保持较强分蘖力的大穗型品种,相比早期品种可扩大产量库,取得大幅度增产;种植同一个大穗型杂交稻品种,促进萌发适应当地生态的足额穗数,扩大产量库,也将取得大幅度增产。以不同的产量构成,扩增产量库,殊途同归,双双获得高产乃至超高产。看来,培育多穗小穗型品种或少蘖巨穗型品种,都难于取得超高产。而超高产栽培恰恰应当利用超高产品种的大穗优势,首先确保适应当地生态的目标穗数,建立足穗大穗的大库群体。

3.2　关于超高产水稻的增源问题

增源可从延长生长日数,扩大 LAI 和提高反映群体光合生产率的 CGR 入手。但现有杂交稻高产品种多为晚熟种,高产田的最大 LAI 已接近最适值,进一步延长生长日数和扩大 LAI 的潜力不大。增源的重点在于提高中后期的 W_2 和 W_3 的积累。观察比较三个不同年代主栽种的 W_2、W_3 比率发现,杂交稻增加 W_2 比率大于 W_3。宋祥甫等[12]也有类似的研究报道。因此,超高产育种宜将改良 W_3 生产力列为重要目标之一。由于 W_3 构成了籽粒物质的 70％左右,凌启鸿[9]特别强调提高抽穗后干物质(W_3)生产力。但据翁仁宪等[3]的研究,W_2 具有激化颖花活力、提高 W_3 生产力的功能。李义珍等[14]报道,W_2 在齐穗后 10 d 内向穗部的输出占同期籽粒物质净积累量的 50％左右,对于在不利气候条件下稳定结实率有十分重要的作用。因此,超高产栽培必须注意采取协调中期糖氮代谢、增强后期根叶活力等措施,大力提高中后期 CGR,使 W_2 和 W_3 的积累都大幅增加。

著录论文

[1]李义珍,黄育民,庄占龙,等.杂交稻高产结构研究[J].福建省农科院学报,1995,10(1):1-6.

[2]杨惠杰,李义珍,黄育民,等.超高产水稻的产量构成和库源结构[J].福建农业学报,1999,14(1):1-5.

[3]黄育民.水稻品种改良与库源结构研究[D].福州:福建农业大学,1997.

[4]黄育民,陈启锋,李义珍.我国水稻品种改良过程库源特征的变化[J].福建农业大学学报,1998,27(3):271-278.

参考文献

[1]佐藤尚雄.水稻超高产育种研究[J].国外农学:水稻.1984(2):1-16.

[2]杨仁催.国际水稻研究所的超级稻育种[J].世界农业,1996(2):25-27.

[3]杨守仁.水稻超高产育种的新动向:理想株形与有利优势相结合[J].沈阳农业大学学报,1987,18(1):1-5.

[4]黄耀祥.水稻丛化育种[J].广东农业科学,1983(1):1-5.

[5]袁隆平.杂交水稻育种中的战略设想[J].杂交水稻,1987(1):1-3.

[6]农业部.中国超级稻育种:背景、现状和展望[R].北京:中华人民共和国农业部,1996.

[7]川田信一郎.イネの根[M].東京:农业渔村文化协会,1982.

[8]松岛省三.稲作の改善と技術[M].東京:株式会社养贤堂,1973.

[9]凌启鸿.改革肥料运筹,优化水稻群体质量[M]//水稻高产高效理论与新技术.北京:中国农业科技出版社,1996:124-135.

[10]陶诗顺,马均.杂交中稻超多蘖壮秧稀植栽培高产原理探讨[J].西南农业学报,1998(增刊3):37-43.

[11]袁平荣,周能,贺庆瑞,等.云南水稻一季亩产吨粮的生态条件与良种良法探讨[M]//水稻高产高效理论与新技术.北京:中国农业科技出版社,1996:184-196.

[12]宋祥甫,平尾健二,窪田文武,等.中国産ハイズリッドライスの物質生産に関すゐ研究:第3報 收量生産期間におけゐ非構造性炭水化物及び全窒素濃度の變動ガウみた子實生産特性[J].日本作物学会纪事,1990,59(1):107-112.

[13]翁仁宪,武田友四郎,縣和一,等.水稻の子实生産に関すゐ物質生産的研究第1報:出穂前に貯藏さ扎た炭水化物ねよび出穗后の乾物質生産ガ子实生産及ばす影響[J].日本作物学会纪事,1982,54(4):500-509.

[14]李义珍,黄育民,庄占龙,等.杂交稻高产群体的干物质积累运转Ⅱ:贮藏性碳水化合物的积累运转[J].福建省农科院学报,1996,11(3):1-7.

三、杂交稻茎蘖成穗规律观察

　　水稻产量由单位面积穗数、每穗粒数、结实率和千粒重等因素构成。高产再高产,应具有何种产量构成,颇引学界关注。黄育民等[1]、戚昌瀚等[2]、姚立生[3]分别考察了福建、江西、江苏等省1950—1980年代水稻品种改良的产量构成演化,指出水稻由高秆品种、矮秆品种、杂交稻的更新换代,产量提高60%～100%,主要依靠每穗粒数的增加,形成较大的穗子,而每平方米穗数略增,结实率和千粒重变化不大。杨惠杰等[4]征集16个省育成的超高产品种,于1998年分别在云南省永胜和福建省龙海种植,结果有6个品种具有稳定的超高产潜力,平均产量比对照品种汕优63提高9%,其产量构成特征是具有更大的穗子,每穗粒数增加23%,而平均每平方米穗数、结实率、千粒重略减。显然,稳定穗数,培育大穗,从而增大产量库容量,是品种改良的总趋势。然而,同一个品种,或同一组品种,在不同田块、不同地区种植,产量显著差异却主要是每平方米穗数。如上述16个超级稻品种,在云南种植平均产量15 779 kg/hm²,比在福建作早季种植平均产量9 092 kg/hm²,增产73.6%,云南比福建大幅增产的因素是培育形成适应当地生态的更多穗数,每平方米穗数比福建增加64.3%,而每穗粒数(−1.9%)、结实率(+6.1%)、千粒重(−2.2%)差异不大。再如杨惠杰等[5]于1991—1993年和1996—1997年在福建省龙海调查161丘特优63的产量及其产量构成,结果超高产组平均产量12 143 kg/hm²,比低产组平均产量6 945 kg/hm²,产量增加101%,其产量构成变化的特征是每平方米穗数增加最多(+74%),每穗粒数的增加次之(+21%),结实率略低(−6%),千粒重差异很小(+0.4%)。显然,杂交稻争取高产乃至超高产的关键,是在利用大穗优势基础上,促进形成适应当地生态的足额穗数,从而增大产量库容量。品种改良着重培育更大的穗子扩增产量库,栽培调控着重促进形成足额穗数扩增产量库,结果殊途同归,共同推动建立穗多穗大的高产群体。

　　综观上述研究结果,显示足额的有效穗数,是水稻获得高产的基础。因此,如何增加有效分蘖,减少无效分蘖,历来是水稻研究的目标。片山佃[6]揭示了叶蘖同伸规则。松岛省三[7]调查了有效分蘖终止期、分蘖高峰期,及有效分蘖、无效分蘖的生长特征,提出穗数预测方法和调控对策。凌启鸿[8]观察了有效分蘖终止期与主茎总叶数和伸长节间数差值的关系,提出茎蘖动态调控的叶龄模式。本研究于1992年、1993年、1998年在福建省龙海对5个杂交稻品种,于1998—2000年在云南省永胜对21个水稻超高产品种,定株追踪分蘖出生、成穗及主茎叶龄动态,以揭示分蘖成穗规律,并理出有效分蘖和无效分蘖"同伸叶",为分蘖调控提供明确简便的诊断指标。

1 材料与方法

1.1 杂交稻不同出生期茎蘖的出生数,成穗率及主茎叶龄的追踪观察

1991—1993 年承担农业部组织的亩产吨粮田建档追踪合作研究,在福建省龙海市东园镇建立 6.67 hm² 稻稻麦一年三熟高产基点,固定 5 丘田追踪观察稻麦作物产量及生育。1992 年、1993 年 5 丘定位田水稻早晚两季均种植杂交稻特优 63,早季 2 月中旬播种,4 月中旬移栽,6 月 25 日齐穗,晚季 7 月 15 日播种,8 月 3—5 日移栽,10 月 5—10 日齐穗。行株距 20 cm×20 cm,每丛植 1 株。每丘田分 2 点共固定 40 丛追踪观察株。移栽时观察记载主茎数、秧田分蘖数及主茎叶龄,并对秧田分蘖套挂尼龙丝环标记,供成熟时独立考察成穗率和穗部性状。移栽后每 5 d 观察记载一次 40 丛观察株的茎蘖数、主茎叶龄及生育期,成熟时取回室内,分解出主茎、秧田分蘖、本田分蘖,考察成穗数和穗部性状。依学界共识有效分蘖临界期以萌发相当于最终穗数的茎蘖数之日估算,该期月-日、茎蘖数及主茎叶龄,应用内插法求算。水稻成熟期,5 丘定位田全丘收割称产,1992 年,早、晚季平均产量分别为 9 305、7 899 kg/hm²,1993 年早、晚季平均产量分别为 9 555、8 213 kg/hm²。

1.2 5 个杂交稻品种不同出生期分蘖的出生数、成穗率及产量构成的追踪观察

试验于 1998 年早季在福建省龙海市东园镇高产示范区进行,供试杂交稻品种为特优 63、特优 669、特优 86、汕优 86、福优 972,每个品种种植 1 亩。特优 63 于 2 月 10 日播种,其他品种于 2 月 20 日播种,统一在 4 月 15 日移栽,行株距 20 cm×20 cm,每丛植 1～2 株。每公顷施氮肥 210 kg、磷肥 92 kg、钾肥 174 kg,按基肥、促蘖肥、穗肥 3：5：2 分施。每个品种固定 10 丛稻株,以尼龙丝串不同数量的塑环为标记,每隔 5 d 挂一次新生分蘖,并记下各期新生分蘖出生数和主茎叶龄。成熟时挖回定点观察株,分开主茎、秧田分蘖和不同出生期的本田分蘖,考察其成穗数和穗部性状。据观测数据,计算各个品种不同出生期茎蘖的出生数、成穗数、成穗率、产量及其构成。

1.3 杂交稻不同栽植密度中各出生期茎蘖的出生数、成穗率及产量构成的追踪观察

试验于 1998 年早晚季在福建省龙海市东园镇高产示范区进行,供试品种为特优 63,设置每平方米栽植 15 丛(株行距 20 cm×33.33 cm)、20 丛(株行距 20 cm×25 cm)、25 丛(株行距 20 cm×20 cm)、30 丛(株行距 20 cm×16.67 cm)等 5 个处理,每丛植 1 株。小区面积 12 m²,3 次重复。早季 2 月 10 日播种,4 月 15 日 8.5 叶龄移栽,晚季 7 月 15 日播种,8 月 4 日 6.5 叶龄移栽。每公顷施氮肥 210 kg、磷肥 92 kg、钾肥 174 kg,按基肥、促蘖肥、穗肥 3：5：2 分施。每个处理固定 10 丛稻株,以尼龙丝串不同数量塑环为标记,移栽后每 5 d 挂套一次新生分蘖,并记下各期分蘖出生数和主茎叶龄。成熟时挖回定点观察株,分开主茎、秧田分蘖和本田不同出生期分蘖,考察成穗数、成穗率、产量及其构成。

1.4　21 个超高产水稻品种茎蘖成穗特性的追踪观察

试验于 1998—2000 年在云南省永胜县涛源乡进行,供试从各省征集来的 21 个超高产水稻品种,3 年间共种植 30 丘次展示田,每丘面积＞700 m²,栽植密度为每平方米 40～50 丛,每丛植 1 株,每年 3 月中旬播种,4 月下旬至 5 月上旬移栽。2000 年还从中选出 10 个品种进行小区品种比较,小区面积 12 m²,3 次重复,3 月 14 日播种,4 月 26 日移栽,每平方米栽 42 丛,每丛 1 株。每丘展示田和品种比较试验田第一重复小区,各固定 50 株,从移栽至齐穗期,每 5 d 调查一次茎蘖数,并观测其中 20 株主茎叶龄。成熟时逐丘逐区收获称产。收获前每丘展示田调查 300 丛穗数,每一试验小区调查 100 丛穗数,按平均穗数标准,另取 10 丛稻株考察穗部性状。有效分蘖临界期、分蘖高峰期和一次枝梗分化期的茎蘖数和主茎叶龄,应用内插法求算。

2　结果与分析

2.1　杂交稻高产群体的茎蘖结构和成穗规律

2.1.1　杂交稻高产群体的茎蘖结构

据在福建省龙海 1992 年、1993 年早晚季对 4 丘杂交稻特优 63 的定株追踪观察(表 1),杂交稻高产群体(早季平均产量 9 420 kg/hm²,晚季平均产量 8 056 kg/hm²),每平方米形成 254～288 穗,其中主茎 25 穗,秧田分蘖 57～71 穗,本田分蘖 160～196 穗,平均每个主茎萌发 2.64 个秧田分蘖穗,7 个本田分蘖穗。由于杂交稻采用稀播培育多蘖壮秧和本田每丛单株植措施,秧田分蘖穗和本田分蘖穗占总穗数的 90％左右。

2.1.2　茎蘖成穗规律

表 1 显示:主茎成穗率 100％,秧田分蘖成穗率 97％;本田分蘖成穗率 57％,其中有效分蘖临界期内萌发的分蘖成穗率 97.2％～99.5％,其后萌发的晚生分蘖成穗率为 0％。

表 2 图 1 显示:特优 63 早季在 8 叶 1 心期移栽,有效分蘖临界期主茎叶龄 12.4～12.5 叶,表明有效分蘖是移栽后头 4 片新生叶(即第 10～13 叶)的同伸蘖;分蘖高峰期主茎叶龄 14～14.6 叶,表明无效分蘖(有效分蘖临界期—分蘖高峰期萌发的分蘖),是移栽后第 5～6 新生叶(即第 14～15 叶)的同伸蘖。特优 63 晚季在 6 叶 1 心期移栽,有效分蘖临界期主茎叶龄 10.2～10.3 叶,表明有效分蘖也是移栽后头 4 片新生叶(即第 8～11 叶)的同伸蘖;分蘖高峰期主茎叶龄 12.8～13.4 叶,表明无效分蘖是移栽后第 5～6 或 5～7 片新生叶(即第 12～13 叶或第 12～14 叶)的同伸蘖。

1992 年、1993 年 4 季的有效分蘖临界期在移栽后 17～23 d,分蘖高峰期在移栽后 31～40 d,二者相距 14～17 d,历 2 个出叶间隔。在有效分蘖临界期内出生的有效分蘖,至分蘖高峰期已至少萌发一节的节根,具有独立生活能力,而在有效分蘖临界期之后出生的分蘖,至分蘖高峰尚无独立根系。此时叶面积指数(LAI)已达 4.5~5.0。群体封行,阳光、营养竞争开始激化,有效分蘖与无效分蘖的生长速率向两极分化。

表 1　杂交稻不同出生期的茎蘖出生数和成穗率

(特优 63,1992—1993 年,福建龙海)

年季	每平方米茎蘖出生数					每平方米茎蘖成穗数					茎蘖成穗率(%)				
	主茎	秧田分蘖	本田早生分蘖	本田晚生分蘖	合计	主茎	秧田分蘖	本田早生分蘖	本田晚生分蘖	合计	主茎	秧田分蘖	本田早生分蘖	本田晚生分蘖	合计
1992 早	25	73	173	109	380	25	71	171	0	267	100	97.3	98.8	0	70.3
1993 早	25	69	197	177	468	25	67	196	0	288	100	97.1	99.5	0	61.5
1992 晚	25	71	163	107	366	25	69	160	0	254	100	97.2	98.2	0	69.4
1993 晚	25	59	178	128	390	25	57	173	0	255	100	96.6	97.2	0	65.4

*本田早生分蘖指有效分蘖临界期内出生的分蘖。

表 2　杂交稻主茎叶龄和茎蘖数动态

(特优 63,1992—1993 年,福建龙海)

日期 (月-日)	1992 年早季		1993 年早季		日期 (月-日)	1992 年晚季		1993 年晚季	
	主茎叶龄	每平方米茎蘖数	主茎叶龄	每平方米茎蘖数		主茎叶龄	每平方米茎蘖数	主茎叶龄	每平方米茎蘖数
04-07	—	—	8.2	94	08-03	6.4	96	—	—
04-20	8.5	98	8.5	100	08-05	6.8	96	6.5	84
04-25	9.2	105	9.5	108	08-10	7.8	120	7.4	95
04-30	10.0	124	10.6	166	08-15	8.8	190	8.6	144
05-05	11.0	172	11.7	241	08-20	10.0	248	9.8	220
05-10	12.0	240	12.8	325	08-25	11.0	305	11.0	325
05-15	12.8	292	13.4	416	08-30	12.0	347	12.0	362
05-20	13.4	350	14.0	468	09-05	12.8	366	12.8	380
05-25	14.0	372	14.6	460	09-10	13.5	358	13.4	390
05-30	14.6	380	15.2	448	09-15	14.2	338	14.2	376
06-05	15.3	356	15.8	420	09-20	14.7	315	14.9	335
06-10	16.0	336	16.4	397	09-25	15.0$^+$	291	15.6	306
06-15		306	17.0	365	09-30		275	16.0$^+$	282
06-20		288		332	10-05		266		270
06-25		275		295	10-10		254		255
06-30		267		288	10-15		254		255
07-05		267		288	10-20		254		255
07-10		267		288	10-25		254		255

*"+"表示比相应叶龄大一点。

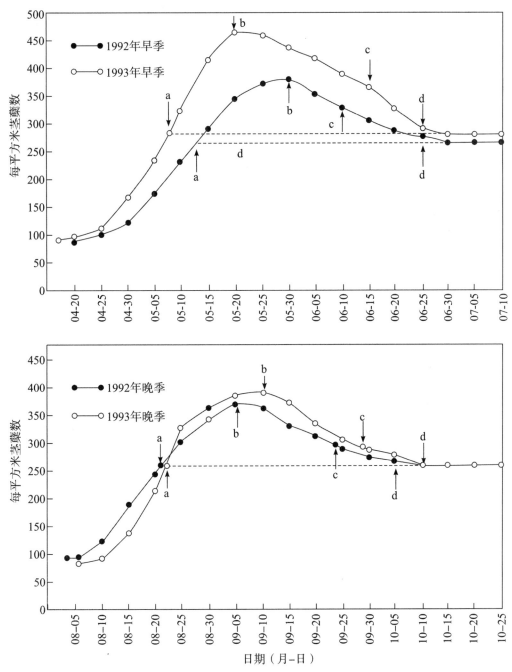

a:有效分蘖临界期;b:分蘖高峰期;c:孕穗始期;d:齐穗期。

图 1　杂交稻茎蘖数动态

2.2　5 个杂交稻品种不同出生期茎蘖的出生数、成穗率和产量构成的追踪观察

2.2.1　5 个杂交稻品种不同出生期茎蘖的出生数、成穗率和本田有效分蘖"同伸叶"

试验于 1998 年早季在龙海市东园镇高产示范区进行,供试品种为特优 63、特优 669、特优 86、汕优 86 和福优 72。每个品种固定 10 丛稻株,以尼龙丝串不同数量塑环为标记,移栽后每 5 d 套挂一次新生茎

蘖,并记下各期新生分蘖的出生数和主茎叶龄,成熟时取回定点观察株,分解不同出生期茎蘖,考察成穗数和穗部性状,结果列于表3,看出:移栽时每平方米有28～45个主茎,100～108个秧田分蘖;移栽后每平方米萌发164～239个本田分蘖,其中栽后6～10 d分蘖始发,栽后11～25 d分蘖盛发,栽后30～35 d分蘖数达最高峰,此时正值一、二次枝梗分化期。主茎、秧田分蘖、栽后6～10 d和11～15 d出生的分蘖,成穗率都达100%;栽后16～20 d出生的分蘖,其成穗率有3个品种达100%,特优63为74%,油优86为10%;栽后21～25 d出生的分蘖,成穗率很低,为0～26%,栽后26 d以后出生的分蘖都是无效分蘖。

油优86的分蘖力强,栽后15 d总茎蘖数达每平方米262个,已超过其他4个品种移栽后20 d的总茎蘖数,这可能是其栽后16～20 d出生分蘖成穗率不高的原因。

综上观察结果,在正常栽培条件下,杂交稻有效分蘖临界期在移栽后20 d,在早期分蘖偏多条件下可移前至移栽后15 d。查对主茎叶龄动态,移栽后20 d内出生3.5～3.8片新叶。由此推断,本田期的有效分蘖是移栽后头4片新生叶的"同伸蘖"。

分蘖高峰期在移栽后30～35 d,比有效分蘖临界期增加2～3片叶龄,由此推断,本田期无效分蘖是移栽后第5～6片或第5～7片新生叶的"同伸蘖"。

2.2.2　5个杂交稻品种不同出生期茎蘖的穗部性状和构成总穗数及产量的份额

主茎的每穗粒数最多,粒重也较大,秧田分蘖穗次之,本田分蘖穗随出生期推迟,每穗粒数逐渐减少,粒重也略为减轻。不同出生期分蘖穗的结实率无一定的变化规律,但一些移栽20 d后出生的蘖穗,在穗小粒轻的同时,结实率也很低。

主茎穗构成总穗数的12.1%～19.5%,5个品种平均为15.4%。秧田分蘖穗构成总穗数的43.3%～44.4%,5个品种平均有43.8%。栽后20 d内出生的分蘖穗,构成总穗数的35.7%～41.2%,平均为38.6%。栽后20 d以后出生的分蘖穗,构成总穗数的0～5.6%,平均为2.2%。

不同出生期分蘖构成产量的份额,与其构成总穗数份额的变化趋势相同,但因为每穗粒数和粒重随出生期推迟而减少,主茎和秧田分蘖构成产量的份额显著高于构成总穗数的份额,而本田分蘖构成产量的份额显著小于构成总穗数的份额,且随着出生期的推迟,其差距顺次扩大。5个杂交稻品种各时期出生的分蘖构成产量的平均份额:主茎为19.6%,秧田分蘖为51.8%,栽后20 d内出生的分蘖为27.3%,栽后20 d以后出生的分蘖为1.3%。

综观上述观察结果,获得一个明确的信息:培育多蘖壮秧,合理密植,促进在有效分蘖临界期内发足相当于预期穗数的分蘖数,抑制其后分蘖的萌发,是杂交稻提高成穗率,培育多穗、大穗兼容的高产高效群体的重要技术环节。

表 3　几个杂交稻品种不同出生期茎蘖的经济性状

(1998 年早季,福建龙海)

品种	出生期	期末主茎叶龄	每平方米出生数	每平方米成穗数	成穗率（%）	占总穗数的比例（%）	每穗粒数	结实率（%）	千粒重（g）	产量（g/m²）	占总产量的比例（%）
特优63	主茎	—	33	33	100	13.5	174.3	93.9	28.5	153.9	19.9
	秧田	8.7	108	108	100	44.1	155.0	90.9	27.8	423.0	54.8
	栽后 6～10 d	10.6	23	23	100	9.4	92.5	84.8	27.8	50.2	6.5
	栽后 11～15 d	11.4	50	50	100	20.4	86.4	87.6	27.0	102.2	13.3
	栽后 16～20 d	12.2	38	28	73.1	11.4	62.7	82.1	27.0	38.9	5.0
	栽后 21～25 d	13.0	48	3	6.3	1.2	62.0	89.5	21.6	3.6	0.5
	栽后 26～30 d	13.8	5	0	0	0	—	—	—	0	0
	栽后 31～35 d	14.4	0	0	0	0	—	—	—	0	0
	合计	—	305	245	80.3	100.0	126.0	89.0	276	771.8	100.0
特优669	主茎	—	43	43	100	17.4	166.9	84.8	28.8	175.3	21.2
	秧田	7.7	108	108	100	43.7	149.0	85.0	28.7	392.6	47.5
	栽后 6～10 d	9.8	20	20	100	8.1	115.4	86.8	27.9	55.9	6.8
	栽后 11～15 d	10.7	48	48	100	19.5	119.1	89.1	26.5	135.0	16.4
	栽后 16～20 d	11.5	20	20	100	8.1	103.3	85.8	26.3	49.3	6.0
	栽后 21～25 d	12.4	63	8	12.7	3.2	90.3	94.1	25.9	17.6	2.1
	栽后 26～30 d	13.2	53	0	0	0	—	—	—	0	0
	栽后 31～35 d	13.9	5	0	0	0	—	—	—	0	0
	合计	—	360	247	68.6	100.0	138.5	86.3	27.9	825.7	100.0
特优86	主茎	—	45	45	100	19.5	195.6	83.5	28.5	209.5	22.9
	秧田	7.8	100	100	100	43.3	196.1	86.5	27.4	464.8	50.9
	栽后 6～10 d	9.7	8	8	100	3.5	154.5	71.8	27.5	24.4	2.7
	栽后 11～15 d	10.7	50	50	100	21.6	136.5	86.5	27.0	159.6	17.4
	栽后 16～20 d	11.6	25	25	100	10.8	91.4	87.0	27.0	53.7	5.9
	栽后 21～25 d	12.3	48	3	6.3	1.3	88.0	29.5	19.2	1.5	0.2
	栽后 26～30 d	13.0	33	0	0	0	—	—	—	0	0
	栽后 31～35 d	13.6	8	0	0	0	—	—	—	0	0
	合计	—	317	231	72.9	100.0	168.9	84.7	27.4	913.1	100.0
汕优86	主茎	—	35	35	100	12.9	191.4	92.0	27.2	167.6	18.4
	秧田	7.8	107	107	100	39.3	177.6	90.3	27.6	473.6	52.1
	栽后 6～10 d	9.7	50	50	100	18.4	109.8	81.3	26.2	116.9	12.8
	栽后 11～15 d	10.7	70	70	100	25.7	83.4	90.6	26.3	139.1	15.3
	栽后 16～20 d	11.6	98	10	10.2	3.7	56.0	90.4	25.0	12.6	1.4
	栽后 21～25 d	12.4	35	0	0	0	—	—	—	0	0
	栽后 26～30 d	13.2	3	0	0	0	—	—	—	0	0
	栽后 31～35 d	13.8	0	0	0	0	—	—	—	0	0
	合计	—	398	272	66.5	100.0	138.2	89.0	26.9	909.8	100.0

续表3

品种	出生期	期末主茎叶龄	每平方米出生数	每平方米成穗数	成穗率（%）	占总穗数的比例（%）	每穗粒数	结实率（%）	千粒重（g）	产量（g/m²）	占总产量的比例（%）
	主茎	—	28	28	100	12.1	200.8	81.7	23.0	105.7	14.8
	秧田	7.6	100	100	100	43.3	187.0	80.4	23.8	357.8	50.3
	栽后6~10 d	9.6	5	5	100	2.2	133.5	92.3	23.0	14.2	2.0
福优972	栽后11~15 d	10.5	60	60	100	26.0	132.6	85.7	23.0	156.8	22.0
	栽后16~20 d	11.3	25	25	100	10.8	102.1	85.9	23.2	50.9	7.2
	栽后21~25 d	12.0	50	13	26.0	5.6	100.7	90.4	22.5	26.6	3.7
	栽后26~30 d	12.7	45	0	0	0	—	—	—	0	0
	栽后31~35 d	13.3	5	0	0	0	—	—	—	0	0
	合计	—	318	231	72.6	100.0	159.3	83.3	23.3	712.0	100.0

2.3 杂交稻不同栽植密度中各出生期分蘖的出生数、成穗率和产量构成的追踪观察

1998年早、晚季在福建省龙海市东园镇高产示范区，以尼龙丝串不同数量塑环作为标记，追踪观察杂交稻特优63四个栽植密度中不同出生期分蘖的成穗特性，结果列于表4、表5，综述如下：

2.3.1 杂交稻4个栽植密度中不同出生期分蘖的出生数及成穗规律

设每平方米栽植密度15丛（株行距20 cm×33.33 cm）、20丛（株行距20 cm×25 cm）、25丛（株行距20 cm×20 cm）、30丛（株行距20 cm×16.67 cm）等4种处理，每处理固定10丛稻株，移栽后每5 d追踪记载一次新生分蘖数和主茎叶龄，结果看到：主茎、秧田分蘖和本田栽后10 d内萌发分蘖的出生数及成穗数，都随栽植密度的增加而增多，成穗率达100%。本田栽后11~20 d萌发的分蘖出生数也随栽植密度的增加而增多，但成穗率降低，成穗数持平或略减。最终茎蘖总出生数和总成穗数，皆随栽植密度的增加而增多。

2.3.2 杂交稻早、晚季相同栽植密度分蘖萌发、成穗特性的差异

杂交稻特优63早季栽培秧龄长（62 d，8.5叶龄移栽），秧田分蘖出生数和成穗数都较多，但老秧再生力减弱，本田分蘖出生数和成穗数较少。晚季栽培秧龄短（20 d，6.5叶龄移栽），在相同栽植密度中，秧田分蘖出生数和成穗数较少，但嫩秧早发多发，本田栽后20 d内萌发分蘖的出生穗及成穗数都较多，栽后20 d以后萌发的分蘖数有所减少，但最终分蘖总出生数和总成穗数都较多，显示嫩秧具有单位面积较大的穗容量。

早季的有效分蘖临界期在移栽后20 d，其时主茎叶龄12.2，有效分蘖为移栽后头4片新生叶（第10~13叶）的"同伸蘖"，晚季的有效分蘖临界期在移栽后20~23 d，其时主茎叶龄10.5~9.0有效分蘖是栽后3~4片新叶（第8~10叶或第8~11叶）的"同伸蘖"。

早晚两季的分蘖高峰期均在移栽后30 d，其时早季的主茎叶龄为14.0~13.8叶，与有效分蘖临界期相距1.8~1.6个出叶间隔，表明无效分蘖为移栽后第5~6片新生叶；其时晚季主茎叶龄为12.3~12.1，与有效分蘖临界期相距1.8~3.0个出叶间隔，表明无效分蘖为移栽后第5~6片或第4~6片新生叶。

2.3.3 杂交稻4个栽植密度中不同出生期分蘖的穗部性状及构成总穗数和产量的份额

无论何种栽植密度,主茎的穗数较少(平均占总穗数的9.2%)而每穗粒数最多,粒重也最大;秧田分蘖穗平均占总穗数的28.7%,每穗粒数和粒重居次;本田分蘖穗最多,平均占总穗数的62.1%,每穗粒数较少,粒重较轻,其中又随出生期推迟,穗更小,粒更轻。基于上述不同出生期茎蘖的穗数和穗部性状,早晚季平均,主茎穗、秧田分蘖穗和本田分蘖穗占总产量的份额分别为12.7%、35.2%、52.1%。

早晚两季的几个栽植密度中,皆以每平方米25丛和30丛密度的产量最高,每平方米25丛以穗最大,每平方米30丛以穗数最多而达最多产。相同栽植密度,晚季嫩秧早发多发,穗数比早季高13%,可惜乳熟期遇台风袭击倒伏,结实率降低13个百分点,结果产量持平。

表4 杂交稻不同栽植密度各出生期茎蘖的经济性状

(特优63,1998年早季,福建龙海)

栽植密度 (丛/m²)	出生期	期末主茎叶龄	每平方米出生数	每平方米成穗数	成穗率(%)	占总穗数的比例(%)	每穗粒数	结实率(%)	千粒重(g)	产量(g/m²)	占总产量的比例(%)
15	主茎		21	21	100	9.9	170.0	95.1	29.1	98.8	14.3
	秧田	8.5	65	65	100	30.5	159.6	93.4	29.3	283.9	41.1
	栽后6~10 d	10.5	15	15	100	7.0	125.2	95.2	27.0	48.3	7.0
	栽后11~15 d	11.3	57	57	100	26.8	104.5	95.0	26.5	150.0	21.8
	栽后16~20 d	12.2	55	50	90.9	23.5	80.6	95.2	26.7	102.4	14.8
	栽后21~25 d	13.1	40	5	12.5	2.3	60.5	95.1	25.1	6.7	1.0
	栽后26~30 d	14.0	20	0	0	0	—	—	—	0	0
	合计		273	213	78.0	100.0	122.6	94.4	28.0	690.1	100.0
20	主茎		28	28	100	11.7	161.5	95.6	27.4	118.5	15.1
	秧田	8.5	86	86	100	35.8	154.5	90.2	29.0	347.6	44.1
	栽后6~10 d	10.5	8	8	100	3.3	106.5	87.3	26.8	19.9	2.5
	栽后11~15 d	11.4	64	58	90.6	24.2	98.8	91.9	28.2	148.5	18.9
	栽后16~20 d	12.2	74	54	73.0	22.5	99.0	92.6	28.6	141.9	18.0
	栽后21~25 d	13.1	26	2	7.7	0.8	99.0	93.9	29.0	5.4	0.7
	栽后26~30 d	14.0	28	4	14.3	1.7	72.5	76.2	23.8	5.3	0.7
	合计		314	240	76.4	100.0	125.9	91.6	28.4	787.1	100.0
25	主茎		25	25	100	9.2	163.1	92.7	27.6	104.3	11.6
	秧田	8.5	108	108	100	39.7	160.5	93.4	28.7	464.7	51.7
	栽后6~10 d	10.4	20	20	100	7.4	121.2	86.3	26.8	56.1	6.3
	栽后11~15 d	11.3	58	58	100	21.3	98.3	92.7	25.3	133.7	14.9
	栽后16~20 d	12.2	75	53	70.7	19.5	98.9	96.8	25.2	127.9	14.2
	栽后21~25 d	13.0	50	8	16.0	2.9	63.8	93.1	25.3	12.0	1.3
	栽后26~30 d	13.8	28	0	0	0	—	—	—	—	0
	合计		364	272	74.7	100.0	129.7	93.2	27.3	898.7	100.0

续表4

栽植密度（丛/m²）	出生期	期末主茎叶龄	每平方米出生数	每平方米成穗数	成穗率（%）	占总穗数的比例（%）	每穗粒数	结实率（%）	千粒重（g）	产量（g/m²）	占总产量的比例（%）
30	主茎		33	33	100	11.5	161.8	91.8	28.8	141.1	16.3
	秧田	8.5	120	120	100	41.7	140.6	89.3	27.7	417.4	48.1
	栽后6～10 d	10.4	12	12	100	4.2	115.0	91.4	27.2	34.3	4.0
	栽后11～15 d	11.3	54	54	100	18.7	94.8	94.0	27.6	132.8	15.3
	栽后16～20 d	12.1	78	60	76.9	20.8	83.4	93.6	27.7	129.7	14.9
	栽后21～25 d	13.0	54	6	11.1	2.1	52.5	96.2	26.7	8.1	0.9
	栽后26～30 d	13.8	21	3	14.3	1.0	78.0	92.3	19.4	4.2	0.5
	合计		372	288	77.4	100.0	119.0	91.2	27.8	867.6	100.0

表5　杂交稻不同栽植密度各出生期茎蘖的经济性状
（特优63,1998年晚季,福建龙海）

栽植密度（丛/m²）	出生期	期末主茎叶龄	每平方米出生数	每平方米成穗数	成穗率（%）	占总穗数的比例（%）	每穗粒数	结实率（%）	千粒重（g）	产量（g/m²）	占总产量的比例（%）
15	主茎	—	15	15	100	5.9	179.6	78.2	29.9	63.0	9.0
	秧田	6.5	35	35	100	13.7	157.9	77.7	27.5	118.1	16.8
	栽后6～10 d	8.5	80	80	100	31.2	133.8	77.8	28.3	235.7	33.5
	栽后11～15 d	9.5	93	86	92.5	33.6	114.9	76.2	28.1	211.6	30.1
	栽后16～20 d	10.5	57	38	66.7	14.8	99.7	75.1	25.6	72.9	10.4
	栽后21～25 d	11.4	27	2	7.4	0.8	66.4	56.1	22.2	1.7	0.2
	栽后26～30 d	12.3	5	0	0	0	—	—	—	0	0
	合计		312	256	82.1	100.0	127.8	76.9	27.9	703.0	100.0
20	主茎	—	20	20	100	7.4	174.0	82.5	30.0	86.1	11.3
	秧田	6.5	42	42	100	15.6	147.1	85.2	27.1	142.7	18.8
	栽后6～10 d	8.5	84	84	100	31.1	119.2	79.9	27.4	219.2	28.8
	栽后11～15 d	9.5	88	78	88.6	28.9	116.8	82.2	27.7	207.4	27.3
	栽后16～20 d	10.4	80	46	57.5	17.0	102.9	81.9	27.1	105.0	13.8
	栽后21～25 d	11.3	44	0	0	0	—	—	—	0	0
	栽后26～30 d	12.2	8	0	0	0	—	—	—	0	0
	合计		366	270	73.8	100.0	124.1	82.1	27.7	760.4	100.0
25	主茎	—	25	25	100	8.4	168.7	80.0	29.1	98.2	11.5
	秧田	6.5	70	70	100	23.5	146.4	78.9	28.2	228.0	26.8
	栽后6～10 d	8.5	100	100	100	33.6	125.7	81.0	27.7	282.0	33.1
	栽后11～15 d	9.5	140	93	66.4	31.2	109.7	78.8	27.9	224.3	26.4
	栽后16～20 d	10.4	110	10	9.1	3.3	94.9	76.2	26.2	18.9	2.2
	栽后21～25 d	11.3	18	0	0	0	—	—	—	0	0
	栽后26～30 d	12.2	18	0	0	0	—	—	—	0	0
	合计		481	298	62.0	100.0	128.1	79.6	28.0	851.4	100.0

续表5

栽植密度（丛/m²）	出生期	期末主茎叶龄	每平方米出生数	每平方米成穗数	成穗率（%）	占总穗数的比例（%）	每穗粒数	结实率（%）	千粒重（g）	产量（g/m²）	占总产量的比例（%）
	主茎	—	30	30	100	9.4	160.3	78.3	29.2	109.9	12.7
	秧田	6.5	93	93	100	29.1	145.5	78.6	27.8	295.7	34.2
	栽后 6～10 d	8.4	144	144	100	45.0	112.8	77.8	27.6	348.8	40.3
30	栽后 11～15 d	9.4	174	53	30.5	16.5	100.3	75.5	27.5	110.4	12.8
	栽后 16～20 d	10.3	159	0	0	0	—	—	—	0	0
	栽后 21～25 d	11.2	12	0	0	0	—	—	—	0	0
	栽后 26～30 d	12.1	6	0	0	0	—	—	—	0	0
	合计		618	320	51.8	100.0	124.7	77.8	27.9	864.8	100.0

2.4　超高产水稻品种茎蘖成穗特性的追踪观察

1998—2000 年从全国各地引进 21 个新近育成的超高产水稻品种,在云南省永胜县涛源乡种植 40 丘展示田,2000 年还设置 10 个品种 3 重复小区对比试验。3 年共定点观察 30 丘展示田和 10 个试验小区的分蘖生育过程,分析有效分蘖临界期和分蘖高峰期与叶龄的关系。研究结果如下:

2.4.1　群体茎蘖数变化动态

表 6、7 显示:各品种栽植密度为每平方米 38～50 丛,每丛植 1 株,每株萌发 1～3 个秧田分蘖。移栽后 5 d 开始萌发本田分蘖,至移栽后 20～25 d 已萌发了相当于最终穗数的茎蘖数,即达到有效分蘖临界期;移栽后 35 d 左右达分蘖高峰,多数品种每平方米 500～650 个茎蘖,形成每平方米 300～360 穗,成穗率 50%～65%,比汕优 63 略少,分蘖力属中至强。华粳籼 74 系分蘖力强的多穗型品种,每平方米分蘖出生数达 930 个,成穗数达 538 穗,成穗率 58%。

2.4.2　有效分蘖和无效分蘖的"同伸叶"

如表 7 所示,有效分蘖临界期在移栽后 20～25 d,多数品种历 4 个出叶周期;分蘖高峰期距有效分蘖临界期 10～13 d,又历 2 个出叶周期。表明本田期的有效分蘖是移栽后头 4 片新生叶的"同伸蘖",无效分蘖是移栽后第 5、6 片新生叶的"同伸蘖"。换言之,多数品种本田期有效分蘖的"同伸叶"是移栽后头 4 片新生叶,无效分蘖的"同伸叶"是移栽后第 5、6 片新生叶。只有少数强分蘖力的品种,从移栽至有效分蘖临界期出生 5 片新生叶。有效分蘖的"同伸叶"为移栽后头 5 片新生叶,而无效分蘖的"同伸叶"为移栽后第 6、7 片新生叶。明确本田期有效分蘖和无数分蘖的"同伸叶",便为分蘖调控提供明确简便的叶龄诊断指标。

由表 7 还看出,分蘖高峰期至一次枝梗分化期的间隔日数,因品种和播栽期不同而异:在云南涛源生态条件下,生长期长的品种,早移栽者,分蘖高峰期至一次枝梗分化期,间隔达 10～15 d;晚移栽者,间隔日数将显著缩短。而生长期短的品种,适度早栽者,分蘖高峰与一次枝梗分化期相衔接,晚栽者则分蘖高峰期延至颖花分化期之后。事实表明,分蘖高峰期与幼穗分化期并无关联性。在本试验条件下,不管品种和移栽期如何,分蘖高峰期皆在移栽后 35 d 左右,显示至此日期,茎蘖数已达高限,田间开始封行,茎蘖间生育竞争激化,晚生弱蘖生育速率开始降低直至终止而夭亡。因此,搞清分蘖高峰期与幼穗分化期的关系,才能避免贻误分蘖、幼穗调控的时机。

表6 超级稻产量及茎蘖动态

(云南省永胜县涛源乡)

年份	品种	产量 (kg/hm²)	每平方米栽植株数	每平方米茎蘖数动态			成穗率 (%)	每株分蘖萌发数		
				移栽	高峰	成熟		秧田期	大田期	合计
1998 年 (展示田)	95A2-1-1	16 439	50	131	950	448	47	1.62	16.38	18.00
	96—9	15 663	45	107	757	433	57	1.38	14.44	15.82
	汕优 63	15 474	37	84	927	389	42	1.27	22.78	24.05
	Ⅱ优 162	15 879	44	63	634	373	59	0.43	12.98	13.41
	D优 68	14 187	44	78	797	438	55	0.77	16.34	17.11
	莲优 258	13 578	50	99	675	359	53	0.98	11.52	12.50
	莲优 101	11 595	35	87	636	292	46	1.49	15.68	17.17
	滇谋 403(优)	9 548	50	99	689	321	47	0.98	11.80	12.78
	华粳籼 74	15 920	50	118	930	538	58	1.36	16.24	17.60
1999 年 (展示田)	培矮 64S/E32	17 071	38	110	611	324	53	1.89	13.19	15.08
	培矮 64S/E32	16 182	38	109	616	315	51	1.87	13.34	15.21
	特优 70	15 443	38	125	692	363	52	2.29	14.92	17.21
	特优明 86	13 298	38	114	549	330	60	2.00	11.45	13.45
	95A2-1-1	15 684	50	128	694	408	59	1.56	11.32	12.88
	金优 101	15 263	43	172	529	351	66	3.00	9.30	12.30
	金优 102(优)	13 283	30	144	543	307	57	3.80	13.30	17.10
2000 年 (展示田)	Ⅱ优明 86	15 658	42	135	538	277	51	2.10	9.71	11.81
	特优 4125	15 907	42	151	513	315	61	2.60	8.65	11.21
	特优 175	16 165	42	137	528	319	60	2.26	8.31	11.57
	汕优 63	13 936	42	118	654	361	55	1.81	12.76	14.57
	培矮 64S/长粒	16 532	45	178	577	338	59	2.96	8.86	11.82
	培矮 64S/长粒	17 188	45	153	637	364	57	2.40	10.76	13.16
	培矮 64S/长粒	15 699	45	135	644	353	55	2.00	11.31	13.31
	培矮 64S/E32	15 136	39	107	566	357	63	1.74	11.77	13.51
	培矮 64S/E32	15 011	45	176	621	356	57	2.31	10.49	12.80
	培矮 64S/E32	14 387	42	107	527	357	68	1.55	10.00	11.55
	两优培九	13 787	42	109	747	378	51	1.60	15.19	16.79
	95A2-1-1	15 944	45	146	686	432	63	2.24	12.00	14.24
	P2 优 101	13 147	45	131	640	396	62	1.91	12.31	14.22
	P2 优 201(优)	12 248	38	99	605	336	56	1.61	13.31	14.92

续表6

年份	品种	产量 （kg/hm²）	每平方米 栽植株数	每平方米茎蘖数动态			成穗率 （%）	每株分蘖萌发数		
				移栽	高峰	成熟		秧田期	大田期	合计
	95A2-1-1	20 077	42	134	602	381	63	2.19	11.14	13.33
	Ⅱ优明86	18 933	42	130	557	341	61	2.10	10.16	12.26
	特优175	17 973	42	131	508	306	60	2.12	8.98	11.10
	培矮64S/长粒	17 707	42	135	605	365	60	2.21	11.19	13.40
2000年 （品比田）	培矮64S/E32	17 600	42	125	528	368	70	1.98	9.59	11.57
	两优培九	17 333	42	121	585	353	60	1.88	11.05	12.93
	P2优201（优）	17 173	42	126	609	383	63	2.00	11.50	13.50
	特优4125	17 067	42	131	547	354	65	2.12	9.90	12.02
	汕优63	16 000	42	126	615	368	60	2.00	11.64	13.64
	P2优101	14 133	42	129	535	383	72	2.07	9.66	11.73

表7　超级稻茎蘖生育过程

（云南省永胜县涛源乡）

年份	品种	移栽期		有效分蘖 临界期		分蘖 高峰期		一次枝梗 分化期	有效分蘖 同伸叶		无效分蘖 同伸叶		间隔 日数	
		月-日	主茎 叶龄	栽后(A) 日数	主茎 叶龄	栽后 日数	主茎 叶龄	栽后 日数	主茎 叶位	栽后新 叶叶位	主茎 叶位	栽后新 叶叶位	B	C
	95A2-1-1	04-18	7.7	23	12.1	36	14.5	51	9—13	1—5	14—15	6—7	13	15
	96-9	04-19	7.3	22	11.3	34	13.1	48	9—12	1—4	13—14	5—6	12	14
	汕优63	04-21	7.9	23	12.3	36	14.1	49	9—13	1—5	14—15	6—7	13	13
	Ⅱ优162	04-20	8.1	26	12.8	37	14.8	49	10—13	1—4	14—15	5—6	11	12
1998年 （展示田）	D优68	04-17	7.7	25	11.7	37	13.3	52	9—12	1—4	13—14	5—6	12	15
	莲优258	04-29	7.1	23	11.3	35	13.0	42	9—12	1—4	13—14	5—6	12	7
	莲优101	04-29	7.8	24	11.8	38	13.5	40	9—12	1—4	13—14	5—6	14	2
	滇谋403（优）	04-24	7.3	21	10.4	28	11.3	37	9—11	1—3	12	4	7	9
	华粳籼74	04-20	7.4	24	12.1	37	14.1	49	9—13	1—5	14—15	6—7	13	12
	培矮64S/E32	04-29	6.6	25	10.6	37	12.6	41	8—11	1—4	12—13	5—6	12	14
	培矮64S/E32	05-03	6.9	23	10.8	33	12.8	37	8—11	1—4	12—13	5—6	10	4
	特优70	05-02	6.9	22	10.6	34	12.6	44	8—11	1—4	12—13	5—6	12	10
1999年 （展示田）	特优明86	05-03	6.7	19	10.8	33	12.5	41	8—11	1—4	12—13	5—6	14	8
	95A2-1-1	04-28	7.2	19	11.4	34	13.5	46	9—12	1—4	13—14	5—6	15	12
	金优101	04-27	6.4	26	10.9	39	13.0	44	8—11	1—4	12—13	5—6	13	5
	金优102（优）	04-29	6.8	25	11.0	37	13.0	45	8—11	1—4	12—13	5—6	12	8

续表7

年份	品种	移栽期		有效分蘖临界期		分蘖高峰期		一次枝梗分化期	有效分蘖同伸叶		无效分蘖同伸叶		间隔日数	
		月-日	主茎叶龄	栽后(A)日数	主茎叶龄	栽后日数	主茎叶龄	栽后日数	主茎叶位	栽后新叶叶位	主茎叶位	栽后新叶叶位	B	C
	Ⅱ优明86	05-13	9.9	21	13.6	33	15.7	38	11—14	1—4	15—16	5—6	12	5
	特优4125	05-14	7.1	22	11.1	34	13.1	35	9—12	1—4	13—14	5—6	12	1
	特优175	05-06	8.6	22	12.3	33	14.1	42	10—13	1—4	14—15	5—6	11	9
	汕优63	05-06	7.7	21	11.9	33	13.8	42	9—12	1—4	13—14	5—6	12	9
	培矮64S/长爪稻	05-10	8.6	22	12.0	35	13.5	30	10—12	1—3	13—14	4—5	13	—5
	培矮64S/长爪稻	05-09	8.3	25	11.8	37	13.4	30	10—12	1—3	13—14	4—5	12	—7
2000年	培矮64S/长爪稻	05-10	8.2	24	11.5	38	13.5	31	10—12	1—3	13—14	4—5	14	—7
(展示田)	培矮64S/E32	05-05	7.3	23	11.4	37	13.2	37	9—12	1—4	13—14	5—6	14	0
	培矮64S/E32	05-07	7.2	25	11.2	35	13.2	35	9—12	1—4	13—14	5—6	10	0
	培矮64S/E32	05-03	7.2	27	11.2	37	13.4	37	9—12	1—4	13—14	5—6	10	0
	两优培九	05-01	7.4	23	11.6	36	13.5	43	9—12	1—4	13—14	5—6	13	7
	95A2-1-1	04-30	8.1	19	12.1	34	15.0	47	10—13	1—4	14—15	5—6	13	13
	P2优101	05-13	7.3	22	11.8	35	13.9	35	9—12	1—4	13—14	5—6	13	—3
	P2优201(优)	05-11	7.5	24	11.8	36	14.0	36	9—12	1—4	13—14	5—6	12	—1
	95A2-1-1	05-12	9.0	22	13.5	34	15.6	43	10—14	1—5	15—16	6—7	12	9
	Ⅱ优明86	05-12	8.0	23	12.9	34	14.8	44	10—13	1—5	14—15	6—7	11	10
	特优175	05-12	7.5	22	11.8	34	13.7	40	9—12	1—4	13—14	5—6	12	6
	培矮64S/长爪稻	05-12	7.1	23	11.0	34	12.5	33	9—11	1—3	12—13	4—5	11	—1
2000年	培矮64S/E32	05-12	7.1	24	11.2	34	13.1	34	9—12	1—4	13—14	5—6	10	0
(品比田)	两优培九	05-12	6.7	23	10.8	37	12.9	38	8—11	1—4	12—13	5—6	14	1
	P2优201	05-12	8.0	24	11.9	34	14.0	34	9—12	1—4	13—14	5—6	10	0
	特优4125	05-12	7.9	23	12.0	34	13.9	40	9—12	1—4	13—14	5—6	11	6
	汕优63	05-12	7.8	22	11.8	34	13.5	40	9—12	1—4	13—14	5—6	12	6
	P2优101	05-12	7.8	23	11.3	34	13.9	30	9—12	1—4	13—14	5—6	11	—4

* A:移栽—有效分蘖临界期；B:有效分蘖临界期—分蘖高峰期；C:分蘖高峰期——次枝梗分化期。

** 长爪稻＝长粒爪哇稻。

3 总结与讨论

据各地对1950—1990年代水稻品种改良换代产量构成变化的考察，稳定穗数，培育大穗，是品种改良的总趋势[1-4]，而同一个杂交稻品种，或同一组超高产水稻品种，大幅提高产量，是在利用品种大穗优势基础上，主要靠增加穗数，建立穗多穗大的群体。因此，揭示有效分蘖临界期和分蘖高峰期及与叶龄的关系,为分蘖调控提供明确的时机和诊断指标,是科技人员悠悠求索的问题。

据凌启鸿[8]研究,有关分蘖临界期在主茎总叶数(N)减少节间数(n)的叶龄期,该期出生的分蘖至拔节期已具有 4 片叶,能独立生活。松岛省三[7]研究认为,有效分蘖临界期大多在分蘖高峰期前 12～15 d,至分蘖高峰期已经至少具有 3 片叶片,即使遇到不良环境也不致枯死。松岛省三还对 9 个品种进行 10 年的追踪观察,发现有效分蘖临界期常因栽培方法和插秧期不同而有显著差异,但如每年栽培条件相同,有效分蘖临界期都在大致相同的时间出现,而且早、中、晚熟品种的有效分蘖临界期和分蘖高峰期,都是在同一时间出现,与幼穗形成期无固定的关联性关系。

本研究从 1992—2000 年分期在福建省龙海和云南省永胜,定株追踪观察 26 个水稻品种的分蘖生育及主茎叶龄动态,结果显示,有效分蘖临界期多在移栽后 20～25 d,历 4 个出叶周期,分蘖高峰期多在移栽后 30～35 d,又历 2 个出叶周期。表明有效分蘖是栽后头 4 片新叶的"同伸蘖",无效分蘖是栽后第 5～6 片新叶的"同伸蘖"。有效分蘖和无效分蘖"同伸叶"的揭示,为分蘖调控提供了明确简便的叶龄诊断指标。以上是多数品种,通常栽培条件下分蘖成穗规律。但见少数强分蘖力的品种,有效分蘖临界期内萌发 5 个节位分蘖,少数早熟品种在有效分蘖临界期内萌发 3 个节位分蘖;栽植密度偏大、分蘖偏多的有效分蘖临界期,将收缩在移栽后 15 d 左右。

综合研究结果,获得一个明确的信息:实现杂交稻高产直至超高产的关键,是在利用品种大穗优势基础上,培育形成适应当地生态的足额的穗数。为此,必须在有效分蘖临界期,萌发相当于目标穗数的茎蘖数,其后迅即控制无数分蘖萌发,提高成穗率,最终建成穗多穗大的高产群体。

著录论文

[1]李义珍,黄育民,庄占龙,等.杂交稻高产结构研究[J].福建省农科院学报,1995,10(1):1-6.

[2]蔡亚港,黄继生,黄晓辉,等.杂交稻分蘖调控研究Ⅰ:几个杂交稻组合不同出生期分蘖成穗的追踪观察[J].福建稻麦科技,1999,17(3):11-13.

[3]姜照伟,李义珍,蔡亚港,等.杂交稻分蘖调控研究Ⅱ:不同栽植密度分蘖成穗的追踪观察[J].福建稻麦科技,1999,17(3):13-16.

[4]杨惠杰,李义珍,杨高群.超高产水稻的分蘖特性观察[J].福建农业学报,2003,18(4):205-208.

参考文献

[1]黄育民,陈启锋,李义珍.我国水稻品种改良过程库源特性的变化[J].福建农业大学学报,1998,27(3):271-278.

[2]戚昌瀚,石庆华.大穗型水稻产量形成特性的研究[J].江西农业大学学报,1988,10(专):41-45.

[3]姚立生.江苏省五十年代以来中籼稻品种产量及性状的演变[J].江苏农业学报,1990,6(3):38-44.

[4]杨惠杰,杨仁崔,李义珍,等.水稻超高产品种的产量潜力及产量构成因素分析[J].福建农业学报,2000,15(3):1-8.

[5]杨惠杰,李义珍,黄育民,等.超高产水稻的产量构成和库源结构[J].福建农业学报,1999,14(1):1-5.

[6]片山佃.稻麦の分蘖に関する研究Ⅰ:大麦及び小麦の主稈及び分蘖におはる相似生長の法則[J].日本作物学会纪事,1944,15(3/4):109-118.

[7]松岛省三.稻作的理论与技术[M].庞诚,译.北京:农业出版社,1966:10-49.

[8]凌启鸿.水稻品种不同生育类型的叶龄模式[J].中国农业科学,1983,17(1):10-19.

四、杂交稻高产群体干物质及贮藏碳水化合物的积累运转

1980 年代全国各地涌现大片粮食每公顷超 15 t 高产田。农业部 1990 年组织 13 个亩产吨粮定位建档追踪点，研究粮食作物高产生理生态、耕作栽培和经济效益。根据协作计划，我们在福建省龙海县东园镇厚境村建立 6.67 hm² 麦—稻—稻一年三熟定位追踪点。本节为定位追踪研究的一部分，着重观察双季杂交稻群体的干物质及其贮藏碳水化合物的积累运转动态，揭示干物质及贮藏碳水化合物的积累运转与籽粒产量的关系，为制定高产栽培技术体系提供科学依据。

1 材料与方法

1.1 研究概况

1991—1993 年在福建省龙海县东园镇厚境村(24°23′N,117°53′E,海拔 5 m)，建立 6.67 hm² 麦—稻—稻一年三熟定位建档追踪点。杂交稻品种，1991 年早季以青优直为主，晚季以协优 3550 为主，1992 年、1993 年早、晚季均为特优 63。在基点固定 5 个农户的田块，追踪观察水稻生育进程、茎蘖消长、土壤养分变化、多种农资材料(肥、药、水、电、机)及人工的投入、稻谷产量，记流水账供汇总分析。其中 1 号田为定位取样田，按研究计划取样观测干物质、叶面积动态。1991—1993 年 6.67 hm² 三年平均麦稻总产为 21 394 kg/hm²，其中小麦 3 809 kg/hm²，早稻 9 479 kg/hm²，晚稻 8 106 kg/hm²。1 号田 1991 年、1992 年、1993 年早稻产量分别为 10 143、9 536、9 608 kg/hm²，平均 9 762 kg/hm²；晚稻产量分别为 8 369、8 015、8 309 kg/hm²，平均 8 231 kg/hm²，产量水平与 6.67 hm² 基点平均产量相近，表明具有较好代表性。气候数据取自龙海县气象台，太阳辐射是由日照率为参数计算的理论值。

1.2 水稻器官干物质及贮藏碳水化合物积累运转动态的测定

1991 年、1992 年、1993 年在 1 号田早、晚季的移栽、苞分化始、孕穗始、齐穗、乳熟、蜡熟、黄熟等各时期，选 2 点共挖取 10 丛稻株，洗去泥土，剪去根系后，分解为叶片、叶鞘、茎秆、穗等器官，在烘干箱经 105 ℃杀青，85 ℃烘干至恒重，称干物质重。1991 年、1992 年取上述各期各器官干物质样品，进行淀粉、可溶性糖、氮、磷、钾素测定。用蒽酮法测定可溶性糖和淀粉含量，用凯氏法测定含氮量，用酸溶钼锑抗法测定含磷量，用火焰光度计法测定含钾量。

2 结果与分析

2.1 高产群体干物质积累动态

表1、图1显示:杂交稻高产群体的干物质积累动态呈 Logistic 曲线,半量期在减数分裂至孕穗始期。以中期(苞分化—齐穗)的干物质净积累量最多,占总积累量的 52%~53%,干物质积累速率(群体生长率)也最高[平均 21~23 g/(m²·d)];后期(齐穗—黄熟)的干物质净积累量次之,占总积累量的 28%~30%,干物质积累速率也次之[平均 12~15 g/(m²·d)];前期(移栽—苞分化)的干物质净积累较少,占总积累量的 18%,干物质积累速率也较低[平均 9 g/(m²·d)]。

2.2 各器官干物质的积累运转动态

表1、图1显示:营养器官的干物质积累量呈单峰曲线,叶片、叶鞘从移栽起,茎秆从苞分化起,干物质积累量不断增长,齐穗期达高峰,其后下降,有一部分干物质转运入穗,平均转运率为 20%~22%,尤以叶鞘、茎秆转运量较高。穗器官干物质积累量呈 Logistic 曲线,穗分化前期干物质积累缓慢,孕穗至齐穗期,穗轴、枝梗、谷壳等迅速发育,齐穗期的穗重为最终穗重的 18%~20%。齐穗至黄熟期,籽粒在谷壳内发育,穗干物质积累迅速,其物质有 70% 左右来自齐穗—黄熟期的光合生产,有 30% 左右来自营养器官在齐穗前积累,在齐穗后转运入穗。

表1 杂交稻各器官干物质积累运转动态

(福建龙海,1991—1992 年平均值)

生育时期	早季						晚季					
	栽后日数	各器官干物质积累量(g/m²)					栽后日数	各器官干物质积累量(g/m²)				
		叶片	叶鞘	茎秆	穗	全株		叶片	叶鞘	茎秆	穗	全株
移栽	0	7.2	6.5	0	0	13.7	0	7.0	6.6	0	0	13.6
苞分化	32	150.5	160.3	9.0	0	319.8	28	138.7	128.6	7.9	0	275.2
孕穗	60	333.5	359.3	177.6	54.0	924.4	55	283.3	280.2	159.4	58.4	781.3
齐穗	70	340.5	369.9	339.1	150.7	1 200.2	6.5	290.4	311.0	295.9	155.0	1 052.3
乳熟初	80	323.5	294.2	274.7	565.1	1 457.5	7.5	288.4	283.5	278.5	379.8	1 230.2
乳熟中	—	—	—	—	—	—	8.5	282.4	267.8	262.5	596.8	1 409.5
蜡熟	90	306.4	283.1	261.3	744.5	1 595.3	9.4	277.1	251.8	236.4	716.3	1 481.6
黄熟	100	290.3	276.3	255.2	837.0	1 658.8	10.4	254.4	244.9	221.3	789.7	1 510.3

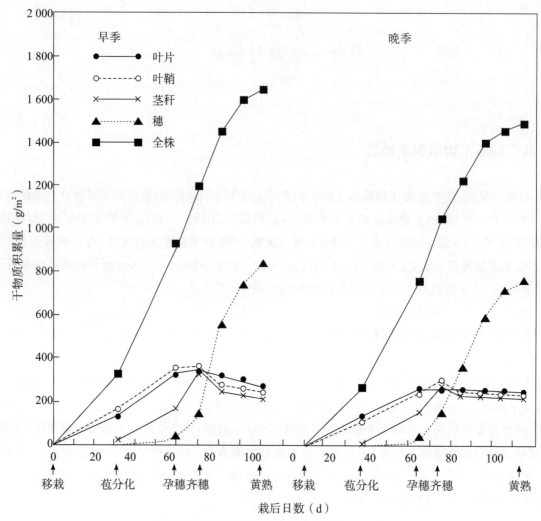

图 1 杂交稻全株及各器官干物质积累运转动态

2.3 高产群体贮藏碳水化合物的积累动态

表 2、图 2 显示：杂交稻高产群体的贮藏碳水化合物（SC）（又称非结构碳水化合物）的积累动态呈 Logistic 曲线，前期（移栽—苞分化）积累很少，仅占总积累量的 3%～4%；中期（苞分化—齐穗）积累显著增多，占总积累量的 30%～33%；后期（齐穗—黄熟）积累最多，占总积累量的 64%～66%。

SC 中包含淀粉和可溶性糖，以淀粉占有较大的份额。淀粉积累动态也呈 Logistic 曲线，苞分化期占 SC 的 47%～63%，齐穗期占 SC 的 54%～57%，黄熟期占 SC 的 96%。

可溶性糖积累量呈单峰曲线，高峰期在齐穗期，其时含量占 SC 的 43%～46%。齐穗后营养器官积累的可溶性糖大量转运到穗部并迅速缩合为淀粉，叶片光合生产的可溶性糖也源源输往穗部，并迅速缩合成淀粉，使全株可溶性糖含量急速下降，至齐穗后 10 d 时含量仅占 SC 总量的 7%～12%，黄熟期含量仅占 SC 总量的 4%。

表 2　杂交稻各器官贮藏碳水化合物的积累运转状态

(福建龙海,1991 年、1992 年平均值)

物质	生育时期	贮藏碳水化合物积累量(g/m²)									
		早季					晚季				
		叶片	叶鞘	茎秆	稻穗	全株	叶片	叶鞘	茎秆	稻穗	全株
淀粉	移栽	0.1	0.4	0	0	0.5	0.1	0.3	0	0	0.4
	苞分化	2.1	8.2	1.0	0	11.3	3.2	6.8	1.0	0	11.0
	孕穗	4.3	46.3	34.2	3.0	87.8	5.5	22.9	27.3	2.1	57.8
	齐穗	6.3	64.7	45.1	4.5	120.6	104	29.6	29.5	9.6	99.1
	乳熟	5.9	4.5	5.8	329.1	345.3	2.7	1.5	4.4	331.4	340.0
	蜡熟	4.6	1.8	2.7	451.1	460.2	1.9	1.1	2.4	495.0	500.4
	黄熟	1.8	1.7	1.9	560.8	566.2	1.2	1.0	2.8	511.0	516.0
可溶性糖	移栽	0.1	0.4	0	0	0.5	0.2	0.1	0	0	0.3
	苞分化	2.8	3.7	0	0	6.5	7.3	5.2	0	0	12.5
	孕穗	7.2	8.2	10.5	5.1	31.0	7.4	25.4	26.3	6.7	65.8
	齐穗	11.5	28.2	44.8	6.7	91.0	12.4	27.0	41.6	2.8	83.8
	乳熟	6.4	2.7	9.0	8.2	26.3	9.4	6.2	9.5	8.4	33.5
	蜡熟	5.3	2.1	8.9	8.9	25.2	6.1	3.1	7.8	9.7	26.7
	黄熟	3.7	1.3	6.2	11.7	22.9	3.6	2.0	5.4	11.6	22.6
合计(贮藏碳水化合物)	移栽	0.2	0.8	0	0	1.0	0.3	0.4	0	0	0.7
	苞分化	4.9	11.9	1.0	0	17.8	10.5	12.0	1.0	0	23.5
	孕穗	11.5	54.5	44.7	8.1	118.8	12.9	48.3	53.6	8.8	123.6
	齐穗	17.6	92.9	89.9	11.2	211.6	22.8	66.6	81.1	12.4	182.9
	乳熟	12.3	7.2	14.8	337.3	371.6	12.1	7.3	13.9	339.8	373.5
	蜡熟	9.9	3.9	11.6	460.0	485.4	8.0	4.2	10.2	504.7	527.1
	黄熟	5.5	3.0	8.1	572.5	589.1	4.8	3.0	8.2	522.6	538.6

    * 苞分化、孕穗、齐穗、乳熟、蜡熟、黄熟等生育期在移栽后日数:早季分别为 32、60、70、80、90、100 d;晚季分别为 28、55、65、80、94、104 d。

表 3　杂交稻各时期贮藏碳水化合物(SC)积累运转和光合生产及对籽粒产量的贡献

(福建龙海,1991—1992 年平均值)

项目		早季						晚季					
		叶片	叶鞘	茎秆	营养器官合计	稻穗	光合净生产	叶片	叶鞘	茎秆	营养器官合计	稻穗	光合净生产
SC净积累量(g/m²)	秧田期	0.2	0.8	0	1.0	0	1.0	0.3	0.4	0	0.7	0	0.7
	本田前期	4.7	11.1	1.0	16.8	0	16.8	10.2	11.6	1.0	22.8	0	22.8
	本田中期	12.7	81.0	88.9	182.6	11.2	193.8	12.3	54.6	80.1	147.0	12.4	159.4
	本田后期	−12.1	−89.9	−81.8	−183.8	561.3	377.5	−18.0	−63.6	−72.9	−154.5	510.4	355.7
转运率(%)		68.8	96.8	91.0	91.7	—	—	79.0	95.5	90.0	90.6	—	—
表观转变率(%)		2.2	16.0	14.6	32.8	—	67.2	3.5	12.5	14.3	30.3	—	69.7

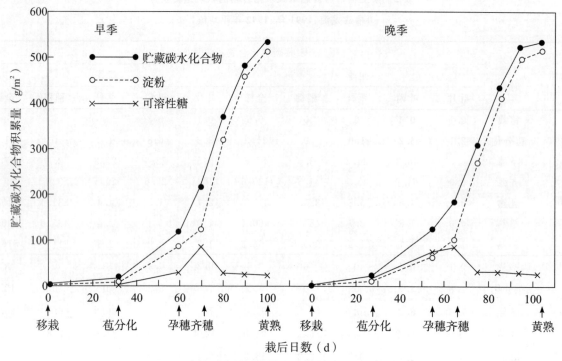

图 2　杂交稻全株贮藏碳水化合物的积累运转动态

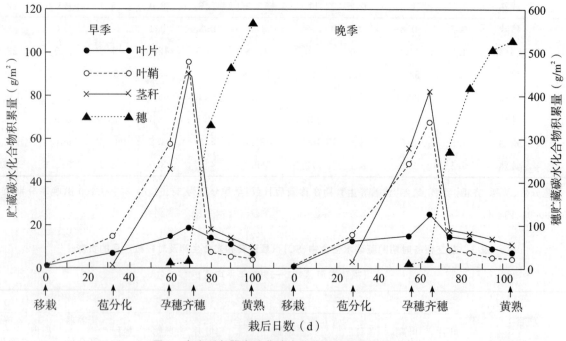

图 3　杂交稻各器官贮藏碳水化合物的积累运转动态

2.4　各器官贮藏碳水化合物的积累运转动态

由表 2、图 3 可见:营养器官从苞分化期开始大量积累贮藏碳水化合物(SC),至齐穗期达积累最高峰,叶片、叶鞘、茎秆的 SC 含量分别达 17.6～22.8 g/m²、92.9～66.6 g/m² 和 89.9～81.1 g/m²,显示叶鞘和茎秆是中期 SC 的积累中心。抽穗以后,穗是 SC 的积累中心,营养器官原来积累的 SC 大部分转运到穗部,当时叶片光合生产的 SC 也几乎全部输往穗部。至黄熟期,穗部积累了占全株 97% 的 SC,且主要以淀粉形态贮存(占 SC 贮积总量的 98%);而营养器官残留的 SC 仅占全株的 3%,且主要以可溶性糖的形态残存(占 SC 贮积总量的 68%)。二者形成鲜明的对照。

表 3 显示:从齐穗至黄熟期,叶片、叶鞘、茎秆的 SC 转运量分别为 69%~79%、97%~96% 和 91%~90%,表明在营养器官中,叶鞘和茎秆的 SC 积累最多,转运率最高,转运量最大。值得注意的是营养器官的 SC 有一个集中输出期,如图 3、表 2 所示,齐穗后 10 d 内转运的 SC,占齐穗至黄熟期转运总量的 86%~90%,占同期籽粒 SC 净积累量(含光合净生产量)的 51%~52%,这对于籽粒的初期生长,确保高而稳定的结实率,具有巨大的作用。

2.5　营养器官转运物质及开花后光合生产对籽粒产量的贡献

穗黄熟期干物质量扣除齐穗期干物质量,可作为籽粒产量的估计值,籽粒产量来源于营养器官于抽穗前积累、抽穗后转运入穗的物质,和开花后叶片光合产物。

表 4 显示:营养器官抽穗后转运入穗的干物质,主要是贮藏碳水化合物(SC),占 80%~83%,还有氮、磷、钾养分,占 5%~6%。氮、磷、钾所占比率虽然不高但由营养器官转运的氮、磷、钾量已满足籽粒发育充实所需氮、磷、钾量的 76%、95%~100% 和 100%。此外,在转运的干物质总量中,除 SC 和氮、磷、钾,还有 10%~14% 的其他物质,估计为 Si、S 和少量结构性干物质。

表 4、图 4 显示:籽粒产量有 29.3%~33.2% 来自营养器官的转运(其中 SC 占 24.3%~26.8%,氮、磷、钾占 1.0~2.0%,其他占 3.2%~4.4%),有 66.8%~70.7% 来自开花后叶片光合生产。

表 4　杂交稻营养器官齐穗、黄熟期各类物质的积累运转

(福建龙海,1991—1992 年平均值)

季别	物质	稻穗齐穗至成熟期物质积累量(g/m²)	营养器官齐穗期物质积累量(g/m²)	营养器官齐穗—成熟期物质转运量(g/m²)				营养器官物质表观转运率(%)	营养器官物质对穗表观转变率(%)
				叶片	叶鞘	茎秆	合计		
早季	干物质	686.3	1 049.5	50.2	93.6	83.9	227.7	21.7	33.2
	SC	561.3	200.4	12.1	89.9	81.8	183.8	91.7	32.7
	氮	10.5	14.1	5.5	1.4	1.1	8.0	56.7	76.2
	磷	2.1	2.7	0.5	0.6	0.9	2.0	74.1	95.2
	钾	1.0	9.1	1.6	1.5	0	3.1	34.1	100
晚季	干物质	634.7	897.3	45.0	66.1	74.6	185.7	20.7	29.3
	SC	510.2	170.5	18.0	63.6	72.9	154.5	90.6	30.3
	氮	9.8	14.6	5.3	0.8	1.3	7.4	53.9	85.7
	磷	0.6	1.1	0.2	0.2	0.2	0.6	54.6	100
	钾	0.7	6.4	1.7	1.4	0	3.1	48.4	100

* 营养器官物质表观转运率(%)＝(营养器官齐穗－成熟期物质转运量÷营养器官齐穗期物质积累量)×100。

** 营养器官物质对穗表观转变率(%)＝(齐穗－成熟期营养器官物质转运量÷齐穗－成熟期稻穗物质净积累量)×100。

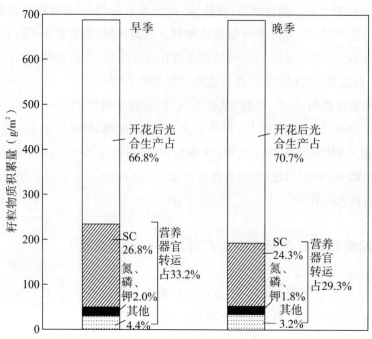

图4　营养器官转运和开花后光合生产对籽粒产量的贡献

3　总结与讨论

3.1　籽粒物质的来源

据殷宏章[1]观察，籽粒干物质的2/3来自抽穗后的光合生产，1/8由叶片、1/4由茎鞘的贮藏物质转运而来；在茎鞘贮积的干物质中，淀粉和可溶性糖几乎全运走或利用掉，蛋白质运走一半，纤维素挪走一些。Cock等[3]用14C标记测算，累积于营养器官中的SC在抽穗后有68％转运到谷粒，20％消耗于呼吸作用，12％残留。转运到谷粒的SC约等于籽粒SC含量的26％，其余74％的SC来自抽穗后的光合生产。本研究结果显示：籽粒干物质的67％～71％来自齐穗后的光合生产，33％～29％来自营养器官贮存物质的转运。营养器官转运的干物质中，SC占81％～83％，氮、磷、钾占5％～6％，其他占11％～14％，后者预计有硅（SiO_2）和降解的结构性碳水化合物。

3.2　营养器官转运物质及抽穗后光合生产对形成高产的贡献

何者对促成高产的作用更大，存在三种看法。据颜振德[7]、王永锐[8]、宋祥甫等[9]和戚昌瀚等[10]的研究，杂交稻产量显著高于常规稻，主要是中期贮积的茎鞘干物质的转运率较高。齐藤邦行等[11]报道日本新近栽培的新品种增产的原因是抽穗后光合产物多，提高了收获指数。西山岩男[12]则报道日本新近育成的糙米产量8～10 t/hm²的籼粳杂交稻品种，具有抽穗前在茎鞘积累大量SC并向穗部有效转运，和抽穗后生产大量光合产物的生理特征。凌启鸿等[13]研究,稻谷产量与抽穗至黄熟期的干物质净积累量呈极显著正相关,与抽穗期的干物质量呈抛物线型相关。本研究结果是同一个杂交稻品种,早季栽培比晚季栽培的产量更高,其中期和后期的干物质及 SC 的净积累量,都显著高于晚季,共同促成取得更高的产量。

诚然,营养器官转运入穗的物质,只占籽粒产量的 30% 左右,但其对促成高产的功能值得重视和发掘。本研究发现,营养器官转运入穗的 SC 虽只占籽粒产量的 24%～26%,但绝大部分集中在齐穗后 10 d 内转运入穗,占同期籽粒 SC 净积累量的 50%,这对于籽粒的初期发育,特别是在不利气候条件下光合产物不足时保障正常结实,具有重要作用。吉田昌一[4]曾观察到,水稻灌浆期遮阴 2 周、营养器官转运到穗部的 SC 可维持谷粒在开花后 2 周左右,近于正常速率的生长。翁仁宪等[5]报道,营养器官贮积的 SC 与颖花活力有密切关系,SC 贮积量对结实率及穗重的影响度,是抽穗后干物质生产量影响度的 1.7～1.8 倍。

3.3　促进中后期干物质积累的途径

籽粒产量物质来自营养器官中期积累、后期转运入穗的 SC 和开花后光合生产,因而,争取水稻高产必须促进中、后期的干物质积累。综合前人研究,促进中、后期干物质积累的重要措施有:

选用具有中后期干物质积累优势的品种。翁仁宪等[6]、齐藤邦行等[11]报道,中后期的干物质积累能力存在明显的品种间差异,冠层叶片直立、最适叶面积较大、穗数多的品种,具有中后期干物质积累优势。

注重中期合理施肥。据殷宏章[2]研究,中期施肥适中,除生产必需的含氮化合物外,鞘中还贮积较多的糖和淀粉,使鞘/叶比增加,收获指数和产量提高。据凌启鸿等[13]的研究,适时搁田,降低分蘖高峰,合理施用穗肥,可积极促进中后期干物质生产。据苏祖芳等[14]的观察,中期合理施氮,抽穗期单茎茎鞘重的群体,可保持抽穗后较高的光合势和净同化率,增加后期干物质净积累量。

将中后期调整在光热资源丰富的季节。据黄仲青等[15]、颜振德[7]的研究,淮北地区杂交稻适当早播,使叶面积繁茂的中后期与光热资源最丰富的季节重叠,显著提高了干物质积累总量和稻谷产量。李义珍[16]对龙海县 1963—1974 年水稻产量与气候关系的分析,发现早、晚季水稻产量都与抽穗至成熟期的日照时数,呈极显著正相关,据此提出将早稻抽穗—成熟期调整在"断梅"后强光季节,将晚稻抽穗—成熟期调整在多照适温的初秋季节的建议方案,大面积推广后,龙海县获得连年稳定高产。

著录论文

[1]黄育民,李义珍,庄占龙,等.杂交稻高产群体干物质的积累运转Ⅰ:干物质的积累运转[J].福建农科院学报,1996,11(2):7-11.

[2]李义珍,黄育民,庄占龙,等.杂交稻高产群体干物质的积累运转Ⅱ:碳水化合物的积累运转[J].福建农科院学报,1996,11(2):1-6.

[3]李义珍,黄育民,庄占龙,等.华南双季杂交稻高产生理特性[C]//黄仲青,程剑,张建华.水稻高产高效理论与新技术:第五届全国水稻高产与技术研讨会论文集.北京:中国农业科技出版社,1995:56-63.

参考文献

[1]殷宏章.水稻开花后干物质的积累和运转[J].植物学报,1956,5(2):177-194.

[2]殷宏章.水稻的器官相对生长和经济产量[J].作物学报,1964,3(1):1-14.

[3]COCK J H，VOSHIDA S.Accumulation of ^{14}C-labelled carbohydrate before flowering and its subsequent redistribution and respiration in the rice plant[J].Japanese journal of crop science,1972,41(2):226-234.

[4]吉田昌一.稻作科学原理[M].厉葆初,译.杭州:浙江科学技术出版社,1984:281-283.

[5]翁仁宪,武田友四郎,水稻の子實生産に関する物質生産的研究:第1報 出穂期前に貯藏さ扎た炭水化物および出穂后の乾物質生産ガ子實生産及ばす影響[J].日本作物学会纪事,1982,51(4):500-509.

[6]翁仁宪,武田友四郎.水稻の子實生産に関する物質生産的研究:第2報 出穂期前におはる乾物生産力の品种間差[J].日本作物学会纪事,1982,51(4):510-518.

[7]颜振德.杂交稻高产群体干物质生产与分配的研究[J].作物学报,1981,7(1):11-18.

[8]王永锐.杂交水稻开花前后的^{32}P,^{35}S,^{14}C:光合产物的吸收、运转、分配与谷粒产量研究[J].中山大学学报,1986,4:64-76.

[9]宋祥甫,縣和一,川滿芳信.中国産ハイズリッドライスの物質生産に関すゐ研究:第3報 收量生産期間におけゐ非構造性炭水化物及び全室素濃度の變動ガウみた子實生産特性[J].日本作物学会纪事,1990,59(1):107-112.

[10]戚昌瀚,贺洁华,石庆华,等.大穗型水稻产量形成特性的研究[J].江西农业大学学报,1988,10(S2):41-45.

[11]齐藤邦行,下田博之,等.水稻多收性品種の乾物生産特性の解析:第6報 新旧品种の比較を通じし[J].日本作物学会纪事,1993,62(4):506-517.

[12]西山岩男.日本高产水稻品种的生理特性[R]//灌溉稻研究进展和前景.杭州:中国水稻研究所,1988:105-114.

[13]凌启鸿,张洪程,蔡建中,等.水稻不同叶龄期施用穗肥的研究[J].江苏农学院学报,1985,6(3):11-19.

[14]苏祖芳,李永丰,郭宏文,等.水稻单茎茎鞘重与产量形成关系及其高产栽培途径探讨[J].江苏农学院学报,1993,14(1):1-10.

[15]黄仲青,蒋之埙,雷伯贵.淮北杂交稻播种期与光合生产的关系[J].安徽农业科学,1980(10):22-26.

[16]李义珍.水稻丰产栽培技术的分析[J].福建农业科技,1980(2):1-10.

五、杂交稻高产群体的氮、磷、钾素积累运转

氮、磷、钾素是水稻最重要的必需养分。因此,对氮、磷、钾养分的吸收、代谢特点及与生育的关系,对氮、磷、钾肥的合理施用和诊断指标,已有大量研究。20 世纪 90 年代加强了高产水稻氮、磷、钾肥营养特性和施用技术的研究[1-4]。1991—1993 年农业部组织 13 个亩产吨粮定位建档追踪点,研究粮食高产生理生态及耕作栽培,根据合作计划,我们在福建省龙海县东园镇厚境村建立 6.67 hm² 麦—稻—稻一年三熟研究点,作为研究的一部分,定位追踪观察双季杂交稻高产群体氮、磷、钾素积累运转动态,冀为合理施肥提供科学依据。

1　材料与方法

1.1　研究概况

在龙海县厚境村建立 6.67 hm² 麦—稻—稻一年三熟定位建档追踪点,1991—1993 年三年平均粮食产量 21 394 kg/hm²,其中早、晚季杂交稻产量分别为 9 479 kg/hm² 和 8 106 kg/hm²,种植的杂交稻品种,1991 年早季以青优直为主,晚季以协优3550为主,1992 年、1993 年早、晚季均为特优63。进行定位追踪观察氮、磷、钾素积累运转转动态的 1 号田,3 年平均产量早季为 9 762 kg/hm²,晚季为 8 231 kg/hm²,与基点平均产量相近。土壤属海陆相沉积的轻黏性灰泥田,耕作层含有机质 3.74%,全氮 0.196%,速效磷 3.0 mg/kg,速效钾 73 mg/kg。前作小麦施蘑菇下脚料稻草沤制的堆肥 14.62 t/hm²(含氮 123 kg,磷 35 kg,钾 218 kg)。杂交稻早季 2 月中旬播种,4 月中旬移栽,7 月 20 日前后成熟,平均每公顷施化肥氮 183 kg、磷 34 kg、钾 34 kg;晚季于 7 月中旬播种,8 月上旬移栽,11 月 20 日前后成熟,平均每公顷施化肥氮 174 kg、磷 28 kg、钾 19 kg。

1.2　水稻器官氮、磷、钾素积累运转动态的测定

1991 年、1992 年在基点 1 号田,早、晚季于移栽、苞分化、孕穗始、齐穗、乳熟期、乳熟中、蜡熟、黄熟等生育期,各挖取 10 丛稻株,洗去泥土,剪去根系后,分解为叶片、叶鞘、茎秆、穗等器官,在烘干箱经 105 ℃杀青,80 ℃烘干至恒重,称干物质重,从中取各时期各器官干物质一部分样品,进行氮、磷、钾素测定。用凯氏法测定含氮量,用酸溶钼锑抗法测定含磷量,用火焰光度计法测定含钾量。

1.3　计算方法

氮、磷、钾素数据按 1 P＝0.44 P_2O_5,1 K＝0.83 K_2O 换算。

营养器官氮、磷、钾表观转运率(％)＝(营养器官氮、磷、钾齐穗至黄熟期转运量÷营养器官氮、磷、钾齐穗期积累量)×100。

营养器官氮、磷、钾表观转变率(％)＝(营养器官氮、磷、钾齐穗至黄熟期转运量÷穗器官氮、磷、钾齐穗至黄熟期净积累量)×100。

器官氮、磷、钾含有率(％)＝(器官氮、磷、钾积累量÷器官干物质积累量)×100。

2　结果与分析

2.1　杂交稻高产群体氮、磷、钾素吸收积累动态

表1、图1显示:杂交水稻高产群体的氮、磷、钾积累半量期在移栽后35～40 d,相当于一、二次枝梗分化期。早季氮、磷、钾吸收积累量分别为19.2、3.3和17.7 g/m^2,晚季氮、磷、钾吸收积累量分别为19.6、1.4和9.8 g/m^2。早、晚季氮素吸收量相近,但晚季磷、钾吸收量只为早季的一半左右,是否与氮、钾化肥施用量少有关,待研究。

表2列出各时期氮、磷、钾净积累量及比率,看出:前期(移栽至苞分化)、中期(苞分化至齐穗)、后期(齐穗至黄熟)的养分吸收量之比,氮早季为 36:45:19,晚季为 45:48:7;磷早季为 30:67:3,晚季为 29:71:0;钾早季为 30:55:15,晚季为 41:56:3。皆以中期吸收最多,前期次之,后期较少。

表1　杂交稻高产群体的氮、磷、钾积累运转动态

(1991—1992 年平均值)

季别	生育期	栽后日数	氮积累量(g/m^2)					磷积累量(g/m^2)					钾积累量(g/m^2)				
			叶片	叶鞘	茎秆	穗	全株	叶片	叶鞘	茎秆	穗	全株	叶片	叶鞘	茎秆	穗	全株
	移栽	0	0.3	0.2	0	0	0.5	0.03	0.04	0	0	0.07	0.2	0.2	0	0	0.4
	苞分化	32	4.9	2.4	0	0	7.3	0.4	0.6	0	0	1.03	2.3	3.3	0	0	5.6
	孕穗	60	9.8	3.6	1.3	1.1	15.8	0.8	0.9	0.7	0.3	2.7	5.0	5.3	2.5	0.7	13.5
早季	齐穗	70	8.9	3.1	2.1	2.6	16.7	0.8	0.8	1.1	0.5	3.2	4.3	4.8	4.7	2.0	15.8
	乳熟期	80	6.9	2.4	1.4	7.8	18.5	0.6	0.6	0.7	1.4	3.3	3.5	4.9	5.8	3.0	17.2
	蜡熟	90	5.0	2.1	1.3	10.6	19.0	0.5	0.3	0.3	1.9	3.0	3.3	3.6	7.8	2.9	17.6
	黄熟	100	3.4	1.7	1.0	13.1	19.2	0.5	0.2	0.2	2.6	3.3	2.7	3.3	8.7	3.0	17.7

续表1

季别	生育期	栽后日数	氮积累量(g/m²)					磷积累量(g/m²)					钾积累量(g/m²)				
			叶片	叶鞘	茎秆	穗	全株	叶片	叶鞘	茎秆	穗	全株	叶片	叶鞘	茎秆	穗	全株
晚季	移栽	0	0.3	0.2	0	0	0.5	0.01	0.01	0	0	0.02	0.1	0.13	0	0	0.2
	苞分化	28	5.1	2.2	0	0	7.3	0.23	0.23	0	0	0.46	1.8	2.3	0	0	4.1
	孕穗	55	9.0	3.3	1.9	1.3	15.5	0.4	0.3	0.4	0.1	1.2	3.1	3.3	1.5	0.7	8.6
	齐穗	65	8.7	3.1	2.8	2.6	17.2	0.4	0.3	0.4	0.3	1.4	3.4	3.0	2.1	1.0	9.5
	乳熟初	75	8.1	2.5	2.1	5.8	18.5	0.3	0.2	0.3	0.6	1.4	3.1	2.0	3.2	1.7	9.7
	乳熟中	85	6.5	2.3	1.5	8.4	18.7	0.3	0.2	0.2	0.7	1.4	2.7	1.8	3.4	1.7	9.6
	蜡熟	94	4.5	2.2	1.3	11.4	19.4	0.2	0.1	0.2	0.9	1.4	2.4	1.6	3.7	2.1	9.8
	黄熟	104	3.4	2.3	1.5	12.4	19.6	0.2	0.1	0.2	0.9	1.4	1.7	1.6	4.8	1.7	9.8

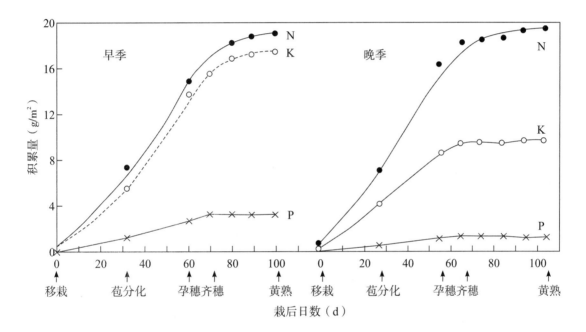

图1 杂交稻高产群体氮(N)、磷(P)、钾(K)积累动态

$$\hat{y}_N = \frac{19.245\,3}{1+48.363\,2e^{-0.098\,2x}}, r=0.976\,0^{**}$$

$$\hat{y}_N = \frac{20.663\,3}{1+25.683\,5e^{-0.076\,4x}}, r=0.924\,7^{**}$$

$$\hat{y}_K = \frac{17.610\,6}{1+61.528\,0e^{-0.104\,5x}}, r=0.962\,4^{**}$$

$$\hat{y}_K = \frac{9.754\,3}{1+40.803\,5e^{-0.114\,6x}}, r=0.991\,4^{**}$$

$$\hat{y}_P = \frac{3.315\,0}{1+68.172\,4e^{-0.121\,1x}}, r=0.933\,5^{**}$$

$$\hat{y}_P = \frac{1.390\,7}{1+67.892\,8e^{-0.125\,8x}}, r=0.915\,1^{**}$$

2.2 各器官氮、磷、钾素的积累运转动态

图2、表1显示:叶片、叶鞘的氮、磷、钾素积累动态呈单峰曲线,积累高峰在孕穗期,孕穗后有少量氮、磷、钾素输出,但向穗部的大量输出在齐穗之后。茎秆的氮、磷素积累动态也呈单峰曲线,积累高峰在齐穗期,齐穗后向穗部大量输出,但茎秆是吸收积累钾素的主要器官,其钾素积累动态,与穗器官的氮、磷、钾素积

累动态,均呈 Logistic 生长曲线。茎秆从拔节至黄熟期一直在积累钾素。黄熟期稻株积累的钾素总量中,茎秆占49%,穗占17%,叶片占16%,叶鞘占18%。因此,推行秸秆回田,可回收水稻收割携走钾素的80%左右。

表 2 显示:叶片、叶鞘、茎秆于齐穗至黄熟期输出的氮、磷素,表观转运率分别为57%～51%和74%～55%(前一数据属早季,后一数据属晚季,下同)。向穗部的表观转变率分别为76%～75%和95%～100%。叶片、叶鞘在齐穗—黄熟期输出的钾素,大大超过穗部同期的净积累量,表观转运率为34%～48%,向穗部的表观转变率为100%,但如加上茎秆同期的钾素净积累量,则叶片、叶鞘向茎穗的表观转变率为54%～91%。

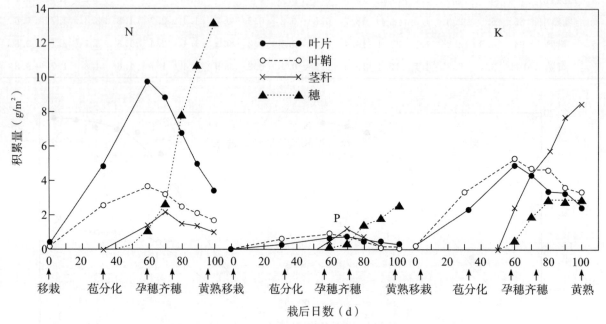

图 2　杂交稻各器官氮、磷、钾积累运转动态

表 2　杂交稻各器官氮、磷、钾在各时期的净积累和齐穗后转运量及构成籽粒物质的表观转变率

(1991—1992 年早季平均值)

季别	项目	氮					磷					钾				
		叶片	叶鞘	茎秆	穗	合计	叶片	叶鞘	茎秆	穗	合计	叶片	叶鞘	茎秆	穗	合计
	秧田期净积累量(g/m²)	0.3	0.2	0	0	0.5	0.03	0.04	0	0	0.07	0.2	0.2	0	0	0.4
	移栽至苞分化 净积累量(g/m²)	4.6	2.2	0	0	6.8	0.4	0.6	0	0	1.0	2.1	3.1	0	0	5.2
	苞分化至孕穗 净积累量(g/m²)	4.9	2.2	0.3	1.1	9.5	0.4	0.3	0.7	0.3	1.7	2.7	2.0	2.5	0.7	7.9
早季	孕穗至齐穗 净积累量(g/m²)	−0.9	−0.5	0.8	1.5	0.9	0	−0.1	0.4	0.2	0.5	−0.7	−0.5	2.2	1.3	2.3
	齐穗至黄熟 净积累量(g/m²)	−5.5	−1.4	−1.1	10.5	2.5	−0.5	−0.6	−0.9	2.1	0.1	−1.6	−1.5	4.0	1.0	1.9
	齐穗后表观 转运率(%)	61.8	45.2	52.4	—	56.7	62.5	75.0	81.8	—	74.1	37.2	31.3	0	—	34.1
	齐穗后表观 转变率(%)	52.4	13.3	10.5	—	76.2	23.8	28.6	42.9	—	95.2	100	100	0	—	100

续表

季别	项目	氮					磷					钾				
		叶片	叶鞘	茎秆	穗	合计	叶片	叶鞘	茎秆	穗	合计	叶片	叶鞘	茎秆	穗	合计
晚季	秧田期净积累量(g/m²)	0.3	0.2	0	0	0.5	0.02	0.02	0	0	0.04	0.1	0.1	0	0	0.2
	移栽至苞分化净积累量(g/m²)	4.8	2.0	0	0	6.8	0.2	0.2	0	0	0.4	1.7	2.2	0	0	3.9
	苞分化至孕穗净积累量(g/m²)	3.9	1.1	1.9	1.3	8.2	0.2	0.1	0.4	0.1	0.8	1.3	1.0	1.5	0.7	4.5
	孕穗至齐穗净积累量(g/m²)	−0.3	−0.2	0.9	1.3	1.7	0	0	0	0.2	0.2	0.3	−0.3	0.6	0.3	0.9
	齐穗至黄熟净积累量(g/m²)	−5.3	−0.8	−1.3	9.8	2.4	−0.2	−0.2	−0.2	0.6	0	−1.7	−1.4	2.7	0.7	0.3
	齐穗后表观转运率(%)	60.9	25.8	46.4	—	50.7	50.0	66.7	50.0	—	54.6	50.0	46.7	0	—	48.4
	齐穗后表观转变率(%)	54.1	8.2	13.3	—	75.5	33.3	33.3	33.3	—	100	100	100	0	—	100

　　稻穗自齐穗期起急剧地积累氮、磷、钾素,至黄熟期,积聚了占全株 68%～63% 的氮素、79%～64% 的磷素、17% 的钾素。由表 2 列出的营养器官输出的氮、磷、钾量转化为籽粒产量的表观转变率数据,看出:籽粒发育所需的氮、磷、钾素,大部分来自营养器官贮藏物质的转运(氮占 76%,磷占 85～100%,钾占 100%),只有小部分来自根系从土壤的吸收。依靠土壤的自然供应,即应满足需求。

2.3　杂交稻氮、磷、钾素含有率的变化

　　表 3 显示,杂交稻全株及各器官的氮、磷、钾素含有率具有如下特点:

　　全株及各器官氮、磷、钾素含有率比较:全株含氮率最高,含钾率次之,含磷率最低;各器官中以叶片的含氮率最高,穗含氮率次之,叶鞘、茎秆含氮率较低;各器官中以茎秆含钾率最高、叶鞘含钾率次之,叶片含钾率再次之,穗含钾率最低;各器官的含磷率差异不大,时期性变幅也较小。

　　全株及各器官氮、磷、钾素含有率的时期变化动态:全株及叶片、叶鞘的氮、磷、钾含有率和茎秆的氮、磷含有率,随生育期进展而降低;茎秆的含钾率随生育期进展而上升;穗在齐穗以后的氮、磷素含有率相对稳定,含钾率也有随生育期进展而逐渐降低的趋势。

　　叶片含氮率变化特点:叶片含氮率最高,齐穗前含氮量最多,占全株总氮量的 50%～70%,齐穗后转运入穗数也最多,转运率达 70%,转化构建籽粒氮素物质的 50%。叶片对氮肥反应最灵敏,含氮率高时叶色浓,含氮率低时叶色淡。全国劳动模范陈永康、潘无毛以叶色为诊断指标,适时适量施用氮肥,调控生育,达到高产的经验,曾轰动科技界,至今仍有实用价值。

　　茎秆含钾率变化特点:茎秆是吸收积累钾素的主要器官,含钾率最高,含钾量最多。黄熟期含钾量占全株总钾量的 49%,加上叶片、叶鞘残留钾量,营养器官含钾量占全株总钾量的 83%。因此,推行秸秆回田,可回收水稻收获后携走钾素的 80% 左右。

表 3　杂交稻高产群体氮、磷、钾含有率的变化动态

(1991—1992 年平均值)

季别	生育期	含氮率(%)					含磷率(%)					含钾率(%)				
		叶片	叶鞘	茎秆	穗	全株	叶片	叶鞘	茎秆	穗	全株	叶片	叶鞘	茎秆	穗	全株
早季	移栽	4.2	3.1	0	0	3.6	0.4	0.6	0	0	0.5	2.8	3.1	0	0	2.9
	苞分化	3.3	1.5	0	0	2.3	0.3	0.5	0	0	0.4	1.5	2.1	0	0	1.8
	孕穗	2.9	1.0	0.7	2.0	1.7	0.2	0.3	0.4	0.6	0.3	1.5	1.5	1.4	1.3	1.5
	齐穗	2.6	0.8	0.6	1.7	1.4	0.2	0.2	0.2	0.3	0.3	1.3	1.3	1.4	1.3	1.3
	乳熟期	2.1	0.8	0.5	1.4	1.3	0.2	0.2	0.3	0.2	0.2	1.1	1.6	2.1	0.5	1.2
	蜡熟	1.6	0.7	0.5	1.4	1.3	0.1	0.1	0.1	0.3	0.1	1.1	1.3	3.0	0.4	1.1
	黄熟	1.2	0.6	0.5	1.6	1.3	0.1	0.1	0.1	0.1	0.1	0.9	1.2	3.4	0.4	1.1
晚季	移栽	4.3	3.0	0	0	3.7	0.3	0.3	0	0	0.3	1.4	2.0	0	0	1.5
	苞分化	3.7	1.7	0	0	2.7	0.3	0.3	0	0	0.2	1.3	1.8	0	0	1.5
	孕穗	3.2	1.2	1.2	2.2	2.0	0.2	0.2	0.1	0.2	0.2	1.1	1.2	1.0	1.2	1.1
	齐穗	3.0	1.0	1.0	1.7	1.6	0.2	0.1	0.1	0.2	0.1	1.2	1.0	0.7	0.6	0.9
	乳熟期	2.8	0.9	0.8	1.5	1.5	0.1	0.1	0.1	0.2	0.1	1.1	0.7	1.1	0.4	0.8
	乳熟中	2.3	0.9	0.6	1.4	1.3	0.1	0.1	0.1	0.1	0.1	1.0	0.7	1.3	0.3	0.7
	蜡熟	1.6	0.9	0.6	1.6	1.3	0.1	0.04	0.1	0.1	0.1	0.9	0.6	1.6	0.3	0.7
	黄熟	1.4	0.7	0.5	1.6	1.3	0.1	0.04	0.1	0.1	0.1	0.7	0.7	2.2	0.2	0.7

3　总结与讨论

3.1　水稻对氮、磷、钾养分吸收积累特性

　　水稻一生吸收的氮、磷、钾素总量,因产量水平、施肥数量、土壤肥力和地区而有一定差异。据中国科学院土壤研究所[5]1960 年代初在各地的测定,水稻吸收的氮磷钾素绝对量随产量提高而增加,但并不按比例增加,每生产 1 t 稻谷吸收氮 18～24 kg、磷 4～5 kg、钾 22～30 kg。吉田昌一[6]报道,在热带的菲律宾,生产 1 t 稻谷吸收氮 19～24 kg、磷 5～6 kg、钾 35～50 kg;在温带的日本,生产 1 t 稻谷吸收氮 15～17 kg、磷 3～4 kg、钾 22 kg。肖恕贤等[7]测定,杂交稻产量 7.5 t/hm², 平均生产 1 t 稻谷吸收氮 21 kg、磷 5 kg、钾 25 kg。本研究杂交早稻产量 9.76 t/hm², 平均生产 1 t 稻谷吸收氮 19.7 kg、磷 3.4 kg、钾 18.1 kg。综观上述,大体是高产水稻,施肥较少的水稻,温带地区的水稻和强光干燥地区的水稻,每生产 1 t 稻谷产量所耗养分较少,反之较多;杂交稻单位产量所耗养分并不比常规稻高[7-8],但由于产量较高,单位地面积吸收的氮、磷、钾养分仍然较多。

　　关于前、中、后期吸收养分的比率,由于中期起始点的规定标准不一(有的为苞分化始期,有的为幼穗

形成期,有的为拔节始期或分蘖高峰期),增加综合分析的困难。现统一以拔节始期至齐穗期为中期标准,则看出:早期的研究结果[5,9]大致是 6∶3∶1,之后的研究结果[1,7]大致是 4∶4∶2 或 4∶5∶1。之后水稻品种矮秆高产,中、后期物质生产力强,施肥量提高并注重施穗肥,可能是增加中期养分吸收比率的重要原因。

3.2　氮、磷、钾在器官之间的积累运转

据石塚喜明等[9]的研究,稻株氮、磷、钾吸收量动态呈 Logistic 曲线,其中氮、磷至开花期已接近峰值,以后茎叶中贮存的氮、磷大量转移到穗,黄熟期穗部的氮磷含量占全株的 70%;茎叶贮存的钾在开花至乳熟初期曾一度向穗部转移,但乳熟中期穗部含钾量已达峰值。朱兴明等[2]研究,营养器官的养分在抽穗后大量向穗转运,籽粒养分占全株养分的比率,氮为 59%~64%,磷为 66%~75%,钾为 10%。本研究结果趋势相同:叶片、叶鞘、茎秆齐穗后向穗部转运的氮、磷量,表观转运率分别为 57%~51% 和 74%~55%,转化构成籽粒氮、钾素物质的 76% 和 95%~100%。叶片、叶鞘齐穗后向穗部转运的钾量,表观转运率为 34%~48%,转化构成籽粒钾素物质的 100%,并尚有盈余。茎秆是钾素积累中心,齐穗后仍大量积累钾素。叶片、叶鞘齐穗后转运入穗盈余的钾量,可占茎秆齐穗后净积累钾量的 53%~89%。

3.3　水稻施肥模式

吉田昌一[6]分析了不同生育期吸收的单位养分量所生产的稻谷量,称之为部分生产效率,明确稻谷生产最有效的供氮时间随供氮水平而异:供氮量很少时,以在抽穗前 20 d 左右供氮的稻谷生产效率最高;供氮量中等时,以生育初期和抽穗前 20 d 左右两次供氮,稻谷生产效率最高;供氮量高时,生育初期施氮最有效。磷对稻谷的部分生产效率,则生育初期高于生育后期。钾对稻谷的部分生产效率,一般在生育初期较高,以后下降,至孕穗期又提高。廉平湖等[10]和肖恕贤等[7]研究不同施氮量的合理运筹,指出:施氮水平低时,以攻中施肥法的产量最高;施氮水平高时,以攻前施肥法的产量最高;施氮水平中等时,以前、中、后期匀施的产最高。

高产田施氮有三种模式。一是前重模式,施氮原则是基肥足(占 50%),蘖肥早(占 40%),不施或少施穗肥(占 10%)。二是 V 形施肥法,由松岛省三[3]首创,强调早施适量分蘖肥,在有效分蘖临界期发足相当于预期穗数的茎蘖数,及时烤田控氮,在颖花分化期和齐穗期重施保花、促粒穗,塑造稻株矮壮,冠层叶片短直,多穗、小穗、结实率高的理想型群体。凌启鸿等[7]、黄湛等[4]提出蘖穗肥并重(6∶4 或 5∶5)。在萌发预期穗数 80% 的茎蘖数时烤田制氮的模式,类似于 V 形施肥法。三是“攻头控中补尾”模式,基蘖肥占 70%,在有效分蘖临界期发足相当于预期穗数的茎蘖数时烤田制氮,在一次枝梗分化和雌雄蕊分化期施占总氮量 30% 的促花肥和保花肥,形成多穗大穗、高结实率高产群体。据赵文权等[11]1998 年在龙海设置的杂交稻早晚季氮肥分施试验,结果,早、晚两季皆以蘖穗比率 7∶3 处理的产量最高,比 10∶0 处理产量达极显著差异,而与 6∶4 和 5∶5 处理的产量差异不显著,但表现出植株矮壮、冠层叶片直立的较为理想的株型。

磷肥易被土壤吸附,一般作基肥一次施用,或作基肥、分蘖肥分施。钾肥在土壤含钾量中上或有秸秆返田条件下,一般作穗肥一次施用,或分蘖末期和穗分化初期分施。

编录论文

黄育民,李义珍,郑景生,等.杂交稻高产群体的氮磷钾素积累运转[J].福建省农科院学报,1997,12(3):1-6.

参考文献

[1]凌启鸿,苏祖芳,张海泉,等.水稻成穗率与群体质量的关系及其影响因素研究[J].作物学报,1995,21(4):463-469.

[2]朱兴明,陈信德,刘志明,等.稻田多熟种植制中作物养分吸收利用特点研究[J].西南农业学报,1995,21(4):463-469.

[3]松岛省三.实用水稻栽培:水稻栽培诊断与增产技术[M].秦玉田,缪世才,译.北京:农业出版社,1984:168-188.

[4]黄湛,陈荣标,林立秉,等.水稻特青1500公斤高产设计与实践[J].广东农业科学,1990(1):1-4.

[5]中国科学院农业丰产研究丛书编辑委员会.水稻丰产的土壤环境[M].北京:科学出版社,1964.

[6]吉田昌一.稻作科学原理[M].厉葆初,译.杭州:浙江科学技术出版社,1984:164-184.

[7]肖恕贤,覃步生,陈盛球.杂交水稻生长特征和施肥技术研究[J].作物学报,1982,8(1):23-32.

[8]宋祥甫,縣和一,川滿芳信,等.中国産ハイリッドライスの物質生産に関する研究:第3報 收量生産期間にける非構造性炭水化物及び全窒素濃度の変動ガウみたヌ太子突生産特性[J].日本作物学会纪事,1990,59(1):107-112.

[9]石塚喜明,田中明.水稻の荣養生理[M].東京:株式会社养贤堂,1963.

[10]廉平湖,李义珍,兰林旺.论水稻的合理施肥问题[J].中国农业科学,1964(7):16-21.

[11]赵文权,姜照伟,杨惠杰,等.杂交稻密肥技术研究Ⅱ:肥料分施技术[J].福建稻麦科技,1999,17(3):17-19.

六、杂交稻施氮水平效应研究

1970—1980 年代,亚洲国家水稻单产迅速提高,推广矮秆品种和大幅度增施化学氮肥,被认为是主要的增产因素[1]。杂交稻高产耐肥,需氮量较高,但施氮量过多,氮肥效率下降,还可能增加对地下水和环境的污染。已有不少关于氮肥去向、氮肥效率、土壤供氮力的研究[1-10]。杂交稻吸氮特性和合理施用技术也有一些研究报道[2-10]。本研究设置不同施氮水平试验,观察分析杂交稻不同施氮水平的氮素吸收积累,氮肥回收率、生产效率和产量效应,冀为确定杂交稻高产高效的施氮量和氮素营养诊断,提供科学依据。

1　材料与方法

1.1　研究概况

1991—1993 年承担农业部组织的吨粮田定位建档追踪研究,在福建省龙海县东园镇厚境村建立 6.67 hm^2 麦—稻—稻一年三熟基点,双季杂交稻品种,1991 年早季以青优直为主,晚季以协优 3550 为主,1992 年、1993 年早、晚季都种植特优 63。在定田追踪观察杂交稻干物质、碳水化合物和氮、磷、钾素的积累运转动态同时,三年 6 季都设置 5 个施氮水平试验,观察分析氮肥吸收积累和干物质生产规律以及稻谷产量效应,从中确定杂交稻高产高效施氮量。试验田土壤为海陆相沉积的轻黏性灰泥田,耕作层厚 18 cm,含有机质 3.74%,全氮 0.20%,速效磷 3.0 mg/kg,速效钾 73 mg/kg。前作小麦施蘑菇下脚料稻草沤制的堆肥 14.6 t/hm^2(含氮 124 kg/hm^2,磷 35 kg/hm^2,钾 218 kg/hm^2)。

1.2　不同施氮水平试验设计、观察项目及方法

设 5 种施氮水平,分别为 0、120、165、210、255 kg/hm^2,按基肥、移栽后 5～7 d 分蘖肥,枝梗分化期穗肥各占 30%、40%、30%分施。各处理统一施磷 34 kg/hm^2,钾 120 kg/hm^2,共 5 个处理,3 次重复,小区面积 13.33 m^2,筑土埂隔开。株行距 20 cm×20 cm。在杂交稻移栽期、苞分化期、孕穗始期、齐穗期、乳熟初期、乳熟末期、黄熟期,各处理各拔取 10 丛稻株,洗去泥土,剪去根系,测定叶面积后,分开叶片、叶鞘、茎秆和穗各器官,烘干称重,样品粉碎后,取样用凯氏法测定含氮量。成熟时分小区收割脱粒、晒干扬净、称干谷重,收割前 1 d 每个处理割取 10 丛稻株,考测产量构成因素。

1.3 计算方法

化肥氮吸收量的计算:稻株吸氮量中,一部分来自土壤贮存的氮,一部分来自施入化肥的氮。不施氮处理测得的稻株吸氮量,可视为稻株从土壤贮存氮中吸收的氮量。据此,采用差减法,从某一施入氮处理的稻株吸氮量,减去不施氮处理的稻株吸氮量,即得某一施氮处理的化肥氮吸收量。

氮肥当季回收率(%)=(化肥氮吸收量÷施入氮量)×100。

吸收氮生产效率指稻株吸收 1 kg 氮素,可生产的稻谷量。为与稻谷产量单位(kg/hm^2)保持一致,先将稻株吸氮量单位(g/m^2)换算为 kg/hm^2,然后按下式计算:吸收氮生产效率(kg/kg)=稻谷产量÷稻株吸氮量。

放入氮增产效率(kg/kg),指每投入 1 kg 氮肥,比不施氮肥处理的地方产量增产多少千克的稻谷。据此,计算式如下:施入氮增产效率(kg/kg)=(施氮处理产量-地力产量)÷施入氮量。

纯经济效益计算:指扣除投入的氮肥费用后,稻谷售出的净收益。本节按研究地点 1993 年当地市场零售价稻谷 1.2 元/kg,化学氮肥 2.8 元/kg 计算。

2 结果与分析

2.1 不同施氮水平的稻谷产量

1991—1993 年 6 季不同施氮量的稻谷产量列于表 1。据此计算,如图 1 所示,杂交稻稻谷产量($\hat{y}$)与化肥氮施用量(x)量,呈抛物线型相关:

$\hat{y}=709.9+25.022\,8x-0.870\,2x^2$,$r=0.942\,6^{**}$。

a 值相当于不施氮区产量,为达到最高产量——施氮量 16.5 g/m^2 区产量的 80%,可见水稻产量更多地依赖土壤肥力。

由方程求极值,达到最高理论产量(y_{max})的施氮量(x_{opt})为 14.4 g/m^2:

$$y_{max}=a-\frac{b^2}{4c}=709.9-\frac{25.022\,8^2}{4\times(-0.970\,2)}=889.78(g/m^2),$$

$$x_{opt}=\frac{-b}{2c}=\frac{-25.022\,8}{2\times(-0.870\,2)}=14.38(g/m^2)。$$

不过,由产量方差分析结果看到,不同施氮量处理间产量最小显著差数($PLSD_{0.05}$)为 34.3 g/m^2,施氮量 12 g/m^2 处理与 16.5 g/m^2 处理的产量每平方米仅相差 10 g,未达到显著性标准。因此,在供试条件下,高产高效的施氮量应据 12 g/m^2,而不是 16 g/m^2,也不是 14.49 g/m^2。

表 1 不同施氮水平的稻谷产量

（1991—1993 年）

施氮量 (g/m²)	各季稻谷产量（g/m²）							显著性	
	1 早	2 早	3 早	1 晚	2 晚	3 晚	$\overline{x} \pm s$	5%	1%
0	692.3	679.6	737.7	727.5	790.2	697.5	710.8±24.0	d	C
12.0	865.2	856.7	852.3	903.0	920.4	880.0	879.6±27.2	ab	A
16.5	908.0	883.0	867.6	917.6	848.3	913.1	889.6±28.0	a	A
21.0	881.0	865.0	838.8	826.7	833.3	883.4	854.7±25.0	b	A
25.5	810.0	800.8	788.0	756.8	780.7	741.3	779.6±26.2	c	B

* 1 早、2 早、3 早为 1991 年、1992 年、1993 年早季，1 晚、2 晚、3 晚为 1991 年、1992 年、1993 年晚季。

** $PLSD_{0.05} = 34.3$ g/m²，$PLSD_{0.001} = 46.8$ g/m²。

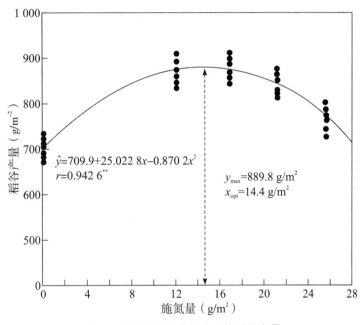

图 1 杂交稻不同施氮水平的稻谷产量

2.2 不同施氮量的干物质积累运转

据 3 年 6 季观测，黄熟期干物质积累总量与施氮量也存在抛物线型相关（表 2、图 2）：

$\hat{y} = 1\,311.9 + 44.485x - 1.420\,9x^2$，$r = 0.938\,6^{**}$。

由方程求极值，达到最高干物质积累量（y_{max}）为 1 660 g/m²，相应的施氮量（x_{opt}）为 15.7 g/m²：

$$y_{max} = a - \frac{b^2}{4c} = 1\,660.09\,(g/m^2)，\quad x_{opt} = \frac{-b}{2c} = 15.65\,(g/m^2)。$$

表 2 不同施氮量的干物质积累量

(福建龙海, 1991—1993)

施氮量 (g/m²)	各年早、晚季的干物质积累量 (g/m²)							经济系数
	1991 年早	1992 年早	1993 年早	1991 年晚	1992 年晚	1993 年晚	$\bar{x} \pm s$	
0	1 294	1 274	1 382	1 331	1 322	1 273	1 312.7±41.6	0.47
12.0	1 621	1 607	1 596	1 650	1 681	1 605	1 626.7±32.6	0.47
16.5	1 735	1 689	1 665	1 711	1 581	1 702	1 680.5±54.0	0.47
21.0	1 686	1 656	1 608	1 541	1 552	1 644	1 614.5±58.4	0.46
25.5	1 583	1 567	1 544	1 446	1 490	1 488	1 519.7±53.2	0.44

* 经济系数＝稻谷产量×0.86÷干物质积累量。

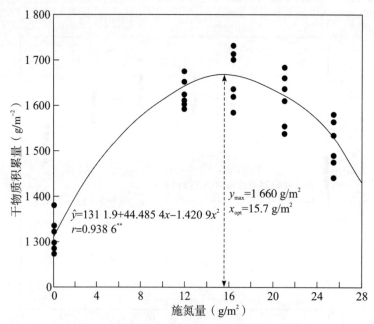

$$\hat{y} = 131\ 1.9 + 44.485\ 4x - 1.420\ 9x^2$$
$$r = 0.938\ 6^{**}$$

$y_{max} = 1\ 660\ \text{g/m}^2$
$x_{opt} = 15.7\ \text{g/m}^2$

图 2 杂交稻不同施氮水平的干物质积累量

产量和干物质积累量与施氮量之所以呈抛物线型相关,受制于糖氮代谢平衡的关系。如表 3、表 4、图 3 所示:施氮量在 0～16.5 g/m² 时,随施氮水平提高,叶面积扩大,光合生产增强,各器官及全株的干物质积累量逐渐增加;施氮量超过 16.5 g/m²,虽然叶面积继续随施氮量提高而增加,但各器官及全株的干物质积累量随施氮量的提高而降低。图 3、表 5 还显示:从齐穗至黄熟期,各营养器官向穗部转运大量干物质,其中以叶鞘和茎秆的转运量最大,在施氮量 0～16.5 g/m²,营养器官干物质转运量随施氮水平的提高而增加,施氮量超过 16.5 g/m²,营养器官干物质转运量随施氮水平的提高而降低,最终导致产量的降低。营养器官输出的干物质,80% 为非结构性碳水化合物(淀粉和可溶性糖)。出现高氮水平器官干物质转运量降低,可能是过多吸收的氮素耗用了大量非结构性碳水化合物于蛋白合成,显著减少了碳水化合物在茎鞘器官的积累。因此,掌握适宜的施氮量,调节稻株体内氮素浓度,确保茎鞘在中期积累大量的碳水化合物,对高产至关重要。

基于糖氮代谢平衡关系,施氮量也影响齐穗至黄熟期的光合生产量。表 6 显示:齐穗后的光合生产量,在施氮量 0～16.5 g/m² 时,随施氮量的提高而增加;在施氮量超过 16.5 g/m² 时,随施氮量的提高而降低,齐穗后光合生产的碳水化合物直运入穗,转变为籽粒物质。由表 6 看出:籽粒产量物质有 26％～31％来源于营养器官齐穗前积累物质的转运,有 69％～74％来源于齐穗后的光合生产。

表 3　杂交稻不同施氮水平各器官干物质积累运转动态

(福建龙海,1991—1993 年 6 季平均值)

单位:g/m²

生育时期	施氮量 0 g/m² 时干物质积累量					施氮量 12 g/m² 时干物质积累量					施氮量 16.5 g/m² 时干物质积累量				
	叶片	叶鞘	茎秆	穗	合计	叶片	叶鞘	茎秆	穗	合计	叶片	叶鞘	茎秆	穗	合计
移栽	7.1	6.7	0	0	13.8	7.0	6.6	0	0	13.6	7.1	6.5	0	0	13.6
苞分化	112.2	129.7	7.5	0	249.4	146.0	155.3	8.7	0	310.0	152.3	162.0	9.7	0	324.0
齐穗	245.7	302.4	274.1	122.9	945.1	316.2	374.8	339.6	140.5	1 171.1	352.6	376.9	340.5	145.9	1 215.9
黄熟	223.2	236.3	210.0	643.2	1 312.7	276.5	292.8	260.3	797.1	1 626.7	302.5	285.7	268.9	823.4	1 680.5

生育时期	施氮量 21 g/m² 时干物质积累量					施氮量 25.5 g/m² 时干物质积累量				
	叶片	叶鞘	茎秆	穗	合计	叶片	叶鞘	茎秆	穗	合计
移栽	6.9	6.8	0	0	13.7	7.0	6.8	0	0	13.8
苞分化	147.2	153.4	6.1	0	306.7	142.1	140.2	7.2	0	289.5
齐穗	337.1	360.3	325.5	139.5	1 162.4	332.6	331.5	303.1	126.9	1 094.1
黄熟	306.8	290.6	258.3	758.8	1 614.5	303.9	273.2	243.2	699.1	1 519.7

表 4　杂交稻不同施氮水平的光合生产

(福建龙海,1991—1993 年 6 季平均值)

施氮量 (g/m²)	移栽—苞分化				苞分化—齐穗				齐穗—黄熟			
	ΔW	CGR	LAI	NAR	ΔW	CGR	LAI	NAR	ΔW	CGR	LAI	NAR
0	235.6	7.85	1.58	4.97	695.7	18.80	3.90	4.82	367.6	10.50	3.50	3.00
12.0	296.4	9.88	2.03	4.87	861.1	23.27	4.95	4.70	455.6	13.02	4.45	2.93
16.5	310.4	10.35	2.28	4.54	891.9	24.11	5.70	4.23	464.6	13.27	5.10	2.60
210	293.0	9.77	2.53	3.86	855.7	23.13	6.25	3.70	452.1	12.92	5.55	2.33
255	275.7	9.19	2.68	3.43	804.6	21.75	6.60	3.30	425.6	12.16	5.85	2.08

* ΔW 为干物质净积累重(g/m²),CGR 为群体生长率[g/(m²·d)],LAI 为叶面积指数,NAR 为叶面积净同化率[g/(m²·d)]。

** 各生育时期平均日数:移栽—苞分化 30 d,苞分化—齐穗 37 d,齐穗—黄熟 35 d。

表5 杂交稻不同施氮水平齐穗—黄熟期营养器官干物质转运量和光合生产量及对籽粒产量的贡献

（福建龙海,1991—1993 年 6 季平均值）

施氮量 (g/m²)	籽粒干重 (g/m²)	营养器官齐穗期干重 (g/m²)	齐穗—黄熟期营养器官干物质转运量(g/m²)				营养器官干物质转运率 (%)	干物质转运量对籽粒贡献率 (%)	齐穗后光合生产量 (g/m²)	光合生产对籽粒贡献率 (%)
			叶片	叶鞘	茎秆	合计				
0	520.3	822.3	22.5	66.1	64.1	152.7	18.6	29.4	367.6	70.6
12.0	656.6	1 030.6	39.7	85.0	79.3	201.0	19.5	30.6	455.6	69.4
16.5	677.5	1 070.0	50.1	91.2	71.6	212.9	19.9	31.4	464.6	68.6
21.0	619.3	1 022.9	30.3	69.7	67.2	167.2	16.4	27.0	452.1	73.0
25.5	572.2	967.2	28.7	58.0	59.9	146.6	15.2	25.6	425.6	74.4

* 籽粒干重＝黄熟期穗干重－齐穗期穗干重;

** 营养器官干物质转运率(%)＝(齐穗－黄熟期营养器官干物质转运量÷齐穗期营养器官干物重)。

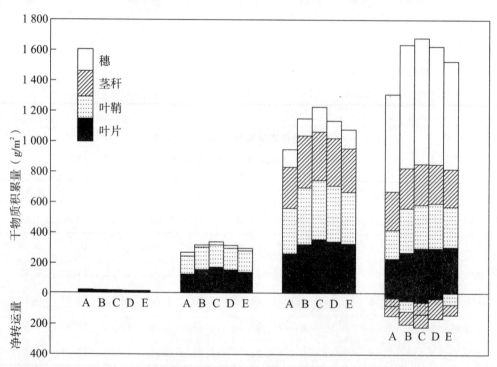

A、B、C、D、E 分别代表施氮量 0.12、16.5、21、25.5 g/m² 处理。

图3 杂交稻不同施氮水平各器官干物质的积累运转

2.3 不同施氮水平的叶片含氮率

叶片对氮素水平反应最灵敏。据 1992 年早、晚季对不同施氮量处理的调查,几个生育期的叶片含氮率都与施氮量呈极显著的线性正相关(图4)。当达到某一适宜的叶片含氮率时,稻株可能积累最多的碳水化合物,形成最高的稻谷产量。据对 1992 年早晚季 5 个施氮量水平 12 个处理小区的稻谷产量及其各生育期叶片含氮率的观测,结果如图 5 所示,稻谷产量也与各生育期的叶片含氮率,存在极显著的抛物线型相关。由方程求极值,得到达到最高产量(y_{max})的几个重要生育期的适宜的叶片含率(x_{opt})(相关方程、y_{max}、x_{opt}值见图5图注)。这些叶片含氮率指标与历年杂交稻高产田的定位追踪测定基本一致,界定如下:分蘗期4.3%~4.5%,苞分化期3.7%~4.2%,孕穗期2.9%~3.2%,齐穗期2.8%~3.0%,乳熟期2.3%~2.6%,黄熟期1.3%~1.5%。

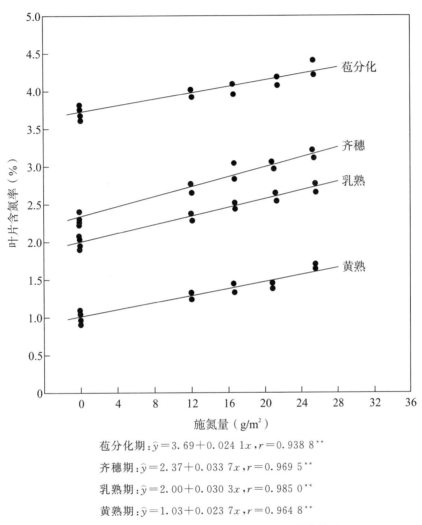

苞分化期:$\hat{y}=3.69+0.024\ 1x$,$r=0.938\ 8^{**}$

齐穗期:$\hat{y}=2.37+0.033\ 7x$,$r=0.969\ 5^{**}$

乳熟期:$\hat{y}=2.00+0.030\ 3x$,$r=0.985\ 0^{**}$

黄熟期:$\hat{y}=1.03+0.023\ 7x$,$r=0.964\ 8^{**}$

图4　杂交稻各生育期叶片含氮率与施氮量的关系

2.4　不同施氮水平的氮肥吸收量及经济效益

据1991—1993年6季施氮水平试验的测定结果,如表6、图6所示:杂交稻吸收积累的氮量(y)随化肥氮施用量(x)的平方根值($\sqrt{x}$)增加而曲线地增加,其方程为

$$\hat{y}=12.0+1.545\ 7\sqrt{x}\ ,r=0.984\ 9^{**}。$$

a值相当于不施氮区的稻株吸氮量,这可看作是土壤自然供氮量,等于试点耕层土壤含氮总量(360 g/m²)的3.3%。$b\sqrt{x}$是稻株对投入化肥氮的吸收量。稻株吸氮量随施氮水平提高而增加,实际上是化肥氮吸收量的增加。因而,化肥氮吸收量占稻株总吸氮量的比率随施氮水平的提高而提高,但是化学氮肥当季回收率却随施氮水平的提高而降低。当施氮12 g/m²时,在稻株总吸氮量中,化肥氮占30%,土

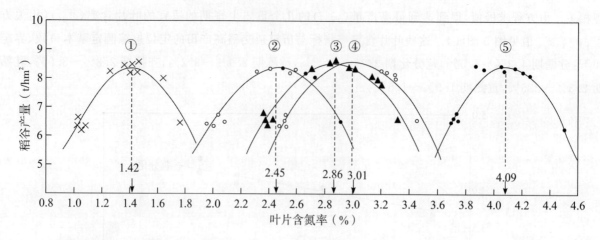

①黄熟期:$\hat{y}=-17.29+36.178\,6x-12.783\,0x^2$,$r=0.962\,9^{**}$,$y_{max}=8.31\ \text{t/hm}^2$,$x_{opt}=1.42\%$;

②乳熟期:$\hat{y}=-46.10+49.397\,4x-9.054\,6x^2$,$r=0.945\,8^{**}$,$y_{max}=8.33\ \text{t/hm}^2$,$x_{opt}=2.45\%$;

③齐穗期:$\hat{y}=-58.61+46.921\,6x-8.208\,0x^2$,$r=0.962\,9^{**}$,$y_{max}=8.45\ \text{t/hm}^2$,$x_{opt}=2.86\%$;

④孕穗期:$\hat{y}=-67.02+50.244\,4x-8.354\,8x^2$,$r=0.9819^{**}$,$y_{max}=8.52\ \text{t/hm}^2$,$x_{opt}=3.01\%$;

⑤苞分化期:$\hat{y}=-192.09+97.997\,6x-11.978\,7x^2$,$r=0.962\,2^{**}$,$y_{max}=8.34\ \text{t/hm}^2$,$x_{opt}=4.09\%$。

图5 稻谷产量与各生育期叶片含氮率的关系

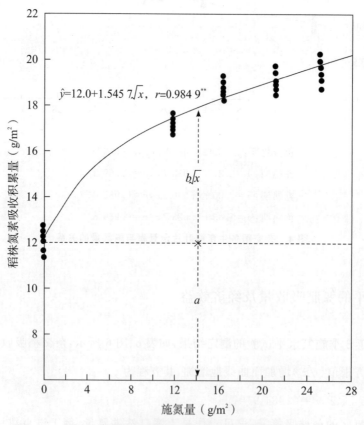

图6 杂交稻氮素吸收积累量与施氮量的关系

壤氮占70%,化肥氮当季回收率为43.3%;当施氮21 g/m² 时,在稻株总收量中,化肥氮占37%,土壤氮占63%,化肥氮当季回收率为33.8%。

由表 6 看出：在试验条件下，在施氮量 0～16.5 g/m^2 范围内，稻株吸氮量大于化肥氮施用量，暗示土壤氮库可能亏缺。但据历年土壤化验，耕作层土壤含氮量并未见降低，其原因可能是每年冬种作物（小麦）都施了大量有机质堆肥，维持着土壤氮素的收支平衡。

采用差减法（施氮区产量－不施氮区产量），来表示化肥氮增产稻谷的效率。结果如表 6 所示：施入氮的增产效率随施氮水平的提高而递减，如施氮量为 120 kg/hm^2 时，每千克施入氮增产 14.1 kg 稻谷；施入氮为 255 kg/hm^2 时，每千克施入氮仅生产 2.7 kg 稻谷。经计算，吸收氮生产稻谷的效率也随施氮水平的提高而递减，在本试验条件下，每千克吸收氮生产稻谷的变幅为 40～60 kg。

尽管施入氮或吸收氮的生产效率和化学氮肥当季回收率，都随施氮水平的提高而递减，但是，适中的施氮量，却可保持较高的氮肥生产效率和化肥氮当季回收率，在取得接近最高产量同时，取得最高的经济效益，如表 6 所示：施氮量 120 kg/hm^2 处理产量达 8 796 kg/hm^2，仅比施氮量 165 kg/hm^2 处理降低 10 kg，差异不显著，但氮肥回收率，施入氮生产效率和单位面积经济效益，比施氮量 165 kg/hm^2 有所提高，与施氮量 255 kg/hm^2 处理相比，则增产效率十分显著：氮肥回收率提高 13.5 个百分点，每千克施入氮增产稻谷 8.1 kg，每公顷纯经济效益提高 1 578 元。

表 6 杂交稻不同施氮水平的氮肥吸收量和经济效益

（福建龙海，1991—1993）

施氮量 (g/m^2)	各季稻株吸氮量(g/m^2)							化肥氮		氮肥当季回收率(%)	稻谷产量 (kg/hm^2)	施入氮增产效率 (kg/hm^2)	生产100 kg 稻谷吸氮量 (kg)	吸收氮生产效率 (kg/kg)	纯经济效益 (元/hm^2)
	1991早季	1992早季	1993早季	1991晚季	1992晚季	1993晚季	平均	吸收量 (g/m^2)	占比 (%)						
0	12.6	12.3	12.4	12.1	11.2	11.4	12.0	0	0	—	7 108	—	1.7	59.2	8 530
12.0	17.7	17.3	17.5	17.1	16.8	17.0	17.2	5.2	30.2	43.3	8 796	14.1	2.0	51.1	10 219
16.5	19.3	18.8	19.0	18.7	18.4	18.6	18.8	6.8	36.1	41.2	8 896	10.8	2.1	47.3	10 213
21.0	19.9	19.0	19.5	18.8	18.5	18.7	19.1	7.1	37.2	33.8	8 547	6.9	2.2	44.7	9 668
25.5	20.2	19.8	20.0	19.5	18.9	19.3	19.6	7.6	38.8	29.8	7 796	2.7	2.5	39.8	8 641

3 总结与讨论

3.1 提高稻田土壤供氮量和氮肥生产效率问题

本研究结果显示，水稻吸收的氮素，60%～70% 来自土壤，30%～40% 来自投入的氮肥；不施氮肥处理的产量，达到施氮量 16.5 g/m^2 处理取得最高产量的 80%。可见，水稻产量更多地依据土壤肥力，为建立高产高效持续发展的稻作，必须努力提高土壤供氮量，在此基础上，努力提高氮肥生产效率。

据杨园英等[2]研究，高肥力田比低肥力田具有较高的土壤供氮力，培养地力是提高土壤供氮量的根本措施。据袁从炜[3]分析，江苏省 40 年来稻田土壤施氮量，随着土壤培肥和水稻品种的改良，逐渐由 60～75 kg/hm^2 提高到 100～120 kg/hm^2。刘经荣等[4]报道，有机肥与无机肥配合施用比施等量氮、磷、钾化肥，可以增加土壤有机质和氮素的积累。蔡贵信等[5]指出，化肥氮有激发土壤氮矿化的作用，但激发量与化肥氮在土壤的残留量相近,认为化肥氮的激发作用不会加速土壤供氮能力的衰退,相反地可通过根茬留田和秸秆回田,保持和提高土壤供氮量。郑景生等[6]在福建省龙海考察了大面积双季稻—蘑菇生产系统,揭示利用稻草培养蘑菇,菇渣回田改土,节约氮、磷、钾化肥投入,并维持土壤有机质动态平衡,取得稻菇双高产,大幅提高经济效益。

水稻氮肥回收率偏低。据 de Datta[1]、杨园英等[2]、刘经荣等[4]、蔡贵信等[5]、张道勇[7]、陈荣业等[8]、郭云桃等[9]、戈乃玢等[10]研究,水稻氮肥回收率为30%~40%,氮肥损失率为60%~70%。稻田氮素损失以氨的挥发为主,反硝化作用次之,少量为渗漏和径流。

de Datta[1]总结了减少氮素气态损失、提高氮肥吸收利用率的重要措施是:(1)移栽前实行排干渍水的全层施氮;(2)适当减少施氮量,增加中后期施氮比重;(3)推行有机肥与化肥结合施用;(4)使用包衣尿素、脲酶抑制剂。

本研究明确,随施氮水平提高,氮肥回收率和生产稻谷的效率降低,必须适量施氮,以保持较高的回收率和生产效率,取得接近最高的产量和最高的经济效益。适宜的施氮量,可通过施氮水平试验建立数字模型计算,加上产量方差分析,以最小显著差数校正确定。

3.2　水稻糖氮代谢和氮素营养诊断问题

据吉田昌一[11]分析,水稻光合作用生产的碳水化合物,有一部分运到根部,分解为α-酮戊二酸和α-酮酸,根系从土壤吸入的氨常与α-酮戊二酸化合生成谷氨酸。谷氨酸通过氨基转移作用将氨基传递给α-酮酸,生成α-氨基酸,并通过相互转化,形成多种氨基酸,最后缩合为蛋白质。糖、氮代谢就这样相互联系着。当吸收的氨较多时,便消耗较多的提供α-酮戊二酸的碳水化合物用于蛋白质合成,结果稻体中的碳水化合物积累较少;当氨的吸收较少时,剩余的碳水化合物便以淀粉和可溶性糖的形态积累于茎鞘中。这可以很好地解释本研究描述的施氮量与茎鞘干物质积累量(主要是淀粉和可溶性糖的积累量)呈抛物线型相关的现象。

根据糖、氮积累的抛物线型相关关系,王人潮[12]、松崎昭夫等[13]提出用叶鞘淀粉-碘染色率诊断氮素穗肥需要量;孙羲等[14]、杨立炯等[15]提出用叶色、叶片含氮率、叶鞘氨基酸-茚酮反应浓度、心叶天冬酰胺含量等氮素营养指标,来调控碳水化合物生产,促进库源器官协调发育。本研究揭示了杂交稻几个重要生育期叶片含氮率的高产诊断指标。

著录论文

李义珍,郑景生,庄占龙.杂交稻施氮水平效应研究[J].福建农业学报,1998,13(2):58-64.

参考文献

[1]DE DATTA S K,BURESH R J.灌溉稻的综合氮素管理[C]//中国水稻研究所.灌溉稻研究进展和前景:1997年国际水稻研究会议集要.杭州:中国水稻研究所,1988:159-173.

[2]杨园英,钟仕俊,詹埏寿,等.杂交水稻吸氮特性及氮肥的增产效果[J].土壤,1987,19(4):196-201.

[3]袁从炜.水稻生产中氮肥的效率[J].江苏作物通讯,1996(1):58-59.

[4]刘经荣,张德远,吴建富,等.稻田养分循环利用模式研究[J].西南农业大学学报,1995,17(2):105-109.

[5]蔡贵信,朱兆良.太湖地区水稻土的氮素供应和氮肥的合理施用[J].土壤,1983,15(6):201-205.

[6]郑景生,李义珍,姜照伟,等.福建龙海稻菇生产系统的养分循环和有机质平衡[J].福建稻麦科技,2001,19(增刊1):3-5.

[7]张道勇.氮肥的利用率及其损失问题(二)[J].土壤通报,1981(4):47-49.

[8]陈荣业,朱兆良.氮肥去向的研究Ⅰ:稻田土壤中氮肥的去向[J].土壤学报,1982,19(2):122-129.

[9]郭云桃,沈中泉.稻田中不同形态氮肥的利用及其对土壤供氮能力的影响[J].土壤,1983,15(6):201-205.

[10]戈乃钫,张通勇,马淑芬,等.杂交稻氮素营养和氮肥效应的研究Ⅱ:尿素施入土壤后的去向及对于土壤供氮力的影响[J].南京农业大学学报,1987(2):69-75.

[11]吉田昌一.稻作科学原理[M].厉葆初,译.杭州:浙江科学技术出版社,1984:170-171.

[12]王人潮.早稻省肥高产栽培及其诊断技术研究Ⅱ:千斤早稻的植株营养指标[J].浙江农业大学学报,1981,7(2):33-40.

[13]松崎昭夫,松岛省三,富田丰雄.水稻收量の成立原理とその応用に関する作物学的研究:第119报 叶色と叶鞘染色比にする窒素制限效果の判定[J].日本作物学会纪事,1974,43(2):161-166.

[14]孙羲,林荣新,马国瑞.水稻氮素营养及其诊断[J].浙江农业大学学报,1981,7(2):41-50.

[15]杨立炯,李义珍,颜振德,等.水稻高产结构与诊断[M]//中国农业科学院.中国稻作学.北京:农业出版社,1986:647-684.

七、杂交稻氮、钾肥的吸收积累特性和合理施用

我国在 1949—1998 年的 50 年中,稻谷总产由 4 864 万 t 增加到 1.99 亿 t,平均单产由 1 890 kg/hm² 增加到 6 366 kg/hm²,分别提高 3.1 倍和 2.4 倍,以占世界 20%水稻播种面积,生产占世界 33%稻谷总产,在世界大小水稻生产国中,单产居第二位[1],品种的改良和化学氮肥施用量迅速增加,被认为是大幅增产的主导因素。据朱兆良[2]、沈善敏[3]调研。我国 50 年来,粮食总产由 1.13 亿 t 增加到 5.12 亿 t,氮肥施用量由 0.6 万 t 增加到 2 481 万 t,粮食年总产与化肥年施用量呈高度正相关,相关系数为 0.977**,回归系数为 14.5,但回归系数呈逐渐降低趋势,表明化学氮肥大量增加,其利用率明显降低,据估算,化肥氮表观利用率,1969—1978 年为 61%~52%,1989—1998 年为 35%~32%。

据国际水稻研究所专家 de Datta[4]调研,占世界水稻种植面积 90%的亚洲,1970—1980 年代水稻增产,也认为主要源于采用新品种和大量增施化学氮肥,并看到氮肥利用率普遍较低,平均只有 30%~40%。在热带地区,化学氮肥的生产效率为每千克吸收氮生产 50 kg 稻谷,在温带地区为每千克吸收氮生产 60 kg 稻谷。

氮肥利用率明显降低的揭示,已引人注目,并涌现不少关于氮肥吸收积累、氮肥损失去向和施用技术的研究报道[5-9]。然而,钾肥营养和施用技术研究明显较少。据 1990 年代全国第 3 次土壤普查,多地出现土壤有效钾素亏缺的趋势[10]。合理施用钾肥开始引起注意。由于钾肥单价高,水稻生产上重施氮肥,轻施或不施钾肥,营养失调,钾素营养不足已成为限制水稻持续高产的因子之一[11-13]。为此,我们启动氮、钾肥综合性研究[14-17],1997 年在龙海县设置不同氮、钾肥施用水平试验的总结。

1　材料与方法

1.1　研究概况

试验于 1997 年晚季在福建省龙海市海澄镇黎明村进行,地理位置 24°26′N,117°53′E,海拔 5 m,属亚热带气候,年平均气温 21 ℃,年日照 2 137 h,年降水 1 376 mm。土壤为海陆相沉积的轻黏性乌泥土,含有机质 35 g/kg,全氮 2.1 g/kg,水解性氮 134 mg/kg,速效钾 92 mg/kg,有效磷 36 g/kg。供试品种为杂交稻特优 63,7 月 15 日播种,8 月 3 日移栽,9 月 7 日苞分化,10 月 10 日齐穗,11 月 8 日成熟。

1.2　试验设计

氮肥试验设 6 个水平试验,每平方米施氮量分别为 0、7.5、15、22.5、30、37.5 g,按 70%、20%、10%的

比率作促蘖肥(移栽后 5 d)、促花肥(移栽后 35 d 的苞分化期)和保花期(移栽后 50 d 的雌雄蕊分化末期)分施。每处理统一施磷 7.5 g/kg、钾 22.5 g/m²,磷肥作基肥,钾肥按 50% 作促蘖肥、50% 作促花肥分施。

钾肥试验设 6 个水平处理,每平方米施钾量分别为 0、7.5、15、22.5、30、37.5 g。每处理统一施氮 22.5 g/m²,钾 7.5 g/m²。氮、磷、钾施用期及比率同上。

其中每平方米施氮 22.5 g+钾 22.5 g+磷 7.5 g 的处理,为氮钾试验的共有处理,因而氮、钾肥水平试验共有 11 个处理。试验 3 次重复,小区面积 5 m×2.4 m=12 m²,随机区组排列。小区筑小田埂包塑料薄膜隔开。行株距 20 cm×20 cm。

1.3　观测项目及方法

稻株干物质及氮、钾素成分测定:于移栽期(8 月 3 日)、分蘖初期(8 月 18 日,栽后 15 d)、分蘖中期(8 月 28 日,栽后 25 d)、苞分化期(9 月 7 日,栽后 35 d)、减数分裂期(9 月 24 日,栽后 52 d)、齐穗期(10 月 10 日,栽后 68 d)、乳熟期(10 月 25 日,栽后 83 d)、黄熟期(11 月 8 日,栽后 97 d)。每处理取 5 丛稻株,分解为叶片、茎鞘、穗等器官,烘干称重。然后分别粉碎,从中取样用硫酸-过氧化氢联合消毒后,采用凯氏法测定含氮量,原子吸收分光光度法测定含钾量。

产量及其构成测定:水稻成熟时分小区收获称产。收获前 1 d 每小区调查 50 丛穗数,用以计算单位面积穗数,同时按各处理大样品调查结果的平均每丛穗数标准,各处理取 5 丛稻株考察结实率和千粒重,按产量构成方程求算每穗粒数。

经济效益评估:详细记录试验所在 5 个农户稻作全程的投入产出,调查当地市场氮钾素化肥和稻谷零售单价,供作不同施肥水平处理的经济效益评估。

2　结果与分析

2.1　氮钾素在水稻全株及各器官的积累运转

表 1、图 1 显示:在不同施肥水平下,水稻全株对氮、钾养分的吸收积累均呈 Logistic 曲线,但各时期的净积累量差异很大。6 个处理平均,氮素在前期(移栽—苞分化)、中期(苞分化—齐穗)、后期(齐穗—黄熟)的净积累量分别占 65%、31% 和 4%;钾素在前期、中期、后期的净积累量分别占 48%、49% 和 3%。

氮素在水稻抽穗前的积累中心是叶片和茎鞘,叶片积累量显著多于茎鞘;抽穗后的积累中心是穗,成熟时稻穗积累的氮素占全株的 53%~60%。叶片、茎鞘的氮素积累动态呈单峰曲线,齐穗期达高峰,随后叶片有 55% 左右,茎鞘有 40% 左右的含氮化合物,分解转运到穗部,对稻穗的表观转变率达 90% 左右,即抽穗后籽粒充实所需氮素的 90% 依靠茎叶贮积氮素的分解转运,只有 10% 左右由根系从土壤吸收,依靠土壤自然供应即满足需求,无需再行施氮。

钾素积累中心是茎鞘。茎鞘的钾素积累动态呈 Logistic 曲线,在苞分化、齐穗、黄熟期的积累量分别占全株当时积累总量的 62%、67% 和 70% 左右。叶片的钾素积累动态呈单峰曲线,齐穗期达高峰,抽穗后有 34%～40% 的钾素转运到茎鞘和穗部，表观转变率为 78%，不足部分由根系从土壤吸收，依靠土壤自然供应也可得到满足。

表 1　杂交稻不同施氮、钾水平的全株及各器官氮、钾素积累运转动态

（福建龙海，特优 62，2007 年晚季）

氮、钾施用量（g/m²）	生育期	移栽后日数	各器官含氮量（g/m²）				各器官含钾量（g/m²）			
			叶片	茎鞘	穗	合计	叶片	茎鞘	穗	合计
0	移栽	0	0.45	0.21	0	0.66	0.26	0.30	0	0.56
	分蘖初	15	1.10	0.70	0	1.80	0.69	1.09	0	1.78
	分蘖末	25	3.61	1.69	0	5.30	2.18	2.93	0	5.11
	苞分化	35	5.29	3.23	0	8.52	2.96	5.26	0	8.22
	减数分裂	52	6.81	3.89	0.39	11.06	4.14	8.27	0.31	12.72
	齐穗	68	7.24	4.68	2.40	14.32	4.21	10.08	0.96	15.25
	乳熟	93	5.10	3.30	6.53	14.93	3.02	10.53	2.30	15.85
	黄熟	97	3.16	2.92	9.12	15.20	2.53	11.03	2.46	16.02
7.5	移栽	0	0.45	0.21	0	0.66	0.26	0.30	0	0.56
	分蘖初	15	1.52	0.99	0	2.51	0.75	1.17	0	1.92
	分蘖末	25	5.04	2.57	0	7.61	2.81	3.41	0	6.22
	苞分化	35	7.38	3.94	0	11.32	3.44	5.69	0	9.13
	减数分裂	52	8.37	5.28	0.45	14.10	4.71	9.93	0.33	14.97
	齐穗	68	8.77	5.96	2.60	17.33	5.05	12.46	1.07	18.58
	乳熟	83	6.03	4.05	7.72	17.80	3.60	12.27	2.58	18.95
	黄熟	97	3.73	3.60	10.82	18.15	3.09	13.39	2.79	19.27
15.0	移栽	0	0.45	0.21	0	0.66	0.26	0.30	0	0.56
	分蘖初	15	1.62	1.05	0	2.67	0.79	1.21	0	2.00
	分蘖末	25	6.13	3.27	0	9.40	2.83	3.92	0	6.75
	苞分化	35	8.85	4.89	0	13.74	3.96	6.21	0	10.16
	减数分裂	52	9.36	6.66	0.48	16.50	5.20	11.35	0.34	16.89
	齐穗	68	9.67	7.13	2.78	19.58	5.51	14.16	1.13	21.10
	乳熟	83	7.05	4.72	8.81	20.58	3.92	14.76	2.75	21.43
	黄熟	97	4.20	4.29	12.27	20.76	3.37	15.17	2.98	21.52
22.5	移栽	0	0.45	0.21	0	0.66	0.26	0.30	0	0.56
	分蘖初	15	1.73	1.11	0	2.84	0.84	1.27	0	2.11
	分蘖末	25	6.64	3.59	0	10.23	3.09	4.15	0	7.24
	苞分化	35	9.37	5.44	0	14.81	4.18	6.57	0	10.75
	减数分裂	52	10.67	7.35	0.50	18.52	5.85	11.70	0.35	17.90
	齐穗	68	10.67	8.10	2.82	21.68	5.96	15.11	1.31	22.38
	乳熟	83	7.90	5.27	9.46	22.63	4.27	15.32	2.95	22.54
	黄熟	97	4.67	4.85	13.14	22.66	3.73	15.89	3.04	22.66

续表1

氮、钾施用量 （g/m²）	生育期	移栽后日数	各器官含氮量（g/m²）				各器官含钾量（g/m²）			
			叶片	茎鞘	穗	合计	叶片	茎鞘	穗	合计
30.0	移栽	0	0.45	0.21	0	0.66	0.26	0.30	0	0.56
	分蘖初	15	2.02	1.30	0	3.32	0.89	1.30	0	2.17
	分蘖末	25	6.29	3.85	0	10.77	3.19	4.37	0	7.56
	苞分化	35	10.28	5.02	0	15.90	4.46	6.81	0	11.27
	减数分裂	52	11.51	7.39	0.50	19.40	5.97	12.83	0.34	19.14
	齐穗	68	11.55	8.14	2.75	22.44	6.47	15.82	1.19	23.48
	乳熟	83	8.75	5.29	9.31	23.35	4.60	16.29	2.94	23.83
	黄熟	97	5.49	4.86	13.13	23.48	4.06	16.91	3.09	24.06
37.5	移栽	0	0.45	0.21	0	0.66	0.26	0.30	0	0.56
	分蘖初	15	2.28	1.45	0	3.73	0.93	1.29	0	2.27
	分蘖末	25	7.48	4.15	0	11.63	3.47	4.62	0	8.09
	苞分化	35	11.23	6.04	0	17.27	4.82	7.18	0	12.00
	减数分裂	52	12.46	7.51	0.48	20.45	6.52	13.12	0.35	20.19
	齐穗	68	12.56	8.24	2.63	23.43	6.60	16.64	1.20	24.44
	乳熟	83	9.48	5.36	8.86	23.70	4.78	16.95	2.99	24.72
	黄熟	97	6.20	4.98	12.67	23.85	4.36	17.54	3.13	25.03

2.2　水稻氮、钾养分吸收量与氮、钾化肥施用量的关系

水稻吸收的氮、钾养分，一部分来自土壤，一部分来自化肥。图2、表2、表3显示，水稻最终吸收的氮、钾养分总量（y），随氮、钾化肥施用量（x）的平方根值（$\sqrt{x}$）的增加而增加：

氮：$y = 14.22 + 1.517\ 8\sqrt{x}$，$r = 0.987\ 8^{**}$

钾：$y = 15.16 + 1.491\ 4\sqrt{x}$，$r = 0.995\ 9^{**}$

式中 a 为不施化肥区稻株的氮、钾素养分吸收量，可视作土壤自然供肥量，$b\sqrt{x}$ 是稻株从化肥吸收的氮、钾素养分量。

应用差减法计算出不同施肥水平的化肥氮或化肥钾吸收量及其当季利用率。结果看出：随化肥施用量提高，化肥氮、钾养分吸收量增加，但当季利用率降低。如氮素化肥施用量为 7.5 g/m² 时，稻株总吸氮量为 17.49 g/m²，其中化肥氮吸收量为 2.95 g/m²，占 16.9%，化肥氮当季利用率为 39.3%；氮素化肥施用量为 33.5 g/m² 时，稻株总吸氮量为 23.19 g/m²，其中化肥吸收量为 8.65 g/m²，占 37.3%，化肥氮当季利用率为 23.1%。化肥钾吸收量及当季利用率钾素化肥施用量的关系，趋势相同。

随着化肥施用量增加，化肥利用率下降，相应地，每千克吸肥量生产的稻谷量（称为吸收氮、吸收钾生产效率）。每生产 100 kg 稻谷的吸氮量或吸钾量，也随化肥施用量的增加而下降。采用差减法，计算施入每千克化肥比不施化肥增产的稻谷重（称为施入氮、施入钾增产效率），也随化肥施用量增加而下降。

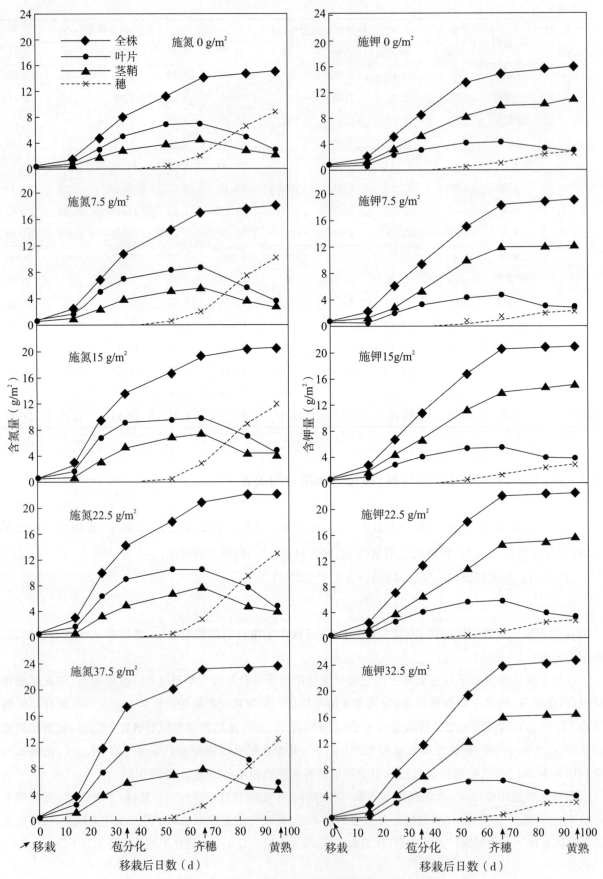

图1　杂交稻不同施氮、钾水平的全株及各器官氮、钾素积累运转动态

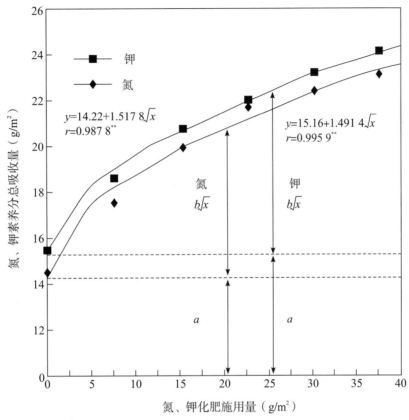

图 2　杂交稻氮、钾养分吸收量与氮、钾化肥施用量的关系

考察不同化肥施用量的稻谷产量及化肥当季利用率,看到:达到最高产量的氮、钾肥当季利用率在 30％～37％,只有施肥量很低的化肥利用率在 40％以上,但其产量和经济效益都不高。

表 2　杂交稻不同施氮水平的氮素吸收量、利用率和生产效率

(福建龙海,特优 63,1997 年晚季)

施氮量 (g/hm²)	各时期吸氮量(g/m²)				化肥氮		化肥氮利用率 (％)	稻谷产量 (kg/hm²)	吸收氮生产效率 (kg/kg)	生产 100 kg 稻谷吸氮量 (kg)	施入氮增产效率 (kg/kg)
	前期	中期	后期	合计	吸收量 (g/m²)	占比 (％)					
0	7.86	5.80	0.88	14.54	0	0	—	8 855	60.9	1.6	—
7.5	10.66	6.01	0.82	17.49	2.95	16.9	39.3	9 865	56.4	1.8	13.5
15.0	13.08	5.84	1.18	20.10	5.56	27.7	37.1	10 400	51.7	1.9	10.3
22.5	14.15	6.87	0.98	22.00	7.46	33.9	33.2	10 655	48.4	2.1	8.0
30.0	15.24	6.54	1.04	22.82	8.28	36.3	27.6	10 300	45.1	2.2	4.8
37.5	16.61	6.16	0.42	23.49	8.65	37.3	23.1	9 585	41.5	2.4	2.0

*前期:移栽—苞分化;中期:苞分化—齐穗;后期:齐穗—黄熟。

表 3　杂交稻不同施钾水平的钾素吸收量、利用率和生产效率

（福建龙海，特优 63，1997 年晚季）

施钾量 (g/hm²)	各时期吸钾量(g/m²)				化肥钾		化肥钾利用率 (%)	稻谷产量 (kg/hm²)	吸收钾生产效率 (kg/kg)	生产 100 kg 稻谷吸钾量 (kg)	施入钾增产效率 (kg/kg)
	前期	中期	后期	合计	吸收量 (g/m²)	占比 (%)					
0	7.66	7.03	0.77	15.46	0	0	—	9575	61.9	1.6	—
7.5	8.57	9.45	0.69	18.71	3.25	17.4	43.3	10110	54.0	1.9	7.1
15.0	9.60	10.94	0.42	20.96	5.50	26.2	36.7	10510	50.1	2.0	6.2
22.5	10.19	11.63	0.28	22.10	6.64	30.1	29.5	10655	48.2	2.1	4.8
30.0	10.71	12.21	0.58	23.50	8.04	34.2	26.8	10590	45.1	2.2	3.4
37.5	11.44	12.44	0.59	24.47	9.01	36.4	24.0	10320	42.2	2.4	2.0

　　* 前期：移栽—苞分化；中期：苞分化—齐穗；后期：齐穗—黄熟。

2.3　水稻氮、钾化肥适宜施用量

　　表 4、表 5 列出氮、钾化肥不同施用量的稻谷产量，经计算，如图 3 显示，稻谷产量(y)与氮、钾化肥用量(x)，呈抛物线型相关：

　　氮：$y=8\,845.89+16.490\,7x-0.038\,7x^2$，$r=0.966\,7^{**}$

　　钾：$y=9\,563.75+9.022\,8x-0.018\,7x^2$，$r=0.932\,9^{**}$

　　由方程 a、b、c 值和试验当地化肥(P)、稻谷(q)单价比（氮肥的 $P/Q=2.2$，钾肥的 $P/Q=5$）等参数，计算出达到最高理论产量（$y_{max}=a-b^2/4c$）及其相应施肥量（$x_{opt}=-b/2c$），达到最佳经济效益的产量（y_{eco}）及其相应施肥量（$P/Q-b$）/$2c$，结果得：

　　氮：$y_{max}=10\,603$ kg/hm²，$x_{opt}=213$ kg/hm²；$y_{eco}=10\,571$ kg/hm²，$x_{eco}=185$ kg/hm²；

　　钾：$y_{max}=10\,654$ kg/hm²，$x_{opt}=241$ kg/hm²；$y_{eco}=10\,319$ kg/hm²，$x_{eco}=101$ kg/hm²。

　　为了农业持续发展，肥料施用应改变单纯追求高产的倾向，转向注重经济施肥，以提高经济效益和保护环境。上述计算所得数据表明，最佳经济效益的产量，只比最高理论产量低 0.3%～3%，而节省氮肥 13%，节省钾肥 58%，净效益显著。氮肥生产受国家支持，单价低，氮肥/稻谷单价比也低（$P/Q=2.2$），故最佳经济效益节省氮肥较少；我国缺乏钾肥资源，钾肥昂贵，钾肥/稻谷单价比高（$P/Q=5$），故最佳经济效益节省钾肥特多，又为推行经济施钾提供了有利条件。

　　图 3 显示，氮肥回归曲线的曲度大，表明水稻对氮肥敏感；钾肥回归曲线的曲度小，表明水稻较耐低钾和高钾。氮、钾肥这一营养特性，为经济施用氮、钾肥提供了科学依据。

　　表 4、表 5 列出不同施氮、施钾水平的稻谷产值、工本费和纯效益，最高效益的施氮量为 225 kg/hm²，施钾量为 150 kg/hm²。由数学模式计算出更为精准的最高效益的施氮量为 185 kg/hm²，施钾量为 101 kg/hm²。

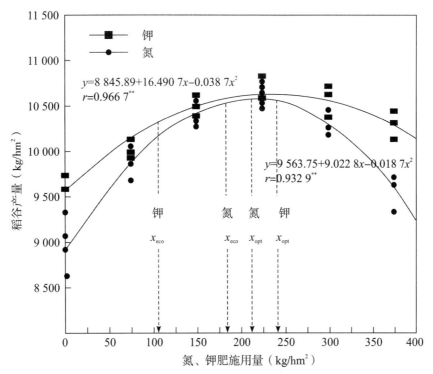

图3　稻谷产量与氮、钾肥施用量的关系

表4　杂交稻不同施氮水平的稻谷产量及经济效益

（福建龙海，特优 63，1997 年晚季）

处理编号	施氮量（kg/hm²）	稻谷产量(kg/hm²)				显著性		稻谷产值（元/hm²）	工本费（元/hm²）				纯效益（元/hm²）
		Ⅰ	Ⅱ	Ⅲ	平均	5%	1%		氮肥	钾肥	其他	合计	
N1	0	8 595	8 910	9 060	8 855	C	D	17 710	0	2 250	8 000	10 250	7 460
N2	75	9 690	9 855	10 050	9 865	b	BC	19 730	330	2 250	8 000	10 580	9 150
N3	150	10 335	10 560	10 305	10 400	a	A	20 800	660	2 250	8 000	10 910	9 890
N4	225	10 635	10 815	10 515	10 655	a	A	21 310	990	2 250	8 000	11 240	10 070
N5	300	10 485	10 275	10 140	10 300	a	AB	20 600	1 320	2 250	8 000	11 570	9 030
N6	375	9 750	9 690	9 315	9 585	b	C	19 170	1 650	2 250	8 000	11 900	7 270

* $PLSD_{0.05}=356$ kg/hm², $PLSD_{0.01}=507$ kg/hm²。

** 试验当地 1997 年市场零售价：稻谷 2 元/kg，氮肥 4.4 元/kg，钾肥 10 元/kg。

表5 杂交稻不同施钾水平的稻谷产量及经济效益

(福建龙海,特优 63,1997 年晚季)

处理编号	施钾量 (kg/hm²)	稻谷产量(kg/hm²)				显著性		稻谷产值 (元/hm²)	工本费(元/hm²)				纯效益 (g/hm²)
		I	II	III	平均	5%	1%		钾肥	氮肥	其他	合计	
K1	0	9 360	9 600	9 765	9 575	c	C	19 150	0	990	8 000	8 990	10 160
K2	75	9 960	10 305	10 065	10 110	b	B	20 220	750	990	8 000	9 740	10 480
K3	150	10 665	10 320	10 545	10 510	a	AB	21 020	1 500	990	8 000	10 490	10 530
K4	225	10 635	10 815	10 515	10 655	a	A	21 310	2 250	990	8 000	11 240	10 070
K5	300	10 605	10 425	10 740	10 590	a	AB	21 180	3 000	990	8 000	11 990	9 190
K6	375	10 470	10 140	10 350	10 320	ab	AB	20 640	3 750	990	8 000	12 740	7 900

* $PLSD_{0.05}=338$, $PLSD_{0.01}=481$。

3 总结与讨论

3.1 水稻氮、钾养分的吸收积累特性

据本项目组历年研究[14-17],水稻全株氮、钾养分的吸收积累呈 Logistic 曲线,以在前中期吸收积累最多。本研究观测的结果是:氮素在前、中、后期的净积累量分别占 65%、31% 和 4%,钾素在前、中、后期的净积累量分别占 48%、49% 和 3%。稻株吸收的氮素,在本田前期以分配到叶片居多,在中期平衡分配到叶片、茎鞘和稻穗,在后期分配到稻穗。稻穗从齐穗至成熟期新积累的氮素有 90% 来自营养器官含氮化合物的分解再转运,只有小部分靠根系从土壤吸收。稻株吸入的钾素呈离子状态,全期都以分配到茎鞘为多,成熟期全株总积累钾素中,茎鞘占 70%,稻穗占 14%,叶片占 16%。茎鞘和稻穗从齐穗至成熟期新积累的钾素,有 78% 来自叶片贮存钾的转运,只有小部分靠根系从土壤吸收。由于稻穗齐穗至成熟期所需的氮、钾养分大部分来自营养器官贮藏物的转运,不足部分由土壤自然供应即可得到满足,抽穗后无须再施肥补充。

3.2 水稻氮钾肥适宜施用量

含理施肥首先要确定适宜的施肥量。凌启鸿[8]提出按目标产量推荐施肥量,计算式为:

目标产量施肥量=(目标产量吸肥量－土壤供肥量)/肥料当季利用率

=(目标产量×每生产 100 kg 稻谷吸肥量－土壤供肥量)/肥料当季利用率

上式三个参数值需经繁杂试验测定,且因地域、土壤、气候、种植品种等不同而有一定差异,推荐的施肥量也有所差异。有多种推荐施肥量流派,实践证明,以采用田间施肥水平试验辅以植株成分测定的方法为佳。

本研究目的为探索闽南九龙江三角洲双季杂交稻高产区的适宜施氮量和施钾量,选择土壤肥力有代表性地点和主栽品种,设置氮、钾素化肥各 6 个施用量 3 重复小区试验,辅以稻株成分测定。由试验结果建立稻谷产量(y)与施肥量(x)的抛物线回归方程($y = a + bx - cx^2$),求算出达到最高产量的施肥量($x_{opt} = -b/2c$)和达到最佳经济效益的施肥量[$x_{eco} = (P/Q - b)/2$]。结果显示最佳经济效益的产量只比最高理论产量低 0.3%～3%,而节省 13%～58%的肥料,增效显著。

为了农业持续发展,肥料施用应改变单纯追求高产的倾向,转向注重经济施肥,以提高经济效益和保护环境。我国缺乏钾肥资源,钾肥单价高,制约钾肥的施用。本研究发现水稻对氮肥最敏感,而较耐低钾和高钾,实施最佳经济效益施钾量,比实施最高理论产量施钾量,产量只下降 3%,而节省钾肥 140 kg/hm²,净效益提高7.4%。因此,应大力推荐。本研究结果的最佳效益施氮量与施钾量,产量相差少于最小显著差数(PLSD$_{0.05}$),施钾量为施氮量的 55%。有一些地区推荐氮、钾肥等量施用,值得商榷。

著录论文

[1]姜照伟,李小萍,赵雅静,等.杂交水稻氮钾素吸收积累特性及氮素营养诊断[J].福建农业学报,2011,26(5):852-859.

[2]王惠珠.氮钾肥在水稻中的积累规律及其合理施用研究[J].江西农业学报,2015,27(4):28-32.

参考文献

[1]MACLEAMJ L,DAWE,HARDYB,et al.水稻知识大全:第 3 版[M].杨仁崔,汤圣祥,译.福建科学技术出版社,2003:145-216.

[2]朱兆良.氮素管理与粮食生产和环境[J].土壤学报,2002,39(增刊):3-11.

[3]沈善敏.氮肥在中国发展中的贡献和农业中氮的损失[J].土壤学报,2002,39(增刊1):12-25.

[4]DE DATTA S K,BURESH R J.灌溉稻的综合氮素管理[C]//灌溉稻研究进展和前景:1987 年国际水稻研究会议集要.杭州:中国水稻研究所,1988:159-173.

[5]张道勇.氮肥的利用率及其损失问题(二)[J].土壤通报,1981(4):47-49.

[6]蔡贵信,朱兆良.太湖地区水稻土的氮素供应和氮肥的合理施用[J].土壤,1983,15(6):201-205.

[7]杨园英,钟仁俊,詹垕寿,等.杂交水稻吸氮特性及氮肥的增产效果[J].土壤,1987,19(4):196-201.

[8]凌启鸿,张洪程,黄丕生,等.水稻高产氮肥合理施用的运筹探索[J].土壤学报,2002,39(增刊1):26-40.

[9]江立庚,曹卫星,甘秀芹,等.不同施氮水平对南方早稻氮素吸收利用及其产量和品质的影响[J].中国农业科学,2004,37(4):490-496.

[10]王惠珠,郭聪华,江世龙,等.龙海市稻田土壤养分变化的调查分析[J].福建稻麦科技,2005,23(2):18-19,33.

[11]谢建昌,周建民,HARDTER R.钾与中国农业[M].南京:河海大学出版社,2000.

[12]刘树堂,姚源喜,隋方功,等.长期定位施肥对土壤磷、钾素动态变化的影响[J].生态环境,2013,12(4):452-455.

[13]贾彦博,杨肖娥,王为木.不同供钾水平下水稻钾素吸收利用与产量的基因型差异[J].水土保持学报,2006,20(2):64-72.

[14]黄育民,李义珍,郑景生,等.杂交稻高产群体的氮磷钾素积累运转[J].福建省农科院学报,1997,12(3):1-6.

[15]李义珍,郑景生,庄占龙.杂交水稻施氮水平效应[J].福建省农科院学报,1998,13(2):58-64.

[16]卓传营.Ⅱ优航 1 号作再生稻栽培的高产特性及调控技术[J].福建农业学报,2006,21(2):89-99.

[17]尤志明,黄景灿,陈明郎,等.杂交水稻氮钾肥施用量的研究[J].福建农业学报,2007,22(1):5-9.

八、超高产水稻生理生态特性与栽培技术研究

　　面对人增地减的趋势,全球粮食安全前景严峻。我国目前粮食供求虽总量平衡,但随着生活水平的提高,以稻米为主食的人口大幅增加,而播种面积不断减少,未来可能出现巨大缺口。根本的出路在于提高单产。继矮化育种之后,一些以稻米为主食的亚洲国家先后启动水稻超高产研究。日本于 1981 年制订了"超高产水稻开发及栽培技术的 15 年计划"[1],国际水稻研究所于 1989 年制订"新株型稻育种"计划[2]。我国于 1980 年代中期开始研究水稻超高产育种理论和方法[3-5],1996 年由农业部组织十几个单位进行中国超级稻选育及栽培体系的攻关[6]。

　　地处金沙江河谷的云南省永胜县涛源乡,从 1982 年以来,连年涌现一批每公顷稻谷产量 15 t 的超高产田,逐渐引起国内外学者的注意,并有一部分单位派员前来考察和开展试验[7-9]。

　　为了推动我国超级稻育种和超高产栽培研究,1998 年 2 月由云南省农业厅主持,组织云南省丽江地区农科所、云南省滇型杂交稻研究中心、福建省农科院、福建农业大学,在涛源乡设基点、合作研究水稻超高产。1998—2000 年先后从全国各地引进新近育成的超级稻品种 33 个,通过种植超高产展示田,设置随机区组试验,鉴定新品种的产量潜力,观测超高产形态生理性状。结果鉴定筛选了一批具有超高产潜力的品种,揭示了每公顷产量 15～17 t 的库源结构和形态生理特性,初步总结超高产栽培技术,并在 1 000 亩示范片验证。

1　材料与方法

1.1　时间地点

　　研究于 1998—2000 年在云南省永胜县涛源乡进行。涛源乡地处金沙江河谷,26°10′N、100°16′E,海拔 1 170 m,属高原型南亚热带气候,实行稻—菜两熟制。水稻于 3 月中下旬播种,4 月下旬—5 月上旬移栽,8 月下旬—9 月上旬成熟。

1.2　供试品种

　　先后从全国 15 个育种机构引进新近育成的超级稻品种 33 个,其中两系杂交稻 4 个,三系杂交稻 23 个,常规稻 6 个。品种及育成单位名录见表 4～表 6。

1.3　研究项目及观测方法

每年种植一批新品种的超高产展示田,每一品种种植面积 1 亩以上。1998 年选用 16 个品种,在云南省涛源乡和福建省龙海市东园镇($24°23'$E、$117°53'$E、海拔 5 m^2)两地,设置随机区组三个重复的品种比较试验。2000 年 10 个参加展示的品种,还另设置随机区组三重复的小区比较试验。在云南涛源,还建立 1 000 亩示范片,示范并验证超高产栽培技术。在超高产展示田和品种比较田,进行如下项目的观测记载:

(1)生育期及田间措施。对每丘田或试验小区,分别记载水稻播种、移栽、一次枝梗分化、齐穗、成熟等生育期和田间农事措施。一次枝梗分化期并按叶龄余数 3 进行订正。

(2)茎蘖数及主茎叶龄动态。每丘田或每个试验小区,各定点 50 丛稻株,从移栽至齐穗期,每 5 d 计数一次茎蘖数,并从中观测 20 株主茎的叶龄。

(3)干物质及叶面积。于移栽后 30 d,齐穗和成熟期,每丘田或每个试验小区,按定点株的平均茎蘖数标准,各取 5 丛稻株,分解为叶片、茎鞘、穗和枯叶,经 105 ℃ 杀青后,用 80 ℃ 烘干至恒重,称取器官干物重。同时用比重法测定绿叶面积。

(4)冠层叶片性状。每个品种在齐穗期各挖取 10 个茎蘖,保持自然状态靠立于坐标板上,测量穗顶高程,各叶的叶基高程、叶长(c)、叶尖至茎轴平距(b),按照 $\cos A = b/c$ 公式,求算各叶对水平面的倾斜角度(A)。

(5)茎秆性状。每个品种在蜡熟期各取 20 个茎蘖,测定倒 5、倒 4、倒 3 节间(以穗颈节间为倒 1 节间)的长度、节间基部至穗顶的长度及鲜重,节间(含叶鞘)在支点间距为 5 cm 的折断重(抗折力)。短于 5 cm 的节间折断重,将相邻节间架于支点上,该节间置于两支点中央进行测定。按濑古秀生[10]方法计算各节间的弯曲力矩和倒伏指数。

弯曲力矩＝间基部至穗顶长度(cm)×该间基部至穗顶鲜重(g)

倒伏指数＝(弯曲力矩÷抗折力)×100

(6)根系形态。采用 Monolith 改良法[11],用西瓜刀切出长等于行距,宽等于株距,深 30 cm 的带根土块,起出后每 5 cm 厚为一层横切出 5 层,分装入尼龙网袋,在水中洗去泥土,淘去沙砾,转置盘上捡去杂物,得到各层次纯净的根系,然后测定根系鲜重、体积、总长度和干重。根系总长度采用 Newman 的直线截交法[12]测定。

(7)产量及产量构成。每丘田或每一试验小区,进行单独收割、脱粒、晒干、扬净,称取产量。重点田邀请同行专家进行现场产量验收。收割前每丘田调查 300 丛穗数,每一试验小区调查 100 丛穗数,按平均穗数标准,另取 10 丛稻株带回室内考察每穗粒数、结实率和千粒重。每穗粒数并按产量构成方程进行校正。

(8)气象因素。建立一个气象哨,按规定的时间观测气温、最高气温、最低气温、雨量和相对湿度。日照采用毗邻的宾川县气象站记录,太阳辐射量是理论计算值。

1.4　统计方法

群体光合生产采用植物生长分析法。有关因素的计算公式为:

叶面积指数(LAI)＝平均每丛稻株样品的绿叶面积(m^2)×每平方米栽植丛数

干物质净积累量(W_i)＝后一生育期的干物重－前一生育期的干物重(g/m^2)

群体生长率(CGR)＝某一生长时期的干物质净积累量(g/m^2)/该生长时期的日数(d)

净同化率(NAR)＝某一生长时期的群体生长率[($g/m^2 \cdot d$)]/该生长时期的平均叶面积指数

营养器官干物质输出量(SC)＝齐穗期营养器官干物重－成熟期营养器官干物重

光能利用率(E_u)(％)＝($W_i \cdot B \cdot 100$)/$\sum S$

式中 W_i 为干物质净积累量(g/m^2)；B 为水稻干物质氧化热系数,等于 0.015 675 MJ/g；$\sum S$ 为该生长时期的太阳辐射总量(MJ/m^2)。

直接通径系数(p)通过标准化联立方程求得。贡献率(rp)是根据直接通径系统(p_{iy})与相关系数(r_{iy})为基础的线性方程

$$\sum (y - \overline{y})^2 = r_{1y}p_1 + r_{2y}p_2 + \cdots\cdots + r_{my}p_m + p_e^2 = R^2 + p_e^2 = 1$$

计算出来的。式中 $\sum (y - \overline{y})^2$ 为产量(或目标因素)的离均差平方和,表示产量的总变异,在通径分析中被标准化为 1。$r_{1y}p_1$、$r_{2y}p_2$ 等是 x_1、x_2 等构成因素引起的变异占总变异的比率。R^2 为各构成因素对产量的总决定系数,表明全部构成因素对产量总控制的有效度。p_e 为剩余因素的通径系数,p_e^2 为剩余因素对产量的决定系数。

2 结果与分析

2.1 超级稻生育进程与生态条件

2.1.1 生育进程

超级稻展示田各品种的生育进程列于表 1,看出:水稻于 3 月中下旬播种,4 月下旬—5 月上旬移栽,6 月上中旬一次枝梗分化,7 月中下旬齐穗,8 月下旬—9 月上旬成熟。秧田期 40 d 左右,本田营养生长期 35～50 d,幼穗发育期 40～45 d,谷粒充实期 35～45 d。晚熟种的全生长期 160～170 d,其中本田生长期 120～130 d;中熟种的全生长期 155～160 d,其中本田生长期 115～120 d。相同品种的全生长期,比东南沿海地区长 15～25 d。

2.1.2 温度、雨湿条件及温度生态效应

云南省永胜县涛源乡,地处金沙江河谷,海拔 1 170 m,北倚横断山脉,南纳孟加拉湾气流,形成高原型南亚热带气候,年平均气温 21.1 ℃,降水 585.7 mm,11 月—次年 4 月为旱季,5—10 月为雨季。稻作期间历旬气候列于表 2,看出:秧田期(3 月中旬—4 月下旬)干旱无雨,相对湿度 55％～65％,旬平均气温由 19 ℃ 逐渐升到 25 ℃,日较差 13～16 ℃。本田营养生长期(5 月上旬—6 月上旬)开始进入雨季,但只有零星小雨,相对湿度 65％～80％,气温继续上升,6 月上旬达 26.8 ℃,为全年最热,日较差 9～12 ℃。一次枝梗分化—成熟期(6 月中旬—8 月中旬)进入雨季盛期,降雨量 445.7 mm,占全年总雨量的 76％,

相对湿度 80％～95％,气温略有下降,但稳定在 24～26 ℃,日较差 6～9 ℃,旬平均最高气温 29～32 ℃,旬平均最低气温 21～23 ℃,昼间温度长时间维持在 25～28 ℃,处于光合作用的最适值,而夜间冷凉,维持呼吸强度低,因而显著增加了干物质的净积累。由于温差大,夜温低,还显著延长了生育期,也成为干物质积累量高的一个重要原因。

表 1　超高产展示田的生育进程

年份	品种	生育期(月-日)					间隔日数(d)						主茎总叶数
		播种	移栽	一次枝梗分化	齐穗	成熟	秧田	本田营养生长	幼穗发育	谷粒充实	合计	其中本田期	
1998 年	95A2-1-1	03-07	04-18	06-08	07-17	08-22	42	51	39	36	168	126	19.7
	96-9	03-07	04-17	06-06	07-17	08-21	43	48	41	35	167	124	17.8
	汕优 63	03-09	04-21	06-09	07-21	08-26	43	49	42	36	170	127	18.6
	Ⅱ优 162	03-10	04-20	06-08	07-19	08-26	41	49	41	38	169	128	17.9
	D优 68	03-05	04-17	06-08	07-19	08-24	43	52	41	37	172	129	18.5
	莲优 258	03-17	04-29	06-10	07-18	08-24	43	42	38	37	160	117	16.6
	莲优 101	03-10	04-29	06-08	07-18	08-21	50	40	40	37	165	115	16.7
	滇谋 403	03-10	04-23	05-30	07-10	08-15	44	37	41	36	158	114	15.5
	华粳籼 74	03-10	04-20	06-08	07-18	08-26	41	49	40	39	169	128	18.5
1999 年	培 64S/E32	03-19	04-29	06-09	07-14	08-28	41	41	35	45	162	121	16.3
	培 64S/E32	03-20	04-29	06-09	07-13	08-29	40	41	34	47	162	122	16.2
	培 64S/E32	03-20	05-03	06-09	07-14	08-31	44	37	35	48	164	120	16.3
	两优培九	03-20	05-01	06-12	07-23	09-02	42	42	41	41	166	124	17.0
	特优 70	03-20	05-02	06-15	07-25	09-02	43	44	40	39	166	123	16.8
	特优明 86	03-20	05-03	06-13	07-20	08-28	44	41	37	39	161	117	16.5
	汕优 63	03-14	04-22	06-13	07-21	08-28	39	52	38	38	167	128	18.1
	95A2-1-1	03-11	04-28	06-13	07-22	08-30	48	46	39	39	172	124	19.1
	金优 101	03-20	04-27	06-10	07-21	08-29	38	44	41	39	162	124	16.6
	金优 102	03-20	04-29	06-13	07-24	09-02	40	45	41	40	166	126	17.0

续表1

年份	品种	生育期(月-日)					间隔日数(d)						其中本田期	主茎总叶数
		播种	移栽	一次枝梗分化	齐穗	成熟	秧田	本田营养生长	幼穗发育	谷粒充实	合计			
	Ⅱ优明86	320	05-13	06-20	08-07	09-13	54	38	48	37	177	123	19.4
	特优4125	03-23	05-14	06-18	08-01	09-05	52	35	44	35	166	114	16.2
	特优175	03-21	05-06	06-17	07-29	09-03	46	42	42	36	166	120	17.9
	培64S/长粒	03-23	05-10	06-09	07-23	09-05	48	30	44	44	166	118	16.3
	培64S/长粒	03-20	05-09	06-08	07-23	09-04	50	30	45	43	168	118	15.8
	培64S/长粒	03-29	05-10	06-10	07-25	09-04	42	31	45	41	159	117	15.3
	培64S/E32	03-30	05-05	06-11	07-22	09-02	36	37	41	42	156	120	15.4
2000年	培64S/E32	04-01	05-07	06-11	07-21	09-03	36	35	40	45	155	119	15.1
	培64S/E32	03-30	05-03	06-09	07-20	08-31	34	37	41	42	154	120	15.0
	两优培九	03-30	05-01	06-13	07-28	09-06	32	43	45	40	160	128	16.2
	95A2-1-1	03-20	04-30	06-16	07-23	08-27	41	47	37	35	160	119	19.5
	汕优63	03-21	05-06	06-17	08-02	09-06	46	42	46	37	169	123	17.6
	P2优101	04-06	05-13	06-17	07-28	09-07	37	35	41	41	154	117	17.0
	P2优201	04-03	05-11	06-16	07-30	09-05	38	36	44	37	155	117	17.0

2.1.3 日照、太阳辐射和光能利用率

涛源日照充足。据毗邻的宾川县气象站记录,年平均日照2 700 h,3—5月份各旬日照达76～93 h,6—8月进入雨季盛期,但多阵雨,雨霁见晴,日照仍然充足,各旬日照为56～71 h。

供试地点缺太阳辐射观测。遵照国内外普遍采用的 $Q = a + bQ_0S$ 方程,由李克煌[13]报道的涛源所处纬区每月天文辐射值(Q_0),及宾川县气象站记录的每月日照率(S),求算出涛源各月逐旬的太阳辐射值(Q)。结果如表2所示,涛源太阳辐射相当丰富,3—8月太阳辐射达3 415 MJ/m²,平均每日18.56 MJ/m²。

为了揭示涛源温光条件对取得超高产的效应,比较分析在云南、福建两地同时种植16个超高产品种的生育及温光动态,结果如表3,看出:

从播种至齐穗,云南涛源比福建龙海,日平均气温较高,但秧田期、本田营养生长期和幼穗发育期的日数及积温都较多,究其原因,可能是温差大而夜温低所致。

云南涛源16个品种平均全生长期163 d,其中本田期120 d,本田期太阳总辐射量2 306.7 MJ/m²,日平均19.2 MJ/m²;福建龙海16个品种平均全生长期143 d,其中本田期94 d,本田期太阳总辐射量1 380.3 MJ/m²,日平均14.7 MJ/m²。云南涛源比福建龙海,太阳总辐射量多67%,日平均高31%。

云南涛源16个品种平均大田期干物质总积累量2 979.38 g/m²,比福建龙海增加71%,光能利用率2.02%,但只比福建龙海增加0.04个百分点。云南涛源的干物质大幅增加,主要是由于太阳总辐射量大幅增加,而非光能利用率提高。云南涛源大田期的太阳总辐射的大幅增加,一是由于日平均太阳辐射强度显著较高,二是由于基于低夜温效应的生长期显著延长。

2.1.4　土壤条件

稻田分布在金沙江河谷的缓坡台地,土壤属沙壤性黑油田,耕作层厚 17～20 cm,含有机质 0.96%～1.22%,全氮 0.28%～0.36%,速效磷 22～40 mg/kg,速效钾 122～126 mg/kg[1],pH 7.6～8.0。土壤肥沃疏松,渗透性强,日平均垂直渗水速率 2 cm/d,隔日需灌水一次,溶解氧可随水不断导入土壤,因而水稻根系形态发达,活力高而持久。

表 2　云南省永胜县涛源乡稻作期间逐旬气候

(1998—2000 年平均值)

月	旬	平均气温(℃)	平均最高气温(℃)	平均最低气温(℃)	日较差(℃)	雨量(mm)	相对湿度(%)	日照时长(h)	太阳辐射(MJ/m²)
	上	17.7	26.4	11.9	14.5	5.4	64	84.5	172
3 月	中	19.3	28.3	13.0	15.3	0	54	88.8	181
	下	19.7	28.0	13.7	14.3	3.4	59	92.6	189
	上	21.5	30.2	14.7	15.5	0	65	81.8	173
4 月	中	22.8	32.0	17.0	15.0	7.0	59	80.1	170
	下	24.9	32.6	20.0	12.6	0	57	83.6	177
	上	24.9	32.3	20.5	11.8	3.6	65	76.2	189
5 月	中	25.0	32.3	20.8	11.5	14.6	67	80.5	200
	下	24.8	30.2	21.2	9.0	19.8	76	84.5	210
	上	26.8	33.7	22.4	11.3	29.2	82	62.5	208
6 月	中	26.2	32.1	22.9	9.2	25.6	78	61.3	204
	下	26.5	32.3	23.2	9.1	36.9	81	68.4	228
	上	25.3	30.0	22.5	7.5	93.0	87	63.3	211
7 月	中	24.5	29.4	21.6	7.8	78.4	91	58.1	194
	下	25.1	31.0	21.8	9.2	31.7	91	55.8	186
	上	24.9	30.5	22.0	8.5	50.6	89	55.6	169
8 月	中	24.7	29.7	21.9	7.8	52.5	92	56.0	170
	下	24.0	27.3	20.7	6.6	77.0	95	70.6	184

表 3　云南、福建两试点水稻气温、太阳辐射及光能利用率比较

(16 个品种平均值,1998)

观测地点	生育时期	日数	积温(℃)	日平均气温(℃)	温差(℃)	太阳辐射(MJ/m²)		干物质净积累量(g/m²)	化学能获得量(MJ/m²)	光能利用率(%)
						总量	日平均			
云南涛源	A	43	924.9	21.5	15.0	—	—	—	—	—
	B	44	1112.6	25.3	11.2	857.0	19.5	389.7	6.11	0.71
	C	40	1027.3	25.1	8.5	838.4	21.0	1643.7	25.76	3.07
	D	36	892.6	24.8	8.4	611.3	17.0	945.9	14.83	2.42
	合计	163	3 957.4	24.3	10.7	2 306.7	19.2	2 979.3	46.70	2.02
福建龙海	A	49	833.2	17.0	7.8	—	—	—	—	—
	B	30	660.2	22.0	7.1	383.3	12.8	264.9	4.15	1.08
	C	34	847.0	24.9	6.9	463.8	13.6	878.7	13.77	2.97
	D	30	844.6	28.2	7.4	533.2	17.8	596.3	9.35	1.75
	合计	143	3 185.0	22.3	7.4	1 380.3	14.7	1 739.9	27.27	1.98

* 云南省涛源:3 月 14 日播种,4 月 26 日移栽,7 月 19 日齐穗,8 月 24 日成熟,平均产量 15 779 kg/hm²。
福建省龙海:2 月 23 日播种,4 月 13 日移栽,6 月 16 日齐穗,7 月 16 日成熟,平均产量 9 092 kg/hm²。
** A:秧田期;B:本田营养生长期;C:幼穗发育期;D:开花结实期。

2.2　超级稻新品种的产量潜力鉴评

1998—2000 年来先后从全国各地引进 33 个新近育成的超级稻品种,每年都种植一批展示田,以当地主栽品种汕优 63 为对照,鉴定各引进种的产量潜力,系统观察其形态生理性状。1998 年在云南涛源和福建龙海两地,2000 年在云南涛源,还设置随机区组三重复的品种比较试验。

2.2.1　超级稻品种在展示田的产量表现

先后选用 21 个品种种植 44 丘展示田,每一品种种植面积 1 亩以上,结果有 13 个品种 28 丘田的产量达到 15～17 t/hm²(见表 4～表 6)分述如下:

1998 年种植 9 个品种 10 丘展示田,有 5 个品种 6 丘田的每公顷产量超过 15 t。其中常规稻 95A2-1-1 产量 16 439 kg;华粳籼 74 产量 15 920 kg,96-9 产量 15 663 kg,三系杂交稻Ⅱ优 162 产量 15 879 kg,比汕优 63 增产 1.2%～6.2%。

1999 年种植 9 个品种 20 丘展示田,有 7 个品种 13 丘田每公顷产量超过 15 t。其中两系杂交稻培矮 64S/E32 有 5 丘田产量超过 15 t,最高一丘产量为 17 071 kg;常规稻 95A2-1-1 产量 15 684 kg,华粳籼 74 产量 15 432 kg,三系杂交稻特优 70 产量 15 443 kg,金优 101 产量 15 263 kg,两系杂交稻两优培九产量 15 149 kg,比汕优 63 增产 -0.5%～12.1%。

2000 年种植 10 个品种 14 丘展示田,有 6 个品种 9 丘田每公顷产量超过 15 t。其中两系杂交稻培矮 64S/长粒爪哇稻 3 丘田都超过 15 t,最高一丘产量为 17 188 kg;培矮 64S/E32 有 2 丘田产量超过 15 t,分别为 15 136 kg 和 15 011 kg;三系杂交稻特优 175 产量 16 165 kg,特优 4125 产量 15 907 kg,Ⅱ优明 86

产量 15 658 kg;常规稻 95A2-1-1 产量 15 944 kg,比油优 63 增产 7.7%~23.3%。

三年合计共有三个两系杂交稻组合(培矮 64S/E32、培矮 64S/长粒爪哇稻、两优培九即培矮 64S/9311)、7 个三系杂交稻组合(Ⅱ优 162、特优 70、金优 101、特优 175、特优 4125、Ⅱ优明 86、油优 63)、3 个常规稻品种(95A2-1-1、96-9、华粳籼 74)每公顷产量超过 15 t,其中有 2 个品种产量突破 16 t(特优 175、95A2-1-1),2 个品种产量突破 17 t(培矮 64S/E32、培矮 64S/长粒爪哇稻)。

2.2.2　超级稻品种在品种比较试验小区的产量表现

1998 年选用 16 个品种在云南涛源和福建龙海两地,2000 年选用 10 个品种在云南涛源,作三个重复随机区组的品种比较试验,结果列于表 7~表 9。小区种植有一定的边际优势,比展示田大丘种植的产量高。经方差分析,在云南涛源的品种中有 7 个品种比对照种油优 63 显著增产,平均增产率达 7.7%;有 6 个品种比对照种油优 63 极显著增产,平均增产率达 17.5%。后者每公顷产量:特优明 86 为 18 317 kg、特优 70 为 17 413 kg,95A2-1-1 为 20 077 kg,Ⅱ优明 86 为 18 933 kg,特优 175 为 17 973 kg、培矮 64S/长粒爪哇稻为 17 707 kg。

每公顷产量达 15~17 t 的超高产品种数及田丘数出现频数之多,是前所未有的,反映了我国水稻育种的新水平,也显示了超高产栽培技术的进步。

在涛源鉴定具有超高产潜力的品种,都加速了示范推广的速度。如培矮 64S/E32、两优培九、特优 70、Ⅱ优 162、华粳籼 74 在全国年推广面积已超过 10 万 hm²,特优 175、Ⅱ优明 86、培矮 64S/长粒爪哇稻的示范面积达 1 万 hm² 左右,显示超高产潜力的鉴定,推动了我国超级稻育种事业的发展。

表 4　1998 年超级稻展示田的产量及其构成

品种	育成单位	种植户	面积 (m²)	产量 (kg/hm²)	每平方米穗数	每穗粒数	结实率 (%)	千粒重 (g)	每平方米总颖花数	库容量 (g/m²)
95A2-1-1	丽江地区农科所	陈国志	807	16 439	447.5	124.6	88.8	34.2	55 759	1 907.0
96-9	丽江地区农科所	黄建东	813	15 663	433.1	137.1	90.5	29.2	59 378	1 733.8
华粳籼 74	华南农大	刘金	707	15 920	537.9	157.9	87.7	21.0	84 934	1 783.6
华粳籼 74	华南农大	姜绍文	733	15 849	598.4	130.2	92.7	22.0	77 912	1 714.1
Ⅱ优 162	四川农大	陈国兴	680	15 879	373.4	166.4	88.8	30.0	62 134	1 864.0
D优 68	四川农大	薛汝桐	727	14 187	438.0	131.5	86.4	29.0	57 597	1 670.3
莲优 258	云南农大	杨崇德	807	13 578	358.7	163.4	86.2	28.1	58 612	1 617.0
莲优 101	云南农大	黄仁会	713	11 595	292.2	154.3	89.2	29.4	45 086	1 325.5
滇谋 403 (优质稻)	云南农大	杨德荣	713	9 548	321.0	119.9	86.8	27.9	38 488	1 073.8
油优 63	福建三明市农科所	唱文举	973	15 474	388.5	148.6	88.5	30.0	57 736	1 731.9
$\bar{x}$				14 413.2	418.9	143.4	88.6	28.1	59 763.1	1 645.1
s				2 251.7	94.3	16.8	2.0	3.9	13 593.1	255.0

表 5　1999 年超级稻展示田的产量及其构成

品种	育成单位	种植户	面积 (m²)	产量 (kg/hm²)	每平方米 穗数	每穗 粒数	结实率 (%)	千粒重 (g)	每平方米总 颖花数	库容量 (g/m²)
培矮 64S/E32	国家杂交稻中心	黄德	720	17 071	306.0	251.6	92.9	24.0	76 990	1 847.8
培矮 64S/E32	国家杂交稻中心	夜荣贵	500	16 182	324.0	231.0	92.2	23.5	74 844	1 758.8
培矮 64S/E32	国家杂交稻中心	曹金	1 200	15 568	315.4	228.2	92.3	23.5	71 974	1 691.4
培矮 64S/E32	国家杂交稻中心	夜荣明	433	14 828						
培矮 64S/E32	国家杂交稻中心	杨会兴	487	16 068						
培矮 64S/E32	国家杂交稻中心	周文伦	520	13 505						
培矮 64S/E32	国家杂交稻中心	唱美生	500	12 900						
培矮 64S/E32	国家杂交稻中心	杨春	567	15 587						
培矮 64S/E32	国家杂交稻中心	杨志	567	15 744						
两优培九	江苏省农科院	高成义	887	14 606						
两优培九	江苏省农科院	刘国华	780	15 149	322.5	190.0	90.5	27.5	61 275	1 685.1
95A2-1-1	丽江地区农科所	姜绍文	967	15 684	408.0	129.3	89.4	34.0	52 754	1 793.5
95A2-1-1	丽江地区农科所	阮惠卿	1 100	15 125	379.5	126.7	93.3	34.0	48 083	1 634.8
华粳籼 74	华南农大	杨崇德	800	14 504	478.7	162.5	91.6	21.5	77 785	1 672.5
华粳籼 74	华南农大	陈玉柱	760	15 432	498.5	158.2	91.0	21.5	78 863	1 695.5
特优 70	福建三明市 农科所	关汝阳	880	15 443	362.6	165.9	92.0	27.5	60 155	1 654.3
特优明 86	福建三明市 农科所	刘国标	867	13 298	330.0	148.5	89.2	30.0	49 005	1 470.2
汕优 163	福建三明市 农科所	高成厚	847	15 231	360.0	155.9	90.5	29.5	56 124	1 655.7
金优 101	云南农大	胡鸿宾	680	15 263	351.0	166.7	86.9	30.0	58 512	1 755.4
金优 102 (优质稻)	云南农大	刘勇	680	13 283	306.9	175.0	87.4	28.6	53 708	1 536.0
$\bar{x}$				15 023.6	364.9	176.1	90.7	27.3	63 082.5	1 680.8
s				269.1	63.3	38.9	2.0	4.3	11 493.4	101.5

表 6　2000 年超级稻展示田的产量及其构成

品种	育成单位	种植户	面积 （m²）	产量 （kg/hm²）	每平方米 穗数	每穗 粒数	结实率 （%）	千粒重 （g）	每平方米 总颖花数	库容量 （g/m²）
培矮 64S/长粒	国家杂交稻中心	曹金	933	16 532	337.5	203.8	83.6	29.0	68 783	1 994.7
培矮 64S/长粒	国家杂交稻中心	黄德	720	17 188	364.2	196.0	84.8	28.8	71 383	2 055.8
培矮 64S/长粒	国家杂交稻中心	高成义	800	15 699	353.3	188.9	81.1	29.0	66 738	1 935.4
培矮 64S/E32	国家杂交稻中心	杨兴明	700	15136	356.8	199.6	88.8	24.0	71 217	1 709.2
培矮 64S/E32	国家杂交稻中心	刘国标	800	15 011	355.5	210.9	82.0	24.5	74 975	1 836.9
培矮 64S/E32	国家杂交稻中心	周维本	867	14 387	357.0	214.9	78.6	24.0	76 719	1 841.3
两优培九	江苏省农科院	刘勇	733	13 787	378.0	146.5	90.6	28.2	55 377	1 561.6
特优 175	福建省农科院	高正字	800	16 165	319.2	177.4	91.2	31.3	56 626	1 772.4
特优 4125	福建三明市农科所	聂正	800	15 907	315.0	195.6	84.1	30.7	61 614	1 891.5
Ⅱ优明 86	福建三明市农科所	王成高	667	15 658	277.2	212.6	94.0	28.3	58 933	1 667.8
油优 63	福建三明市农科所	刘贤	1 067	13 936	361.2	152.4	93.1	28.3	55 047	1 557.8
95A2-1-1	丽江地区农科所	杨崇德	800	15 944	432.0	119.2	84.2	36.5	51 494	1 879.5
P2 优 101	云南农大	胡鸿宾	733	13 147	396.0	121.7	85.7	33.4	48 193	1 609.6
P2 优 201 （优质稻）	云南农大	陶相昌	733	12 248	335.7	144.7	77.9	32.5	48 576	1 578.7
$\bar{x}$				15 052.9	352.8	177.4	85.7	29.2	61 833.9	1 778.0
s				1 389.6	37.0	33.9	5.1	3.6	9 872.0	166.4

表 7　云南涛源 2000 年品种比较试验的产量及其构成

品种	育成单位	产量 （kg/hm²）	显著性 0.01	显著性 0.05	每平方米 穗数	每穗 粒数	结实率 （%）	千粒重 （g）	每平方米 总颖花数	库容量 （g/m²）
95A2-1-1	丽江地区农科所	20 077	A	a	381.0	159.0	89.0	36.5	60 579	2 211.1
Ⅱ优明 86	福建三明市 农科所	18 933	AB	b	340.5	215.0	93.0	28.3	73 208	2 071.8
特优 175	福建省农科院	17 973	B	c	306.0	214.3	87.4	31.3	65 576	2 052.5
培 64S/爪哇稻	国家杂交稻中心	17 707	BC	c	364.5	199.2	85.5	28.5	72 608	2 069.3
培 64S/E32	国家杂交稻中心	17 600	BCD	c	367.5	215.5	92.0	24.8	79 196	1 940.3
两优培九	江苏省农科院	17 333	BCD	c	353.0	220.9	80.1	28.2	77 978	2 199.0
P2 优 201 （优质稻）	云南农大	17 173	CD	c	382.5	170.5	82.0	32.5	65 216	2 119.5
特优 4125	福建三明市 农科所	17 067	CD	c	354.0	187.4	84.0	30.7	66 340	2 036.6
油优 63（CK）	福建三明市 农科所	16 000	D	d	367.5	166.8	92.6	28.3	61 299	1 734.8
P2 优 101	云南农大	14 133	E	e	390.6	130.5	85.4	33.4	50 973	1 702.5
$\bar{x}$		17 399.6			360.7	187.9	87.1	30.2	67 297.3	2 013.7
s		1 590.9			24.5	30.4	4.5	3.4	8 657.7	174.2

* 随机区组三重复，小区面积 10 m²，3 月 30 日播种、5 月 12 日移栽。每平方米栽 42 株。

表 8　云南涛源 2000 年品种比较试验的产量及其构成

品种	育成单位	产量 (kg/hm²)	显著性		每平方米穗数	每穗粒数	结实率 (%)	千粒重 (g)	每平方米总颖花数	库容量 (g/m²)
			0.01	0.05						
特优明 86	福建三明农科所	18 317	A	a	356.0	187.0	95.1	29.4	66 574	1 953.6
特优 70	福建三明农科所	17 413	A	b	413.7	187.4	85.0	26.1	77 527	2 020.1
特优 669	福建农大	16 326	B	c	395.2	150.9	93.0	28.8	59 635	1 717.8
培 64S/971	国家杂交稻中心	16 290	B	cd	349.2	225.1	78.7	25.9	78 605	2 035.8
冈优 725	四川绵阳农科所	16 225	B	cde	306.9	213.3	90.3	27.2	65 462	1 775.9
特三矮 2 号	广东省农科院	16 178	B	cdef	375.9	173.0	91.5	27.3	65 031	1 773.5
Ⅱ优 162	四川农大	16 134	B	cdef	355.4	184.7	93.4	26.9	65 642	1 763.2
冈优缙恢 2 号	西南农大	16 087	B	cdef	315.6	241.1	84.8	25.8	76 091	1 980.4
福优 994	四川省农科院	15 742	B	cedf	401.4	161.0	94.0	25.5	64 625	1 647.9
Ⅱ优 7 号	四川省农科院	15 432	B	def	404.7	147.0	97.1	26.9	59 491	1 596.4
亚优 210	四川省农科院	15 375	B	ef	331.2	188.1	90.7	27.3	62 299	1 699.4
汕优 63(CK)	福建三明农科所	15 317	BC	f	391.2	152.2	95.6	27.8	59 541	1 655.1
汕优 559	南京农大	15 299	BC	f	351.0	181.4	92.2	26.1	63 671	1 662.3
Ⅱ优缙恢 1 号	西南农大	14 269	CD	g	380.7	171.7	88.7	24.9	65 366	1 624.5
Ⅱ优 2070	中国水稻所	14 092	D	g	388.7	145.6	89.9	28.2	56 595	1 595.6
满仓 515	福建省农科院	13 967	D	g	380.6	150.4	92.3	27.2	57 242	1 557.4
$\bar{x}$		15 778.9			368.6	178.8	90.8	27.0	65 212.3	1 753.7
s		1 136.9			32.1	28.6	4.7	1.2	6 814.3	159.5

* 随机区组三重复,小区面积 12 m²。3 月 14 日播种,4 月 26 日移栽。每平方米栽 45 株。

表 9　福建龙海 1998 年品种比较试验的产量及其构成

品种	育成单位	产量 (kg/hm²)	显著性		每平方米穗数	每穗粒数	结实率 (%)	千粒重 (g)	每平方米总颖花数	库容量 (g/m²)
			0.01	0.05						
特优 70	福建三明农科所	10 396	A	a	242.8	196.6	83.2	26.1	47 734	1 246.3
Ⅱ优 162	四川农大	10 039	AB	ab	227.1	178.9	85.9	28.6	40 628	1 161.6
冈优缙恢 2 号	西南农大	9 684	BC	be	190.9	230.0	80.0	27.3	43 907	1 197.0
Ⅱ优 7 号	四川省农科院	9 573	BCD	cd	264.3	163.3	78.2	29.2	43 160	1 260.2
特优明 86	福建三明农科所	9 520	BCD	cd	196.5	191.3	91.4	29.0	37 590	1 090.1
福优 994	四川省农科院	9 395	CD	cde	233.3	185.6	90.0	26.1	43 300	1 131.1
Ⅱ优 2070	中国水稻所	9 167	CDE	def	240.8	150.5	87.1	29.7	36 240	1 076.9
冈优 725	四川绵阳农科所	8 991	DEF	efg	189.0	207.0	88.1	27.9	39 123	1 090.6
培 64S/971	国家杂交稻中心	8 928	DEFG	efg	242.0	210.2	77.1	24.5	50 868	1 253.2
汕优 559	南京农大	8 738	EFG	feh	235.3	173.2	85.9	26.7	40 754	1 088.3
Ⅱ优缙恢 1 号	西南农大	8 685	EFG	fgh	226.9	185.5	81.0	26.7	42 113	1 124.0
汕优 63(CK)	福建三明农科所	8 599	EFG	gh	238.6	155.6	89.6	27.9	37 126	1 036.2

续表9

| 品种 | 育成单位 | 产量 (kg/hm²) | 显著性 | | 每平方米穗数 | 每穗粒数 | 结实率 (%) | 千粒重 (g) | 每平方米总颖花数 | 库容量 (g/m²) |
			0.01	0.05						
特优 669	福建农大	8 541	EFG	gh	251.5	146.5	89.7	27.1	36 845	997.1
亚优 210	四川省农科院	8 504	EFG	gh	199.9	188.0	87.4	28.0	37 581	1 052.0
特三矮 2 号	广东省农科院	8 422	GF	h	205.4	164.6	90.4	29.3	33 809	990.5
满仓 515	福建省农科院	8 290	G	h	204.7	187.8	85.3	27.2	38 443	1 046.3
$\bar{x}$		9 092.0			224.3	182.2	85.6	27.6	40 576.3	1 115.1
s		620.3			23.3	22.8	4.5	1.4	4 470.0	87.3

* 随机区组三重复,小区面积 13.33 m²。2 月 23 日播种,4 月 13 日移栽。每平方米栽 25 株。

2.3　超高产库的结构特性

从光合生产的视角分析,水稻产量决定于"库"(sink)的贮积能力和光合产物的供应"源"(source)。超高产必然是库和源在高水平上的协调发展。库和源由众多因素构成,呈现如图 1 所示的多层次结构:

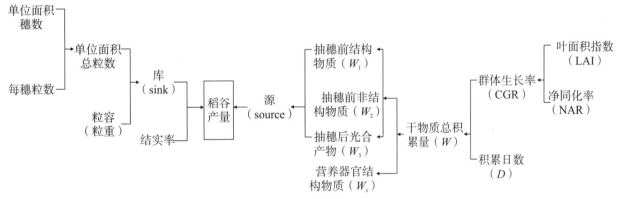

图 1　库源的多层次结构模式

本节先报道超高产库的研究结果。

2.3.1　库的多层次结构

库可定义为单位面积总粒数与单个谷粒容积的乘积。谷粒容积与粒重成极显著正相关,粒重可作为衡量粒容的指标。单位面积总谷粒数由单位面积穗数与每穗粒数构成。结实率则反映源对库的充值程度,与库共同决定了稻谷产量。因此,库呈现如图 1 左侧所示的多层次结构。

2.3.2　超高产水稻的产量构成特征

超级稻展示田的结实率比较稳定,变异系数仅 2%～6%,每公顷产量 15～17 t 的超高产水稻的结实率多为 85%～90%,但是穗粒结构却因品种粒重的不同而有较大差异。由表 4～表 7 看出:大粒种(千粒重 32～36 g,如 95A2-1-1、P_2 优 101、P_2 优 201)是穗数较多,每穗粒数较少;中粒种(千粒重 26～30 g,如多数三系杂交稻)是穗多、穗大,与油优 63 相比,有的是穗数相近,而每穗粒数较多,有的是穗数较少,而穗子很大;小粒种(千粒重 21～24 g)是穗数多,穗子特大(如培矮 64S/E32),或穗数特多,穗子大(如华粳籼74）。显然，由于粒重不同，超高产水稻表现出多样性的产量结构。

2.3.3 超高产库各层次结构中对目标因素贡献最大的构成因素

对三年展示田和两地品比田等6组试验进行相关分析的结果（表3～表10）表明：产量与各个构成因素一般无显著的相差性，但与穗数、每穗粒数的乘积——单位面积总粒数成显著的正相关，与穗数、每穗粒数、粒重等三者的乘积——库容量成极显著或近显著的正相关。由此启示我们：难于从单一层面概括、把握超高产水稻的产量构成特点，必须将四个产量构成因素组合成总粒数—库容量—产量等三个层次，逐层分析构成因素与目标因素的关系，找出对目标因素贡献最大的构成因素，在生产实践中加以调控，才能最终实现超高产的目标。

依据这一思路，计算了各层次因素之间的相关系数（r），以及构成因素对目标因素的直接通径系数（p）和贡献率（rp），结果列于表11，并归纳为图2，看出：

对单位面积总粒数的贡献，有5组试验是每穗粒数（贡献率为69%～125%）大于穗数，但第1组试验是穗数大于每穗粒数。表明在同一地区生态、同等栽培条件下，具有更大穗子的品种，拥有更多的每平方米总粒数，取得更高的产量；第一组试验则10个供试品种中有6个品种的每平方米穗数显著较多，具有更多的每平方米总粒数，使本组以每平方米穗数对每平方米总粒数的贡献更大。比较分别在云南和福建两地种植的16个品种（见表8、9）。看到云南具有穗数容量更大的生态，与福建相比，平均每平方米穗数多64.3%，每平方米总粒数多60.7%，产量高73.5%，显见在利用品种大穗优势基础上，形成适应当地生态的足额穗数，是取得高产的关键。

对库容量的贡献，各组试验都是单位面积总粒数（贡献率为75%～139%）大于粒容（粒重）

对产量的贡献，各组试验都是库容量（贡献率为75%～104%）大于结实率。

上述结果表明：水稻超高产，着沿着培育更大穗子的品种→萌发与当地生态条件相适应的足额穗数→形成较多的单位面积总粒数→建立较大的库容量这一主线依次推进的。

表10 超高产水稻的产量与其构成因素的相关系数（r）

项目	相关因素	每平方米穗数	每穗粒数	结实率	千粒重	每平方米总粒数	库总量
	每穗粒数	−0.209 3					
	结实率	0.509 1	−0.172 3				
1998年展示田（$N=10$）	千粒重	−0.613 4	−0.146 0	−0.230 0			
	每平方米总粒数	0.871 9**	0.286 6	0.361 8	−0.695 3*		
	库容量	0.563 0	0.279 3	0.261 3	0.066 6	0.666 4*	
	产量	0.676 7*	0.192 9	0.424 0	−0.048 5	0.737 0*	0.974 5**
	每穗粒数	−0.522 0					
	结实率	0.104 6	0.336 9				
1999年展示田（$N=13$）	千粒重	−0.228 5	−0.635 2*	0.351 7			
	每平方米总粒数	0.310 6	0.645 9*	0.442 9	0.935 6**		
	库容量	0.117 7	0.506 8	0.295 8	0.212 4	0.527 1	
	产量	0.013 3	0.500 9	0.564 7*	0.249 9	0.528 9	0.915 1**

续表10

项目	相关因素	每平方米穗数	每穗粒数	结实率	千粒重	每平方米总粒数	库总量
2000年展示田 (N=14)	每穗粒数	-0.631 4*					
	结实率	-0.156 8	0.195 7				
	千粒重	0.354 4	-0.759 8**	-0.027 9			
	每平方米总粒数	-0.154 6	0.847 4**	-0.282 3	0.796 2**		
	库容量	0.059 1	0.490 0	-0.424 8	-0.049 7	0.613 8*	
	产量	-0.181 1	0.509 6	0.139 6	-0.053 4	0.483 2	0.825 2**
1998年云南涛源品比田 (N=16)	每穗粒数	-0.779 4**					
	结实率	0.307 6	-0.694 0**				
	千粒重	0.041 2	-0.346 0	0.474 1			
	每平方米总粒数	-0.291 1	0.822 4**	-0.784 8**	-0.486 0		
	库容量	-0.327 8	0.779 0**	-0.653 0**	-0.066 5	0.903 9*	
	产量	-0.135 0	0.440 0	-0.063 2	0.272 6	0.569 7*	0.789 0**
1998年福建龙海品比田 (N=16)	每穗粒数	-0.573 9*					
	结实率	-0.014 7	-0.022 0				
	千粒重	-0.183 3	-0.465 0	0.020 2			
	每平方米总粒数	0.314 6	0.596 5*	-0.038 9	0.744 0**		
	库容量	0.320 1	0.509 7*	-0.801 2**	-0.365 8	0.895 6**	
	产量	0.159 9	0.320 0	-0.265 2	0.009 4	0.513 4*	0.726 3**
2000年云南涛源品比田 (N=10)	每穗粒数	-0.723 6*					
	结实率	-0.120 6	0.057 6				
	千粒重	0.275 8	-0.681 9*	-0.285 9			
	每平方米总粒数	-0.372 6	0.909 3**	0.014 2	-0.756 8*		
	库容量	-0.000 1	0.494 2	-0.372 5	0.172 9	0.505 7	
	产量	-0.327 7	0.477 0	0.237 1	0.094 3	0.451 0	0.804 1*

表11 产量各层次结构中构成因素对目标因素的作用

项目	构成因素	单位面积总粒数			构成因素	库容量			构成因素	产量		
		r	p	rp		r	p	rp		r	p	rp
1998年展示田	穗数	0.871 9**	0.974 6	0.849 8	单位面积总粒数	0.666 4*	1.379 7	0.919 4	库容量	0.974 5**	0.927 0	0.903 4
	每穗粒数	0.286 6	0.490 6	0.140 6	千粒重	0.066 6	1.025 9	0.068 3	结实率	0.424 0	0.181 8	0.077 1
1999年展示田	穗数	0.310 6	0.890 4	0.276 6	单位面积总粒数	0.527 1	2.635 0	1.388 9	库容量	0.915 1**	0.819 8	0.750 2
	每穗粒数	0.645 9*	1.1107	0.717 4	千粒重	-0.212 4	2.253 0	-0.478 5	结实率	0.564 7*	0.322 2	0.182 0

续表11

项目	构成因素	单位面积总粒数			构成因素	库容量			构成因素	产量		
		r	p	rp		r	p	rp		r	p	rp
2000年展示田	穗数	−0.154 6	0.632 7	−0.097 8	单位面积总粒数	0.613 8*	1.568 6	0.962 8	库容量	0.825 2**	1.079 2	0.890 6
	每穗粒数	0.847 4**	1.246 9	1.056 6	千粒重	−0.049 7	1.199 2	−0.059 6	结实率	0.139 6	0.598 0	0.083 5
1998年云南品比田	穗数	−0.291 1	0.891 5	0.259 5	单位面积总粒数	0.903 9**	1.141 1	1.031 4	库容量	0.789 0**	1.3036	1.028 5
	每穗粒数	0.822 4**	1.517 3	1.247 8	千粒重	−0.066 5	0.488 1	−0.032 5	结实率	−0.063 2	0.788 0	−0.049 8
1998年福建品比田	穗数	0.314 6	0.979 6	0.308 2	单位面积总粒数	0.895 6**	1.396 4	1.250 6	库容量	0.726 3**	1.435 0	1.042 2
	每穗粒数	0.596 5*	1.158 7	0.691 2	千粒重	−0.365 8	0.673 2	−0.246 3	结实率	−0.265 2	0.884 5	−0.234 5
2000年云南品比田	穗数	−0.372 6	0.599 0	−0.223 2	单位面积总粒数	0.505 7	1.489 8	0.753 4	库容量	0.804 0**	1.036 2	0.833 2
	每穗粒数	0.909 3**	1.342 7	1.220 9	千粒重	0.172 9	1.300 4	0.224 8	结实率	0.237 1	0.623 1	0.147 7

*r:相关系数,p:直接通径系数,rp:贡献率。

(4)粒重相近的超高产品种的穗粒结构

粒重是品种的稳定性状,就同一品种或粒重相近的品种而言,单位面积总粒数决定了库容量,也左右着产量。那么,同一品种或粒重相近的品种,其超高产的穗粒结构有何特点?

分析三年展示田中粒重与汕优63相近的品种的穗粒结构(见表4~表6),看出:比汕优63增产的品种,有的是穗数略少(每平方米315~373穗),而发育很大的穗子(每穗177~204粒),如培矮64S/长粒爪哇稻、特优175、特优4125、Ⅱ优明86;有的是穗数相近(每平方米351~373穗),而穗子较大(每穗167粒),如Ⅱ优162、特优70、金优101;比汕优63减产的品种,有的是穗数减少过多(每平方米仅292~313穗),如莲优258、莲优101、金优102;有的是穗数与每穗粒数双双减少,如滇谋403、P2优201。

至于粒重显著小于汕优63而增产的品种,不是保持汕优63的相近或略少的穗数,发育巨大的穗子(每穗200~250粒),如培矮64S/E32;就是保持汕优63相近的每穗粒数,发育特多的穗数,如华粳籼74。

1998年品比试验田(见表8、9),16个供试品种的粒重相近,在同一试点中,比汕优63显著增产的,一般依靠发育较大的穗子。但比较两个试点16个品种的平均产量及其构成则看出:云南涛源16个品种平均产量比福建龙海增产73.5%,主要是依靠穗数增加64.3%,而每穗粒数、结实率和千粒重差异不大。

根据上述研究结果,每公顷产量15~17 t的适宜穗粒结构,千粒重27~30 g的品种为每平方米320~360穗,每穗150~200粒,每平方米总粒数达6万~7万粒;千粒重21~24 g的品种,培矮64S/E32为每平方米320~360穗,每穗200~250粒,每平方米总粒数7.1万~7.7万粒;华粳籼74为每平方米500~550穗,每穗150~160粒,每平方米总粒数为8万~8.5万粒。

总之,培育大穗,形成适应当地生态条件的足额穗数,建立穗多穗大的群体,是达到水稻超高产的总趋势。培育无蘖少蘖巨穗的品种难于达到超高产,推行超稀植,牺牲穗数求巨穗,也不可取,这是超高产育种和超高产栽培的误区。

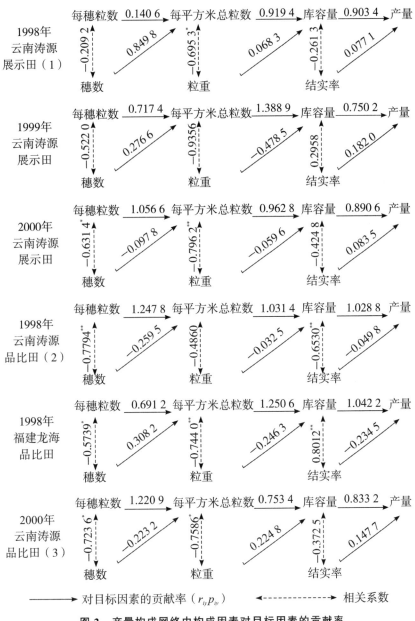

图 2　产量构成网络中构成因素对目标因素的贡献率

2.4　超高产源的结构特性

2.4.1　源的多层次结构

源可定义为库藏物质生产量,由三部分物质构成:一为抽穗前光合生产的构成穗粒躯体的结构性干物质(W_1);二为抽穗前光合生产的非结构性干物质(淀粉及可溶性糖)(W_2),暂贮于营养器官,抽穗后转运入穗;三为抽穗后光合生产的直运入穗的干物质(W_3)。从移栽至抽穗的光合生产的干物质,有50%～55%转化为结构性的质(W_x),构成营养器官的躯体。W_1、W_2、W_3、W_x合计为干物质总积累量(W),俗称为生物产量。干物质生产积累量决定于光合生产的日数(D)和平均每日干物质生产积累量,即群体生长率(CGR)、群体生长率又决定于叶面积(LAI)和单位叶面积光合生产率,即净同化率(NAR)。因此,源也如图 1 右侧所示的呈多层次的结构。

2.4.2 构成稻谷产量的物质来源

由图 1 看出,表达"源"的穗粒物质由 W_1、W_2、W_3 等三项物质构成,亦即稻谷产量来源于 W_1、W_2、W_3 等物质。表 12、表 13 列出 1998 年、1999 年、2000 年 32 丘展示田,及 1998 年两地各 16 个品种对比田的干物质积累运转动态及三项构成穗粒物质量,表 14、表 15 列出 1998 年、1999 年、2000 年 32 丘展示田,及 1998 年两地各 16 个品种对比田从移栽至成熟期的日数、群体生长率、平均叶面积指数及净同化率。表 12、表 13、表 16 显示:5 组试验平均,在穗粒总产(W_y)中,W_1、W_2、W_3 各占 18.7%、15.3%、66.0%。其中,W_1 为抽穗前生产构成穗粒躯体的结构性干物质,W_2 为抽穗前生产暂贮于营养器官,于抽穗后转运入穗的非结构性物质,合占穗粒总产的 1/3,都来自中期的光合生产;W_3 来自抽穗后的光合生产,占穗粒总产的 2/3。

表 12　不同试验项目的平均稻谷产量、穗粒构建物质量及不同时期干物质净积累量

试验项目	产量 (kg/hm²)	稻粒构建物质量(g/m²)				干物质净积累量(g/m²)				收获指数 (W/M)
		W_1	W_2	W_3	W	A	B	C	M	
1998 年展示田	14 045	249.9	281.5	784.9	1 316.3	263.2	1 707.9	784.9	2 756.0	0.48
1999 年展示田	15 163	245.0	159.3	902.2	1 306.5	288.0	1 686.1	902.2	2 876.3	0.45
2000 年展示田	15 053	235.5	153.6	863.7	1 252.8	307.7	1624.2	863.7	2 795.6	0.45
1998 年云南品比田	15 779	273.9	256.3	944.0	1 474.2	265.7	1 767.6	944.0	2 977.3	0.50
1998 年福建品比田	9 092	155.3	99.4	596.3	851.0	264.9	878.7	596.3	1 739.9	0.49

* W_1:穗粒躯体干物重;W_2:营养器官输入穗部干物重;W_3:后期输入穗部光合产物产重;W:穗粒总干重。

** A:前期干物质净积累量;B:中期干物质净积累量;C:后期干物质净积累量;M:干物质总积累量。

收获指数(W/M):穗粒总干重/干物质总干重。

*** D:移栽—成熟总日数;CGR:群体生长率[g/(m²·d)];LAI:叶面积指数;NAR:净同化率[g/(m²·d)]。

2.4.3 不同时期的干物质净积累量及对产量的贡献

水稻有效分蘖临界期多在移栽后 20～25 d,分蘖高峰期多在移栽后 30～35 d,移栽后 30 d 处于分蘖末期。在福建省龙海市,杂交稻在移栽后 30 d,即进入一次枝梗分化期,在云南省涛源种植的杂交稻,移栽后 30 d 至一次枝梗分化期的间隔日数,因品种和播栽期而异,短的为 0,长的为 25 d,一般为 10～20 d。为便于定量和相互比较,将移栽至移栽后 30 d 划为生育前期(A),移栽后 30 d 至齐穗划为生育中期(B),齐穗至成熟划为生育后期(C)。干物质净积累量以中期最多,后期次之,前期较少。

依据分区观察数据,缩合为 5 个试验项目,分别计算出稻谷产量、三项穗粒构建物质量、三个生育期干物质净积累量和光合生产参数的平均值,列于表 12、表 13。由表 12,看出:在云南涛源,前、中、后期的干物质净积累量之比为 1∶6∶3;在福建龙海,因中期日数较少,前中后期的干物质净积累量之比为 1.5∶5.1∶3.4。显然,干物质的积累优势在中期和后期。后期的干物质净积累量(C)即为后期光合生产直运入穗的干物质量(W_3),全数用于构建籽粒物质,平均占穗粒总干重的 66%。中期的干物质净积累量(B)有 34% 左右用于构建穗粒(其中平均有 19% 用于构建穗粒躯体,15% 用于构建籽粒物质),但有 2/3 用于构建营养器官。前期的干物质净积累量则全部用于构建营养器官。收获指数(HI=W/M)稳定在 0.45～0.50。

为了揭示不同时期干物质净积累量对产量的贡献,分组计算了不同时期干物质净积累之间的相关,及与产量及干物质总积累量的相关(r_{iy})、对产量及干物质总积累量的直接通径系数(p)和贡献率(rp),结果列于表13,看出:

生育前期的干物质净积累与干物质积累总量和稻谷产量的相关不显著,贡献率低;生育中、后期的干物质净积累量与干物质积累总量(W)及稻谷产量(y),具有极显著正相关,对增加干物质总积累量和提高稻谷产量,具有很大的贡献,其中,生育中期的干物质净积累量对增加干物质积累总量的贡献更大,占$59\%\sim68\%$,而后期占$25\%\sim36\%$。但中、后期的干物质净积累对提高产量的贡献则不相上下,5组试验平均的贡献率分别为0.4408和0.4106。

表 13　不同时期干物质净积累对干物质总积累量(W)及稻谷产量(y)的相关及贡献率

试验项目	各时期干物质净积累量	相关系数(r)				对M的直接通径系数(p_{im})	对M的贡献率($r_{iy}p_{im}$)	对y的直接通径系数(p_{iy})	对y的贡献率($r_{iy}p_{iy}$)
		B	C	M	y				
1998年展示田($n=8$)	A	0.428 3	0.655 4	0.621 8	0.578 3	0.163 8	0.101 9	0.025 5	0.014 7
	B		0.918 9**	0.973 4**	0.966 2**	0.653 5	0.636 1	0.451 0	0.435 8
	C			0.979 6**	0.979 9**	0.271 8	0.266 3	0.548 5	0.537 8
1999年展示田($n=10$)	A	0.479 5	0.073 9	0.389 8	0.364 8	0.063 1	0.024 6	0.097 1	0.035 4
	B		0.734 7*	0.962 4**	0.910 7**	0.614 6	0.591 5	0.477 0	0.434 4
	C			0.888 4**	0.884 6**	0.432 2	0.383 9	0.5270	0.4662
2000年展示田($n=14$)	A	0.233 2	0.481 1	0.477 4	0.443 2	0.165 2	0.078 9	0.130 5	0.057 8
	B		0.813 7**	0.949 5**	0.951 1**	0.6324	0.600 5	0.646 9	0.615 3
	C			0.936 4**	0.925 6**	0.342 4	0.320 6	0.336 4	0.311 4
1999年云南品比田($n=16$)	A	0.503 5*	0.299 9	0.545 8*	0.475 3	0.109 9	0.060 0	0.132 2	0.062 8
	B		0.704 7**	0.961 9**	0.807 7**	0.643 3	0.618 8	0.355 3	0.287 0
	C			0.859 9**	0.837 6**	0.373 6	0.321 3	0.547 6	0.458 7
1998年福建品比田($n=16$)	A	0.270 3	0.420 1	0.472 4	0.482 5	0.146 8	0.069 3	0.182 8	0.088 2
	B		0.586 4*	0.845 4*	0.802 6**	0.724 6	0.612 6	0.537 7	0.431 6
	C			0.795 4**	0.759 6**	0.308 8	0.245 6	0.367 5	0.279 2

  * 1998年展示田对M的$r=1.004\,3$,$p_e^2=0$,对y的$r=0.988\,3$,$p_e^2=0.017\,0$;

    1999年展示田对M的$r=1.000\,0$,$p_e^2=0$,对y的$r=0.936\,0$,$p_e^2=0.040\,0$;

    2000年展示田对M的$r=1.000\,0$,$p_e^2=0$,对y的$r=0.984\,5$,$p_e^2=0.015\,5$;

    1998年云南品比田对M的$r=1.000\,0$,$p_e^2=0$,对y的$r=0.808\,5$,$p_e^2=0.191\,5$;

    1998年福建品比田对M的$r=0.927\,5$,$p_e^2=0.072\,5$,对y的$r=0.799\,0$,$p_e^2=0.201\,5$。

  ** 其中,M为干物质总积累量,y为稻谷产量;r为各构成因素对M或y的总决定系数,p_e^2为随机误差。

    A为前期干物质净积累量,B为中期干物质净积累量,C为后期干物质净积累量。

2.4.4　不同生育时期的日数(D)、群体生长率及对干物质积累的贡献

表14列出5组试验在前、中、后生育期的光合系数,从移栽至分蘖末期的生育前期,界定为30 d;从移栽后30 d至齐穗的生育中期,云南涛源历$50\sim56$ d,福建龙海历34 d;从齐穗至成熟的生育后期,云南涛源为$35\sim40$ d,福建龙海为30 d。皆以中期日数最多。群体生长率(即干物质日平均生产率)中期最高

(原因是叶面积较大,冠层叶片处于生理旺盛期)。云南涛源为 30.5～33.4 g/(m² · d),福建龙海为 26.1 g/(m² · d);后期次之,云南涛源为 21.5～26.6 g/(m² · d),福建龙海为 19.9 g/(m² · d);前期最低(原因是叶面积最小),云南 8.8～10.3 g/(m² · d),福建龙海为 8.8 g/(m² · d)。

表 14　各试验项目不同生育时期的光合生产参数年均值

试验项目	生育前期				生育中期				生育后期				合计			
	D	CGR	LAI	NAR	D	CGR	LAI	NAR	D	CGR	LAI	NAR	D	CGR	LAI	NAR
1998 年展示田	30	8.77	1.80	4.86	56.0	30.47	6.55	4.74	36.5	21.53	7.81	2.77	122.5	22.26	5.73	3.91
1999 年展示田	30	9.60	2.19	4.39	51.4	33.34	7.14	4.67	41.5	21.80	7.38	2.96	122.9	23.48	6.01	3.92
2000 年展示田	30	10.26	1.87	5.51	50.5	32.61	5.66	5.79	39.6	21.89	6.32	3.47	120.1	23.36	4.93	4.75
2000 年云南品比田	30	8.86	1.57	5.75	54.4	32.62	6.45	5.11	35.6	26.60	7.75	3.47	120.0	24.85	5.61	4.48
1998 年福建品比田	30	8.83	1.48	6.21	33.8	260.9	4.43	5.97	30.0	19.88	5.01	4.01	93.8	18.56	3.67	5.11

*　D:日数;CGR:群体生长率[g/(m² · d)];LAI:叶面积指数;NAR:净同化率[g/(m² · d)]。

干物质净积累量(ΔW)决定于生长日数(D)和群体生长率(CGR):$\Delta W = D \cdot$ CGR。各试验组的群体生长率(CGR)和生长日数(D)对同期的干物质净积累量(A,B,C)的相关系数(r)、直接通径系数(p)及贡献率(rp),列于表 15,看出:

两地各品种的生育前期日数皆定为 30 d,福建龙海早季各品种的生育后期日数也同为 30 d,据此计算,上述时期的日数(D)与干物质净积累量(A,C)的相关系数 $R=0$,而群体生长率(CGR)与同期干物质净积累量(A,C)的相关系数 $R=1$,对同期干物质净积累量的贡献率(R^2)也为 1,表明上述生育期的干物质积累全然依赖于同期的群体生长率(CGR)。

现将视线转向两地生育中期和云南生育后期,由表 15 看出:多数试验组的群体生长率(CGR)与同期的干物质净积累量(B,C)呈极显著正相关,对同期的干物质积累具有显著较高的贡献率。只有一个试验组(福建龙海品比)的中期日数与同期干物质净积累量(B)呈极显著正相关,并具显著较高的贡献率,还有 2 组试验的 CGR 和 D 与同期的干物质净积累量具有相近的相关系数和贡献率,但有三组试验的生长日数与干物质净积累量呈负相关。显然,CGR 是制约干物质积累的主要因素。

但是比较两地的品比试验结果看出:云南涛源种植的相同品种,生长期显著延长也是干物质积累显著较高的重要因素。如表 14 所示,云南涛源种植的 16 个品种平均生长期 120 d,比福建龙海的 93.8 d 长 28%,全期平均 CGR 为 24.85 g/(m² · d),比福建龙海的 18.56 g/(m² · d)提高 34%,干物质总积累量达 2 977.3 g/m²,比福建龙海的 1 739.9 g/m² 高 71%。再分期比较,如表 12、表 14 所示:两地前期生长日数相同,CGR 和干物质净积累量也差异不大;中期,云南涛源生长日数增加 61%,CGR 提高 25%,干物质积累量增加 101%;后期,云南涛源生长日数增加 19%,CGR 提高 34%,干物质积累量增加 59%。显然,中、后生育期的延长和 CGR 的提高,是云南涛源干物质比福建龙海显著增加的两大因素。

表 15　各时期的群体生长率(CGR)和生长日数(D)对同期干物质净积累量(A、B、C)的相关及贡献率

试验项目	相关因素	生育前期				生育中期			
		相关系数(r)		直接通径系数(p)	对A的贡献率(rp)	相关系数(r)		直接通径系数(p)	对B的贡献率(rp)
		D	A	(p)	(rp)	D	B	(p)	(rp)
1998年展示田	CGR	0	1	1	1	0.0840	0.7244*	0.6660	0.4825
	D		0	0	0		0.7450*	0.6885	0.5129
1999年展示田	CGR	0	1	1	1	−0.9365**	0.7991**	2.3411	
	D		0	0	0		−0.5459	1.6466	−0.8989
2000年展示田	CGR	0	1	1	1	−0.8030**	0.7479**	1.6186	1.2106
	D		0	0	0		−0.2155	1.0842	−0.2336
1998年云南品比田	CGR	0	1	1	1	−0.6840**	0.5892*	1.3481	0.7943
	D		0	0	0		0.1825	1.1090	0.2024
1998年福建品比田	CGR	0	1	1	1	−0.3263	0.4199	0.7319	0.3073
	D		0	0	0		0.7174**	0.9562	0.6860

试验项目	相关因素	生育后期			
		相关系数(r)		直接通径系数(p)	对C的贡献率(rp)
		D	C	(p)	(rp)
1998年展示田	CGR	−0.2401	0.9918**	0.9939	0.9858
	D		−0.1150	0.0086	−0.0010
1999年展示田	CGR	−0.3923	0.5395	0.8973	0.4841
	D		0.5600	0.9120	0.5107
2000年展示田	CGR	−0.5130	0.6749**	1.1136	0.7516
	D	0.2838	0.8551	0.2427	
1998年云南品比田	CGR	−0.1734	0.8633**	0.9004	0.7773
	D		0.4395	0.5056	0.2222
1998年福建品比田	CGR	0	1	1	1
	D		0	0	0

*A:生育前期的干物质积累量;B:生育中期的干物质积累量;C:生育后期的干物质积累量。

(5)不同时期的叶面积(LAI)和净同化率(NAR)及对群体生长率(CGR)的贡献

群体生长率(CGR)的高低决定于叶面积指数(LAI)和单位叶面积净同化率(NAR):

$$CGR = LAI \times NAR$$

在云南涛源栽培的超级稻,具有较大的叶面积指数(LAI)。移栽后 30 d 的 LAI 为 2.6~3.8,齐穗期达 8~11,成熟期尚有 5~6,整个本田期平均为 4.9~5.7。如表 14 所示,前期平均 LAI 为 1.6~2.2,中期平均 LAI 为 6.5~7.1,后期平均 LAI 为 6.3~7.8。由两地品比田的 16 个品种平均,云南涛源比福建龙海,前期叶面积大 6.1%,中期叶面积大 45.6%。后期叶面积大 54.7%。以中、后期的叶面积显著较大。

由于净同化率与叶面积成负相关，云南各时期的平均净同化率都略低于福建龙海。但云南涛源中、后期的叶面积比福建龙海大 46%～55%，而净同化率只低 13%～14%，所以群体生长率仍高出 25%～34%。

计算各时期的叶面积指数（LAI）、净同化率（NAR）与群体生长率的相关系数及对群体生长率的直接通径系数和贡献率，结果如表 20 所示：在前期，叶面积较小，LAI 与 CGR 呈显著至极显著正相关，而 NAR 与 CGR 的相关多未达显著性标准，LAI 是 CGR 的主要决定因素，对 CGR 的贡献率达 50%～135%。在中、后期的多数日子里，叶面积指数已接近或达到最适值 7.5～8.0，孕穗—齐穗期更在 8 以上，因而 LAI 与 CGR 虽成正相关，但多未达到显著性标准；而净同化率对群体生长率的作用有提高的趋势，有的达到极显著正相关。总的看来，叶面积和净同化率对群体生长率的贡献率都属正数，互有高低，共同对确保高额的群体生长率起着重要的作用。

比较云南品比和福建品比两组试验计算结果的数据（见表 16），看到：LAI 及 NAR 与 CGR 的相关系数（r），对 CGR 的直接通径系数（p）及贡献率（rp），都相当接近，表明 LAI 及 NAR 对 CGR 的作用程度相近。两地种植 16 个相同的品种，云南涛源比福建龙海全期平均的 CGR 高 34%，源于 LAI 大 53%，而 NAR 低 14%（见表 14）。

表 16　各时期的叶面积（LAI）和净同化率（NAR）对群体生长率（CGR）的相关及贡献率

试验项目	相关因素	生育前期 相关系数(r) NAR	CGR	直接通径系数 (p)	对CGR的贡献率 (rp)	生育中期 相关系数(R) NAR	CGR	直接通径系数 (p)	对CGR的贡献率 (rp)	生育后期 相关系数(R) NAR	CGR	直接通径系数 (p)	对CGR的贡献率 (rp)
1998年展示田	LAI	0.2018	0.860 6**	0.756 8	0.651 3	−0.753 3	0.461 5	1.461 7	0.674 7	−0.147 3	0.621 8	0.738 2	0.459 0
	NAR		0.667 2	0.514 5	0.343 3		0.226 7	1.327 8	0.301 0		0.681 2	0.789 9	0.538 1
1999年展示田	LAI	−0.832 6**	0.786 4**	1.696 6	1.334 2	0.095 8	0.467 2	0.382 2	0.178 6	−0.455 0	0.580 9	0.995 9	0.578 5
	NAR		−0.319 3	1.093 4	−0.349 1		0.824 3**	0.887 7	0.731 7		0.458 9	0.912 0	0.418 5
2000年展示田	LAI	−0.4064	0.541 1*	0.913 9	0.494 5	−0.355 7	0.066 7	0.439 5	0.029 3	0.012 0	0.655 2*	0.646 2	0.423 4
	NAR		0.546 0*	0.917 4	0.500 9		0.908 9**	1.063 1	0.966 3		0.762 1**	0.754 4	0.574 9
1998年云南品比田	LAI	−0.885 2**	0.661 9**	1.977 9	1.309 2	−0.732 1**	0.270 2	1.291 4	0.348 9	−0.881 3**	0.380 4	2.036 5	0.774 7
	NAR		−0.264 1	1.486 7	−0.392 6		0.449 4	1.394 9	0.626 9		0.084 4	1.879 2	0.158 6
1998年福建品比田	LAI	−0.915 8**	0.598 3*	2.267 2	1.356 5	−0.816 5**	0.346 1	1.532 9	0.530 5	−0.880 8**	0.325 4	2.040 7	0.664 0
	NAR		−0.254 0	1.822 3	−0.462 0		0.247 2	1.453 5	0.359 3		0.149 9	1.947 2	0.291 9

2.5　超高产水稻的植株性状

2.5.1　分蘖

1998—2000 年在云南涛源先后观察 21 个品种分蘖生育动态，表 17 列出 2000 年品比田 10 个品种定株追踪观察结果，显示：

超高产品种的分蘖力多为中至中强，每株最高分蘖数高达 10～20 个。每平方米最高茎蘖数受品种特性和环境因素的制约,变动于 500～900 个茎蘖之间,多数田块为每平方米 550～650 个茎蘖,成穗率 50％～60％。

秧田期每株萌发 2 个左右分蘖,据追踪观察(见表 17),移栽后 5 d 开始分蘖,至移栽后 20～25 d,已萌发了相当于最终穗数的茎蘖数,即达到有效分蘖临界期,该期内出生 4 片左右新叶;移栽后 35 d 左右达到分蘖数最高峰,又生 2 片左右新叶。换言之,本田期有效分蘖是移栽后头 4 片新生叶的"同伸蘖",无效分蘖是移栽后第 5、6 片新生叶的"同伸蘖"。这为分蘖调控提供了明确的叶龄指标。

分蘖高峰期至一次枝梗分化期的间隔日数,因品种熟期性、播栽早迟和秧龄长短而差异较大。晚熟种、早播早栽、秧龄短的,间隔 10～15 d,则无效分蘖的"同伸叶"为倒 5、倒 6 叶;早中熟种、迟播迟栽、秧龄长的,间隔 3～7 d,乃至分蘖高峰期与一次枝梗分化期重叠,这时无效分蘖的"同伸叶"为倒 3、倒 4 叶。

表 17　超高产水稻品种茎蘖生育动态

(云南涛源,2000 年品比田)

品种	移栽		有效分蘖临界期		分蘖高峰		一次枝梗分化		每平方米丛数	每平方米茎蘖数			成穗率（％）
	月-日	叶龄	栽后日数	叶龄	栽后日数	叶龄	栽后日数	叶龄		移栽	高峰	成熟	
95A2-1-1	05-12	9.0	22	13.5	34	15.6	43	16.6	42	134	602	381	63
Ⅱ优明 86	05-12	8.0	23	12.9	34	14.8	44	15.9	42	130	557	341	61
特优 175	05-12	7.5	22	11.8	34	13.7	40	14.5	42	131	508	306	60
培 64S/爪稻	05-12	7.1	23	11.0	34	12.5	33	12.4	42	135	605	365	60
培 64S/E32	05-12	7.1	24	11.2	34	12.5	34	12.4	42	125	528	368	70
培 64S/9311	05-12	6.7	23	10.8	37	12.9	38	13.1	42	121	585	353	60
P2 优 201	05-12	8.4	24	12.9	34	14.3	37	14.6	42	126	609	383	63
特优 4125	05-12	7.9	23	12.9	34	14.3	37	14.9	42	131	547	354	65
汕优 63	05-12	7.8	22	11.8	34	13.5	40	14.1	42	126	615	368	60
P2 优 101	05-12	7.8	23	12.3	34	13.9	30	13.5	42	129	535	383	72

2.5.2　冠层叶片

1998—2000 年对 25 丘展示田一批超高产品种齐穗期的冠层叶片形态进行观测,结果列于表 18,看出:

超高产品种具有较大的叶面积,齐穗期的叶面积指数(LAI),多数为 8～9,少数达 10～12。但据分期测定统计,生育前期(移栽—栽后 30 d)、中期(栽后 30 d—齐穗)、后期(齐穗—成熟)的平均 LAI 分别为 1.86、6.45 和 7.51,表明在中、后期的多数日子里,群体 LAI 保持在 7～8 范围内。

齐穗期有 5 片绿叶,以倒 3、4 叶最长,多为 50～55 cm,次为倒 2、5 叶,多为 40～45 cm,最短为倒 1 叶(剑叶),多为 30～35 cm。倒 1～倒 3 叶直立,对水平面倾角为 75°～85°,倒 4、5 叶斜立,对水平面倾角 65°～75°。虽然群体叶面积较大,但冠层叶片直立,阳光可透入群体深层,从而有较高的光合率,中期平均达 30～33 g/(m² · d),后期达 21～26 g/(m² · d)(见表 14)。

据 Monsi 公式 $I/I_0 = e^{-KF}$ 计算[15],直立叶品种当 LAI 为 7 时,群体底层的光强相当于补偿光强的

2.5 倍,全部叶片都能进行有净收益的光合生产;当 LAI 为 9 时,群体底层的光强相当于补偿光强,底叶的光合积累与维持呼吸消耗保持平衡;当 LAI>10 时,底叶的光合积累少于呼吸消耗,入不敷出。云南涛源种植的超高产水稻品种,孕穗—齐穗期的最高 LAI,多为 8~9,可以充分截获阳光能量,少数品种其时的 LAI 达 10~12,短期内不利光合生产,但在中后期的多数日子里,LAI 为 7~9,也可充分截获阳光能量。

表 18　超高产水稻齐穗期的冠层叶片性状

年份	品种	株高(cm)	LAI	各叶长度(cm)					各叶对水平面的倾角(°)				
				N_1	N_2	N_3	N_4	N_5	N_1	N_2	N_3	N_4	N_5
1998年	95A2-1-1	139.1	11.41	32.3	46.3	54.3	50.2	40.1	84.4	84.4	80.4	77.2	73.8
	96-9	110.0	12.57	27.2	38.6	52.3	56.8	44.3	83.8	82.3	76.3	69.8	68.5
	汕优63	119.2	9.15	33.9	47.7	52.1	49.0	45.8	82.3	77.1	75.5	75.5	75.0
	Ⅱ优162	118.9	11.97	27.9	44.7	51.6	52.0	51.6	79.9	76.6	76.7	70.0	73.6
	华粳籼74	94.6	—	23.7	37.8	47.1	47.8	44.0	82.3	80.9	77.1	73.4	70.1
	D优68	116.3	8.93	37.4	49.3	53.8	52.5	38.6	76.3	79.8	74.2	72.3	64.5
	莲优258	111.4	9.23	29.0	39.7	48.5	48.9	41.4	82.9	81.1	80.0	73.9	68.6
	莲优101	116.8	7.89	41.6	55.0	54.0	53.6	47.8	79.4	76.0	75.1	71.8	70.5
	慎谋403	110.6	8.78	35.2	48.0	50.7	42.4	—	86.4	82.9	81.2	83.3	—
1999年	培64S/E32	107.9	10.26	31.1	46.8	62.8	63.7	47.6	83.0	78.5	76.7	72.6	69.9
	两优培九	120.5	8.85	31.6	44.4	60.0	60.7	46.7	78.1	80.2	76.0	74.1	68.4
	95A2-1-1	126.0	9.74	31.4	43.9	52.3	51.8	43.5	79.6	81.1	78.3	78.0	76.5
	华粳籼74	103.8	—	32.1	40.0	44.1	41.4	33.6	80.1	79.3	76.4	71.1	66.9
	特优70	119.4	10.80	33.9	46.8	59.0	61.5	53.9	81.5	82.0	80.9	77.9	77.1
	特优明86	118.1	11.59	28.9	42.9	54.0	58.1	51.1	78.0	78.9	78.4	76.0	75.2
	汕优63	115.9	9.86	31.5	50.0	56.6	51.8	46.6	75.7	74.4	70.5	69.4	70.3
	金优101	117.1	11.08	35.4	51.1	56.5	56.1	43.4	72.3	70.9	71.2	67.3	65.7
	金优102	110.3	8.77	34.3	50.3	61.0	58.6	48.7	77.7	70.5	70.8	69.1	68.4
2000年	Ⅱ优明86	127.3	8.04	34.7	49.0	55.4	59.1	50.4	81.2	76.6	73.8	70.6	70.9
	特优4125	116.6	8.53	31.6	45.5	49.2	51.7	44.0	75.3	79.0	73.6	71.4	67.3
	特优175	119.0	8.48	28.0	44.4	57.7	61.0	49.7	74.5	77.5	75.7	72.0	70.7
	培64S/爪稻	102.5	8.57	34.1	45.5	47.3	44.4	—	82.8	78.3	75.2	75.8	—
	汕优63	114.2	8.28	32.1	49.3	49.3	50.2	50.2	74.8	71.1	71.2	65.4	67.8
	P2优101	118.4	7.65	35.0	50.2	55.7	58.3	52.2	80.1	70.5	68.9	69.7	69.2
	P2优201	122.5	6.78	36.9	49.5	60.6	62.9	56.0	84.6	77.9	74.0	70.1	70.1

* N_1,N_2,N_3,…示倒数第 1,2,3…节位叶片。

2.5.3　茎秆

超高产量需要茎秆的坚强支撑。为鉴定供试品种的抗倒性能,在水稻最易折倒的蜡熟期,对供试品种取样测定了各节位节间的长度、粗度。秆壁厚度、抗折力、离顶高度和离顶负荷,计算出抗倒力。倒伏指数是衡量节间抗倒力的指标,倒伏指数越小,抗倒力越强,反之越弱。有关抗倒参数的关系如下:

节间倒伏指数＝(节间弯曲力矩/节间抗折力)×100

节间弯曲力矩＝节间基部至穗顶的高度(cm)×节间基部至穗顶的鲜重(g)

节间抗折力为节间(含叶鞘)在支点间距 5 cm 的折断重。节间长不足 5 cm 的,将支点延至相邻节间测定。

超高产品种地上部具有 5 片茎生叶,6 个伸长节间(含穗颈节间)。表 23 列出培矮 64S/E32 品种 6 个节间有关抗倒性状的观测结果,看出以倒 5、倒 4 间的倒伏指数最高,是最易折倒的部位。因而倒 5、倒 4 节位的倒伏指数,是衡量品种抗倒伏能力的指标。

表 19　培矮 64S/E32 各节间的抗倒性

节间位	节间长度 (cm)	节间基部至 穗顶长度 (cm)	节间基部至 穗顶鲜重 (g)	弯曲力矩 (g·cm)	抗折力 (g)	倒伏指数
倒 6	2.1	98.4	21.6	2 125	2 017	105
倒 5	5.3	96.3	20.9	2 013	1 502	134
倒 4	9.7	91.0	19.0	1 729	1 360	127
倒 3	13.1	81.3	16.1	1 309	1 092	120
倒 2	15.2	68.2	12.9	880	850	104
倒 1	29.0	53.0	10.5	557	512	109

表 20 列出历年展示田品种倒 5、倒 4 节有关抗倒性的观测结果,看出:

品种间抗倒力差异甚大,凡是倒 5、倒 4 节间的倒伏指数大于 200 的品种,都发生程度不同的倒伏,其中 13 个每公顷产量超过 15 t 的品种,有 9 个品种的倒伏指数小于 200,高产稳产性好,有 4 个品种的倒伏指数大于 200,高产而不稳产。

倒伏指数与弯曲力矩呈显著正相关,与抗折力呈负相关。表 20 显示:8 个倒 5、倒 4 节间倒伏指数大于 200 的不抗倒品种中,有一个品种(优质米金优 102)是由于弯曲力矩过大引起(植株偏高,叶长偏长);有 5 个品种(96-9,莲优 258,滇谋 403,培矮 64S/爪哇稻,优质米 P2 优 201)是由于抗折力偏低引起;有 2 个品种(95A2-1-1,特优 70)是由于弯曲力矩既大,抗折力又偏低引起。

弯曲力矩决定于秆长及其负荷,必须从育种和栽培措施上严格控制株高和叶片繁茂度。

基部节间离顶高,负荷大,其抗折力引人关注。为了揭示影响抗折力的因素,1998 年对品比田 16 个品种进行观测分析,结果发现,倒 5、4、3 节间的抗折力,与同节间的长度、粗度并无显著的相关性(相关系数分别为 0.060 5,−0.148 4,−0.319 1,及 0.175 9,0.213 5,0.047 3),而与同节间的秆壁厚度呈极显著正相关(相关系数分别为 0.790 8[*]、0.797 0[**]、0.638 0[**])。看来,培育粗秆,有利发育大穗(秆粗与每穗粒数往往呈正相关),但提高抗折力,关键在于培养秆壁厚实的品种,并采取有效措施(如抑制无效分蘖,增施硅钾肥),促进茎秆机械组织的发育和充实。

2.5.4　稻穗

培育大穗,是超高产的总趋势。摸清大穗形成的机制及与其他器官性状的相关性,将为超高产育种和栽培提供依据。1998 年对 16 个超级稻品种,1999 年对培矮 64S/E32 进行穗部性状之间及与冠层各叶长度之间的相关性分析,结果(见表 21)显示:

每穗粒数与一、二次枝梗数及着粒密度呈显著至极显著的正相关,与穗长、千粒重关系不密切,与结实率呈一定程度的负相关。大穗型品种有较多的二次枝梗数,其上的结实率较低,当二次枝梗偏多时,结实率便显著下降,这是巨穗型品种结实不良的重要原因,有待研究解决。

表 20　水稻品种茎秆的抗倒性

观测年份	品种	产量 (kg/hm²)	倒 5 节间					倒 4 节间				
			至穗顶长 (cm)	至穗顶鲜重 (g)	弯曲力矩 (g·cm)	抗折力 (g)	倒伏指数	至穗顶长 (cm)	至穗顶鲜重 (g)	弯曲力矩 (g·cm)	抗折力 (g)	倒伏指数
1998 年	95A2-1-1	16 439	124.5	17.9	2 229	898	248	118.7	17.3	2 054	797	258
	96-9	15 663	108.0	16.1	1 739	728	239	100.1	14.7	1 471	639	230
	汕优 63	15 474	107.7	17.6	1 896	1 215	156	101.3	16.1	1 631	1 172	139
	Ⅱ优 162	15 879	111.5	19.7	2 197	1 136	193	106.2	18.0	1 912	1 157	165
	华粳籼 74	15 920	94.6	15.5	1 438	770	187	90.8	13.4	1 217	701	174
	D 优 68	14 187	108.6	17.1	1 857	1 088	171	103.9	16.0	1 662	1 098	151
	莲优 258	13 578	107.4	15.4	1 654	579	286	102.5	14.4	1 476	614	240
	莲优 101	11 595	103.2	16.2	1 672	1 201	139	99.5	15.2	1 512	988	153
	滇谋 403	9 548	107.8	14.2	1 531	453	338	104.1	13.6	1 416	485	292
1999 年	培 64S/E32	17 071	96.3	20.9	2 013	1 502	134	91.0	19.0	1 729	1 360	127
	两优培九	15 1491	115.0	25.0	2 875	1 685	171	110.2	22.6	2 491	1 347	185
	华粳籼 7 号	15 432	95.1	14.6	1 388	927	150	91.3	13.6	1 242	717	173
	95A2-1-1	15 684	122.6	21.2	2 599	951	273	116.8	19.5	2 278	815	280
	特优明 86	13 298	115.6	22.9	2 647	1 570	169	109.6	21.0	2 302	1 460	158
	特优 70	15 443	114.2	22.9	2 615	1 122	233	109.7	21.5	2 359	925	255
	汕优 63	15 231	113.0	21.9	2 475	1 502	165	108.2	20.4	2 207	1 331	166
	金优 101	11 5263	108.0	23.0	2 484	1 425	174	103.4	21.0	2 171	1 230	177
	金优 102	13 283	113.1	27.2	3 076	1 332	231	107.9	25.2	2 719	1 372	198
	莲优 101		108.4	19.0	2 060	1 283	161	104.7	18.0	1 885	1 031	183
2000 年	Ⅱ优明 86	15 6581	118.1	22.4	2 645	1 345	197	108.6	19.9	2 161	1 105	196
	特优 4125	15 907	113.8	22.0	2 504	1 265	198	108.6	20.1	2 183	1 095	199
	特优 175	16 165	114.5	22.7	2 599	1 310	199	108.4	20.7	2 244	1 130	199
	培 64S/爪稻	16 532	103.0	16.8	1 730	870	199	100.2	16.1	1 613	805	200
	汕优 63	13 936	111.8	19.0	2 124	1 235	172	106.2	17.5	1 864	1 080	173
	P2 优 101	13 147	114.2	22.0	2 512	1 379	182	106.7	19.3	2 059	1 305	158
	P2 优 201	12 248	120.6	19.6	2 364	965	245	112.9	17.7	1 998	935	214

培矮 64S/E32 品种每穗粒数与倒 1、倒 2 叶的长度呈极显著正相关,与倒 3 叶长度呈显著的正相关,与倒 4、倒 5 叶长度的相关未达显著性标准。其原因可能同倒 1～3 叶的伸长与幼穗器官的发育同步,倒 4、5 叶的伸长与无效分蘖的萌发同步有一定的关联性。由此启示:为了培育大穗,并扩大谷粒充实期的功能叶——倒 1、2、3 叶的面积,应适当促进这些叶片的伸长;而为了抑制无效分蘖,应抑制倒 4、5 叶的

伸长。

但是,以 16 个超级稻品种各自的平均值为样本,计算每穗粒数与各叶长度的相关,却未达显著性标准。这可能是各个品种的性状之间有不同的数量依存关系,混合求算,便互相抵销。

表 21 穗部性状之间的相关性

供试品种	相关因素	结实率	千粒重	一次枝梗数	二次枝梗数	着粒密度	穗长
云南涛源	每穗粒数	−0.671 8**	−0.348 9	0.521 7**	0.939 3**	0.947 9**	0.157 4
品比田	结实率		0.461 5	−0.208 5	−0.667 4**	−0.680 3**	0.032 4
16 个品种	千粒重			−0.570 0**	−0.325 1	−0.475 3	0.412 7
福建龙海	每穗粒数	−0.429 0	−0.467 4	0.656 3**	0.928 0**	0.919 9**	0.245 0
品比田	结实率		0.410 4	−0.175 4	−0.358 3	0.558 7**	0.314 0
16 个品种	千粒重			−0.107 4	−0.166 4	−0.420 1	−0.134 4

2.5.5 根系

据对 3 个品种的成熟期测定(表 22),超高产水稻具有发达的根系,其特征:一是根量大,全根体积达 2 282~2 667 cm³/m²。干重达 380~447 g/m²,冠根比(T/R 值)为 6.7~7.8;二是分枝旺盛,冠根作辐射状伸长,其上萌发大量纤细的多级分枝根,最多分枝级位达 5、6 级,在土壤中纵横交织,每平方米地面积的稻株根系总长度达 80~100 km,根长密度达 35~40 cm/cm³;三是根量分布随土层的加深而减少,98% 的根系分布在耕作层内,其中 0~10 cm 表层土壤中的根量占 75% 左右,其根长密度达 55~100 cm/cm³,在表层土壤中密集成网。这就为形成强大的水养分吸收能力和有关氨基酸、根源激素(CTK、ABA)合成能力,奠定形态学的基础。

表 22 几个水稻超高产品种的根系发育形态

分布层次 (cm)	油优 63				95A2-1-1				培矮 64S/E32			
	干重	体积	根总长	根长密度	干重	体积	根总长	根长密度	干重	体积	根总长	根长密度
0~5	205.7	1 274.6	50.3	100.6	199.0	1 165.0	48.5	97.0	165.2	992.6	40.5	81.0
5~10	127.5	748.2	31.2	62.5	114.7	680.0	28.1	56.2	121.7	716.2	27.3	54.6
10~15	75.3	417.6	15.1	30.2	73.8	440.0	14.1	28.2	61.4	383.8	13.2	26.4
15~20	28.6	165.3	5.3	10.5	30.3	160.0	4.8	9.7	26.2	154.7	5.7	11.4
20~25	9.7	70.9	1.7	3.4	8.1	45.0	1.3	2.6	5.5	35.0	1.1	2.2
合计	446.8	2 676.6	103.6	41.5	425.9	2 490.0	96.8	38.6	380.0	2 282.3	87.8	35.1

单位:干重 g/m²,体积 cm³/m²,根系总长度 km/m²,根长密度 cm/cm³。

2.6 超高产栽培技术体系

2.6.1 生育调控目标

库容量大和生物量高是超高产的两大决定因素,也是栽培调控的总目标。

库容量目标:超高产水稻因品种不同而呈现多样性的产量结构,但具有库容量大的共性。对同一品种或粒重相近的品种。库容量决定于单位面积总粒数。培育更大穗子,是增加单位面积总粒数,建立巨大库容量的总趋势;在利用品种大穗优势基础上,促进萌发适应当地生态的更多穗数,是取得更高产量的关键。根据三年研究,在云南涛源生态条件下,稻谷产量达到 15～17 t/hm^2,千粒重 27～30 g 的品种,产量结构的调控目标是每平方米 300～360 穗,每穗 150～200 粒,每平方米 6 万～7 万粒;千粒重 21～24 g 的品种,产量结构的调控目标是每平方米 300～360 穗,每穗 200～250 粒,每平方米 7 万～8 万粒;多穗型品种(如华粳籼 74),则应相应调高穗数,减少每穗粒数。

干物质生产目标:超高产水稻的干物质生产优势在中期和后期,中后期日数多,群体生长率(CGR)高,积累了占全期 85%～90% 的干物质。较大而挺立的冠层叶面积及相协调的净同化率(NAR),又是 CGR 较高的原因。根据三年研究,将齐穗期的 LAI 调控在 8～10,在中期和后期的多数日子里,保持 LAI 在 6～7,并大力提高根叶机能,利用云南涛源太阳辐射强、昼温适中、夜温低的生态优势,将干物质积累总量提高到每平方米 3 000～3 200 g。

2.6.2　主要栽培技术

综合三年超高产展示田生产实践和研究结果,概括如下栽培技术:

(1)选用良种。选用库容量潜力大(每公顷 15～17 t),分蘖力中等至中强,穗大(中粒种 150～200 粒,小粒种 200～250 粒)、结实率高(85%～90%)、冠层叶片直立、茎秆抗倒伏(倒 5、倒 4 节间的倒伏指数小于 200),根系形态发达,机能高而持久,抗主要病害的品种。据三年来鉴定,培矮 64S/E32、培矮 64S/长粒爪哇稻,Ⅱ优明 86、Ⅱ优 162、特优 175、两优培九、特优 4125、金优 101、华粳籼 74 等品种符合上述标准。

(2)改良土壤。坚持积造稻草堆沤肥回田改土,每公顷 15 t 左右,含有机质 2000 kg,氮素 100 kg、磷素 18 kg、钾素 225 kg。施用上述稻草堆沤肥,可保持土壤有机质的动态平衡,补偿水稻携走的氮素的 1/3、磷素的 1/2 和钾素的 2/3,从而确保土壤的永续利用。

(3)调节生育期。适当早播早插,利用低夜温效应延长本田生长期,增加太阳辐射截获量,并将幼穗发育至成熟期调节在昼间强光适温、光合率高,夜间冷凉、维持呼吸消耗少的季节,以大幅度提高 CGR,增加中、后期的干物质积累。

(4)壮秧密植。云南涛源地处金沙江干热河谷,穗数容量大,历年超过 15 t/hm^2 产量的杂交稻,每平方米穗数多为 300～350 穗。主茎和秧田分蘖的成穗率近达 100%,穗子也较大,培育壮秧,合理密植,是形成足额穗数,达到超高产的基础。为此,秧田每 100 m^2 播种 3～4 kg,每株萌发 2～3 个分蘖,本田实行宽行窄株密植,每平方米栽 40～45 株。

(5)促进早发。有效分蘖临界期在移栽后 20～25 d,有效分蘖是移栽后头 4 片新生叶的"同伸蘖",分蘖高峰期在移栽后 30～35 d,无效分蘖是移栽后第 5～6 片新生叶的"同伸蘖"。为此,实行早施分蘖肥,促进在头 4 片新生叶抽出期发足预期穗数的茎蘖数,嗣后即排水制氮,抑制无效分蘖,降低苗峰,提高成穗率。

(6)合理施肥。三年超高产展示田平均每公顷施肥量为氮 346.6 kg、磷 106.3 kg、钾 272.3 kg。32 块观测田平均每公顷稻谷产量 14 835 kg,干物质积累总量 28 109 kg。平均每生产 100 kg 稻谷的施肥量为氮 2.34 kg、磷 0.72 kg、钾 1.84 kg。据测定,稻株含氮率为 0.95%,含磷率为 0.12%,含钾率为 0.90%,则每公顷水稻含氮量 267 kg,含磷量 34 kg,含钾量 253 kg。其中每千克吸入氮生产稻谷 55.6 kg,

比华南沿海地区的每千克吸入氮生产稻谷 45 kg 左右,生产效率提高 20%。

展示田有三大施肥特点(见表 23):

氮、磷、钾肥配合施用,比例是 1∶0.3∶0.8。

分期施肥,有节奏促进。移栽后 5~10 d 施氮、磷素促蘖肥,不足时隔 10 d 补施一次,促进在栽后 20~25 d 发足相当于预期穗数的茎蘖数;移栽后 25~35 d 施氮、磷、钾素"接力"肥,促进有效分蘖的生长,建立壮秆大穗的苗架;一次枝梗分化至雌雄蕊分化期施一、二次氮、钾素穗肥,促进发育大穗;孕穗至齐穗期施一次粒肥,维持根叶后期高而持久机能。分蘖肥、接力肥、穗粒肥所占比率,氮为 50∶20∶30,磷为 60∶18∶22,钾为 0∶25∶75。前期以施氮、磷肥为主,中后期以施氮、钾肥为主。

因田因苗施肥。因而田块间施肥量有一定差异。1998 年同样每公顷产量 15 t 左右的田块,施肥量相差较大。经过总结、指导,1999 年、2000 年的展示田田块间的施肥量已比较接近。

(7)灌溉 展示田系沙质壤土,渗水性强,灌一次深 3~5 cm 水层,1~2 d 即渗干,第 3 天再灌。如此周而复始,保持了稻田干湿交替,氧气随流水不断导入土壤下层。一般不烤田,至成熟前 1 周才排水干田。

表 23 超高产展示田的施肥

项目	分蘖肥(kg/hm²)			接力肥(kg/hm²)			穗肥(kg/hm²)			粒肥(kg/hm²)			合计(kg/hm²)		
	氮	磷	钾	氮	磷	钾	氮	磷	钾	氮	磷	钾	氮	磷	钾
1998 年展示田	173.0	53.6	8.3	81.0	20.7	74.5	59.1	18.2	129.1	50.6	1.1	2.1	363.7	93.6	214.0
1999 年展示田	162.6	68.1	0	69.6	14.5	72.2	42.3	17.6	164.7	51.9	10.0	31.9	326.4	110.2	268.8
2000 年展示田	175.2	67.9	0	71.2	22.4	38.6	61.6	20.7	181.5	42.1	0.7	92.1	350.1	111.7	312.2

3 总结与讨论

3.1 小结

1998—2000 年从全国各地引进新近育成的超级稻品种 33 个,在云南省永胜县涛源乡,种植大区展示田,并在云南涛源和福建龙海设置随机区组的品种比较试验,结果鉴定筛选了一批具有超高产潜力的品种,揭示了每公顷产量 15~17 t 的光温生态效应、库源多层次结构及其指标体系、超高产株型及形态生理特性。主要结果如下:

(1)云南涛源地处金沙江河谷,26°10′N,100°16′E,海拔 1 170 m,受印度洋季风影响,属南亚热带高原型气候。稻作期昼温适中,夜温低,水稻生长期长达 155~170 d,太阳辐射丰富,日平均 19.2 MJ/(m²·d),光能利用率 2.04%。与福建龙海相比,云南涛源的日平均太阳辐射量高 31%,基于低夜温效应的本田生长期长 28%，太阳辐射总量多 67%，光能利用率高 0.04 个百分点(+3%)，干物质积累总量多 71%，稻谷产量高 74%。显然，云南涛源水稻达到超高产，得益于其有利的光温综合效应。

(2)先后选用 21 个品种种植 44 丘展示田(每一品种种植 667 m² 以上)，结果有 13 个品种(3 个两系杂交稻组合，7 个三系杂交稻组合，3 个常规稻品种)、28 丘田的产量超过 15 t/hm²，其中特优 175、95A2-1-1 超过 16 t/hm²，培矮 64S/E32、培矮 64S/长粒爪哇稻超过 17 t/hm²。先后选用 26 个品种作随机区组三个重复比较试验，结果有 7 个品种比对照种汕优 63 显著增产(平均增产 7.7%)，有 6 个品种比对照种汕优 63 极显著增产(平均增产 17.5%)。超高产品种和超高产田丘的出现频数之多，是前所未有的，反映了我国水稻育种的新水平，也显示了超高产栽培技术的进步。经过鉴定具有超高产潜力的品种，已陆续在国内大面积示范推广，有的年推广面积达 10 万 hm²，表明超高产潜力的鉴定，推动了我国育种事业的发展。

(3)超高产水稻因品种的粒重不同表现出多样性的产量结构。产量与 4 个产量构成因素的单独相关性往往不显著，将 4 个产量构成因素组合成单位面积总粒数→库容量→产量等三个结构层次，则出现这样的趋势：每穗粒数对单位面积总粒数的贡献大于穗数，单位面积总粒数对库容量的贡献大于粒重，库容量对产量的贡献大于结实率。但云南涛源具有穗数容量大的生态条件，其比福建龙海高产主要依靠穗数的增加。表明：水稻超高产量的提升，是沿着培育更大穗子的品种→萌发与当地生态条件相适应的足额穗数→形成较多的单位面积总粒数→建立巨大的库容量这一主线依次推进的。在云南涛源的生态条件下，每公顷产量达到 15～17 t 的水稻产量结构，是每平方米 320～360 穗，千粒重 27～30 g 的品种每穗 150～200 粒，千粒重 21～24 g 的品种每穗 200～250 粒；多穗型小粒品种(如华粳籼 74)则取特多穗、大穗(每平方米 500～550 穗，每穗 150～160 粒)的结构。然而，不管何种结构组合，都具有巨大的库容量。因此，库容量大是超高产的决定因素之一。

(4)超高产水稻具有高额的干物质积累总量(W)，收获指数(HI)却稳定在 0.45～0.50。超高产水稻的干物质积累优势在中期和后期。中期的干物质净积累量(W_2)对干物质积累总量(W)的贡献最大，并与后期的干物质净积累量(W_3)共同影响着产量(贡献率大体相等)。

超高产水稻的群体生长率(CGR)，中期高达 30～35 g/(m²·d)，后期高达 21～27 g/(m²·d)。在同一试点中，干物质积累量主要决定于 CGR。但比较两地品比试验结果看出，云南涛源中、后期干物质积累比福建龙海大幅度增加，生长日数较多也是一个重要因素。

超高产水稻中、后期具有较高的叶面积指数(LAI)，齐穗期高达 8～10，中、后期的多数日子里稳定在 6～7，由于叶片直立，单位面积净同化率(NAR)仍保持在 3～5 g/(m²·d)。LAI 和 NAR 都与 CGR 呈正相关，共同确保中、后期高额的 CGR。

综观上述，超高产源是沿着中、后期形成大而直立的叶面积→大幅度提高中、后期的群体生长率→大量增加中、后期的干物质积累→积累高额的干物质总量这一主线依次推进的。

(5)超高产水稻具有如下的植株性状：

中等至中强的分蘖力，有效分蘖临界期在移栽后 20～25 d。本田期的有效分蘖是移栽后头 4 片新生叶的"同伸蘖"，无效分蘖是移栽后第 5、6 片新生叶的"同伸蘖"。这为分蘖调控提供了明确的叶龄指标。

面积大而直立的冠层叶片。在中、后期的多数日子里，LAI 保持 7～6，群体底层的光强为补偿光强的 2～3 倍，全部叶片都能进行有净收益的光合生产，因而具有很高的 CGR。

穗型大。中粒种平均每穗 150～200 粒，小粒种平均每穗 200～250 粒。大穗是由于有较多的一、二次枝梗数。幼穗发育与倒数三叶的伸长同步，每穗粒数与倒数三叶的长度呈显著至极显著正相关。

多数品种具有较强的抗倒性能,倒 5、倒 4 节间的倒伏指数小于 200。倒伏指数决定于弯曲力矩和茎秆抗折力。弯曲力矩受制于秆长及其上的负荷。抗折力主要与秆壁厚度成极显著正相关。

根系发达。冠根比(T/R 值)为 7～8,分枝根密集,根系总长度达 80～100 km/m²。为形成强大的水稻养分吸收能力和有关氨基酸及根源激素(CTK、ABA)合成能力,奠定形态学基础。

(6)超高产栽培的总目标是建立干物质量多和库容量大的群体,主要栽培技术有:①选用具有超高产潜力的品种;②适当早播早栽,利用低夜温效应延长本田生长期,增加太阳辐射截获量,并将生育中、后期调节在强光多照、昼温适中夜温低的季节,以大幅度提高 CGR,增加干物质的积累;③推行稻草堆沤肥作基肥,不断改良培肥土壤,保持土壤有机质的动态平衡;④培育多蘖壮秧、合理密植,在移栽后 20～25 d 内发足相当于预期穗数的茎蘖数;⑤氮、磷、钾化肥合理搭配,分期施用,有节奏促进,分蘖肥、接力肥、穗粒肥的比率,氮为 50:20:30,磷为 60:18:22,钾为 0:25:75;⑥间歇性灌溉,增强渗透,不断向土壤导入氧气。

3.2 讨论:作物产量形成理论及研究方法

武田友四郎[16]就作物育种、栽培理论及研究方法的发展,概括为三个学派的理论体系及研究方法。后来又出现一种库源分析法。评述如下:

3.2.1 产量构成分析法

英国育种家 Engledow[17]在禾谷类作物育种中,首先将产量分解为穗数,每穗粒数和粒重等 3 个构成因素,企图通过杂交,将优异的构成因素组合为一体,创造出新品种。由于目标明确,方法简便,曾风行一时。尔后借助近代统计学又发展出"鉴别函数"、"选择指数"等方法,至今仍为品种改良的经典方法。日本栽培学专家松岛省三[17]完善了水稻产量构成分析法,将稻谷产量分解为穗数,每穗粒数,结实率和千粒重,经追踪观察,阐明了各构成因素的形成过程,开发出相应的调控技术。但发现增产的最大难处在于单位面积总粒数增多至某种程度时,结实率降低,成为进一步高产的瓶颈。为此导入光合生产的理念,研究提出采用 V 字形栽培法,培育多穗、小穗、冠层叶片短厚直的株型,提高后期光合率,达到总粒数与结实率平衡发展。

3.2.2 作物生长分析法

英国学者 Blackman、Gregore[18]倡导作物生长分析法,其基本观点为产量是干物质积累的最终产物,通过观测干物质增长和叶面积变化过程,阐明产量形成的生理生态因果关系,开拓产量与光合生产相联系的先河。研究思路是:产量(y)决定于干物质积累总量(W)与收获指数(HI),干物质积累总量决定了干物质积累速率——群体生长率(CGR)和积累日数(D),群体生长率决定于叶面积(LAI)和单位叶面积净同化率(NAR)。关系式如下:

$y = W \times HI, W = CGR \times D, CGR = LAI \times NAR$

经长期研究,发现左右干物质积累量的主要因素是叶面积。但在集约栽培条件下,LAI 和 NAR 负相关突出。解决的途径是建立理想株型,形成适当较大的叶面积,又保持有较高的净同化率。这与化解总粒数与结实率矛盾的途径相似。

3.2.3　群体光合生产分析法

Boysen Jensen[19]首先观测了自然条件下的光合作用,明确单位叶片与光强度呈渐近曲线关系:在光强 400 lx[相当于 25 J/(cm² · d)]时,光合积累与呼吸消耗相抵,净光合率为 0,称此光强为光补偿点;在光强度 50 000 lx[相当于 3 135 J/(cm² · d)]时,CO_2 光合率达 45 mg/(dm² · h),此后保持稳定,称此光强为光饱和点。但群体由于叶片重叠遮阴,群体内光强不会达到光饱和点。相反,当作物过于繁茂时,群体下部光强往往低于光补偿点,呼吸消耗大于光合积累,会显著降低群体光合产量。日本学者 Monsi 对作物群体透光规律作了开创性研究,指出光强度通过群体按负指数曲线降低:$\ln(I/I_0) = -KF$, $F = \ln[I/I_0/(L-R)]$。

式中,F 为叶面积;I_0 为入射群体的自然光强;I 为通过叶面积指数为 F 的群体中的光强;K 为消光系数,直立叶群体 $K = 0.4$,披散叶群体 $K = 0.8$。直立叶群体透光性好,在相同的太阳光强下,有更多叶面积能进行有效益的光合作用,群体光合率显著提高。于是导出理想株型的概念,促成矮化育种的突破。但是当育成理想株型品种,并将叶面积调控至适宜大小时,要进一步提高产量,必须提高单位叶面积的净光合率 P_n。这又成为一个瓶颈。目前测到的 P_n 多在 20 mg/(dm² · h)左右,最高达 40~50 mg/(dm² · h)。如今仍未找到有效提高 P_n 的方法。此外,P_n 仅是瞬间光合率,难于与干物质生产及产量建立数量化关系,田间测定又花时费力,至今未成为一项实用化的作物育种栽培学研究方法。

3.2.4　库源分析法

德国学者 Mason 等通过研究棉花体内碳水化合物的分配方式,提出作物库源概念。1960 年代随着作物生理学的发展,从物质分配的角度分析产量形成过程的库源理论的研究开始活跃起来,将光合产物的供应称为"源"(source),将贮积光合产物的器官称为"库"(sink)。日本的村田将谷粒总体积称为"库",将输入的籽粒物质称为"源"。库源理论研究的热点之一是在当前条件下,到底是"库"还是"源",限制了进一步增产。伊文思[19]认为增加"库"或"源"任何一方都能显著增产。吉田昌一[15]认为,在国际水稻研究所所在的热带,不管是旱季或雨季,结实率都稳定在 85%,表明提高产量必须寻找扩库的途径。村田吉男等[20]报道在温带的日本,库限制型和源限制型并存,库限制型的结实率超过 85%,源限制型的结实率低于 80%,提高产量必须通过产量构成的调查分析,分类确定扩库或扩源的主攻方向。

概括以上 4 个学派的研究成果,可窥见各种产量理论发展的轨迹和各有所长的研究方法,活跃学术思路,并学会综合应用这些方法去解决生产实践面临的问题。

赵明等[21]将上述几个学派产量形成研究分析法,整合为"三合结构"模式,旨在以库源结构为主导,将形态发育、干物质积累、光合生产结合起来,用系统的观点研究产量的形成,制订高效的调控措施。

本研究遵循定量化、可操作的原则,拟出库源结构模式分析法,示意图如图 1。"库"含 3 个产量构成因素,并与结实率组合成稻谷产量。"源"含 W_1、W_2、W_3 等 3 项构建穗粒的物质,并与营养器官结构物质(W_x)组合为干物质总积累量(W)。各时期的干物质净积累(ΔW)决定于群体生长率(CGR)和积累日数(D);群体生长率决定于叶面积(LAI)和净同化率(NAR)。因此,库源分析法融合了产量构成分析法和作物生长分析法,也吸收了群体光合生产分析法的思路。

著录论文

[1]云南省丽江地区农业科学研究所,云南省滇型杂交水稻研究中心,福建省农业科学院稻麦研究所,等.水稻超高产研究

技术总结报告(1998—2000)[R].昆明:云南省科学技术委员会,2001:1-58.

[2]杨高群,彭桂峰,李义珍,等.超高产水稻生理生态特性[R].[出版地不详:出版者不详],1998:1-13.

[3]杨惠杰,李义珍,黄育民,等.超高产水稻的产量构成和库源结构[J].福建农业学报,1999,14(1):1-5.

参考文献

[1]佐藤尚雄.水稻超高产育种研究[J].国外农业:水稻,1984(2):1-16.

[2]杨仁崔.国际水稻研究所的超级稻育种[J].世界农业,1996(2):25-27.

[3]杨守仁.水稻超高产育种的新动向:理想株形与有利优势相结构.沈阳农业大学学报,1987,18(1):1-5.

[4]黄耀祥.水稻丛化育种[J].广东科学,1983(1):1-5.

[5]袁隆平.杂交稻育种中的战略设想[J].杂交水稻,1987(1):1-3.

[6]中华人民共和国农业部.中国超级稻育种:背景、现状和展望[R].北京:中华人民共和国农业部,1996.

[7]袁平荣,周能,贺庆瑞,等.云南水稻一季亩产吨粮的生态条件与良种良法探讨[M]//水稻高产高效理论与新技术.北京:中国农业科技出版社,1996:184-186.

[8]杨从党,周能,袁平荣,等.高产水稻品种的物质生长特性[J].西南农业学报,1998,11(增刊2):89-93.

[9]YING J F,PENG S B,HE Q R,et al.Comparison of high-yield rice in tropical and subtropical environments:Ⅰ.Determinants of grain and dry matter yields[J].Field crops research,1998,57(1):1-4.

[10]瀬古秀生.水稻の倒伏に関する研究[J].九洲農業試験場彙報,1962(7):419-495.

[11]安間正虎,小田桂三郎.根系调查法[M].户苅义次.作物试验法.東京:农业技术协会,1956:137-155.

[12]伯姆.根系研究法[M].薛德榕,谭协麟,译.北京:科学出版社,1985:178-181.

[13]李克煌.气候资源等[M].郑州:河南大学出版社,1990.

[14]杨惠杰,杨仁崔,李义珍,等.水稻超高产品种的产量潜力及产量构成因素分析[J].福建农业学报,2000,15(3):1-8.

[15]吉田昌一.稻作科学原理[M].厉葆初,译.杭州:浙江科学技术出版社,1984:238-250,281-304.

[16]武田友四郎.以光合作用和物质生产为基础的栽培理论与育种理论的发展[M]//户苅义次.作物的光合作用与物质生产.薛德榕,译.北京:科学出版社,1979:365-373.

[17]松岛省三.稻作的理论与技术[M].庞诚,译.北京:农业出版社,1966.

[18]松岛省三.稻作の改善と技術[M].東京:株式会社养贤堂,1973.

[19]伊文思.作物生理学[M].江苏省农业科学院科技情报室,译.北京:农业出版社,1979:22-23,420-427.

[20]村田吉男,松岛省三.水稻[M]//伊文思.作物生理学.江苏省农业科学院科技情报室,译.北京:农业出版社,1979:95-126.

[21]赵明,王树安.论作物产量的"三合结构"模式[J].北京农业大学学报,1995:21(4)359-363.

九、每公顷 17～18 t 超高产水稻的生理生态特性观察

2001 年由福建农业大学、福建省农业科学院与云南省丽江地区农业科学研究所专家杨高群合作,有3 个品种的产量显著提升:e 特优 86、特优 175 和 II 优明 86 的产量分别达 17 640、17 783、17 948 kg/hm²,其中的特优 175 和 II 优明 86 品种,双双突破印度马哈施特立邦 1974 年创造的 17 772 kg/hm² 的世界最高产量纪录。[1-3] 2006 年、2007 年由江苏省农业科学院组织的两优培九品种生态适应性试验,在云南涛源基点种植的两优培九品种,2006 年又进一步突破 18 t/hm²,达 18 527 kg/hm²。

作为本研究对照种汕优 63,多年产量超达 15 t,可说是第一个超高产品种,由于稳产高产,在 1984—2003 年,是我国种植面积最大的水稻品种,累计种植 6 203 万 hm²。作为本研究最后观察的突破 16 t/hm² 产量的两优培九,则是我国第 2 个种植面积最大的品种,2002—2009 年累计种植 800 万 hm²,并成为菲律宾、巴基斯坦等国的杂交稻首选品种[4-5]。

本节在 1998—2000 年研究[6]基础上,依据定位追踪观察结果,分析上述多个产量创纪录的超高产品种的生理生态特性,总结如下。

1 材料与方法

1.1 研究概况

研究地点为云南省永胜县涛源乡,地处金沙江河谷,26°10′N,100°16′E,海拔 1 170 m,属高原型南亚热带气候。1998—2000 年由云南省丽江地区农科所、云南省滇型杂交稻研究中心、福建省农科院、福建农业大学合作研究水稻超高产,已有专文总结[6],本节摘录其中 3 个产量突破 16～17 t/hm² 品种的性状。2001 年由福建农业大学、福建省农科院和云南省丽江地区农科所合作,继续研究超高产,有 3 个品种产量突破 17 t/hm²,其中特优 175 和 II 优明 86 创造世界最高产量纪录。2006、2007 年由江苏省农科院主持、福建省农科院协作、云南省丽江地区农科所专家杨高群亲力亲为,两优培九生态适应性试验,两优培九又创 18 527 kg/hm² 高产纪录。[7-8]

1.2 气候生态调查

1998—2001 年在云南涛源建立一个气象哨,观测气温、最高气温、最低气温、雨量、相对湿度。日照

采用毗邻的宾川县气象台记录。太阳辐射量采用 $Q=Q_o(a+bS)$ 理论计算式，由李克煌[19]专著查得试点所处纬区的每月天文辐射值(Q_o)，及宾川县气象站记录的每月日照率(S)，求算出试点每月太阳辐射值(Q)，最后再按各月上中下旬日照时数占当月总时数比率，推算各旬太阳辐射量。南京农业大学作物栽培课题组从 2005 年起在云南涛源架设自动气象仪。2006 年、2007 年的气象及太阳总辐射数据均取自该仪器记录。

1.3　观察项目及方法

观察项目有：(1)水稻生育期及田间措施；(2)分蘖数及主茎叶龄动态；(3)器官干物质积累及叶面积动态；(4)冠层叶片性状；(5)茎秆抗倒伏性状；(6)根系形态及活力；(7)产量及其构成。观察方法见"超高产水稻生理生态特性与栽培技术研究"一节。有关统计方法见下文。

2　结果与分析

2.1　云南涛源稻作生态条件

涛源乡地处金沙江河谷，26°10′N，100°22′E，海拔 1 170 m，北倚横断山脉，南纳孟加拉湾气流，形成高原型亚热带气候，年平均气温 21.1 ℃，日照 2 719 h，降水 586 mm，11 月—次年 4 月为干季，5—10 月为雨季。一年稻—菜两熟。水稻于 3 月中下旬播种，4 月中下旬移栽，6 月上中旬，幼穗苞分化，7 月中旬齐穗，8 月下旬成熟。稻作期历旬气候列于表 1、图 1，看出：本田营养生长期前期干旱无雨，后期有零星小雨，旬日照多达 66～85 h，旬均气温 22～23 ℃，有利分蘖萌发和发育。生殖生长期进入降雨盛期，但雨停放晴，旬均日照仍达 50～75 h，旬均太阳总辐射达 190～210 MJ/m²，旬均气温，穗发育期为 25～26 ℃，结实期为 23～24 ℃，日夜温差大，昼间长时间维持在 24～28 ℃，处于光合作用最适值，而夜间冷凉，呼吸消耗少。生育中、后期，适温、多照、强光，干物质积累多，为发育大穗提供条件。

涛源乡的水稻分布在缓坡台田，泉水自流灌溉，土壤属沙质壤土黑油田，耕层厚 17～20 cm，虽有机质仅 1.0%～1.2%，但每年坚持施用 10～15 t/hm² 稻草厩粪堆沤肥，土壤氮、磷、钾养分丰富，含全氮 2.8～3.6 g/kg，速效磷 22～40 mg/kg，有效钾 122～126 mg/kg。土壤疏松，垂向渗水速率 2 cm/d，隔日需灌水一次，溶解氧随水不断导入耕层，因而根系发达，活力高而持久，为实现超高产创造良好基础。

表 1　云南省永胜县涛源乡稻作期各旬气候动态

(1998—2007 年平均值)

气候因素	3月			4月			5月			6月			7月			8月		
	上旬	中旬	下旬	上旬	中旬	下旬	上旬	中旬	下旬	上旬	中旬	下旬	上旬	中旬	下旬	上旬	中旬	下旬
平均气温(℃)	16.0	18.0	18.9	20.0	20.8	22.7	22.9	22.4	24.1	26.1	25.8	25.2	25.2	24.1	23.6	23.9	23.0	23.0
平均最高气温(℃)	25.2	28.2	28.3	29.0	29.8	30.8	30.8	28.4	29.8	33.0	31.9	31.8	30.3	29.1	29.4	29.7	28.0	28.0
平均最低气温(℃)	9.0	9.9	11.1	13.0	14.4	16.6	17.3	18.5	19.3	20.8	21.2	21.5	21.3	20.5	20.4	20.6	19.9	19.6
日较差(℃)	16.2	18.3	17.2	16.0	15.4	14.2	13.5	9.9	10.5	12.2	10.7	10.3	9.0	8.6	9.0	9.1	8.1	8.4
雨量(mm)	3.1	0	1.8	3.6	6.0	2.0	8.6	54.3	14.9	17.0	15.9	35.7	62.1	80.1	47.5	64.4	59.3	54.6
相对湿度(%)	64	54	59	65	59	57	65	67	76	82	78	81	87	91	91	89	92	95
日照时长(h)	86.4	93.1	96.5	78.4	75.8	79.1	79.1	66.1	85.3	78.4	74.1	72.3	58.0	53.0	46.4	54.4	45.4	65.9
太阳总辐射(MJ/m²)	172.0	187.9	205.3	184.9	176.3	175.3	205.8	191.1	182.3	204.8	213.3	217.5	197.2	201.7	214.0	193.9	187.6	188.1

2.2　超高产水稻的产量及其产量构成

表 2 列出 1998—2000 年 10 个品种产量突破 15 t/hm²,1 个品种产量突破 16 t/hm²,2 个品种产量突破 17 t/hm²。表 3 列出 2001 年 3 个品种产量进一步提高,其中有 2 个品种产量突破世界最高纪录,2006 年 1 个品种产量突破 18 t/hm²。

与产量多年稳定在 15 t/hm² 的汕优 63 相比,95A2-1-1 品种产量 16 439 t/hm² 主要是每平方米穗数显著增加,千粒重显著提高,而 6 个产量超达 17～18 t/hm² 品种则主要是每穗粒数显著增加,每平方米穗数与汕优 63 持平或略减、略增,结果每平方米总粒数扩增到 6 万～7 万粒,库容量扩增到 1 850～2 000 g/m²,结实率差异不大,千粒重除培矮 63S/E32 较低外其他品种 28～30 g。显然,品种改良的总趋势,是在保持较好分蘖力,稳定穗数基础上,培育更大的穗子,扩大产量库[9]。

然而,对于同一品种而言,产量的显著差异,多为每平方米穗数的差异(如特优 175、Ⅱ优明 86、培矮 64S/长粒爪哇稻是)。产量居众品种之首的两优培九,比汕优 63 不仅每穗粒数显著较多,而且每平方米穗数也显著较多,如两优培九 2006 年产量 18 527 kg/hm²,与汕优 63 2001 年产量 15 202 kg/hm² 相比,产量高 21.9%,源于每平方米穗数多 12.8%,每穗粒数多 10.7%。如果比较两优培九 2006 年同时在两地种植,还看出,在云南涛源种植的产量为 18 527 kg/hm²,在福建尤溪种植的产量为 12 096 kg/hm²,涛源比尤溪增产 53.2%,源于每平方米穗数增加 41.7%,每穗粒数减少 2.9%。上述结果表明:在利用超高产品种大穗优势基础上,促进萌发适应当地生态的足额穗数,形成穗多穗大的群体,是取得超高产量的关键。

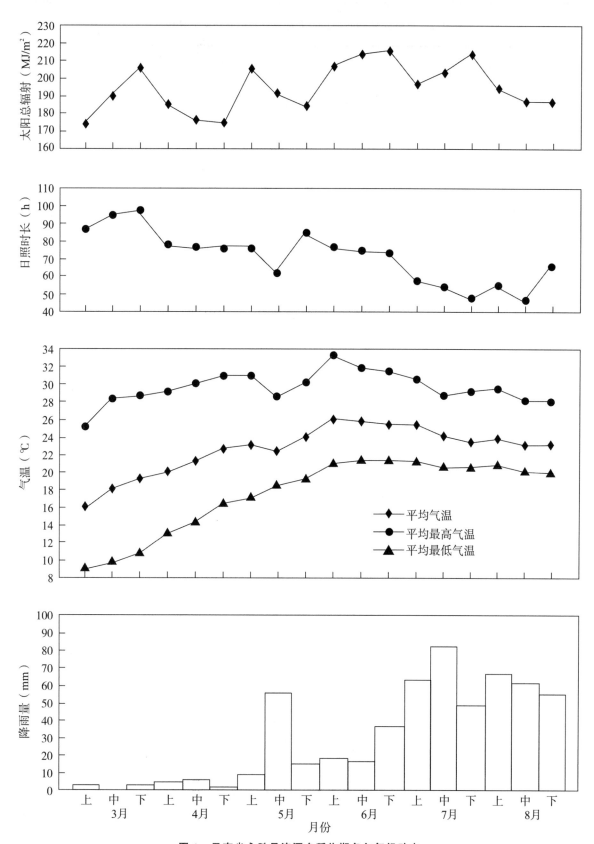

图 1　云南省永胜县涛源乡稻作期各旬气候动态

表 2　云南涛源 1998—2000 年超高产水稻的产量及其构成

年份	品种	面积 （m²）	产量 （kg/hm²）	每平方米 穗数	每穗 粒数	每平方米 总粒数	库容量 （g/m²）	结实率 （%）	千粒重 （g）
1998 年	95A2-1-1	807	16 439	447.5	124.6	55 759	1 907.0	88.8	34.2
	96-9	813	15 663	433.1	137.1	59 378	1 733.8	90.5	29.2
	华粳籼 74	707	15 920	537.9	157.9	84 934	1 783.6	87.7	21.0
	华粳籼 7.4	733	15 849	598.4	130.2	77 912	1 714.1	92.7	22.0
	Ⅱ优 162	680	15 879	373.4	166.4	62 134	1 864.0	88.8	30.0
	汕优 63	973	15 474	388.5	148.6	57 731	1 731.9	88.5	30.0
1999 年	培矮 64S/E32	720	17 071	306.0	251.6	76 990	1 847.8	92.9	24.0
	培矮 64S/E32	500	16 182	324.0	231.0	74 884	17 588	92.2	23.5
	培矮 64S/E32	1 200	15 568	315.4	228.2	71 974	1691.4	92.3	23.5
	培矮 64S/E32	487	16 068						
	培矮 64S/E32	567	15 587						
	培矮 64S/E32	567	15 744						
	两优培九	780	15 149	322.5	190.0	61 275	1 685.1	90.5	27.5
	特优 70	880	15 443	362.6	165.9	60 155	1 654.3	92.0	27.5
	金优 101	680	15 263	351.0	166.7	58 512	1 755.4	86.9	30.0
	95A2-1-1	967	15 684	408.0	129.3	52 754	1 793.6	89.4	34.0
	95A2-1-1	1 100	15 125	379.5	126.7	48 083	1 634.8	93.3	34.0
	华粳籼 74	760	15 432	498.5	158.2	78 863	1 695.5	91.0	21.5
	汕优 63	847	15 231	360.0	155.9	56 124	1 655.7	90.5	29.5
2000 年	培矮 64S/长粒爪哇稻	720	17 188	364.2	196.0	71 383	2 055.8	84.8	28.8
	培矮 64S/长粒爪哇稻	933	16 532	337.5	203.8	68 783	1 994.7	83.6	29.0
	培矮 64S/长粒爪哇稻	800	15 699	353.3	188.9	66 738	1 935.4	81.1	29.0
	培矮 64S/E32	700	15 136	356.8	199.6	65 229	1 565.5	88.8	24.0
	培矮 64S/E32	800	15 011	355.5	210.9	74 975	1 836.9	82.0	24.5
	特优 175	800	16 165	319.2	177.4	56 626	1 772.4	91.2	31.3
	特优 4125	800	15 907	315.0	195.6	61 614	1 891.5	84.1	30.7
	Ⅱ优明 86	667	15 658	277.2	212.6	58 933	1 667.8	94.0	28.3
	95A2-1-1	800	15 944	432.0	119.2	51 494	1 879.5	84.2	36.5
	汕优 63	1 067	13 936	361.2	152.4	55 047	1 557.8	93.1	28.3

表 3　云南涛源和福建尤溪 2001 年、2006 年、2007 年超高产水稻品种展示田的产量及其构成

年份	地点	品种	面积（m²）	产量（kg/hm²）	每平方米穗数	每穗粒数	每平方米总粒数	结实率（%）	千粒重（%）	库容量（g/m²）
2001 年	云南涛源	e 特优 86	720	17 640	357.2	171.3	61 188	95.0	30.5	1 866.2
		特优 175	740	17 783	343.4	187.4	64 353	91.0	30.5	1 962.8
		特优 175	800	17 567	310.8	200.0	62 160	93.1	30.5	1 895.9
		特优 175	933	16 848	311.0	188.1	58 499	95.3	30.5	1 784.2
		特优 175	780	16 521	263.1	229.8	60 460	89.8	30.5	1 844.0
		特优 175	707	15 821	262.2	207.9	54 511	91.8	30.5	1 662.6
		Ⅱ优明 86	747	17 948	299.7	209.9	62 907	95.9	30.0	1 887.2
		Ⅱ优明 86	760	17 517	273.5	227.9	62 331	94.5	30.0	1 869.9
		Ⅱ优明 86	732	16 260	301.2	193.1	58 162	94.3	30.0	1 744.9
		Ⅱ优明 86	680	16 256	281.7	209.6	59 044	92.4	30.0	1 771.2
		汕优 63	973	15 202	365.4	157.7	57 624	91.8	28.9	1 665.3
2006 年	云南涛源	两优培九	720	18 527	412.0	174.2	71 770	92.6	27.9	2 002.4
	福建尤溪	两优培九	807	12 096	279.0	179.2	49 997	90.3	27.4	1 369.9
2007 年	云南涛源	两优培九	713	17 907	438.1	166.1	72 768	91.0	27.4	1 993.8
	福建尤溪	两优培九	807	11 040	266.4	182.1	48 511	89.1	26.8	1 300.1

2.3　超高产水稻的干物质积累和光合生产

2.3.1　超高产水稻的干物质积累动态

表 4 列出 4 丘两优培九品种的干物质积累动态。图 2 为其中 1 丘产量 18 527 kg/hm² 田的干物质积累动态,显示:全株干物质积累动态呈 Logistic 曲线分布,从移栽至分蘖末期,干物质积累缓慢,进入幼穗分化期,叶片、叶鞘、茎秆、稻穗等器官竞长,干物质积累迅猛。叶片、叶鞘、茎秆等营养器官的干重至齐穗期达高峰,齐穗后籽粒灌浆,全株干物质积累速率略减。以移栽至苞分化为前期(A),苞分化至齐穗为中期(B),齐穗至黄熟为后期(C),两优培九 4 丘田的前、中、后期干物质积累量之比为 20∶53∶27。其他 7 个品种的干物质积累动态类似(见表 6),8 个品种平均 A、B、C 占比为 20∶50∶30。显然,干物质积累优势在生育中、后期。而稻谷产量物质全部来自中后期的干物质生产。

表 5 列出云南、福建两地种植的 4 丘两优培九三个生育期的干物质净积累量及三项构建穗粒的干物质量。后者中的 W_1 为中期光合生产构建穗粒躯体的结构性干物质量,其重即为齐穗期穗重;W_2 为中期光合生产暂贮于营养器官而于抽穗后转运入穗的贮藏性干物质量,其重相当于营养器官齐穗期干物重与黄熟期干物重的差值;W_3 为后期光合生产直运入穗的贮藏性干物质量,其重等于全株黄熟期总干物重与齐穗期总干物重的差值。云南涛源的 W_1、W_2、W_3 占比为 19∶26∶55,福建尤溪的 W_1、W_2、W_3 占比为 19∶21∶60。后者 W_2 偏低,W_3 偏高与其气候生态有关,即 W_2 生产期有大半处于梅雨期,太阳辐射偏少,而 W_3 生产期为梅雨后太阳辐射量最高的季节。云南涛源的 W_2 较高,W_3 偏低,也与其气候生态有

关,W_3 生产期处于降雨盛期,太阳辐射量有所减少。

各生育期的干物质净积累量与构建穗粒的干物质存在一定的关联。由图 2 看出:后期的干物质净积累(C)全部直运入穗,构成穗粒产量的大头(W_3),$C=W_3$;中期的干物质净积累(B)有 3 个去向:一是用于构成穗粒的躯体(W_1),二是作为贮藏性物质暂贮于营养器官而于抽穗后转运入穗构建一部分籽粒物质(W_2),三为用于构建营养器官的结构性干物质(W_x),$B=W_1+W_2+W_x$。由表 5 数据计算,用于建构营养器官结构性物质的份额,占中期干物质净积累量(B)的 58%~65%。

常见以稻谷产量除以干物质积累总量,求算收获指数,由于稻谷含水分 14%,计算出来的收获指数偏高。合适的方法应扣除稻谷含水量,即稻谷产量×0.86 得无水稻谷产量,再除以干物质积累总量。按此法计算 8 个超级稻品种的收获指数,除 95A2-1-1 品种外,其他品种的收获指数稳定在 0.46~0.47。表 5 采用穗粒总干重除以干物质积累总量,计得的收获指数为 0.46~0.49。不管采用何种计算方法,稻谷产量与收获指数的相关多不显著,而与干物质积累总量呈极显著正相关。因此,为了实现超高产,必须促进积累高额的干物质量。8 个产量 16~18 t/hm^2 的超高产水稻品种,干物质总积累量高达 31~34 t/hm^2(见表 6、表 7)。

表 4　超高产水稻品种两优培九的干物质积累和叶面积发展动态

(两优培九,云南涛源、福建尤溪,2006—2007)

种植地点	生育时期	2006 年						2007 年					
		时间(月-日)	移栽后日数	干物质积累量(g/m²)			LAI	时间(月-日)	移栽后日数	干物质积累量(g/m²)			LAI
				茎叶	稻穗	全株				茎叶	稻穗	全株	
云南涛源	移栽	04-25	0	22.4	0	22.4	0.30	04-26	0	22.5	0	22.5	0.40
	始蘖	05-02	7	41.6	0	41.6	0.66	05-03	7	42.0	0	42.0	0.68
	蘖高峰	06-01	37	358.0	0	358.0	4.53	06-02	37	368.0	0	368.0	4.41
	苞分化	06-10	46	671.7	0	671.7	6.50	06-11	46	685.6	0	685.6	6.44
	孕穗	07-07	73	1 583.0	75.1	1 658.1	11.90	07-07	72	1 584.4	76.5	1 660.9	11.49
	齐穗	07-20	86	2 171.5	318.2	2 489.7	11.48	07-21	86	2 089.7	305.9	2 395.6	11.14
	乳熟中	08-10	107	1 807.1	1 219.6	3 026.7	9.98	08-12	108	1 797.8	1 098.6	2 896.4	9.49
	黄熟	08-25	122	1 739.0	1 656.6	3 395.6	7.18	08-28	124	1 681.3	1 600.1	3 258.9	7.16
福建尤溪	移栽	04-18	0	14.0	1	14.0	0.22	04-30	0	11.2	0	11.2	0.22
	始蘖	04-25	7	26.0	0	26.0	0.40	05-07	7	25.8	0	25.8	0.40
	蘖高峰	05-23	35	302.4	0	302.4	3.63	06-05	36	263.2	0	263.2	3.44
	苞分化	06-01	44	456.1	0	456.1	6.19	06-11	42	418.4	0	418.4	6.07
	孕穗	06-23	66	1 051.4	52.6	1 104.0	7.95	07-02	63	983.2	48.7	1 031.9	7.76
	齐穗	07-08	81	1 459.0	201.6	1 660.6	7.36	07-16	77	1 319.8	187.3	1 507.1	7.24
	乳熟中	07-31	104	1 320.7	781.5	2 102.2	6.12	08-05	97	1 201.9	708.5	1 910.4	6.00
	黄熟	08-15	119	1 240.5	1 060.0	2 300.5	5.03	08-21	113	1 124.8	960.5	2 085.3	4.82

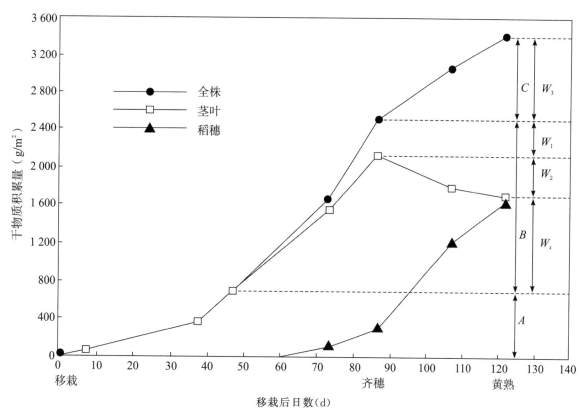

A：前期（移栽—苞分化）干物质净积累量；B：中期（苞分化—齐穗）干物质净积累量；C：后期（齐穗—黄熟）干物质净积累量。

W_1：中期光合生产构建穗粒躯体（穗轴、枝梗、谷壳）的结构性干物质；W_2：中期光合生产暂贮于营养器官，而于抽穗后转运入穗的贮藏性干物质（淀粉，可溶性糖）；W_3：后期光合生产直运入穗的贮藏性干物质；W_x：中期光合生产构建营养器官的结构性干物质。

$B = W_1 + W_2 + W_x$；$C = W_3$。

图2　超高产水稻干物质积累运转动态（两优培九，云南涛源，2006）

表5　超高产水稻各生育期干物质净积累量和构建穗粒干物质量

（两优培九）

地点	年份	产量（kg/hm²）	各期干物质净积累量（g/m²）				干物质净积累占比（%）			构建穗粒干物质量（g/m²）				构建穗粒物质占比（%）			收获指数
---	---	---	A	B	C	合计	A	B	C	W_1	W_2	W_3	合计	W_1	W_2	W_3	
云南涛源	2006	18 527	649.3	1818.0	905.9	3 373.2	19.2	53.9	26.9	318.2	422.5	905.9	1 656.6	19.2	26.1	54.7	0.49
云南涛源	2007	17 907	663.1	1710.0	885.8	3258.9	20.3	52.5	27.2	305.9	408.4	885.8	1 600.1	19.1	25.5	55.4	0.49
福建尤溪	2006	12 096	442.1	1 204.5	639.9	2 286.5	19.3	52.7	28.0	201.6	218.5	639.9	1 060.0	19.0	20.6	60.4	0.46
福建尤溪	2007	11 040	407.2	1 088.7	578.2	2 074.1	19.6	52.5	27.9	187.3	195.0	578.2	960.5	19.5	20.3	60.2	0.46

2.3.2　超高产水稻的光合生产

水稻干物质积累量的95％来自光合生产。超高产水稻具有高额的干物质积累量，来自高强的光合生产。表6、表7列出超高产水稻各时期及全期的光合生产参数，参数之间的关系是：

稻谷产量（y）决定于干物质积累总量（W）和收获指数（HI），计算式为$y = (W \cdot HI)/0.86$。

干物质净积累量(ΔW)决定于干物质积累日数(D)和日平均干物质积累量,即群体生长率(CGR),计算式为 $\Delta W = \text{CGR} \times D$。

群体生长率(CGR)决定于叶面积指数(LAI)和单位叶面积的净同化率(NAR),计算式为 $\text{CGR} = \text{LAI} \times \text{NAR}$。

由表6、表7看出7个超高产品种与对照种汕优63的几个光合生产参数,存在如下差异:

(1)8个品种11丘田的收获指数,除95A2-1-1偏低外,稳定在0.45～0.47。经检测,产量与收获指数的相关不显著,与干物质积累总量呈极显著正相关。超高产源于具有高额的干物质积累总量。

(2)7个超高产品种的干物质积累总量,比对照种汕优63显著为高,其中生育前期的干物质净积累量差异不大,而中期和后期的干物质净积累量显著高于汕优63,表明超高产主要依靠中、后期的干物质生产。

(3)品种间生育前期的日数参差不齐,超高产品种该期的群体生长率也只比汕优63略增。超高产品种的中期和后期日数与汕优63差异不大,但群体生长率显著较高,中期CGR达40～45 g/(m² · d),后期CGR达23～28 g/(m² · d)。表明超高产品种中、后期高额的干物质积累量源于具有显著较高的群体生长率。

(4)除培矮64S/E32和培矮64S/爪哇稻品种的叶面积小于汕优63外,其他5个超高产品种的前期叶面积与汕优63持平,而中、后期的叶面积相对较大。7个超高稻品种各期的净同化率多略高于汕优63。结果,超高产品种中、后期的叶面积和净同化率双双略增,导致其中、后期的群体生长率显著高于汕优63。

2.3.3　超高产水稻的太阳辐射接受量和光能利用率

太阳辐射是作物光合生产的能源,制约着干物质的积累和产量。表6、表7显示,在云南涛源种植的7个超高产品种,本田期接受的太阳总辐射达2 257～2 396 MJ/m²,干物质总积累量达3 113～3 373 g/m²,稻谷产量达16 439～19 527 kg/hm²,光能利用率达2.10%～2.22%。据对表6、表7不同品种各生育期的太阳总辐射(Q)和干物质净积累量(ΔW)的比较,看出 ΔW 与 Q 呈正相关趋势,但由于 ΔW 还与LAI、CGR、NAR、D 等参数有关,ΔW 与 Q 的相关往往未达显著水平。对照品种汕优63,本田期接受的太阳总辐射达2 445 MJ/m²,而干物质积累总量却降为2 887 g/m²,产量降为15 231 kg/hm²,光能利用率降为1.85%。据此认为水稻增产的本质,是提高光能利用率问题。

光能利用率(E_u)指作物光合作用获得的氧化热量(C)占同期接受的太阳总辐射量(Q)的百分率;氧化热量指作物光合生产净积累干物质(ΔW)中所蕴藏的热量,计算式如下:

$$C = \Delta W \cdot K$$

$$E_u = (C/Q) \times 100\% = (\Delta W \cdot K/Q) \times 100\%$$

式中 K 为单位干物质蕴藏的氧化热量,其值因作物及器官而异,在日本的国际生物学计划(JIBP)项目研究中,对水稻所有器官采用0.015 675 MJ/g[10],本研究取此值。

在云南涛源福建尤溪同时种植2丘两优培九。结果如表7所示:云南涛源种植的两优培九,比福建尤溪种植的两优培九,接受的太阳总辐射增加52.6%,干物质积累总量增加52.1%,稻谷产量提高58.3%,但光能利用率却相近,分别平均为2.17%和2.18%,令人诧异。然而细思猛然醒悟,这不正是表明干物质积累与太阳总辐射存在显著正相关吗?由此之故,所谓作物增产的本质是提高光能利用率的提法,似应改进为:提高作物产量的基本途径,是在扩增太阳总辐射的基础上,提高光能利用率。

表6 6个超高产品种及其对照种的干物质积累和光合生产

（云南涛源，1998—2001）

品种	产量 （kg/hm²）	收获 指数	生育 时期	起讫日期 （月-日）	D	LAI	CGR [g/(m²·d)]	NAR [g/(m²·d)]	W （g/m²）	C （MJ/m²）	Q （MJ/m²）	Eᵤ （%）
95A2-1-1	16 439	0.43	A	04-18—06-08	51	3.21	11.40	3.55	581.2	9.11	976	0.93
			B	06-08—07-17	39	8.77	44.35	5.06	1 729.8	27.12	820	3.31
			C	07-17—08-02	36	9.01	26.75	2.97	962.9	15.09	617	2.45
			合/均	04-18—08-22	126	6.59	25.98	3.94	3 273.9	51.32	2 413	2.13
培矮 64S/E32	17 071	0.47	A	04-29—06-09	41	3.28	14.75	4.50	604.7	9.48	804	1.18
			B	06-09—07-14	35	8.05	41.67	5.18	1 458.4	22.86	746	3.06
			C	07-14—08-28	45	6.64	23.33	3.51	1 049.9	16.46	775	2.12
			合/均	04-29—08-28	121	5.91	25.73	4.35	3 113.0	48.80	2 325	2.10
培矮 64S/ 爪哇稻	17 188	0.47	A	05-09—06-18	40	2.22	16.03	7.22	641.1	10.05	800	1.26
			B	06-18—07-23	35	6.34	43.65	6.89	1 527.8	23.95	725	3.30
			C	07-23—09-04	43	6.15	22.64	3.68	973.5	15.26	732	2.08
			合/均	05-09—09-04	118	4.87	26.63	4.87	3 142.4	492.6	2 257	2.18
e特优 86	17 640.0	0.46	A	04-15—06-02	48	3.57	14.18	3.97	680.6	10.67	823	1.30
			B	06-02—07-10	38	8.93	39.32	4.40	1494.1	23.42	889	2.63
			C	07-10—08-17	38	8.90	28.74	3.23	1 092.0	17.12	668	2.56
			合/均	04-15—08-17	124	6.85	26.34	3.85	3 266.7	51.21	2 380	2.15
特优 175	17 782.3	0.46	A	04-20—06-04	45	3.61	14.84	4.11	667.8	10.47	757	1.38
			B	06-04—07-12	38	8.90	40.25	4.52	1 529.7	23.98	909	2.64
			C	07-12—08-17	38	90.4	28.83	3.19	1 095.6	17.17	663	2.59
			合/均	04-20—08-19	121	6.98	27.22	3.90	3 293.1	51.62	2 329	2.22
Ⅱ优 明86	17 947.5	0.46	A	04-25—06-12	48	3.68	14.17	3.85	680.2	10.66	854	1.25
			B	06-12—07-20	38	9.09	41.55	4.57	1 579.0	24.75	879	2.82
			C	07-20—08-27	38	8.94	28.08	3.14	1 067.2	16.73	662	2.53
			合/均	04-25—08-27	124	6.95	26.83	3.86	3 326.4	52.14	2 395	2.18
汕优 63	15 231	0.45	A	04-22—06-13	52	3.46	12.68	3.66	659.3	10.33	1 010	1.02
			B	06-13—07-21	38	8.19	36.85	4.50	1 400.3	21.958	793	2.77
			C	07-21—08-28	38	7.62	21.78	2.86	827.6	12.97	642	2.02
			合/均	04-22—08-28	128	6.10	22.56	3.70	2 887.2	45.26	2 445	1.85

* A:移栽—苞分化；B:苞分化—齐穗；C:齐穗—黄熟。

** D:干物质积累日数；CGR:群体生长率；NAR:叶面积净同化率；W:干物质净积累量；C:干物质氧化热量，C＝干物质积累量×氧化热系数 0.015 675 MJ/g；Q:太阳总辐射量；Eᵤ:光能利用率。

表7 超高产品种两优培九的干物质积累和光合生产

(云南涛源,福建尤溪,2006—2007)

地点	年份	产量 (kg/ hm²)	收获指数	生育时期	起讫日期 (月-日)	D	LAI	CGR [g/(m² · d)]	NAR [g/(m² · d)]	W (g/m²)	C (MJ/m²)	Q (MJ/m²)	E_u (%)
云南涛源	2006年	18 527	0.47	A	04-25—06-10	46	3.40	14.11	4.15	649.3	10.18	840.2	1.21
				B	06-10—07-20	40	8.99	45.45	5.06	1 818.0	28.50	822.1	3.47
				C	07-20—08-25	36	9.33	25.16	2.70	905.9	14.20	733.0	1.94
				合/均	04-25—08-25	122	6.98	27.65	3.96	3 373.2	52.87	2 395.3	2.21
云南涛源	2007年	17 907	0.47	A	04-26—06-11	46	3.42	14.42	4.22	663.1	10.39	824.5	1.26
				B	06-11—07-21	40	8.79	42.75	4.86	1 710.0	26.80	811.7	3.30
				C	07-21—08-28	38	9.15	23.31	2.55	885.8	13.88	760.6	1.83
				合/均	04-02—08-28	124	6.91	26.28	3.80	3 258.9	51.08	2 396.8	2.13
福建尤溪	2006年	12 096	0.46	A	04-18—06-01	44	3.21	10.05	3.13	442.1	6.93	413.5	1.68
				B	06-01—07-08	37	6.78	33.41	4.93	1 236.1	19.38	540.0	3.59
				C	07-08—08-15	38	6.20	16.01	2.58	608.3	9.54	692.4	1.38
				合/均	04-18—08-15	119	5.27	19.21	3.65	2 286.5	35.84	1 645.9	2.18
福建尤溪	2007年	11 040	0.46	A	04-30—06-11	42	3.15	9.76	3.08	407.2	6.38	349.3	1.83
				B	06-11—07-16	35	6.66	32.33	4.86	1 131.7	17.74	494.7	3.59
				C	07-16—08-21	36	6.03	14.87	2.47	535.2	8.39	650.6	1.29
				合/均	04-30—08-21	113	5.15	18.35	3.56	2 074.1	32.51	1 494.6	2.18

2.4 超高产水稻的植株性状

2.4.1 分蘖

表8显示:超高产水稻每平方米栽植38~45株,栽后21~25 d达到相当于最终穗数的茎蘖数,即达到有效分蘖临界期。栽后33~37 d达到茎蘖数高峰,每平方米有556~689个茎蘖,平均每株萌发12~15个分蘖,分蘖力中等,多与汕优63相近,少数略高或略低。最终形成306~448穗,成穗率53%~65%。移栽至有效分蘖临界期间隔4个出叶周期,最高分蘖又历2个出叶周期,表明:本田期有效分蘖是移栽后头4片新生叶的"同伸蘖",无效分蘖是移栽后第5~6片新生叶的"同伸蘖"。这为分蘖调控提供了明确的叶龄诊断指标。

2.4.2 群体叶面积及冠层叶片形态

表9显示:超高产水稻的中、后期具有较大的群体叶面积,苞分化期的LAI为6~7,齐穗期LAI为9~11,黄熟期多为6~7。培矮64S/E32和培矮64S/爪哇稻在结实后期,冠层叶片出现卷曲早衰现象,黄熟期LAI速降为3.44~3.73。其他品种的中期和后期的平均LAI都在9左右,多数日子的LAI为7~9。

超高产水稻齐穗期有5片绿叶,黄熟期有3片绿叶,冠层三叶长度适中,其中剑叶长30~36 cm,倒2

叶长 40～50 cm,倒 3 叶长 50～60 cm,厚实直立,对水平面倾角为 75°～85°。虽然群体叶面积大,但叶片直立,阳光可透入群体底层,全部叶片可进行有净效应的光合生产。

日本人 Monsi[11] 对作物群体透光规律的研究,揭示光强通过群体叶片按负自然对数降低:

$$\ln(I/I_0) = -KF, \quad F = \ln(I/I_0)/(-K)$$

式中,F 为叶面积指数;I 为群体内通过叶面积为 F 的光强;I_0 为群体顶上入射的自然光强;K 为叶片消光系数,直立叶型群体 $K=0.4$,披散叶型群体 $K=0.8$,云南涛源水稻生育中、后期的太阳光强(I_0)为 20 MJ/(m·d)。按 Monsi 公式计算,当直立叶型群体叶面积指数(F)为 7 时,群体底层叶片的光强(I)为 1.22 MJ/(m·d),相当于补偿光强 0.45 MJ/(m·d)的 2.7 倍,群体全部叶片都能进行有净效应的光合生产;当中后期叶面积指数为 9 时,群体底层叶片光强为 0.55 MJ/(m·d),略高于光补偿点,这时群体光合积累与呼吸消耗平衡。因此,直立叶型的超高产品种的中后期群体叶面积 7～9,具有高光效的机能。如表 6、表 7 所示,中期的 CGR 达 40～45 g/(m²·d),后期的 CGR 达 23～28 g/(m²·d),从而获得高额的干物质积累,取得超高产。

表 8 超高产水稻的分蘖生育特性

(云南涛源)

品种	产量（kg/hm²）	有效分蘖临界期（栽后日数）	分蘖高峰期（栽后日期）	有效分蘖同伸叶位（栽后新叶）	无效分蘖同伸叶位（栽后新叶）	每平方米栽植株数	每平方米最高茎蘖数	每平方米穗数	成穗率（%）
95A2-1-1	16 439	22	34	1～4	5～6	42	689	448	65
培矮 64S/E32	17 071	25	37	1～4	5～6	38	577	306	53
培矮 64S/长粒	17 188	25	37	1～3	4～5	45	662	364	55
e 特优 86	17 646	23	35	1～4	5～6	42	649	357	55
特优 175	17 783	22	33	1～4	5～6	42	572	343	60
Ⅱ优明 86	17 948	21	33	1～4	5～6	42	556	300	54
两优培九	18 527	23	36	1～4	5～6	42	675	412	61
汕优 63	15 231	21	33	1～4	5～6	42	600	360	60

表 9 超高产水稻的群体叶面积动态和冠层叶片的长度及姿态

(云南涛源)

品种	各生育期 LAI				冠层叶片长度（cm）			冠层叶片对水平倾角（°）		
	移栽	苞分化	齐穗	黄熟	倒1叶	倒2叶	倒3叶	倒1叶	倒2叶	倒3叶
95A2-1-1	0.29	6.13	11.41	6.61	32.3	46.3	54.3	84.4	84.4	80.4
培矮 64S/E32	0.30	6.26	9.84	3.44	31.1	46.8	62.8	83.0	78.5	76.7
培矮 64S/长粒	0.32	4.11	8.57	3.73	34.1	45.5	47.3	82.8	78.3	75.2
e 特优 86	0.22	6.92	10.93	6.86	29.0	42.5	50.5	78.6	73.0	74.8
特优 175	0.26	6.96	10.84	7.24	36.3	51.6	56.6	74.1	74.6	69.2
Ⅱ优明 86	0.28	7.08	11.10	6.78	36.1	52.7	53.5	73.0	74.2	68.0
两优培九	0.30	6.50	11.48	7.18	31.6	44.0	60.0	78.1	80.2	76.0
汕优 63	0.40	6.52	9.86	5.38	31.5	50.0	56.6	75.7	79.8	70.3

2.4.3 茎秆抗倒力

超高产极需茎秆的坚强支撑。水稻茎秆在乳熟末期至黄熟期负荷最大,是倒伏危险期。在黄熟前2~3 d测定了各节间的抗倒力。表10列出倒3、4、5节等3个抗倒力最低的节间的抗倒性状。其中,弯曲力矩和抗折力是决定抗倒力的两大因素,一般用倒伏指数来衡量品种的抗倒力[12],它与弯曲力矩和抗折力的关系是:倒伏指数=(弯曲力矩/抗折力)×100。倒伏指数越高,抗倒力越低。实践表明,倒伏指数超达200的品种,遭遇大风雨就会引发点片倒伏。表10显示,以倒4节的倒伏指数最高,是最易折倒的部位。8个超高产品种中,有6个品种倒4节间的倒伏指数127~186,是抗倒力较强的超级稻品种,但培矮64S/长粒稻品种的倒4节节间的倒伏指数达200,属不抗倒品种;95A2-1-1品种则倒3、4、5节节间的倒伏指数均超200,是抗倒力很弱的品种。培矮64S/长粒稻的株高仅105 cm,弯曲力矩并不大,主要是基部节间秆壁薄,抗折力低。95A2-2则株高达130 cm,基部三个节间的弯曲力矩大,抗折力又低,因而抗倒力最弱。

2.4.4 根系形态及活力

水稻地上下部保持着形态和机能的综合平衡。表11显示:超高产水稻根系形态发达,机能高而持久,其表现,一为根系干重高,每平方米地面积的土层根系干重达371~415 g/m²,冠根比(地上下部干重比)为7.8~8.2;二为根系体积大,每平方米地面积土层中达1 976~2 204 cm³根系体积;三为分枝旺盛,节根作辐射状伸展,其上萌发纤细的各级分枝根,最高分枝达5~6级,在土壤中纵横交织,每平方米地面积土壤中的根系总长度达84~103 km,每立方厘米土壤体积的根长(称为根长密度)达33~41 cm,其中0~10 cm土层的根长密度达63~76 cm,密集如网,这为形成强大的水养分吸收能力和有关氨基酸及根源激素(CTK、ABA)合成能力,奠定了形态学基础;四是根系活力高,反映根系活力的伤流量,齐穗期达103~151 g/(m²·h)。

根系高度发达与其土壤及坚持施用堆沤肥密切相关。云南涛源土壤属沙质壤土黑油田,耕作层深17~20 cm,每年每公顷施用稻草堆沤肥10~15 t,氮、磷、钾养分丰富,土壤垂向渗水速率2 cm/d,一次灌溉深3~5 cm,1~2 d渗干,第3日再灌,不断导入氧气。因而根系形态发达,机能高而持久。

表10 超高产水稻茎秆抗倒力

(云南涛源)

品种	节间节位	至穗顶高度 (cm)	至穗顶鲜重 (g)	弯曲力矩 (g·cm)	抗折力(g)	倒伏指数
	倒3	105.7	15.6	1 649	768	215
95A2-1-1	倒4	118.7	17.3	2 054	797	258
	倒5	124.5	17.9	2 229	898	248
	倒3	81.3	16.1	1 309	1 092	120
培矮64S/E32	倒4	91.0	19.0	1 729	1 360	127
	倒5	96.3	20.9	2 013	1 502	134

续表10

品种	节间节位	至穗顶高度（cm）	至穗顶鲜重（g）	弯曲力矩（g·cm）	抗折力(g)	倒伏指数
培矮64S/长粒	倒3	90.7	14.2	1 288	743	173
	倒4	100.2	16.1	1 613	805	200
	倒5	103.0	16.8	1 730	870	199
e特优86	倒3	99.7	14.7	1 466	881	167
	倒4	111.6	17.0	1 897	1 072	177
	倒5	117.6	18.4	2 164	1 259	172
特优175	倒3	101.2	20.0	2 024	1 420	143
	倒4	111.8	24.3	2 717	1 579	172
	倒5	118.0	25.9	3 056	1 790	171
Ⅱ优明86	倒3	101.0	18.1	1 828	1 389	132
	倒4	110.4	20.5	2 263	1 522	149
	倒5	117.0	22.4	2 621	1 781	147
两优培九	倒3	100.3	19.2	1 926	1 284	150
	倒4	110.2	22.6	2 491	1 341	186
	倒5	115.0	25.0	2 875	1 685	171
汕优63	倒3	98.4	15.3	1 506	953	158
	倒4	108.2	20.4	2 207	1 331	166
	倒5	113.0	21.9	2 475	1 502	165

* ①弯曲力矩二节间基部至穗顶高度(cm)×鲜重(g)；②抗折力为节间(含叶鞘)在支点间距5 cm的折断重(g)；③倒伏指数＝(弯曲力矩/抗折力)×100。

表 11　超高产水稻品种的根系形态及活力(不同田块)

分布土层（cm）	特优175					Ⅱ优明86				
	根系干重（g/m²）	根系体积（cm³/m²）	根系总长（km/m²）	根长密度（cm/cm³）	齐穗期伤流量[g/(m²·h)]	根系干重（g/m²）	根系体积（cm³/m²）	根系总长（km/m²）	根长密度（cm/cm³）	齐穗期伤流量[g/(m²·h)]
0～5	184.1	994.1	48.8	97.6		188.4	1 018.7	51.8	103.6	
5～10	101.7	541.0	24.4	48.8		98.3	525.1	24.5	49.0	
10～15	73.8	384.5	16.1	32.2		80.3	417.7	17.8	35.7	
15～20	37.3	1 910	7.2	14.5		40.3	204.7	7.9	15.8	
20～25	9.9	47.5	1.7	3.5		7.6	37.6	1.4	2.7	
合计	406.8	2 158.1	98.2	39.3	145.2	414.9	2 203.8	103.4	41.4	151.2

续表 11

分布土层 (cm)	特优 175					Ⅱ优明 86				
	根系干重 (g/m²)	根系体积 (cm³/m²)	根系总长 (km/m²)	根长密度 (cm/cm³)	齐穗期伤流量 [g/(m²·h)]	根系干重 (g/m²)	根系体积 (cm³/m²)	根系总长 (km/m²)	根长密度 (cm/cm³)	齐穗期伤流量 [g/(m²·h)]
0～5	165.2	992.6	40.5	81.0		168.3	917.2	41.2	82.5	
5～10	121.7	716.2	27.3	54.6		90.9	481.8	21.4	42.7	
10～15	61.4	383.8	13.2	26.4		67.4	350.5	13.5	27.1	
15～20	26.2	154.7	5.7	11.4		36.9	188.2	6.8	13.6	
20～25	5.5	35.0	1.1	2.2		7.6	38.0	1.3	2.7	
合计	380.0	2 282.3	87.8	35.1	111.6	371.1	1 975.7	84.2	33.7	103.7

3　总结与讨论

3.1　水稻超高产的产量构成特性

英国育种家 Engledow[13] 在禾谷类育种中,首先将产量分解为穗数、每穗粒数和粒重等 3 个构成因素,企图通过杂交将优异的构成因素组合为一体,创造新品种。由于目标明确,方法简便,曾风行一时,至今仍为品种改良的经典。日本栽培专家松岛省三[14] 完善了水稻产量构成,将产量分解为穗数,每穗粒数、结实率和粒重 4 个因素,并追踪观察 4 个因素的形成过程,指出稻作生产必须分别结实率≤75％和≥85％两种状况,采取提高结实率增穗增粒的主攻方向,并研发出稳定高产的 V 字形栽培法。

国内外研究比较一致肯定,在正常气候条件下,结实率和千粒重变异小,提高潜力有限,每 m² 总粒数的变异最大,是决定产量的主要因素[11,15-18]。但每平方米总粒数由每平方米穗数和每穗粒数构成,何者对扩增每平方米总粒数更有潜力?据黄育民等研究[19],福建省 1950—1990 年水稻品种由高秆、矮秆、杂交稻的演变,产量提高 56.6％,其中每平方米穗数增加 4.0％,每穗粒数增加 57.8％,结实率和千粒重变异不大。姚立生分析[20],江苏省 50 年来中籼稻品种改良增产 1 倍,主要是每穗粒数增加,而每平方米穗数、结实率和千粒重稳定不变。显然,稳定穗数,培育大穗,是品种改良的总趋势,本研究显示的几个品种的分蘖力为中至中强,由汕优 63 的产量 15 t/hm²,提高到 16～18 t/hm²,多为穗数相近,每穗粒数显著增加,而两优培九为穗数、粒数双双显著增加。对于同一个品种的增产,则多为每平方米穗数显著增加。概言之,超高产依靠穗多穗大,形成高额的每平方米总粒数,扩增产量库容量。

3.2　水稻超高产的群体光合生产特性

3.2.1　干物质的积累运转

英国的 Blackman 和 Gregore 倡导植物生长分析法研究作物育种和栽培[13],研究思路是:产量(y)决定于干物质积累总量（W）与收获指数（HI）；干物质积累总量决定于干物质积累速率—群体生长率（CGR）与干物质积累日数（D）；群体生长率决定于叶面积（LAI）与单位叶面积的净同化率（NAR）。关系式如下：

$$y = W \times \text{HI}, W = \text{CGR} \times D, \text{CGR} = \text{LAI} \times \text{NAR}。$$

众多研究报道收获指数稳定在 0.45～0.50，产量高低主要决定于干物质积累总量；干物质积累优势在中、后期，而稻谷产量构成物质全部来自中、后期的干物质生产，其中，中期光合生产的一部分干物质（W_1）用于构成穗粒的躯体，一部分干物质（W_2）暂贮于营养器官而于抽穗后转运入穗构成籽粒；后期光合生产的干物质（W_3）直运入穗构成籽粒。据本研究测定，W_1、W_2、W_3 分别占穗粒总量的 19％、21％～26％和 55％～60％。

3.2.2　叶面积和净光合率

水稻光合器官为叶片。Boysen Jensen 首先观测了叶片在自然条件下的光合作用，明确单叶的净光合率与光强呈双曲线关系[11,13]。在光强 1 000 lx 时［相当于 0.45 MJ/(m² · d)］，光合积累与呼吸消耗相抵，净光合率为 0，称此时的光强为光补偿点；在光强为 50 000 lx 时［相当于 22.5 MJ/(m² · d)］，净光合率达最高，称此时的光强为光饱和点。但群体叶片相互重叠遮阴，群体内光强不会达到光饱和点，相反，当作物过于繁茂，群体中下部光强往往低于光补偿点，呼吸消耗大于光合积累，群体光合生产量显著减少。日本专家 Monsi[11,13]对作物群体透光规律作了开创性研究，揭示光强通过群体叶片按负自然对数降低：

$$\ln(I/I_0) = -KF, F = \ln(I/I_0)/(-K)。$$

式中，F 为叶面积指数，I 为群体内通过叶面积为 F 的光强，I_0 为群体顶上入射的自然光强，K 为叶片消光系数，直立叶株型群体 $K = 0.4$，披散叶株型群体 $K = 0.8$。直立叶群体透光好，在相同光强下，进行有效益光合生产的叶面积较大，群体光合生产量成倍增多。于是导出理想株型的概念，促进矮秆育种的突破。但是育成理想株型品种，并将叶面积调控至最适值之后，要进一步提高产量，必须设法提高单位叶面积净光合率（P_n）。这又成为一个增产新瓶颈。目前测到的水稻 $CO_2 P_n$ 多在 20 mg/(dm² · h) 左右，最高为 40～50 mg/(dm² · h)。然而迄今未找到有效提高 P_n 值的方法。此外，观测到的 P_n 仅是群体某一位点的瞬间净同化率，难于与干物质积累量和产量建立数量化关系，加之观测花时费力，至今未成为一项实用化的作物育种栽培研究方法。

问题又回到 Blackman 倡导的植物生长分析法。应用叶面积指数（LAI）和净同化率（NAR），来研发反映群体光合生产力的群体生长率（CGR），似较简便实用。据对 5 级施氮水平各 5 期观测结果[21]，CGR 与 LAI 呈极显著正相关，与 NAR 呈一定程度负相关。要获得最高的干物质积累，必须求得叶面积与净同化率的平衡，特别是在生育中、后期，要形成适当较大的叶面积，又不使净同化率下降太多。最高的 LAI 值，以调控到群体底层光强高于光补偿点 2 倍［0.90 MJ/(m² · d)］为宜，此时底层叶片的光合积累略高于日夜呼吸消耗，所有叶片都能进行有效益的光合作用[22]。云南涛源水稻中、后期的太阳辐射量为 20 MJ/(m² · d)，按 Monsi 公式计算，直立叶型水稻中、后期最适叶面积系数（F）为：

$$F = \ln(I/I_0)/(-K) = \ln(0.90/20)/(-0.4) = 7.8。$$

查对本研究超高产水稻中、后期的 LAI 在多数日子中为 7～9，显然，处于适宜范围，因而具有显著较高的干物质积累量，中期 CGR 达 40～45 g/(m² · d)，后期 CGR 达 23～28 g/(m² · d)。

福建省的太阳辐射量相对较低，其中龙海市早稻中、后期（6—7 月）平均为 15.6 MJ/(m² · d)，晚稻中、后期（9—10月）平均为12.4 MJ/(m^2 · d)，尤溪县单季中稻或再生稻头季的中后期（8—9月）平均为16.3 MJ/(m^2 · d)。按Monsi公式计算，直立叶株型水稻中、后期的最适叶面积分别为7.1，6.0和7.2。该地超高产稻产量为11～12 t/hm^2，其中、后期平均叶面积为6～7，中期的CGR为30～33 g/(m^2 · d)，后期的CGR为15～16 g/(m^2 · d)。

3.2.3 太阳辐射与干物质积累及光能利用率的关系

太阳辐射是光合生产的能源。稻谷产量、干物质积累量与太阳辐射量，呈现正相关的趋势。云南涛源超级稻品种产量达16～18 t/hm^2，与其稻作期间具有丰富的太阳总辐射密切相关。2006、2007年在云南涛源、福建尤溪、福建龙海各观察2丘水稻的干物质总积累量、产量及太阳总辐射量，结果如下：云南涛源2丘水稻平均全期太阳总辐射2 396 MJ/m^2，产量18 017 kg/hm^2，干物质积累总量3 316 kg/hm^2；福建尤溪2丘水稻平均全期太阳总辐射1 570 MJ/m^2，产量11 568 kg/hm^2，干物质积累总量2 180 g/m^2；福建龙海2丘水稻平均全期太阳总辐射1 286 MJ/m^2，产量10 153 kg/hm^2，干物质积累总量1 821 g/m^2。云南涛源比福建尤溪和福建龙海，太阳总辐射分别增加66%和54%，干物质总积累量分别增加66%和55%，产量分别提高64%和56%。显然，干物质总积累量和稻谷产量，与稻作期间太阳总辐射量，呈现高度正相关。但是，三地的光能利用率分别为2.17%、2.18%和2.22%，几无差异。

光能利用率计算式

$$E_u = (C/Q) \times 100\% = (W \cdot K/Q) \times 100\% \tag{1}$$

$$E_u \cdot Q = W \cdot K \times 100\% \tag{2}$$

式中 E_u 为光能利用率(%)，Q 为太阳总辐射量(MJ/m^2)；W 为干物质积累量(g/m^2)，K 为单位干物质氧化热量系数，水稻为0.015 67 MJ/g；C 为干物质积累总量蕴藏的氧化热量(MJ/m^2)，$C = W \times K$。

式1显示光能利用率为单位光强的干物质生产量，式2显示干物质积累量(W)决定于光能利用率(E_u)和太阳总辐射量(Q)。上述三地的 E_u 值相近，表明 Q 是决定 W 的主要因素。由此之故，所谓作物增产的本质是提高光能利用率的提法，应改正为：提高作物产量的基本途径是在扩增太阳总辐射拦截量基础上，提高光能利用率。一个地区有固定的太阳总辐射能储量及时空分布规律，但可通过调控中、后期适当较大叶面积，培育直立型冠层叶片，提高叶片光合机能，将生产占稻谷产量60%左右的齐穗—成熟期调整在强光适温的季节等举措，增加水稻群体对太阳辐射的拦截量。

著录论文

[1]李义珍，杨高群，彭桂峰，等.水稻超高产库源结构的研究[C]//2001年全国水稻栽培理论与实践研讨会交流论文集.厦门：中国作物协会，2001：1-5.

[2]杨惠杰，杨高群，李义珍.杂交水稻超高产生理生态特性研究[C]//2001年全国水稻栽培理论与实践研讨会交流论文集.厦门：中国作物协会，2001：6-11.

[3]谢华安，王乌齐，杨惠杰，等.杂交水稻超高产特性研究[J].福建农业学报，2003，18(4)：201-204.

[4]邹江石，李义珍，吕川根.两系杂交稻两优培九产量构成及其生态关联[J].杂交水稻，2008，23(6)：65-72.

参考文献

[1]程在全，宋令荣，周能，等.云南高原籼稻光合作用特性[J].西南农业学报，1995，8(4)：5-10.

[2]天野高久，师常俊，秦德标，等.中国云南省における水稲多收获の实证研究：第二报[J].日本作物学会纪事，1996，65(1)：22-28.

［3］袁平荣,周能,贺庆瑞,等.云南省水稻一季亩产吨粮的生态条件与良种良法探讨［M］//黄仲青,程剑,张华健.水稻高产高效理论与新技术.北京:中国农业科技出版社,1996:184-186.

［4］杨从党,周能,袁平荣,等.高产水稻品种的物质生产特性［J］.西南农业学报,1998,11(增刊2):89-94.

［5］YING J F,PENG S B,HE Q R,et al. Comparison of high-yield rice in tropical and subtropical environments:Ⅰ.Determinants of grain and dry matter yields［J］.Field crops research,1998,57(1):1-4.

［6］云南省丽江地区农业科学研究所,云南省滇型杂交水稻研究中心,福建省农业科学院稻麦研究所,等.水稻超高产研究技术总结报告(1998—2000)［R］.昆明:云南省科学技术委员会,2001:1-58.

［7］谢华安.汕优63选育理论与实践［M］.北京:中国农业出版社,2005:35-37。

［8］蔡巧玉.稻花万里香:记江苏省农业科学院研究员邹江石的水稻人生［J］.科学中国人,2012,11(6):6-13.

［9］李克煌.气候资源学［M］.开封:河南农业大学出版社,1990.

［10］MURATA Y.Crop productivity and solar energy utilization in various climates in Japan［M］.Tokyo:University of Tokyo Press,1975.

［11］吉田昌一.稻作科学原理［M］.厉葆初,译.杭州:浙江科学技术出版社,1984:101-112,241-249.

［12］瀬古秀生.水稻の倒伏に関する研究［J］.九州農業試験場彙報,1992(7):419-495.

［13］户刈义次.作物光合作用与物质生产［M］.薛德榕,译.北京:科学出版社,1979:150-152,365-373.

［14］松岛省三.稻作的理论与技术［M］.庞诚,译.北京:农业出版社,1966.

［15］TAKEDA T.Physiological and ecological characteristics of higher yielding varieties of lowland rice with special reference to the case of warmer areas in Japan［C］//Potential productivity and yield constraints of rice in East Asia.Tokyo:The Crop Science Society of Japan,1984:125-140.

［16］杨惠杰,李义珍,黄育民,等.超高产水稻的产量构成和库源结构［J］.福建省农科院学报,1991,14(1):1-5.

［17］彭桂峰,李义珍,杨高群.两系杂交稻培矮64S/E32的超高产特性Ⅰ:超高产的决定因素［J］.杂交水稻,2000,15(1):27-29.

［18］郑景生,黄育民.中国稻作超高产的追求与实践［J］.分子植物育种,2003,1(5/6):585-896.

［19］黄育民,陈启锋,李义珍.我国水稻品种改良过程库源特征的变化［J］.福建农业大学学报,1998,27(3):271-278.

［20］姚立生.江苏省五十年以来中籼稻品种产量及性状的演变［J］.江苏农业学报,1990,6(3):38-44.

［21］王海勤.杂交水稻生育与施氮量相关性研究［J］.福建农业学报,2007,22(3):245-250.

［22］高亮之,李林.水稻气象生态［M］.北京:农业出版社,1992:156-168.

十、两系杂交稻两优培九高产群体结构及其生态关联

两优培九(培矮 64S/9311)是江苏省农业科学院与国家杂交水稻工程技术研究中心于 1990 年代末育成的我国第一个超级稻,从 2002 年起,连续多年成为中国年种植面积最大的水稻品种,至 2007 年已累计种植 7×10^6 hm²。对两优培九的开花受精、籽粒灌浆、生育期、产量与气象因子的关系已有较多研究[1-5],也提出了适宜种植条件和生态适应性区划[6-7]。国内外学者对水稻产量构成因素的形成规律和限制因素有许多研究[8-18]。为探明两优培九在不同生态条件下的产量及其构成,揭示引发产量变异的主要因素及其与生态因子的关联性,在华中、华南、西南三大稻作区设置了 8 个气候生态试验点,观察生育进程、茎蘖消长、谷粒灌浆、产量及其构成,收集相应生长期气象数据,进行关联性分析,以探明两优培九在不同稻区栽培的产量水平、结构特征及其与气象因子的关联,揭示限制产量的主要因素。

1 材料与方法

1.1 试验点设置

2006 年和 2007 年在华南、华中、西南三大稻作区设置了 8 个具有气候生态代表性的试验点。其中华南双季稻试点为海南海口(20°20′N,110°21′E,海拔 18 m)、广西南宁(22°49′N,108°21′E,海拔 73.7 m)和广东广州(23°10′N,113°20′E,海拔 4.1 m),按当地传统播栽期每年各种一季早稻和晚稻。华中单双季稻作区试点为长江中下游的湖北武汉(30°37′N,114°08′E,海拔 27.0 m)、江苏扬州(32°25′N,119°25′E,海拔 14.7 m)、四川盆地的江油(31°47′N,104°44′E,海拔 531.8 m)、江南丘陵山区的福建尤溪(26°12′N,118°03′E,海拔 287.0 m),按当地传统中稻播栽期及其后 15 d 各种一块试验田。西南高原稻作区试点为云南永胜涛源(25°59′N,100°22′E,海拔 1 170 m),设置一季中稻试验。所有试验田面积均在 700~800 m²。

1.2 观测项目及方法

(1)生育期 记载播种、移栽、拔节(倒 6 节间伸长 0.5~1 cm 或叶龄余数 3.0)、抽穗(50%穗顶露叶鞘)、成熟(95%谷粒变黄)期。

(2)茎蘖消长动态 每块田设 5 个观测点,每点 20 株,从移栽至抽穗每 5 d 观测一次茎蘖数。

(3)谷粒干物质积累及结实率动态 抽穗始期,选穗颈节刚露出的同期出穗、大小相近的穗 150~

200 个挂牌标记。从挂牌当日至成熟，每 4 d 取生长正常、无病虫危害的 10 穗脱粒，分空粒、秕粒和实粒计数并测定干物重。

(4)产量及其构成因素　成熟时收割、脱粒、晒干、扬净，称稻谷重，计算产量。同时，每块田取有代表性稻株 10 丛，计算穗数后脱粒，分别计数实粒和空秕粒，计算结实率。取 2 份各 1000 个实粒晒干称重，计算千粒重。单位面积穗数以定点观测的 100 株成穗数为准计算。

(5)气象资料　包括逐日平均、最高、最低气温，日照时数，降水量和相对湿度 6 项资料，由有关气象部门提供。尤溪点(海拔 287 m)和涛源点(海拔 1 170 m)的气象数据依据邻近的尤溪县气象台(海拔 126.7 m)和宾川县气象台(海拔 1 440 m)的观测数据，但气温按海拔高度递减率(−0.6 ℃/100 m)订正[19]。

1.3　分析方法

1.3.1　产量构成因素及相对重要性

稻谷产量由单位面积总粒数(x_t)、结实率(x_3)、千粒重(x_4)构成。x_t 又由穗数(x_1)和每穗粒数(x_2)构成。对 8 个试点 29 块试验田的产量及其构成因素进行通径分析[20]，产量的总变异 $\left[\sum(y-\overline{y})^2\right]$ 等于各构成因素对产量的直接通径系数(p_i)与相关系数(r_{iy})乘积之和加剩余因素的决定系数，并标准化为 1，即

$$\sum(y-\overline{y})^2 = r_{ty}p_t + r_{3y}p_3 + r_{4y}p_4 + p_e^2 = R^2 + p_e^2 = 1$$

上式中，$r_{ty}p_t$、$r_{3y}p_3$、$r_{4y}p_4$ 是 x_t、x_3、x_4 对产量总变异各自贡献所占的比率；R^2 是各构成因素对产量的总决定系数；p_e^2 是剩余因素对产量的决定系数，表示随机误差。

1.3.2　不同产量水平及其结构

对 8 个试验点 29 块田按产量分级，计算相应的产量结构。通过比较不同产量水平的结构特征，分析各构成因素在产量升级中的变化。

1.3.3　不同生态条件的产量及结构

分 6 类生态因子计算产量、产量结构、生育进程、各生育时期的平均气温和日照时数，查看气象灾害，分析与生态条件的关系。

1.3.4　产量构成因素形成规律与生态因素

依据观察资料，分析穗数、每穗粒数、结实率、谷粒干物质积累动态规律，拟合数学模型，建立各构成因素与相应时期温光因子的统计回归关系。结实率和谷粒干物质积累动态规律选用 12 块试验田的数据进行分析，分别代表中产、高产、超高产类型，其余田块观察结果趋势相同，但误差稍大，数学模型拟合度略低。

2 结果与分析

2.1 各构成因素对产量的贡献

两优培九在 8 个生态试验点的稻谷产量变幅为 $5\sim18$ t/hm²。对每平方米总粒数(x_t)、结实率(x_3)、千粒重(x_4)的通径分析表明,3 个构成因素对产量变异的总控制度为 95.3%($R^2=0.953$)。其中,x_t 对产量的贡献最大,占 60.5%;次为 x_3,占 32.9%。

每平方米穗数及每穗粒数与每平方米总粒数的相关系数分别为 0.704** 和 0.387*。如果扣除穗数最多、产量特高的涛源点,相关系数则分别为 0.444** 和 0.655**。分析表明,x_1 和 x_2 对 x_t 的贡献因实际情况而互有高低,扩增 x_t 需要寻求 x_1 和 x_2 的合理平衡。

表 1　两优培九产量构成因素的相关性及对产量的贡献

构成因素	相关系数(r)					对 x_t 的效应		对 y 的效应	
	x_2	x_t	x_3	x_4	y(产量)	p_i	$r_{it}p_i$	p_i	$r_{iy}p_i$
每平方米穗数(x_1)	−0.374*	0.704**	0.394*	0.065	0.736**	0.986	0.694		
每穗粒数(x_2)		0.387*	−0.178	0.029	0.171	0.756	0.293		
每平方米总粒数(x_t)	0.242	0.079	0.845**			0.716	0.605		
结实率(x_3)			−0.044	0.644**				0.496	0.329
千粒重(x_4)				0.154				0.119	0.018

* $r_{0.05}=0.367$,** $r_{0.01}=0.470$,$R^2_{t.12}=0.986$,$R^2_{y.t34}=0.953$,$n=29$。

2.2 不同产量水平的结构

按产量分为四级计算相应的产量结构,如表 2 所示,随着产量提高,x_t 和 x_3 均明显增加,x_4 则变化不大(CV=3.7%)。产量由 7.2 t/hm² 提高到 11.8 t/hm² 时,x_t 增加了 10.5%,x_2 增加了 17.4%;产量由 11.8 t/hm² 提高到 18.2 t/hm² 时,x_t 增加了 66.6%,而 x_2 反而减少了 17.2%。表明从低产到高产,必须促成穗数与粒数协调增长,高产和超高产,似应利用大穗优势,首先确保形成与当地生态相适应的足额穗数,构建足穗大穗群体(涛源点的情况例外)。

各级产量具有不同的结构特征:7 t/hm² 水平为穗少、穗小、结实率低,x_t 平均为(4.0±1.0)万粒/m²,x_3 为(72±10)%;12 t/hm² 水平 x_t 达到(5.2±0.6)万粒/m²,x_3 达到(88±5)%;18 t/hm² 水平 x_t 大幅增加到 7.2 万粒/m²,x_3 突破 90%。

表 2　两优培九不同产量水平的结构

田块数	稻谷产量 （kg/hm²）	每平方米总粒数	每平方米穗数	每穗粒数	结实率（%）	千粒重（g）
2	18 217±438	72 269±706	425.1±18.5	170.2±5.7	91.8±1.1	27.7±0.4
9	11 792±461	52 112±6 391	255.1±30.2	205.5±23.2	87.5±5.4	26.8±0.3
9	9 933±700	47 467±4 418	234.0±39.6	205.6±21.6	78.1±5.2	26.7±1.1
9	7 273±1 284	39 708±10 208	230.8±36.9	175.0±46.8	71.7±9.6	26.5±1.4

2.3　不同稻区限制产量的生态原因

在不同地区和不同季节栽培,由于所处的温光条件不同(表 3),两优培九产量及其结构也出现较大差异(表 4)。

表 3　两优培九在不同气候生态栽培的生长期和相应温光条件

生态类型	日数					平均气温(℃)				平均日照时长(h)			拔节前30 d 日长(h)
	G	A	B	C	合计	G	A	B	C	A	B	C	
华南双季早稻	25.2	44.2	31.3	32.2	132.9	20.0	24.2	27.4	29.2	4.0	4.3	6.2	12.7
华南双季晚稻	21.0	32.3	30.2	38.3	121.8	28.9	28.2	26.4	24.4	5.4	4.7	6.6	12.7
长江中下游麦茬稻	29.9	38.1	31.5	46.0	145.5	24.6	28.3	29.3	24.3	4.8	6.9	5.2	13.9
四川盆地单季稻	46.0	36.0	32.7	44.0	158.7	21.2	25.1	27.0	25.2	5.1	5.2	4.8	14.0
闽中山区再生稻(头季)	36.8	48.1	30.0	37.0	152.0	17.4	21.8	26.9	27.0	3.1	5.8	6.3	13.4
云南河谷单季稻	47.5	52.5	33.5	39.5	173.0	18.2	23.9	26.0	24.4	7.6	6.2	5.6	13.5

* G:秧田期;A:移栽—拔节期;B:拔节—抽穗期;C:抽穗—成熟期。

在华南作双季早稻栽培,前期温度低,营养生长期延长,利于分蘖发展;中期梅雨寡照,不利于幼穗发育;后期高温强光,利于籽粒充实,但出现日最高气温≥35 ℃的持续高温或台风雨概率较高,伤害谷粒发育。因此穗数较多,每穗粒数较少,结实率波动大,有的仅 60%～70%。作双季晚稻栽培,前期高温,营养生长期明显缩短,分蘖少;后期秋高气爽,利于籽粒充实,但开花期易遇 3 d 以上日均温<22 ℃的不育型冷害,或乳熟期遭遇连续日最低气温<13 ℃的障碍型冷害。因而,表现为穗数较少,结实率波动大。

在长江中下游作麦(油)茬稻栽培,前期高温,营养生长期偏短,制约分蘖;中期强光高温,利于幼穗发育;但开花期遇到最高气温≥35 ℃持续高温的可能性增大,乳熟期则日照骤减(9月份平均日照<5 h)。因此,穗数少,但每穗粒数较多,结实率 80% 左右,产量比华南明显高。

在四川盆地作单季稻栽培,前期温度低,营养生长期延长;虽地处太阳辐射低值区(本田期平均日照 5 h),但通过适期早播,可使生育期处于光温丰富的季节。因而,穗多穗大,结实率 80% 左右。

在江南丘陵山区作再生稻栽培,早播早栽,头季前期低温长日,营养生长期明显延长,产量形成关键期与光温高值期重合,因而穗多穗大,结实好,产量稳而高。在云南金沙江河谷地区作单季稻栽培,前期低温长日,日夜温差大,营养生长期长达 100 d,加上低湿强光(平均日照 7.6 h),大幅增加穗数容量;中后期气温稳定在 24～26 ℃,阳光充足,因而,穗数特多(每平方米 425 穗)、结实率很高(92%),产量高达(18.2±0.4) t/hm²。

由表 4 可见,不仅不同生态类型稻区的产量差异较大,而且同一生态类型内不同季节、不同田块的产量也差异较大。如华南双季早稻产量 CV＝20.6％,其中最高、最低产量分别为 10.51 t/hm² 和 6.08 t/hm²,相差 73％,晚稻产量 CV＝25.8％,其中最高、最低产量分别为 10.64 t/hm² 和 5.22 t/hm²,相差 104％。长江中下游麦(油)茬稻产量 CV＝14.4％,其中最高、最低产量分别为 12.53 t/hm² 和 8.56 t/hm²,相差 46％。差异预示潜力,只要趋利避害利用生态资源,优化栽培技术,各生态区仍有巨大的增产潜力。

表 4　两优培九在不同气候生态栽培的产量及其结构

生态类型	田块数	稻谷产量(kg/hm²)	每平方米总粒数	每平方米穗数	每穗粒数	结实率(％)	千粒重(g)
华南双季早稻	6	7 956±1 640	43 333±10 315	262.8±29.5	165.6±38.5	75.4±11.7	25.6±0.9
华南双季晚稻	6	8 248±2 132	42 495±11 373	218.8±39.0	195.9±46.3	72.1±8.3	27.5±0.8
长江中下游麦茬稻	8	10 448±1 505	47 281±7 130	215.9±26.6	218.9±14.1	81.5±7.5	26.7±1.0
四川盆地单季稻	3	11 214±868	53 691±7 489	256.6±22.4	208.9±16.4	79.8±2.1	26.7±0.2
闽中山区再生稻(头季)	4	11 828±582	49 823±2 325	273.5±6.5	182.2±5.3	90.6±1.2	27.0±0.3
云南河谷单季稻	2	18 217±438	72 269±706	425.1±18.5	170.2±5.7	91.8±1.1	27.7±0.4

2.4　分蘖成穗的生态

2.4.1　有效分蘖临界期

有效分蘖临界期(y)与本田营养生长期(移栽至拔节期日数,x)呈正相关:$y＝0.508x－2.84(r＝0.573^{**})$。华南双季晚稻移栽后高温短日、四川江油单季稻秧龄偏长,均造成本田营养生长期只有 32～36 d,有效分蘖临界期仅 11.7～14.2 d,有效分蘖只是移栽后 2～3 片新生叶的"同伸蘖"。其他试验点移栽后或低温或长日,本田营养生长期较长,有效分蘖临界期 18～25 d,移栽后 3～4 片新生叶的"同伸蘖"均能成为有效分蘖。8 个试点平均,移栽至有效分蘖临界期(17.7±6.3) d。有效分蘖临界期内萌发的分蘖,至分蘖高峰期已出生 15 d,具 2 叶以上,至拔节期已出生 23 d,具 4 叶以上,已具有完全的自养能力(表 5)。

2.4.2　成穗数与成穗率

每平方米穗数与本田营养生长期正相关($y＝5.885x＋15.33,r＝0.702^{**}$),而与期间的平均气温负相关($y＝-11.108x＋540.18,r＝-0.499^{**}$)。华南双季早稻、江南丘陵再生稻头季和云南河谷单季稻移栽后的气温都较低,本田营养生长期较长,每平方米穗数也较多。特别是云南河谷单季稻,移栽后低温长日,日夜温差大,本田营养生长期明显延长,最终形成特多的穗数。

本田营养生长期决定于营养生长期总日数(播种至拔节期日数)和秧田期日数。基于两优培九光温反应特性[8],与光温生态互作的营养生长期按如下顺序逐渐延长:华南双季晚稻(53.3 d±3.7 d)＜长江中下游麦(油)茬稻(68.0 d±1.5 d)＜华南双季早稻(69.3 d±8.6 d)＜四川盆地单季稻(82.0 d±4.6 d)＜江南丘陵山区再生稻头季(85 d±3.7 d)＜云南河谷单季稻(100 d±4.2 d)。

产量与成穗率无显著相关($r＝0.067$)。华南双季晚稻与云南河谷单季稻,华南双季早稻与江南丘陵再生稻头季,成穗率均相近而产量相差则悬殊,高产的关键在于有效分蘖临界期形成相当于目标穗数的茎蘖数。

2.5 每穗粒数的生态

比较不同产量水平的结构因子可见(表2),随着产量提高,每平方米总粒数和结实率持续增加。每平方米穗数先小幅后大幅增加,而每穗粒数由少到多再到少。高产水平和低产水平的每穗粒数都较少。高产水平每平方米穗数大幅增加时总粒数同时明显增加,而每穗粒数小幅减少;低产水平是在每平方米总穗数较少情势下的每穗粒数较少。

每穗粒数与拔节至抽穗的平均日照($y=11.902x+127.5$,$r=0.538^{**}$)及平均气温($y=12.821x-158.8$,$r=0.553^{**}$)呈正相关。表3和表4表明,华南双季早稻中期梅雨寡照,平均日照仅4.3 h,每穗165.6粒,均居各试点之末。华南双季晚稻生育中期时有台风雨,平均日照仅4.7 h,每穗粒数较少。而长江中下游麦(油)茬稻中期强光高温,平均日照达6.9 h,每穗218.9粒,均居各试点之首。

2.6 结实的生态

2.6.1 结实率

从开花至结实率稳定,结实率累积动态呈明显左偏不对称的S形曲线。描述这一关系的线性方程为$p=a+b\lg x$(p为结实率(y)转换的概率,x为开花后日数)。12块试验田的方程参数列于表6。表6和图1显示,结实率为终值一半时的拐点在花后9.1~12.8 d。

表5 两优培九在不同生态条件栽培的有效分蘖临界期和拔节期

生态类型	移栽至各生育期日数(d)			每平方米株数	每平方米栽茎蘖数	每平方米最高茎蘖数	每平方米穗数	成穗率(%)
	有效分蘖临界期	分蘖高峰期	拔节期					
华南双季早稻	21.3±7.4	37.0±8.4	44.2±5.7	31.6	52.1±19.3	561.6±105.0	262.8±29.5	47.7±7.1
华南双季晚稻	14.2±1.6	27.3±2.3	32.3±3.6	31.6	71.7±7.2	421.2±107.6	218.8±39.0	53.9±10.4
长江中下游麦茬稻	18.7±7.1	32.8±5.6	38.1±1.9	27.5	68.6±34.6	401.7±99.5	215.9±26.6	55.8±11.0
四川盆地单季稻	11.7±3.8	30.3±7.6	36.0±1.7	18.5	136.4±37.8	478.7±14.4	256.6±22.4	46.0±4.6
闽中山区再生稻(头季)	17.5±4.2	32.5±5.1	48.1±2.9	30.0	75.0±13.9	588.0±70.7	273.5±6.5	47.0±5.6
云南河谷单季稻	25.0±0	39.5±0.7	52.5±0.7	41.3	124.1±44.3	804.3±40.4	425.1±18.5	52.9±0.4

表 6　两优培九在不同生态条件栽培的结实率动态及温光条件

| 地点 | 年或季 | 结实率（%） | $p＝a＋b\lg x$ 方程参数 | | | 拐点日数 | 结实率稳定日数(d) | 谷粒成熟日数(d) | 平均气温(℃) | 平均日照时长(h) |
			a	b	r					
广西南宁	2006 双早	82.2	1.64	3.101 7	0.971**	10.2	24	36	28.2	5.4
	2007 双早	70.1	2.25	2.489 3	0.968**	9.5	24	37	28.8	6.6
	2006 双晚	70.1	2.18	2.473 8	0.979**	9.9	24	40	23.8	6.3
	2007 双晚	87.4	2.44	2.341 6	0.965**	10.7	40	42	22.5	6.5
四川江油	2007 单季	82.0	1.88	2.652 8	0.998**	12.2	32	45	25.5	4.3
	2007 单季	79.4	1.98	2.513 7	0.989**	12.3	32	45	24.9	5.2
福建尤溪	2006 单季	90.3	1.63	2.941 4	0.974**	12.5	32	37	26.9	6.6
	2006 单季	89.1	1.81	2.708 6	0.997**	12.8	32	38	26.8	7.0
	2007 单季	91.3	2.15	2.868 4	0.986**	9.2	32	36	27.6	6.3
	2007 单季	91.8	1.95	2.961 6	0.980**	9.6	28	37	26.8	5.2
云南涛源	2006 单季	92.6	2.01	3.045 3	0.964**	9.1	32	39	24.5	5.4
	2007 单季	91.0	1.95	2.975 6	0.984**	9.9	32	40	24.2	5.8

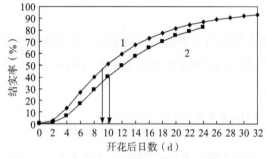 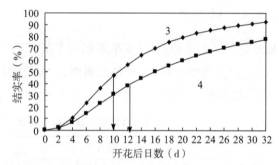

1. 尤溪 2007 年再生稻头季；2. 南宁 2006 年双季早稻；3. 涛源 2007 年单季稻；4. 江油 2007 年单季稻。

图 1　两优培九在不同生态条件栽培的结实率累积动态

结实率稳定期与结实期间气温呈负相关($r＝－0.835**$)。如南宁 2006 年和 2007 年双季早稻结实期平均气温高达 28.2～28.8 ℃，结实率在花后 24 d 即稳定；2007 年双季晚稻结实期平均气温为 22.5 ℃，结实率则延至花后 40 d 才稳定。但南宁 2006 年双季晚稻在花后 25～31 d 遇及日最低气温持续 9～12 ℃的障碍型冷害，结实率滞留在花后 24 d 的 70.1% 水平。其他试验点 8 块试验田的结实率稳定期集中在花后 32 d。

结实率与结实期的平均日照时数呈正相关($y＝6.735x＋48.16，r＝0.699**$)，而与平均气温无显著相关($r＝0.021$)。长江中下游麦（油）茬稻和四川盆地单季稻抽穗后，特别是进入 9 月份以后日照骤减，可能是其结实率停滞在 80% 左右的主要原因。

2.6.2　谷粒干物质积累

表 7 和图 2 显示，谷粒干物质积累动态呈 Logistic 曲线，拐点 $x＝\ln(a/b)＝7.8～14.2$ d，此时谷粒干物质积累量 $y＝K/2$。华南双季早稻 K 值小，$x＝8～9$ d，云南河谷单季稻 K 值大，$x＝13～14$ d，其他试点 $x＝9～12$ d。

表 7 两优培九在不同生态条件栽培的谷粒干物质积累量曲线

地点	年或季	千粒重（g）	Logistic 曲线方程参数				拐点日数
			K	a	b	r	
广西南宁	2006 双早	26.5	24.2	3.540 1	0.163 0	−0.968**	7.8
	2007 双早	25.9	24.2	5.038 1	0.186 8	−0.973**	8.7
	2006 双晚	28.4	26.0	4.334 0	0.158 9	−0.965**	9.2
	2007 双晚	27.5	26.0	3.909 6	0.124 7	−0.981**	10.9
四川江油	2007 单季	26.5	25.0	3.053 8	0.141 6	−0.948**	7.9
	2007 单季	26.8	25.2	4.503 1	0.163 6	−0.987**	9.2
福建尤溪	06 单季	27.4	25.1	5.864 1	0.188 0	−0.991**	9.4
	2006 单季	26.8	25.1	6.305 5	0.151 8	−0.992**	12.1
	2007 单季	26.9	25.1	7.102 3	0.171 6	−0.975**	11.4
	2007 单季	27.0	25.1	6.643 3	0.150 7	−0.986**	12.6
云南涛源	2006 单季	27.9	26.8	6.214 9	0.128 5	−0.995**	14.2
	2007 单季	27.4	26.8	5.387 3	0.123 6	−0.996**	13.6

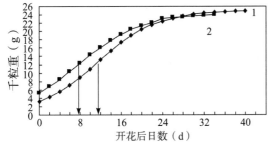 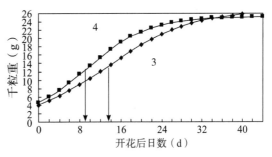

1. 尤溪 2007 年再生稻头季；2. 南宁 2006 年双季早稻；3. 涛源 2007 年单季稻；4. 江油 2007 年单季稻。

图 2 两优培九在不同生态条件栽培的谷粒干物质积累动态

3 总结与讨论

3.1 总结

为探明两系杂交稻两优培九在不同生态条件下的产量水平及其构成,揭示引发产量变异的主要构成因素及其与生态因子的关联性,应用 2006 年和 2007 年中国南方稻区 8 个气候生态试验点的生育进程、茎蘖消长、籽粒灌浆、产量及其构成与同期气象数据,建立产量与其构成因素、各构成因素与温光因子的统计关系。两优培九稻谷产量变幅为 5～18 t/hm²。以每平方米总粒数引发产量变异的贡献率最高（60.5%）,其次为结实率（32.9%）。扩增总粒数主要依赖每平方米穗数与每穗粒数的平衡增加。华南双季早稻生育中期的梅雨寡照对于每穗粒数、开花期持续高温对于结实率、长江中下游麦（油）茬稻生育前期高温对于穗数、乳熟期日照骤减对于结实率都有负面影响。云南河谷地区稻作期的适温、长日、强辐射,促成每平方米 425 穗、7.2 万粒、结实率 90% 的结构,产量高达 18.2 t/hm²。结实率累积动态呈左偏不对称的 S 形曲线。谷粒干物质积累动态呈 Logistic 曲线分布,拐点在花后 8～14 d。穗数与本田营养生长期、每穗粒数与生育中期日照时数、结实率与后期日照时数都呈极显著正相关。重挫结实率的因素是开花期持续高温、乳熟期障碍型冷害和台风雨等气象灾害。每平方米总粒数是影响两优培九产量的主要因素,发挥其大穗优势、在有效分蘖临界期形成目标穗数的茎蘖数、构建足穗大穗群体,是进一步提高其产量的主攻方向。

3.2 讨论

3.2.1 决定产量的主要因素

从源、库关系看,单位面积总粒数是库容量的主要因素。众多研究表明,每平方米总粒数是决定库容量和产量的主要因素[9,12-16]。两优培九每平方米穗数变幅大,对扩库增产具主导性。高产栽培应首先确保与当地生态相适应的穗数,构建足穗大穗的群体。

3.2.2 高产的产量结构

已有许多关于杂交稻 12～17 t/hm² 的产量结构报道[12-16],高产水稻的结实率均在 85%～90%,粒重相对稳定,每平方米总粒数是决定产量的主要因素。两优培九 12 t/hm² 和 18 t/hm² 的结实率都在 90% 左右,每平方米总粒数分别为 5 万粒和 7 万粒。但云南河谷地区的生态条件特殊,两优培九具有特大的穗数容量(425 穗/m²)。

3.2.3 产量及构成因素形成的生态条件

松岛省三[10-11]将水稻产量分解为 4 个构成因素,指出高产的焦点是协调单位面积总粒数与结实率的矛盾。在产量构成因素形成预测和定量控制方面已有较多研究报道[21-22]。本研究揭示了生态条件对产量形成的正负面影响,建立了产量构成因素与光温条件的统计回归关系。产量形成过程的观察表明,提高结实率和粒重均应注意调控的生育时机。

综合本研究结果,每平方米总粒数是限制两优培九产量的主要因素。在有效分蘖临界期形成相当于目标穗数的茎蘖数,并协调每平方米穗数与每穗粒数的平衡发展,扩增每平方米总粒数,是进一步提高两优培九产量的主攻方向。

著录论文

邹江石,李义珍,吕川根.两系杂交稻两优培九高产群体结构及其生态关联[J].杂交水稻,2008,23(6):65-72.

参考文献

[1]薛艳凤,陆江锋,吕川根,等.两系亚种间杂交稻两优培九籽粒灌浆动态研究[J].江苏农业研究,2001,22(2):13-19.

[2]霍中洋,顾承华,戴其根,等.温度对水稻两优培九生育期和产量的影响[J].扬州大学学报(农业与生命科学版),2002,23(1):51-54.

[3]吕川根,宗寿余,赵凌,等.两系法亚种间杂交稻两优培九结实率与源库的关系[J].江苏农业学报,2000,16(4):193-196.

[4]吕川根,邹江石,胡凝,等.亚种间杂交稻颖花受精率与温度的相关及模型分析[J].应用生态学报,2005,16(6):1026-1032.

[5]姚克敏,吴春刚,马文静,等.两优培九关键期的气象指标与气候适应性分析[J].南京气象学院学报,2001,24(1):101-111.

[6]吕川根,邹江石.两系超级杂交稻两优培九适宜种植条件的分析[J].杂交水稻,2004,19(2):45-49.

[7]邹江石,吕川根,胡凝,等.两系杂交稻两优培九的生态适应性研究及其种植区域规划[J].中国农业科学,2008,41(11):3563-3572

[8]YOSHIDA S.Fundamentals of rice crop science [M].Makati:IRRI,1981.

[9]TAKEDA T.Physiological and ecological characteristics of higher yielding varieties of lowland rice with special reference to the case of warmer areas in Japan[C]//Potential productivity and yield constraints of rice in East Asia.Tokyo:The Crop Science Society of Japan,1984:125-140.

[10]松岛省三.稲作の理論と技術[M].東京:株式会社养贤堂,1959.

[11]松岛省三.稲作の改善と技術[M].東京:株式会社养贤堂,1973.

[12]李义珍,黄育民,庄占龙,等.杂交稻高产结构研究[J].福建省农科院学报,1995,10(1):1-6.

[13]黄育民,陈启锋,李义珍.我国水稻品种改良过程库源特性的变化[J].福建农业大学学报,1998,27(3):271-278.

[14]彭桂峰,李义珍,杨高群.两系杂交稻培矮 64S/E32 的超高产特性与栽培研究[J].杂交水稻,2000,15(1):27-29.

[15]李义珍,杨高群,彭桂峰,等.两系杂交稻培矮 64S/E32 的超高产特性与栽培研究[J].杂交水稻,2000,15(3):28-30.

[16]杨惠杰,李义珍,杨高群.超高产水稻的分蘖特性观察[J].福建农业学报,2003,18(4):205-208.

[17]郑景生.再生稻高产栽培特性与相关性状的基因定位研究[M].福州:福建农林大学,2004.

[18]卓传营.Ⅱ优航 1 号作再生稻栽培的超高产特性及调控技术[J].福建农业学报,2006,21(2):89-94.

[19]傅抱璞,翁笃鸣.小气候学[M].北京:中国气象出版社,1994.

[20]莫惠栋.农业试验统计[M].上海:上海科学技术出版社,1992:565-566.

[21]凌启鸿,张洪程,苏祖芳,等.稻作新理论:水稻叶龄模式[M].北京:科学出版社,1994.

[22]凌启鸿.水稻精确定量栽培理论与技术[M].北京:中国农业出版社,2007.

第四章
再生稻产量构成与高产技术

一、再生稻产量构成及丰产综合技术研究

本课题组对再生稻的研究有三个阶段。第一阶段为 1988—1995 年,在沙县、武夷山和安溪县等山区,与当地农技站合作,研究再生稻产量构成、器官分化发育、气候生态和丰产综合技术。第二阶段为 1999—2010 年,在尤溪县与当地农技站合作,研究再生稻高产生理生态和技术体系。第三阶段为 2011—2018 年,在永安市、建阳区、尤溪县、龙海市及厦门大学生命科学学院合作、研究再生稻机械化栽培技术。本节是第一阶段研究的一部分结果总结。

我国自古就有再生稻零星种植的记述,但从 1980 年代起,随着一批强再生力杂交水稻品种的问世,再生稻才成为一种新的农作制,在南方各省大面积发展。但初始种植成功率和单产偏低。如福建省调查,1989 年种植 5 万 hm²,再生季仅成功收获 1/3,平均单产 1 830 kg/hm²;1990 年种植 6.47 万 hm² 再生季仅成功收获 1/2,平均单产 1 650 kg/hm²。为了提高再生稻种植成功率和单产,本课题组 1988—2000 年在沙县和武夷山市建基点,开展田间试验和面上调查,初步揭示了再生稻诸多生育规律和重要栽培技术。1991—1995 年,福建省农业科学院将再生稻研究列为重点课题,获农业部资助,由稻麦研究所支持,与武夷山市农业局合作,以星村镇黄村为研究基点,建立高产示范片,带动全市 1 300 hm² 推广丰产栽培技术。1994—1995 年又得到福建省农业综合开发办公室资助,与安溪县农业局合作,在 6 个乡镇 1 267 hm² 推广丰产栽培技术。经 8 年研究揭示了再生稻气候生态区划、器官分化发育、产量结构及多元分析、再生分蘖萌发成穗、光合生产及干物质积累运转等规律,开发再生稻高产高效综合栽培技术。经三个合作单位共同努力,研究、示范、推广相结合,1991—1995 年在武夷山、安溪两县市,累计推广再生稻高产高效栽培技术 7 901 hm²,增产稻谷 47 461 t,取得显著的社会效益和经济效益。

1 材料与方法

1.1 再生稻产量结构及通径分析

1990 年在武夷市星村、洋庄、建阳县(今建阳区)将口等乡镇,调查 30 丘汕优 63 再生季产量及其构成。每丘田在再生季成熟期,按梅花形五点取样 40 丛稻株,调查其稻谷产量(y)及穗数(x_1)、每穗粒数(x_2)、结实率(x_3)、千粒重(x_4)等产量构成因素,计算各产量构成因素之间及与产量的相关系数。为了确定各构成因素的产量的贡献率进一步应用通径分析[1]由相关系数建立如下的联立方程式,采用逐步消减法,计算各构成因素对产量的直接通径系数和间接通径系数,并由各构成因素与产量的相关系数(r_{iy})和直接通径系数

(p_i)的乘积,计算出各构成因素对产量的贡献率($r_{iy}\,p_{iy}$)。结果列于正文表 1 和图 1。

$$\begin{cases} p_1+r_{12}p_2+r_{13}p_3+r_{14}p_4=r_{1y} \\ r_{21}p_1+p_2+r_{23}p_3+r_{24}p_4=r_{2y} \\ r_{31}p_1+r_{32}p_2+p_3+r_{34}p_4=r_{3y} \\ r_{41}p_1+r_{42}p_2+r_{43}p_3+p_4=r_{4y} \end{cases}$$

1.2 黄村再生稻不同产量水平田块的产量构成及栽培技术考察

黄村是武夷山最早发展再生稻的村落,但初始两年(1989 年、1990 年),再生稻成功率仅 60% 左右,产量又低。本课题组与武夷山市农业局于 1991 年起合作在黄村建立基点,经不断研究改进栽培技术,产量持续提高,再生稻成功率 1992 年达 96%,1993 年起达 100%(见正文表 2)。但是,在大体相同的土壤气候、条件下,农户间产量仍相差颇大,为此于 1992 年对 4 个具有不同产量水平的农户,各定 1 丘田,进行产量、产量构成因素及栽培技术的追踪考察,以期在现实生产中,查明高产田的产量构成情况和重要栽培技术。正文表 3 为 4 丘不同产量水平田块的产量及其构成,表 4 为 4 丘产量水平田块的生育进程及气候生态,表 5 为 4 丘产量水平田块的头季插植密度和氮、磷、钾肥施用期、施用量,表 6 为 4 丘产量水平田块的促进再生蘖芽萌发的氮、钾肥施用期、施用量和头季成熟期稻桩收割高度。

1.3 再生稻高产综合栽培技术研究

1.3.1 再生稻品种产量及再生力比较试验

1991 年在武夷山市黄村基点设 6 个品种大区对比试验,3 月 19 日播种,4 月 29 日移栽,每个品种种植面积 67 m²。头季每区施氯化钾 0.5 kg,碳酸氢铵和过磷酸钙各 2.5 kg 作基肥;栽后 10 d 每区施碳酸氢铵和过磷酸钙各 2.5 kg 作分蘖肥;减数分裂期每区施尿素和氯化钾各 0.5 kg 作保花期;头季抽穗 20 d 每区施尿素 1 kg、氯化钾 0.5 kg 促进再生芽发育萌发,头季成熟收割后 2 d 每区施尿素 0.5 kg 作长苗肥。头季和再生季成熟期分区收割晒干称产,同时每区取 10 丛稻株考察产量构成因素。结果列于正文表 4。

1.3.2 再生稻进行适种区域和安全播种、齐穗期研究

1988—1992 年分别在沙县西霞乡村头村(26°31′N,117°49′E,海拔 550 m),武夷山市武夷街道溪洲村(27°42′N,118°08′E,海拔 200 m)、武夷山市星村镇黄村(27°39′N,117°58′E,海拔 200 m),选用晚熟品种汕优 63,早熟品种威优 64,分期播种,每个品种每期种植 50 m²,分别记载生育期,查阅当地县市气象站逐日气温资料,依据海拔和福建省热量资源时空分布模式提供的直减率[2],计算试点稻作期逐日平均气温,进而计算供试品种头季安全播种期和再生季安全齐穗期。结果列于正文表 8。

1.3.3 再生季各节位分蘖的产量及其构成的观察

1989 年在武夷山市溪洲基点,选用汕优 63、特优 63 和 40-1 品种,1992 年、1993 年在武夷山市黄村基点,选用汕优 63 品种,每个品种种植 67 m²。在再生季成熟时,分品种收割晒干称产,取 20 丛稻株,分解出不同节位分蘖,分别考察穗数、每穗粒数、结实率和千粒重,比较分析各节位分蘖的产量及其构成性

状。结果列于正文表 5、表 6。

1.3.4 再生稻头季成熟收割留桩高度试验

1989 年在武夷山溪洲基点,设 6 个头季成熟收割留桩高度试验,1991 年在武夷山市黄村基点,设 5 个头季成熟收割留桩试验,供试品种油优 63,3 次重复,小区面积 20 m²。再生季成熟期分区收割晒干扬净称产。溪洲基点再生季成熟时分试验处理各挖取 20 丛稻株,分解出不同节位分蘖,测定各节位分蘖从母茎基部至再生分蘖基部着生于母茎之处的自然高度,并分别考察各节位分蘖的 4 个产量构成因素。黄村基点在再生季成熟时,分试验处理各割取 10 丛稻株,考察 4 个产量构成因素。结果列于正文表 11、图 2。

1.3.5 氮、磷、钾肥施用量的产量效应试验

在武夷山市黄村基点进行,1992 年设氮、磷、钾肥 7 个水平试验。氮肥按总施氮量 80% 在头季抽穗后 20 d 作促芽肥施用,20% 在头季成熟收割后 2 d 作促苗肥施用;磷、钾肥则按试验量在头季成熟收割后 2 d 施用。试验 3 次重复,小区面积 20 m²。再生季成熟期分小区收割称产,每个处理取 10 丛稻株考察产量构成。1993 年、1994 年设施氮水平对各节位再生分蘖成穗数影响试验,施氮量分别为 0、90、150、210 kg/hm²,3 次重复,小区面积 20 m²,再生季成熟时分小区收割称产,每个处理取 20 丛稻株,分解出不同节位分蘖,考察各节位分蘖的产量构成因素。结果列于正文表 8、表 9、图 3。

1.3.6 冷烂田垄畦栽培试验

1998 年在沙县村头基点的冷烂田,设置垄作、平作两种耕作方式大区对比试验,面积各为 200 m²,在头季和再生季成熟时分区收割称产。1987—1989 年福建省科学技术委员会组织"水稻垄畦栽培及稻萍鱼体系技术开发",上报国家科委列为国家星火计划项目,委托福建省农业科学院组织 4 个地市研发推广。1989 年本课题组考察安溪县芦田、武平县湘店时,发现两地设置再生稻垄畦栽培大区对比试验,商议在头季和再生季成熟期进行产量验收及取样考种。冷烂田地下水位高,耕作层长年渍水,土体糜烂冷凉,呈高度还原状态,造成水稻前期坐苗、中后期早衰,产量低下。在建设三沟工程改良之前,采用垄畦栽培方法,可局部改善土壤还原性,显著提高水稻产量。其技术操作有插秧前开沟建两行垄作和 6 行畦作两类,垄作密集开沟,沟顶和垄顶宽度各为 26 cm,每垄栽培 2 行,株距 15 cm;畦作的畦宽 135 cm,沟宽 26 cm,每畦栽培 6 行,株距 15 cm。开沟深 20 cm 左右,插秧后 2 个月内,采用推耙或酒坛清沟 2～3 次。插秧后,前期灌半沟水,中期够苗烤田,后期间断性灌半沟水,保持田间湿润状态。结果列于正文表 10。

1.4 再生稻高产栽培示范、推广成效

1995 年底,武夷山市农业局核定全市 1991—1995 年再生稻综合栽培技术推广的面积及产量;核定星村镇黄村 1991—1995 年示范田面积及产量;核定示范、推广地同期单季稻产量。1995 年底安溪县农业局核定本县 6 个乡镇 1995 年再生稻综合栽培技术的推广面积及产量,核定同地同期的单季稻产量。结果列于正文表 11、表 12。

2 结果与分析

2.1 再生稻产量构成的多元分析

在武夷山市和建阳县 3 个乡镇调查了汕优 63 再生季 30 丘田块的产量及其构成,进行相关分析和通径分析,结果如表 1,分析如下:

表 1 再生季产量构成因素与产量的相关性及对产量的贡献

(汕优 63,1990,武夷山市,建阳县)

产量构成因素	相关系数(r)				直接通径系数(p_1)	间接通径系数				贡献率($r_i p_i$)
	x_2	x_3	x_4	y(产量)		p_{1y}	p_{2y}	p_{3y}	p_{4y}	
x_1	0.702 0**	−0.273 7	0.570 0**	0.961 6**	0.798 3	—	0.177 5	−0.047 7	0.033 5	0.767 6
x_2		0.058 7	0.442 4*	0.829 4**	0.252 8	0.560 4	—	−0.010 2	0.026 4	0.209 7
x_3			−0.072 2	−0.075 4	0.174 3	−0.218 7	−0.014 9	—	−0.016 1	−0.013 1
x_4				0.579 1**	0.059 8	0.455 0	0.111 7	−0.047 4	—	0.034 6

* $n = 30, r_{0.05} = 0.361, r_{0.01} = 0.463, p_e^2 = 0.001\,2, R^2 = 0.998\,8$。

** x_1 为每平方米穗数,x_2 为每穗粒数,x_3 为结实率,x_4 为千粒重。

2.1.1 4 个产量构成因素之间及与产量的相关

在 4 个产量构成因素中,以每平方米穗数与产量的相关最密切($r_{1y} = 0.961\,6**$),次为每穗粒数($r_{2y} = 0.829\,4**$),再次为千粒重($r_{4y} = 0.586\,9**$),不同产量田块间的结实率差异不大,相关度低($r_{3y} = -0.075\,4$)。

在 4 个产量构成因素之间,以每平方米穗数与每穗粒数的相关度最高($r_{12} = 0.702\,0**$),每平方米穗数与千粒重的相关度次之($r_{14} = 0.570\,0**$)。

2.1.2 4 个产量构成因素对产量的直接通径系数

以每平方米穗数对产量的直接通径系数最高($p_{1y} = 0.798\,3$),每穗粒数对产量的直接通径系数次高($p_{2y} = 0.252\,8$)。结实率和千粒重对产量的直接通径系数均很低。

2.1.3 4 个产量构成因素对产量的间接通径系数

一个产量构成因素与产量的相关系数,可分解为两部分:第一部分是该因素对产量的直接作用力。它等于直接通径系数(p_i);第二部分是该因素通过其他产量构成因素对产量的间接作用力,它等于间接通径系数。例如,每平方米穗数与产量的相关系数(r_{1y}),是一个直接通径系数(p_1)与 3 个间接通径系数($r_{12}p_2$、$r_{13}p_3$、$r_{14}p_4$)的代数和,余类推。由此看来,某个构成因素与产量的相关系数,是在多个因素共处一个系统中相互干扰时,某个构成因素对产量的表现作用,或称净效应,如 1.1 节的联立方程式所示,并可绘制成产量构成因素对产量的通径网络如图 1。因此,只有通过通径分析,分清直接作用和间接作用,才能正确评价各构成因素对产量所起的作用。例如表 1 所示:每平方米穗数与产量的 3 个间接通径系数均很低,而对产量的直接通径系数却很高($p_1=0.798\ 3$),表明每平方米穗数与产量呈高度极显著正相关($r_{1y}=0.961\ 6^{**}$),主要是由于每平方米穗数对产量的直接通径系数高($p_1=0.798\ 3$)。千粒重与产量的相关系数也达到中度极显著正相关($r_{4y}=0.579\ 1^{**}$),但其对产量的直接通径系数却很低($p_4=0.059\ 8$),其较高的相关系数,主要是千粒重通过每平方米穗数的间接通径系数较高所致($r_{14}p_{1y}=0.455\ 0$)。

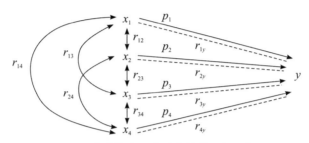

图 1　产量构成因素对产量的通径网络

2.1.4　4 个产量构成因素对产量的贡献率

通径分析的最终目标,是确定各个产量构成因素对产量的相对重要性,即对增产的贡献率。一个产量构成因素与产量的相关系数和直接通径系数的乘积,即为该因素对产量的贡献率($r_{iy}p_i$)。在通径分析中,产量的总变异 $\sum(y-\overline{y})^2$,等于各个构成因素与产量的相关系数及对产量的直接通径系数的乘积之和,并标准化为 1:

$$\sum(y-\overline{y})^2=r_{1y}p_1+r_{2y}p_2+r_{3y}p_3+r_{4y}p_4+p_e^2=R^2+p_e^2=1$$

式中 $r_{1y}p_1$、$r_{2y}p_2$、$r_{3y}p_3$、$r_{4y}p_4$ 等表示 x_1、x_2、x_3、x_4 等产量构成因素对引发产量总变异的各自贡献率;R^2 是 4 个构成因素对产量的总决定系数,表明全部产量构成因素对产量总变异的控制度;p_e^2 则是未知因素对产量的决定系数,表达随机误差的大小。

表 1 显示:本研究 4 个产量构成因素中,以每平方米穗数对产量的贡献最大($r_{1y}p_1=0.767\ 6$),次为每穗粒数($r_{2y}p_2=0.209\ 7$),结实率和千粒重对产量的贡献很少。四者合计总贡献为 $R^2=0.998\ 8$,即 99.88%;未知因素对产量的决定系数 $p_e^2=0.001\ 2$,即 0.12%,表明调查结果的可信度很高。

2.2　黄村再生稻不同产量水平田块的产量构成及栽培技术的考察

2.2.1　黄村再生稻历年种植面积、头季产量及再生季产量和成功率

福建省北部山区武夷山市星村镇黄村（27°39′N，117°58′E，海拔 200 m），从 1989 年开始发展再生稻,头季产量逐渐超过当地单季稻,但初种 2 年,再生季成功率仅 60% 左右,产量不足 2 000 kg/hm²。1991 年起列为福建省农业科学院与武夷山市农业局合作的研究基点,不断研究改进栽培技术,头季产量继续提高,再生季成功率快速提升,产量大幅提高（表 2）。

表 2　武夷市黄村再生稻历年面积产量

年份	种植面积(hm²)	头季产量(kg/hm²)	再生季成功率(%)	再生季产量(kg/hm²)	全年产量(kg/hm²)
1989	5.0	6 029	66.7	1 886	7 915
1990	33.7	6 096	55.3	1 890	7 986
1991	29.0	6 140	77.6	3 068	9 208
1992	41.8	6 818	95.8	3 825	10 643
1993	70.7	6 630	100	3 128	9 758
1994	67.3	6 831	100	3 383	10 214
1995	74.7	6 915	100	3 720	10 635

2.2.2　再生稻不同产量水平田块的产量及其构成

黄村 1991 年、1992 年再生稻产量已有显著提高。但同处于九曲溪谷地,在大体相同的土壤气候条件下,农户间产量仍然悬殊颇大。为了探索再生稻高产性状,揭示高产主要栽培技术,1992 年对 4 个具有不同产量水平的农户,各定 1 丘田,进行产量、产量构成和栽培措施的追踪调查,结果分列于表 3～表 6。表 3 为 4 丘不同产量水平的产量及构成,看出:以 1 号田产量最高,2 号田次之,3 号田再次之,4 号田最低。以 1 号田产量为 100%,2、3、4 号田头季产量分别为 80%、64% 和 46%,再生季产量分别为 69%、55% 和 38%。4 丘田产量的差异,源于产量构成的差异,以每平方米穗数差异最大,次为每穗粒数,再次为结实率,千粒重差异不大。如 4 号田与 1 号田相比,每平方米穗数、每穗粒数、结实率、千粒重,头季分别降低 35%、16%、10% 和 5%,再生季分别降低 40%、28%、11% 和 0。因此,提高产量的主攻方向是增加穗数和粒数,建立穗多穗大的群体。

再生季产量显著低于头季,主要是每穗粒数显著较少(再生季每穗粒数仅为头季的 1/3 左右),次为千粒重,而结实率相差不大,但再生季穗数却显著较多,4 丘田平均增加 1 倍。再生季生育期短,营养生长与生殖生长期重叠,千粒重较低在所难免,田块间也差异不大。再生季每穗粒数相关颇大,表明增粒潜力高。汕优 63 等品种的再生力强,争取形成比头季多一倍的穗数,可补其穗小粒少的不足。同时,提高再生季产量的主攻方向也是建立穗多穗大的群体。

表 3　再生稻不同产量水平的产量及其构成

(汕优 63,1992,武夷山黄村)

田号	头季					再生季					两季产量(kg/hm²)
	产量(kg/hm²)	每平方米穗数	每穗粒数	结实率(%)	千粒重(g)	产量(kg/hm²)	每平方米穗数	每穗粒数	结实率(%)	千粒重(g)	
1	10 040	247.3	147.4	93.4	29.6	6 408	506.0	57.4	89.6	24.8	16 648
2	8 067	220.7	140.3	90.0	29.1	4 419	454.1	46.7	84.6	24.8	12 486
3	6 446	193.2	135.2	87.4	28.4	3 882	385.0	48.0	84.4	25.1	10 328
4	4 656	160.2	123.3	84.2	28.1	2 442	303.0	41.3	79.7	25.0	7 098

表 3 显示,再生季 4 号田比 1 号田,产量低 62%,与每平方米穗数减少 40% 密切相关。然而,再生季仍然拥有每平方米 303 穗,为同丘田头季穗数的 1.9 倍,足见供试品种汕优 63 具很强的再生力。由此表

明,汕优 63 具有头季产量高,再生力又强的特性,是目前育成品种中,值得优先推广的品种。

2.2.3 再生稻不同产量水平田块的生育进程、生长日数及气候生态

4 丘再生稻的生育进程、日数及积温列于表 4,看到:1、2 号较高产量田块,头季在安全播种期 10 d 的 3 月中旬,采用薄膜保温育秧方式播种,7 月中旬齐穗、8 月中旬成熟收割,再生季 9 月上旬末齐穗,10 月 中旬成熟。头季播种结实处在一年中温光最丰的季节;再生季齐穗处在安全齐穗期限前 10 d,结实处在 一年中温光次丰的季节。因而,穗数多,穗子大,产量高。3、4 号田块头季在 4 月上旬初播种,7 月下旬齐 穗,8 月下旬成熟收割,虽然也可安全播种,在温光最丰季节结实,但所处气温较高,4 号期短 10 d 左右, 每平方米穗数和每穗粒数显著减少,产量显著降低;再生季的温光条件已有所减弱,齐穗期推迟至 9 月中 旬末,值安全齐穗期前后,因而,穗数、粒数、结实率均显著减少,产量降低。

4 丘田块的汕优 63 品种尽管生育进程和生长日数有一定差异,但头季和再生季的积温相差不大,分 别为 3 400 ℃和 1 350 ℃左右,作为气候生态区划的指标——头季播种至再生季齐穗积温,晚熟品种汕优 63 为 4 000 ℃。本研究 4 丘田均在 4 000 ℃左右,与多地显示指标相同[3]。

表 4 再生稻不同产量水平田块的播种期、生育进程及积温

(汕优 63,1992,武夷山市黄村)

田号	双季产量(kg/hm²)	生育期(月-日)						生育日数(d)			积温(℃)			
		头季播种	移栽	齐穗	成熟	再生季齐穗	成熟	头季	再生季	合计	头季	再生季	合计	头季播种至再生季齐穗
1	16 648	03-19	04-28	07-17	08-16	09-08	10-13	150	58	208	3 345	1 451	4 796	3 957
2	12 486	03-14	04-24	07-17	08-16	09-07	10-12	153	57	212	3 407	1 533	4 940	3 982
3	10 328	04-02	04-27	07-23	08-22	08-16	10-17	142	56	198	3 363	1 345	4 708	3 978
4	7 098	04-02	04-30	07-25	08-24	08-20	10-20	140	55	195	3 421	1 332	4 753	4 031

2.2.4 再生稻不同产量水平田块的头季插植密度及施肥措施

再生稻不同产量水平田块的密肥措施如表 5 所示,看出:

产量最高的 1 号田插植密度较高,每平方米插 22.5 丛(株行距 20 cm×22.2 cm),结果头季穗数最 多,每平方米 247.3 穗,以头季为基础,再生季穗数也最多,每平方米 506 穗。产量最低的 4 号田插植密 度较低,每平方米插 17.2 丛(株行距 20 cm×29.1 cm),结果,头季和再生季穗数都最少,每平方米分别 为 160.2 穗和 303 穗,比 1 号田分别减少 35%和 40%(见表 3)。

产量最高的 1 号田和产量最低的 4 号田,头季总施氮量相近,而 4 号田磷、钾肥总施用量显著较少。 1 号田采用当时认为较好的"攻头补尾"施肥法,即多数氮、磷、钾肥作基肥和促蘖施用,15%～20%的氮、 钾肥在颖花分化期作穗肥施用,兼顾前后期营养需求,有利形成穗多穗大辟体。4 号田则采用攻头施肥 法,氮、磷、钾肥在头季移栽后 7 d 和 23 d 各施一半,其中移栽后 23 d 已达有效分蘖临界期,该时重施氮 肥无益于增加有效分蘖数,却增加无效分蘖萌发,而且不施穗肥,不利于培育大穗,每平方米穗数和每穗 粒数都显著较少。

2、3 号田氮、磷、钾肥总施用量比 1 号田少,又基本采用攻头施肥法,其穗粒居次,产量也居次。

表5　再生稻不同产量水平田块的头季插植密度及各时期氮、磷、钾肥施用量

（汕优 63,1992,武夷山市黄村）

田号	头季产量（kg/ hm²）	头季每平方米插植丛数	基肥施用量（kg/hm²）			分蘖肥施用量（kg/hm²）			接力肥用施量（kg/hm²）			穗肥量（kg/hm²）		施肥总量（kg/hm²）		
			氮	磷	钾	氮	磷	钾	氮	磷	钾	氮	钾	氮	磷	钾
1	10 040	22.5	85.5	70.5	70.5	84.0	69.0	69.0	0	0	0	27.5	36.0	197.0	139.5	175.5
2	8 067	21.0	31.5	22.5	45.0	54.0	22.5	67.5	57.0	6.0	46.5	13.5	0	156.0	51.0	159.0
3	6 446	20.0	33.0	24.0	0	49.5	36.0	0	72.0	18.0	66.0	0	0	154.5	78.0	66.0
4	4 656	17.2	0	0	0	120.0	36.0	0	72.0	19.5	45.0	0	0	192.0	55.5	45.0

2.2.5　再生稻不同产量水平田块的促芽肥施用期、施用量及留桩高度对再生季产量的影响

4 丘不同产量水平田块的促芽肥、留桩高度对再生季产量的影响,列于表 6,看出:

再生稻头季产量最高的 1 号田,在头季齐穗后 20 d,每公顷施用氮肥 120 kg,钾肥 81 kg 促进再生腋芽发育萌发;头季成熟收割留桩 35 cm,保留稻桩上全部腋芽,结果,再生分蘖萌发成穗数最多,每穗粒数也最多,再生季产量最高。再生稻头季产量最低的 4 号田,在头季齐穗后 10 d 就过早施用促芽肥,并只每公顷施用氮肥 69 kg,头季成熟收割留桩 25 cm,割去倒 2 节位优势芽,结果再生分蘖萌发成穗数最少,每穗粒数也最少,再生季产最低。2、3 号田块促芽肥施用期略早,施用量偏少,结果再生季每平方米穗数和每穗粒数居中,产量也居中。

表6　再生稻促芽肥施用期和施用量及头季割桩高度对再生季产量及其构成的影响

（汕优 63,1992,武夷山市黄村）

田号	促芽肥施期（头季抽穗后日数）	促芽肥用量（kg/hm²）		头季成熟割桩高度（cm）	再生季产量及构成因素				
		氮	钾		产量（kg/hm²）	每平方米穗数	每穗粒数	结实率（%）	千粒重（g）
1	20	120	81	35	6 408	506.0	57.4	89.6	24.8
2	20	114	36	35	4 419	454.1	46.7	84.6	24.8
3	17	72	0	30	3 882	385.1	48.0	84.4	25.1
4	10	69	0	25	2 442	303.0	41.3	79.7	25.0

课题组在研究基点开展小区试验同时,还时常在全村农田巡视苗情,与农民交谈农事。1991 年发现农户间再生稻产量悬殊颇大,拟定 4 丘不同产量田块,商定由农户记载农事操作流水账,课题组追踪调查产量和产量构成,结合汇总记录于表 3~表 6。尽管数据繁杂,因果交错,但依据专业知识,细加分析,仍然可找出制约产量的主导因素,理出促控有关产量构成的主导技术,为进一步开展严密试验,查明高产主攻方向,制定高产高效的综合栽培技术,提供依据。

兹据以上追踪调查结果,概括出再生稻高产主攻方向和栽培技术要点。主攻方向是建立穗多穗大的

群体,主要栽培技术要点有:

(1)适种品种。晚熟品种汕优 63,头季产量高,再生力强,宜在闽北海拔 200 m 低山区种植。

(2)适宜播种期。汕优 63 在 3 月中下旬安全播种,调节头季在温光最丰的 7—8 月结实,再生季在 9 月上旬齐穗。

(3)适种密度。每平方米插植 25 丛。

(4)头季成熟收割留桩 35 cm,保留稻桩上全部腋芽,萌发最多的再生穗数。

(5)头季氮肥 80% 作基肥和移栽后 1 周作促蘖肥,20% 在颖花分化期作穗肥,磷肥一次性作基肥,钾肥作接力肥和穗肥分施。氮、磷、钾肥总施用量需进一步试验确定。

(6)再生分蘖促芽氮、钾肥在头季齐穗后 20 d 施用,用量需进一步试验确定。

2.3 再生稻高产综合栽培技术

在再生稻研究第一阶段,遇到的首个难题是再生季成功率低和产量低。为此将开发综合栽培技术,到为首要任务。经过开展大量田间试验和面上调查,揭示了再生稻诸多生育规律,建立一套综合性栽培技术。

2.3.1 选用头季产量高、再生力又强的品种

1991 年在武夷山市黄村基点,设 6 个品种大区对比试验,结果如表 7 所示:汕优 63 具有双季穗多穗大的优势,产量最高,但属晚熟品种,适宜在低海拔地区推广。汕优 64 属早熟品种,头季产量较低,但再生力强,双季产量居次,适宜在中高山区推广。威优 124 和 SCO 19 品种头季产量低,再生力也较低;汕优 124 虽头季产量高,但再生力低,盐再 517 虽再生力高,但双季产量均不高。因此后 4 个品种不宜作再生稻推广。显然,再生稻必须选用头季产量高,再生力也高,达到双季产量高的品种。

表 7 再生稻品种产量及再生力比较试验

(武夷山市黄村,1991)

品种	头季每平方米穗数	再生分蘖成穗率(%)	稻谷产量(kg/hm²)			再生季产量构成			
			头季	再生季	合计	每平方米穗数	每穗粒数	结实率(%)	千粒重(g)
汕优 63	331.2	122	6 780	4 275	11 055	402.5	54.9	81.7	24.6
汕优 64	244.2	150	4 875	3 870	8 745	366.5	52.2	86.8	23.3
汕优 124	302.1	43	6 945	1 140	8 085	129.9	68.5	51.9	24.7
威优 124	225.1	79	5 850	1 575	7 425	177.7	59.6	55.7	26.7
盐再 517	419.0	124	4 020	2 955	6 925	519.7	36.6	96.4	16.1
SCO19	209.2	75	4 575	1 185	5 760	156.9	72.5	55.1	18.9

2.3.2 再生稻适种区域和安全播种、齐穗期

1988—1992 年分别在沙县村头,武夷山市溪洲、黄村等基点,分期播种晚熟品种汕优 63,早熟品种威优 64 和 40-1,进行生育进程及积温的调查,宏观计算出不同纬度、海拔地区的再生稻头季安全播种期及

再生季安全齐穗期,推断出晚熟、早熟两类品种在各纬区的种植高限(见著录论文[1]、[7]和本章"再生稻气候生态及安全播种齐穗期"一节),概述如下:

再生稻以汕优 63 为代表的晚熟品种,头季安全播种期至再生季安全齐穗期的积温为 4 000 ℃,安全种植高限,为 25°N 海拔 550 m,26°N 海拔 400 m,27°N 海拔 300 m,28°N 海拔 250 m;以威优 64 为代表的早熟品种,头季安全播种期至再生季安全齐穗期的积温为 3 700 ℃,安全种植高限比晚熟品种提高 150 m。

籼稻种子发芽的起码日平均气温为 12 ℃,齐穗开花期对低温最敏感,遇日平均气温连续 3 d 出现低于22 ℃,即伤害开花受精。但每年同一时段气温高低不一,据对春秋气温的考察,在历年春季日平均气温升达 13.5 ℃之日,有 80% 的年份的日平均气温达到 12 ℃;在历年初秋日平均气温降达 24 ℃之日,有80% 的年份不会出现连续 3 d 以上低于 22 ℃。据此分析,确定春季历年日平均气温升达 13.5 ℃之日为头季安全播种期,初秋历年日平均气温降达 24 ℃之日,为再生季安全齐穗期。

表 8 显示三个基点两类品种不同播种期的生育进程及产量表现,看到:

沙县村头基点地处 26°31′N,海拔 550 m,已达早熟品种种植高限,头季安全播种期为 3 月下旬,再生季安全齐穗期为 9 月上旬。晚熟品种汕优 63 即使在 3 月 20 日播种,其再生季也直到 9 月 30 日才齐穗,遭遇冷害,产量很低。

表 8　汕优 63、威优 64、40-1 等品种在不同地区分期播种的生育进程及产量表现

地点 年份	种植 品种	稻谷产量(kg/hm²)			头季生育期(月/日)			再生生育期		头季 日数	再生季 日数	头季播种—再生季齐穗	
		头季	再生季	合计	播种	齐穗	成熟	齐穗	成熟			日数	积温(℃)
沙县村头 1988 年	汕优 63	8 486	1 020	9 559	03-20	07-25	08-27	09-30	11-05	160	70	194	4 285
	汕优 63	8 342	210	8 552	04-07	08-12	09-02	10-07	11-16	148	69	183	4 153
	汕优 63	8 200	0	8 200	04-20	08-14	09-15	10-23	12-05 后	148	>81	186	4 236
	汕优 63	8 415	0	8 415	05-05	08-19	09-19	10-27	12-05 后	137	>78	175	4 018
	威优 64	7 353	2 849	10 202	03-20	07-10	08-10	09-06	10-10	133	63	160	3 745
	威优 64	7 488	2 270	9 758	03-20	07-15	08-16	09-12	10-16	129	61	156	3 615
	威优 64	6 963	132	7 095	04-20	07-25	08-27	09-28	11-03	125	68	155	3 711
武夷山市溪洲 1989 年	汕优 63	7020	3 611	10 631	03-20	07-18	08-18	09-12	10-19	151	62	176	4 070
	汕优 63	6 941	3 671	10 612	03-25	07-22	08-22	09-16	10-23	150	62	175	4 100
	汕优 63	6 620	3 710	10 330	03-30	07-25	08-25	09-19	10-26	148	62	173	4 106
	汕优 63	6 071	3 690	9 761	04-05	07-27	08-27	09-21	10-28	144	62	169	4 063
	汕优 63	5 250	3 521	8 771	04-10	08-01	08-28	09-22	10-29	140	62	165	4 009
	40-1	4 691	3 980	8 671	03-25	07-10	08-09	09-03	10-08	137	60	162	3 795
	40-1	4 550	4 110	8 660	04-05	07-17	08-13	09-07	10-17	130	62	155	3 726
	40-1	4 410	2 760	7 170	04-10	07-22	08-18	09-12	10-20	130	63	155	3 766
武夷山市黄村 1992 年	汕优 63	7 625	4 980	12 615	03-14	07-17	08-16	09-07	10-15	155	60	177	3 989
	汕优 63	8 475	59 28	14 003	03-19	07-17	08-16	09-08	10-15	150	60	173	3 955
	汕优 63	7 065	4 040	11 105	04-02	07-21	08-20	09-12	09-19	140	60	163	3 907

* 沙县西霞乡村头,26°31′N,117°49′E,海拔 550 m,头季安全播种期 3 月 30 日,再生季安全齐穗期 9 月 7 日。

武夷山市武夷街道溪洲,27°42′N,118°08′E,海拔 200 m,头季安全播种期 3 月 23 日,再生季安全齐穗期 9 月 17 日。

武夷山市星村镇黄村,27°39′N,117°58′E,海拔 200 m,头季安全播种期 3 月 23 日,再生季安全齐穗期 9 月 18 日。

武夷山溪洲黄山基点,地处 27°39′N～27°42′N,海拔 200 m,可种植晚熟品种,头季安全播种期为 3 月下旬,再生季安全齐穗期为 9 月中旬末。由于地处低山河谷,热量较丰,即使在 4 月上旬播种,再生季 也可在 9 月中旬末安全齐穗,但头季生长日数显著缩短,头季产量显著降低。

2.3.3 再生季各节位分蘖的产量和产量构成性状及调控分析

1989 年在武夷山市溪洲基点,1992 年、1993 年在武夷山市黄村基点,分别种植汕优 63、特优 63、40-1 等品种,调查再生季各节位再生分蘖的产量、产量构成,及对产量的贡献,分析调控的技术。结果列于表 9、表 10,看出:

在不同节位分蘖中,以穗数差异最大,每穗粒数和结实率的差异次之,千粒重差异不大。每平方米穗 数以倒 2、3 节分蘖最多,二者合计占全部分蘖的 55%～70%;次为倒 4 节分蘖,占 25% 左右。倒 5 节分 蘖占 10% 左右,倒 6 节分蘖占 3%～6%。每穗粒数以倒 3 分蘖最多,次为倒 4 节分蘖,再次为倒 1 节分 蘖,倒 5、6 节分蘖最少。结实率随分蘖节位的下降而减少。各节位分蘖的千粒重差异不大。

每个节位分蘖的 4 个产量构成因素的乘积,即为该节产量,汇集全部分蘖总产,即可计算出各节分蘖 产量占比。表 9、10 显示:以倒 2、3 节分蘖的产量占比最高,次为倒 4 节分蘖,三者合占总产的 90%。

提高再生季产量,关键在于建立穗多穗大的群体。主要措施,一为头季成熟高留稻桩收割,保留稻桩 上全部萌发再生分蘖的腋芽;二为合理施用促芽肥和促穗肥;三为改进灌溉技术,改善耕层土壤透气性, 保持根系高而持久活力。具体措施后述。

表 9 再生季各节位分蘖的产量及其构成比较

(武夷山市溪洲,1989)

品种	分蘖节位	每平方米穗数	每穗粒数	结实率(%)	千粒重(g)	产量(kg/hm²)	产量占比(%)
汕优 63	倒 2	145.0	40.5	89.1	23.3	1 219	27.7
	倒 3	134.8	44.9	87.6	23.7	1 257	28.6
	倒 4	125.0	47.2	83.4	23.6	1 161	26.4
	倒 5	65.5	44.2	76.7	23.7	526	12.0
	倒 6	34.0	40.5	73.0	23.5	23.6	5.3
	合/均	504.3	43.8	84.5	23.5	439.9	100
特优 63	倒 2	181.8	47.3	93.0	24.2	1 935	32.5
	倒 3	183.3	49.9	93.2	25.3	2 157	36.3
	倒 4	150.0	52.6	90.6	24.6	1 758	29.6
	倒 5	83	38.0	90.0	22.6	64	1.1
	倒 6	83	28.0	60.1	21.8	30	0.5
	合/均	531.7	49.2	92.0	24.7	5 944	100
40-1	倒 2	177.5	31.4	88.5	19.9	982	23.5
	倒 3	200.0	36.0	90.3	19.3	1 255	30.0
	倒 4	200.0	41.9	88.5	19.5	1 446	34.6
	倒 5	66.8	35.0	88.8	18.1	376	9.0
	倒 6	25.0	34.1	80.8	18.0	124	2.9
	合/均	669.3	36.4	88.8	19.4	4 183	100

表 10　再生季各节位分蘖的产量及其构成比较

（汕优 63，武夷山市黄村）

年份	分蘖节位	每平方米穗数	每穗粒数	结实率（%）	千粒重（g）	产量（kg/hm²）	产量占比（%）
	倒 2	165.8	54.2	94.2	24.6	2 082	32.7
	倒 3	166.2	60.1	89.6	25.8	2 309	36.3
1992 年	倒 4	108.8	56.9	83.7	24.5	1 269	20.0
	倒 5	67.5	52.9	82.2	23.9	702	11.0
	合/均	508.3	56.5	88.9	24.9	6 359	100
	倒 2	148.8	53.6	85.7	25.6	1 750	36.8
	倒 3	111.6	65.7	82.1	25.4	1 529	32.2
1993 年	倒 4	104.2	64.1	82.1	24.0	1 316	27.7
	倒 5	22.3	43.8	80.5	20.0	157	3.3
	合/均	386.9	59.4	83.3	24.9	4 752	100

2.3.4　头季成熟期高桩收割

1990 年、1991 年分别在武夷山市溪洲、黄村基点，在头季成熟期设不同留桩高度收割试验，结果如表 11 所示：在不同留桩高度处理，以每平方米穗数的差异最大，而每穗粒数、结实率和千粒重，则差异不大。在留桩高度 30 cm 范围内，随留桩高度的提升，每平方米穗数直线增加，产量随之迅猛增加，留桩高度 35 cm 处理的每平方米穗数和产量达峰值，产量与每平方米穗数呈极显著正相关（图 2）。

表 11　头季割桩高度对再生季产量及产量构成的影响

（汕优 63）

地点 年份	割桩高度（cm）	每平方米穗数	每穗粒数	结实率（%）	千粒重（g）	产量（kg/hm²）	显著性 5%	1%
	15	192.1	51.8	78.9	23.8	1 727	d	D
	20	237.6	55.6	83.8	24.1	2 668	c	C
武夷山 溪洲 1990 年	25	279.2	56.0	86.3	24.9	3 316	b	B
	30	342.5	54.3	80.8	24.7	3 637	a	A
	35	341.1	53.6	81.7	25.3	3 664	a	A
	40	297.1	52.5	85.1	25.1	3 233	b	B
	5	71	49.0	82.7	23.9	698	e	D
武夷山 黄村 1991 年	15	160	48.5	84.5	25.6	1 632	d	C
	25	236	45.1	84.1	25.9	2 303	c	B
	35	329	45.2	84.0	24.7	2 961	a	A
	45	316	43.5	84.5	24.7	2 830	b	A

* 溪洲：$PLSD_{0.05}=121$，$PLSD_{0.01}=172$；黄村：$PLSD_{0.05}=103$，$PLSD_{0.01}=172$（kg/hm²）。

** 各节位再生分蘖着生于头季稻桩的自然高度：倒 5 分蘖 2.6 cm，倒 4 分蘖 7.4 cm，倒 3 分蘖 15.1 cm，倒 2 分蘖 27.2 cm。

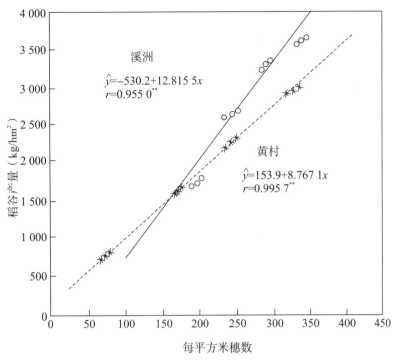

图 2　水稻再生季产量与穗数的关系

据溪洲基点取样调查,汕优 63 各节位再生分蘖基部着生于每茎稻桩的自然高度为:倒 6 节分蘖为－0.2 cm,倒 5 节分蘖为 2.6 cm,倒 4 节分蘖为 7.4 cm,倒 3 节分蘖为 15.1 cm,倒 2 节分蘖为 27.2 cm。由此之故,在留桩高度为 30～35 cm 的处理,割后稻桩保留着全部腋芽,因而其每平方米穗数达峰值;而留桩高度 15 cm 的处理,割去萌发倒 2、3 节分蘖的腋芽,其每平方米穗数仅为留桩高度 30～35 cm 处理的 50％左右;留桩高度 5 cm 的处理,割去萌发倒 2、3、4 节分蘖的腋芽,其每平方米穗数仅为留桩高度 35 cm 处理的 21％。

2.3.5　合理施肥

1992 年在武夷山黄村基点设 7 个氮、磷、钾肥水平试验,结果如表 12、图 3 所示:随氮肥施用量的增加,再生分蘖穗数逐渐增加,每穗粒数由不施氮区至施氮 35 kg/hm² 区,也显著增加,产量不断提高、产量与施氮量呈二次曲线关系:

$$y=1\ 766.4+18.730\ 1x-0.061\ 8x^2,r=0.992\ 9^{**}$$

由方程计算,最高产量为 $y_{max}=a-\dfrac{b^2}{4c}=1\ 766.4-\dfrac{18.730\ 1^2}{4\times(-0.061\ 8)}=3\ 186$ kg/hm²,相应的施氮量为

$x_{opt}=\dfrac{-b}{2c}=\dfrac{-18.730\ 1}{2\times(-0.061\ 8)}=151.5$ kg/hm²。扣除不施氮区的地力产量 1 760 kg/hm²,平均每施 1 kg 氮肥,增产稻谷 9.4 kg,效益甚高。

比较第 4、6、7 号处理氮、磷、钾肥施用量及产量看出:第 4 号处理每公顷施氮 70 kg,磷 45 kg,钾 45 kg,产量 2 845 kg/hm²;第 6 号处理只施氮、钾肥,不施磷肥,产量 2 850 kg/hm²,与氮、磷、钾肥通施的第 4 处理的产量持平,表明供试田块不缺磷素;第 7 处理只施氮、磷肥,不施钾肥,产量 2 726 kg/hm²,比氮、磷、钾肥通施的第 4 号处理减产 119 kg/hm²,差异达显著水平。第 4 号处理比第 7 号处理,多施钾肥 45 kg/hm²,增产稻谷 119 kg/hm²,平均每施 1 kg 钾肥,稻谷增产 2.6 kg,效益低于氮肥。

表 12　氮、磷、钾肥施用量对再生季产量及其构成的影响

（汕优 63，1992，武夷山市黄村）

处理编号	施肥量（kg/hm²）			每平方米穗数	每穗粒数	结实率（%）	千粒重（g）	产量（kg/hm²）	显著性	
	氮	磷	钾						5%	1%
1	0	0	0	145.1	39.3	82.4	24.7	1160	f	E
2	0	45	45	200.4	45.2	81.3	24.3	1791	e	D
3	35	45	45	214.1	54.5	79.4	24.7	2276	d	C
4	70	45	45	279.6	53.3	81.3	24.4	2845	b	B
5	105	45	45	300.4	51.9	80.8	24.7	3030	a	A
6	70	0	45	286.4	50.3	80.1	24.7	2850	b	B
7	70	45	0	277.5	48.8	82.5	24.4	2726	c	B

* $PLSD_{0.05} = 97$ kg/hm²，$PLSD_{0.01} = 139$ kg/hm²。

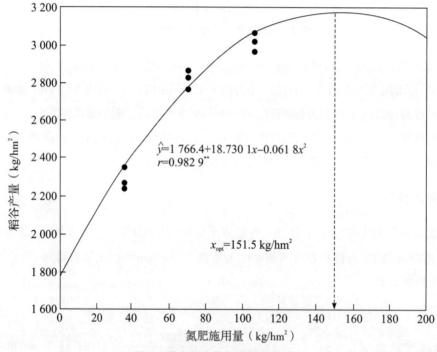

图 3　再生稻产量与施氮量的关系

　　为了探索施氮量对各节分蘖萌发成穗数的影响，1993 年、1994 年在黄村基点设置每公顷施氮 0、90、150、210 kg 试验，结果如表 13 看出：随着施氮水平的提高，各节位分蘖成穗数都逐渐增加，而且随着分蘖节位的上升，分蘖穗数逐渐增加，其中倒 2 节位分蘖穗数在施氮量 90～210 kg/hm² 处理中，占总分蘖穗数的 30%～50%。在不施氮区占总分蘖穗数的 50%～80%，显示再生稻存在着顶端生长优势。

表 13 再生稻不同施氮水平下各节位再生分蘖的成穗数

(汕优 63,武夷山市黄村)

年份	再生分蘖节位	各施氮水平各节分蘖的每平方米穗数				各施氮水平各节分蘖的穗数比率(%)			
		0 kg/hm²	90 kg/hm²	150 kg/hm²	210 kg/hm²	0 kg/hm²	90 kg/hm²	150 kg/hm²	210 kg/hm²
1993 年	倒 2	105	119	158	144	49.5	31.4	36.0	31.1
	倒 3	53	116	130	137	25.0	30.6	29.6	29.6
	倒 4	39	67	91	98	18.4	17.7	20.7	21.2
	倒 5	11	49	35	63	5.2	12.9	8.0	13.6
	倒 6	4	28	25	21	1.9	7.4	5.7	4.5
	合计	212	379	439	463	100	100	100	100
1994 年	倒 2	151	178	193	204	77.8	52.7	53.6	51.8
	倒 3	30	68	81	99	15.5	20.1	22.5	25.1
	倒 4	4	37	22	42	2.1	10.9	6.1	10.7
	倒 5	9	55	64	49	4.6	16.3	17.8	12.4
	合计	194	238	360	394	100	100	100	100

2.3.6 冷烂田实行垄畦栽培

福建省稻田有 25%面积为冷烂田,地处山丘峡谷,地下水位高,长年泉水浸渍沼泽化,土壤呈高度还原状态,抑制稻根发育,茎叶早衰,产量很低。改良冷烂田的根本途径是建设三沟,降低地下水位,改变土壤长年渍水高度嫌气状态。但建设三沟的一次性投资大,只能分期开展。在土壤未干化之前,实行垄畦栽培,是一项省工节本,提高再生稻产量的有效措施。垄畦栽培有垄作和畦作两类,水稻移栽前开沟筑垄或开沟筑畦。垄作开沟深 20 cm,上宽 26 cm,筑垄宽 26 cm,植稻 2 行。畦作开沟深 20 cm,上宽 26 cm,筑畦 135 cm,植稻 6 行,分蘖期灌半沟水,够苗期排水烤田。烤田后间断性灌半沟水,保持土壤湿润透气状态。显著改善了土壤还原性和稻根发育。1989 年沙县村头基点首次发现冷烂田实行垄畦栽培,再生稻大幅增产之后,1989 年又在全省 12 个试点设置再生稻垄作、平作比较试验,三个试点试验结果,如表 14 所示:实行垄作栽培,比普通平作栽培,3 个试点 4 个试验,再生稻垄作比平作,头季平均增产 15.1%,再生季平均增产 131.4%,全年双季平均增产 32.3%。多点试验获得显著成效后,再生稻在冷烂田实行垄畦栽培,便大面积推广开来。

表 14 垄作栽培对再生稻产量的影响

(沙县,1998;安溪、武平,1989)

地点	品种	垄作田产量(kg/hm²)			平作田产量(kg/hm²)			垄作比平作增产率(%)		
		头季	再生季	合计	头季	再生季	合计	头季	再生季	合计
沙县村头	40-1	6 872	3 771	10 643	6 153	1 641	7 794	11.7	129.8	36.6
沙县村头	汕优 63	8 886	2 090	10 976	7 364	903	8 267	20.7	131.5	32.8
安溪芦田	汕优 63	7 410	1 800	9 210	6 000	1 080	7 080	23.5	66.7	30.1
武平湘店	汕优 63	6 438	2 688	9 126	6 219	848	7 067	3.5	217.0	29.1
平均	—	7 402	2 587	9 989	6 434	1 118	7 552	15.1	131.4	32.3

2.4 再生稻高产综合技术示范推广成效

福建省农业科学院稻麦研究所课题组,1988—1989 年在沙县西霞乡村头村和武夷山市武夷乡溪洲村,2000 年在武夷山市星村镇黄村等地建立基点,开始再生稻研究,重点筛选再生稻品种,观察再生稻生育进程、产量构成、气候生态,探索栽培技术,历 3 年田间试验和面上调查,揭示了再生稻诸多生长发育规律,为深入系统研究,开展示范推广工作奠定下稳定的基础。福建省农业科学院将再生稻研究列为重点课题,并申报获得农业部资助,研究年限为 1991—1995 年,与武夷山市农业局建立合作研究关系,以星村镇黄村为研究基点,建立高产示范片,带动武夷山市 1300 hm² 推广丰产栽培技术。1994 年又获福建省农业综合开发办公室资助,与安溪县农业局合作,在 6 个乡镇 1 267 hm² 推广再生稻丰产栽培技术。历 5年研究,完成如下研究任务:(1)福建省再生稻气候生态适应性区划;(2)再生稻叶原基及幼穗分化发育研究;(3)再生稻产量结构及多元分析;(4)再生分蘖萌发成穗规律及调控;(5)再生稻光合生产及干物质积累运转规律研究;(6)再生稻丰产栽培技术。

经过三个合作单位的共同努力,两个县市 5 年累计推广再生稻丰产栽培技术 7 901 hm²,比当地种植单季稻累计增产稻谷 47 461 t,取得十分显著的社会效益、经济效益和生态效益(表 15)。黄村基点在完成大量试验研究任务同时,其示范片面积逐年扩大,单产逐年提高,1995 年示范片扩大到 45.33 hm²,再生稻双季产量达 11 472 kg/hm²,其中 0.75 hm² 高产田双季合计产量达 15 669 kg/hm²(表 16)。

表 15 再生稻丰产技术在武夷山市和安溪县的推广面积及产量统计

地点	年份	单季稻产量 (kg/hm²)	推广面积 (hm²)	推广田平均产量(kg/hm²)			与单季稻对比	
				头季	再生季	全年	增产量(kg/hm²)	增产率(%)
武夷山市	1991 年	5 091	1 235	5 934	4 268	10 202	5 111	100
	1992 年	4 830	1 200	6 435	4 583	11 018	6 188	128
	1993 年	5 520	1 467	6 585	4 490	11 075	5 555	101
	1994 年	5 460	1 363	6 435	4 596	11 031	5 571	102
	1995 年	5 610	1 369	6 555	4 917	11 472	5 862	105
安溪县	1995 年	6 336	1 267	7 004	2 459	9 463	3 127	49

表 16 福建省武夷山市星村镇黄村再生稻示范片面积及产量统计

年份	单季稻平均产量 (kg/hm²)	示范田				高产田			
		面积 (hm²)	平均产量(kg/hm²)			面积 (hm²)	平均产量(kg/hm²)		
			头季	再生季	全年		头季	再生季	全年
1991 年	5 910	13.67	7 040	4 268	11 308	0.17	9 560	6 038	15 598
1992 年	5 588	13.53	7 538	4 583	12 121	0.17	10 040	5 927	15 967
1993 年	6 390	35.80	7 523	4 490	12 013	0.33	9 645	5 655	15 300
1994 年	6 345	41.33	7 758	4 596	12 354	0.69	9 720	5 793	15 513
1995 年	6 540	45.33	7 971	4 917	12 888	0.75	9 798	5 871	15 669

3　总结与讨论

3.1　再生稻高产构成分析

英国育种学家 Engledow[4]在禾谷类育种中,首先将产量分解为穗数、每穗粒数和千粒重等 3 个构成因素,将优异因素组合为一体,培育新品种。日本栽培学家松岛省三[5]将水稻产量分解为穗数、每穗粒数、结实率和千粒重等 4 个构成因素,揭示增产必须依据结实率$\leqslant 75\%$和$\geqslant 85\%$两种状态,分别采取提高结实率和增穗增粒的主攻方向。数十年来,国内外研究比较一致肯定,在正常气候条件下,结实率和千粒重变异小,且提高潜力有限,而每平方米总粒数变异大,是决定产量的主要因素[6-7]。每平方米总粒数由每平方米穗数与每穗粒数构成。杨惠杰等[8]1990 年代在闽南沿海平原对双季杂交稻的调查,以每平方米穗数对产量的贡献最高($r_{1y}p_{1y}=0.849\,5$),次为每穗粒数($r_{2y}p_{2y}=0.185\,5$),结实率和千粒重对产量贡献低($r_{3y}p_{3y}=-0.090\,8$,$r_{4y}p_{4y}=0.019\,1$)。姜照伟等[9]2000 年在闽北山区对再生稻汕优明 86 的调查,则头季以每穗粒数对产量的贡献最高($r_{2y}p_{2y}=0.785\,0$),次为每平方米穗数($r_{1y}p_{1y}=0.210\,9$),结实率和千粒重对产量贡献很低($r_{3y}p_{3y}=-0.012\,9$,$r_{4y}p_{4y}=0.010\,8$);而再生季以每平方米穗数的贡献最高($r_{1y}p_{1y}=0.684\,2$),次为每穗粒数($r_{2y}p_{2y}=0.303\,4$),结实率和千粒重对产量的贡献均很低($r_{3y}p_{3y}=-0.020\,9$,$r_{4y}p_{4y}=0.028\,1$)。

本研究在武夷山市和建阳县调查 30 丘再生稻再生季产量及其构成,显示以每平方米穗数对产量的贡献最高($r_{1y}p_{1y}=0.767\,6$),次为每穗粒数($r_{2y}p_{2y}=0.209\,7$),而结实率和千粒重对产量的贡献低($r_{3y}p_{3y}=-0.013\,1$,$r_{4y}p_{4y}=0.034\,6$)。在武夷山市黄村调查 4 丘不同产量水平田块的产量及其构成,显示头季和再生季的产量差异,主要源于每平方米穗数和每穗粒数的差异。研究结果趋势与上述研究相同。综观上述结果表明,提高再生稻产量的主攻方向是增加穗数和每穗粒数,建立穗多穗大的高产群体。

3.2　再生稻高产高效栽培技术分析

再生稻高产高效栽培技术有两大支柱:确定适种区域和安全播种齐穗期,建立以穗多穗大高产群体为主攻方向的综合栽培技术。

3.2.1　再生稻适种区域及安全播种齐穗期

福建省再生稻主栽地为山区,山丘峰峦起伏,谷盆交错,地形气候复杂。确保安全生育,是再生稻栽培的首要任务。为此,1988—1992 年在沙县、武夷山市三个基点,分期播种晚熟品种汕优 63 和早熟品种威优 64,追踪观察生育进程及气温动态。依据福建热量资源时空分布模式[2],宏观计算出两类品种适种区域:晚熟品种适种区域为 25°N 海拔 550 m 以下,26°N 海拔 400 m 以下,27°N 海拔 300 m 以下,28°N 海拔 250 m 以下;早熟品种适种区域为 25°N 海拔 550~700 m,26°N 海拔 400~550 m,27°N 海拔 300~450 m,28°N 海拔 250~400 m,其海拔上限比晚熟品种提高 150 m。再生稻头季安全播种期至再生季安全齐穗期的积温,晚熟品种为 4 000 ℃,早熟品种为 3 700 ℃,以安全播种和安全齐穗需求气温指标,宏观计算出头季安全播种期和再生季安全齐穗期。具体数据见本章"再生稻气候生态及安全播种齐穗期"一节表4。

3.2.2　建立穗多穗大高产群体的综合栽培技术

据国内外众多研究报道[5-9],在正常气候条件下,结实率和千粒重变异小,而穗数和每穗粒数变异大,提高再生稻产量的主攻方向,是建立穗多穗大的高产群体。依据本研究结果,概述建立穗多穗大高产群体的综合栽培技术如下:

(1)选用头季高产、再生力又高的杂交稻品种。

(2)头季合理密植,形成丰足的穗数,并为萌发再生分蘖提供众多的稻桩。头季成熟期高桩收割,保留全部腋芽萌发最多的分蘖,形成比头季穗数多一倍的再生分蘖穗。

(3)头季实施穗数粒数兼促施肥法。每公顷肥料总施用量,氮肥 180 kg,磷肥 50 kg,钾肥 150 kg;氮肥的 80%作基肥和移栽后 1 周促蘖肥分施,20%在穗分化初期作促穗肥施用;磷肥作基肥一次性施用;钾肥作烤用后接力肥和穗分化初期作促穗分施。

(4)再生季实施芽穗兼促施肥法。每公顷施氮总量 150 kg,80%在头季成熟前 10 d 正当再生腋芽开始萌发期作促芽肥,20%在头季成熟收割后 2～3 d 穗分化初期作促穗肥。穗分化初期视苗情施钾素作促穗肥。

(5)合理灌溉。头季分蘖期浅水灌溉,移栽后 25 d 有效分蘖临界期开田丘四周边沟,排水烤田,烤田后间断性湿润灌溉。再生季分蘖期浅水灌溉,分蘖末期起间断性湿润灌溉,成熟前 10 d 排水干田。

(6)冷浸田地下水位高,长期浸水,土壤糜烂,呈高度还原状态,前期坐苗,后期早衰。推行垄畦栽培法,分蘖期灌半沟水,烤田后间断性灌半沟水,保持耕层湿润透气状态。

著录论文

[1]李义珍,黄育民.再生稻生育特性及宜栽生态环境[J].福建稻麦科技,1989,7(4):24-29.

[2]李义珍,黄育民.水稻再生成穗规律[J].福建稻麦科技,1990,8(1):26-28.

[3]李义珍,黄育民,陈子聪,等.再生稻产量构成的多元分析[J].福建稻麦科技,1990,8(2):64-69.

[4]李义珍,黄育民,蔡亚港,等.再生稻留桩高度研究[J].福建稻麦科技,1990,8(3):43-45.

[5]李义珍,黄育民,陈子聪,等.再生稻丰产技术研究[J].福建省农科院学报,1991,6(1):1-12.

[6]李义珍,黄育民,郑志强,等.冷烂型稻田起垄栽培的排渍调根增产机理研究[J].福建省农科院学报,1991,6(2):11-17.

[7]李义珍,黄育民,林文,等.福建山区再生稻气候生态适应性区划[J].福建稻麦科技,1993,11(2):16-22.

[8]李义珍,黄育民,蔡亚港,等.水稻—再生稻高产栽培技术分析[J].福建稻麦科技,1993,11(2):22-24.

[9]李义珍,黄育民,蔡亚港,等.水稻—再生稻吨谷田产量形成规律研究[J].福建稻麦科技,1993,11(2):25-27.

参考文献

[1]莫惠栋.农业试验统计[M].2 版.上海:上海科学技术出版社,1992:562-580.

[2]蔡金禄,李征.福建省山区水稻光热资源利用研究[G]//福建省中低产田协作攻关领导小组.福建山区水稻中低产田配套增产技术专题研究资料.福州:福建省农业厅,1996:37-52.

[3]李义珍,黄育民,林文,等.水稻再生丰产技术研究Ⅶ:福建山区再生稻气候生适应性区划[J].福建稻麦科技,1993,11(2):15-21.

[4]户苅义次.作物的光合作用与物质生产[M].薛德榕,译.北京:科学出版社,1979:365-367.

［5］松岛省三.稻作诊断と增产技术（改订新版）［M］.東京：农山渔村文化协会，1978：53-59.

［6］TAKEDA S.Physiological and ecological characteristics of higher yielding varieties of lowland rice with special reference to the case of warmer areas in Japan［C］//Potential productivity and yield constraints of rice in East Asia.Tokyo：The Crop Science Society of Japan，1984：125-140.

［7］吉田昌一.稻作科学原理［M］.厉葆初，译.杭州：浙江科学技术出版社，1984：281-304.

［8］杨惠杰，李义珍，黄育民，等.超高产水稻的产量构成和库源结构［J］.福建农业学报，1999，14（1）：1-5.

［9］姜照伟，卓传营，林文，等.再生稻产量构成因素分析［C］//福建省农业科学院稻麦研究所.2001年全国水稻栽培理论与实践研讨会交流论文集.福州：福建省农业科学院，2001：16-18.

二、再生稻稻桩对再生季产量的形态生理学效应

再生分蘖由头季稻桩上的腋芽萌发而来,稻桩积累有大量贮藏性碳水化合物及 NPK 养分,源源运送到再分蘖。对再生分蘖的腋芽萌发和幼穗发育起了重大作用。对稻桩上腋芽的分化发育,已有较多的研究报道[1-13],对稻桩物质代谢可见较少研究[14-16]。

本研究拟通过观察不同节位再生分蘖性状,稻桩及再生分蘖器官的干物质积累运转动态,并设置割桩高度、施氮量等试验,揭示稻桩对再生季产量形成的形态生理学效应,为提高再生季产量提供科学依据。

1 材料与方法

1.1 不同节位再生蘖的产量性状及调控研究

1989 年、1992 年分别在武夷山市溪洲基点和黄村基点的汕优 63 田块,在再生季成熟期,掘取 10 丛稻株,分解出不同节位再生分蘖,分别调查其产量及产量构成因素。结果列于正文表 1。

1990 年在武夷山市溪洲基点的汕优 63 田块,头季成熟期设立 6 个割桩高度 15、20、25、30、35、40 cm 的处理,3 次重复,小区面积 20 m²。再生季成熟期,分小区收割、脱粒、晒干扬净、称产。收割前 1 d 每一处理掘取 10 丛稻株,调查 4 个产量构成因素数值。结果列于正文表 2、图 1。

1993 年、1994 年在武夷山市黄村基点,以汕优 63 为试验材料,设立 4 个促芽施氮量分别为 0、90、150、210 kg/hm² 的处理,3 次重复,小区面积 20 m²。再生季成熟期,分小区收割脱粒,晒干扬净、称产。收割前 1 d 每一处理割 10 丛稻株,分解出不同节位分蘖,分别调查其 4 个产量构成因素数值。结果列于正文表 3、图 2、图 3。

1.2 头季稻桩及再生分蘖器官干物质积累运转动态研究

1991 年、1994 年在武夷山市黄村基点,以汕优 63 为试验材料,头季每公顷总施肥量为氮肥 180 kg,磷肥 50 kg,钾肥 120 kg。氮肥的 80% 作基肥和促蘖肥,20% 作穗肥;磷肥作基肥一次性施用;钾肥作接力肥和穗肥分施。再生季每总施氮量 150 kg,80% 在头季成熟前 10 d 作促芽肥,20% 在头季成熟收割后 2 d 作促穗肥。头季成熟时割桩高度为 35 cm。分别在再生季成熟割桩期,再生季雌雄蕊分化期、抽穗

期、乳熟期和黄熟期,各掘取 10 丛稻株,剪去根系,分解为稻桩、再生分蘖营养器官(含叶片、叶鞘和茎秆)、再生分蘖穗,烘干称重,据以计算:各时段的稻桩干物质净输出量及向再生分蘖的表观转变率;各时段的再生分蘖营养器官和再生分蘖穗的净积累量,及再生分蘖营养器官结实末期干物质向穗子的表现转变率。结果列于正文表 4、图 4。

　　1992 年、1993 年在武夷山市黄村基点的汕优 63 田块,设立 4 个促芽氮肥施用量处理,每个处理小区面积 20 m²(不设重复),在头季成熟收割前 10 d,4 个处理分施促芽氮肥 0、30、60、120 kg/hm²。每个处理头季成熟时稻桩收割高度统一为 35 cm。并在头季成熟割桩期、再生季齐穗期和再生季成熟期,每一处理各掘取 10 丛稻株,剪去根系,分解为稻桩和再生分蘖,烘干称重,据以计算再生季齐穗前、齐穗后和全期的稻桩净输出量、再生分蘖净积累量,以及稻桩干物质表观转变率。结果列于正文表 5、图 5。

2　结果与分析

2.1　稻桩上不同节位腋芽萌发的再生分蘖的产量及产量构成性状

　　再生稻头季地上部茎秆有 6 个伸长节间,5 片茎生叶,4 个腋芽(即倒 2 叶～倒 5 叶腋芽。倒 1 叶腋芽罕见分化发育)。据在武夷山市溪洲和黄村基点调查,如表 1 所示,不同节位再生分蘖的每穗粒数差异不大,一般以倒 3 节分蘖的每穗粒数略多,倒 2、4、5 节分蘖的每穗粒数略少;结实率有随分蘖节位下移而降低的趋势;千粒重则相对稳定。但不同节位分蘖的穗数悬殊颇大,以倒 2、3 节分蘖的穗数最多,合占总穗数的 70% 左右,而倒 4、5 节分蘖的穗数显著较少,合占总穗数的 30% 左右。相应地,各节位分蘖的产量随节位的上移而增加,倒 2、3 节分蘖合计产量占总量的 70%～75%,而倒 4.5 节分蘖合计产量占总产的 25%～30%。显示上部节位分蘖具有顶端生理优势。

表 1　各节位再生分蘖的产量及其构成

(汕优 63)

地点 年份	再生分蘖 节位	每平方米 穗数	每穗粒数	结实率 (%)	千粒重 (g)	产量 (kg/hm²)	穗数占比 (%)	产量占比 (%)
武夷山溪洲 1989 年	倒 2	134.8	44.9	87.6	23.7	1 257	38	39
	倒 3	125.0	47.2	83.4	23.6	1 161	35	36
	倒 4	65.5	44.2	76.7	23.7	526	18	17
	倒 5	34.0	42.5	73.0	23.5	248	9	8
	合计	359.3	45.3	82.9	23.7	3 192	100	100
武夷山黄村 1992 年	倒 2	165.8	54.1	94.2	24.6	2 079	33	33
	倒 3	166.2	60.1	89.6	25.2	2 309	33	36
	倒 4	67.5	52.9	82.2	23.9	702	13	11
	倒 5	108.8	56.9	83.7	24.5	1 269	21	20
	合计	508.3	56.5	88.8	24.9	6 359	100	100

2.2　头季成熟割桩高度对各节位再生分蘖的产量及其产量构成的影响

据 1990 年在武夷山市溪洲基点对汕优 63 品种的剥查,头季稻桩地上部 6 个伸长节间由下而上逐渐加长,各节腋芽着生位置的自然高程随节位上移而呈幂函数曲线提高,如图 1 所示。各节位腋芽着生处自然高程的平均值($\bar{x}$)及加减 2 个标准差($2s$)的数值($\bar{x}\pm2s$),倒 2 节腋芽为(19.0 ± 6.4)cm,倒 3 节腋芽为(9.3 ± 3.8)cm,倒 4 节腋芽为(4.4 ± 1.9)cm,倒 5 节腋芽为(1.6 ± 0.5)cm。数据表明,倒 2 节腋芽着生位置的平均值为 19.0 cm,而 95% 个体保留倒 2 芽的方程为 $\bar{x}+2s=19.0+6.4=25.4$(cm),只有留桩 30 cm,才能确保全部个体保留倒 2 节腋芽,萌发最多的总穗数。

留桩高度试验结果如表 2 所示,留桩高度 30 cm 的处理,倒 2 节再生分蘖数和总穗数最多,产量最高;随留桩高度的降低,倒 2 芽被割除的数量增加,虽然激发了倒 3 芽的萌发成穗,但弥补不了倒 2 芽的缺失,倒 2 节再生分蘖数和总穗数逐渐减少,产量逐渐降低。然而留桩高度超过 40 cm,由于头季倒 2 叶叶鞘保留过长,束缚了倒 2 芽的顺利抽出,倒 2 节再生分蘖成穗数和总穗数显著减少,产量也显著降低。显然,留桩高度显著影响了再生分蘖数,而每穗粒数、结实率和千粒重都差异不大。以留桩高度 30~35 cm 为限,随留桩高度的逐渐提高,再生分蘖数逐渐增加,产量也逐渐提高。

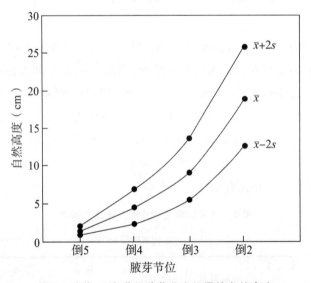

图 1　汕优 63 各节位腋芽着生位置的自然高度

表 2　头季成熟收割留桩高度对再生分蘖产量及其构成影响

(汕优 63,1990,武夷山市溪洲)

留桩高度	各节位再生分蘖每平方米穗数					每穗粒数	结实率 (%)	千粒重 (g)	产量 (kg/hm²)	穗数比 (%)	产量比 (%)	产量显著性	
(cm)	倒2	倒3	倒4	倒5	合计							5%	1%
15	19.8	112.6	25.7	33.7	192.1	51.8	78.9	23.8	1 727	56	47	d	D
20	85.1	132.7	19.8	10.0	237.6	55.6	83.8	24.1	2 668	69	73	c	C
25	158.4	85.1	19.8	15.9	279.2	56.0	86.3	24.9	3 316	82	91	b	B
30	203.9	73.3	59.4	35.9	342.5	54.3	80.8	24.7	3 637	100	99	a	A
35	182.5	93.1	39.6	25.9	341.1	53.6	81.7	25.3	3 664	100	100	a	A
40	124.7	85.1	35.9	51.4	297.1	52.5	85.1	25.1	3 233	87	88	b	B

* PLSD$_{0.05}$ = 121 kg/hm², PLSD$_{0.01}$ = 172 kg/hm²。

2.3 促芽氮肥对再生分蘖产量及产量构成的影响

1993 年、1994 年在武夷市黄村基点,设置促芽氮肥施用量试验,施肥期为头季成熟前 10 d,施氮量分别有 0、90、150、210 kg/hm² 等 4 个处理,3 次重复,小区面积 20 m²。结果如表 3、图 2、图 3 所示:随着施氮量的提高,各节位腋芽萌发的再生分蘖数逐渐增加,总穗数则大幅增加,每穗粒数也有所增加,从而产量大幅增加;但结实率和千粒重变化不大。施氮量从 0 提高到 210 kg/hm²,再生分蘖总穗数增加 103% ~ 113%,每穗粒数增加 14% ~ 16%,产量增加 119% ~ 129%。

在各节位再生分蘖数中,以倒 2 节分蘖数最多。在不施氮处理,倒 2 节分蘖数占总穗数的 50% ~ 78%;在施氮量 210 kg/hm² 处理,倒 2 节分蘖数占总穗数的 32% ~ 52%。显示上部节位分蘖具有顶端生理优势,但施用氮肥,有削弱顶端生理优势的作用,大幅度提高下部节位分蘖的萌发成穗数,从而显著增加总分蘖数和稻谷产量。

由表 3 数据看出,再生分蘖数、每穗粒数和再生季产量,与促芽氮肥施用量,呈非线性回归关系。图 2 显示,总分蘖数与施氮量呈渐近曲线回归关系;图 3 显示,再生季产量与施氮量呈二次曲线回归关系。

由表 3 数据和图 3 形象看出,在施氮量由 0 提高到 90 kg/hm² 时,产量增幅最大,在施氮量由 90 kg/hm² 提高到 150 kg/hm² 时,产量增幅次之,两段产量差异均达极显著水平,但施氮量由 150 kg/hm² 提高到 210 kg/hm² 时,产量差异未达显著性标准。由图 3 的二次曲线回归方程求导数,1993 年、1994 年试验结果达到的最高产量理论值为 $y_{max} = a - \dfrac{b^2}{4c} = 3\,980 \sim 4\,025$ kg/hm²,相应的施氮量理论值为 $x_{opt} = \dfrac{-b}{2c} = 193 \sim 207$ kg/hm²。鉴于试验施氮量 150 与 210 kg/hm² 处理的产量差异(4%)未达显著水平,促芽施氮量以推行 150 kg/hm² 为宜。

表 3 促芽氮肥施用量对再生季产量及产量构成因素的影响

(汕优 63,武夷山市黄村)

年份	施氮量 (kg/hm²)	各节位再生分蘖每平方米穗数					每穗粒数	结实率 (%)	千粒重 (g)	产量 (kg/hm²)	显著性	
		倒2	倒3	倒4	倒5	合计					5%	1%
1993 年	0	105	53	39	11	208	43.7	84.1	24.2	1 815	c	C
	90	119	116	67	49	351	48.2	83.6	24.6	3 418	b	B
	150	158	130	91	35	414	50.8	80.5	23.7	3 816	a	A
	210	144	137	98	63	442	49.6	82.0	23.3	3 983	a	A
1994 年	0	151	30	4	9	194	45.7	84.1	24.0	1 757	c	C
	90	178	68	37	55	338	49.4	84.7	24.6	3 304	b	B
	150	193	81	22	64	360	53.1	86.2	24.3	3 853	a	A
	210	204	99	42	49	394	53.0	84.0	24.2	4 025	a	A

* 1993 年:PLSD$_{0.05}$ = 238 kg/hm²　　PLSD$_{0.01}$ = 331 kg/hm²;

1994 年:PLSD$_{0.05}$ = 212 kg/hm²　　PLSD$_{0.01}$ = 295 kg/hm²。

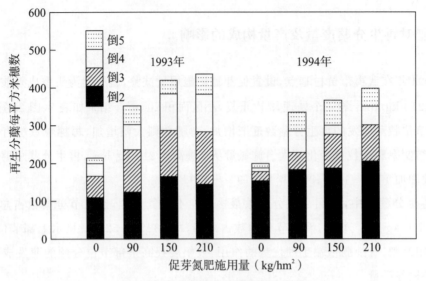

图 2　再生分蘖穗数与施氮量的关系

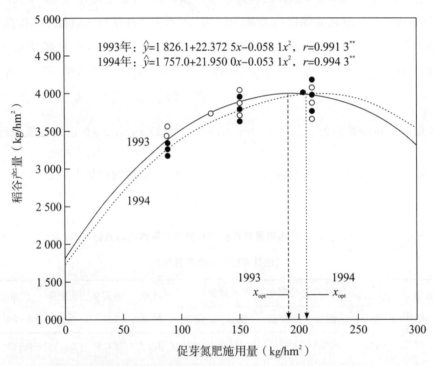

1993年：$\hat{y}=1\ 826.1+22.372\ 5x-0.058\ 1x^2$，$r=0.991\ 3^{**}$
1994年：$\hat{y}=1\ 757.0+21.950\ 0x-0.053\ 1x^2$，$r=0.994\ 3^{**}$

x_{opt} 为达到最高产量的相应施氮量：1993 年为 193 kg/hm²，1994 年为 207 kg/hm²。

图 3　再生季产量与促芽氮肥施用量的关系

2.4　稻桩贮藏性干物质向再生分蘖的转运动态

再生稻头季收割后，残留桩的贮藏性干物质(淀粉、可溶性糖及氮、磷、钾养分)，源源转运到再生苗。据 1991 年、1994 年在武夷山市黄村基点对汕优 63 品种的观察，如表 4、图 4 所示，以头季收割后 10 d 内向再生分蘖转运的贮藏性干物质最多，占从头季收割至再生季成熟的总转运量的 55%～69%，以稻桩干物质净输出量占再生分蘖干物质净积累量百分率为标识的"表观转变率"，达 59%～75%，对于再生芽萌发和幼穗枝梗颖花发育，起了重大作用。从头季收割 10 d(其时为再生季雌雄蕊分化期)后，稻桩干物质输出量减少,而再生分蘖干物质积累量增加,稻桩干物质表观转变率降低,再生分蘖中后期的生育,主要依靠叶片的光合生产,在结实末期,还有再生分蘖营养器官的贮藏性干物质转运入稻穗。

2.5　促芽氮肥对稻桩及再生分蘖干物质积累运转的影响

稻桩贮藏性干物质量,必然受头季收割留桩高度的影响,也会受割桩前一定措施的影响。为探索提高稻桩干物质贮藏量,1992 年、1993 年在武夷山市黄村基点,设置促芽氮肥施用量试验,施氮期为头季成熟前 10 d,设每公顷施氮量 0、30、60、120 kg 等 4 个处理,小区面积 20 m²。头季成熟收割留桩高度为 35 cm。于头季收割期、再生季齐穗期和成熟期,每个处理各掘取 10 丛稻株,分解为稻桩、再生季营养器官和稻穗,烘干称重,分析稻桩和再生稻干物质积累运转规律。结果如表5、图5所示:从头季成熟前 10 d 施用促芽氮肥,稻桩即迅猛大量地积累贮藏性干物质,积累量随施氮量增加而增加。头季成熟收割后,稻桩内的贮藏性干物质开始源源输出到再生分蘖,以头季收割至再生季齐穗期的输出量最多,表观转变率达 30%～40%,再生季齐穗至成熟期,输出量减少,表现转变率为 10%～16%。从头季收割至再生季成熟,稻桩干物质输入再生分蘖的表观转变率平均值为 20%～25%,再生分蘖成熟时总干物质中,有 75%～80% 来自光合生产。但随着促芽氮肥施用量的增加,由叶片光合生产的干物质也增加,表明增施促芽氮肥,既增加稻桩干物质的输出量,还显著提高再生分蘖的光合生产力。

表 5 数据表明,随着促芽氮肥施用量提高,再生分蘖干物重相应提高,与不施氮处理相比,氮肥施用量 30、60、120 kg/hm² 处理,再生分蘖成熟期总干物重分别提高 37%～62%、59%～71% 和 84%～85%,增产效果十分显著。

表 4　头季稻桩及再生季分蘖器官的干物质积累运转动态

(汕优63,武夷山市黄村)

年份	生育期	割桩后日数	干物质重(g/m²)			干物质净积累量(g/m²)				表观转变率(%)	
			稻桩	再生分蘖营养器官	再生分蘖稻穗	稻桩	再生分蘖营养器官	再生分蘖稻穗	再生分蘖合计	稻桩	再生分蘖营养器官
1991 年	割桩	0	266.9	27.8	—	—	—	—	—	—	—
	雌雄蕊	10	214.6	111.9	5.1	−52.3	84.1	5.1	89.2	58.6	0
	抽穗	21	198.4	226.3	61.0	−16.2	114.4	55.9	170.3	9.5	0
	乳熟	34	185.3	273.6	131.4	−13.1	47.3	70.4	117.7	11.1	0
	黄熟	57	171.3	243.9	381.3	−14.0	−29.7	269.9	240.2	5.2	11.0
1994 年	割桩	0	359.8	38.7	—	—	—	—	—	—	—
	雌雄蕊	10	276.4	144.6	5.0	−83.4	105.9	5.0	110.9	75.2	0
	抽穗	20	266.9	227.1	69.1	−9.5	82.5	64.1	146.6	6.5	0
	乳熟	30	248.7	279.2	133.5	−18.2	52.1	64.4	116.5	15.6	0
	黄熟	53	238.5	234.8	423.1	−10.2	−44.4	289.6	245.2	3.5	15.3

* 头季成熟前 10 d 施氮肥 120 kg/hm²,头季成熟收割后 2 d 施氮肥 30 kg/hm²。

** 头季成熟割桩高度 35 cm。

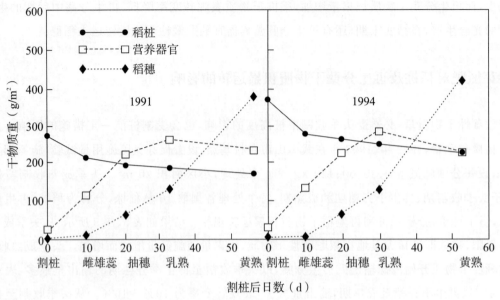

图4 再生季稻桩及再生分蘖器官干物质积累运转动态

表5 促芽氮肥施用量对稻桩及再生分蘖干物质积累运转的影响

(汕优63,武夷山市黄村)

年份	施氮量 (kg/hm²)	稻桩干物质重 (g/m²)			稻桩干物质净输出 (g/m²)			再生分蘖干物质重 (g/m²)			再生分蘖干物质净积累(g/m²)			稻桩干物质表观转变率(%)		
		割桩	齐穗	黄熟	齐穗前	齐穗后	全期	割桩	齐穗	黄熟	齐穗前	齐穗后	全期	齐穗前	齐穗后	全期
1992年	0	199.4	138.4	123.2	61.0	15.2	76.2	22.8	192.5	387.8	169.7	195.3	365.0	36.0	7.8	20.9
	30	265.5	162.7	185.3	102.8	37.4	140.2	44.2	310.9	628.7	266.7	317.8	584.5	38.6	11.8	24.0
	60	268.7	167.0	128.6	101.7	38.4	140.1	74.7	341.3	663.4	266.6	322.1	588.7	38.2	11.9	23.8
	120	285.3	178.7	131.0	106.6	46.8	153.4	77.2	352.0	712.0	254.8	380.0	634.8	41.8	12.3	24.2
1993年	0	169.8	122.2	94.8	47.6	27.4	75.0	29.0	182.0	380.0	153.0	198.0	351.0	31.1	13.8	21.4
	30	316.0	210.3	176.5	105.7	33.8	139.5	30.1	314.7	522.0	284.6	207.3	491.9	37.1	16.3	28.4
	60	334.8	227.6	198.9	107.2	28.7	135.9	47.2	344.8	604.0	297.6	259.2	556.8	36.0	11.1	24.4
	120	349.5	236.7	203.7	112.8	33.0	145.8	77.2	376.2	703.5	299.0	327.3	626.3	37.7	10.1	23.3

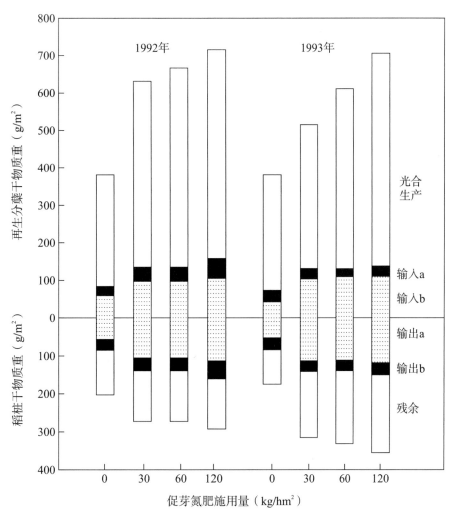

a：再生分蘖齐穗前干物质输入/输出量。b：再生分蘖齐穗后干物质输入/输出量。

图 5　稻桩及再生分蘖干物质积累运转与施氮量的关系

3　总结与讨论

3.1　再生稻优势芽位及适宜留桩高度

杨开渠[1]在 1930 年代的研究即已指出，籼型再生稻具有上位芽生理优势，头季收割留桩愈高，再生季产量愈高。四川省农业科学院水稻研究所[2]报道，大部分籼稻品种是地上部腋芽再生成穗，而粳稻、糯稻品种不论留桩多高，多从泥下 3～4 个节位萌发再生芽。据罗文质等[3-4]研究，籼稻的优势芽位为倒 3～倒 5 节位，适宜的留桩高度为早籼 5～7 cm，中籼 9～15 cm，杂交稻 15～20 cm，其中的汕优 63 和 D 优 63 品种为 33 cm；但认为在高温地区宜留低桩，并引广东省佛山地区农科所曾用 IR24 品种留桩 3.3 cm，一般产量 4 500～5 250 kg/hm²，最高产量达 8 130 kg/hm² 为例佐证。福建省宁德地区农业科学研究所栽培组[7]也报道，四优 2 号品种留桩高度 3 cm 的产量达 7 565 kg/hm²，留桩高度 10 cm 的产量仅 2 865 kg/hm²。苏祖芳等[8]指出，籼稻留桩高度应依品种而定：高位再生型(庆莲 16)留高桩(30 cm)，中位再生型(盐籼 517)留中桩(20 cm)，低位再生型(盐籼 504)留低桩。从 1980 年代末期起，籼型杂交稻汕优 63 逐渐成为南方各省作再生稻主栽品种。众多研究(方文等[11]，陈志生[12]、张裕新[13]等)一致肯定，汕优 63 的再生优势芽位为倒 2 芽和倒 3 芽，留桩高度以能保存倒 2 芽为宜，约 30～40 cm。本研究明确，汕优 63 的留桩高度以 30～35 cm 为适，超过 40 cm，其倒 2 叶的叶鞘保留过长，将束缚倒 2 芽的顺利抽出，降低出生成穗数。适宜的留桩高度依品种株高而定，矮秆品种的留桩高度应适当降低，以保存倒 2 芽为度。

3.2　稻桩贮藏性物质的生理代谢

据孙晓辉等[14]研究，头季成熟时，^{32}P 较多地集聚子腋芽，其中上位芽含^{32}P 最多，再生季成熟时吸收的^{32}P 量随留桩高度而增加，显示出留高桩的营养优势。据廖廑麇等[15]观察，再生稻头季拔节期和抽穗期，茎秆中的薄壁细胞含有丰富的淀粉粒，机械组织、维管束鞘和韧皮部有蛋白质贮积，抽穗以后，这些临时贮藏物质逐渐消失，至乳熟期以后，再生力强的品种在茎秆中又重新贮积淀粉，随结实期推迟而贮量增多。据冯来定等[16]研究，头季成熟期的茎鞘含氮率与活芽率呈正相关，茎鞘含糖率与再生分蘖的萌发率、成穗率和每穗粒数呈正相关。本研究揭示稻桩含有大量的贮藏性干物质，并于头季收收割后 10 d 内转运到再生分蘖最多，对于促进再生分蘖的萌发和初期生长具有重大作用，并且证实适当留高桩，并在割桩前 10 d 重施氮肥，可以有效增进稻桩贮藏性干物质的贮积和转运，不仅增加了再生分蘖的萌发成穗数，而且显著提高了再生分蘖的光合生产能力，从而有效提高产量。

著录论文

[1]蔡亚港，黄育民，李义珍.稻桩对再生稻产量形成的形态生理学效应[M]//黄仲青，程剑，张伟建.水稻高产高效理论与新技术：第 5 届全国水稻高产与技术研讨会论文集.北京：中国农业科技出版社，1996：108-113.

[2]蔡亚港，黄育民，李义珍.再生稻产量形成过程稻桩的形态生理学效应[J].福建农业学报，1998，13(4)：7-11.

参考文献

[1]杨开渠.再生稻研究[C]//稻作科学论文选集.北京：农业出版社，1959：77-115.

[2]四川省农科院水稻研究所.再生稻品种选育[J].农业科技通讯，1977(11)：10-11.

[3]罗文质.再生稻品种选用和栽培技术[J].农业科技通讯，1978(9)：16-17.

[4]罗文质，刘其昌.再生稻的研究利用和主要栽培技术[J].水稻高粱科技，1989(2)：8-12.

[5]黄友钦，张洪松.汕优 63 再生芽幼穗分化发育规律[J].杂交水稻，1988(4)：10-12.

[6]姚厚军.再生稻可行性及潜伏芽生长规律的研究[J].安徽农业科学，1988(2)：40-45.

[7]福建省宁德地区农业科学研究所栽培组.四优 2 号再生稻特征特性观察[J].福建农业科技，1978(2)：13.

[8]苏祖芳，张洪程，等.再生稻的生育特征及高产栽培技术研究[J].江苏农学院学报，1990，11(1)：15-21.

[9]李义珍，黄育民，陈子聪，等.再生稻丰产技术研究[J].福建省农科学学报，1991，6(1)：1-12.

[10]黄育民.水稻高节位分蘖器官发育进程研究[J].福建麦科技，1993，11(2)：27-29.

[11]方文，熊洪，姚文力.我国再生稻研究进展及发展前景[J].农牧情报研究，1989(11)：26-30.

[12]陈志生.杂交再生稻的生物学特征及栽培技术[J].广西农业科学，1989(4)：11-13.

[13]张裕新.汕优 63 作中稻再生栽培的探讨[J].湖北农业科学，1990(3)：2-5.

[14]孙晓辉,田彦华,杨火伦,等.示踪研究头季稻留桩节位与再生稻的磷素利用和经济性状的关系[J].原子能农业利用,
　　1984(4):7-12.

[15]廖廑廖,曹大铭.再生稻茎秆贮藏物质与再生力的细胞化学观察[J].南京农业大学学报,1988,11(4):17-19.

[16]冯来定,蒋彭炎.再生稻前季不同群体的再生力研究[J].浙江农业科学,1990(2):67-71.

三、再生稻对氮素的吸收利用及产量效应

再生稻利用头季收割后稻桩上的茎生腋芽萌发成穗,再收一季稻谷,具有省工省本、增收粮食的优点,因而成为一种新的农作制在我国南方大面积发展。随着生育规律研究逐渐深入,栽培技术不断完善,产量逐渐提高。但大面积生产中仍然存在腋芽萌发不顺畅,穗数不足,粒数偏少,产量不稳定现象。杨开渠[1]、凌启鸿[2]、苏祖芳等[3]报道,稻桩的腋芽在头季抽穗前就进入第一苞分化,在头季抽穗后开始进一步发育萌发。黄育民等[4-5]、郑荣和等[6]镜检了多个再生稻品种,发现稻桩上腋芽的第一苞分化参差不齐,甚为缓慢,在头季雌雄蕊分化——减数分裂期,有 20% 左右的个体进入第一苞分化,至头季抽穗后 2周,100% 个体进入第一苞分化,至头季抽穗后 3 周,倒 2、3 节腋芽进入一次枝梗分化,头季抽穗后 4 周,全部腋芽开始萌发伸长。为此,各地都在探索在头季抽穗后 3 周这一腋芽发育转折期,施用促芽氮肥,促进腋芽的萌发发育,争取再生季穗多穗大取得高产。但对促芽氮肥的吸收利用尚缺乏详细的研究报道。本研究设置不同促芽氮肥施用量处理,追踪观测再生稻各器官对氮素的吸收转运动态,为提高再生分蘖萌发成穗率和促进幼穗发育,提供科学依据。

1　材料与方法

1993 年在武夷山市黄村基点进行田间试验,供试品种为汕优 63,于头季成熟前 10 d 施用促芽氮肥,设不施氮区、低氮区(90 kg/hm²)、中氮区(150 kg/hm²)、高氮区(210 kg/hm²)等 4 个处理,3 次重复,小区面积 13.3 m²。头季成熟收割留桩高度 35 cm。在头季成熟前 10 d 施氮期、头季成熟收割期、割后 10 d(再生季雌雄蕊分化期)、割后 20 d(再生季孕穗末期)、割后 60 d(再生季成熟期),每个处理掘取 6 丛稻株,分解为稻桩、再生季叶片、叶鞘、茎秆、穗等器官,烘干称重,粉碎,过 60 目(孔径 250 μm)网筛,取样品用凯氏定氮法测定全氮,然后计算各时段各器官的氮素积累量。再生季成熟时,分区收割脱粒,晒干扬净称产,并同时每处理割取 10 丛稻株,测定 4 个产量构成因素。

2　结果与分析

2.1　头季结实后期对氮素的吸收积累

头季成熟前 10 d 施用促芽氮肥,并取样测定稻株含氮量。头季成熟收割时测定稻株残留稻桩,稻桩上的再生芽和割走谷草的含氮量。汇总为全株含氮量。扣除施氮时含氮量。结果列于表 1。

稻株吸收积累的氮素,含有施入化肥供给的氮和土壤供应的氮。未施氮肥处理的总氮量来于土壤氮,而其他处理的总氮量含有土壤氮和化肥氮。施入氮肥处理的总氮量扣除未施氮肥处理的总氮量,即得该处理吸收的化肥氮。

表 1 显示:在促芽氮肥施后的头季结实后期,稻株对化肥氮的吸收较多,低氮、中氮、高氮处理区稻株吸收的化肥氮分别为 2.63 g/m²、4.03 g/m² 和 5.91 g/m²,分别占总施氮量的 29.2%、26.9% 和 28.1%。稻株吸收的化肥氮,有 30%～40% 积累在残留的稻桩,9%～14% 积累在再生芽,50%～56% 积累在头季稻谷割走(可能也有少量积累在割走的稻草中)积累在残留稻桩中的化肥氮和土壤氮,将在再生季源源供应再生稻器官生育。头季成熟收割前的再生芽体量小,吸纳的氮素相对较少,但吸收的总氮量随施氮量的增加而大幅增加,对于促进再生分蘖的萌发和发育,具有重大的作用。

表 1　头季结实末期不同促芽氮肥施用量的稻株氮素积累分配

(汕优 63,1993,武夷山市黄村)

施氮量 (g/m²)	全株吸氮量(g/m²)			稻桩吸氮量(g/m²)			再生芽吸氮量(g/m²)			头季稻谷吸氮量(g/m²)		
	总氮量	化肥氮	占施氮量的比例(%)	总氮量	化肥氮	占施氮量的比例(%)	总氮量	化肥氮	占施氮量的比例(%)	总氮量	化肥氮	占施氮量的比例(%)
0	3.95	0	0	1.65	0	0	0.45	0	0	1.85	0	0
9	6.58	2.63	29.2	2.72	1.07	11.9	0.68	0.23	2.6	3.18	1.33	14.8
15	7.98	4.03	26.9	3.15	1.50	10.0	0.94	0.49	3.3	3.89	2.04	13.6
21	9.86	5.91	28.1	3.40	1.75	8.3	1.27	0.82	3.9	5.19	3.34	15.9

* 未施促芽氮肥处理的总氮量,为从土壤供应的氮;其他处理的氮量,含从土壤供应的氮和促芽氮肥供应的氮。

2.2　再生季对氮素的吸收积累

头季成熟收割后 60 d(再生季成熟日)的再生分蘖氮素积累量,扣除头季成熟收割时再生分蘖氮素积累量,得再生季分蘖氮素积累量。如表 2 所示,再生季分蘖氮素积累量,随促芽氮肥施用量的增加而增加,低氮、中氮、高氮处理比未施氮处理,分别增加 52%、81% 和 109%。再生季分蘖氮素积累量的来源有三:

一是稻桩输入。稻桩在头季结实后期,吸收了数量可观的促芽氮肥和土壤贮积氮肥,在再生季源源输入再生分蘖。未施氮、低氮、中氮、高氮等 4 个处理的稻桩,分别向再生分蘖输入氮素 0.59 g/m²、1.50 g/m²、1.80 g/m² 和 1.94 g/m²。

二是土壤输入。在再生季 60 d 间,4 个处理的土壤都输入土壤氮 2.55 g/m²。

三是施入土壤的促芽氮肥输入。第 2、3、4 号处理在头季成熟前分别向土壤施入促芽氮肥 9 g/m²、15 g/m² 和 21 g/m²,增加了土壤氮库存,在向再生分蘖输出既有库存的土壤氮外,又增输施入土壤和促芽氮肥的一部分化肥氮,暂称为化肥氮转执土壤氮,计算式为:转执土壤氮＝分蘖积氮量－稻桩输氮量－未施氮处理的土壤供氮量。

表 2　再生季不同促芽氮肥施用量的再生分蘖氮素积累及来源

(仙优 63,1993,武夷山市黄村)

促芽氮肥施用量(g/m²)	再生分蘖各时期含氮量(g/m²)				稻桩各时期含氮量(g/m²)				再生季氮素积累来源(g/m²)			
	头季收割	割后10 d	割后20 d	割后60 d	头季收割	割后10 d	割后20 d	割后60 d	分蘖积氮量	稻桩输氮量	土壤供氮量	施入土壤促芽氮肥、供氮量
0	0.45	2.23	2.66	3.59	1.65	1.40	1.15	1.06	3.14	0.59	2.55	0
9	0.68	3.69	4.22	5.45	2.72	1.85	1.48	1.22	4.77	1.50	2.55	0.72
15	0.94	4.56	5.57	6.62	3.15	1.98	1.60	1.35	5.68	1.80	2.55	1.33
21	1.27	5.87	6.78	7.84	3.40	2.08	1.69	1.46	6.57	1.94	2.55	2.08

*再生季稻桩输出的氮素中各处理含土壤氮 0.59 g/m²,第 2、3、4 处理分别含化肥氮 0.91、1.21、1.35 g/m²。

2.3　再生季分蘖各器官对氮素的吸收积累

表 3 显示,再生分蘖全株氮素积累量在成熟期达高峰,扣除头季成熟收割时的再生分蘖氮素积累量,得再生分蘖在再生季净积累的氮素量,如表 2 所示,在再生季,未施氮、低氮、中氮、高氮等 4 个处理的再生分蘖氮素积累量分别为 3.14 g/m²、4.77 g/m²、5.68 g/m²、6.57 g/m²,氮肥来源为稻桩和土壤,本节不再赘述。

再生稻 4 个器官中,以穗子吸收氮素最多,表 3、图 1 显示:在再生季成熟期,4 个处理的穗子氮素积累量分别为 3.07 g/m²、4.31 g/m²、5.17 g/m²、6.19 g/m²,占全株氮素积累量的 78%~80%。穗子氮素积累动态呈自然生长曲线(Logistic 生长曲线):在头季割后 20 d(再生分蘖小孢子单核靠边期),穗子氮素积累量为黄熟期穗氮素积累总量的 17% 左右;在头季割后 40 d(再生分蘖籽粒乳熟中期),穗子氮量积累量为黄熟期的 65% 左右。

再生分蘖的叶片、叶鞘、茎秆氮素积累运转动态量单峰曲线。其中叶片、叶鞘的氮素积累高峰在头季割后 10 d,其时 4 个处理叶片的氮素积累量分别为 1.40 g/m²、2.25 g/m²、2.78 g/m²、3.73 g/m²;叶鞘的氮素积累量分别为 0.83 g/m²、1.44 g/m²、1.78 g/m²、2.14 g/m²。其后,叶片、叶鞘的氮素逐渐转运入穗子,至再生分蘖黄熟,4 个处理的叶片向穗子分别输出氮素 1.22 g/m²、1.76 g/m²、2.21 g/m²、2.97 g/m²;4 个处理的叶鞘向穗子分别输出氮素 0.62 g/m²、1.04 g/m²、1.22 g/m²、1.58 g/m²。4 个处理的叶片、叶鞘合计分别向穗子输出氮素 1.84 g/m²、2.80 g/m²、3.93 g/m²、4.55 g/m²,表观转变率分别达 60％、65％、76％和 74％。茎秆贮积大量的钾素,但含氮率很低。

表 3　再生稻不同促芽氮肥施用量的稻桩及再生分蘖器官的氮素积累运转动态

(汕优 63,1993,武夷山市黄村)

测定期	施氮量 (g/m²)	稻桩含氮量 (g/m²)	再生分蘖各器官含氮量(g/m²)				
			叶片	叶鞘	茎秆	穗	合计
头季收割	0	1.65	0.45	—	—	—	0.45
	9	2.72	0.68	—	—	—	0.68
	15	3.15	0.94	—	—	—	0.94
	21	3.40	1.27	—	—	—	1.27
割后 10 d	0	1.40	1.40	0.83	—	—	2.23
	9	1.85	2.25	1.44	—	—	3.69
	15	1.98	2.78	1.78	—	—	4.56
	21	2.08	3.73	2.14	—	—	5.87
割后 20 d	0	1.15	1.24	0.62	0.24	0.56	2.66
	9	1.48	2.10	1.00	0.41	0.71	4.22
	15	1.60	3.17	1.18	0.50	0.90	5.75
	21	1.69	3.60	1.46	0.67	1.05	6.78
割后 60 d	0	1.06	0.18	0.21	0.13	3.07	3.59
	9	1.22	0.49	0.40	0.25	4.31	5.45
	15	1.35	0.57	0.56	0.32	5.17	6.62
	21	1.46	0.76	0.56	0.33	6.19	7.84

2.4　再生稻对化肥氮和土壤氮的吸收积累

汇总上述试验数据,计算分析再生稻对化肥氮和土壤氮的吸收积累,结果如表 4 所示:

本试验设立每公顷施促芽氮肥 0、90、150、210 kg 等 4 个处理,于头季成熟前 10 d 施肥,至头季成熟收割,再生分蘖腋芽和头季稻谷,分别吸收化肥氮 0、1.56、2.53、4.16 g/m²,同时,每个处理还从供试田地吸收土壤氮 2.30 g/m²。此外,4 个处理的残留稻桩,分别吸收化肥氮 0、1.07、1.50、1.75 g/m²,每个处理稻桩都从供试田地吸收土壤氮 1.65 g/m²。稻桩吸收的化肥氮和土壤氮,在头季成熟收割后,源源不断地输入再生分蘖。

从头季收割至再生季成熟,每个处理的再生分蘖都从供试田地和稻桩吸收土壤氮 3.14 g/m²;第 2、3、4 号处理的再生分蘖,从稻桩及施入供试田地的化肥中,分别吸收化肥氮 1.63、2.54、3.43 g/m²。

从头季收割前 10 d 施用促芽氮肥之日,至再生季成熟的 70 d 中,每个处理再生稻吸收的土壤氮皆为 5.44 g/m²,而吸收的化肥随施氮量的提高而增加,第 1、2、3、4 处理分别为 0、3.19、5.07、7.59 g/m²。

在供试条件下,化肥氮与土壤氮的占比:不施氮素化肥的处理为 0∶100;施氮肥 90 kg/hm² 处理为

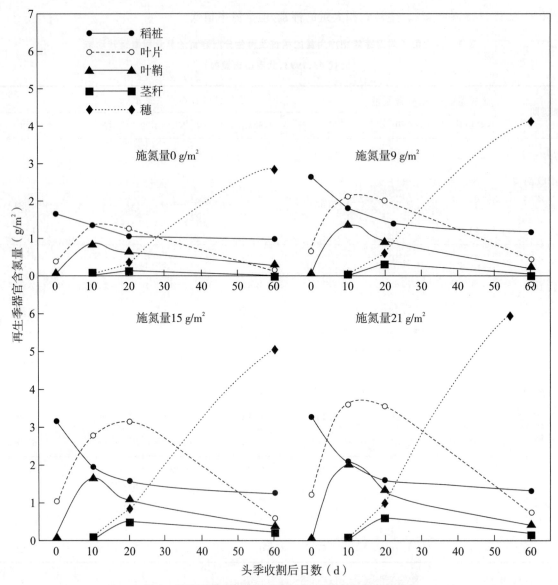

图1　再生季器官在不同施氮水平的氮素积累运转动态

38∶62;施氮肥 150 kg/hm² 处为 48∶52,施氮肥 210 kg/hm² 处理为 58∶42。化肥氮的占比随施氮量的增加而提高。实践证明,适量施氮,培育地力,保持化肥氮和土壤氮平衡供应,才能确保取得节本高效、稳定高产。

表 4　再生稻对化肥氮和土壤氮的吸收量及占比

（汕优 63,1993,武夷山市黄村）

促芽氮肥施用量（g/m²）	头季结实后期吸氮量（g/m²）		再生季化肥氮吸收量（g/m²）			再生季土壤氮吸收量（g/m²）			全期合计吸氮量（g/m²）			两类输入氮占比（%）
	来自化肥	来自土壤	稻桩输入	施入土壤化肥转输	合计	来自稻桩	来自田地	合计	化肥氮	土壤氮	合计	化肥氮：土壤氮
0	0	2.30	0	0	0	0.59	2.55	3.14	0	5.44	5.44	0：100
9	1.56	2.30	0.91	0.72	1.63	0.59	2.55	3.14	3.19	5.44	8.63	37：63
15	2.53	2.30	1.21	1.33	2.54	0.59	2.55	3.14	5.07	5.44	10.51	48：52
21	4.16	2.30	1.35	2.08	3.43	0.59	2.55	3.14	7.59	5.44	13.03	58：42

2.5　促芽氮肥的产量效应

促芽氮肥对再生季产量及其产量构成的影响,在本章"再生稻稻桩对再生季产量的形态生理学效应"一节,已作详述,现简要分析,结果列于表 5,看出:再生季产量随着促芽氮肥施用量的增加而增加,促芽氮肥施用量 90 kg/hm²、150 kg/hm²、210 kg/hm² 的处理,比不施氮处理,分别增产 88%、110% 和 119%。其中,不施氮、施氮 90 kg/hm²、150 kg/hm² 处理间产量差异达极显著水平,而施氮 210 kg/hm² 处理比施氮 150 kg/hm² 处理增产 4%,差异未达显著性标准。施用促芽氮肥增产的原因,从产量构成差异分析,主要是每平方米穗数大幅增加,每穗粒数也有一定增加,而结实率和千粒重差异不大。施氮 210 kg/hm² 处理比 150 kg/hm² 处理只每平方米穗数有所增加,故产量差异不显著。显然,适量施用促芽氮肥,建立穗多穗大的群体,是提高再生季产量的途径。

表 5　促芽氮肥施用量对再生季产量及其构成的影响

（汕优 63,1993,武夷山市黄村）

促芽氮施用量（kg/hm²）	每平方米穗数	每穗粒数	结实率（%）	千粒重（g）	产量（kg/hm²）	显著性	
						5%	1%
0	208	43.7	84.1	24.2	1 815	c	C
90	351	48.2	83.6	24.6	3 418	b	B
150	414	50.8	80.5	23.7	3 816	a	A
210	442	49.6	82.0	23.3	3 983	a	A

* $PLSD_{0.05} = 238$ kg/hm²,$PLSD_{0.01} = 331$ kg/hm²。

3 总结与讨论

3.1 促芽氮肥的增产效应

再生稻头季地上部伸长茎秆有6个节间(含穗颈节间),5片茎生叶,除倒1叶腋无腋芽发育外,倒2～倒5叶腋都有一个腋芽,在适宜条件下,可萌发形成一个分蘖。杨开渠[1]、凌启鸿[2]、苏祖芳[3]报道,茎生腋芽在头季抽穗前就进入第一苞分化,但分化后处于潜伏休眠状态,至头季抽穗后才进一步发育。黄育民等[3-4]、郑荣和等[5]先后对多个再生稻品种观察,发现腋芽进入第一苞分化参差不齐,甚为缓慢,在头季雌雄蕊分化—减数分裂期,先是倒4、5节腋芽,后是倒2、3节腋芽,有20%左右个体进入第一苞分化,至头季抽穗后2周,才100%个体进入第一苞分化,随后,先是倒2、3节腋芽,后是倒3、4节腋芽进入一次枝梗、二次枝梗分化。其中,倒2、3节腋芽在头季抽穗后3周进入一次枝梗分化,头季成熟前3 d进入二次枝梗分化,并开始萌发;倒4、5节腋芽也在头季成熟前3 d开始萌发,并在头季成熟时有一部分个体进入一次枝梗分化。总而言之,头季抽穗后3周,再生分蘖进入生育转折点,幼穗开始枝梗与颖花分化,茎叶开始萌发。其中营养条件,将制约腋芽的萌发和幼穗的发育。在头季抽穗后3周施用促芽氮肥,随施氮水平的提高,再生芽含氮量增加,萌发成穗率随之增加;稻桩的吸氮量也随之增加,于再生季源源不断输入再生稻叶片、叶鞘,进而转运入再生穗,从而促进籽粒发育,每穗粒数增加,结实率稳定在80%以上,结果穗多穗大,比不施促芽氮肥处理成倍增产。

3.2 再生稻对化肥氮和土壤氮的吸收利用评价

在头季成熟前10 d施用促芽氮肥,至头季成熟收割,稻株从化肥吸收的氮量占总施肥量的40%～60%。在这些吸收的氮量中,稻桩占30%～40%,再生芽占9%～14%,割走的头季谷草占50%～56%(大头为稻谷)。

在头季成熟收割至再生季成熟的再生季,稻桩在头季收割前吸收的化肥氮,在头季收割后,又有80%左右回吐给再生分蘖,加上施入土壤的化肥也有一部分化肥氮转输入再生分蘖,4个施氮量处理的再生分蘖吸收的化肥氮分别为0、1.63、2.54、3.43 g/m²。鉴于稻桩在头季成熟前吸收的化肥氮,在头季成熟后回吐给再生分蘖,扣除头季吸收的化肥氮,再生稻从头季成熟前10 d施用促芽氮肥,至再生季成熟,第1、2、3、4号处理吸收化肥氮分别为0、3.19、5.07、7.59 g/m²,分别占总施氮量的0、35%、34%、36%,化肥利用率中偏低。

从头季成熟前10 d施促芽氮肥之日,至再生季成熟,再生稻每个处理从供试田地共吸收土壤氮5.44 g/m²。

各处理的土壤氮吸收量相同,而化肥氮吸收量随施氮量的增加而增加,化肥氮占比也随施氮量的增加而增加。各处理的化肥氮吸收量、土壤氮吸收量比率,不施氮处理为0:100,施氮量90 kg/hm²处理为37:63,施氮量150 kg/hm²处理为48:52,施氮量210 kg/hm²处理为58:42。

在供试条件下,施氮量 150 kg/hm² 处理与施氮量 210 kg/hm² 处理的产量差异未达显著水平,表明高效高产的施氮量为 150 kg/hm²,化肥氮吸收量与土壤氮吸收量的占比为 50∶50。

本研究揭示了促芽氮肥在再生稻各器官吸收积累的规律和对产量及产量构成的影响,还发现土壤氮的吸收积累特性及增产效应。土壤氮的供应能力决定于土壤肥力。培育地力,适量施氮,达到化肥氮、土壤氮平衡供应,才能实现再生稻省本高效、稳定高产。

著录论文

李义珍,黄育民,郑景生.芽肥 N 素的吸收利用情况及其对再生稻物质代谢的影响[R].福州:福建省科学技术委员会,1995:101-106.

参考文献

[1]杨开渠.再生水稻研究[M]//稻作科学论文选集.北京:农业出版社,1959:77-115.

[2]凌启鸿.水稻潜伏芽生长和穗分化形成规律及应用的研究[J].中国农业科学,1989,22(1):35-43.

[3]苏祖芳,张洪程,侯康平,等.再生稻幼穗分化形成规律及其应用的研究[J].江苏农业学院,1988,9(3):17-22.

[4]黄育民.水稻高节位腋芽发育进程研究[J].福建稻麦科技,1993,11(2):27-29.

[5]黄育民,李义珍.水稻高节位腋芽发育进展观察[R].福州:福建省科学技术委员会,1995:33-38.

[6]郑荣和,李小萍,张上守,等.再生稻茎生腋芽的生育特性观察[J].福建农业学报,2009,24(2):91-95.

四、 再生稻再生季碳水化合物及氮、磷、钾养分的积累运转规律

随着再生稻种植面积迅速扩大,栽培技术日益完善,各地都涌现高产纪录。1991—1995 年,本单位与武夷山市农技站合作在星村镇黄村建立的研究基点,示范片面积由 13 hm² 逐渐扩大到 45 hm²,双季产量由 1991 年平均 11 307 kg/hm²,1995 年提高到 12 888 kg/hm²,其中,科技小组每年精心管理的中心示范田,种植面积由 0.17 hm²,逐渐扩大到 0.75 hm²,每年产量都达到稳定高产,头季产量达到 9 560~10 040 kg/hm²,再生季产量达到 5 655~6 038 kg/hm²,双季产量都超过 15 000 kg/hm²。从中摸索出一套综合性高产栽培技术。但总感到再生季产量只为头季产量的 60%,尚有较大的增产潜力。为此,课题组 1995 年在中心示范高产田,追踪观察再生季干物质及氮、磷、钾养分积累运转规律,为探索提高再生季产量技术提供依据。

1   材料与方法

1.1   研究概况

1993 年武夷山市黄村基点,以汕优 63 为试验品种,在中心高产示范田种植,面积 0.33 hm²。3 月 27 日播种,5 月 4 日移栽,8 月 20 日头季成熟,留桩 35 cm 收割。再生季 8 月 31 日孕穗,9 月 12 日抽穗,9 月 19 日齐穗,10 月 19 日成熟。头季基肥、分蘖肥、穗肥的总施肥量,为每公顷施氮 156 kg,P_2O_5 93 kg,K_2O 121 kg。头季成熟前 10 d 施再生分蘖促芽肥,每公顷施氮 103.5 kg,K_2O 45 kg。

1.2   再生分蘖主要构成物质积累量发展动态观察

本节着力观察再生分蘖器官主要构成物质氮、磷、钾和光合产物碳水化合物(含结构性碳水化合物和暂贮性碳水化合物)的积累运转规律。鉴于其他矿质营养物质占比轻微,将器官总干物重扣除氮、磷、钾重,作为碳水化合物估算,标为干物质重,特此注明。再生分蘖各类构成物质的发展动态详见表 9。

1.3   再生季干物质及氮、磷、钾养分积累运转规律观察

在汕优 63 高产田划出 30 m² 小区,供取样观测再生分蘖干物质及氮、磷、钾养分的积累运转动态。

取样 5 期:头季成熟收割期,再生季孕穗期(割桩后 11 d),抽穗初期(割桩后 23 d,抽穗数 30%),齐穗期(割桩后 30 d),籽粒成熟期(割桩后 60 d)。每期掘取 6 丛稻株,分解出头季残留稻桩、再生分蘖叶片、叶鞘、茎秆、穗等器官,分别烘干称重。样品经植物样品粉碎机粉碎后,用凯氏定氮法测定全氮,用酸溶钼锑比色法测定 P_2O_5,用光焰光度计法测定 K_2O。

1.4 再生季两个时期干物质及氮、磷、钾养分的积累和输入来源分析

再生季从头季成熟收割至再生季谷粒成熟历 60 d,可分两个时期,以齐穗期为界,前期为叶片、叶鞘、茎秆等营养器官生长和幼穗分化发育,后期为籽粒发育充实。据定期观测,分别列出 4 类物质(干物质、氮、磷、钾)在两个时期的积累、输入量,详见表 10。

2 结果与分析

2.1 再生分蘖主要成分的积累量增长动态

再生分蘖的主要构成元素,有光合生产的碳水化合物(含结构性碳水化合物和淀粉、可溶性糖等暂贮性碳水化合物)和矿质营养元素 N、P、K。鉴于矿质微量元素(S、Ca、B、Fe、Mn、Zn)轻微,将再生分蘖器官总重扣除氮(以 N 计)、磷(以 P_2O_5 计)、钾(以 K_2O 计)重,作为碳水化合物估算。结果如表 1 和图 1、图 2 所示:在再生分蘖主要成分中,以光合生产的碳水化合物为最多,次为矿质营养元素 N、P、K。各成分的干重,均随着生育日数的增加而增加,呈凹向上渐近曲线增长。在头季成熟收割时,再生分蘖的碳水化合物干重为 12.6 g/m^2,N 为 0.77 g/m^2,P_2O_5 为 0.12 g/m^2,K_2O 为 0.96 g/m^2;氮、磷、钾合计为 1.85 g/m^2,占再生分蘖全株总重(14.45 g/m^2)的 12.8%。至再生季谷粒成熟期,全株总重增长至 674.7 g/m^2,氮、磷、钾合计干重增长至 16.90 g/m^2,占全株总重的 2.5%。由于随着生育期的进展,光合生产的碳水化合物干重增幅更大,氮、磷、钾合计干重占比,显著降低。

表 1 再生分蘖主要成分的积累量增长动态

生育期 (日数)	再生分蘖 全株总重 (g/m^2)	主要成分质量(g/m^2)				氮、磷、钾 合计(g/m^2)	氮、磷、钾 质量分数 (%)
		碳水化合物	N	P_2O_5	K_2O		
头季收割(0)	14.45	12.60	0.77	0.12	0.96	1.85	12.8
孕穗(11)	170.68	161.20	4.65	0.55	4.28	9.48	5.6
抽穗(23)	318.79	305.90	6.04	0.77	6.08	12.89	4.0
齐穗(30)	428.01	412.70	6.95	1.08	7.28	15.31	3.6
成熟(60)	674.70	657.80	8.03	1.37	7.50	16.90	2.5

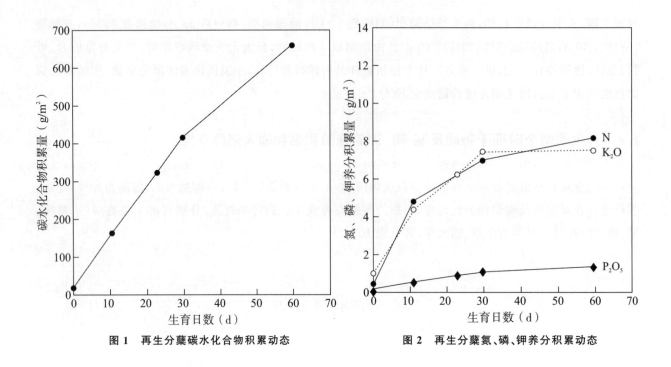

图 1 再生分蘖碳水化合物积累动态   图 2 再生分蘖氮、磷、钾养分积累动态

2.2 再生分蘖碳水化合物及氮、磷、钾养分的积累运转规律

在武夷山市黄村基点再生稻试验田,分期取样,分解出头季残留稻桩,再生分蘖叶片、叶鞘、茎秆、穗子等器官,测定碳水化合物、氮、磷、钾含量,分析这些元素的积累运转规律。结果分述如下。

2.2.1 再生季碳水化合物的积累运转规律

头季成熟前施用促芽氮肥,促进了头季末期构成物质的吸收积累和光合作用。头季成熟收割时,残留稻桩已积累了大量的碳水化合物及氮、磷、钾养分,随即向再生分蘖的叶片、叶鞘、茎秆等营养器官和穗子输送。从头季成熟收割至再生季成熟,残留稻桩向再生分蘖输出碳水化合物 121 g/m^2(见表 2、表 3 和图 3)。

从头季成熟收割,再生分蘖的叶片、叶鞘、茎秆等营养器官开始萌发,呈单峰曲线积累碳水化合物,至齐穗期达积累高峰,随即向穗子输出,至再生季成熟,共向穗子输出碳水化合物 44.5 g/m^2。

2.2.2 再生季氮素的积累运转规律

表 4、表 5 和图 4 显示,头季成熟收割时,残留稻桩贮积的氮素有 4.10 g/m^2,从此量凹向下渐近曲线源源不断向再生分蘖输出,其间从头季成熟收割至再生季抽穗,向再生分蘖的营养器官和穗子输出氮素 1.95 g/m^2(占 76%),从头季抽穗至成熟,向穗子输出氮素 0.63 g/m^2(占 24%),合计输出氮素 2.58 g/m^2,输出率 62.9%,对穗子贡献率 43.8%。

再生分蘖的叶片、叶鞘、茎秆等营养器官的氮素积累运转呈单峰曲线,从头季成熟收割至再生季抽穗,营养器官积累氮素 4.79 g/m^2;从再生季抽穗至成熟,营养器官向穗子输出氮素 2.65 g/m^2。输出率 55.3%,对穗子贡献率 44.9%。

2.2.3 再生季 P_2O_5 素的积累运转规律

P_2O_5 素积累运转规律与氮素近似,但积累量少,而输出率略高。表 6、表 7 和图 5 显示,稻桩和营养

器官积累的 P_2O_5 素合计为 1.17 g/m²,仅为氮素的 13%,而输出率高于氮素。

2.2.4 再生季 K_2O 素的积累运转规律

表 8、表 9 和图 6 显示,茎秆是贮积 K_2O 素的主要器官,再生季成熟时,茎秆的 K_2O 含量达 3.53 g/m²,占全株 K_2O 总积累量的 47.1%。叶片、叶鞘从再生季抽穗期至成熟期,向茎穗器官输出 K_2O 素 1.98 g/m²,输出率 44.3%,对茎穗贡献率 39.5%。

残留稻桩富含 K_2O,从头季成熟收割即源源不断向茎穗输送 K_2O,如表 9 所示,至再生季成熟,共输出 K_2O 5.27 g/m²,输出率 63%,对茎穗贡献率 105.2%,稻桩输出的 K_2O 量(5.27 g/m²),多于茎穗吸收的 K_2O 量(5.01 g/m²),暗示有一部分 K_2O 向再生分蘖体外溢失。

表 2 再生分蘖器官和残留稻桩不同生育期的碳水化合物积累量

头季割后日数	再生季生育期	再生分蘖碳水化合物积累量(g/m²)					稻桩碳水化合物积累量(g/m²)
		叶片	叶鞘	茎	穗	合计	
0	割桩	8.7	3.2	0.7	0	12.6	359.8
11	孕穗	73.2	61.4	11.9	14.7	161.2	276.4
23	抽穗	83.6	100.4	52.9	69.0	305.9	266.9
30	齐穗	87.8	106.9	84.5	133.5	412.7	248.7
60	成熟	72.3	87.3	75.1	423.1	657.8	238.5

表 3 再生分蘖营养器官和残留稻桩的碳水化合物输出量及对穗的贡献率

器官	峰值(g/m²)	低值(g/m²)	输出量(g/m²)	输出率(%)	对穗贡献率(%)
叶片	87.9	72.3	15.5	17.7	3.7
叶鞘	106.9	87.3	19.6	18.3	4.6
茎秆	84.5	75.1	9.4	11.1	2.2
小计	279.2	234.7	44.5	15.9	10.5
稻桩	359.8	238.5	121.3	33.7	28.7

表 4 再生分蘖器官和残留稻桩不同生育期的氮素养分积累量

头季割后日数	再生季生育期	再生分蘖含氮量(g/m²)					稻桩含氮量(g/m²)
		叶片	叶鞘	茎秆	穗	合计	
0	割桩	0.50	0.27	0	0	0.77	4.10
11	孕穗	2.81	1.14	0.14	0.56	4.65	2.62
23	抽穗	2.94	1.25	0.60	1.25	6.04	2.15
30	齐穗	2.78	1.03	0.51	2.63	6.95	1.61
60	成熟	0.96	0.73	0.45	5.89	8.03	1.52

表 5　再生分蘖营养器官和残留稻桩的氮素输出量及对穗的贡献率

器官	峰值(g/m^2)	低值(g/m^2)	输出量(g/m^2)	输出率(%)	对穗贡献率(%)
叶片	2.94	0.96	1.98	67.4	33.6
叶鞘	1.25	0.73	0.52	41.6	8.8
茎秆	0.60	0.45	0.15	25.0	2.5
小计	4.79	2.14	2.65	55.3	44.9
稻桩	4.10	1.52	2.58	62.9	43.8

表 6　再生分蘖器官和残留稻桩不同生育期的 P_2O_5 素养分积累量

头季割后日数	再生季生育期	再生分蘖含 P_2O_5 量(g/m^2)					稻桩含 P_2O_5 量(g/m^2)
		叶片	叶鞘	茎秆	穗	合计	
0	割桩	0.08	0.04	0	0	0.12	0.48
11	孕穗	0.18	0.15	0.12	0.10	0.55	0.32
23	抽穗	0.19	0.20	0.16	0.22	0.77	0.20
30	齐穗	0.25	0.22	0.22	0.39	1.08	0.17
60	成熟	0.07	0.07	0.06	1.17	1.37	0.17

表 7　再生分蘖营养器官和残留稻桩的 P_2O_5 素养分输出量及对穗的贡献率

器官	峰值(g/m^2)	低值(g/m^2)	输出量(g/m^2)	输出率(%)	对穗贡献率(%)
叶片	0.25	0.07	0.18	72.0	15.4
叶鞘	0.22	0.07	0.15	68.2	12.8
茎秆	0.22	0.06	0.16	72.7	13.7
小计	0.69	0.20	0.49	71.0	41.9
稻桩	0.48	0.17	0.31	64.6	26.5

表 8　再生分蘖器官和残留稻桩不同生育期的 K_2O 素养分积累量

头季割后日数	再生季生育期	再生分蘖含 K_2O 量(g/m^2)					稻桩含 K_2O 量(g/m^2)
		叶片	叶鞘	茎秆	穗	合计	
0	割桩	0.58	0.38	0	0	0.96	8.37
11	孕穗	1.19	1.92	0.91	0.26	4.28	7.19
23	抽穗	1.66	2.81	1.03	0.58	6.08	6.06
30	齐穗	1.27	2.78	2.33	0.90	7.28	4.78
60	成熟	1.05	1.44	3.53	1.48	7.50	3.10

表 9　再生分蘖营养器官和残留稻桩的 K_2O 素养分输出量及对茎穗的贡献率

器官	峰值（g/m²）	低值（g/m²）	输出量（g/m²）	输出率（%）	对穗贡献率（%）
叶片	1.66	1.05	0.61	36.8	12.2
叶鞘	2.81	1.44	1.37	48.8	27.3
茎秆	—	—	—	—	—
小计	4.47	24.9	1.98	44.3	39.5
稻桩	8.37	3.10	5.27	63.0	105.2

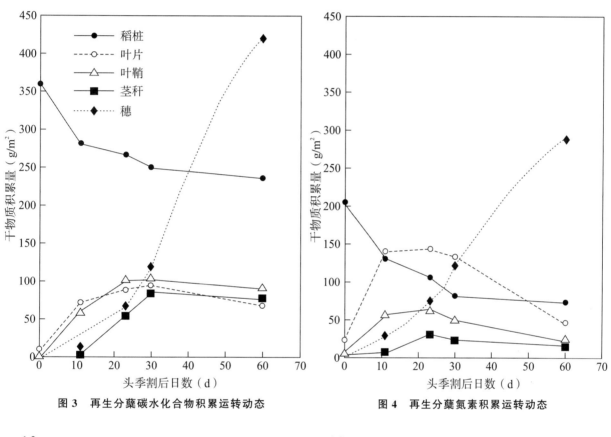

图 3　再生分蘖碳水化合物积累运转动态

图 4　再生分蘖氮素积累运转动态

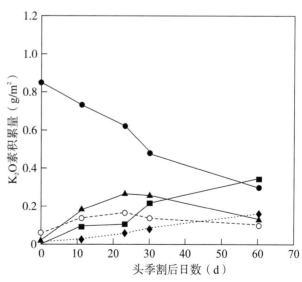

图 5　再生分蘖 P_2O_5 素积累运转动态

图 6　再生分蘖 K_2O 素积累运转动态

2.3 再生季两个生育时期碳水化合物及氮、磷、钾养分的积累和输入来源

再生季从头季成熟收割至再生分蘖谷粒成熟,历 60 d,以齐穗期为界,分为两个生育时期。生育前期,再生分蘖的叶片、叶鞘、茎秆等营养器官生长和幼穗分化发育;生育后期,再生分蘖谷粒发育充实。每个时期,既有相应器官的碳水化合物及氮、磷、钾养分的积累,也有从残留稻桩、营养器官和外来途径的碳水化合物及氮、磷、钾养分向再生季器官输入,有积有输,平衡发展。研究结果列于表 10,分述如下。

2.3.1 再生分蘖两个时期干物质及氮、磷、钾养分的积累量

再生分蘖成熟期全株总干重 6 747.0 g/m^2,前后两个生育期各占 63% 和 37%。其中碳水化合物积累量 657.8 g/m^2,前后两时期各占 63% 和 37%;氮素积累量为 8.03 g/m^2,前后两时期积累量各占 75% 和 25%;P_2O_5 素积累量为 1.37 g/m^2,前后两时期各占 79% 和 21%;K_2O 素积累量为 7.50 g/m^2,前后两时期各占 81% 和 19%。4 类的物质积累量,皆以前期为多。

2.3.2 残留稻桩两个时期碳水化合物及氮、磷、钾养分向再生分蘖的输入量

残留稻桩在再生季全期,向再生分蘖输入的碳水化合物总量为 121.3 g/m^2,其中前后两期各占 92% 和 8%;向再生分蘖输入的氮素养分总量为 2.58 g/m^2,其中前后两期各占 76% 和 24%;向再生分蘖输入的 P_2O_5 素养分总量为 0.31 g/m^2,其中前两期各占 100% 和 0;向再生分蘖输入的 K_2O 素养分总量为 5.27 g/m^2,其中前后两期各占 44% 和 56%。碳水化合物和氮、磷养分仍以前期输入最多,而钾素养分以生育后期输入略多。

2.3.3 再生分蘖营养器官两个时期碳水化合物及氮、磷、钾养分向穗子的输入量

再生分蘖的叶片、叶鞘、茎秆等营养器官,在再生季生育前期专事生长发育,至齐穗期达物质积累高峰,随后在生育后期向穗子输入大量的碳水化合物及氮、磷、钾养分,其中:碳水化合物输入量 44.5 g/m^2,对穗贡献率 10.5%;氮素养分输入量 2.65 g/m^2,贡献率 44.9%;P_2O_5 素养分输入量 0.49 g/m^2,对穗贡献率 41.9%;K_2O 素养分向茎秆和穗子输入量 1.98 g/m^2,对茎穗贡献率 39.5%。营养器官氮、磷养分向穗子的输入量,多于残留稻桩氮、磷养分向穗子输入量。

2.3.4 其他途径两个时期的碳水化合物及氮、磷、钾养分向再生分蘖输入量

本研究试验田促芽氮肥施用量为 103.5 kg/hm^2,折算为 10.35 g/m^2。头季成熟收割时,残留稻桩含氮量为 4.10 g/m^2,再生分蘖芽含氮量为 0.77 g/m^2,头季收成割走的稻谷含氮量为 5 g/m^2,合计几乎耗尽全部促芽氮肥施用量。由此,再生分蘖生长所需的氮、磷、钾养分,便仰赖于残留稻桩的输入和土壤库藏氮、磷、钾肥的供应。再生分蘖生长所需的碳水化合物,除了一部分来自残留稻桩的输入,大部分仰赖再生分蘖叶片的光合生产。施用促芽肥,除了供应氮素养分,也促进了再生分蘖光合作用和土壤库供肥机能。从而为再生分蘖生长提供大量的碳水化合物和氮、磷、钾养分。本研究将叶片光合生产碳水化合物和土壤库供应氮、磷、钾养分,列作物质开发来源的第 3 类途径(其他途径)。

其他途径两个生育时期物质向再生分蘖输入量,如表 10 所示:光合生产的碳水化合物输入量为 492.0 g/m^2,前后两时期各占 61% 和 39%;氮素养分输入量为 2.80 g/m^2,前后两时期各占 76% 和 24%;

P_2O_5 素养分输入量为 0.57 g/m^2,前后两时期各占 79% 和 21%;K_2O 素养分输入量为 0.25 g/m^2,前后两时期各占 80% 和 20%。与残留稻桩相似,各项物质输入量均以前期输入最多。其中,碳水化合物来源于叶片光合生产,氮、磷、钾养分来源于土壤库供应。但 K_2O 养分输入量少,只占三个途径总输入量 7.50 g/m^2 的 3.3%。而残留稻桩富含 K_2O,向再生分蘖输入量达 5.27 g/m^2,占三个途径总输入量的 70%。

表 10 显示,构建再生分蘖各项物质的残留稻桩、营养器官和其他途径输入量占比,碳水化合物为 18.4%：6.8%：74.8%;氮素养分为 32.1%：33.0%：34.9%;P_2O_5 素养分为 22.6%：35.8%：41.6%;K_2O 素养分为 70.3%：26.4%：3.3%。再生分蘖的碳水化合物积累量以来自光合生产最多(占 75%);K_2O 的积累量以来自残留稻桩的输入最多(占 70%);氮素积累量均衡地来自三个途径,各占 1/3;P_2O_5 素以来自土壤库略多(占 42%),来自营养器官次之(占 36%),来自残留稻桩较少(占 22%)。

表 10　再生分蘖在前后两个时期的碳水化合物及氮、磷、钾养分的积累量与来自不同途径的输入量

物质类别	再生分蘖各时期物质积累量(g/m^2)			残留稻桩各时期物质输入量(g/m^2)			营养器官各时期物质输入量(g/m^2)			其他途径各时期物质输入量(g/m^2)		
	前期	后期	合计	前期	后期	合计	前期	后期	合计	前期	后期	合计
碳水化合物	412.7	245.1	657.8	111.1	10.2	121.3	0	44.5		301.6	190.4	492.0
氮素	6.04	1.99	8.03	1.95	0.63	2.58	0	2.65		2.12	0.68	2.80
P_2O_5 素	1.08	0.29	1.37	0.31	0	0.31	0	0.49		0.45	0.12	0.57
K_2O 素	6.08	1.42	7.50	2.31	2.96	5.27	0	1.98		0.20	0.05	0.25
总计	425.9	248.8	674.7	115.67	13.79	129.46	0	49.62		304.37	191.25	495.62

3　总结与讨论

3.1　再生分蘖主要成分及其积累量

主要成分有光合生产的碳水化合物和根系从土壤吸收的矿质营养氮、磷、钾。头季成熟收割后,随着再生分蘖的生长发育,主要成分含量呈凹向上渐近曲线增长,至再生季成熟期,全株碳水化合物积累量达 657.8 g/m^2,占 97.5%,氮素、P_2O_5 素、K_2O 素积累量分别达 8.03 g/m^2、1.37 g/m^2、7.5 g/m^2,合占 2.5%。

3.2　再生分蘖主要构成物质的来源及输入量

主要构成物质有三个输入来源:

一为残留稻桩。头季成熟前 10 d 施用促芽氮肥,促进光合生产和矿质营养的吸收,头季成熟收割时,残留稻桩便吸收大量的碳水化合物和氮、磷、钾,随即源源不断向再生分蘖的叶片、叶鞘、茎秆和穗子输送,至再生季成熟期,碳水化合物输入量达 121.3 g/m²,氮素、P_2O_5 素、K_2O 素输入量分别达 2.58 g/m²、0.31 g/m²、5.27 g/m²。

二为再生分蘖的叶片、叶鞘、茎秆等营养器官。营养器官从头季成熟收割时开始萌发生长,不断吸收积累碳水化合物和氮、磷、钾养分,在齐穗期达积累高峰,随即向穗子输送,至再生季成熟时,碳水化合物输入量达 44.5 g/m²,氮素、P_2O_5 素、K_2O 素输入量分别达 2.65 g/m²、0.49 g/m²、1.98 g/m²。

三为光合生产和土壤库。再生分蘖叶片短直,群体透光性好,净光合率高,全季光合生产碳水化合物达 420.0 g/m²。供试田块为河谷盆地沙质壤土,土壤库存营养颇丰,且根系发达,全季土壤库向再生分蘖输入氮素 2.80 g/m²、P_2O_5 素 0.57 g/m²、K_2O 素 0.25 g/m²。

3.3 再生分蘖构成物质的输入量在三个来源和两个生育时期的占比

再生分蘖主要构成物质的输入量,在残留稻桩、营养器官和光合生产及土壤库等三个来源的占比,碳水化合物为 18%:7%:75%,氮素为 32%:33%:35%,P_2O_5 素为 22%:36%:42%,K_2O 素为 70%:27%:3%。其中,碳水化合物输入量主要来自光合生产(占 75%),K_2O 素输入量主要来自残留稻桩(占 70%),氮输入量均衡来自三个来源,P_2O_5 素输入量主要来自土壤库(42%)。

再生季历 60 d,以齐穗期为界,分为两个生育时期,前期营养器官生长和幼穗分化发育,后期为籽粒发育成熟。残留稻桩输出的碳水化合物、氮素、P_2O_5 素,以生育前期为多,分别占总输入量的 92%、76%、100%,而茎秆是贮积 K_2O 素的主要器官,在生育后期输入超半。营养器官物质积累在齐穗期达高峰,其所含碳水化合物、氮素、P_2O_5 素、K_2O 素皆在生育后期才输出。光合生产的碳水化合物和土壤库供应的氮素、P_2O_5 素、K_2O 素,则皆存生育前期输入较多,分别占总输入量的 61% 和 76%、79%、80%。

3.4 适时适量施用促芽氮肥,提高再生季产量

学界将水稻茎端生长锥出现第一苞分化,作为营养生长转入生殖生长的起点[1]。杨开渠[2]、凌启鸿[3]揭示再生分蘖腋芽在头季雌雄蕊分化期前后进入第一苞分化。本课题组先后在 1992 年、1993 年、2006 年对 3 个品种进行追踪镜检[4-6],看到再生分蘖腋芽在头季雌雄蕊分化——小孢子分化期,分批缓慢进入第一苞分化,并时日不等地处于休眠潜伏状态。倒 2、3 节分蘖至头季成熟前 15 d,才 100% 腋芽进入第一苞分化,头季成熟前 10 d 进入一次枝梗分化;倒 4、5 节分蘖至头季成熟前 5 d,才 100% 腋芽进入第一苞分化,头季成熟时进入一次枝梗分化。从头季成熟收割,残留稻桩吸收积累的碳水化合物和氮、磷、钾养分,便源源不断向再生分蘖输送,再生分蘖进入旺盛生育时期。上述情景显示,头季成熟前 10 d,是再生分蘖进入幼穗分化始期,及时施用促芽氮肥,将有利提高再生分蘖腋芽萌发成穗率和促进幼穗分化发育,因而是施用促芽氮肥的适期。

1992 年、1993 年、1994 年设置的促芽氮肥施用量试验[7]显示,随着促芽氮肥施用量的增加,残留稻桩的干物质积累量和向再生分蘖的输入量,都逐渐增加,再生分蘖的穗数、每穗粒数和产量也逐渐增加。其中 1993 年和 1994 年促芽氮肥施用量设置相同,增产效应相近,简介如下:设 4 个促芽氮肥施用量处理,每公顷施氮量分别为 0、90、150、210 kg,3 次重复;1993 年的试验结果为施氮肥 90、150、210 g/hm² 的处理,与不施氮的处理相比,再生分蘖穗数分别增加 69%、99%、113%;每穗粒数分别增加 10%、16%、14%;稻谷产量分别增加 88%、106%、119%。1994 年试验结果为:施氮肥 90、150、210 kg/m² 的处理,与

不施氮处理相比,再生分蘖穗数分别增加 74%、86%、103%,每穗粒数分别增加 8%、16%、16%,稻谷产量分别增加 88%、119%、129%。两年结果相当接近,促芽氮肥施用量 90 kg/hm² 处理比不施氮处理,促芽氮肥 150 kg/m² 处理比 90 kg/m² 处理,产量处理差异均达极显著水平,而施氮量 210 kg/hm² 处理比施氮量 150 kg/m² 处理,产量差异无显著性差异。这表明促芽氮肥适用量为 150 kg/m²,比不施氮处理增产达 119%～129%,增产效益很高。研究结果详见本章"再生稻稻桩对再生季产量的形态生理学效应"一节表 3、图 2、图 3。

著录论文

李义珍,黄育民,郑景生,等.高产再生稻干物质积累分配与 NPK 代谢规律研究[R]//福建省农业科学院稻麦研究所.水稻再生器官发育、生理生态和高产高效综合技术体系研究综合报告.福州:福建农业科学院,1995:92-97.

参考文献

[1]徐是雄,徐雪宾.稻的形态与解剖[M].北京:农业出版社,1984:35-44.

[2]杨开渠.再生稻研究[C]//稻作科学论文选集.北京:农业出版社,1957:77-115.

[3]凌启鸿.水稻潜伏芽生长和穗分化形成规律及其应用的研究[J].中国农业科学,1989,22(1):35-43.

[4]黄育民.水稻高节位分蘖器官发育进程研究[J].福建稻麦科技,1993,11(2):27-29.

[5]黄育民,李义珍.水稻高节位腋芽发育进程观察[R].福建省农业科学院稻麦研究所.水稻再生器官发育、生理生态和高产高效综合技术体系研究综合报告.福州:福建省农业科学院,1995:40-45.

[6]郑荣和,李小萍,张上守,等.再生稻茎生腋芽的生育特性观察[J].福建农业学报,2009,24(2):91-95.

[7]蔡亚港,黄育民,李义珍.稻桩对再生稻产量形成的形态生理学效应[M]//黄仲青,程剑,张伟健.水稻高产高效理论与新技术:第 5 届全国水稻高产与技术研讨会论文集.北京:中国农业科技出版社,1996:108-113.

五、再生稻的光合作用和物质生产

作物体物质的 90％来自光合作用形成的碳水化合物,10％来自根系从土壤吸收的无机物质。因此,农学领域的光合作用和物质生产的研究,从 20 世纪 20 年代逐渐引起重视。据武田友四郎[1]评述,英国人 Gregory、Blockman 倡导植物生长分析法,开拓了产量与光合作用相联系的先河。Boysen Jensen 观测自然条件下的光合作用,倡导群体生产的作物生长分析法。日本人 Monsi 对作物群体透光规律作出开创性研究,导出群体物质生产的概念,推动水稻光合作用与物质生产研究,在日本蓬勃发展。我国从 1960 年代起,也开始水稻光合生产的研究,高亮之等[2]对水稻群体光分布进行了较系统的研究,剖析群体光合生产的构成因素及其相互关系。聂毓琦等[3]进行了水稻光合作用及光合生产力的理论研究。但是,对再生稻光合生产的研究则少有报道。本研究按照植物生长分析法,融汇群体物质生产的生长分析法,以汕优 63 为研究试材,从头季至再生季,追踪观测再生稻的叶面积、光合率和器官干物质生产动态,以为制定再生稻高产栽培技术提供参照。

1 材料与方法

1.1 研究概况

试验在武夷山市黄村进行,以汕优 63 品种为试材,1990 年 3 月 20 日播种,4 月 20 日移栽,行株距 16.6 cm×26.6 cm,从 6 月 26 日起,每隔 10 d 左右测定一次叶面积、光合率和器官干物重。

1.2 净光合率的测定

应用江苏省理化测试中心生产的 GH-Ⅲ型光合仪,选晴天上午 8:00—11:00 进行测定。测定前 1 d 从田间掘取 3 丛稻株移栽于塑料桶,带回试验场地,次日从每丛稻株各取 3 枚长势良好的分蘖,分别测定倒 1、2、3 叶的净光合率,每叶测 4 min,随后切取叶片,应用日本产的 AAM-7 型自动面积计测定叶面积。

为了测定群体叶面积,供测定光合率的 27 张叶片,在逐叶测定叶面积后,还用纸袋合装,进行烘干称重,计算面积干重比(单位干重的叶面积)(cm²/g)。

1.3　器官干物质重和叶面积的测定

每次测定光合率的同日,在同一田地掘取 5 丛稻株(占地面积 0.446 m²),分解出绿叶、枯叶、叶鞘、茎秆、穗等器官,再生季还分解出头季残留稻桩,分别用纸袋包装,烘干称重,计算各器官的每平方米干物重(g/m²)。其中叶片干物重含绿叶干物重和枯叶干物重;绿叶面积(cm²)=绿叶干重(g)×叶面积/干重比(cm²/g)。

1.4　叶面积指数(LAI)、群体生长率(CGR)和净同化率(NAR)的计算

叶面积指数(LAI)是指作物在每平方米土地面积上的叶面积的倍数,其数值代表群体叶面积的繁茂程度。计算式为:叶面积指数(LAI)=作物叶面积÷作物占地面积。

群体生长率(CGR)是指作物在每平方米土地面积上日平均干物质积累量,其数值表达作物干物质积累速率,由一定时间内每平方米土地面积上日平均干物质净积累量计算得之。

净同化率(NAR)是指作物每平方米叶面积日平均同化的干物质积累量。其数值代表叶片光合生产的能力,由一定时间内作物每平方米叶面积日平均同化的干物质量计算得之。

植物生长分析法的研究思路是,作物产量(Y)决定于干物质积累总量(W)与收获指数(HI);干物质积累总量决定于群体生长率(CGR)和干物质生产日数(D);群体生长率决定于叶面积(LAI)和单位叶面积的净同化率。关系如下:

$$Y = W \times HI, W = CGR \times D, CGR = LAI \times NAR$$

2　结果与分析

2.1　叶面积动态

表 1 显示:叶面积指数(LAI)高峰在孕穗—齐穗期,头季和再生季分别达 6.22 和 2.45;孕穗—齐穗后 20 d 的叶面积指数都较大,头季和再生季平均叶面积指数分别为 5.51 和 2.18,再生季仅为头季的40%。头季抽穗前有 5 片绿叶,抽穗期有 4 片绿叶,成熟期有 2 片绿叶,抽穗期以倒 3、4 叶最长,倒 1 叶最短。再生季的倒 2、3 节分蘖只有 3 片叶,以倒 1 叶最长,倒 3 叶长仅 1~6 cm。倒 4、5 节分蘖有 4 片叶,以倒 2 叶最长,倒 4 叶长仅 1~6 cm。由于再生季叶少叶短,群体叶面积显著较小。

2.2　净光合率和净同化率

净光合率和净同化率的高峰期均在孕穗至抽穗后 20 d。表 1 显示:以瞬间单位叶面积的 CO_2 同化量为指标的净光合率,头季在孕穗至抽穗 20 d 这一时段的 CO_2 净光含率平均为 15.2 mg/(dm²·h),再

生季在同一时段的净光合率为 20.0 mg/(dm² · h)。以日平均单位叶面积生产的干物质量为指标的净同化率(NAR),头季孕穗至抽穗 20 d 这一时段平均为 4.4 g/(m² · d),再生季在同一时段为 5.3 g/(m² · d)。

由于再生季群体叶面积比头季少,群体透光性较好,因而单位叶面积的净光合率和净同化率更高,在孕穗期至抽穗后 20 d 的平均净光合率,和净同化率,再生季比头季分别高 32% 和 20%。

但是由于再生季群体叶面积小,(再生季高峰期叶面积,仅为头季的 40%),孕穗至抽穗后 20 d 的日平均群体生长率,再生季[CGR=10.7 g/(m² · d)]仅为头季[CGR=23.9 g/(m² · d)]的 45%。再生季成熟期的干物质总积累量(625.2 g/m²),仅为头季成熟期干物质总积累量的 49%。由此,再生季产量仅为头季的 50%。

表 1　再生稻光合生产及干物质积累运转动态

(汕优 63,1990,武夷山黄村)

项　目		头季(月-日)					
		06-26	07-03 (孕穗)	07-12 (齐穗)	07-19	07-31	08-09 (蜡熟)
叶面积指数(LAI)		4.22	6.22	5.79	5.14	4.88	4.21
干物重(W)(g/m²)		431.9	614.1	864.0	1 070.5	1 218.7	1 285.4
群体生长率(CGR)[g/(m² · d)]		—	26.0	27.8	29.5	12.3	7.4
净同化率(NAR)[g/(m² · d)]		—	5.0	4.6	5.4	2.5	1.6
CO_2 净光合率 [mg/(dm² · h)]	倒 1 叶	25.9	12.8	11.1	19.5	—	15.4
	倒 2 叶	16.9	15.2	12.4	15.5	—	14.2
	倒 3 叶	12.9	13.2	12.0	15.0	—	13.9
	合计	18.6	13.7	11.8	16.7	—	14.5
干物质 积累量 (g/m²)	叶片	192.5	217.5	228.2	205.0	185.1	180.8
	叶鞘	194.2	262.3	340.7	255.1	207.6	205.8
	茎秆	45.2	97.1	162.4	211.9	164.2	160.3
	穗子	—	37.2	132.7	398.5	661.8	738.5
	合计	431.9	614.1	864.0	1 070.5	1 218.7	1 285.4

续表1

项目		再生季(月-日)							
		08-16 (割桩)	08-20	08-26 (孕穗)	09-06 (齐穗)	09-19	09-28	10-06	10-12 (成熟)
叶面积指数(LAI)		0.61	0.93	1.92	2.45	2.27	2.07	1.89	0.57
干物重 W(g/m²)		274.7	282.9	331.6	477.7	645.3	720.1	769.3	776.5
群体生长率(CGR)[g/(m²·d)]		—	2.1	8.1	13.3	12.9	8.3	6.2	1.5
净同化率(NAR)[g/(m²·d)]		—	2.7	5.7	6.1	5.5	3.8	3.1	1.2
CO_2 净光合率 [mg/(dm²·h)]	倒1叶	—	—	28.6	20.9	20.9	17.8	22.2	9.4
	倒2叶	—	—	30.2	18.7	16.2	14.4	18.8	10.0
	倒3叶	—	—	19.1	—	16.8	—	—	—
	合计	—	—	26.0	19.8	18.0	16.1	20.5	9.7
干物质 积累量 (g/m²)	叶片	5.1	16.4	61.7	81.9	72.4	69.5	76.0	70.2
	叶鞘	2.2	16.0	40.7	101.4	100.5	98.1	97.8	98.1
	茎秆	0.5	3.1	9.5	45.0	70.7	70.4	67.5	75.6
	穗子	—	—	15.1	71.0	226.4	324.3	370.6	381.3
	合计	7.8	35.5	127.0	299.3	470.0	562.3	611.9	625.2
	稻桩	266.9	247.4	214.6	198.4	185.3	157.8	157.4	151.3

2.3　器官干物质的积累运转

表1、图1显示:再生稻头季和再生季,叶片和叶鞘的干物质积累在齐穗期达到高峰,茎秆的干物质积累在齐穗后10 d达到高峰。此后有一部分干物质输出,以头季输出较多,再生季输出较少。头季叶片、叶鞘和茎秆输出量,分别为自身最高积累量的20.8%、39.6%和24.4%,再生季的叶片和叶鞘输出量,分别为自身最高积累量的14.3%和3.3%,而茎秆未见输出。

头季残留稻桩在头季收割后有大量干物质输出,输出量达最高积累量的43.3%。其中以在头季收割至再生季齐穗期输出量最多,占总输出量的60%,对再生分蘖的萌发和幼穗发育起了重大作用;另有40%是在再生季齐穗至成熟期输出的,对再生分蘖的籽粒发育也起了较大作用。

穗子在齐穗期形成穗轴、枝梗及颖花的躯体,其时穗重为成熟期穗重的18%,开花后随着籽粒的发育充实,干物质迅猛积累,至齐穗后20 d左右,积累速率转缓。

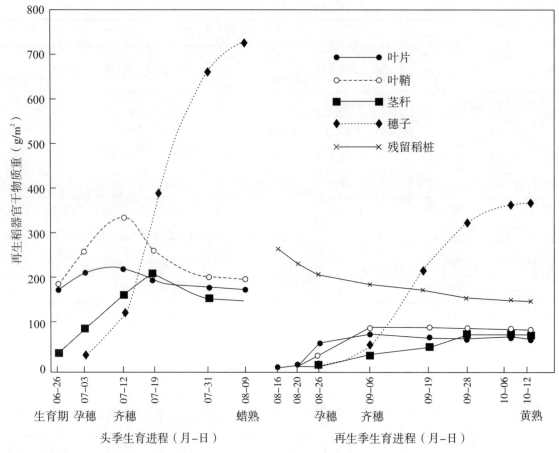

图 1　再生稻器官干物质积累运转进程

2.4　再生稻器官建成的物质来源

由各类器官干物质消长动态的数据计算,结果如表 1、表 2 所示:

头季齐穗至成熟期,穗粒充实所需的干物质量(605.8 g/m²),38.6%来自同期营养器官输出的贮藏性干物质(233.9 g/m²),61.4%来自同期的光合生产。

头季收割至再生季齐穗期,再生分蘖苗体(含营养器官和幼穗)生长所需的干物质量(299.3 g/m²),22.9%来源于同期头季残留稻桩,77.1%来自同期的光合生产。

再生季齐穗至成熟期,再生分蘖穗粒充实所需的干物质量(310.3 g/m²),6%来自同期营养器官贮藏性干物质,15.2%来自同期残留稻桩贮藏性干物质,78.8%来自同期的光合生产。

头季残留稻桩,在再生季共输出干物质 115.6 g/m²,输出率达 43.3%,对再生分蘖的生长贡献率 18.7%。其中以在头季收割后 10 d 输出量最多(52.3 g/m²),占该期再生分蘖干物质净积累量 119.2 g/m² 的 43.9%,对于促进再生分蘖萌发和幼穗发育起了重大作用。

表2　再生稻各时段器官干物质输出量及对新生器官建成的贡献

（汕优63,1990,武夷山市黄村）

器官	头季齐穗—成熟期			头季收割—再生季齐穗期			再生季齐穗—成熟期		
	峰值 （g/m²）	输出量 （g/m²）	对穗粒贡 献率（%）	峰值 （g/m²）	输出量 （g/m²）	对分蘖苗体 贡献率（%）	峰值 （g/m²）	输出量 （g/m²）	对穗粒贡 献率（%）
叶片	228.2	47.4	7.8	81.9	0	0	81.9	11.7	3.8
叶鞘	346.7	134.9	22.3	101.4	0	0	101.4	3.6	1.2
茎秆	211.9	51.6	8.5	70.7	0	0	70.7	3.2	1.0
合计	786.8	233.9	38.6	254.0	0	0	254.0	18.5	6.0
稻桩	—	—	—	266.9	68.5	23.5	198.4	47.1	15.2

3　总结与讨论

本研究观察,再生季的净光合率和净同化率（NAR）,分别比头季高32%和20%,这与再生季叶面积较小,群体透光度较高有关。但再生分蘖叶少叶短,群体叶面积仅为头季的40%,其群体生长率（CGR）仅为头季的45%,这是其产量显著较低的主要原因。管康林等[4]对IR6号、IR8号品种观察,再生季群体叶面积分别为头季的74%和56%,而在本试验条件下,再生季群体叶面积,仅为头季的40%。看来,扩大再生季叶面积,增加干物质积累,仍有很大潜力。

从本研究结果看出,头季残留稻桩在再生季有大量贮藏性干物质输入再生分蘖,其中60%在再生季齐穗前输入,有40%在再生季齐穗后输入,对于再生腋芽萌发和穗粒发育均起重要作用。据蔡亚港等[5]研究,头季残留稻桩含有大量贮藏性干物质,以在头季收割后10 d内转运到再生分蘖最多,对再生分蘖的表观转变率达59%～75%。

著录论文

张海峰,黄育民,林文,等.再生稻的光合作用和物质生产[J].福建稻麦科技,1991,9(4):41-45.

参考文献

[1]户苅义次.作物的光合作用与物质生产[M].薛德榕,译.北京:科学出版社,1979:365-373.

[2]高亮之,李林.水稻气象生态[M].北京:农业出版社,1992:114-189.

[3]聂毓琦,焦德茂,崔继林.光合作用及光合生产力[M]//江苏稻作科学.南京:江苏科学技术出版社,1990:225-259.

[4]管康林,陈耀武,肖耀文.再生稻生理研究初报[J].中国农业科学,1979(3):23-30.

[5]蔡亚港,黄育民,李义珍.稻桩对再生稻产量形成的形态生理学效应[M]//黄仲青,程剑,张伟建.水稻高产高效理论与新技术:第5届全国水稻高产与技术研讨会论文集.北京:中国农业科技出版社,1996:108-113.

六、再生稻茎生腋芽的生育特性观察

再生稻是利用头季收割后稻桩上的腋芽萌发成穗而培育出的一季稻子,具有一次播栽、两次收成、省工省本的优点,是一种资源节约型的稻作。1997 年全国再生稻种植面积达 75 万 hm^2,头季平均产量 7.5 t/hm^2 左右,再生季平均产量 2.04 t/hm^2。由于再生季单产低,效益不彰,再生稻种植面积大幅萎缩。提高再生季产量,振兴再生稻种植制度,对于确保我国粮食安全有重大意义。再生分蘖穗小粒轻,提高再生季产量的关键在于提高茎生腋芽萌发成穗率,以多穗补小穗的不足。对于茎生腋芽的生育特性及调控技术,已有不少研究[1-9]。前人主要比较研究了各节位腋芽的活力[10-11]、死亡顺序[12-13]、萌发时期[14-15] 和幼穗分化[1,16],但不同节位腋芽的生长发育动态研究较少。本研究着重观察比较不同节位茎生腋芽的分化、生长动态和穗粒性状,以期为研发茎生腋芽解抑激活的技术提供依据。

1 材料与方法

1.1 茎生腋芽生育动态的观察

2006 年在福建省尤溪县西城镇麻洋村,选用Ⅱ优航 2 号,在头季拔节后 10 d 至抽穗,每周掘取 10 个茎蘖,镜检母茎及不同节位茎生腋芽的幼穗分化进程。从头季黄熟期(8 月 15 日)前 12 d、前 9 d、前 6 d、前 3 d、当日、后 3 d 和后 6 d,各掘取 30 个茎蘖,分解出不同节位的茎生腋芽,取不同节位腋芽各 10 个镜检幼穗分化进程,取不同节位腋芽各 20 个测量长度和干重。在黄熟前 3 d 至黄熟后 6 d,同一节位腋芽的生长出现两极分化:一部分明显伸长,一部分滞留休眠状态。表 2 所列数据系伸长腋芽的平均长度和平均干重。

1.2 茎生腋芽萌发成穗数和穗粒性状的观察

2005 年、2006 年、2007 年在同地的再生季成熟期,分别掘取Ⅱ优航 1 号、Ⅱ优航 2 号、两优培九等品种各 20 丛稻株,分解出不同节位的分蘖穗,考察其穗数、每穗粒数、结实率、千粒重和产量。

1.3 各节位茎生器官长度和相对位差的观察

2006 年在福建省尤溪县西城镇麻洋基地选用两优培九,于头季齐穗期掘取 10 个茎蘖,分别测定地上部茎秆各节位叶片、叶鞘、节间的长度,计算各节位茎生器官的相对位差,凭以分析适宜留桩高度的形态诊断指标。同时,在福建省尤溪县西城镇麻洋村,联合乡岭头村和梅仙镇下保村,掘取 11 个再生稻品种各 10 个头季齐穗期的茎蘖,测定其穗顶、倒 3 叶枕和倒 2 芽着生节部距地表的高度,据此验证适宜留桩高度的形态诊断指标。

1.4　节位划分标准

依据禾谷类胚结构的解释,将节部上方的叶片、叶鞘、叶鞘腋的腋芽、节部下方的节间和节间下端的节根,划为同一个节位。但为便于分析留桩高度指标,表 4 所列节间的节位系按由上而下标序,即将穗下节间标为倒 1 节间,将倒 1 叶位所属节间标为倒 2 节间,余以此类推。

2　结果与分析

2.1　不同节位茎生腋芽的穗分化进程

现有作再生稻栽培的晚熟型杂交稻,地上部有 5 片茎生叶、6 个伸长节间,除倒 1 叶腋无腋芽发育外,倒 2～倒 5 叶腋都发育一个腋芽,在适宜条件下可萌发形成一个再生分蘖。据对Ⅱ优航 2 号各节位腋芽的镜检(表 1),茎生腋芽从头季抽穗前就按由下而上的节位顺序开始第一苞分化,但发育十分缓慢,直至头季黄熟前 12 d 仍保留在苞分化阶段。从头季黄熟前 9 d 起,茎生腋芽才按由上而下的节位顺序进行幼穗新阶段的分化。其中,倒 2、3 节位茎生腋芽在头季黄熟前 9 d 进入一次枝梗分化,在头季黄熟前 3 d 进入二次枝梗分化,在头季黄熟收割后 3 d 进入颖花分化,在头季黄熟收割后 6 d,有个别倒 2 芽进入雌雄蕊分化;倒 4、5 节位茎生腋芽的穗分化相对滞后,在头季黄熟当日才有一部分进入一次枝梗分化,在头季黄熟收割后 6 d 才进入二次枝梗分化。

表 1　不同节位茎生腋芽的穗分化进程

(Ⅱ优航 2 号,2006)

腋芽节位	黄熟前 12 d	黄熟前 9 d	黄熟前 6 d	黄熟前 3 d	黄熟当日	黄熟后 3 d	黄熟后 6 d
倒 2	Ⅰ	Ⅱ	Ⅱ	Ⅲ	Ⅲ	Ⅳ	Ⅳ
倒 3	Ⅰ	Ⅱ	Ⅱ	Ⅲ	Ⅲ	Ⅳ	Ⅳ
倒 4	Ⅰ	Ⅰ	Ⅰ	Ⅰ	Ⅰ、Ⅱ	Ⅱ	Ⅲ
倒 5	Ⅰ	Ⅰ	Ⅰ	Ⅰ	Ⅰ、Ⅱ	Ⅱ	Ⅲ

注:Ⅰ为苞分化期,Ⅱ为一次枝梗分化期,Ⅲ为二次枝梗分化期,Ⅳ为颖花分化期。

2.2　不同节位茎生腋芽的生长动态

据对Ⅱ优航2号的追踪观察(表2),茎生腋芽的潜伏期长,在母茎抽穗前长仅2 mm左右,在母茎黄熟前6～12 d长仅6～12 cm,至母茎黄熟前3 d,倒2、3节位的大部分腋芽开始明显伸长,倒4、5节位的一部分腋芽也开始伸长。至母茎黄熟收割时,倒2节位伸长的腋芽平均长度8 cm,干重55 mg;倒3节位伸长的腋芽平均长度6.8 cm,干重48 mg;倒4、5节位伸长的腋芽平均长度3～5 cm,干重16～18 mg。

由于母茎黄熟收割时倒2芽长8 cm左右,为了保护具有再生优势的倒2芽,头季收割的适宜高度应在倒2芽着生节部上方10～15 cm处。

表2　不同节位腋芽的萌发伸长动态

腋芽节位	腋芽长度(cm)						腋芽干重(mg)					
	黄熟前12 d	黄熟前9 d	黄熟前6 d	黄熟前3 d	黄熟	黄熟后3 d	黄熟前12 d	黄熟前9 d	黄熟前6 d	黄熟前3 d	黄熟	黄熟后3 d
倒2	0.6	0.7	0.7	5.2	8.0	10.4	0.4	0.7	1	26	55	67
倒3	1.2	1.2	1.2	3.5	6.8	8.0	0.6	0.9	1	18	48	58
倒4	0.9	1.1	1.1	2.0	4.6	5.3	0.5	0.9	1	6	18	29
倒5	0.7	0.7	0.7	3.5	3.4	4.2	0.4	0.7	1	13	16	19

注:头季7月12日齐穗,8月15日黄熟。

表3　不同节位分蘖的经济性状

杂交组合	腋芽节位	每平方米穗数	萌发成穗率(%)	每穗粒数	结实率(%)	千粒重(g)	产量(g/m²)	占总产量比例(%)
Ⅱ优航1号	倒2	196.5	70.4	61.3	92.3	25.4	282.4	37.0
	倒3	168.0	60.2	71.9	93.5	25.9	292.5	38.4
	倒4	103.5	37.1	65.6	92.4	23.1	144.9	19.0
	倒5	31.5	11.3	61.7	92.6	23.8	42.8	5.6
	合计	499.5	44.8	65.8	92.8	25.0	762.6	100.0
Ⅱ优航2号	倒2	207.0	74.2	75.7	95.2	24.9	371.5	48.6
	倒3	157.5	56.5	76.6	91.8	24.3	269.1	35.2
	倒4	66.0	23.7	68.0	87.8	24.2	95.4	12.5
	倒5	24.0	8.6	57.3	86.6	23.6	28.1	3.7
	合计	454.5	40.7	73.9	92.6	24.6	764.1	100.0
两优培九	倒2	229.5	82.3	66.0	85.6	23.5	304.7	39.4
	倒3	204.0	73.1	81.5	87.0	25.0	360.3	46.5
	倒4	60.0	21.5	64.9	82.0	23.9	76.3	9.9
	倒5	40.5	14.5	50.1	71.8	22.4	32.6	4.2
	合计	534.0	47.8	70.5	85.1	24.2	773.9	100.0

2.3 各节位分蘖的经济性状

调查 3 个再生稻品种不同节位茎生腋芽的再生性状(表 3)看出:

再生稻存在上位芽生长优势,倒 2 芽的萌发成穗率达 70%～80%,倒 3 芽的萌发成穗率达 60%～70%,倒 4 芽的萌发成穗率仅 20%～40%,倒 5 芽的萌发成穗率仅 10%～15%。3 个品种平均,倒 2、3、4、5 节位腋芽的成穗数,分别占总穗数的 42.5%、35.6%、15.4% 和 6.5%,其中倒 2、3 芽合占 78.1%,是再生稻的优势芽。

再生分蘖每穗粒数少,仅为母茎穗的 1/3,其中倒 3 芽成穗分蘖的每穗粒数略多,倒 2、4 分蘖次之,倒 5 分蘖略少。往常以为基部再生分蘖穗大粒多的认知与实际情况并不相符。

结实率和千粒重有随节位下移而降低的趋势。再生分蘖的千粒重比头季显著降低。基于上述性状,在总产量构成中,以倒 2、3 分蘖所占份额最大,倒 4、5 分蘖所占份额仅 20% 左右。3 个品种平均,倒 2、3、4、5 分蘖的产量分别占总产的 41.7%、40.1%、13.7% 和 4.5%,其中倒 2、3 分蘖合占 81.8%,在不施促芽肥的空白对照区,倒 4、5 分蘖寥寥无几,而倒 2、3 分蘖合计产量竟占总产 90% 以上。

2.4 各节位茎生器官的长度和适宜留桩高度的形态诊断指标

对杂交稻两优培九各节位茎生器官长度进行测定,并按由上而下标序,结果显示(表 4、图 1),除倒 1 叶鞘短于倒 1 节间(依据胚结构解释分节,应称为穗下节间)而外,其他叶鞘都比同序节间长,如倒 2 叶鞘比倒 2 节间长 3.4 cm,倒 3 叶鞘比倒 3 节间长 8.4 cm。由于倒 2 芽着生于倒 3 节间(依据胚结构解释分节,应称为倒 2 叶位节间)的上端节部,因而也表明倒 3 叶鞘顶端的叶枕,比倒 2 芽着生节部高 8.4 cm。据此设想,如果头季黄熟时在倒 3 叶枕处收割,便可确保留住倒 2 芽。换言之,倒 3 叶枕高度,可作为适宜留桩高度的形态指标。

表 4 两优培九各节位器官的长度

单位:cm

节位顺序	叶片		叶鞘		节间		叶鞘与节间长度差	
	$\bar{x}$	s	$\bar{x}$	s	$\bar{x}$	s	$\bar{x}$	s
倒 1	37.0	3.5	35.7	2.6	39.8	2.9	−4.1	1.3
倒 2	50.4	4.4	27.8	1.7	24.4	2.2	3.4	1.1
倒 3	54.4	3.5	23.2	1.5	14.8	1.2	8.4	1.2
倒 4	61.8	4.7	22.5	1.4	11.3	1.1	11.2	2.0
倒 5	48.7	5.3	20.4	1.5	4.8	0.9	15.6	1.6
倒 6	38.9	4.1	17.4	1.5	1.0	0.1	16.4	1.5

注:节位顺序按由上而下标序。

　　为鉴定上述形态诊断指标是否具有普遍性,在尤溪县三个再生稻示范基地,另采集11个再生稻品种头季齐穗期的植株,测定其穗顶、倒3叶枕和倒2芽着生节部距地面的高程,计算出倒3叶枕至倒2芽着生节部的高差,以及倒3叶枕高程占株高的百分率,结果显示(表5):倒3叶枕至倒2芽着生节部高差为8.4~16.3 cm,倒3叶枕高程为株高的31%~36%。例如,Ⅱ优航1号的倒3叶枕至倒2芽着生节部高(14.5±1.6)cm,比头季黄熟期倒2芽(长度8 cm)芽顶高出6.5 cm,在倒3叶枕处收割,不仅可保留倒2芽,一般也不会割伤倒2芽的叶片。

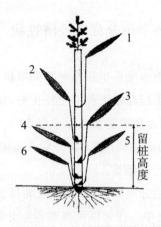

图1　再生稻地上部器官形态结构模式图

　　上述结果表明:倒3叶枕高程,确实可作为简捷诊断母茎适宜留桩高度的形态指标,也验证以往提出的以株高1/3作留桩高度的指标大致可行。

表5　再生稻各品种倒3叶枕高度及至倒2芽的高差

杂交组合	株高(cm)		倒3叶枕距地表高度(cm)		倒2芽距地表高度(cm)		倒3叶枕至倒2芽高差(cm)		倒3叶枕高度占株高的百分比(%)
	$\overline{x}$	s	$\overline{x}$	s	$\overline{x}$	s	$\overline{x}$	s	
Ⅱ优139	136.1	1.5	43.3	1.1	30.6	3.1	12.7	2.5	31.8
Ⅱ优936	135.3	4.4	42.3	2.4	31.9	3.9	10.4	2.1	31.3
Ⅱ优航148	134.5	4.2	43.8	2.2	32.3	3.6	11.5	2.6	32.6
Ⅱ优6号	133.5	2.4	43.6	1.7	32.1	3.8	11.5	2.7	32.7
Ⅱ优明86	132.3	2.9	41.9	2.6	31.1	4.4	10.8	2.7	31.7
Ⅱ优航2号	132.0	3.4	43.3	2.5	28.8	3.1	14.5	1.6	32.8
Ⅱ优1273	128.6	5.0	42.6	2.0	29.5	3.2	13.1	2.3	33.1
汕优63	126.7	1.6	42.4	1.4	29.2	2.3	13.2	2.0	33.5
D优6号	124.1	4.0	38.9	2.6	27.1	5.5	11.8	4.1	31.4
Ⅱ优131	121.7	3.5	43.4	2.4	31.7	2.4	11.7	1.0	35.7
Ⅱ优1259	117.4	3.1	36.8	1.8	20.5	2.2	16.3	2.9	31.4
两优培九	119.8	2.2	40.3	2.4	31.9	2.2	8.4	1.2	33.6

3　总结与讨论

3.1　各节位茎生腋芽的生育特性

　　据已有研究[1,3,5,9],茎生腋芽的头3个叶原基的分化与母茎叶片伸长保持井然有序的相关生长关系,但幼穗发育十分缓慢,抽穗前按由下而上的节位顺序开始第一苞分化,抽穗后按由上而下的节位顺序开始一、二次枝梗分化。至母茎黄熟时,倒 2、3 芽大多进入二次枝梗分化,倒 4、5 芽有一部分进入一次枝梗分化。

由于顶端优势的控制,茎生腋芽长期潜伏不长,至母茎黄熟收割前 3 d 才萌发,生长先天不足,穗小粒轻,萌发成穗率随节位下移而递减。据本研究对多个再生稻品种的观察,在普通栽培条件下,倒 2 芽的萌发成穗率为 70%～80%,倒 3 芽为 60%～70%,倒 4 芽为 20%～40%,倒 5 芽为 10%～15%;成穗分蘖的每穗粒数仅为母茎的 1/3,其中倒 3 分蘖的穗子略大,倒 2、4 分蘖次之,倒 5 分蘖的穗子略小;结实率和千粒重则随节位下移而降低。因而,倒 2、3 分蘖构成总穗数和总产量的 80% 左右。在逆境(如缺氮缺氧)中倒 4、5 分蘖寥寥无几,倒 2、3 分蘖构成总产量的 90% 以上。

人们对植物顶端优势形成的机理进行了长期研究,先后提出营养竞争说、生长素调控说、生长素与细胞分裂素协同调控说等多种假说[17]。顶端优势与植物的生物产量和经济产量密切相关。人们依据生产需要的不同,采取了不同的措施来抑制或促进顶端优势的发生。

3.2　适宜留桩高度的形态诊断指标

为保留倒 2 优势芽,头季收割必须高留稻桩。研究表明,适宜的留桩高度在倒 2 芽着生节部上方 10～15 cm,即倒 2 节间的中部[2,4,6,8]。但是由于倒 2 芽着生高程因再生稻品种和栽培条件而差异甚大,留桩高度必须因地因种确定,无法划定统一的尺寸。据各地实践经验[5],倒 2 芽着生节部上方 10～15 cm 高程,大致相当于株高的 1/3。因而目前普遍以株高的 1/3 作为田间留桩高度的指标。然而所谓"株高"系指稻穗扯直后地表至穗顶的高程。成熟时的稻穗是弯垂的,在自然状态下,株高的 1/3 高程估准不易。根据本研究对 12 个再生稻品种形态的观察,发现倒 3 叶枕比倒 2 芽着生节部高 8～16 cm。据此提出,倒 3 叶枕高程可作为简捷诊断母茎适宜留桩高度的形态指标。

3.3　提高茎生腋芽萌发成穗率的主要技术

茎生腋芽生长先天不足,每穗粒数仅为母茎的 1/3。争取再生季高产的关键在于提高腋芽萌发成穗率,形成比头季多 70%～100% 的穗数,以多穗补小穗的不足。据研究[2,4-8],为了提高腋芽萌发成穗率,首先应在头季收割时适当高留稻桩,保留萌发成穗率最高的倒 2 芽,也保留较多份额的稻桩贮藏性物质,收割后源源供养再生分蘖;在此基础上,抑制顶端优势,促进下部腋芽的萌发,主要技术有:(1)实行畦栽沟灌或间歇性湿润灌溉,创建湿润透气的土壤环境,提高根系活力,合成更多的细胞分裂素,启动下部腋芽的萌发。(2)头季结实后期重施氮肥,促进细胞分裂素和蛋白质合成,并增加光合产物在稻桩的贮积,以消减生长素引起的顶端优势,并为下部腋芽萌发和生长提供充足的营养。(3)化学调控剂。已知细胞分裂素、乙烯利是生长素的拮抗剂;一些生长素合成抑制剂和运输抑制剂可消减生长素对腋芽萌发的抑制;在细胞分裂素预处理后,IAA、GA 可以促进腋芽的伸长。这些研究结果将有助于腋芽化学调控实用化技术的开发。

著录论文

郑荣和,李小萍,张上守,等.再生稻茎生腋芽的生育特性观察[J].福建农业学报,2009,24(2):91-95.

参考文献

[1]苏祖芳,张洪程,侯康平,等.再生稻幼穗分化形成规律及其应用的研究[J].江苏农学院学报,1988,9(3):17-22.

[2]李义珍,黄育民,陈子聪,等.再生稻丰产技术研究[J].福建省农科院学报,1991,6(1):1-12.

[3]黄育民.水稻再生丰产技术研究:X 水稻高节位分蘖器官发育进程研究[J].福建稻麦科技,1993,11(2):27-29.

[4]蔡亚港,黄育民,李义珍.再生稻产量形成过程稻桩的形态生理学效应[J].福建农业学报,1998,13(4):7-11.

[5]施能浦,焦世纯.中国再生稻栽培[M].北京:中国农业出版社,1999.

[6]张上守,卓传营,姜照伟,等.超高产再生稻产量形成和栽培技术分析[J].福建农业学报,2003,18(1):1-6.

[7]姜照伟,林文雄,李义珍,等.不同氮肥施用量对再生稻氮素吸收和分配的影响[J].福建农业学报,2003,18(1):50-55.

[8]卓传营.Ⅱ优航 1 号作再生稻栽培的超高产特性及调控技术[J].福建农业学报,2006,21(2):89-94.

[9]谢华安.汕优 63 选育理论与实践[M].北京:中国农业出版社,2006:92-107.

[10]徐富贤,方文,熊洪,等.施氮与杂交中稻再生力关系研究[J].杂交水稻,1993(4):25-28.

[11]重庆再生稻研究中心.杂交稻新组合的再生特性研究[J].再生稻,1997(2):1-9.

[12]徐富贤,熊洪,洪松.杂交中稻抽穗后再生芽生长与头季稻茎鞘物质积累的关系[J].中国水稻科学,1997,11(3):160-164.

[13]徐富贤,熊洪,赵甘霖,等.杂交中稻收割前再生芽死亡机理及其调查[J].中国农业科学,2000,33(4):31-37.

[14]姚厚军.再生稻可行性及潜伏芽生长规律的研究[J].安徽农业科学,1998(2):40-45.

[15]袁继超,孙晓辉.留桩节位与母叶对再生稻生长发育的影响[J].四川农业大学学报,1996,14(4):523-528.

[16]凌启鸿.水稻潜伏芽生长和穗分化形成规律及其应用的研究[J].中国农业学报,1989,22(1):35-43.

[17]韩碧文.植物生长与分化[M].北京:中国农业大学出版社,2003:178-187.

七、再生稻气候生态及安全播种齐穗期

再生稻,利用头季收割后稻桩上的腋芽萌发成穗,一次播栽,两次收成,是一种资源节约型的稻作。我国在 1 700 年前的西晋就有零星种植的记述。1950—1970 年代,南方多省曾筛选一批再生稻品种,断断续续进行试种示范,由于耕作粗放,单产较低。1980 年代末,随着一批具有强再生力杂交稻品种的问世,再生稻才成为一种稻作制,在我国南方悄然崛起,1990 年代种植面积迅速扩大,1997 年全国再生稻种植面积合计 75 万 hm²,再生季平均单产 2 040 kg/hm²。

福建省人多地少,稻米不能自给。全省山区有 30 万 hm² 单季稻,其中一半面积的光热资源双季稻不足,种单季稻有余,如能发展再生稻,对改善稻米供给将起很大作用。为此,福建省农业科学院在 1988—1995 年对稻麦研究所下达再生稻研究课题,并申报农业部立题资助,分别在崇安、沙县、安溪等县,与当地农技部门合作,研究再生稻形态发育、生理生态和高产高效栽培技术体系。本节为福建山区再生稻气候生态及适种区域的研究结果。

1　材料与方法

1.1　研究概况

研究地点,1988—1989 年为沙县西霞乡村头村(26°31′N,117°49′E,海拔 550 m),崇安县(今武夷山市)武夷乡溪洲村(27°42′N,118°08′E,海拔 200 m);1991—1995 年为崇安县星村乡黄村(27°39′N,117°58′E,海拔 200 m),安溪县龙涓乡举溪村(24°58′N,117°46′E,海拔 500 m)。种植再生稻早、中、晚熟品种,分期播种,记载生育期,查阅当地县气象站逐日气温资料,依据试点海拔和福建热量资源时空分布模式[1]提供的直减率,测算各生育阶段积温,分析再生稻气候生态。

1.2　再生稻不同品种分期播种的生育动态及积温的观测计算

1988 年在沙县村头村分 4 期播种早熟品种威优 64 和晚熟品种汕优 63,每期每个品种移栽 50 m²。1988 年、1989 年在崇安县溪洲村分 4、5 期播种汕优 63 品种,每期移栽 50 m²。1990—1992 年在崇安县黄村,每年均选用 2 丘相邻而播栽期不同的汕优 63。每年对分期播栽的再生稻品种,观察记载头季播种、移栽、齐穗、成熟期和再生季齐穗、成熟期,查阅登记供试县气象站稻作期逐日平均气温,依据其试点海拔和福建省热量资源分布模式[1]提供的直减率,计算试点稻作期逐旬平均气温,进而测算再生稻各生育期积温。

1.3 再生稻头季安全播种期和再生季安全齐穗期的计算

籼型水稻种子发芽的起码日平均气温为 12 ℃,据对多地春季气温动态记录考察,明确历年平均气温达到 13.5 ℃之日,有 80% 概率年份的日平均气温达到 12 ℃。齐穗开花期对低温最敏感,遇日平均气温连续 3 d 以上低于 22 ℃,即伤害花粉萌发受精,大幅降低结实率。据对多地初秋气温动态记录考察,明确历年初秋平均气温降达 24 ℃之日,有 80% 概率年份的日平均气温不会出现连续 3 d 以上低于 22 ℃。而海拔超过 700 m 的山区,由于频经低温锻炼,伤害开花受精的日平均气温降为连续 3 d 以上低于 21 ℃,则历年初秋日平均气温降达 23 ℃之日,有 80% 概率年份不会出现连续 3 d 以上低于 21%。据上述分析,确定以历年春季日平均气温升达 13.5 ℃之日,为头季稻安全播种期,以初秋日平均气温降达 24 ℃之日(海拔 700 m 以上山区为初秋日平均气温降达 23 ℃之日),为再生季安全齐穗期。

2 结果与分析

2.1 再生稻的生育历程

表 1～表 3 显示:再生稻头季播种至齐穗的日数,随播种期推迟而缩短,晚熟品种汕优 63 变动于 110～120 d,早熟品种变动于 90～110 d,变异系数为 3.5%～7.4%。从头季齐穗至再生季齐穗,两个品种皆变动于 55～60 d,变异系数为 3.0%～5.5%;从头季播种至再生季齐穗,不同播期间差距已不大,晚熟品种汕优 63 为 170 d 左右,变异系数 2.4%～3.0%;早熟品种威优 64 平均为 160 d 左右,变异系数 4.5%。沙县村头试点海拔 550 m,气温较低,汕优 63 头季推迟至 8 月底—9 月中旬成熟,再生季齐穗期延至 10 月份,其时旬均温度仅 17～20 ℃,不能正常开花结实;而早熟种威优 64 需在 3 月下旬—4 月上旬播种,才能确保再生季安全齐穗,4 月中、下旬播种的,再生季将延至 9 月 20 日以后齐穗,也不能正常开花结实。

2.2 再生稻各生育阶段的热量需求

再生稻各生育阶段的积温相对比较稳定,头季播种至齐穗平均积温,汕优 63 为 2 500 ℃,变异系数 1.7%～3.1%,威优 64 为 2 200 ℃,变异系数 2.8%;从头季齐穗至再生季齐穗的平均积温,两个品种皆为 1500 ℃左右,变异系数 2.7%～5.9%。从头季播种至再生季齐穗的积温,汕优 63 为 4 000 ℃左右,变异系数 0.9%～1.1%;威优 64 为 3 700 ℃左右,变异系数 1.9%,相当稳定。

表 1　再生稻不同播种期的生育动态及积温

（汕优63,福建省崇安县武夷乡溪洲村）

年份	生育期（月-日）					头季				再生季				头季齐穗至再生季齐穗		头季播种至再生季齐穗	
	头季播种	头季齐穗	头季成熟	再生季齐穗	再生季成熟	播种至齐穗		齐穗至成熟		割桩至齐穗		齐穗至成熟					
						日数(d)	积温(℃)	日数(d)	积温(℃)	日数(d)	积温(℃)	日数(d)	积温(℃)	日数(d)	积温(℃)	日数(d)	积温(℃)
1988 年	03-20	07-15	08-14	09-13	10-15	117	2 467.4	30	831.7	30	795.3	32	710.9	60	1 627.0	177	4 094.4
	03-25	07-20	08-18	09-17	10-20	117	2 539.7	29	801.2	30	783.5	33	711.4	59	1 584.7	176	4 124.4
	03-30	07-24	08-22	09-20	10-25	116	2 584.1	29	797.7	29	748.1	35	725.5	58	1 545.8	174	4 129.9
	04-10	07-28	08-25	09-25	10-30	109	2 529.9	28	766.4	31	782.9	35	769.7	59	1 548.7	168	4 078.6
1989 年	03-20	07-18	08-18	09-12	10-19	120	2 551.2	31	857.1	25	661.7	37	813.5	56	1 518.8	176	4 070.0
	03-25	07-22	08-22	09-16	10-23	119	2 595.7	31	853.6	25	651.2	37	788.0	56	1 504.8	175	4 100.5
	03-30	07-25	08-25	09-19	10-26	117	2 612.1	31	850.4	25	643.1	37	767.3	56	1 493.5	173	4 105.6
	04-05	07-27	08-27	09-21	10-28	113	2 578.3	31	848.2	25	636.6	37	754.8	56	1 484.8	169	4 063.1
	04-10	07-28	08-28	09-22	10-29	109	2 529.3	31	847.1	25	632.6	37	749.2	56	1 479.7	165	4 009.0
$\overline{x}$						115.2	2 554.2	30.1	828.2	27.2	703.9	35.6	746.5	57.3	1 532.0	172.6	4 086.2
s						4.0	44.0	1.2	32.1	2.7	71.4	1.9	38.8	1.7	49.5	4.2	36.8
CV(%)						3.5	1.7	4.0	3.9	9.9	10.1	5.3	5.2	3.0	3.2	2.4	0.9

表 2　再生稻不同播种期的生育动态及积温

（汕优63,福建省崇安县星村乡黄村）

年份	生育期（月-日）					头季				再生季				头季齐穗至再生季齐穗		头季播种至再生季齐穗	
	头季播种	头季齐穗	头季成熟	再生季齐穗	再生季成熟	播种至齐穗		齐穗至成熟		割桩至齐穗		齐穗至成熟					
						日数(d)	积温(℃)	日数(d)	积温(℃)	日数(d)	积温(℃)	日数(d)	积温(℃)	日数(d)	积温(℃)	日数(d)	积温(℃)
1990 年	03-19	07-08	08-07	09-13	10-10	111	2 366.0	30	842.8	27	724.6	37	853.8	57	1 567.4	168	3 933.4
	03-20	07-12	08-13	09-08	10-18	114	2 463.1	32	888.5	26	638.4	40	871.3	58	1 526.5	172	3 989.6
1991 年	03-11	07-08	08-12	09-06	10-16	119	2 417.7	34	960.5	25	659.1	40	876.6	59	1 619.6	178	4 037.3
	03-22	07-11	08-13	09-08	10-18	111	2 395.9	33	902.8	26	712.1	40	831.8	59	1 614.9	170	4 010.8
1992 年	03-14	07-17	08-16	09-07	10-15	125	2 578.8	30	825.6	22	584.9	38	871.8	52	1 410.5	177	3 989.3
	03-19	07-17	08-16	09-08	10-15	120	2 517.1	30	825.6	23	612.0	37	844.7	53	1 437.6	173	3 954.7
	04-02	07-21	08-20	09-12	10-19	110	2 477.0	30	812.6	23	617.1	37	802.2	53	1 429.7	163	3 906.7
$\overline{x}$						115.7	2 457.9	31.3	865.5	24.6	649.7	38.4	850.2	55.9	1 515.2	171.6	3 974.5
s						5.7	75.0	1.7	53.9	1.9	52.3	1.5	26.8	3.1	89.4	5.2	45.4
CV(%)						4.9	3.1	5.4	6.2	7.7	8.0	3.9	3.2	5.5	5.9	3.0	1.1

表3 中山区再生稻不同品种各播种期的生长动态及积温

(福建省沙县西霞乡村头村,1988)

| 品种 | 生育期(月-日) | | | | | 头季 | | | | 再生季 | | | | 头季齐穗至再生季齐穗 | | 头季播种至再生季齐穗 | |
| | | | | | | 播种至齐穗 | | 齐穗至成熟 | | 割桩至齐穗 | | 齐穗至成熟 | | | | | |
	头季播种	头季齐穗	头季成熟	再生季齐穗	再生季成熟	日数(d)	积温(℃)	日数(d)	积温(℃)	日数(d)	积温(℃)	日数(d)	积温(℃)	日数(d)	积温(℃)	日数(d)	积温(℃)
威优64	03-20	07-10	08-10	09-06	10-10	112	2 272.7	31	798.8	27	673.3	34	741.6	58	1 472.1	170	3 744.8
	04-07	07-15	08-16	09-12	10-16	99	2 129.9	32	820.1	27	664.5	34	710.2	59	1 484.6	158	3 614.5
	04-20	07-25	08-27	09-26	11-03	96	2 174.4	32	836.1	30	700.2	38	711.2	63	1 536.3	159	3 710.7
	05-05	08-05	09-06	10-5	11-12	92	2 169.2	32	800.3	29	641.1	38	666.1	61	1 441.4	153	3 610.6
	$\overline{x}$					99.8	2 186.6	32.0	813.8	28.3	669.8	36.0	707.3	60.3	1 483.6	160	3 670.2
	s					8.7	60.8	0.8	17.7	1.5	24.4	2.3	31.1	2.2	39.5	7.2	68.0
	CV(%)					8.7	2.8	2.5	2.2	5.3	3.6	6.4	4.4	3.6	2.7	4.5	1.9
汕优63	03-20	07-25	08-27	09-30	11-05	127	2 662.7	33	836.1	34	786.6	36	657.2	67	1 622.7	194	4 285.4
	04-07	08-02	09-02	10-17	11-16	117	2 595.0	31	778.9	35	778.9	34	685.7	66	1 557.8	183	4 152.8
	04-20	08-14	09-15	10-23	—	116	2 684.4	32	783.2	38	768.1	—	—	70	1 551.3	186	4 235.7
	05-05	08-19	09-19	10-27	—	106	2 523.9	32	747.7	38	746.1	—	—	69	1 493.6	175	4 017.5
	$\overline{x}$					116.5	2 616.5	31.8	786.4	36.3	769.9	35.0	671.5	68.0	1 556.4	184.5	4 172.9
	s					8.6	72.5	1.0	36.7	2.1	17.6	1.4	20.2	1.8	52.8	7.9	117.1
	CV(%)					7.4	2.8	3.1	4.7	5.8	2.3	4.0	3.0	2.7	3.4	4.3	2.8

2.3 再生稻适种区域及安全播种齐穗期

福建山区南北绵亘4个纬区,耕地垂差千米,稻作气候复杂。依据福建省热量资源时空分布模式和再生稻生育热量指标,宏观计算出不同纬度、海拔地区的再生稻头季安全播种期和再生季安全齐穗期,以及两期的间隔日数和积温,列于表4。从头季安全播种至再生季安全齐穗的积温,以汕优63为代表的晚熟品种为4 000 ℃,以威优64为代表的早熟品种为3 700 ℃。由表4数据推算,从头季安全播种期至再生季安全齐穗期的积温为4 000 ℃的地区,可确定为晚熟品种的种植高限;从头季安全播种期至再生季安全齐穗期的积温为3 700 ℃的地区,可确定为早熟品种种植的高限。综上分析,再生稻适种区域和头季安全播种期及再生季安全齐穗期,概述如下:

(1)再生稻晚熟品种在各纬区适种的高限为:25°N海拔550 m,26°N海拔400 m,27°N海拔300 m,28°N海拔250 m;早熟品种在各纬区适种的高限提升150 m,即:25°N海拔700 m,26°N海拔550 m,27°N海拔450 m,28°N海拔400 m。

(2)在早熟品种安全种植高限至晚熟品种安全种植高限之间的地区,为早熟品种适种区域;在晚熟品种安全种植高限及高限之下的地区,为晚熟品种适种区域。

(3)再生稻头季安全播种期,为早春历年日平均气温升达13.3 ℃之日,该日播种有80%年份概率不全出现抑制稻谷萌发的持续多日日平均气温<12 ℃的气温。再生季安全齐惠期,为初秋历年日平均降达24 ℃之日,该日之前有80%年份概率不会出现连续3 d以上<22 ℃伤害开花受精的低温。

(4)在适种区域内,纬度偏北、海拔偏高的地区,确保再生季安全齐穗的头季安全播种期,较为短促,反之较为宽裕。如在25°N纬区种植晚熟品种,在高限海拔550 m种植,其头季安全播期局限在3月13日前后,在海拔100 m种植,其头季安全播种期可放宽在2月26日—3月13日。如在26°N纬区种植晚熟品种,在高限海拔400 m种植,其头季安全播种期局限在3月21日前后,在海拔100 m种植,其头季安全播种期可放宽在3月10日—3月21日。不过,在安全播种期内,一般以适当早播为宜,可延长头季营养生长期,建立较大的群体,并将再生季齐穗—成熟期调整在光温丰足的初秋季节,争取双季高产。

上述结果系宏观计算,由于局地特殊小气候,再生稻安全栽培时限,可能有升有降。但据实地调查,偏差不大。

表 4　福建不同纬度、海拔地区再生稻头季安全播种期和再生季安全齐穗期的时间及两期的间隔日数和积温

| 海拔(m) | 25°N | | | | 26°N | | | | 27°N | | | | 28°N | | | |
	安全播种期(月-日)	安全齐穗期(月-日)	间隔日数(d)	积温(℃)	安全播种期(月-日)	安全齐穗期(月-日)	间隔日数(d)	积温(℃)	安全播种期(月-日)	安全齐穗期(月-日)	间隔日数(d)	积温(℃)	安全播种期(月-日)	安全齐穗期(月-日)	间隔日数(d)	积温(℃)
0	02-24	10-05	223	5 480	03-05	09-28	207	5 001	03-15	09-27	196	4 765	03-18	09-26	192	4 668.0
100	02-26	10-01	217	5 230	03-10	09-24	198	4 727	03-18	09-22	188	4 498	03-21	09-21	184	4 394.5
200	02-28	09-28	212	5 022	03-15	09-21	190	4 483	03-21	09-18	181	4 264	03-23	09-17	178	4 170.0
300	03-02	09-22	204	4 728	03-18	09-16	182	4 228	03-24	09-15	175	4 057	03-27	09-14	171	3 931.6
400	03-14	09-16	196	4 433	03-21	09-13	176	4 011	03-27	09-12	169	3 849	03-30	09-11	165	3 707.9
500	03-10	09-12	186	4 142	03-25	09-08	167	3 786	03-30	09-08	162	3 622	—	—	—	—
600	03-15	09-08	177	3 881	03-28	09-05	161	3 260	—	—	—	—	—	—	—	—
700	03-20	04-08	172	3 711	—	—	—	—	—	—	—	—	—	—	—	—

3　讨　论

福建山区峰峦起伏,谷盆交错,地形气候复杂。为了探索福建省热量资源时空分布模式,在1983—1985年全省中低产田增产技术合作研究中,蔡金禄等[1]搜集162个气象站(哨)历年气温观测数据,应用线性回归分析法,求导出福建省25°N、26°N、27°N度区各旬平均气温(a)及对海拔高程的垂向直减率(b)。本研究据该研究发表的各纬区各旬$a+bx$数据,计算出福建省不同纬度、海拔地区的各旬平均气温,进而依据再生稻生育热量需求指标,宏观计算出不同纬度、海拔地区的再生稻头季安全播种期和再生季安全齐穗期的时间(月、日),以及两期的间隔日数和积温(见表4)。再生稻从头季安全播种期至再生季安全齐穗期的积温,晚熟品种为4 000 ℃,早熟品种为3 700 ℃。据此特性,由表4查寻两类品种安全种植的高限和适种区域,得出如下结论:

(1)再生稻以汕优63为代表的晚熟品种安全种植高限为:25°N海拔550 m,26°N海拔400 m,27°N海拔300 m,28°N海拔250 m;以威优64为代表的早熟品种安全种植高限比晚熟品种提高150 m。

(2)在晚熟品种安全种植高限及高限之下的地区,为晚熟品种适种的区域。在晚熟品种安全种植高限至早熟品种安全种植高限之间的地区,为早熟品种适种的区域。

(3)在再生稻适种区域内,纬度偏北,海拔偏高的地区,确保再生季安全齐穗的头季安全播种期,较为短促,反之较为宽裕。

应该说明,气温不仅存在纬向差异,也存在一定的经向差异。在 25°N、26°N、27°N 附近的东部沿海和西部内陆,各选一个气象站,据直减率计算出东站与西站等高处的气温,结果得到三组纬度相近、海拔高度相等,而经度相差 1°～2°的测点的热量数据,看到:在相同纬度、相同海拔高程,西部内陆的春季升温略早,但秋季降温也略早,结果东西部从头季安全播种期至再生季安全成熟期的日数及积温相差不多[1]。由于西部内陆头季安全播种期比东部沿海早 3～8 d,头季播种宜比表 4 所示提前 2～4 d。

著录论文

[1]李义珍,黄育民.水稻再生丰产技术研究Ⅰ:再生稻的生育特性及宜栽生态环境[J].福建稻麦科技,1989,7(4):24-29.

[2]李义珍,黄育民,林文.水稻再生丰产技术研究Ⅶ:福建山区再生稻气候生态适应性区划[J].福建稻麦科技,1993,11(2):15-21.

[3]李义珍,黄育民,陈子聪.再生稻丰产技术研究[J].福建省农科院学报,1991,6(1):1-12.

参考文献

[1]蔡金禄,李征.福建山区水稻光热资源利用研究[G]//福建省中低产田协作攻关领导小组.福建山区水稻中低产田配套增产技术专题研究资料(1983—1985).福州:福建省农业厅,1986:37-52.

八、福建山区单季稻和再生稻早播气候效应观察

气象因素是水稻生产的能源和大部分原料,也是重要的环境条件[1]。因而趋利避害利用气候资源是发掘水稻生产潜力的关键技术。为探寻山区单季稻和再生稻高产气象技术,在尤溪县低山区和高山区分期播种5个杂交稻品种,观察不同播栽期的气候效应。

1　材料与方法

1.1　试验方法

2007年选用Ⅱ优3301、闽优3301、特优3301、天优3301、Ⅱ优131等5个杂交稻品种,分别在尤溪县的低山区(西城镇麻洋村,26°12′N,118°03′E,海拔287 m)和高山区(汤川镇光明村,26°08′N,118°26′E,海拔840 m),同时在3月13日和4月30日播种。3次重复,共15个小区,小区面积10 m²,行株距20 cm×16.7 cm,按当地常规栽培管理。

1.2　观察记载

生育期:记载播种、移栽、一次枝梗分化、抽穗(50%植株的穗顶露出剑叶鞘)、黄熟(90%谷粒变黄)。

产量及其构成:水稻成熟时分小区单独收割、脱粒、晒干扬净、称产量。收割前日每小区计算50丛穗数,并按平均穗数取5丛考种。

气象因素:由尤溪县气象局提供2007年逐日平均气温、最高气温、最低气温、日照、降雨量和相对湿度。麻洋村和光明村的逐日平均气温由尤溪县气象局提供的资料按直减率进行计算。

2　结果与分析

2.1　水稻不同播期的产量及其构成

表1列出5个杂交水稻品种在两地2个播期的产量,以及具有较强再生力的天优3301和Ⅱ优131

在低山区 2 个播期的再生季产量。可以看出,不管是高山区或低山区,5 个品种皆以 3 月 13 日早播的产量较高,比 4 月 30 日迟播的增产 5%～10%,差异达极显著性标准。在低山区种植的天优 3301 和 Ⅱ 优 131 的再生季,早播比迟播增产近 2 倍。

比较播期间的产量构成(表 2)看出,不管高山区或低山区,相同品种播期间的每平方米穗数、每穗粒数和千粒重差异不大,最大差异在结实率。早播的结实率在 90% 左右,高山区单季稻迟播田和低山区头季稻迟播田,结实率在 70%～80%,天优 3301 和 Ⅱ 优 131 迟播田再生季的结实率不足 40%。早播田因结实率高而高产,迟播田因结实率显著降低而减产。

表 1　5 个杂交稻品种在高山区和低山区不同播种期的产量

地点	季别	品种	3 月 13 日播种产量 （kg/亩）	4 月 30 日播种产量 （kg/亩）	早播增产量 （kg/亩）	早播增产率 （%）
光明	单季	Ⅱ优 3301	853.7±15.5	785.7±16.2	68.0**	8.7
		闽优 3301	798.0±16.7	612.3±18.0	185.7**	30.3
		特优 3301	792.7±17.0	741.7±15.8	51.0**	6.9
		天优 3301	840.3±18.0	769.3±18.5	71.0**	9.2
		Ⅱ优 131	793.7±17.6	755.0±14.1	38.7*	5.1
麻洋	头季	Ⅱ优 3301	789.7±13.0	747.7±13.2	42.0**	5.6
		闽优 3301	787.0±16.1	746.7±16.0	40.3**	5.4
		特优 3301	749.0±8.9	700.7±14.0	48.3**	6.9
		天优 3301	778.3±13.1	711.0±13.5	67.3**	9.5
		Ⅱ优 131	731.7±17.2	665.0±11.5	66.6**	10.0
麻洋	再生季	天优 3301	538.7±12.1	197.0±11.1	341.7**	173.5
		Ⅱ优 131	406.0±21.7	141.3±16.9	264.7**	187.3

注:光明单季 PLSD$_{0.05}$＝35.1,PLSD$_{0.01}$＝47.9;麻洋头季 PLSD$_{0.05}$＝24.2,PLSD$_{0.01}$＝33.1;麻洋再生季 PLSD$_{0.05}$＝34.9,PLSD$_{0.01}$＝52.8。

2.2　水稻不同播期的生育进程和光温生态

鉴于供试的 5 个杂交稻品种中,天优 3301 的生育期最短,Ⅱ 优 3301 的生育期最长,其他 3 个品种介于二者之间。现列出天优 3301 和 Ⅱ 优 3301 在不同海拔地区不同时间播种的生育进程及光温生态,比较杂交稻播期间各生育时期气候条件的差异,从中分析造成结实率高低悬殊的气候效应。

由表 3 看出,低山区 3 月 13 日播种的,抽穗—成熟期(7 月上中旬—8 月上中旬)与当地光温高值期重合,日照多一倍,有利于籽粒发育,结实率高达 90%～96%;而 4 月 30 日播种的,抽穗—成熟期处于台风雷阵雨多发季节,日照剧减,结实率降至 80% 左右。在高山区,3 月 13 日播种的,幼穗发育期与当地光温高值期重合,日照多 50%～90%,有利于在茎鞘积累丰足的贮藏性物质(淀粉及可溶性糖),抽穗后可源源转运入穗,抽穗期在 7 月底、8 月初,日平均气温处于最适开花的 24～25 ℃,抽穗—成熟期与当地光温次高值期重合,因而结实率也高达 90% 左右;而 4 月 30 日播的,至 8 月底 9 月初才抽穗,正值高山区进入秋凉期,查对气温资料,当地当年从 9 月 5 日起,日平均气温低于 21 ℃,因而结实率降至 70%～80%。

表 2　5 个杂交稻品种在高山区和低山区不同播种期的产量构成

地点	季别	品种	3 月 13 日播种的产量构成				4 月 30 日播种的产量构成			
			穗数 （穗/m²）	每穗 粒数	结实率 （%）	千粒重 （%）	穗数 （穗/m²）	每穗 粒数	结实率 （%）	千粒重 （%）
光明	单季	Ⅱ优 3301	222.5	217.6	93.1	28.6	217.5	238.7	78.0	29.4
		闽优 3301	230.0	191.8	91.1	30.6	235.0	217.9	62.3	30.8
		特优 3301	212.5	207.1	90.4	30.0	222.5	224.7	76.0	30.0
		天优 3301	227.5	210.4	88.0	30.7	242.5	215.7	73.0	30.2
		Ⅱ优 131	240.0	208.7	89.0	27.5	247.5	208.8	82.3	27.0
麻洋	头季	Ⅱ优 3301	239.0	188.3	92.3	29.1	225.8	217.7	80.0	29.0
		闽优 3301	240.0	178.4	91.9	30.4	223.6	193.5	84.3	30.3
		特优 3301	242.6	164.6	95.4	29.1	256.5	176.2	80.5	29.4
		天优 3301	260.4	162.9	94.1	30.1	271.8	168.4	80.2	30.5
		Ⅱ优 131	270.4	163.0	95.2	27.1	273.5	166.6	80.9	27.3
麻洋	再生季	天优 3301	464.5	67.9	92.7	28.5	438.5	67.3	38.6	26.7
		Ⅱ优 131	529.0	54.0	94.4	25.2	518.4	50.8	32.5	24.6

就福建山区气候生态而言,影响再生稻再生季结实率的主要因素是温度。表 3 显示,在低山区种植的 2 个再生稻品种,3 月 13 日播种的,其再生季在 9 月上旬抽穗,10 月中旬成熟,抽穗扬花期日平均气温 23～25 ℃,籽粒充实期日平均气温 21～23 ℃,都处于最适条件,因而结实率高达 92%～94%;而 4 月 30 日播种的,其再生季在 10 月上旬末抽穗、11 月底 12 月初成熟,当地当年从 10 月 9 日起日平均气温持续降到正常结实临界值 22 ℃以下,从 11 月 10 日起,日平均气温持续降到籽粒正常充实成熟临界值 15 ℃以下,因而结实率不足 40%,千粒重也显著下降,产量仅为早播种的 1/3。

表 3　杂交稻不同播种期的生育进程和光温生态

地点	品种	生育期(月-日)					日平均气温(℃)				日照时长(h)			
		播种	移栽	分化	抽穗	成熟	A	B	C	平均	A	B	C	合计
光明 单季	天优 3301	03-13	04-23	06-24	07-26	09-04	17.7	24.7	23.0	20.0	360.4	228.2	173.4	762.0
	Ⅱ优 3301	03-13	04-23	07-04	08-05	09-14	18.2	24.9	21.0	20.1	423.0	242.2	128.6	793.8
	天优 3301	04-30	05-30	07-26	08-29	10-12	22.2	23.1	20.3	21.9	440.7	152.9	129.7	723.3
	Ⅱ优 3301	04-30	05-30	07-31	09-03	10-19	22.3	22.8	19.5	21.7	487.6	125.1	140.8	753.5
麻洋 头季	天优 3301	03-13	04-17	06-06	07-07	08-10	19.5	26.0	28.0	22.8	311.1	131.7	242.5	685.3
	Ⅱ优 3301	03-13	04-17	06-12	07-13	08-18	20.9	25.7	28.0	22.9	315.1	177.7	213.8	706.6
	天优 3301	04-30	05-30	07-03	08-02	09-08	24.1	28.3	25.6	25.5	265.4	241.2	113.6	620.2
	Ⅱ优 3301	04-30	05-30	07-07	08-06	09-13	24.4	28.0	25.1	25.3	295.4	229.4	112.4	637.2
麻洋 再生 季	天优 3301	03-13	04-17	08-10	09-05	10-11	—	25.4	23.2	24.1	—	76.2	106.4	182.6
	Ⅱ优 131	03-13	04-17	08-12	09-07	10-15	—	25.2	23.0	23.9	—	75.2	118.0	193.2
	天优 3301	04-30	05-30	09-08	10-06	11-27	—	23.5	16.7	19.1	—	95.4	208.3	303.7
	Ⅱ优 131	04-30	05-30	09-10	10-08	12-03	—	23.5	15.6	18.2	—	98.4	245.2	340.6

* A:播种——次枝梗分化期;B:一次枝梗分化期——抽穗期;C:抽穗——成熟期。

3　总结与讨论

在尤溪县低山区和高山区,分期播种 5 个杂交稻品种,供筛选作单季稻和再生稻栽培的气候生态。观察播期间的气候生态效应看出,在低山区于 3 月中旬播种的,抽穗—成熟期与当地光温高值期重合;在高山区于 3 月中旬播种,幼穗发育期与当地光温高值期重合,抽穗—成熟期与当地光温次高值期重合。结果,结实率高达 90%,比迟播田增产 5%～10%。其中 2 个具有较强再生力的品种在低山区早播,再生季在适温条件下开花结实,结实率高而稳定,比迟播田成倍增产。

福建省目前的再生稻生产普遍实行早播早栽[2-3],而占稻作面积最大的单季稻仍沿袭于 4 月底 5 月初播种的习俗。推行早播早栽趋利避害利用气候资源,是促进单季稻增产、提高福建省稻米自给率的重要举措。

著录论文

李小萍,程雪华,姜照伟.山区单季稻和再生稻早播气候效应观察[J].福建稻麦科技,2010,28(4):22-25.

参考文献

[1]高亮之,李林.水稻气象生态[M].北京:农业出版社,1992.

[2]张上守,卓传营,郑荣和.再生稻超高产优化集成技术[J].中国稻米,2007(5):44-48.

[3]李义珍,姜照伟.南方再生稻超高产技术模式研究与应用[M].姜绍丰.福建再生稻.福州:福建科学技术出版社,2008:111-140.

九、南方再生稻高产技术模式研究与应用

再生稻,利用头季收割后稻桩上的腋芽萌发成穗,一次播栽,两次收成,省工省本,高产高效,是一种资源节约型的稻作。

我国1 700年前的西晋就有再生稻零星种植的记述。1930年代,杨开渠首先研究了再生分蘖的形态发育。1950年代中期,南方多省组织推广再生稻。1960—1970年代,四川、湖北等省育成了一批再生稻新品种,广东、四川、湖北、湖南、云南、江西、安徽、浙江等省开展了再生稻矮秆品种的试验示范。1980年代末,随着一批具有强再生力的杂交水稻新组合的问世,利用杂交稻蓄养再生稻,成为一种新的种植制,在我国南方悄然崛起。1990年代,再生稻种植面积迅速扩大[1]:四川省每年种植40万～50万hm²,云南省每年种植10万hm²,湖南、福建省每年种植5万～6万hm²,湖北、安徽、江西、贵州、广西等省区每年种植1万～2万hm²。1997年全国再生稻种植面积合计75万hm²,再生季平均单产136 kg/亩。

福建省农业科学院与尤溪县农业局合作,于2001—2006年在尤溪县西城镇麻洋村,建立6.9 hm²再生稻良种良法示范片,6年平均头季单产832.2 kg/亩,再生季单产511.3 kg/亩,其中有3丘田再生季每亩产量分别达581.8 kg、582.8 kg和585 kg,创单产世界新纪录。通过示范片辐射带动,尤溪县大面积再生稻也较大幅度增产,2001—2005年平均种植5 767 hm²,头季平均单产601.8 kg/亩,再生季平均单产301.6 kg/亩,年单产903.4 kg/亩,比前5年平均单产862 kg/亩,增产4.8%,比同期单季稻平均单产556 kg/亩,增产62.5%。

显然,再生稻具有巨大的增产潜力。估计我国南方有330万hm²单季稻田适宜种植再生稻。如果能研发推广优化集成栽培技术,达到尤溪县目前的产量水平,每年可增产稻谷175亿kg。这是一个确保国家粮食安全亟待开发的领域。

1 区域生态条件与解决的关键问题

南方适宜种植再生稻的区域,为北纬32°以南的低山丘陵平原区,含江南丘陵平原区、四川盆地东南部丘陵河谷,长江中下游以南的低山丘陵、平原及湖区,华南丘陵平原区,云南南部低纬中海拔的河谷,贵州低海拔河谷等。

本区域属中亚热带至南亚热带气候,光温丰富,雨水充沛,水稻安全生长季210 d以上,生长季内积温5 000 ℃以上,日照1 000～1 500 h,降水900～1 500 mm。3—6月为雨季,常绵雨寡照,气温较低,"断梅"后一转而为晴热天气。光温以7、8月份最丰富,9月份次之。7月下旬—8月中下旬间有伏旱高温出现,沿海地区7、8、9月份还时有台风暴雨袭击,引发平原低地涝害。中亚热带地区从9月中下旬起,开始

出现危害再生稻开花受精的秋寒。

稻田具有明显的地带性分布特征。平原、盆地以冲积土为主,耕层深厚肥沃。低山丘陵的坡地主要为红壤、黄壤发育的黄泥田,耕层相对较浅,有机质和氮、磷、钾养分含量较少。山区的峡谷和河谷洼地,多冷浸田,常年渍水,有机质不易分解,还原性强,抑制稻根发育。平原低地和湖区圩田,地下水位高,土壤黏重,通气不良,也不利根系生长。

目前限制再生稻高产、超高产的主要因素有:

(1)气候资源限制。再生稻大多承袭单季稻迟播迟栽的季节布局,结果,头季生长期偏短,不利形成穗多穗大的群体;产量形成关键期(孕穗—成熟期)与光温高值期错位,不利产量物质的积累;再生季抽穗过迟,花期遭遇秋寒的概率较高。

(2)土壤生态限制。丘陵山区的冷浸田,河谷盆地的深底肥田,平原低地和滨湖圩田,地下水位高,加上全程淹灌,土壤明显潜育化,通气不良,抑制了稻根的发育和机能,进而抑制地上部器官的生育。

(3)超高产理论研究滞后,产量形成生理机制缺乏深入研究,制约了超高产主攻目标的确定和关键技术的开拓创新。

上述主要限制因素是必须研究解决的关键问题。

2 再生稻超高产理论与技术途径

2.1 再生稻超高产库源结构及调控目标

从光合作用的视角分析,水稻产量决定于库容量与库藏物质积累量,简称为"库"(sink)和"源"(source)。据赵明等的"三合结构"设想[2],遵循定量化、可操作的原则,拟出水稻库源结构模式如下:

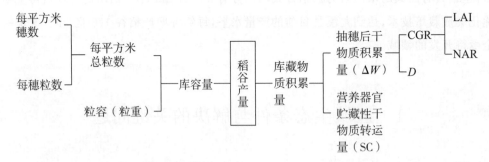

2.1.1 超高产库各层次结构的主要因素

在再生稻头季和再生季的成熟期,各调查30丘不同产量水平田块的产量及其构成,结果[3]列于表1,看出:结实率比较稳定,库容量决定了稻谷产量($r=0.9917^{**}$,0.9881^{**})。超高产必须具备"大库"。由于单个谷粒的容积(以粒重为衡量指标)比较稳定,每平方米总粒数与库容量的相关最密切($r=0.9958^{**}$,0.9950^{**});而头季以每穗粒数与每平方米总粒数的相关最密切($r=0.8408^{**}$),再生季以每平方米穗数与每平方米总粒数的相关最密切($r=0.8599^{**}$)。因而,决定库容量的主要因素是每平方米总粒数;决定每平方米总粒数的主要因素,头季为每穗粒数,再生季为每平方米穗数。换言之,扩增库容量的关键在于增加每平方米总粒数;而增加每平方米总粒数,头季必须在确保足额穗数基础上,主攻大穗,达到穗多穗大;再生季必须着重提高腋芽萌发率,以多穗保总粒数、构大库。

表 1　再生稻产量及其构成因素的变异和彼此间的相关

（Ⅱ优航 1 号,2005 年）

季别	构成因素	平均值	变异系数（%）	相关系数（r）					
				产量	库容量	每平方米总粒数	每平方米穗数	每穗粒数	结实率
头季	库容量(g/m²)	1 173.3	13.9	0.991 7**					
	每平方米总粒数	40 428	13.7	0.989 5**	0.995 8**				
	每平方米穗数	242.3	7.9	0.488 8**	0.479 0**	0.487 9**			
	每穗粒数	166.9	12.0	0.826 1**	0.841 5**	0.840 8**	−0.058 2		
	结实率(%)	95.4	1.8	0.052 3	−0.075 6	−0.057 6	0.075 3	−0.132 9	
	千粒重(g)	29.0	1.4	0.091 4	0.116 4	0.000 1	−0.078 9	0.079 0	−0.204 6
再生季	库容量(g/m²)	784.6	17.3	0.988 1**					
	每平方米总粒数	29 342	17.1	0.985 4**	0.995 0**				
	每平方米穗数	424.7	14.9	0.854 0**	0.851 9**	0.859 9**			
	每穗粒数	69.1	9.1	0.490 8**	0.510 6**	0.484 5**	0.002 3		
	结实率(%)	92.1	2.7	−0.052 6	−0.202 3	−0.191 6	−0.124 2	−0.165 3	
	千粒重(g)	26.7	1.5	0.119 9	0.139 4	0.040 8	0.005 6	0.067 6	−0.096 7

2.1.2　超高产源各层次结构的主要因素

在再生稻头季和再生季的齐穗—成熟期,对 6 丘超高产示范田和 6 个施氮量处理区,观测稻谷产量、库藏物质积累量(籽粒干重)与干物质生产及运转的关系,结果列于表 2、表 3,看出:

库藏物质积累量是稻谷产量的另一个决定因素(r＝0.998 5**,0.998 6**)。超高产必须具备“丰源”。库藏物质积累量,大部分(75%～85%)来自抽穗后光合生产的干物质(ΔW),一部分(15%～25%)来自营养器官(茎、鞘、叶和稻桩)于抽穗前贮积、抽穗后转运到穗部的贮藏性碳水化合物(SC)。库藏物质积累量与抽穗后干物质积累量呈极显著正相关,与营养器官贮藏性干物质转运量一般也呈极显著正相关,但由于 SC 与施氮量存在负相关趋势,在头季施氮水平试验田,库藏物质积累量与 SC 呈一定程度的负相关。

抽穗后的干物质积累量,决定于群体生长率(CGR),而群体生长率决定于叶面积指数(LAI)和净同化率:CGR＝LAI×NAR。据观测(表 3),抽穗后的 CGR 与 LAI 的关系,在科技示范田为极显著的线性正相关,在施氮量试验区为极显著的抛物线型相关。CGR 与 NAR 的相关多不显著。

表 2　再生稻齐穗—成熟期的干物质生产

类型	生育时期	户主/施氮量 (g/m²)	稻谷产量 (g/m²)	S	ΔW	SC₁	SC₂	表观转变率 (%)	LAI 齐穗	LAI 成熟	LAI 平均	NAR	CGR
科技示范田	头季齐穗—成熟 (29 d)	曾凡辉	1 457.8	1 149.7	968.9	180.7	—	15.7	8.34	5.26	6.80	4.91	33.41
		邓国扬	1 451.7	1 122.5	940.9	181.6	—	14.4	8.38	5.32	6.85	4.74	32.44
		严朝高	1 414.8	1 110.4	932.3	178.1	—	16.0	8.20	5.10	6.65	4.83	32.15
		曾凡煜	1 353.3	1 053.8	882.3	171.5	—	16.3	7.87	4.93	6.40	4.75	30.42
		曾凡植	1 267.9	969.6	804.6	165.0	—	17.0	7.57	4.34	5.96	4.65	27.74
		罗有尧	1 187.1	895.5	732.0	163.5	—	18.3	7.48	4.60	6.04	4.18	25.24
	再生季齐穗—成熟 (34 d)	曾凡辉	819.5	655.1	493.7	92.5	68.9	24.6	3.97	1.64	2.81	5.17	14.52
		邓国扬	828.5	653.7	488.9	96.4	68.4	25.2	4.09	1.81	2.95	4.88	14.38
		严朝高	683.7	552.9	415.9	86.8	50.2	24.8	3.55	1.53	2.54	4.82	12.23
		曾凡煜	787.2	637.3	476.7	94.3	66.3	25.2	3.79	1.62	2.71	5.17	14.02
		曾凡植	668.2	542.6	399.5	91.1	52.0	26.4	3.33	1.32	2.33	5.04	11.75
		罗有尧	664.8	536.2	390.3	93.7	52.2	27.2	3.13	1.20	2.17	5.29	11.48
施氮试验田	头季齐穗—成熟 (32 d)	0	644.5	545.6	379.9	165.7	—	30.4	5.50	3.18	4.34	2.74	11.87
		7.5	892.5	758.6	584.4	174.2	—	23.0	6.45	3.70	5.08	3.59	18.26
		15.0	1 064.2	897.4	757.3	140.1	—	15.6	6.93	4.76	5.85	4.05	23.67
		22.5	1 091.3	927.0	792.5	134.5	—	14.5	7.69	5.21	6.45	3.84	24.77
		30.0	1 130.0	934.0	803.3	130.7	—	14.0	9.34	6.37	7.86	3.19	25.10
		37.5	1 015.3	843.2	737.5	105.7	—	12.5	9.62	6.62	8.12	2.84	23.05
	再生季齐穗—成熟 (31 d)	0	545.0	446.5	390.2	45.5	25.8	16.0	2.76	1.13	1.95	6.46	12.59
		7.5	630.8	514.6	457.9	49.1	27.6	14.9	2.70	1.13	1.92	7.69	14.77
		15.0	702.3	585.9	525.5	50.9	34.5	13.7	2.69	1.28	1.99	8.52	16.95
		22.5	756.5	627.2	540.3	64.9	42.0	17.0	3.10	1.30	2.20	7.92	17.43
		30.0	787.8	663.0	571.4	65.4	46.2	16.8	3.49	1.69	2.59	7.12	18.43
		37.5	750.0	632.7	545.6	61.6	45.5	16.9	4.04	1.85	2.95	5.97	17.60

* S：库藏物质积累量(g/m²)；ΔW：干物质净积累量(g/m²)；SC₁：茎叶干物质输出量(g/m²)；SC₂：稻桩干物质输出量 (g/m²)；LAI：叶面积指数；NAR：净同化率[g/(m²·d)]；CGR：群体生长率[g/(m²·d)]。

　　因而,决定库藏物质积累量的主要因素是抽穗后的干物质积累量;决定抽穗后干物质积累量的主要因素是群体生长率;决定群体生长率的主要因素是适当的叶面积,叶面积过小,群体生长率不高,叶面积过大,则净同化率剧降,群体生长率也不高。换言之,增加库藏物质积累量的关键在于提高抽穗后的群体生长率,以增加抽穗后的干物质积累;而提高群体生长率,必须寻求叶面积与净同化率的最佳平衡。

表3 再生稻库藏物质积累量与齐穗—成熟期干物质生产因素的相关

类型	生育时期	相关因素	a	b	c	R
科技示范田	头季齐穗—成熟	S-ΔW	100.37	1.083 3		0.999 8**
		S-SC	−1 044.64	12.801 2		0.966 6**
		CGR-LAI	−19.36	7.688 9		0.932 8**
		CGR-NAR	−21.95	11.158 3		0.914 6**
	再生季齐穗—成熟	S-ΔW	54.33	1.220 2		0.996 3**
		S-SC	−118.37	4.697 7		0.936 0**
		CGR-LAI	1.53	4.461 3		0.949 0**
		CGR-NAR	16.37	−0.653 4		−0.085 9
施氮试验田	头季齐穗—成熟	S-ΔW	214.57	0.892 3		0.993 1**
		S-SC	1 295.59	−3.488 5		−0.621 8
		CGR-LAI	−70.73	27.526 1	−1.960 7	0.995 9**
		CGR-NAR	−83.49	58.311 9	−7.926 9	0.567 6
	再生季齐穗—成熟	S-ΔW	−30.06	1.204 2		0.993 0**
		S-SC	101.01	4.479 2		0.950 7**
		CGR-LAI	−48.26	51.822 5	−10.013 7	0.819 1*
		CGR-NAR	39.36	−6.926 4	0.508 9	0.244 5

* S:库藏物质积累量（g/m²）；ΔW:干物质净积累量（g/m²）；SC:营养器官干物质输出量（g/m²）；CGR:群体生长率 [g/(m²·d)]；LAI:叶面积指数；NAR:净同化率 [g/(m²·d)]。

** 具有回归系数 a、b 的为线性回归，具有回归系数 a、b、c 的为二次曲线回归。

*** $n=6$，$r_{0.05}=0.811$，$r_{0.01}=0.917$。

2.1.3 库源关系

水稻必须具备"大库丰源"才能达到超高产。但是，库源之间存在何种关系？到底是"库"还是"源"对进一步提高产量更具关键性？为了解开疑团，2005年、2006年在头季齐穗期和再生季齐穗期，采用剪除一部分谷粒和叶面积的方法，调塑出9种不同库叶群体，对其产量、产量构成、光合生产和干物质积累运转，进行追踪观测。两年的研究结果相似，表4、图1列出2006年头季的观测结果，看出：

剪除一部分谷粒，产量相应下降。产量与每平方米总粒数呈高度正相关（$r=0.991\ 6$**）。剪除一部分叶面积，产量有所下降，但未按相应比例下降。如剪除10%叶面积，减产1.1%～2.6%；剪除30%叶面积，减产4.3%～6.1%。产量与叶面积的相关不显著（$r=0.147\ 7$）。

剪除一部分叶面积，产量仅略下降的原因，一是残留叶片的净同化率提高，如剪除10%叶面积，NAR提高6%～8%，剪除30%叶面积，NAR提高27%～30%；二是营养器官的干物质向穗部的调运量增加，如剪除10%叶面积，调运量增加4%～5%，剪除30%叶面积，调运量增加10%～13%。从而，使库藏物质积累量趋近于未剪叶的处理，确保库源协调发展。

剪除一部分谷粒和叶面积，形成了不同的库叶比（粒叶比）。结果如图2所示，随着粒叶比的扩大，净同化率和营养器官干物质调出量都逐渐增加，库叶比与二者都呈极显著正相关（$r=0.981\ 2$**，$0.984\ 4$**）。由此表明，"库"具有主动调节"源"物质生产和调运的功能。看来，扩库控叶，以库带源，是建立大库丰源超高产群体的途径。

表 4　不同库叶群体的产量和齐穗—成熟期的光合生产及干物质积累运转

（Ⅱ优航 2 号, 2006 年）

| 处理 | | 稻谷产量（g/m²） | 比较（%） | 每平方米总粒数 | 结实率（%） | 千粒重（g） | LAI | | | 库叶比（粒/cm²） | NAR | ΔW | SC | S |
剪粒（%）	剪叶（%）						齐穗	成熟	平均					
35	0	781.6	100	28 829	94.8	28.6	8.29	4.79	6.54	0.44	2.12	430.1	158.5	588.6
35	10	773.3	98.9	29 083	93.3	28.5	7.46	4.33	5.90	0.49	2.29	418.5	166.2	584.7
35	30	748.2	95.7	29 110	90.5	28.4	5.85	3.28	4.57	0.64	2.76	390.4	175.0	565.4
15	0	1 011.1	100	38 446	92.6	28.4	8.22	4.92	6.57	0.59	2.95	600.4	165.9	766.3
15	10	987.0	97.6	38 023	91.4	28.4	7.40	4.33	5.87	0.65	3.14	570.8	174.5	745.3
15	30	956.4	94.6	37 935	89.4	28.4	5.77	3.25	4.51	0.84	3.86	539.9	186.8	726.7
0	0	1 164.2	100	45 365	91.0	28.2	8.32	4.80	6.56	0.69	3.42	694.7	176.0	870.7
0	10	1 138.2	97.8	45 045	89.6	28.2	7.50	4.27	5.89	0.76	3.65	666.3	182.9	849.2
0	30	1 093.4	93.9	44 628	87.5	28.0	5.82	3.36	4.59	0.97	4.35	619.5	199.2	818.7

* LAI:叶面积指数;NAR:净同化率[g/(m²·d)];ΔW:干物质净积累量(g/m²);SC:营养器官干物质输出量(g/m²);CGR:群体生长率[g/(m²·d)];S:库藏物质积累量(g/m²)。

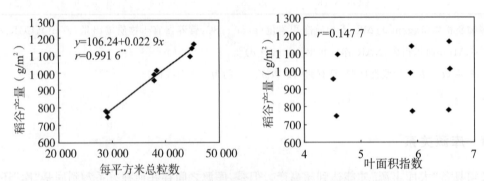

图 1　稻谷产量与每平方米总粒数和齐穗—成熟期叶面积的关系

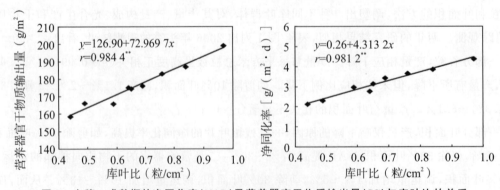

图 2　齐穗—成熟期的净同化率(NAR)及营养器官干物质输出量(SC)与库叶比的关系

2.1.4　再生稻超高产库源的量化指标

为了给超高产栽培提供明确的调控目标,整理分析了一批超高产田的库源结构数据,从中理出超高产库源主要构成因素的量化指标。

表 5 列出三个再生稻品种超高产库构成因素的量化指标,看出:头季每亩产量 800～900 kg 的库容量,为每平方米 4.5 万～5.2 万粒,千粒重 28.6～29.6 g,其穗粒组合,中穗型的汕优明 86,穗数较多(每平方米 300～350 穗),每穗粒数较少(140～160 粒);大穗型的 II 优明 86 和 II 优航 1 号,穗数较少(每平方米 240～270 穗),每穗粒数较多(180～200 粒)。

再生季每亩产量 500～580 kg 的库容量,为每平方米 3.0 万～3.6 万粒,千粒重 26～27 g,其穗粒组合,中穗型的汕优明 86,穗数较多(每平方米 600 穗左右),每穗粒数较少(50～57 粒);大穗型的 II 优明 86 和 II 优航 1 号,穗数较少(每平方米 430～530 穗),每穗粒数较多(60～80 粒)。

再生季与头季相比,每穗粒数减少 60%～65%,千粒重减轻 10% 左右,穗数增加 80%～100%。看来,大力提高腋芽萌发率,形成比头季多一倍的穗数,是再生季实现超高产的关键所在。

表 5　再生稻超高产田的产量构成

季别	杂交组合	调查田块数	稻谷产量（kg/hm²）	每平方米穗数	每穗粒数	每平方米总粒数	结实率（%）	千粒重（g）
头季	汕优明 86	7	13 562±336	325.8±21.1	150.6±8.1	48 923±1 097	93.8±1.1	29.6±0.4
	II 优明 86	7	12 633±593	253.9±19.1	189.1±10.1	47 899±2 550	91.7±2.7	29.0±0.2
	II 优航 1 号	20	13 079±858	257.5±17.5	187.2±11.5	48 142±3 620	94.5±1.9	29.0±0.4
再生季	汕优明 86	2	8 025±705	596.1±0.1	53.1±4.3	31 650±2 560	93.7±0.9	27.0±0.4
	II 优明 86	7	7 835±547	495.2±26.6	64.9±5.7	32 048±2 357	92.9±1.6	26.3±0.3
	II 优航 1 号	20	8 296±410	481.8±55.4	72.5±8.4	34 506±1 822	92.4±2.2	26.3±0.7

表 2 列出超高产源构成因素的量化指标,看出:头季每亩产量 800～900 kg 的群体,抽穗后的干物质净积累量达 800～900 g/m²,构成库藏物质的 85%;再生季每亩产量 500～550 kg 的群体,抽穗后的干物质净积累量达 480～550 g/m²,构成库藏物质的 75%。

抽穗后干物质的高积累,源于有很高的群体生长率,上述超高产田抽穗后的 CGR,头季达 27～33 g/(m²·d),再生季达 14～18 g/(m²·d)。而高 CGR 又得益于较大的冠层叶面积和较高的光合机能。头季超高产群体齐穗期的 LAI 达 7.5～8.4,成熟期缓降到 4.5～5.3,齐穗—成熟期平均 LAI 为 6～7,NAR 为 4.7～4.9 g/(m²·d);再生季超高产群体齐穗期的 LAI 达 3.5～4.0,成熟期缓降到 1.6～1.8,齐穗—成熟期平均 LAI 为 2.5～3.0,NAR 为 4.9～5.2 g/(m²·d)。

Monsi 对作物群体的透光规律作了开创性研究,指出光强通过叶片群体按负指数曲线降低,提出公式 $I/I_0 = e^{-KF}$。式中,I 是 LAI 为 F 的作物群体中光强;I_0 为群体顶上入射的自然光强;K 为叶片消光系数,直立叶品种约为 0.4,披散叶品种约为 0.8。[4] 据公式计算,在 7—8 月份平均太阳辐射强度处于中等水平 1 600 J/(cm²·d) 条件下,当直立叶群体的 LAI 为 7 时,群体底层叶片的光强[97 J/(cm²·d)]相当于补偿光强[25 J/(cm²·d)]的 4 倍,全部叶片都能进行有净收益的光合作用;当直立叶群体的 LAI 为 9 时,群体底层叶片的光强[47 J/(cm²·d)]相当于补偿光强的 2 倍,光合积累与维持呼吸消耗平衡。

理论分析和实测结果一致表明:再生稻头季超高产群体的最适 LAI,齐穗期不超过 9,齐穗—成熟期平均为 7 左右。同时,冠层叶片必须保持姿态直立,机能高而缓衰。相形之下,再生分蘖只有 3 片左右短直小叶,群体叶面积小,因而群体生长率和干物质净积累显著低于头季。进一步提高再生季产量,必须大幅度提高腋芽萌发率,以多穗扩增群体叶面积。

2.2 再生稻腋芽发育特性及调控

2.2.1 茎生腋芽的幼穗分化

再生分蘖由头季地上部茎秆的腋芽萌发而来。据 1993 年在福州用石蜡切片和电镜的观察,汕优 63 茎生腋芽的幼穗分化具有如下特点(表 6):

再生分蘖总叶数因节位而不同,倒 2、3 节分蘖多为 3 叶,倒 4、5 节分蘖多为 4 叶。一旦完成总叶数分化后,便有一部分个体进入第一苞分化。但下部节位分蘖第一苞分化早,进展慢,上部节位分蘖第一苞分化晚,进展快。不过进入第一苞分化总是参差不齐。先进入第一苞分化的个体,将有较长时间处于休眠状态。表 6 显示:下部节位的倒 4、倒 5 节分蘖在母茎雌雄蕊分化—减数分裂期,有一部分个体进入第一苞分化,至母茎抽穗后 3 周才 100% 个体进入第一苞分化,历时 5~6 周,至母茎黄熟收割时才有较多个体进入一次枝梗分化。上部节位的倒 2、倒 3 节分蘖在母茎减数分裂至孕穗初期才有一部分个体进入第一苞分化,至母茎抽穗后 2 周才 100% 个体进入第一苞分化,历时 3~4 周,于母茎抽穗后 3 周进入一次枝梗分化,于母茎黄熟期进入二次枝梗分化。

表 6　再生分蘖在母茎各生育期的幼穗分化期

(汕优 63,1993,福建省农科院稻麦研究所)

分蘖节位	分化期										
	母茎叶龄及生育期						母茎抽穗后周数				
	11	12	13	14	15	孕穗	抽穗	1	2	3	4	5
倒 2			L1	L2	L3	A20	A40	A70	A100	B	C	D
倒 3		L1	L2	L3	A20	A40	A60	A80	A100	B	C	D
倒 4	L1	L2	L3	L4	A20	A30	A40	A60	A80	A100	B40	C
倒 5	L2	L3	L4	A20	A30	A40	A50	A60	A80	A100	B40	C

* L1、L2、L3、L4 分别为再生分蘖的第 1、2、3、4 节叶原基分化期。

A、B、C、D 分别为再生蘖幼穗的第一苞、一次枝梗、二次枝梗、颖花分化期。

A、B 后数据分别为第一苞分化数和一次枝梗分化数占其总分化数的百分比。

2.2.2 茎生腋芽的生长

表 7 显示:茎生腋芽的潜育期长,在母茎抽穗前长仅 2 mm 左右,母茎黄熟前 6~12 d 仅 6~12 mm,至母茎黄熟前 3 日,腋芽才显著伸长,到黄熟收割时长 3~8 cm。母茎收割后,腋芽迅速伸长出苗,25~30 d 后抽穗。再生分蘖一生只有 3~5 片叶子。据观察,汕优 63 倒 2 蘖平均 3 叶,倒 3 蘖平均 3.5 叶,倒 4 蘖平均 4.4 叶,倒 5 蘖平均 4.9 叶。其中第一叶短小,一般长 5~7 cm,有的退化萎缩,倒 2 叶最长,达 25~30 cm。

表 7　再生稻茎生腋芽生长动态

（Ⅱ优航 2 号，2006）

性状	腋芽节位	黄熟前 12 d	黄熟前 9 d	黄熟前 6 d	黄熟前 3 d	黄熟	黄熟后 3 d
芽长 （cm）	倒 2	0.6	0.7	0.7	6.4	8.0	10.4
	倒 3	1.2	1.2	1.2	5.8	6.8	8.0
	倒 4	0.9	1.1	1.1	2.0	4.6	5.3
	倒 5	0.7	0.7	0.7	3.5	3.4	4.2
	倒 6	0.6	0.6	0.6	2.0	2.8	3.8
芽干重 （mg）	倒 2	4	4	4	33	55	67
	倒 3	6	7	6	29	48	58
	倒 4	5	5	5	6	18	29
	倒 5	4	4	4	13	16	19
	倒 6	4	4	4	6	10	14

2.2.3　茎生腋芽萌发成穗特性及调控

先后调查了多个杂交稻组合茎生腋芽的萌发成穗特性，结果列于表 8，看出：

籼型杂交稻存在上位芽再生优势，倒 2、3 芽的萌发成穗率达 60%～80%，倒 4 芽仅 15%～37%，倒 5、6 芽更低。但Ⅱ优航 2 号出现倒 5、6 芽的萌发成穗率高于倒 4 芽的现象，原因待查。

倒 3 分蘖的每穗粒数最多，其他分蘖差异不大。结实率和千粒重有随节位下移而逐渐降低的趋势。

在产量构成中，以倒 2、3 分蘖所占的份额最大，各占 30%～40%，合占 65%～85%。在不施芽肥的田块，倒 2、3 分蘖构成总穗数和总产量的 90%。

植物茎端是合成生长素的主要场所，生长素以极性运输方式向下移动，阻遏中下部腋芽的萌发。这是上位芽具有顶端生理优势的原因。如果重施氮素芽肥，氮素养分可以促进根尖大量合成细胞分裂素，并向上运输，具有活跃叶片光合作用和缓解生长素对中下部腋芽萌发的抑制作用。表 9 显示：每平方米施氮 18 g 的处理与空白对照区相比，倒 2、3 腋芽萌发率只提高 4～12 个百分点，倒 2、3 分蘖穗增加 14%，而倒 4、5、6 腋芽萌发率提高数倍，倒 4、5、6 分蘖穗增加 6 倍，结果再生穗总数增加 47%，产量提高 69%。

由于倒 2、3 分蘖构成产量的 65%～85%，头季收割必须高留稻桩，以保留倒 2 优势芽，并保留尽量多的稻桩贮藏性干物质，在头季收割后源源输送到再生分蘖[5-6]。倒 2 芽在头季黄熟收割时已伸长到 6～10 cm，故适宜的留桩高度为倒 2 芽着生处上方 10～15 cm 处，即倒 2 节间的中部，约距地面 40～45 cm。据对 10 个再生稻品种的观察，倒 3 叶枕比倒 2 芽着生处高 8～16 cm。因而也可以倒 3 叶枕高度，作为简捷诊断留桩高度的形态指标。

表 8 不同节位再生分蘖的经济性状

杂交组合	分蘖节位	每平方米穗数	萌发成穗率(%)	每穗粒数	结实率(%)	千粒重(g)	产量(g/m²)	占总产的比率(%)
汕优63	倒2	166.5	73.0	45.9	90.4	27.6	190.7	42.1
	倒3	139.5	61.2	49.0	87.8	26.1	156.6	34.6
	倒4	58.5	25.7	46.5	78.5	23.3	49.8	11.0
	倒5	56.3	24.7	47.0	77.3	24.3	49.7	11.0
	倒6	6.8	3.0	46.5	76.1	24.0	5.8	1.3
	合计	427.6	37.5	47.1	86.0	26.1	452.6	100
两优培九	倒2	229.5	82.3	66.0	85.6	23.5	304.7	39.4
	倒3	204.0	73.1	81.2	87.0	25.0	360.3	46.5
	倒4	60.0	21.5	64.9	82.0	23.9	76.3	9.9
	倒5	40.5	14.5	50.1	71.8	22.4	32.6	4.2
	倒6	0	0	—	—	—	0	0
	合计	534.0	38.3	70.5	85.1	24.2	773.9	100
Ⅱ优航1号	倒2	197.0	70.6	61.3	92.3	25.4	283.1	37.1
	倒3	169.0	60.6	71.9	93.5	25.9	294.3	38.5
	倒4	103.0	36.9	65.6	92.4	23.1	144.2	18.9
	倒5	31.0	11.1	61.7	92.6	23.8	42.2	5.5
	倒6	0	0	—	—	—	0	0
	合计	500.0	35.8	65.8	92.8	25.0	763.8	100
Ⅱ优航2号	倒2	165.5	75.0	56.3	91.7	26.4	226.9	29.6
	倒3	169.5	76.4	65.2	91.8	26.6	270.0	35.7
	倒4	34.5	15.5	50.7	89.3	24.3	38.6	5.0
	倒5	102.0	46.0	51.2	80.5	25.9	108.9	14.2
	倒6	109.5	49.3	53.8	80.3	25.9	122.5	16.0
	合计	582.0	52.4	57.2	87.8	26.2	766.9	100

表 9 氮素芽肥施用量对各节位腋芽萌发成穗的影响

(Ⅱ优航1号,2005)

施氮量(g/m²)	倒2		倒3		倒4		倒5		倒6		合计	
	A	B	A	B	A	B	A	B	A	B	A	B
0	185	69%	137	51%	19	7%	0	0	0	0	341	25%
9	189	70%	169	63%	81	30%	19	7%	0	0	458	34%
18	197	73%	169	63%	103	38%	31	11%	0	0	500	37%
27	196	73%	166	61%	101	37%	43	16%	10	4%	516	38%

* A:每平方米再生穗数;B:腋芽萌发成穗率。

2.3　再生稻氮素的积累运转及对光合生产的调控

表 10 显示:再生稻全株氮素的吸收积累动态呈 Logistic 曲线分布,以头季幼穗发育期的吸氮速率最高,次为头季分蘖末期、结实期和再生季抽穗前,头季分蘖期的吸氮速率较低,再生季结实期最低[7]。

稻株吸氮总量、化肥氮吸收量及化肥氮吸收利用率,都与施氮量呈抛物线型相关。头季每平方米施氮 22.5～30 g 加上再生季施氮 17.25 g 的处理,化肥氮吸收量占吸氮总量的 53%～58%,化肥氮的吸收利用率达 46%～47%。

水稻抽穗后,营养器官停止生长,其贮积的含氮化合物会部分分解并转运到穗部,成为籽粒氮素积累的主要来源[7-8]。表 11 显示:营养器官在齐穗—成熟期的氮素输出量,随施氮水平的提高而增加,其表观转变率也随之增加。在头季齐穗—成熟期,营养器官输出的氮素转化为籽粒氮素的表观转变率为 50%～70%;在再生季齐穗—成熟期,营养器官和稻桩输出的氮素,转化为籽粒氮素的表观转变率为 60%～80%。头季收割前施用的氮素芽肥,会大量积累于稻桩,收割后即源源转运到再生分蘖。在再生季齐穗前,稻桩氮素转变为再生分蘖氮素的表观转变率为 13%～26%。加上稻桩碳水化合物的转运,对再生分蘖的萌发和初期生长,起了不可忽视的作用。

表 10　不同施氮水平下各生育时期的氮素净积累
（汕优明 86,2001）

处理号	施氮量(g/m²)		各生育时期的氮素净积累量(g/m²)							化肥氮吸收量(g/m²)	化肥氮吸收量占比(%)	化肥氮利用率(%)
	头季	再生季	A	B	C	D	E	F	合计			
1	0	17.25	2.02	3.93	5.33	3.67	3.83	1.03	19.81	3.75	18.9	21.7
2	7.5	17.25	3.14	3.72	7.18	4.59	4.54	1.61	24.78	8.72	35.2	35.2
3	15.0	17.25	3.84	4.35	8.37	6.78	4.14	2.92	30.40	14.34	47.2	44.5
4	22.5	17.25	4.74	6.88	8.23	6.66	5.92	1.88	34.31	18.25	53.2	45.9
5	30.0	17.25	4.99	10.39	8.60	6.54	6.32	1.51	38.35	22.29	58.1	47.2
6	37.5	17.25	5.88	10.01	8.51	4.34	6.51	1.51	36.76	20.70	56.3	37.8
平均	18.75	17.25	4.10	6.55	7.70	5.43	5.21	1.74	30.73	14.68	47.8	38.7
吸氮速率[mg/(m²·d)]			136.7	204.7	366.7	169.7	168.1	56.1	173.6	—	—	—

* A:头季移栽—分蘖末期(30 d);B:分蘖末期—颖花分化期(32 d);C:颖花分化—齐穗期(21 d);D:齐穗—成熟期(32 d);E:头季成熟—再生季齐穗期(31 d);F:再生季齐穗—成熟期(31 d)。

库藏物质积累量的 3/4 来自抽穗后的光合生产。而衡量群体光合量指标的群体生长率,决定于叶面积大小和净同化率高低。氮肥通过调节 LAI 和 NAR 而深刻影响了 CGR,最终影响了稻谷产量。图 3、图 4 显示:LAI 与施氮量呈线性正相关;NAR 与施氮量呈抛物线型相关,头季峰值在施氮量 18 g/m²,再生季峰值在施氮量 12 g/m²,随后急剧下降。CGR 的峰值在 LAI 与 NAR 取得最佳平衡时的施氮水平。由方程计算,头季齐穗—成熟期达到最高 CGR 的施氮量为 26.3 g/m²,相应的 LAI 为 7,NAR 为 3.7 g/(m²·d) 左右。再生季达到最高 CGR 的施氮量为 17.9 g/m²,相应的 LAI 为 2.5,NAR 为 6.3 g/(m²·d) 左右。稻谷产量和齐穗—成熟期的 CGR 与施氮量的抛物线曲线趋势相同,达到最高 CGR 的施氮量与达到最高产量的施氮量相近。

表 11　不同施氮水平下各器官氮素的积累运转

处理编号	头季齐穗—成熟期					头季成熟—再生季齐穗期					再生季齐穗期—成熟期				
	氮素净积累量（g/m²）				表观转变率（%）	氮素净积累量（g/m²）				表观转变率（%）	氮素净积累量（g/m²）				表观转变率（%）
	穗	叶片	茎鞘	稻桩		穗	叶片	茎鞘	稻桩		穗	叶片	茎鞘	稻桩	
1	8.13	−3.39	−1.07	—	54.9	1.08	1.49	1.83	−0.57	13.0	4.18	−1.67	−0.96	−0.52	75.4
2	9.90	−4.36	−0.95	—	53.6	1.39	2.15	1.98	−0.98	17.8	5.07	−1.85	−1.05	−0.55	68.0
3	12.58	−4.08	−1.72	—	46.1	1.60	1.94	2.06	−1.46	26.1	6.16	−1.76	−0.95	−0.53	52.6
4	14.01	−5.97	−1.38	—	52.5	1.74	2.60	3.13	−1.55	20.7	6.66	−2.58	−1.82	−0.38	71.8
5	15.17	−7.01	−1.62	—	56.9	1.83	2.66	3.91	−2.08	24.8	7.40	−2.50	−2.25	−1.14	79.6
6	13.70	−7.29	−2.07	—	68.3	1.96	3.02	4.00	−2.47	27.5	7.18	−2.46	−2.52	−0.69	79.0

* 表观转变率（%）＝（营养器官氮素输出量/新生器官氮素净积累量）×100；头季齐穗—成熟期穗氮素净积累量含腋芽氮素净积累量。

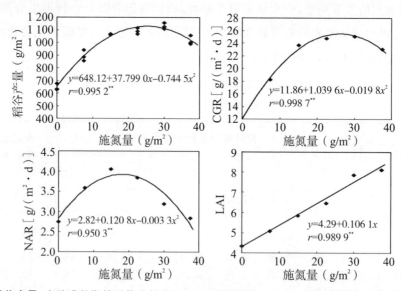

图 3　头季稻谷产量、齐穗成熟期的群体生长率（CGR）、净同化率（NAR）、叶面积指数（LAI）与施氮量的关系

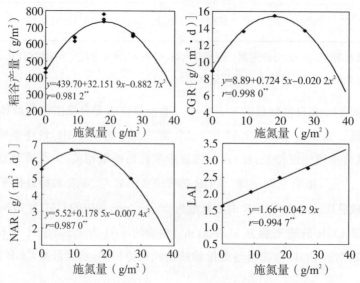

图 4　再生季稻谷产量、齐穗—成熟期的群体生长率（CGR）、净同化率（NAR）、叶面积指数（LAI）与施氮量的关系

3　再生稻超高产技术模式

3.1　头季建立大库丰源的超高产技术模式

分析头季不同产量水平的库源结构看出:超高产群体的基本特征是具有大库丰源,即具有高额的单位面积总粒数构成巨大库容量,具有适当较大的冠层叶面积,积累丰裕的库藏物质。问题之一是如何调节生育,达成穗多穗大,突破单位面积总粒数的瓶颈;问题之二是幼穗发育与冠层三叶伸长同步,如何培育大穗又抑制叶片过分伸长(扩库控叶)。围绕解决这两个突出问题采取的针对性技术是:

(1)优化配置生育期。将承袭单季稻迟播迟栽的季节布局,改进为在旬平均气温升达 12 ℃的初旬—3 月上中旬播种,4 月中旬移栽,比单季稻提早 50 d 播栽,结果:(1)利用春季相对较低的气温,将头季本田营养生长期由 30 多 d 延长到 50 多 d,为形成穗多穗大的群体提供充裕的时间,打好营养生长的基础。(2)将头季库藏物质积累期调节在光温最丰富的 7 月份,将再生季库藏物质积累期调节在光温次丰的 9 月份,太阳辐射增加 20%,群体光合生产力显著提高。(3)将容易招致稻瘿蚊幼虫钻食的幼小生长锥发育期(营养生长—枝梗分化期),调节在该虫主害代盛孵期(6 月中下旬)之前,从而解除当时危害当地稻作的一个顽症,开辟生态控虫的新途径。

(2)壮秧密植。秧田分蘗成穗率高、穗头大。采用超稀播种和喷施多效唑培育多蘗壮秧,加上合理密植,搭建穗多穗大的苗架。

(3)促进早发,降低苗峰。据多年观察,水稻本田期有效分蘗为移栽后头 4 片新生叶的"同伸蘗"。促进早发,在第 4 片新生叶出生期萌发相当于预期穗数的茎蘗数,确保形成足额的穗数。一旦够苗,立即烤田控氮,抑制无效分蘗,压低分蘗高峰茎蘗数,减少个体间对光照、养分的竞争。

(4)畦栽沟灌,培育强根。水稻地上下部保持着形态与机能的综合平衡[10]。超高产群体,必先培育形态发达、机能高而持久的根系。主体措施是畦栽沟灌。耕耙拉平后开沟作畦,畦上种稻,够苗烤田后实行间歇性沟灌,保持土壤湿润透气状态,创造良好的根际环境。据试验对比(表 12)[3],畦栽沟灌比平栽淹灌,根系干重增加 26%～34%,伤流量提高 20%～50%,穗多穗大,头季增产 36%,再生季增产 60%。

表 12　畦栽沟灌对再生稻产量及根系的影响

(Ⅱ优航 1 号,2005)

季别	处理	产量 (kg/hm²)	每平方米穗数	每穗粒数	结实率(%)	千粒重(g)	成熟期根重(g/m²)	伤流量[g/(m²·h)] 齐穗期	伤流量[g/(m²·h)] 成熟期
头季	畦栽沟灌	12 396	245.9	177.6	96.9	29.3	318.3	197.0	162.5
	平栽淹灌	9 096	208.3	166.0	89.8	29.3	252.4	157.3	104.0
再生季	畦栽沟灌	8 409	484.0	74.9	90.9	27.2	296.0	114.4	82.9
	平栽淹灌	5 256	372.5	57.3	90.2	27.0	221.6	97.0	56.0

(5)控制总施肥量,平衡营养。据 2001 年施氮水平试验[7](图 3)和 2005 年氮钾水平试验(表 13)[3],达到最高产量的施氮量为 23～25 g/m²,平均生产 100 kg 稻谷的需氮量为 1.9～2.2 kg。达到最高产量

的施钾量为 32.4 g/m²。但再生稻对钾素的反应不如氮素灵敏,宜改采最佳效益施钾量。据方程计算,达到最佳效益的施钾量为 21.3 kg,平均每生产 100 kg 稻谷的需钾量为 1.8 kg。在掌控总施肥量基础上,改变前重式施肥方法,磷肥作基肥施用,钾肥作接力肥和穗肥分施,氮肥作基肥、分蘖肥、接力肥、促花穗肥和保花穗肥分施。达到氮磷钾、前中后期养分的均衡供应。

表 13　再生稻头季氮钾肥不同施用量的产量及其构成

(Ⅱ优航 1 号,2005)

施肥量(g/m²)		稻谷产量		每平方米	每穗	结实率	千粒重
氮	钾	(g/m²)		穗数	粒数	(%)	(g)
0	18	927.7±36.7	D e	246.9	141.0	94.5	28.2
12	18	1 148.7±5.5	B b	267.7	160.6	94.4	28.3
24	18	1 203.3±11.0	A a	279.2	165.4	93.4	27.9
36	18	1 118.0±12.5	B c	286.2	156.8	90.6	27.5
24	9	1 153.7±14.0	B b	272.3	163.9	93.0	27.8
24	0	1 080.3±19.6	C d	270.0	159.6	90.8	27.6

3.2　再生季建立多穗群体的超高产技术模式

再生分蘖在母茎黄熟收割之前腋芽未萌发就进入一、二次枝梗分化,生长先天不足,每穗粒数仅为头季的 1/3。争取超高产必须依靠提高腋芽萌发率,形成比头季多一倍的穗数,以多穗补小穗的不足。围绕建立多穗群体目标采取的针对性技术是:

(1)选用良种。选用具有头季产量高、再生力也高的"双高"特性的杂交水稻组合作再生稻栽培。

(2)保持根系活力。除少数在地表萌发的倒 6 分蘖长有少量节根外,再生分蘖依赖头季残留的根系吸收水养分和合成内源激素及多种氨基酸。据对衡量根系整体机能的伤流量的观测,头季根系机能在成熟期明显衰退,再生季齐穗后,根系机能再次明显跌落。凡是根系缓衰的品种或生态条件,再生分蘖萌发就多。头季成熟期和再生季齐穗期的伤流量,与再生穗数及再生季产量,均呈高度正相关[10]。保持根系活力的主要措施,是坚持畦栽沟灌,保持土壤湿润透气状态,提高头季后期至再生季苗期的氮素营养水平,促进光合作用,保证碳水化合物对根系的供应。

(3)高留稻桩。籼稻具有上位芽顶端生理优势,倒 2、3 芽萌发率高,构成再生穗数的 60%～80%。为此头季收割时需高留稻桩,以保留倒 2 节位的优势芽,并保留较多份额的稻桩贮藏性物质,收割后源源输往再生分蘖,促进再生分蘖的萌发和生长。

(4)重施氮素芽肥。据 2005 年试验(表 14、图 4),再生季产量与施氮量呈抛物线型相关[3]。由方程计算,达到最高产量的施氮量为 18.2 g/m²,平均生产 100 kg 稻谷的需氮量为 2.5 kg。施氮量过少,腋芽萌发少;施氮过多,消耗过多的碳水化合物于蛋白质合成,减少了稻桩贮藏性碳水化合物的积累和收割后向再生分蘖的运转。

表 14　再生稻再生季不同施氮量的产量及其构成

（Ⅱ优航 1 号,2005）

施氮量 （g/m²）	稻谷产量 （g/m²）		每平方米 穗数	每穗 粒数	结实率 （%）	千粒重 （g）
0	447.7±14.4	C d	341.0	58.3	92.6	25.2
9	633.7±13.1	B c	458.3	61.3	92.4	25.1
18	756.3±22.3	A a	500.4	65.6	92.8	25.0
27	656.3±6.5	B b	516.0	60.8	90.4	24.6

4　再生稻超高产栽培技术规程

4.1　选用良种

选用头季产量高、再生力也高的杂交水稻晚熟组合作再生稻栽培。

4.2　确定宜种区域

春季旬平均气温升达 12 ℃的初旬为头季安全播种期。秋季旬平均气温降达 24 ℃（高海拔地区为 23 ℃）的终旬为再生季安全齐穗期(在此时段齐穗,80%保证率不会出现日平均气温连续 3 d 以上低于 22 ℃的危害水稻开花受精的低温)[5]。杂交水稻晚熟组合从头季播种至再生季齐穗所需积温为 4 000～4 100 ℃。则适宜种植晚熟品种类型的再生稻,是从春季旬平均气温升达 12 ℃的初旬至秋季旬平均气温降达 24 ℃的终旬,具有积温 4 000 ℃以上的地区。可依据各地气候资源查证确定。

4.3　播种育秧

在春季旬平均气温升达 12 ℃的初旬抢晴播种。稀播匀播。湿润秧田每 100 m² 播种 2.25 kg,旱秧田每 100 m² 播种 4 kg。播后覆盖塑料薄膜保温。二、三叶期趁晴暖天气揭膜炼苗,每 100 m² 秧田用 5% 多效唑 15 g 兑水稀释喷洒,促进分蘖,控制苗高。5～6 叶龄移栽。

4.4　密植

每平方米栽植 30 丛,每丛栽 1 株具 3 个茎蘖。

4.5　畦栽沟灌

稻田耕耙拉平后,按 1.8 m 幅距开一条沟,沟深 20 cm,沟宽 30 cm,畦宽 150 cm。田四周开环沟。畦厢上种稻,每畦栽 9 行,株距 16.7 cm,或者每畦栽 7 行,株距 13.3 cm。移栽后 20～25 d 的有效分蘖期内浅水淹灌。每丛水稻萌发 8～10 个茎蘖时排水烤田,烤至畦面微裂、足踏有印不陷泥为度。烤田后实行间歇性沟灌,每次只灌半沟水,渗干后晾田 2～3 d 再灌一次半沟水,如此周而复始,至再生季收割前 10 d 排水干田。长期保持土壤湿润透气状态。

4.6　头季施肥

施肥量依据目标产量和地力而定。在中等肥力田,按生产 100 kg 稻谷目标施氮 2 kg、磷 0.3 kg、钾 1.8 kg 掌控总施肥量。磷肥作基肥施用,钾肥作接力肥和促花穗肥分施,氮肥按 3∶3∶1∶2∶1 的比例,作基肥、促蘖肥(在移栽后 5～7 d 施)、接力肥(烤田复水后施)、促花穗肥(枝梗分化期施)、保花穗肥(剑叶露尖期施)分施。促蘖肥宜用尿素,同时拌除草剂均匀撒施,保水 5 d,杀灭刚萌发的杂草。

4.7　再生季施肥

每亩施氮 12 kg,其中 80％在头季齐穗后 20 d、当腋芽即将萌发时作促芽肥施用,20％在头季收割后 2～3 d、当腋芽快速伸长时作促苗肥施用。

4.8　头季收割

头季十成黄熟时收割,充分利用成熟末期的光合产物哺育待机萌发的腋芽。在倒 2 节间中部(或倒 3 叶枕处)平割,留桩 40～45 cm,以保留具有生理优势的倒 2 节位腋芽,并保留尽量多份额的稻桩贮藏性干物质,收割后源源输向再生分蘖。

4.9　伏旱高温防御

头季收割前后 15 d 遇伏旱高温,保持田间浅水层,头季收割至收割后 5 d 舀水泼浇稻桩,保持茎鞘湿润,防止芽苗萎缩干枯。

4.10　防止头季倒伏

坚持烤田和畦栽沟灌,培育强根壮秆。拔节前 1 周,每亩喷施 5％立丰灵(调环酸钙化合物)60 g,抑制基部节间伸长,增强茎秆抗折力。

4.11 提高再生季抽穗整齐度

在再生季抽穗 60％～70％时,每亩用赤霉素 2 g 兑水稀释喷雾,促进基部分蘖的穗颈抽长,克服包颈,提高抽穗整齐度和籽粒充实度。

4.12 防控病虫害

采用"农业防治为主、药剂防治为辅"对策,加强测报,强化健身栽培,当病虫达到防治指标时才进行药剂防治。各地的病虫种类不尽相同,应据实挑治,就多数地区而言,重点防治稻瘟病、纹枯病、稻飞虱、螟虫和稻纵卷叶螟。

5 技术应用效果评价

在福建省尤溪县西城镇麻洋村建立的 6.9 hm² 再生稻示范片,实施优化集成技术,取得超高产(表15)。2001—2006 年平均每亩产量,头季 832.2 kg,再生季 511.3 kg,年产 1 343.5 kg。其中最高产量田块,6 年平均每亩产量 1 456.4 kg,有 3 年各 1 丘田的再生季平均每亩产量,分别达 581.8 kg、582.8 kg 和585 kg,创单产世界纪录。6 年来再生季产量比较稳定;头季产量年际间有些波动,2004 年光温丰富,平均每亩产量达 928.3 kg,而 2005 年生育中期绵雨寡照,后期受两次台风暴雨袭击,发生点片倒伏,降为731.2 kg。可见再生稻生产深受气候影响。

据统计,示范片平均每亩的物化成本 300 元,投 17 个工日,折工资 680 元,工本费合计 980 元,平均亩产量 1 343.5 kg,产值 2 015 元,纯经济效益 1 035 元,产投比 2.06∶1。

尤溪县大面积再生稻生产田,平均每亩物化成本 236 元,投 15 个工日,折工资 600 元,工本费合计836 元,产值 1 355 元,纯经济效益 519 元,产投比 1.62∶1。

超高产示范田比生产田平均每亩多花物化成本 64 元,多投 2 个工日,工本费合计增加 144 元。但因每亩的产量提高 400.1 kg,产值增加 660 元,提高 48.7％,纯经济效益增加 516 元,提高 99.4％。可见实施超高产优化集成技术,比常规生产技术,可大幅度增产增收。

由于再生稻超高产示范片的辐射带动,尤溪县再生稻由 1990 年代的 3 000 hm²,扩大到当时的 5 000～6 000 hm²,2001—2005 年平均每亩产量,头季 601.8 kg,再生季 301.6 kg,两季年产 903.4 kg,比前 5 年平均每亩年产 862.2 kg 增产 4.8％,比同期全县单季稻平均每亩产量 556 kg,增产 347.4 kg(＋62.5％)。再生稻比单季稻每亩只多花物化成本 66 元,多投 3 个工日,折工资 120 元,工本费合计增加 186 元。但产值增加 521 元,提高 62.5％,纯经济效益增加 335 元,提高 82.1％。可见,再生稻是一种资源节约高效型的稻作。

表 15　福建省尤溪县麻洋村再生稻超高产示范片历年产量

年份	示范片面积（hm²）	平均产量（kg/亩）			最高产量田块平均产量（kg/亩）		
		头季	再生季	合计	头季	再生季	合计
2001 年	6.73	851.0	473.7	1 324.7	856.9	581.8	1 438.7
2002 年	6.91	847.4	506.4	1 353.8	920.3	563.5	1 483.8
2003 年	6.74	815.4	559.6	1 375.0	904.3	582.8	1 487.1
2004 年	6.74	928.3	521.4	1 449.7	971.9	543.6	1 575.5
2005 年	7.12	731.2	500.4	1 231.6	826.4	585.0	1 411.4
2006 年	7.29	820.0	506.0	1 326.0	880.8	521.2	1 402.0
平均	6.92	832.2	511.3	1 343.5	893.4	563.0	1 456.4

6　技术的发展方向和重点

　　再生稻超高产技术发展方向，应当摆脱对投入的过度依赖，转向挖掘生态潜力和技术潜力，实现资源节约、环境友好、可持续超高产。

　　光温资源利用不充分，产量形成关键期与光温高值期错位，土壤潜育化，土壤养分失衡等，仍是目前高产的主要限制因素，应深入研究克服，以充分发掘生态资源的生产潜力。

　　库源具有明显的反馈效应表明，扩库控叶，以库带源，是建立大库丰源超高产群体的途径。但存在两个难题：一是如何突破单位面积总粒数的瓶颈，构建大库的问题；二是如何扩库不扩叶，构建高光效冠层问题。现已摸索到一些有效调控的技术，但还有不少关键技术有待研发，并揭示其科学原理，如：茎生腋芽的激素控制机理及解抑激活技术，根系衰老机理及缓衰技术，穗叶器官同步生长、异源控制机理及促穗控叶的技术，同化产物分配机理及流向流量调节技术等。茎秆抗倒剂、腋芽萌发剂的开发，也值得更多的注意。

著录论文

[1]李义珍,姜照伟.南方再生稻超高产理论与技术模式研究及应用[M]//姜绍丰.福建再生稻.福州:福建科学技术出版社,
　　2008:111-140.

[2]赵明,李从锋,张宾,等.作物产量性能与高产技术[M].北京:中国农业出版社,2013:254-257.

参考文献

[1]施能浦,焦世纯.中国再生稻栽培[M].北京:中国农业出版社,1999:1-13,24-54.

[2]赵明,王树安,李少昆.论作物产量研究的"三合结构"模式[J].北京农业大学学报,1995,21(4):359-363.

[3]卓传营.Ⅱ优航 1 号作再生稻栽培的超高产特性及调控技术[J].福建农业学报,2006,21(2):89-94.

[4]吉田昌一.稻作科学原理[M].厉葆初,译.杭州:浙江科学技术出版社,1984:238-249.

[5]李义珍,黄育民,陈子聪,等.再生稻丰产技术研究[J].福建省农科院学报,1991,6(1):1-12.

［6］张上守,卓传营,姜照伟,等.超高产再生稻产量形成和栽培技术分析［J］.福建农业学报,2003,18(1):1-6.

［7］郑景生,林文雄,李义珍,等.再生稻头季不同施氮水平对双季氮素吸收及产量效应研究［J］.中国生态农业学报,2004,12(3):78-82.

［8］姜照伟,林文雄,李义珍,等.不同施氮量对再生稻氮素吸收及分配的影响［J］.福建农业学报,2003,18(1):50-55.

［9］谢华安.汕优63选育理论与实践［M］.北京:中国农业出版社,2006:92-107.

［10］林文,李义珍,姜照伟,等.再生稻根系形态和机能的品种间差异及与产量的关联性［J］.福建农业学报,2001,16(1):1-4.

十、Ⅱ优航1号作再生稻栽培的超高产特性及调控技术

从1980年代起,随着汕优63等一批具有头季产量高、再生力强的杂交水稻新组合的问世,利用单季杂交稻的茎生腋芽萌发成穗再收成一季再生稻,成为一种节约高效型稻作制,在我国南方大面积发展起来。福建省尤溪县的再生稻种植面积逐年扩大,单产不断提高,至1990年代末,5 500 hm² 再生稻头季平均每公顷产量达到8.15 t、再生季达3.86 t,其中麻洋村15 hm² 再生稻,头季平均每公顷产量达9.92 t、再生季达6.36 t,并有2丘田再生季单产分别达8 114 kg/hm² 和8 384 kg/hm²,先后创再生季单产世界纪录[1]。为了探索进一步高产的途径,2000年以来,我们与福建省农业科学院水稻研究所合作,引进该所新育成的超级杂交稻组合作再生稻栽培。2003—2005年引种的Ⅱ优航1号作再生稻栽培的超高产特性及调控技术的研究结果总结如下。

1 材料与方法

1.1 供试材料

Ⅱ优航1号是福建省农业科学院水稻研究所利用Ⅱ-32A与航1号配制的组合,2004年通过福建省品种审定,2005年通过国家品种审定。

1.2 时间地点及产量验收

2003—2005年在尤溪县西城镇麻洋村(26°11′N、118°3′E、海拔287 m)每年建立6.7 hm² 示范片,2005年同时在尤溪县联合乡岭头村(26°27′N、118°14′E、海拔287 m)建立66.7 hm² 示范片。每年在头季成熟期和再生季成熟期,都组织专家按产量水平抽样验收,每丘田收割不少于667 m²,称湿谷重后取1 kg晒干扬净,称干谷重,测定含水率,再按含水分13.5%的标准计算晒干率,核定干谷产量。

1.3 产量结构调查

2005年在头季成熟期和再生季成熟期,各调查30丘不同产量水平田的产量及其构成。方法是每丘田收割不少于67 m²的水稻,晒干扬净,测定含水率,按含水分13.5%的标准核定干谷产量,同时,每丘田调查50丛穗数,取5丛考察结实率和千粒重,按产量方程求算每穗粒数。

1.4 播栽期试验

设置目前再生稻的早播早栽(3月5日播种,4月7日移栽)和近似单季稻习俗的晚播晚栽(4月20日播种,5月23日移栽)两个处理,3次重复,小区面积18.2 m²。观察记载不同播栽期的生育期,成熟时单独收获称产,考察产量构成。气象数据依据尤溪县气象站(海拔120 m)实际观测,其中气温按直减率进行订正。

1.5 畦栽沟灌效应试验

2005年选2丘土壤条件近似的相邻田,一丘实行普通平栽淹水栽培,作为对照;另一丘实行畦栽沟灌栽培。后者耕地后开沟筑畦,沟深20 cm、沟宽30 cm、畦宽150 cm,畦上种稻,每畦9行,株距16.7 cm。烤田后实行间歇性灌溉,其他措施同普通栽培田。两季成熟时分别收获称产,各调查50丛穗数,取5丛考种。头季成熟期,采用Monolith改良法测定根系干物重,头季齐穗、成熟和再生季齐穗、成熟等时期,各测定10丛稻株伤流量。

1.6 氮钾肥水平试验

2005年头季设6种氮钾肥施用量处理:(1)不施氮、施钾18 g/m²;(2)施氮12 g/m²、钾18 g/m²;(3)施氮24 g/m²、钾18 g/m²;(4)施氮36 g/m²、钾18 g/m²;(5)施氮24 g/m²、钾9 g/m²;(6)施氮24 g/m²、不施钾。再生季设4种氮肥施用量处理:(1)不施氮肥;(2)施氮9 g/m²;(3)施氮18 g/m²;(4)施氮27 g/m²。均3次重复,小区面积10 m²,筑田埂隔开。两季成熟时分小区单独收获称产,并调查50丛穗数,取5丛考种。再生季还在第一重复的各处理区,各取20丛稻株,考察不同节位分蘖的穗数和穗部性状。

1.7 头季收割期对再生季生育状况影响的调查

2005年在头季调查不同产量水平的产量构成以后,发现农户梁福顺与陈元明所种再生稻,头季产量都超过12 000 kg/hm²,但因头季不同成熟度收割,再生季生育状况截然不同。为此对2丘田的再生季进行追踪观察,比较腋芽萌发率、产量及其构成。

2 结果与分析

2.1 示范片产量

尤溪县麻洋村6.7 hm² II优航1号再生稻示范片历年产量见表1,2003—2005年平均每公顷产量,头季 12 375 kg、再生季 7 907 kg，年产 20 282 kg。其中 2004 年产量最高，平均每公顷产量，头季 13 925 kg、再生季 7 821 kg，年产 21 746 kg；最高产量田平均每公顷产量，头季达 14 579 kg、再生季达 8 195 kg，年产达 22 774 kg。但 2005 年因 5、6 月份绵雨寡照，7、8 月份遭遇两次台风雨，产量降低。2005 年新建的岭头村 66.7 hm² Ⅱ优航 1 号再生稻示范片，平均每公顷产量，头季 11 709 kg、再生季 7 326 kg，年产 19 035 kg，其中最高产量田平均每公顷产量，头季达 13 967 kg、再生季达 8 796 kg，年产达 22 763 kg（表 1）。2003 年和 2005 年最高产量田块的再生季单产，均再次突破世界纪录。

表 1　再生稻示范片历年产量

年份	地点	示范片面积（hm²）	示范片平均产量（kg/hm²）			最高产量田平均产量（kg/hm²）		
			头季	再生季	合计	头季	再生季	合计
2003 年	尤溪麻洋	6.74	12 231	8 394	20 625	13 565	8 742	22 307
2004 年	尤溪麻洋	6.74	13 925	7 821	21 746	14 579	8 195	22 774
2005 年	尤溪麻洋	7.12	10 968	7 506	18 474	12 396	8 775	21 171
2005 年	尤溪岭头	66.74	11 709	7 326	19 035	13 967	8 796	22 763

在示范片带动下，尤溪县大面积再生稻也有较大幅度增产。2003—2005 年再生稻种植面积平均 5 368 hm²，每公顷平均产量，头季 8 830 kg、再生季 4 481 kg，年产 13 311 kg，比 1990 年代后期增产 10.8%。示范片单产则比全县同期平均水平高出 52.4%。

2.2　再生稻超高产结构

调查了 30 丘不同产量水平田的产量及其构成，分组的平均产量及其构成列于表 2，从表 2 看出：头季每公顷产量 12 000~14 000 kg 田的产量结构为每平方米（250.9±9.0）穗，每穗（184.2±11.6）粒，每平方米（46 172±2 595）粒，结实率（95.2±1.8）%，千粒重（29.1±0.4）g。随着产量水平的降低，每平方米穗数和每穗粒数减少，但结实率和千粒重变化不大；再生季每公顷产量 8 250~9 000 kg 田的产量结构为每平方米（490.5±33.2）穗，每穗（72.5±5.0）粒，每平方米（35 408±1 031）粒，结实率（92.1±2.0）%，千粒重（26.8±0.5）g。随着产量水平的降低，每平方米穗数和每穗粒数减少，但结实率和千粒重变化不大。再生季与头季相比，每平方米穗数增加 75%，每穗粒数减少 60%，结实率降低 3.5%，千粒重减轻 2.3 g（-8%）。

表 2　Ⅱ优航 1 号不同产量水平的产量结构

季别	调查田块	产量变幅（kg/hm²）	平均产量（kg/hm²）	每平方米穗数	每穗粒数	每平方米总粒数	结实率（%）	千粒重（g）
头季	10	>12 000	12 768±699	250.9±9.0	184.2±11.6	46 172±2 595	95.2±1.8	29.1±0.4
	12	10 501~12 000	11 252±448	245.8±20.2	166.4±15.4	40 621±1 417	95.7±1.8	28.9±0.4
	4	9 000~10 500	9 756±458	227.6±18.6	156.5±9.7	35 438±905	94.3±2.6	29.2±0.2
	4	<9 000	8 454±274	225.2±15.1	135.7±7.4	30 481±1 253	95.7±1.0	29.0±0.2
	全体	8 160~13 967	11 186±1 544	242.3±19.1	166.9±20.1	40 428±5 558	95.4±1.7	29.0±0.4

续表2

季别	调查田块	产量变幅 （kg/hm²）	平均产量 （kg/hm²）	每平方米穗数	每穗粒数	每平方米总粒数	结实率 （%）	千粒重 （g）
	8	＞8 250	8 753±307	490.5±33.2	72.5±5.0	35 408±1 031	92.1±2.0	26.8±0.5
	13	6 751～8 250	7 295±351	432.1±36.9	69.1±5.4	29 697±1 871	92.1±2.6	26.7±0.5
再生稻	7	5 250～6 750	6 038±505	369.5±34.6	66.7±7.4	24 494±2 205	92.1±2.5	26.8±0.2
	2	＜5 250	4 775±396	307.1±18.1	63.7±5.1	19 635±2 700	94.9±3.5	26.7±0.5
	全体	4 379～8 865	7 223±1 226	424.7±63.2	69.1±6.3	29 342±5 007	92.1±2.5	26.7±0.4

相关分析（表3）显示：不管是头季还是再生季，在各个产量构成因素中，以每平方米总粒数的变异最大，与产量的相关最密切（$r=0.989\ 5^{**}$，$0.985\ 4^{**}$）；而结实率和千粒重变异最小，与产量的相关性最小。显示每平方米总粒数决定了库容量，也决定了产量。

表3　产量构成因素的变异和与产量及各因素的相关

季别	构成因素	平均值	变异系数 （%）	相关系数（r）				
				产量	每平方米总粒数	每平方米穗数	每穗粒数	结实率
头季	每平方米总粒数	40 428.2	13.7	0.989 5**				
	每平方米穗数	242.3	7.9	0.488 8**	0.487 9**			
	每穗粒数	166.9	12.0	0.826 1**	0.840 8**	−0.058 2		
	结实率（%）	95.4	1.8	0.052 3	−0.576 0	0.075 3	−0.132 9	
	千粒重（g）	29.0	1.4	0.091 4	0.000 1	−0.078 9	0.079 0	−0.204 6
再生季	每平方米总粒数	29 341.8	17.1	0.985 4**				
	每平方米穗数	424.7	14.9	0.854 0**	0.859 9**			
	每穗粒数	69.1	9.1	0.490 8**	0.484 5**	0.002 3		
	结实率（%）	92.1	2.7	−0.052 6	−0.191 6	−0.124 2	−0.165 3	
	千粒重（g）	26.7	1.5	0.119 9	0.040 8	0.005 6	0.067 6	−0.096 7

注：$r_{0.05}=0.361$，$r_{0.01}=0.463$。

每平方米总粒数由每平方米穗数和每穗粒数所构成。在头季，以每穗粒数的变异较大，与每平方米总粒数的相关较密切（$r=0.840\ 8^{**}$）；在再生季，以每平方米穗数的变异较大，与每平方米总粒数的相关较密切（$r=0.859\ 9^{**}$）。表明实现再生稻超高产，头季必须在稳定足额穗数基础上，主攻大穗，形成每平方米4.5万~5.0万粒的库容量；再生季先天不足穗头小，必须大力提高腋芽萌发率，培育比头季多70%~100%的穗数，以多穗补小穗的不足，形成每平方米3.5万粒的库容量。

2.3 超高产调控技术

2.3.1 优化配置生育期

依据当地气候资源,由以往单季稻的 4 月下旬播种、5 月下旬移栽,改为现在的再生稻 3 月上旬播种、4 月中旬移栽,结果优化配置了生育期。由播栽期试验结果(表 4)看出,早播早栽取得 3 项成效:(1)利用春季相对较低的气温,头季本田营养生长期由 30 多天延长到 50 多天,为形成穗多穗大的群体,提供充裕时间去打好营养生长的基础;(2)将头季齐穗至成熟期调节在光温最丰的 7 月份,日照增加 28%;将再生季调节在光温次丰的 8—9 月份,日照增加 20%,产量形成关键期与光温高值期重合,为积累高额产量物质创造了生态条件;(3)将容易招致稻瘿蚊幼虫钻食的幼小生长锥发育期(营养生长至枝梗分化期),调节在稻瘿蚊主害代盛孵期(6 月中下旬)之前,从而解除一个当地危害稻作的顽症,开创生态控虫的新途径。

表 4 再生稻不同播栽期各生育阶段的日数和气象条件

气象因素	秧田期		本田营养生长期		幼穗发育期		结实期		再生季生长期	
	Ⅰ	Ⅱ	Ⅰ	Ⅱ	Ⅰ	Ⅱ	Ⅰ	Ⅱ	Ⅰ	Ⅱ
持续日数(d)	33	33	56	39	30	30	33	30	62	64
积温(℃)	566	742	1213	978	773	799	870	781	1505	1342
日照时长(h)	137	151	281	255	192	204	202	158	332	277

* Ⅰ:3 月 5 日播种,4 月 7 日移栽;Ⅱ:4 月 20 日播种,5 月 23 日移栽。

2.3.2 畦栽沟灌

水稻地上、地下部保持着形态和机能的综合平衡。水稻超高产必须具有形态发达、机能高而持久的根系。但是福建山区稻田多泉水浸渍,土壤深烂冷凉,还原性强,制约根系的发育。实行畦栽沟灌,耕作层靠毛细管水浸润,大量氧气可沿土壤孔隙导入,从而显著改善土壤还原性,既促进了根系形态发育,又提高了根系活力。据对相邻两丘对比田的调查(表 5),根系干重增加 26%,伤流量增加 20%~50%,头季产量提高 36%,再生季产量提高 60%。

2.3.3 优化施肥

2005 年头季氮钾肥水平试验结果列于表 6,由施等量钾肥、不同氮量的处理(第 1~4 处理)数据计算产量与施氮量的关系,由施等量氮肥不同钾量的处理(第 3、5、6 处理)数据计算产量与施钾量的关系,结果表明,头季稻谷产量(y)与氮肥施用量(x_1)和钾肥施用量(x_2),都呈抛物线型相关(见图 1),抛物线方程及显著性如下:

$$y = 928.97 + 24.359\ 7x_1 - 0.531\ 8x_1^2$$

$$r = 0.987\ 1^{**}$$

$$y = 1\ 080.33 + 9.463\ 0x_2 - 0.146\ 1x_2^2$$

$$r = 0.970\ 8^{**}$$

由方程计算,头季达到最高产量的施氮量($x_{opt}=-b/2c$)为 22.90 g/m²,相应的最高产量($y_{max}=a-\dfrac{b^2}{4c}$)为1 207.9 g/m²;按照目前市场氮肥、稻谷单价比值(p)2.96 计算,达到最佳经济收益的施氮量$[x_{eco}=(-b+p)/2c]$为 20.12 g/m²,相应的最佳经济收益产量为 1 203.8 g/m²,平均生产 100 kg 稻谷的最佳施氮量为 1.67 kg。

头季达到最高产量的施钾量为 32.39 g/m²,相应的产量为 1 233.6 g/m²;按目前市场钾肥、稻谷单位比值(p)3.25 计算,达到最佳经济收益的施钾量为 21.26 g/m²,相应产量为 1 215.5 g/m²,平均生产 100 kg 稻谷的最佳施钾量为 1.75 kg。

2005 年再生季氮肥水平试验结果列于表 7、图 2,由此看出以每平方米施氮 18 g 的处理产量最高,比不施氮处理增产 68.8%,显示再生季对氮素反应更灵敏,缺氮严重抑制腋芽萌发,严重减产。由表 7 数据计算,再生季稻谷产量(y)与施氮量(x_1)也呈抛物线型型相关:

$$y=432.91+30.844\ 4x-0.851\ 9x^2$$

$$r=0.981\ 0^{**}$$

由方程计算,达到最高产量的施氮量为 18.10 g/m²,相应产量为 712.1 g/m²;达到最佳经济收益的施氮量为 16.37,相应产量为 707.0 g/m²,平均生产 100 kg 稻谷的最佳施氮量为 2.32 kg。

表 5 畦栽沟灌对再生稻产量及根系的影响

季别	处理	产量 (kg/hm²)	每平方米穗数	每穗粒数	结实率 (%)	千粒重 (g)	成熟期根重 (g/m²)	伤流量[g/(m²·h)] 齐穗期	成熟期
头季	畦栽沟灌	12 396	245.9	177.6	96.9	29.3	318.3	197.0	162.5
	平栽淹灌	9 096	208.3	166.0	89.8	29.3	252.4	157.3	104.0
再生季	畦栽沟灌	8 409	484.0	74.9	90.9	27.2	—	114.4	82.9
	平栽淹灌	5 256	372.5	57.3	90.2	27.0	—	97.0	56.0

表 6 头季不同氮、钾肥施用量的产量及其构成

处理编号	施肥量(g/m²) 氮	钾	稻谷产量(g/m²) Ⅰ	Ⅱ	Ⅲ	平均	差异显著性 5%	1%	每平方米穗数	每穗粒数	结实率 (%)	千粒重 (%)
1	0	18	962	932	889	927.7	e	D	246.9	141.0	94.5	28.2
2	12	18	1 154	1 149	1 143	1 198.7	b	B	267.7	160.6	94.4	28.3
3	24	18	1 216	1 198	1 196	1 203.3	a	A	279.2	165.4	93.4	27.9
4	36	18	1 108	1 132	1 114	1 118.0	c	B	286.2	156.8	90.6	27.5
5	24	9	1 165	1 138	1 158	1 153.7	b	B	272.3	163.9	93.0	27.8
6	24	0	1 102	1 075	1 064	1 080.2	d	C	270.0	159.6	90.8	27.6

* PLSD$_{0.05}$=30.1,PLSD$_{0.01}$=42.9。

表7 再生季不同氮肥施用量的产量及其构成

处理编号	氮肥施用量 (g/m²)	稻谷产量(g/m²)				差异显著性		每平方米穗数	每穗粒数	结实率 (%)	千粒重 (g)
		Ⅰ	Ⅱ	Ⅲ	平均	1%	5%				
1	0	456	431	456	447.7	C	c	341.0	58.3	92.6	25.2
2	9	675	625	650	650.0	B	b	458.3	61.3	92.4	25.1
3	18	750	725	715	730.0	A	a	500.4	65.6	92.8	25.0
4	27	663	650	656	656.3	B	b	516.0	60.8	90.4	24.6

* $PLSD_{0.05} = 21.7$，$PLSD_{0.01} = 32.9$。

依据上述结果,头季目标产量 12 000 kg/hm² 的最佳施氮量为 200 kg/hm²,最佳施钾量为 210 kg/hm²。再生季目标产量 8 000 kg/hm² 的最佳施氮量为 180 kg/hm²。采用上述参数指导再生稻超高产栽培,较相同产量水平的施肥量,可节约 20% 左右。

在掌握上述施肥总量基础上,还必须根据再生稻生长特性,合理分期定量施肥。在头季钾肥作接力肥和促花穗肥分施,氮肥按总施肥量3∶3∶1∶2∶1的比率,作基肥、促蘖肥(移栽后5~7 d施)、接力肥(烤田后施)、促花肥(枝梗分化期施)、保花肥(雌雄蕊形成期施)分施。在再生季,氮肥的 80% 在头季齐穗后 20 d,当腋芽开始萌动时作促芽肥,20% 在头季收割后 2~3 d,当腋芽快速伸长时作促苗肥施用。

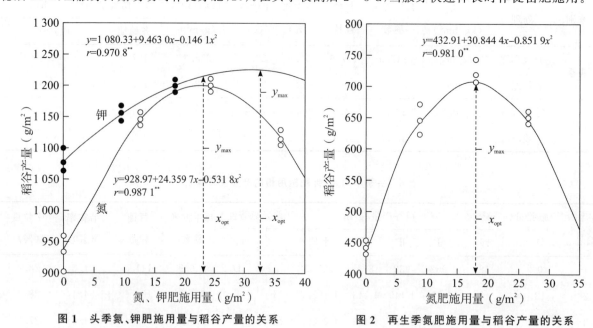

图 1 头季氮、钾肥施用量与稻谷产量的关系   图 2 再生季氮肥施用量与稻谷产量的关系

2.3.4 提高腋芽萌发率

再生季先天不足穗头小,实现超高产必须依靠提高腋芽萌发率,形成比头季多 70%~100% 的穗数,以多穗补小穗的不足。主要措施有:(1)坚持间歇性沟灌,保持土壤湿润透气性状,提高后期根系活力,激活腋芽;(2)重施氮素芽肥,提高头季后期叶片光合机能,增加稻桩贮藏性物质积累,收割后源源输向再生分蘖;(3)头季十黄收割,充分利用成熟末期富余的光合产物,哺育待机萌发的腋芽;(4)高留稻桩,保留高萌发率的倒 2 节位的腋芽(其萌发率一般 70%)。适宜的留桩高度为倒 2 节间的中部,离地面约 40~50 cm。

表 8 显示两丘头季超高产田不同成熟度收割，再生季生育状况截然不同：头季在十黄时收割，腋芽充分发育，再生季穗多穗大产量高；另一丘头季在八成黄时收割，过早断绝光合产物对腋芽的哺养，每个母茎只萌发 1.1 个分蘖，再生季穗少穗小产量低。

表 8 头季收割期对再生季生育的影响

头季收割时稻穗成熟度	季别	产量（kg/hm²）	每平方米穗数	每穗粒数	结实率（%）	千粒重（g）
八成黄	头季	12 396	260.8	177.0	95.2	29.6
	再生季	4 739	289.0	58.6	95.4	27.0
十成黄	头季	12 074	252.9	170.1	95.8	29.3
	再生季	8 442	541.0	65.7	90.3	26.3

3 总结与讨论

Ⅱ优航 1 号作再生稻栽培，具有超高产潜力。2003—2005 年 6.7 hm² 示范片平均每公顷产量，头季 12 375 kg、再生季 7 907 kg，年产 20 282 kg，比尤溪县同期再生稻平均产量高 52%。最高产量田平均每公顷产量，头季 14 579 kg、再生季 8 195 kg，年产 22 774 kg。据在示范片调查，Ⅱ优航 1 号与原来的再生稻主栽品种汕优 63 相比，分蘖力略低，但穗头显著增大，头季增产 18.9%，再生季增产 23.2%。但是Ⅱ优航 1 号不抗稻瘟病，栽培时不应偏施氮肥，在同一地点连续种植不宜超过 3 年。

在各个产量构成因素中，结实率和千粒重的变异度很小，因此依靠提高结实率和千粒重的增产潜力有限；每平方米总粒数的变异最大，与产量的相关最密切，是提高产量的主攻方向。这一结果与有关研究报道相同[2-3]。每平方米总粒数由每平方米穗数和每穗粒数构成。在头季以每穗粒数的变异较大，与每平方米总粒数的相关较密切；在再生季，以每平方米穗数的变异较大，与每平方米总粒数的相关较密切。表明实现再生稻超高产，头季必须在确保足额穗数基础上，主攻大穗，形成较大的库容量；再生季必须大力提高腋芽萌发率，以多穗补小穗的不足，形成较大的库容量。据调查分析，头季每公顷产量 12 000～14 000 kg 田的产量结构，为每平方米（250.9±9.0）穗，每穗（184.2±9.0）穗，每穗（184.2±11.6）粒，每平方米（46 172±2 595）粒，结实率（95.2±1.8）%，千粒重（29.1±0.4）g；再生季每公顷产量 8 000～9 000 kg 田的产量结构为每平方米（490.5±33.2）穗（比头季多 75%），每穗（72.5±5.0）粒，每平方米（35 408±1 031）粒，结实率（92.1±2.0）%，千粒重（26.8±0.5）g。

再生稻超高产的主要调控技术：（1）优化配置生育期，发掘当地气候资源的潜在生产力；（2）畦栽沟灌，保持土壤湿润透气性状，培育形态发达、机能高而持久的根系；（3）优化施肥，依据目标产量，头季按每生产 100 kg 稻谷施氮 1.67 kg、钾 1.75 kg，再生季按每生产 100 kg 稻谷施氮 2.27 kg，控制总施肥量。按照再生稻生育特性，分期合理施用氮钾肥料；（4）采用间歇性沟灌、重施氮素芽肥、十黄收割、高留稻桩等解抑激活措施，提高再生腋芽的萌发率，形成比母茎多 70%～100% 的穗数。据林文等[4]、森田茂纪等[5]观察，畦栽沟灌和合理施用氮肥，可有效促进根系形态发育和提高根系机能。据 Smith 等[6]研究，发育良好的根系，可大量合成内源细胞分裂素，并向地上部运转，具有维持叶片活跃的光合作用和减弱顶端优势对分蘖芽萌发的抑制作用。

著录论文

卓传营.Ⅱ优航 1 号作再生稻栽培的超高产特性及调控技术[J].福建农业学报,2006,21(2):89-94.

参考文献

[1]施能浦.杂交中稻—再生稻超高产栽培技术[J]. 中国稻米,1997(5):18-20.

[2]张上守,卓传营,姜照伟,等.超高产再生稻产量形成和栽培技术分析[J].福建农业学报,2003,18(1):1-6.

[3]郑景生,黄育民.中国稻作超高产的追求与实践[J].分子植物育种,2003(5/6):586-596.

[4]林文,李义珍,郑景生,等.杂交水稻根系形态与机能对养分的反应[J].福建农业学报,2000,15(1):1-6.

[5]森田茂纪,李义珍,杨惠杰.中国福建省における水稻の畝立栽培[J].东京:根の研究,1997,6(4):141.

[6]SMITH D L,HAMEL C.作物产量:生理学及形成过程[M].王璞,杨佑明,赵环环,等译.北京:中国农业大学出版社,
2001:40.

十一、再生稻超高产结构及其调控

我国 1 600 多年前就有再生稻零星栽培的记述。但从 1980 年代起,随着一批具有高再生力的杂交水稻新组合的问世,利用单季杂交稻的茎生腋芽萌发成穗又收成一季再生稻,才成为一种新的种植制度悄然崛起。1997 年我国再生稻发展到 75 万 hm²,头季单产 7.5 t/hm² 左右,再生季平均单产 2.04 t/hm²。

20 世纪 90 年代,福建省农业科学院育成多个强再生力的超级杂交稻组合,在尤溪县作再生稻栽培。6.7 hm² 中心示范片 5 年来头季平均产量超过 12 t/hm²,再生季平均产量达到 7~8 t/hm²,由此辐射带动全县 6 000 hm² 再生稻生产,头季和再生季 5 年平均产量分别达到 9 062 kg/hm² 和 4 413 kg/hm²,显示了再生稻良种良法的巨大增产潜力。估计我国南方有 300 多万 hm² 稻田适宜种植再生稻。这是一个确保未来粮食安全的亟待开发的宝藏。

现将我们关于再生稻超高产结构及其调控技术的研究结果,报告如下,冀为提升大面积的生产力提供参考。

1　材料与方法

1.1　示范片的产量验收及产量构成调查

2000—2004 年在福建省尤溪县西城镇麻洋村建立水稻超高产示范片,种植的超级杂交稻组合,先后有汕优明 86、Ⅱ优明 86 和 Ⅱ优航 1 号。每年在头季成熟期和再生季成熟期,都组织专家对示范片按产量高中低水平抽样验收产量,每丘抽样田收割不少于 67 m²,称湿谷后取 1 kg 晒干扬净称重,计算扬净晒干率,再按含水量 13.5% 核算干谷量,最后按各级产量水平所占面积比率,计算出示范片的加权平均产量。验收产量同时,每丘抽样田分 5 点计数 50 丛穗数,取 10 丛考种。2000 年还在头季调查 30 丘,再生季调查 25 丘汕优明 86 的不同产量水平田块的产量及其构成。方法是每丘田分 5 点收割 2 m² 稻株,计数穗数后脱粒晒干,扬净称重,另取 10 丛稻株考种。

1.2　氮肥水平试验

2001 年在尤溪县西城镇麻洋村进行。头季设 6 种施氮水平(每平方米施氮 0 g、7.5 g、15 g、22.5 g、

30 g 和 37.5 g），按基蘖肥与穗粒肥 8 ∶ 2 分施。试验田的再生季各处理每平方米统一施氮 17.25 g。每处理 3 次重复，随机区组，小区面积 18 m²。再生季也设 6 种施氮水平（每平方米施氮 0 g、5.75 g、11.5 g、17.25 g、23 g 和 28.75 g），按促芽肥与促苗肥 8 ∶ 2 分施。试验田的头季每平方米统一施氮 22.5 g、P_2O_5 15 g、K_2O 22.5 g。每处理 3 次重复，随机区组，小区面积 18 m²。观察记载项目及方法见参考文献 [1]、[2]，其他试验设计及方法见参考文献 [3]、[4]。

1.3 统计方法

按以下标准化方程求算各产时构成因素对产量的通径系数（p）：

$$\begin{cases} p_1 + r_{12}p_2 + r_{13}p_3 + \cdots + r_{1n}p_n = r_{1y} \\ r_{21}p_1 + p_2 + r_{23}p_3 + \cdots + r_{2n}p_n = r_{2y} \\ r_{31}p_1 + r_{32}p_2 + p_3 + \cdots + r_{3n}p_n = r_{3y} \\ \cdots \end{cases}$$

在通径分析中，产量的总变异，等于各产量构成因素对产量的相关系数与直接通径系数乘积之和，并标准化为 1：

$$\sum (y - \bar{y})^2 = r_{1y}p_1 + r_{2y}p_2 + r_{3y}p_3 + \cdots + p_e^2 = R^2 + p_e^2 = 1$$

由方程看出：$r_{1y}p_1$、$r_{2y}p_2$、$r_{3y}p_3$ 等表示 x_1、x_2、x_3 等构成因素引发产量总变异所占的份额，即贡献率。式中 R^2 是各构成因素对产量的总决定系数（总贡献率），p_e^2 是随机误差（未知因素）对产量的作用力。

2 结果与分析

2.1 再生稻示范片历年产量水平

从 2000 年起，福建省农业科学院与尤溪县农业局合作，在尤溪县建立再生稻良种良法超高产示范片，经专家验收（表 1），6.7 hm² 中心示范片，历年头季平均每公顷产量 12 811 kg（12 231～13 925 kg），再生季平均每公顷产量 7 512 kg（6 642～8 394 kg），5 年平均每公顷两季年产量达 20 323 kg。其中最高产量田块的产量，头季为 13 565～14 579 kg/hm²，再生季为 7 737～8 742 kg/hm²，5 年平均两季年产量达到 22 361 kg/hm²，两次创再生季单产世界纪录（8 727、8 742 kg/hm²）。

在周边几个千亩示范片，历年头季平均每公顷产量都超过 10 t，再生季平均每公顷产量都超过 6 t，5 年平均每公顷两季年产量达 16.88 t。其中最高产量田块的产量达到中心示范片平均产量水平。

表 1　再生稻中心示范片历年产量及其构成(福建省尤溪县麻洋村)

季别	年份	品种	面积 (hm²)	平均产量 (kg/hm²)	每平方米 穗数	每穗 粒数	每平方米 总粒数	结实率 (%)	千粒重 (g)
头季	2000 年	汕优明 86	6.74	12 423	315.0	144.3	45 455	93.7	29.5
	2001 年	汕优明 86	6.73	12 765	307.1	150.71	46 280	93.8	29.6
	2002 年	Ⅱ优明 86	6.91	12 711	253.9	189.11	47 899	91.7	29.0
	2003 年	Ⅱ优航 1 号	6.74	12 231	244.9	191.41	46 957	92.5	28.6
	2004 年	Ⅱ优航 1 号	6.74	13 925	277.1	183.2	50 765	94.8	28.9
	平均	—	6.77	12 811	279.6	171.71	48 007	93.31	29.1
再生季	2000 年	汕优明 86	6.74	6 642	542.4	49.8	27 012	92.8	26.6
	2001 年	汕优明 86	6.73	7106	563.0	51.0	28 713	93.8	26.8
	2002 年	Ⅱ优明 86	6.91	7 596	495.2	64.9	32 138	92.9	26.3
	2003 年	Ⅱ优航 1 号	6.74	8 394	429.6	81.7	35 102	94.3	25.7
	2004 年	Ⅱ优航 1 号	6.74	7 821	544.4	60.0	32 664	90.7	25.9
	平均	—	6.77	7 512	514.9	61.5	31 666	92.6	26.3

2.2　再生稻各产量构成因素的变异及对形成超高产的贡献

2000 年调查了汕优明 86 不同产量水平田块的产量及其构成,计算出各构成因素的变异及对产量的相关、通径和贡献率,结果如表 2。

表 2　再生稻各产量构成因素的变异及对产量的相关、通径和贡献率

季别	构成因素	变异系数 (%)	与产量的相 关系数(r)	对产量的通 径系数	对产量的贡 献率
头季	每平方米穗数	9.3	0.406 1*	0.519 9	0.211 1
	每穗粒数	16.8	0.843 4**	0.931 2	0.785 4
	结实率	1.5	−0.158 5	0.082 7	−0.013 1
	千粒重	2.4	0.070 7	0.156 8	0.011 1
再生季	每平方米穗数	13.7	0.745 2**	0.905 3	0.674 6
	每穗粒数	10.1	0.443 5*	0.674 4	0.299 1
	结实率	1.4	−0.199 5	0.088 0	−0.017 9
	千粒重	1.5	0.278 4	0.131 9	0.036 7

*头季 $N=30$,$R^2=0.994\ 5$;再生季 $N=25$,$R^2=0.992\ 8$。

从表 2 看出,在头季,以每穗粒数的田块间变异度最大,与产量呈极显著正相关;每平方米穗数的田

块间变异度次之,与产量呈显著的正相关;结实率和千粒重比较稳定,与产量无显著的相关性。进一步计算表明,每穗粒数对产量的通径最大,对形成超高产的贡献率达 78%;每平方米穗数对产量的通径次大,对形成超高产的贡献率为 21%;二者合计对形成超高产的贡献率高达 99%。

在再生季,以每平方米穗数的田块间变异度最大,与产量呈极显著正相关;每穗粒数的田块间变异度次之,与产量呈显著的正相关;结实率和千粒重也比较稳定,与产量无显著的相关性。进一步计算表明,每平方米穗数对产量的通径最大,对形成超高产的贡献率达 67%;每穗粒数对产量的通径次大,对形成超高产的贡献率为 30%;二者合计对形成超高产的贡献率高达 97%。

2.3 再生稻的超高产结构

综观上述,无论是头季还是再生季,结实率和千粒重相对比较稳定,依靠提高结实率和千粒重的增产潜力是有限的。超高产田总是穗多穗大,单位面积总粒数多;中、低产田总是穗少穗小,单位面积总粒数少。但是,头季制约产量的主要因素是每穗粒数,再生季制约产量的主要因素是每平方米穗数。表 1、表 3、表 4 显示:

对于头季,汕优明 86 每公顷产量 12～14 t 的产量结构,是每平方米 300～340 穗,每穗 140～160 粒,每平方米 4.5 万～5.0 万粒,结实率 92%～95%,千粒重 29～30 g;大穗型的Ⅱ优航 1 号每公顷产量 12～14 t 的产量结构,是每平方米 240～280 穗,每穗 180～200 粒,每平方米 4.5 万～5.0 万粒,结实率 92%～95%,千粒重 28.5～29 g。在同等产量水平中,大穗型品种所需的穗数少,每穗粒数多,但每平方米总粒数相近。

对于再生季,汕优明 86 每公顷产量 7～8 t 的产量结构,是每平方米 560～600 穗,每穗 50～60 粒,每平方米 3 万～3.5 万粒,结实率 92%～94%,千粒重 26～27 g;大穗型的Ⅱ优航 1 号每公顷产量 7～8 t 的产量结构,是每平方米 440～580 穗,每穗 60～80 粒,每平方米 3 万～3.5 万粒,结实率 90%～94%,千粒重 25～26 g。在同等产量水平中,大穗型品种所需的穗数少,每穗粒数多,但每平方米总粒数相近。比较两季的产量及其构成状况看到:再生季的穗数为头季的 170%～200%,每穗粒数为头季的 1/3,产量为头季的 50%～60%。

表 3　汕优明 86 不同产量水平的产量结构

季别	调查田块	产量 （kg/hm²）	每平方米穗数	每穗粒数	每平方米总粒数	结实率（%）	千粒重（g）
头季	8	13 434±456.8	319.8	152.5	48 833	93.8	29.5
	6	11 252±472.8	308.6	133.1	41 075	93.6	29.4
	11	9 660±463.7	296.2	120.5	35 692	94.4	29.1
	5	8 034±425.8	293.0	97.5	28 568	94.6	29.8
再生季	2	8 022±705.8	596.1	53.1	31 653	93.7	27.1
	6	6 206±167.6	524.5	48.7	25 543	92.5	26.4
	7	5 664±243.6	479.9	47.4	22 747	93.5	26.7
	10	4 860±247.9	442.4	45.2	19 996	93.6	26.6

表 4　Ⅱ优航 1 号不同产量水平的产量结构

季别	田块户主	产量（kg/hm²）	每平方米穗数	每穗粒数	每平方米总粒数	结实率（%）	千粒重（g）
头季	曾凡辉	14 579	288.6	186.5	53 824	93.9	29.0
	邓国扬	14 517	276.5	188.4	52 093	95.8	29.1
	严朝高	14 148	285.3	184.0	52 495	94.6	28.6
	曾凡煜	13 533	284.4	175.6	49 941	94.5	29.0
	汤祖樟	13 487	257.6	189.3	48 764	95.2	28.9
	田奇善	12 935	270.3	175.2	47 357	94.5	29.0
再生季	曾凡辉	8 195	594.9	56.9	33 850	92.6	26.1
	邓国扬	8 285	575.5	63.6	36 602	89.7	25.8
	严朝高	6 837	512.0	57.9	29 645	90.3	26.0
	曾凡煜	7 872	578.6	59.1	34 195	90.2	25.7
	汤祖樟	6 431	462.5	59.7	27 611	90.7	25.9
	田奇善	7 761	542.7	62.5	33 919	90.9	25.8

2.4　头季超高产调控技术

分析再生稻头季不同产量水平的产量结构趋势看出,达到每公顷产量 12～14 t 的超高产,依靠足额的穗数,培育大穗,形成巨量的每平方米总粒数,即形成巨大的库容量。穗数与每穗粒数往往负相关。超高产的难点是如何在足额穗数基础上,进一步培育大穗,突破每平方米总粒数的瓶颈。总结历年研究结果,主要的调控技术是:

(1)早播早栽,延长本田营养生长期。采用早播(3 月上旬)早栽(4 月中旬)的方法,本田营养生长期由以往的 30 d 延长至 50 d。这就为有效分蘖孕育大穗,提供充裕的时间打好营养生长的基础。

(2)壮秧密植。主茎和秧田分蘖的成穗率高,穗子大。采用稀播和多效唑调控的方法,培育出每株带 3～4 个茎蘖的壮秧,加上适当密植,每平方米栽植 30 株 100 个茎蘖,就为超高产提供较多份额(占预期穗数的 30%～40%)的可长成大穗的茎蘖。

(3)畦厢式种稻,结合间歇性沟灌。水稻地上下部保持着形态与机能上的综合平衡,建立超高产群体必须培育形态发达、机能高而持久的根系[3]。推行畦厢式种稻结合间歇性沟灌,使耕层土壤保持湿润透气状态,可为培育强大根系创造良好的土壤环境。具体方法是:稻田耙平后按幅距 1.8 m 开沟,沟深 20 cm,沟宽 30 cm,畦宽 1.5 m,畦上种稻,畦沟灌水。移栽后 20～25 d 的有效分蘖期内,灌浅水淹畦,茎蘖数达到预期穗数的 80% 开始排水烤田,烤至畦面足踏有印而不陷为止,随后进行间歇性沟灌,每次灌半沟水,渗干后露田 2～3 d 再灌半沟水,只在抽穗开花期灌淹畦浅水。

(4)改进施肥技术。改变偏施氮、磷肥和前重式施肥的习惯。按每生产 100 kg 稻谷施氮 2 kg、磷 0.5 kg、钾 1.8 kg 控制总施肥量。磷肥作基肥,钾肥作接力肥和穗肥分施。氮肥按 3∶3∶1∶2∶1 的比率,作基肥、促蘖肥(移栽后 5~7 d 施)、接力肥(烤田后施)、穗肥(枝梗分化期施)、粒肥(剑叶露尖期施)分施。表 5 显示,采用以上施肥技术,水稻前期早发稳长,移栽后 30 d 的叶面积指数(LAI)控制在 3 左右,避免茎蘖间激烈竞争,达到优生优育;中期则形成大而姿态直立的冠层叶片,齐穗期 LAI 达 8~9;后期不早衰,成熟期尚有 3 片绿叶。从而中、后期有较大的光合势和较高的光合生产率,群体生长率(CGR)达 25~27 g/(m² · d),积累了高额的干物质。

表 5 再生稻超高产群体的氮素吸收和光合生产

季别	生育阶段	持续日数(d)	施氮量(g/m²)	吸氮速率[mg/(m² · d)]	平均LAI	光合势(m² · d/m²)	NAR[g/(m² · d)]	CGR[g/(m² · d)]	W(g/m²)
头季	移栽—分蘖末	30	4.99	166.3	1.57	47.1	3.19	5.01	150.3
	分蘖末—颖花分化	32	10.39	324.7	5.68	181.8	3.67	20.86	667.4
	颖花分化—齐穗	21	8.60	409.5	8.84	185.6	3.11	27.49	577.3
	齐穗—成熟	32	6.54	204.4	7.86	251.5	3.19	25.10	803.3
	合计	115	30.52	265.4	5.79	666.0	3.30	19.12	2 198.3
再生季	头季收割—齐穗	31	6.32	203.9	1.75	54.3	11.24	19.67	609.9
	齐穗—成熟	31	1.51	48.7	2.59	80.3	7.12	18.43	571.4
	合计	62	7.83	126.3	2.17	134.6	8.78	19.05	1 181.3

* LAI:叶面积指数;NAR:净同化率;CGR:群体生长率;W:干物质净积累量。

2.5 再生季超高产调控技术

再生分蘖多无独立根系,在头季成熟期即已进入一、二次枝梗分化,先天不足,难于长成大穗。大力提高再生分蘖萌发率,以多穗补小穗之不足,是再生季取得超高产的关键。如表 4 所示,在头季每公顷产量 12~14 t 基础上,提高再生分蘖萌发率,形成比头季多一倍的穗数,再生季就有望达到 7~8 t。主要的调控技术是:

(1)种好头季稻。据定田观察(表 4),再生季穗数是头季穗数的 1.8~2.1 倍,再生季产量是头季产量的 50%~60%。种好头季稻,培育足额的穗数和健壮的稻株,可为萌发比头季穗数多一倍的再生分蘖穗,提供足额而粗壮的母茎。

(2)增强根系后期活力。除少数贴近地表的倒 5、6 节位的分蘖有少量根系外,再生分蘖依赖头季残留的根系吸收水养分,合成根源激素和多种氨基酸,再生分蘖成穗数与头季成熟期和再生季齐穗期的根系活力,呈极显著正相关。增强根系后期活力的主要措施,一是做好畦沟清淤,坚持间歇性沟灌,不断向耕层土壤导入新鲜氧气;二是提高再生分蘖萌发和生长期间的 N 素营养水平。

(3)高留稻桩。籼稻具有顶芽生理优势。除剑叶节无腋芽发育外,倒 2、倒 3 节位的腋芽萌发率最高,构成总穗数的 70%~80%。因而,头季收割必须高留稻桩,以保留倒 2 节位优势芽,也保留较多份额的稻桩贮藏性物质,日后源源输往再生分蘖,促进再生分蘖的萌发和生长。适宜的留桩高度为倒 2 节间的中部,约为 40 cm。

(4)重施芽苗肥。最佳经济效益的芽苗肥施用量为每公顷施氮 180 kg,其中的 80% 在头季齐穗后

20 d当腋芽开始萌发时,作促芽肥施用,20%在头季收割后1～3 d当腋芽旺盛伸长时,作促苗肥施用。表6显示:在不施氮区,有限的营养首先被顶部优势芽夺取,倒2、3节位分蘖穗占总穗数的87%。但随施氮水平的提高,顶端生理优势对中下部腋芽萌发的抑制作用逐渐减弱,萌发成穗数逐渐增加。如施氮23 g/m²的处理比空白对照处理,倒2、3节位的分蘖穗数只增加了17%,而倒4、5、6节位的分蘖穗数却增加260%,从而使再生穗数增加49%,产量提高了60%。

表6　氮素芽苗肥施用量对各节位分蘖穗数及产量的影响

施氮量 (g/m²)	每平方米各节位分蘖成穗数						稻谷产量 (kg/hm²)
	倒2	倒3	倒4	倒5	倒6	合计	
0	165	160	30	15	5	375	4 607
5.75	170	165	60	15	10	420	5 315
11.50	190	180	90	25	20	505	5 741
17.25	200	189	100	45	30	564	5 978
23.00	200	180	95	45	40	560	6 253
28.75	205	180	95	40	20	540	6 066

3　总结与讨论

(1)在再生稻头季的产量构成因素中,以每穗粒数的田块间变异度最大,与产量呈极显著正相关,对产量的通径系数最高,对形成超高产的贡献率达78%;每平方米穗数的田块间变异度次之,与产量呈显著的正相关,对产量的通径系数次高,对形成超高产的贡献率为21%。穗数和每穗粒数二者合计对形成超高产的贡献率高达99%。结实率和千粒重比较稳定,与产量无显著的相关性。头季产量达到12～14 t/hm²的单位面积总粒数为每平方米4.5万～5.0万粒,其穗粒结构,汕优明86为每平方米300～340穗,每穗140～160粒;大穗型的Ⅱ优航1号为每平方米240～280穗,每穗180～200粒。结实率都为92%～95%,千粒重28.5～29.5 g。

众多研究表明[5-6]结实率和千粒重比较稳定,依靠提高结实率和千粒重的增产潜力是有限的,提高单产必须依靠增加单位面积总粒数,即扩大库容量。然而增加单位面积总粒数,靠主攻穗数,还是靠主攻每穗粒数,尚有不同看法。分析多份研究资料,似乎看到这样一种趋势:从中低产到高产,增加穗数的贡献大于增加每穗粒数;而从高产到超高产,则增加每穗粒数的贡献大于增加穗数。

(2)在再生季的产量构成因素中,以每平方米穗数的田块间变异度最大,与产量呈极显著正相关,对产量的通径系数最高,对形成超高产的贡献率达67%;每穗粒数的田块间变异度次之,与产量呈显著的正相关,对产量的通径系数次高,对形成超高产的贡献率为30%。穗数和每穗粒数二者合计对形成超高产的贡献率达97%。结实率和千粒重也比较稳定,与产量无显著的相关性。再生季产量达到7～8 t/hm²的单位面积总粒数为每平方米3万～3.5万粒,其穗粒结构,汕优明86为每平方米560～600穗,每穗50～60粒;大穗型的Ⅱ优航1号为每,每穗60～80粒。结实率都是90%～94%,千粒重26～27 g。

据观察,除贴近地表的倒6节位分蘖长有少量根系外,多数再生分蘖无独立根系。在头季成熟期即进入一、二次枝梗分化,一生只具3～4片小叶,因而先天不足,难于长成大穗,再生季每穗粒数只为头季的1/3。因此,大力提高再生分蘖萌发成穗率,形成比头季多一倍的穗数,以多穗补小穗之不足,是再生季取得超高产的关键。

(3)再生稻头季达到超高产,必须穗多穗大,形成巨量的单位面积总粒数。难点在于如何在足额穗数基础上,进一步培育大穗,突破每平方米总粒数的瓶颈。其关键是培育足额的高质量的茎蘖。主要调控技术是:①早播早栽,延长本田营养生长期,为有效分蘖孕育大穗提供充裕的时间,打好营养生长的基础。②壮秧密植,提供占预期穗数1/3以上份额的可长成大穗的主茎和秧田分蘖。③畦厢式种稻结合间歇沟灌,保持耕层湿润透气状态,为培育形态发达、机能高而持久的根系,创造良好的土壤环境。④改进施肥技术,培育前期早发稳长,中期形成大而姿态直立的冠层叶面积,后期不早衰的巨库丰源群体。

(4)再生分蘖先天不足穗子小,大力提高再生分蘖成穗率,形成比头季多一倍的穗数,以多穗补小穗的不足,是再生季取得超高产的关键。主要调控技术:①种好头季稻,为萌发比头季多一倍的再生分蘖穗,提供足额而健壮的母茎。②清沟掏淤,确保畅通进行间歇性沟灌,维持根系后期活力,提高再生分蘖芽的萌发率。③高留稻桩,保留倒2节位优势芽和保留较多份额的可源源供养再生分蘖的稻桩贮藏性物质。④重施芽苗肥,促进根源细胞分裂素的合成,以维持活跃的光合生产,延缓根叶衰老进程,减弱顶芽优势对中下部腋芽萌发的抑制作用。

著录论文

谢华安,李义珍,姜照伟,等.再生稻超高产结构及其调控[M]//刘纪原.中国航天诱变育种.北京:中国宇航出版社,2007:111-119.

参考文献

[1]姜照伟,林文雄,李义珍,等.不同氮肥施用量对再生稻氮素吸收和分配的影响[J].福建学业学报,2003,18(1):50-55.

[2]郑景生,林文雄,李义珍,等.再生稻头季不同施氮水平的双季氮素吸收及产量效应研究[J].中国生态农业学报,2004,12(3):78-82.

[3]林文,李义珍,姜照伟,等.再生稻根系形态和机能的品种间差异及与产量的关联性[J].福建农业学报,2001,16(1):1-4.

[4]张上守,卓传营,姜照伟,等.超高产再生稻产量形成和栽培技术分析[J].福建农业学报,2003,18(1):1-6.

[5]谢华安,王乌齐,杨惠杰,等.杂交水稻超高产特性研究[J].福建农业学报,2003,18(4):201-204.

[6]郑景生,黄育民.中国稻作超高产的追求与实践[J].分子植物育种,2003,1(5/6):586-596.

十二、佳辐占作再生稻机械化生产的
形态性状和高产栽培技术

再生稻,利用头季收割后稻桩上的腋芽萌发成穗,一次播栽,两次收成,是一种资源节约型的稻作。我国在 1980 年代,随着具有强再生力的杂交水稻品种的问世,利用杂交水稻蓄养再生稻成为一种新的种植制,在南方各省推广,1997 年种植面积达 75 万 hm^2,再生季平均单产 2.04 t/hm^2。福建省每年种植 5 万～6 万 hm^2,21 世纪头 10 年再生季平均单产 3.6 t/hm^2。其中尤溪县在这 10 年每年种 5 000～6 000 hm^2,头季平均单产 9 t/hm^2,再生季平均单产 4.5 t/hm^2,比种一季杂交稻增产 50%。目前再生稻生产存在的问题有:

(1)再生季大多管理粗放,施肥迟而少,单产徘徊在 2～3 t/hm^2,在种粮比较效益低情势下,种植面积缩减 50% 以上,仅四川、重庆、福建等省市在局地可见规模性种植。

(2)籼型水稻品种具有明显的顶端优势,高节位腋芽萌发率高。为保留高节位腋芽,头季成熟时采用高桩手工收割,颇为花工费力,每公顷约需花 45 个工日。在当前大量中青年农民进城务工,劳力紧缺条件下,再生稻生产有进一步萎缩之势。

为了提高再生稻生产效率,各地都在探索头季机械收割。考虑到保留高节位优势腋芽,初始试探高桩机割,结果出现两类株行,其中 5/7 株行保留高稻桩,上部腋芽萌发,早育早熟;2/7 株行受收割机链轨碾轧,稻桩中折,上部节位的腋芽失活,基部腋芽萌发,晚育晚熟。全田熟期参差,收成顾此失彼。汲取这一教训,改推行低桩机割,但割去上部腋芽,基部腋芽成穗,开花期推迟 15 d。如果继续种晚熟杂交稻,花期可能遭受秋寒伤害。在此情势下,熟期短、米质优、再生力强的佳辐占成为再生稻机械化生产的主栽品种在福建省多地推广。

由国际原子能机构(IAEA)资助立项,厦门大学生命科学学院与福建省农业科学院水稻研究所主持,在永安、建阳、尤溪、龙海等地建立基点,研究佳辐占作再生稻机械化生产有关的生育特性、高产规律和栽培技术。本项目建立的 3 个示范片 138 hm^2,2015 年平均头季产量 7 129 kg/hm^2,再生季产量 6 577 kg/hm^2,两季合计产量 13 706 kg/hm^2,每公顷用工 90 个工日,经济效益 17 160 元,比晚熟杂交稻作再生稻手工生产,工本费降低 27.3%,经济效益提高 86.5%,从而走出一条再生稻高产、优质、节本、高效的道路。

1 佳辐占作再生稻机械化生产相关的形态发育

1.1 再生稻头季茎生器官形态

表1显示:头季稻桩有6个伸长节间、5片茎生叶(穗颈节间叶片为幼穗第1苞,抽穗后退化)、4个茎生腋芽(倒1节无腋芽,倒2至倒5节叶腋各有1个腋芽)。各节的节间长度随节位由下而上逐渐延长,各节间顶端的节部离地表高度也随节位由下而上逐渐提高。以往再生稻生产为保留上部倒2、3节优势芽,头季采用高桩手割,割桩高度在倒2节腋芽着生处上方5 cm处,离地表高35~40 cm。现在机器低桩收割(离地表高12~15 cm收割),割去倒2、3节腋芽,留下基部倒4、5节腋芽萌发成穗。

表1 再生稻头季母茎各节位节间长度及距地表高度

节位	节间长度(cm)	节部距地表高度(cm)
N	32.6±2.7	83.5±8.5
倒1	19.3±1.1	50.9±6.4
倒2	15.2±1.9	31.6±5.6
倒3	11.3±2.0	16.4±3.9
倒4	3.9±2.1	5.1±2.4
倒5	1.2±0.6	1.2±0.6

* N:穗颈节间(neck of spike)。

1.2 再生分蘖节位及穗粒性状

1.2.1 头季机割高度对再生季生育及产量构成的影响

再生分蘖的节位、成穗数及穗粒性状,与头季成熟收割的留桩高度密切相关。以往采用留高桩手割,保留全部腋芽,倒2、3节腋芽具有顶端优势,萌发率高,成为成穗分蘖主体。但高桩手割花工费力,遂推行机械收割。初始实行高桩机割,结果如表2所示,出现两类株行,一类为稻桩未遭链轨碾轧保持直立的株行(占5/7),与高桩手割一样,保留全部腋芽,以萌发倒2、3节分蘖为主,早育早熟,穗子较小,萌发子蘖数也较少,从而穗数较少。另一类为稻桩遭链轨碾轧的株行(占2/7),稻桩在距地表高15 cm的较脆弱部位折损,其上的倒2、3节腋芽失活,以萌发基部倒4、5节分蘖为主,虽遭链轨碾轧,但2~3 d即恢复站立萌发成穗。但两类株行成熟期相距15 d,收成顾此失彼。汲取教训,改为低桩机割(割桩高度12~15 cm),倒2、3节腋芽尽皆割去,结果与高桩机割处理遭链轨碾轧的株行相似,以萌发倒4、5节分蘖为主,由于具有独立根系、总叶数较多,生育期延长15 d,其穗子较大,也萌发较多的子蘖(二次分蘖),从而穗数也较多,产量显著较高。

表 2 头季不同机割高度对再生分蘖生育及产量的影响

(佳辐占品种，2015，福建建阳)

机割类型	观测丛数	稻丛类别	分蘖节位	分蘖穗数	每穗粒数	结实率（%）	千粒重（g）	各节分蘖谷重(g)	占比（%）	稻谷产量（kg/hm²）
高桩机割	20（占5/7）	各节腋芽萌发	倒2	144	48.8	90.0	28.4	179.6	34.5	
			倒3	132	54.4	92.5	28.8	191.3	36.7	
			倒4	72	55.8	87.1	28.2	98.7	18.9	
			倒5	28	46.4	82.6	25.9	278	5.3	
			2子	12	39.7	89.5	26.3	11.2	2.2	
			3子	12	43.7	90.8	25.9	12.5	2.4	
			合/均	400	51.3	89.9	28.4	521.1	100.0	3 102
	8（占2/7）	倒4、5节腋芽萌发	倒4	59	56.2	91.1	28.6	86.4	31.2	
			倒5	69	60.0	93.3	28.8	111.3	40.2	
			4子	43	45.3	86.5	27.1	45.7	16.5	
			5子	30	47.2	86.7	27.3	33.5	12.1	
			合/均	201	53.8	90.6	28.3	276.9	100.0	1 648
	28		总合/均	601	52.2	90.1	28.3	798.0	—	4 750
低桩机割	28	倒4、5节腋芽萌发	倒4	223	56.6	90.3	28.7	327.1	31.9	
			倒5	252	59.9	93.1	28.9	406.1	39.6	
			4子	156	45.2	86.5	27.2	165.9	16.2	
			5子	113	46.1	87.6	27.7	126.4	12.3	
			合/均	744	53.7	90.3	28.4	1 025.5	100.0	6 104

* 头季高桩机割高度 35 cm，低桩机割高度 12 cm。

** 2 子、3 子、4 子、5 子系从倒 2、倒 3、倒 4、倒 5 节位分蘖萌发的二次分蘖。

*** 机插行株距为 30 cm×20 cm，每公顷插植 166.667 丛（每丛 4 苗），为观测丛数 28 丛的 5 952 倍，据此计算出各处理每公顷稻谷产量。

1.2.2 头季机割高度对再生季产量的影响

供试品种为常规优质稻佳辐占。2015 年在建阳区潭香稻谷合作社，设置头季成熟高桩机割和低桩机割两个处理对比试验。3 月 13 日播种，4 月 9 日机播，行株距 30 cm×20 cm。每个处理 4 次重复，小区面积 4.2 m×4 m＝16.8 m²，每平方米插 16.67 丛，每丛栽 4 苗。头季 7 月 27 日成熟机割，高桩机割高度 35 cm，低桩机割高度 12 cm。结果如表 3 所示：高桩机割处理穗少穗小产量低，平均产量 4 659 kg/hm²；低桩机割处理穗多穗大产量高，平均产量 5 945 kg/hm²，比高桩机割处理增产 27.6％。据方差分析，低桩机割处理比高桩机割处理，产量提高达极显著水平。

1.3 再生分蘖的生育进程

表 4 显示：高桩手割田倒 2、3 节分蘖在头季成熟收割时已进入一、二次枝梗分化，倒 4、5 节分蘖在头

季成熟收割后 2～4 d 才进入一次枝梗分化。从一次枝梗分化至花粉成熟（抽穗），倒 2、3、4、5 节分蘖历 30 d，其子蘖穗子小，历 26 d。从抽穗至谷粒黄熟历 35～36 d。

表 3　头季成熟机割高度对再生季产量的影响

（佳辐占，2015，福建建阳）

处理	稻谷产量（kg/hm²）					显著性	
	Ⅰ	Ⅱ	Ⅲ	Ⅳ	平均	5%	1%
低桩机割	6 195	6 031	5 693	5 862	5 945	a	A
高桩机割	4 719	4 436	4 779	4 702	4 659	b	B

* $PLSD_{0.05}=491$ kg/hm²，$PLSD_{0.01}=901$ kg/hm²。

头季低桩机割田的倒 4、5 节分蘖总叶数以 6 片居多，比头季高桩手割的倒 4、5 节位分蘖多 2 片，一次枝梗分化期便相应晚 7～8 d，若与头季高桩手割的再生季主体分蘖—倒 2、3 节分蘖相比，则一次枝梗分化期晚 15 d 左右，相应地抽穗期、成熟期也晚 15 d。

头季低桩机割，再生季倒 4、5 节分蘖在割后 8～10 d 进入 2 叶 1 心期，开始在前出叶节萌发节根和子蘖。其后，在头季收割后 9～12 d 进入一次枝梗分化，27～30 d 减数分裂，40～42 d 抽穗，75～77 d 成熟。从倒 4、5 节分蘖上萌发的子蘖总叶数 4、5 片，比母蘖少 2 叶，其一次枝梗分化期比母蘖晚 10 d，抽穗期、成熟期比母蘖晚 6 d。

在头季低桩机割条件下，倒 4、5 节分蘖为何多长 2 片叶子而使幼穗分化和抽穗成熟期显著推迟，其机理尚不清楚。

表 4　头季两种收割方式下再生季各节位分蘖的总叶数和穗粒发育进程

（永安基点，2011）

头季收割方式	分蘖节位	总叶片数	穗粒各发育期在头季割后日数（d）						
			苞分化	一次枝梗分化	颖花分化	雌雄蕊分化	减数分裂	花粉成熟	谷粒黄熟
高桩手割	倒 2	3～4	—	−5	0	5	12	25	60
	倒 3	3～4	—	−3	2	7	15	27	62
	倒 4	3～4	—	2	6	11	19	31	67
	倒 5	3～4	—	4	9	14	22	34	69
	2 子	3	—	6	11	16	24	34	70
	3 子	3	—	8	13	18	26	36	72
低桩机割	倒 4	5～6	7	9	14	19	27	40	75
	倒 5	6～7	10	12	17	22	30	42	77
	4 子	4～5	18	20	25	29	36	46	81
	5 子	4～5	20	22	27	31	38	48	83

* 头季 7 月 26 日成熟收割。

1.4　再生分蘖叶片生育特性

表 5 显示：再生稻头季采用高桩手割，桩上 4 个腋芽尽皆保留，由此萌发的倒 2、3、4、5 节分蘖只长

3～4片叶子,其中倒2、3节分蘖以3叶为多,倒4、5节分蘖以4叶为多。叶片短直,第1叶长仅1～5 cm,剑叶长15～25 cm,中部叶长20～30 cm。

表6显示:再生稻头季采用低桩机割,桩上倒2、3节腋芽尽皆割去,留下的倒4、5节腋芽萌发的倒4、5节分蘖,比高桩手割后萌发的同节位分蘖多长2片叶子,其中倒4节分蘖长5～6片叶子,以6叶为多;倒5节分蘖长6～7片叶子,也以6叶为多。叶片长宽度都比头季小,就众数而言,第1叶长10～15 cm,第2叶长20～30 cm,最上一叶长25～30 cm,中间叶长30～35 cm,罕见长度超35 cm的叶片,群体叶面积指数3～4,叶片直立,具有较高的净光合率。由于叶面积指数比头季显著较低,茎秆负荷小,加之茎秆低矮,抗倒力反而比头季强。

表5　头季高桩手割田的再生分蘖各节位叶片、叶鞘长度

(尤溪基点,2009)

总叶片数	分蘖节位	各节位叶片长度(cm)					各节位叶鞘长度(cm)				调查蘖数
		1	2	3	4	P	1	2	3	4	
3	倒2	2.2	17.2	23.9		4.8	10.8	14.7	20.4		65
	倒3	1.5	18.6	25.6		4.5	11.1	15.1	21.7		39
	倒4	8.8	19.2	18.7		8.3	11.1	13.5	19.9		6
	倒5	2.3	36.5	28.0		7.8	17.9	18.4	20.9		4
4	倒2	0.9	8.0	21.4	14.9	3.3	7.3	11.6	13.7	18.6	21
	倒3	0.9	9.6	23.4	17.7	2.9	7.7	12.1	14.7	20.5	21
	倒4	3.8	16.4	25.3	18.0	4.3	9.3	13.1	14.9	21.0	19
	倒5	5.7	23.5	31.0	20.8	3.1	11.2	14.2	16.9	23.1	8

* P:前出叶(prophyll),仅有叶鞘,而无叶片。

表6　头季低桩机割田的再生季不同节位分蘖各节叶片长度

(永安基点,2011)

分蘖节位	总叶片数	占本蘖数的比例(%)	各节位叶片长度(cm)							
			P	1	2	3	4	5	6	7
倒5	6	70	6.3	12.8	22.5	30.0	33.4	36.3	30.0	—
倒5	7	30	6.0	10.8	26.8	28.1	34.2	36.6	38.6	28.4
倒4	5	42	6.2	12.0	24.8	30.0	33.1	26.0	—	—
倒4	6	58	6.5	15.0	23.5	31.0	33.9	39.0	30.7	—
P/5	4	39	7.8	13.4	28.8	31.3	29.2	—	—	—
P/5	5	61	7.1	14.4	24.6	31.4	35.8	27.2	—	—
1/5	4	45	6.9	16.9	28.8	38.0	28.4	—	—	—
1/5	5	55	5.7	14.7	20.7	32.6	34.9	28.4	—	—
P/4	4	75	7.4	17.7	30.4	34.2	25.9	—	—	—
P/4	5	25	6.5	15.7	29.1	33.9	32.6	25.1	—	—
1/4	4	58	7.6	15.1	27.9	26.9	21.1	—	—	—
1/4	5	42	5.7	15.3	25.4	32.0	33.0	24.5	—	—

* P:前出叶(prophyll),仅有叶鞘,而无叶片。P/4为从倒4节分蘖P节萌发的子蘖,余类推。

1.5 再生季茎节生育特性

再生分蘖的茎节数比总叶数多 2 节,一为增加第 1 叶下方的前出叶节,一为增加剑叶节上方的穗颈节。基部茎节密集,只有 4～5 个茎节的节间明显伸长。表 7 示头季高桩手割田各节分蘖的茎节数及其节间长度,其中总叶数 3 片的分蘖有 4 个伸长节间,总叶数 4 片的分蘖有 5 个伸长节间。表 8 示头季低桩机割田各节分蘖的茎节数及其节间长度,因总叶数多,总茎节数也多,总叶数5～6片的分蘖有 5 个伸长节间,总叶数 7 片的分蘖有 6 个伸长节间。

再生分蘖的节间比头季显著为短,全部节间和稻穗累计总长仅 70～80 cm,加上母茎基座,株高仅 75～82 cm。由于植株矮,叶片短直面积小,弯曲力矩不大,抗倒力反而比头季强,这为再生季产量赶超头季提供了可靠保障。

表 7　头季高桩手割田的再生分蘖各节位节间长度及自然高度

(尤溪基点,2009)

总叶片数	分蘖节位	各节位节间长度(cm)								母茎基座高度(cm)	自然高度(cm)	调查蘖数
		P	1	2	3	4	N	S	合计			
3	倒 2	0.5	1.1	2.3	12.3		22.1	14.9	53.2	28.3	81.5	65
	倒 3	0.3	1.5	3.0	13.9		23.3	15.7	57.7	14.3	72.0	39
	倒 4	0.4	1.8	6.6	16.5		21.3	15.1	61.7	5.0	66.7	6
	倒 5	0.3	1.6	10.5	18.5		21.5	16.3	68.7	0.7	69.4	4
4	倒 2	0.4	0.6	2.8	4.6	13.1	20.0	13,4	54.9	28.3	83.2	21
	倒 3	0.3	0,6	2.7	4.6	15.5	21.7	15.5	60.9	14.3	75.2	21
	倒 4	0.3	0.5	2.4	10.2	14.8	21.3	15.4	65.0	5.0	70.0	19
	倒 5	0.3	0.6	2.8	9.4	14.7	22.5	17.2	68.0	0.7	68.7	8

* N:穗颈节间(neck of spike);S:穗(spike)。下同。

表 8　头季低桩机割田的再生分蘖各节位节间长度及自然高度

(永安基点,2011)

总叶片数	分蘖节位	各节位节间长度(cm)										母茎基座高度(cm)	自然高度(cm)
		P	1	2	3	4	5	6	7	N	S	合计	
5	倒 4	0.3	0.3	1.1	4.7	9.9	15.2			22.3	15.6	69.4	5.1	74.5
6	倒 4	0.3	0.4	0.5	0.9	4.8	10.5	15.8		22.9	15.7	71.8	5.1	76.9
6	倒 5	0.3	0.4	0.6	1.0	4.9	10.8	16.2		23.4	17.4	75.0	1.2	76.2
7	倒 5	0.3	0.4	0.6	1.0	2.6	5.2	11.3	16.6	23.8	18.2	80.0	1.2	81.2

1.6 再生分蘖的根系发育

头季高桩手割,主体分蘖为倒 2、3 节分蘖,因着生处高离地面,不长根系,倒 4、5 节分蘖基部茎节虽贴近地面,但总叶数仅 3～4 片,至 2 叶 1 心时才能从前出叶节萌发节根,时值幼穗雌雄蕊分化期,生长中心转移,只能萌发少量纤弱的节根。

头季低桩机割,主体分蘖为倒 4、5 节分蘖,如表 9 所示,共有 7～9 个茎节,其中从前出叶节至第一伸长节共有 4 个节间密集的发根节可萌发节根(nodal root)。不过第一伸长节可见到 2 层根,在该节节间下端根带萌发数条较粗的下位根(distal root),节间上端根带萌发数条较细的上位根(proximal root)。倒 5 节分蘖着生表土层,根群旺盛,倒 4 节分蘖离地表高 3～5 cm 母茎之上,节根沿母茎向下伸长入土,根色灰白,其形态特征为"足踏母茎,白须长垂",很容易与贴地挺立的倒 5 节分蘖区别开来。倒 4、5 节萌发的子蘖有 6～7 个茎节,其中有 3 个发根节可萌发节根。

表 10 显示:再生分蘖从前出叶节至第 1 伸长节,每节节间根带都会萌发 5～8 条节根。节根萌发遵循严密的秩序,即 N 节叶片与 N−3 节节根"同伸":当 N 叶在下叶叶鞘内开始伸长时,有一部分 N−3 节节根原基突破茎秆外皮而出;当 N 叶叶尖露出下叶叶鞘时(N 叶伸长及半),有一部分 N−3 节节根显著伸长(长度≥1 cm);当 N 叶定长不久时(叶片外观抽出 4/5),N−3 节节根全部萌发。遵循上述根叶同伸规则,以根长≥1 cm 为萌发标准,再生分蘖的 P、1、2、3 叶节节根分别在 2.1、3.1、4.1、5.1 叶龄期开始萌发,分别在 2.8、3.8、4.8、5.8 叶龄期全数萌发。节根萌发后过一个叶龄期,其上萌发短而细的分枝根(称为二次根)。

表 9　再生分蘖总叶数、伸长节间数和发根节数

(头季低桩机割,永安基点,2011)

分蘖 节位	总叶 片数	总茎 节数	伸长 节间数	发根 节数	调查 蘖数	其中*号 蘖数占比(%)
倒 5	6	8	6-5*	3-4*	49	76
倒 5	7	9	6*-5	4*-5	21	86
倒 4	5	7	5*-4	3*-4	21	76
倒 4	6	8	6-5*	3-4*	29	90
P/5	4	6	5*	2*	17	100
P/5	5	7	5*	3*	27	100
1/5	4	6	5*-4	2*-3	21	86
1/5	5	7	5*	3*	26	100
P/4	4	6	5*	2*	15	100
P/4	5	7	5*	3*	5	100
1/4	4	6	5*-4	1*-2	19	84
1/4	5	7	5*	2*	14	100

表 10　再生分蘖各节节根最终萌发数

(头季低桩机割,永安基点,2011)

发根节位	倒 4、5 节分蘖	倒 4、5 节分蘖的子蘖
P	5.7±0.5	5.6±0.5
1	8.1±0.8	7.3±0.7
2	7.4±0.8	4.6±0.5
3	6.1±0.9	

1.7　稻种萌发及幼苗根叶发育动态

为了培育适宜机插的盘育小苗和中苗,观察了佳辐占种芽萌发及幼苗根叶生长动态。

1.7.1　幼苗生育进程

稻谷浸种后 24 h 幼胚吸胀,36 h 外稃基部受胀纵裂,48 h 胚芽鞘破壳而出,俗称"破胸"。此时播种便于操作,根芽损伤也少。播种后 1 d 胚根萌发,2～3 d 不完全叶露尖(见青),3～4 d 第 1 叶露尖,4～5 d 第 1 叶展开,第 2 叶露尖,达 1 叶 1 心期。此后每隔 4～5 d 抽出一片新叶,顺次达到 2 叶 1 心期、3 叶 1 心期和 4 叶 1 心期。

1.7.2　胚芽鞘、叶片和叶鞘的伸长动态

叶片、叶鞘按由下而上的节位顺次伸长,相邻节位叶片的伸长期首尾衔接,同一节位的叶片先伸长,定长后再叶鞘伸长。由此在一个时间断面,呈现 N 节叶片与 $N-1$ 节叶鞘同步伸长的现象。由于不完全叶只有叶鞘,叶片萎缩退化(长仅 1 mm),遵循上述同伸规则,不完全叶与第 1 叶同步伸长;在不完全叶露尖前,第 1 叶略短,在不完全叶露尖后,第 1 叶伸长速度较大,其长度比不完全叶长,但二者同时定长。

外观上,当 N 节叶片抽出十分之二三时(记 N 节叶片的叶龄为 0.2、0.3),N 节叶片已伸长达最终定长的一半左右;当 N 节叶片抽出十分之六七时(记 N 节叶片的叶龄为 0.6、0.7),N 节叶片已经定长,而 $N+1$ 节叶片开始伸长。据此,可以叶龄为指标,诊断各节叶片、叶鞘伸长进程。

但应指出,日本以不完全叶为第 1 叶,中国以第 1 片完全叶为第 1 叶,相同的叶龄,相差一个叶位。如日本将盘育小苗移栽的标准叶龄定为 3 叶 1 心,这在中国被指称为 2 叶 1 心。

1.7.3　胚根和节根的伸长动态

水稻幼苗有 1 条胚根,各节都萌发多条节根。在供试条件下,幼苗叶龄 4.3 时,胚根平均长度 15.3 cm;胚芽鞘节萌发节根 3 条,平均长度 9.5 cm;不完全叶节萌发节根 3.8 条,平均长度 6.5 cm;1 叶节萌发节根 5.4 条,平均长度 4.6 cm;2 叶节萌发节根 5.6 条,平均长度 1.5 cm。合计 18.8 条,总长 102 cm,此外还有众多的一、二次分枝根。根系在秧盘底部缠结成网,确保秧苗连片不散,便于带土机插。

胚根在播种后 1 d 萌发,7 d 长度超 10 cm。节根按由下而上的节位顺次萌发伸长,并与叶片伸长时间存在井然有序的关系:当 N 节叶片在 $N-1$ 节叶鞘内开始伸长时(该时 $N-1$ 节叶片抽出 2/3),$N-3$ 节有部分节根原基突起;当 N 节叶片露尖时(该时 N 节叶片长度达定长的一半),$N-3$ 节节根显著伸长,有半数根长 $\geqslant 1$ cm;当 N 节叶片定长时(该时 N 节叶片抽出 2/3),$N-3$ 节节根全部萌发,平均长度 $\geqslant 3$ cm。显然,N 节叶片与 $N-3$ 节节根同步伸长。据上述根叶形态对应生长规则,外观上为 N 节叶片露尖,$N-3$ 节节根萌发并显著伸长,则外观上为 1 叶 1 心期萌发芽鞘节节根、2 叶 1 心期萌发不完全叶节节根、3 叶 1 心期萌发 1 叶节节根。

2 佳辐占再生稻机械化生产的高产规律研究

2.1 产量构成分析

2.1.1 田丘间产量及其构成的变异

据在建阳基点对佳辐占头季和再生季各 10 丘田的调查,头季平均产量(7 006±1 399)kg/hm²,变异系数 20%;再生季平均产量(6 443±1 357)kg/hm²,变异系数 21.1%。田丘间产量的差异源于产量构成因素的差异。由表 11 看出:头季以每平方米穗数变异最大,变异系数达 18.3%;每穗粒数、结实率和千粒重则变异系数较小,仅 1%~4%。显然,每平方米穗数变异大,是引发头季田丘间产量差异的主要因素。再生季仍以每平方米穗数变异最大,达 17%,但每穗粒数的变异也较大,达 14.6%,而结实率和千粒重仍然变异系数较小,仅 2%~3%。显然,每平方米穗数和每穗粒数都变异大,都是引发再生季田丘间产量差异的主要因素。

表 11 佳辐占头季和再生季不同产量水平田块的产量及其构成

(建阳基点,2015)

田块序号	头季						再生季					
	每平方米穗数	每穗粒数	结实率(%)	千粒重(g)	每平方米总粒数	产量(kg/hm²)	每平方米穗数	每穗粒数	结实率(%)	千粒重(g)	每平方米总粒数	产量(kg/hm²)
1	188.4	93.9	93.7	28.5	17 691	4 724	326.7	54.2	94.7	28.9	17 707	4 846
2	215.	98.4	90.4	27.8	21 156	5 317	438.3	45.8	93.2	28.2	20 074	5 276
3	216.7	102.4	91.2	27.9	22 190	5 646	318.3	63.0	93.6	29.1	20 053	5 462
4	253.4	103.0	90.1	27.6	26 100	6 490	426.7	47.4	95.7	28.7	20 226	5 555
5	265.4	105.0	90.0	28.3	27 867	7 098	371.7	62.9	89.4	27.3	23 380	5 706
6	266.7	105.5	92.8	29.4	28 137	7 677	483.3	49.5	93.6	28.9	23 923	6 471
7	268.4	105.7	91.8	29.5	28 370	7 683	508.0	57.1	86.6	27.8	29 007	6 983
8	316.7	106.0	90.2	27.4	33 570	8 297	466.7	59.7	92.4	28.7	27 862	7 389
9	341.7	98.6	90.0	28.2	33 692	8 551	511.7	54.6	94.1	28.3	27 939	7 440
10	305.1	108.7	91.4	28.3	33 164	8 578	511.0	73.1	89.9	27.7	37 354	9 302
$\bar{x}$	263.6	102.7	91.2	28.3	27 194	7 006	436.2	56.7	92.3	28.4	24 753	6 443
s	48.3	4.5	1.3	0.7	5 520	1 399	74.3	8.3	2.8	0.6	5 901	1 357

但不管是头季或再生季,由每平方米穗数和每穗粒数组成的每平方米总粒数,田丘间的差异更大,变异系数达 20.3%~23.8%,引发产量差异的作用也更大。由此显示:提高产量必须扩增每平方米总粒数,而扩增每平方米总粒数必先扩增每平方米穗数和每穗粒数,其中头季侧重扩增每平方米穗数,再生季

兼顾扩增每平方米穗数和每穗粒数。

不过佳辐占头季和再生季的穗粒结构特征有明显不同,头季穗数较少而穗头较大,再生季穗数较多而穗头较小,10丘田平均,再生季每平方米穗数为头季的165%,每穗粒数为头季的55%。再生季穗子小,提高产量必须培育比头季更多的穗数。

2.1.2　各构成因素与产量的相关

表12显示:在4个产量构成因素中,两季均以每平方米穗数与产量的相关度最高,达极显著水平;每穗粒数与产量的相关度次高,达显著水平;结实率和千粒重与产量的相关度较低,未达显著水平。由每平方米穗数和每穗粒数组成的每平方米总粒数,与产量的相关度更高,达极显著水平的正相关。

表 12　佳辐占产量构成因素之间及与产量的相关性和对增产的贡献率

(建阳基点,2015)

| 季别 | 产量构成因素 | 相关系数(r) | | | | | 对产量的直接通径(p_1) | 对增产的贡献率($r_{1y}p_1$) |
		x_2	x_3	x_4	x_t	产量 y		
头季	每平方米穗数 x_1	0.518 3	−0.483 5	−0.037 0	0.982 4**	0.958 0**	0.880 3	0.843 3
	每穗粒数 x_2		−0.240 7	0.156 1	0.665 7*	0.690 2*	0.235 5	0.162 5
	结实率 x_3			0.636 9*	−0.457 9	−0.323 6	0.086 4	−0.028 0
	千粒重 x_4				−0.001 6	0.173 3	0.118 1	0.020 5
	每平方米总粒数 x_t					0.984 0**		
再生季	每平方米穗数 x_1	0.008 2	−0.343 8	−0.347 1	0.757 7*	0.773 6**	0.855 5	0.661 8
	每穗粒数 x_2		−0.528 1	−0.409 2	0.654 8*	0.608 6	0.729 3	0.443 9
	结实率 x_3			0.769 5**	−0.589 5	−0.437 7	0.196 4	−0.086 0
	千粒重 x_4				−0.528 4	−0.385 6	0.058 6	−0.022 6
	每平方米总粒数 x_t					0.982 4**		

* $n=10$,$r_{0.05}=0.632$,$r_{0.01}=0.765$。头季 $R^2=0.998\ 3$,$p_e^2=0.001\ 7$;再生季 $R^2=0.997\ 1$,$p_e^2=0.002\ 9$。

4个构成因素之间存在一定程度的相关,但只有结实率与千粒重达到显著水平的正相关,其他因素之间的相关均未达到显著水平。

构成因素与产量的相关度与其变异度呈正相关趋势,变异系数高的因素与产量的相关度也较高,是提高产量的主攻因素;变异系数低的因素与产量的相关度也较低,不是提高产量的主攻因素。不过结实率稳定性是相对的,在良好气候和正常栽培条件下高而稳定,在不良气候和施氮肥过量条件下可能大幅降低,成为减产主因,在这种情况下,设法提高结实率可能成为增产的主攻方向。

2.1.3　各构成因素对增产的贡献率

由各构成因素与产量的相关系数(r_{iy})乘以对产量的直接通径系数(p_i),计算出对引发产量总变异的各自贡献率,即对增产的贡献率($r_{iy}p_i$),看出:4个构成因素对增产的总决定系数(R^2)达99.71%～99.83%,随机误差(p_e^2)<1%,其中,头季以每平方米穗数对增产的贡献率最高(84%),每穗粒数对增产的贡献率显著降低(16%),二者合计贡献率达100%。结实率和千粒重对增产的贡献率不高,仅−3%～2%。显然,提高佳辐占头季产量,主要依靠增加穗数,形成较多的每平方米总粒数。再生季仍以每平方

米穗数对增产的贡献率最高（66％），但每穗粒数对增产的贡献率显著提高（44％），二者合计贡献率达110％；结实率和千粒重对增产的贡献率为负值（－9％～－2％）。显然，提高佳辐占再生季产量，必须兼顾增加穗数和每穗粒数，形成较多的每平方米总粒数。

稻谷产量（$\hat{y}$）与每平方米总粒数（x）的数量依存关系如图1，其回归方程为：

头季　　$\hat{y}=0.2494x+223.61(\text{kg/hm}^2),r=0.9840^{**}$；

再生季$\hat{y}=0.2258x+853.21(\text{kg/hm}^2),r=0.9824^{**}$。

据回归方程推导，可由田间调查所得的每平方米总粒数预测产量，也可由目标产量确定需形成的每平方米总粒数，进而为及早采取措施调控穗数和每穗粒数，以形成所需的总粒数。如目标产量7 500 kg/hm²，由方程推导需形成每平方米29 000粒，目标产量9 000 kg/hm²，由方程推导需形成每平方米35 000～36 000粒。

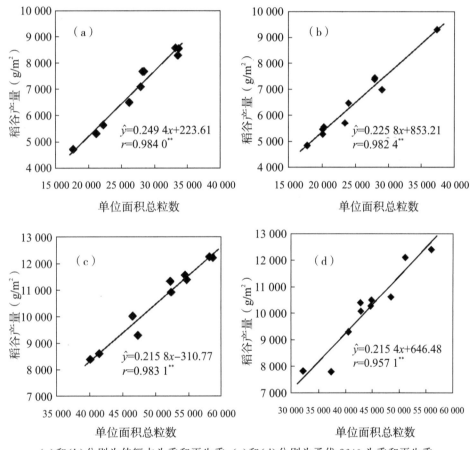

（a）和（b）分别为佳辐占头季和再生季；（c）和（d）分别为甬优2640头季和再生季。

图1　稻谷产量与每平方米总粒数的关系

2.2　分蘖萌发成穗规律

2.2.1　头季茎蘖数发展规律

据在建阳基点2014年观察（表13），佳辐占头季于3叶1心期机插，插后7 d开始分蘖，插后40 d茎蘖数达最高峰；随后茎蘖数逐渐减少，至70 d的孕穗期稳定。由内插法推算，第1～5处理在插后26 d的茎蘖数相当于最终穗数,可看作为有效分蘖临界期,此前萌发的分蘖大多为有效分蘖,此后萌发的分蘖大多为无效分蘖。据同期观察的主茎叶龄动态,按 N 节叶片与 $N-3$ 节分蘖同伸规律推算,佳辐占在插后 $7\sim26$ d 的有效分蘖期内出生第 $5\sim8$ 节叶片和第 $2\sim5$ 节分蘖,在插后 $27\sim40$ d 的无效分蘖期内,出生第 $9\sim10$ 节叶片和第 $6\sim7$ 节分蘖。

各处理的茎蘖数发展趋势相似,但随施氮水平的提高,总分蘖数和总穗数增加。

表 13　头季各施氮水平和抗倒剂处理的茎蘖数及主茎叶龄动态

(建阳基点,2014)

观察项目	处理编号	观察日期(移栽后日数)											
		0 d	7 d	14 d	21 d	28 d	35 d	42 d	49 d	56 d	63 d	70 d	77 d
每平方米茎蘖数	1	75	81	93	127	254	363	366	344	323	294	268	268
	2	76	85	126	180	313	393	412	396	377	318	280	280
	3	76	88	129	184	316	430	430	402	391	333	294	294
	4	76	93	130	190	328	447	458	429	402	353	309	309
	5	75	92	128	199	326	433	446	415	385	332	304	304
主茎叶龄	3	3.1	4.3	5.8	7.0	8.3	9.8	11.0	11.9	12.9	13.9	14.0$^+$	—

*4 月 10 日机插,株行距 30 cm×17 cm,每平方米 19.6 丛,每丛 4 苗。第 1、2、3、4 处理每公顷分别施氮 0、69、138、207 kg,第 5 处理施氮 207 kg/hm²,并于拔节前 10 d(5 月 12 日)喷施 5% 抗倒剂立丰灵 600 g/hm²。

2.2.2　再生季分蘖萌发成穗规律

据在建阳基点 2013 年再生季观察(表 14),再生分蘖在头季割后即迅猛萌发,割后 3 周分蘖转缓,割后 4 周达分蘖高峰,峰后分蘖数缓缓减少,至齐穗期稳定。由内插法计算,,头季割后 $15\sim16$ d 分蘖数与最终穗数相近(不施氮处理为割后 13 d),可看成为有效分蘖临界期,在此之前萌发的分蘖大多为有效分蘖,在此之后萌发的分蘖大多为无效分蘖。由内插法还计算出头季割后 9 d 的分蘖数,恰好与成熟期调查的倒 4、5 节分蘖成穗数相近,表明倒 4、5 节分蘖在头季割后 9 d 内萌发,而子蘖中的有效分蘖(多为从倒 4、5 节分蘖上的前出叶节和第 1 叶节萌发的子蘖)则在头季割后 $10\sim16$ d 萌发。再生分蘖的成穗率变幅为 75%~84%。表 14 显示:高峰分蘖数和最终穗数随施氮量提高而增加,分蘖成穗率则以适中施氮量较高。

表 14　再生季不同施肥处理的分蘖数变化动态

(建阳基点,2013)

处理编号	头季收割后各日每平方米分蘖数							有效分蘖临界期(d)	分蘖成穗率(%)
	7 d	14 d	21 d	28 d	35 d	42 d	49 d		
1	237.0	413.9	521.6	518.2	499.0	493.3	387.8	13	74.8
2	249.5	435.5	571.5	599.3	578.3	567.0	443.1	15	77.8
3	242.7	486.1	578.3	601.0	587.4	579.5	504.6	15	84.0
4	244.9	471.7	589.7	612.4	589.7	582.9	511.4	16	83.5
5	249.5	476.3	591.9	619.2	587.4	584.0	509.2	16	82.2

*行株距 30 cm×14.7 cm,每平方米 22.68 丛。第 1、2、3、4 处理每公顷分别施氮 0、69、138、207 kg,第 5 处理施氮 138 kg/hm²,并加施 P₂O₅ 和 K₂O 各 69 kg/hm²。

永安基点 2012 年再生季观察结果相似,如表 15 所示:再生分蘖在头季收割后便蓬勃萌发,倒 4、5 节位分蘖成穗合计数与表 15 头季割后 7 d 的分蘖萌发数相近,有效分蘖临界期为头季收割后 18 d(不施氮区为割后 21 d)。据此分析,头季收割后 1~7 d 萌发倒 4、5 节位分蘖,成穗率近于 100%;头季收割后 8~18 d 出生的子蘖(主要是从倒 4、5 节位分蘖前出叶节和第 1 叶节出生的子蘖),大多为有效分蘖;头季收割后 19~37 d 出生的子蘖(主要是第 2、3 节子蘖),大多为无效分蘖。分蘖成穗率为 75%~80%。高峰分蘖数和最终穗数也随施氮量的提高而增加。但不施氮处理的有效分蘖临界期延后 3 d,成穗率提高到 96.8%,这与建阳基点的结果不同,其原因似乎是永安基点的稻田土壤为沙质壤土,地力较低,不施氮处理在头季割后 12 d 之后即分蘖萌发力不足,22 d 即达分蘖高峰,在总分蘖数显著较少条件下,成穗率得到提高。

综合上述分蘖成穗规律,为了促进再生分蘖萌发、提高成穗率并促进穗粒发育,必须在头季割后 2~3 d 就施用促蘖肥,并在头季割后 2 周(有效分蘖临界期前,倒 4、5 节分蘖枝梗分化期)和 4 周(分蘖高峰期,倒 4、5 节分蘖减数分裂期,有效子蘖枝梗颖花分化期)施用穗、粒肥。

表 15 再生季不同施氮技术的分蘖变化动态及有效分蘖临界期

(永安基点,2012)

| 处理编号 | 施氮(kg/hm^2) | 施氮方法 | 头季割后各日每平方米分蘖数 | | | | | | | | | 有效分蘖临界期(d) | 成穗率(%) |
			0 d	7 d	12 d	17 d	22 d	27 d	32 d	37 d	52 d		
1	0	不施氮	0	165	205	245	274	276	278	278	269	21	96.8
2	90	前重中轻	0	188	253	315	355	415	425	423	323	18	76.4
3	180	前重中轻	0	220	280	345	403	445	470	473	355	18	75.1
4	270	前重中轻	0	230	305	378	433	480	505	510	383	18	75.1
5	180	平衡施氮	0	218	268	353	425	450	470	473	378	19	79.9

* 前重中轻为头季割后 3 d、21 d 各施氮 70% 和 30%,平衡施氮为头季割后 3 d、14 d、28 d 各施氮 50%、25% 和 25%。

2.3 茎秆抗倒性状及与施氮量的关系

佳辐占头季抗倒力中等,当群体过大,结实末期遇大风雨袭击时,有倒伏危险,影响机械收割。因此考察了茎秆性状及抗倒性与施氮量的关系。据在建阳基点 2014 年研究(表 16,图 2),佳辐占地上部茎秆有 6 个节间、5 片茎生叶。倒伏多由倒 4、倒 3 节间(倒 3、2 节叶片下方节间)弯折造成。在测定的 5 个节间中,以倒 4 节间的倒伏指数最高,倒 3 节间次之。倒伏指数愈大,抗倒力愈低。从力学上分析,节间倒伏指数决定于节间至穗顶的弯曲力矩和节间(含抱合节间的叶鞘)的抗折力。弯曲力矩是节间基部至穗顶的高度与鲜重的乘积。节间抗折力与其长度、坚实度和叶鞘固持度有关联。

表 16 施氮量及抗倒剂对茎秆抗倒性状的影响

(建阳基点,2014)

| 编号 | 各节间长度(cm) | | | | | | | | 各节间基部至穗顶高度(cm) | | | | | 各节间基部至穗顶鲜重(g) | | | | |
	倒 6	倒 5	倒 4	倒 3	倒 2	倒 1	穗	合计	倒 5	倒 4	倒 3	倒 2	倒 1	倒 5	倒 4	倒 3	倒 2	倒 1
1	0.8	3.3	9.1	12.2	18.3	32.0	24.3	100.0	99.2	95.9	86.8	74.6	56.3	15.8	15.5	13.5	10.9	9.4
2	0.8	3.5	9.8	13.4	19.1	32.7	25.0	104.3	103.5	100.0	90.2	76.8	57.7	18.6	17.7	16.0	12.6	10.5
3	0.9	3.9	11.2	15.1	19.4	32.9	25.0	108.4	107.5	103.6	92.4	77.3	57.9	20.5	19.6	17.7	15.0	12.4
4	1.0	4.5	13.3	17.0	20.8	34.1	25.2	115.9	114.9	110.4	97.1	80.1	59.3	21.5	20.6	18.6	15.8	12.9
5	1.0	4.2	12.0	15.5	19.8	33.5	25.2	111.0	110.0	105.8	93.8	78.3	58.5	20.6	19.7	18.2	14.9	12.5

续表 16

处理编号	各节间弯曲力矩(g·cm)					各节间抗折力(g)					各节间倒伏指数					成熟前一周田间稻株情况
	倒5	倒4	倒3	倒2	倒1	倒5	倒4	倒3	倒2	倒1	倒5	倒4	倒3	倒2	倒1	
1	1 567	1 485	1 172	813	529	1 337	1 031	829	627	441	117	144	141	130	120	无倒伏
2	1 925	1 770	1 443	968	606	1 551	1 092	902	686	485	124	162	160	141	125	无倒伏
3	2 204	2 031	1 635	1 160	718	1 650	1 153	942	746	552	134	176	174	155	130	少数斜倒
4	2 470	2 274	1 806	1 266	765	1 481	1 062	887	636	460	167	214	204	199	166	全部倒伏
5	2 266	2 084	1 707	1 167	731	1 646	1 131	936	738	538	138	184	182	158	136	部分倒伏

* 第 1、2、3、4 处理每公顷分别施氮 0、69、138、207 kg,第 5 处理施氮 138 kg/hm²,并加施 P_2O_5 和 K_2O 各 69 kg/hm²。

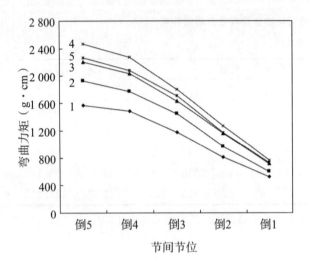
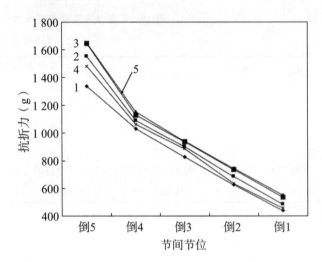

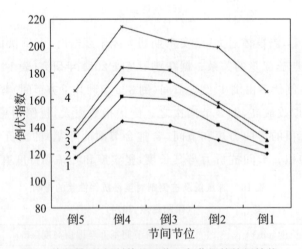

图 2　施氮量、抗倒剂等处理茎秆各节间的抗倒性状

由表 16、图 2 看出:随着施氮水平提高,各节节间长度加长,鲜重加大,从而扩大弯曲力矩,而且以基部三个节间的弯曲力矩随施氮量提高而加大的幅度更大。而各节节间的抗折力与施氮量呈抛物线型关系,以中氮处理为最强,低氮处理次之,高氮和不施氮处理最弱。但不同施氮量间的抗折力差数较小,弯曲力矩差数较大,倒伏指数主要受弯曲力矩支配。因此,各节间的倒伏指数均随施氮水平的提高而增大。

施氮量 207 kg/hm² 的处理弯曲力矩最大,抗折力最低,倒伏指数最高,其倒 4、倒 3 节间的倒伏指数超过 200,在成熟前 1 周遇大风雨,出现全面倒伏。第 5 处理施氮量相同,而在拔节前 10 d 喷施抗倒剂立丰灵,结果显著降低了弯曲力矩,增强了抗折力,但终因施氮量偏多而倒伏指数仍超过 180,遇大风雨还是出现部分稻株倒伏。

2.4　干物质生产及与施氮量的关系

2.4.1　不同施氮量的稻谷产量及收获指数

表 17 显示:稻谷产量随施氮量增加而提高,以每公顷施氮 207 kg 的产量最高,施氮 138 kg 的产量次之,但二者产量差异不显著。每公顷施氮 138 kg 处理比施氮 69 kg 和不施氮的处理,分别增产 7.8% 和 20.1%,差异达极显著水平。每公顷施氮 207 kg 的产量虽比施氮 138 kg 略高,但群体偏大,成熟前一周遇大风雨袭击,出现全面倒伏,妨碍机械收割。基于佳辐占品种承载能力,在供试条件下,达到高产防倒双目标的适宜施氮量为 138 kg/hm²。

将稻谷产量扣除含水量(14%),换算为稻谷干重,除以总干物重,计算出收获指数。结果看出:不同施氮量处理的收获指数稳定在 0.45~0.46,差异很小,表明稻谷产量决定于总干物质积累量。

表 17　不同施氮量的稻谷产量和收获指数

施氮量 (kg/hm²)	稻谷产量 (kg/hm²)	显著性		稻谷干重 (g/m²)	总干物重 (g/m²)	收获指数
		5%	1%			
0	6 213±190	c	C	534.3	1 172.2	0.46
69	6 920±113	b	B	595.1	1 282.3	0.46
138	7 461±118	a	A	641.6	1 396.3	0.46
207	7 545±88	a	A	648.9	1 430.1	0.45

* $PLSD_{0.05}=248(kg/hm^2)$,$PLSD_{0.01}=360(kg/hm^2)$。

2.4.2　不同施氮量的干物质积累运转动态

表 18 显示,干物质在移栽到分蘖末期积累缓慢,其后不久进入幼穗分化,地上部茎秆伸长,干物质积累迅猛,营养器官干重至齐穗期达高峰,齐穗后籽粒充实,干物质积累速率不减。以移栽至分蘖末期为前期,分蘖末期至齐穗期为中期。齐穗至成熟前 5 d 为后期,4 个处理平均,前、中、后期的干物质净积累量之比为 5%、61% 和 34%。显然,干物质积累优势在中、后期,而稻谷产量物质则全部来自中、后期的光合生产。

表 19 列出 4 个施氮量处理三项构建稻穗干物质的光合产物:(A)中期光合生产用于构建穗轴、枝梗和颖壳的结构性干物质,其重即为齐穗期穗干重;(B)中期光合生产的暂贮于营养器官,于抽穗后转运入穗的贮藏性干物质(淀粉、可溶性糖),其重相当于营养器官齐穗期干重与成熟期营养器官干重的差值;(C)后期光合生产直运入穗的干物质,其重等于后期稻穗干物质净积累量扣除营养器官转运入穗的干物质量。4 个处理平均,A、B、C 干重分别占 19%、16% 和 65%,表明稻穗最终干物质有 35% 来自中期的光合生产,65% 来自后期的光合生产。在供试的施氮量区间内,不同施氮量处理的 A、B、C 占比差异不大,只是随着施氮水平的提高,中期暂贮于营养器官的贮藏性物质略少,而后期光合生产的物质略多。

表18　不同施氮量的干物质积累和叶面积发展动态

生育期（月-日）	施氮量（g/m²）	器官干重（g/m²）				叶面积指数
		茎鞘	叶片	穗	合计	
移栽（04-10）	13.8	1.4	1.1	0	2.5	0.04
分蘖末期（05-13）	0	34.2	28.0	0	62.2	1.08
	6.9	35.8	30.2	0	66.0	1.20
	13.8	40.6	35.7	0	76.3	1.41
	20.7	45.2	41.8	0	87.0	1.66
齐穗期（06-28）	0	519.8	168.7	110.7	799.2	4.67
	6.9	545.2	187.0	124.6	856.8	5.20
	13.8	584.6	218.1	135.8	938.5	6.39
	20.7	588.4	231.9	135.5	955.8	6.85
成熟前5 d（07-23）	0	448.2	140.9	583.1	1 172.2	2.05
	6.9	470.0	161.0	651.3	1 282.3	2.36
	13.8	508.3	181.3	706.7	1 396.3	2.69
	20.7	520.7	195.4	714.0	1 430.1	2.93

表19　不同施氮量的三项构建穗粒干物质重及占比

施氮量（g/m²）	各项构建穗粒干物质重（g/m²）				各项构建穗粒干物质重占比（%）		
	A	B	C	合计	A	B	C
0	110.7	99.4	373.0	583.1	19.0	17.0	64.0
6.9	124.6	101.2	425.5	651.3	19.1	15.6	65.3
13.8	135.8	113.1	457.8	706.7	19.2	16.0	64.8
20.7	135.5	104.2	474.3	714.0	19.0	15.5	66.0

* A:中期光合生产构建穗轴、枝梗、颖壳的结构性干物质；B:中期光合生产暂贮于营养器官,抽穗后转运入穗的干物质；C:抽穗—成熟期光合生产直运入穗的干物质。

2.4.3　不同施氮量的光合生产

由表20历次观测的器官干物质积累和叶面积数据,计算出前、中、后三个生育时期的光合生产参数,列于表20。各时期的干物质净积累量（ΔW）,决定于干物质积累速率——群体生长率（CGR）和干物质积累日数（D）,群体生长率（CGR）决定于叶面积（LAI）和单位叶面积净同化率（NAR）,计算式分别为 $\Delta W = CGR \times D$,$CGR = LAI \times NAR$。

由于各处理的生育时期日数相同,各处理干物质净积累量的差异决定于群体生长率。而如图3所示,无论是前期还是中后期,群体生长率与叶面积指数呈极显著的正相关,与净同化率呈一定程度的负相关（相关不显著）。看来,要提高群体生长率,必须寻求叶面积与净同化率的平衡,特别是在中后期,既要形成适当较大的叶面积,又要不使净同化率下降太多。

施氮量是调控 LAI 和 NAR 的重要措施。图4显示,施氮量与 LAI 呈极显著正相关,与 NAR 呈一定程度负相关（相关不显著）。适宜的施氮量可适当扩大 LAI,又不使 NAR 下降太多,从而获得较高的

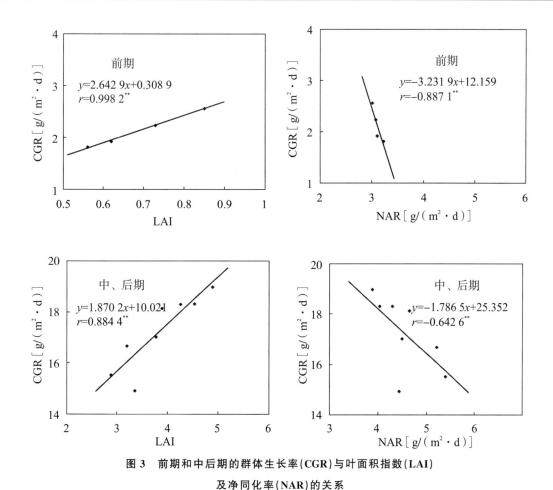

图 3 前期和中后期的群体生长率(CGR)与叶面积指数(LAI)及净同化率(NAR)的关系

干物质积累量。CGR($\hat{y}$)与施氮量(x)呈抛物线型相关:

表 20 不同施氮量在生育前、中、后期的光合生产

生育时期	施氮量(g/m^2)	ΔW(g/m^2)	D(d)	CGR$[g/(m^2 \cdot d)]$	LAI	NAR$[g/(m^2 \cdot d)]$
前期	0	59.7	33	1.81	0.56	3.23
	6.9	63.5	33	1.92	0.62	3.10
	13.8	73.8	33	2.24	0.73	3.07
	20.7	84.5	33	2.56	0.85	3.01
中期	0	713.9	46	15.52	2.88	5.39
	6.9	766.8	46	16.67	3.20	5.21
	13.8	834.0	46	18.13	3.90	4.65
	20.7	841.8	46	18.30	4.26	4.30
后期	0	373.0	25	14.92	3.36	4.44
	6.9	425.5	25	17.02	3.78	4.50
	13.8	457.8	25	18.31	4.54	4.03
	20.7	474.3	25	18.97	4.89	3.88

* 前期为移栽至分蘖末期,中期为分蘖末期至齐穗期,后期为齐穗至成熟期。

$$\hat{y}=15.18+0.299\,9x-0.006\,4x^2,r=0.981\,9^{**}$$

由方程计算,施氮量 20.7 g/m² 的 CGR 已经触顶,再增施氮肥已难再增干物质积累。而佳辐占抗倒力中等,施氮 20.7 g/m² 处理的群体负重已超过其茎秆承载力,在成熟前一周大风雨袭击下发生全田倒伏,妨碍机械收割。施氮量 13.8 g/m² 处理的干物质积累量和稻谷产量既接近施氮量 20.7 g/m² 处理,茎秆又具有较强抗折力,在大风雨下只少量稻株倒伏,兼顾了高产和防倒双目标,是供试条件下的适宜施氮量。

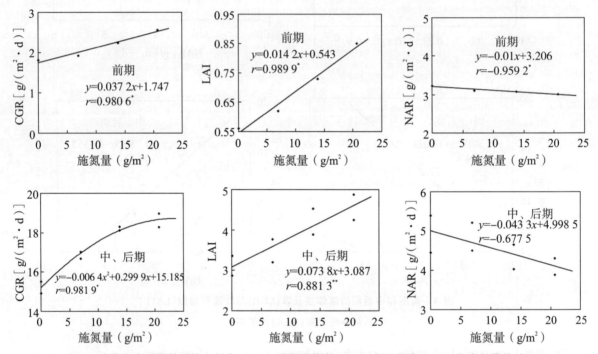

图 4　前期和中后期的群体生长率(CGR)、叶面积指数(LAI)、净同化率(NAR)与施氮量的关系

3　佳辐占作再生稻机械化生产的高产栽培技术

3.1　宜种地域及生育期布局

佳辐占作再生稻栽培,必须趋利避害利用当地气候资源,首先要确保头季安全播种,再生季安全齐穗开花,其次要将两季的开花结实期安排在强光适温的季节,确保结实率达到 85%～90%。

稻种根芽萌发要求的最低温度为 12 ℃,在春季历年日平均气温升达 13.5 ℃时,有 80% 保障率稳定升达 12 ℃,可以安全播种。水稻开花期对低温最敏感,当日平均气温连续 3 d 以上<22 ℃时将危害开花受精,引发谷粒不实。在秋季日平均气温降达 24 ℃时,有 80% 保障率不会出现连续 3 d 以上<22 ℃ 的危害开花受精的低温,可以安全开花。据研究,海拔 800 m 以上的高山区秋季冷凉,水稻经受抗寒锻炼,花期冷害指标降为日平均气温连续 3 d 以上<21.5 ℃,相应地当秋季日平均气温降达 23.5 ℃时,也有 80% 保障率不会出现连续 3 d 以上<21.5 ℃ 的危害开花受精的低温。

福建省地跨北纬 24°～28°,东经 116°～120°,海拔 0～2 158 m,地形复杂,气温有随纬度北移、海拔升高而降低的趋势。1980 年代,中低产田攻关协作组整理了 162 个气象站(哨)的历年观测数据,建立回归方程,计算出福建省北纬 25°、26°、27° 等三个纬区海拔 0 m 处的历年旬平均气温及直减率(海拔每升高100 m 的气温递减值)。本课题在此研究基础上,宏观计算出三个纬区不同海拔的旬平均气温。进而春季找出旬平均气温 13.5 ℃左右的两旬,秋季找出旬平均气温 24 ℃左右的两旬,以其气温值为基点,采用内插法,计算出春季升达日平均气温 13.5 ℃的日期和秋季降达日平均气温 24 ℃的日期,分别确定为早季(头季)安全播种期和晚季(再生季)安全齐穗期,结果列于表 21。为便于分析熟制、品种和播栽期布局,还计算出安全播种期至安全齐穗期的持续日数及积温,附于表 21。

据观测,佳辐占头季播种—齐穗积温 2 140 ℃,齐穗～成熟积温 840 ℃,头季成熟—再生季齐穗积温1 120 ℃,从头季播种—再生季齐穗积温 4 100 ℃。查对表 21 数据发现,福建省北纬 25°海拔 500 m 地域,北纬 26°海拔 400 m 地域,北纬 27° 海拔 300 m 地域,还有表 21 未列入的北纬 24°海拔 600 m 地域和北纬 28°海拔 200 m 地域,从头季播种—再生季齐穗积温都在 4 100 ℃左右,表明该海拔以下地区适宜佳辐占作再生稻种植,该海拔以上地区则佳辐占只能作单季稻种植。

在依据各地气候资源布局头季安全播种期和再生季安全齐穗期基础上,还应依据当地气候资源,将头季开花结实期调整在“断梅”后光照最丰的季节,将再生季开花结实期调整在夏末秋初光照次丰的季节,确保将结实率提高到 85%～90%。如在北纬 24°海拔 500 m 以下、北纬 25°海拔 400 m 以下、北纬 26°海拔 200 m 以下地域,从头季安全播种期至再生季安全齐穗期,间隔 190 d 以上,积温 4 400 ℃以上,头季可比安全播种期推迟几日播种,如北纬 24°～25°海拔 100 m 以下地域,头季播种期可推迟至 3 月中旬,其头季开花结实期便调节在“断梅”(6 月 20 日)后一年中太阳辐射最丰富的季节,其再生季开花结实期便调节在 9 月份太阳辐射次丰的季节。其余纬度偏北海拔偏高宜种佳辐占再生稻地域,头季按照表 21 所示的安全播种期播种,其头季齐穗期将自然落在 7 月 15—30 日,开花结实期正处于一年中光温最丰的季节,再生季齐穗期将落在 9 月 15—20 日,开花结实期正处于一年中光温次丰的季节,同样可确保高而稳定的结实率。

表 21 福建省不同纬度、海拔地区水稻安全播种期和安全齐穗期

项目	25°N				26°N				27°N			
	0 m	200 m	400 m	600 m	0 m	200 m	400 m	600 m	0 m	200 m	400 m	600 m
安全播种期(月-日)	02-23	02-28	03-04	03-15	03-05	03-15	03-22	03-28	03-15	03-21	03-27	04-02
安全齐穗期(月-日)	10-06	09-28	09-16	09-08	09-28	09-21	09-12	09-05	09-27	09-18	09-12	09-05
持续日数(d)	225	212	196	177	207	190	174	161	196	181	169	156
积温(℃)	5 518	5 022	4 433	3 881	5 001	4 483	3 973	3 546	4 765	4 264	3 849	3 427

3.2 盘式育秧

机插的成败决定于漏秧率,控制漏秧率的关键在育秧。我国普遍采用塑料拱棚泥浆法盘育中苗,拥有育秧设施的乡镇,则采用温室播种立苗结合秧田排盘绿化长苗培育机插秧苗,常规稻 3 叶 1 心期机插,杂交稻 4 叶 1 心机插。硬盘育秧的主要技术如下:

(1)温室播种立苗。采用长 60 cm、宽 30 cm、高 3 cm 规格的塑料硬盘育苗。利用自动化设施流水线完成装土→播种→喷水→盖土→叠盘,每垛叠 30 盘,上盖一个空盘,控制室温 30 ℃,暗化催根立苗,约经

48 h 胚芽鞘长高至 1~1.5 cm,胚根长 2 cm,完成催根立苗。

(2)秧田绿化长苗。暗化立苗后随即将盘秧运往塑料薄膜温室排放绿化长苗,缺温室的运往普通秧田排放,并拱棚覆盖塑料薄膜保温绿化长苗。机插前 10 d 起逐渐揭膜炼苗。

(3)水分管理。秧畦平时灌满沟水,水面与盘底持平,保障盘土湿润透气,以利秧根萌发伸长,遇雨及时排干沟水,严防淹水。机插前 3 d 排水干田,以利起秧运秧。

(4)秧苗调控。机插秧龄常规稻控制 3 叶 1 心,杂交稻控制 4 叶 1 心,标准为苗高 15~18 cm,根系发达,在盘土底层缠结成网,提秧不散。据观测,幼苗遵循 N 节叶片与 $N-3$ 节节根"同伸"规则,即 1 叶 1 心期萌发芽鞘节的节根,2 叶 1 心期萌发不完全叶节的节根,3 叶 1 心期萌发第 1 叶节的节根,每株共萌发 15 条节根和上千条纤细的分枝根,密集成网。保障如期如数发根的关键在于水分管控,方法已如上述。

日本机插秧多为盘育小苗,秧龄 2 叶 1 心,每公顷大田育秧 150~180 盘。国内机插秧多为盘育中苗,秧龄 3 叶 1 心至 4 叶 1 心,每公顷大田需育秧 300~360 盘。盘育中苗花费的劳力、成本远高于盘育小苗。各地推进育秧中心建设,其难点是绿化炼苗阶段排盘的场地需比叠盘立苗的场地扩大 30 倍以上,为大面积供秧机插,难度很大。但现代化农业的发展要求建立能为村镇大面积供秧的大型育秧中心。为降低场地、劳力、设备、机械等费用,育秧中心可能要走盘育小苗的途径。

3.3 头季低桩机割

籼型再生稻具有顶端生长优势,上部节位分蘖的萌发成穗率高,因而头季成熟时习惯采用

高桩手割。初始推行高桩机割,结果有 5/7 株行保留全部茎生腋芽,再生季以萌发倒 2、3 节分蘖为主,早育早熟;但有 2/7 株行受收割机链轨碾轧,稻桩从抗折力最弱的 15 cm 处折断,倒 2、3 节位蘖芽失活,萌发倒 4、5 节位分蘖,抽穗成熟期推迟 15 d,结果熟期参差,收成顾此失彼。汲取教训后,多地实行低桩机割,倒 2、3 节腋芽尽皆割去,再生季以萌发倒 4、5 节位分蘖为主,抽穗成熟期推迟 15 d,但熟期整齐。

头季高桩手割,再生季萌发的分蘖总叶数 3~4 片,其子蘖总叶数 3 片。头季低桩机割,再生季萌发的 4、5 节分蘖总叶数 6~7 片,其子蘖总叶数 4~5 片,比头季高桩手割同节位分蘖多 2 叶,比头季高桩手割倒 2、3 节位分蘖多 3 叶,生长期延长 15 d,并具有独立根系,从而萌发的子蘖较多,穗子也较大,最终产量显著提高。表 2 显示:与高桩机割未遭碾轧株行(类同高桩手割)相比,低桩机割处理的穗数多 86%,每穗粒数多 5%,产量提高 97%。

头季高桩机割处理,再生季还有 2/7 株行的稻桩曾遭碾轧,但稻桩倒 2、3 节腋芽碾折后萌发 4、5 节分蘖及其子蘖,如表 22 所示,其单株穗数和每穗粒数反比未遭碾轧株行更多,虽然株行数只占 2/7,其产量竟达株行数 5/7 未遭机轧者的 56%。可惜由于迟熟 15 d,收成顾此失彼。不过即使花工收成,二者合计产量也仍然比低桩机割处理低 28.5%。低桩机割比高桩手割省工又显著增产,出乎原先的意料,为再生稻机械化高产指出美好的前景。

再生稻头季地上部有 6 个伸长节间,各节的节间按由下而上的节位顺序,长度逐渐延长,粗度和抗折力逐渐降低。其中基部 2 个节间(倒 4、5 节腋芽着生处下方节间)短、粗、硬,无论是遭收割机链轨碾轧还是大风雨袭击,都不易折断破损;而中部 2 个节间(倒 2、3 节腋芽着生处下方节间)较长较细,抗折力显著降低,加之弯曲力矩最大,是遭收割机链轨碾轧或大风雨袭击时最易折损的部位。基于上述特征特性,再生稻头季机割的高度以在基部 2 个节间上加一定长度保护段为宜。据观测,基部第 1 节间长(0.9±

0.6)cm,第 2 节间长(4.4±1.6)cm,2 个节间累加距地表高度(5.3±1.9)cm。现按高限 7 cm 计算,加上对倒 4、5 节腋芽保护段 5～8 cm,再生稻头季机割适宜高度为 12～15 cm,相当于倒 3 节分蘖着生处附近。过低机割将伤及倒 4、5 节腋芽,过高机割则可能出现两类株行,熟期参差。

3.4 肥料施用

3.4.1 经济施肥量

合理施肥首先要确定经济高效的施肥量。据在建阳基点研究,佳辐占作再生稻栽培,头季和再生季的产量与施氮量均呈抛物线型相关,如表 22、表 23 和图 5 所示,最高产量的施氮量为 204 kg/hm²,最佳效益的施氮量为 179 kg/hm²。由回归方程导出达到最高产量和最佳经济效益的施氮量,不失为一种定量化栽培的分析新方法,但是,重要的还应通过方差分析,找出比最高产量低近一个最低显著差数(PLSD$_{0.05}$)的产量,以该产量所需施氮量作为经济施氮量。例如,本研究在供试条件下,两季达到最高产量的施氮量均为 204 kg/hm²(相应的头季产量为 7 562 kg/hm²,再生季产量为 6 181 kg/hm²),但只比施氮 138 kg/hm² 处理增产 1.4%～1.6%,差异不显著,表明本地的经济施氮量至多为每公顷 138 kg。如果考虑其最低显著差数(头季 PLSD$_{0.05}$=248 kg/hm²,再生季 PLSD$_{0.05}$=264 kg/hm²),则比最高产量低近一个最低显著差数(PLSD$_{0.05}$)的产量,头季为 7 313 kg/hm²,再生季为 5 916 kg/hm²,由方程推导,达到该等产量的施氮量仅需 120 kg/hm²,比最高产量的施氮量降低 41%,而产量仅低 3.3%～4.3%,差异不显著。

永安基点 2012 年再生季的研究结果趋势相似,如表 25、图 6 所示,再生季产量与施氮量呈抛物线相关,最高产量的施氮量为 195 kg/hm²(相应的产量为 7 090 kg/hm²),按此最高产量低近一个最低显著差数的产量所需施氮量,也为 120 kg/hm²。

磷、钾肥经济施用量未作试验确定。多点试验表明,在重视氮肥施用同时,还应依据地情配施磷、钾肥。据永安基点大湖村 2011 年再生季试验(见表 24)和建阳基点 2013 年再生季试验(见表 23),供试田块土壤磷、钾养分丰富,不施磷、钾肥不降低产量,增施磷、钾肥也不增加产量。但永安基点八一村 2013 年再生季试验(见表 25),供试田块土壤磷、钾养分不足,不施磷、钾肥则极显著减产,减产原因是制约分蘖芽萌发,减少分蘖穗数。

表 22 施氮量和抗倒剂对稻谷产量及其构成的影响
(建阳基点,2014 头季)

编号	施氮量 (kg/hm²)	稻谷产量(kg/hm²)				显著性		每平方米穗数	每穗粒数	结实率 (%)	千粒重 (g)
		I	II	III	$\overline{x}±s$	5%	1%				
1	0	6 378	6 255	6 006	6 213±190	c	C	267.5	86.1	89.8	30.4
2	69	6 894	7 044	6 822	6 920±113	b	B	280.3	94.7	89.4	29.7
3	138	7 334	7 566	7 484	7 461±118	a	A	294.0	99.1	89.7	29.0
4	207	7 578	7 445	7 611	7 545±88	a	A	308.7	99.0	88.7	28.2
5	207+A	7 445	7 772	7 700	7 691±86	a	A	303.8	98.8	89.4	29.3

*PLSD$_{0.05}$=248 kg/hm²,PLSD$_{0.01}$=360 kg/hm²;A:于拔节前 10 d 增施抗倒剂立丰灵(主要成分为调环酸钙,每公顷喷施含有效成分 5% 立丰灵 600 g 的稀释液)。

表 23　再生季施氮量对产量及其构成的影响

（建阳基点，2013 再生季）

编号	施氮量（kg/hm²）	稻谷产量（kg/hm²）				显著性		每平方米穗数	每穗粒数	结实率（%）	千粒重（g）
		Ⅰ	Ⅱ	Ⅲ	$\overline{x}\pm s$	5%	1%				
1	0	4 724	4 944	4 955	4 874±130	c	C	412.7	48.1	92.2	28.2
2	69	5 426	5 642	5 615	5 561±118	b	B	453.7	49.2	90.3	29.3
3	138	6·021	6 072	6 155	6 083±68	a	A	489.8	50.6	89.6	29.1
4	207	6 333	6 098	6 072	6 168±144	a	A	508.0	51.1	88.1	28.5
5	138＋P、K	5 918	6 206	5 841	5 988±192	a	A	499.0	49.4	89.7	29.0

* PLSD$_{0.05}$ = 264 kg/hm²，PLSD$_{0.01}$ = 383 kg/hm²。

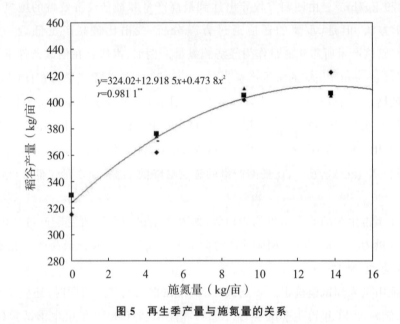

图 5　再生季产量与施氮量的关系

3.4.2　头季施肥技术

佳辐占头季抗倒伏力中等，当施氮过多，株高超过 110 cm。叶面积指数超过 6.5 时，遇大风雨袭击时可能出现倒伏。如表 16 所示的第 4 处理施氮量 270 kg/hm²，最高叶面积指数 6.85，株高 116 cm，倒 4 节间倒伏指数 214，在成熟前 1 周遇大风雨，即全田倒伏，妨碍头季机收。而第 3 处理施氮量 138 kg/hm²，最高叶面积指数 6.39，株高 108 cm，倒 4 节间倒伏指数 176，在成熟前 1 周遇大风雨，只小部分稻株斜倒（见表 16、图 2）。为此，头季施氮量不宜超过 150 kg/hm²。

在掌控总施氮量基础上，推行"攻头控中保尾"施肥法。技术要点是：每公顷施 300 kg 过磷酸钙作基肥；在移栽后一周内每公顷施 240 kg 尿素作分蘖肥，促进有效分蘖萌发，并以与有效分蘖"同伸"的栽后头 4 片新生叶的叶尖微垂、叶色浓绿为诊断指标；至有效分蘖临界期肥力退劲，加上此前几日排水烤田，抑制无效分蘖萌发，并以与无效分蘖"同伸"的第 5、6 片新生叶由垂转直、叶色落黄为诊断指标；栽后 35 d 左右的幼穗分化初期，每公顷施 60 kg 尿素加 120 kg 氯化钾作穗肥，促进枝梗颖花的分化。每公顷总施肥量折合 N 138 kg、P$_2$O$_5$ 45 kg、K$_2$O 72 kg。氮、磷、钾素配合，有节奏促控，最终形成多穗大穗的高产群体。

3.4.3　再生季施肥技术

基于再生季有效分蘖期短,特别是占总穗数 60%、总产量 70% 的倒 4、5 节位分蘖在头季收割后 7～9 d 内萌发的规律,必须在头季割后 2～3 d 就施用促蘖肥。但倒 4、5 节位分蘖的子蘖占总穗数 40%、总产量 30%,也是构成高产的重要组分。子蘖中的成穗分蘖在头季割后 10～18 d 萌发,此时正值倒 4、5 节位分蘖枝梗颖花分化期。提高头季割后 2 周的营养供应,将有利促进倒 4、5 节分蘖幼穗发育和成穗子蘖萌发。至头季割后 4 周,倒 4、5 节分蘖减数分裂,有效子蘖枝梗颖花分化,保持该时营养水平,对穗、粒发育也十分重要。有鉴于此,再生季推行在头季割后 3 d、2 周、4 周各分施一次肥料的平衡施肥法。

在永安基点开展三年施肥试验,逐年深化,才形成再生季平衡施肥法:

2011 年试验肯定采用前重后轻施氮比旧式重施芽肥显著增产,如表 24 所示,第 4 号前重后轻施肥法处理比第 1 号旧式重施芽肥处理增产 24.3%,差异达极显著水平。

表 24　再生季施肥方式对产量及其构成的影响

(永安基点,2011)

编号	施肥方式	稻谷产量(kg/hm^2)				显著性		每平方米穗数	每穗粒数	结实率(%)	千粒重(g)
		I	II	III	$\bar{x}\pm s$	5%	1%				
1	旧施肥法	4 376	4 250	5 250	4 625±545	b	B	337	57.5	92.3	26.2
2	前后兼顾	5 750	5 250	5 250	5 417±289	a	AB	407	60.6	88.9	26.0
3	晚施肥法	4 500	4376	5 000	4 625±330	b	B	361	54.2	93.5	27.0
4	前重后轻	6 125	5 876	5 250	5 750±451	a	A	398	60.9	92.2	26.8
5	增调节剂	6 251	5 750	6 125	6 042±261	a	A	404	60.9	92.6	27.2
6	缺磷钾肥	5 375	5 876	5 750	5 667±261	a	A	382	61.7	90.4	26.5

* PLSD$_{0.05}$＝706 kg/hm^2,PLSD$_{0.01}$＝1 007 kg/hm^2。

** 总施氮量为 172.5 kg/hm^2。几种施肥方式:(1)旧施肥法为高桩手割时采取的于头季收割前 10 d 和割后 6 d 分施氮 72% 和 28%;(2)兼顾施肥法为头季收割前 10 d、割后 6 d 和割后 21 d 分施氮 20%、60% 和 20%;(3)晚施肥法为头季割后 13 d 和 21 d 分施氮 72% 和 28%;(4)前重后轻施肥法为头季割后 6 d 和 21 d 分施氮 72% 和 28%;(5)增喷调节剂处理和(6)缺施磷钾肥处理的施氮量及施用期同前重后轻施肥法。第 5 处理于头季割后 6 d 每公顷增用赤霉素 150 g＋芸苔素 30 g 兑水 450 kg 喷布叶面,不见增产效应,第 6 处理不施磷钾肥,其他 5 个处理均于头季割后 6 d 施磷 45 kg/hm^2 和钾 90 kg/hm^2。

2012 年试验肯定平衡施氮增产更显著,如表 25 所示,第 5 号平衡施肥法处理比第 3 号前重后轻施肥法处理增产 13.1%,差异达极显著水平。

表 25　再生季施氮量对产量及其构成的影响

(永安基点,2012)

编号	施氮量(kg/hm^2)	施氮方式	稻谷产量(kg/hm^2)				显著性		每平方米穗数	每穗粒数	结实率(%)	千粒重(g)
			I	II	III	$\bar{x}\pm s$	5%	1%				
1	0	不施氮	5 150	5 311	5 072	5 178±122	d	D	269	78.2	92.8	26.9
2	90	前重中轻	6 611	6 417	6 556	6 528±100	c	C	308	85.1	93.0	26.9
3	180	前重中轻	7 044	6 989	7 417	7 150±233	b	B	346	87.8	91.0	26.6
4	270	前重中轻	6 689	6 939	6 850	6 826±127	c	BC	376	80.9	87.9	26.3
5	180	平衡施肥	8 067	8 256	7 939	8 087±159	a	A	372	89.6	92.2	27.0

* PLSD$_{0.05}$＝318 kg/hm^2,PLSD$_{0.01}$＝462 kg/hm^2。前重中轻为头季割后 3 d、21 d 各施氮 70% 和 30%,平衡施肥为头季割后 3 d、14 d、28 d 各施氮 50%、25% 和 25%。

2013 年试验再次肯定平衡施氮比前重后轻施氮显著增产,如表 26 所示,第 4 号平衡施肥法处理比第 1 号前重后轻施肥法处理增产 9.9%,差异达极显著水平。

佳辐占再生季的节间比头季短,全部节间加稻穗总长仅 70~80 cm,加上母茎基座,株高仅 75~81 cm(见表 7)。由于植株矮,叶片短直面积小,弯曲力矩不大,抗倒力反而比头季强,这为再生季产量赶超头季提供了可靠保障。佳辐占根系发达,再生力强,只要落实配套技术,有望实现大面积产量达 8 000 kg/hm²。

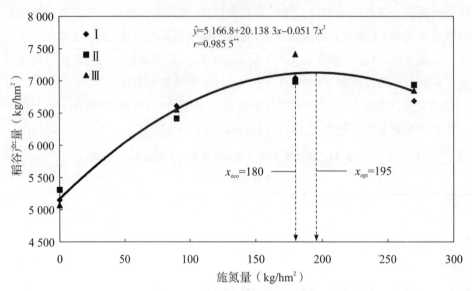

图 6　再生季产量与施氮量的关系

表 26　再生季施肥方式对产量及其构成的影响

(永安基点,2013)

编号	施肥方法	稻谷产量(kg/hm²)				显著性		每平方米穗数	每穗粒数	结实率(%)	千粒重(g)
		I	II	III	$\overline{x}\pm s$	5%	1%				
1	前重后轻	6 300	6 250	6 396	6 315±74	bc	BC	357.1	68.0	92.5	28.9
2	早重后轻	6 740	6 588	6 414	6 581±162	b	AB	366.7	69.9	94.1	29.0
3	缺磷钾肥	6 020	6 135	6 210	6 122±96	c	C	319.0	72.1	94.5	29.2
4	平衡施肥	6 915	7 067	6 837	6 940±117	a	A	371.4	71.2	94.4	29.2

* $PLSD_{0.05}=271$ kg/hm²,$PLSD_{0.01}=410$ kg/hm²。

** 总施氮量为 180 kg/hm²。前重后轻施肥法为头季割后 1 周和 3 周分施氮 80% 和 20%;早重后轻施肥法为头季割后 1 d 和 3 周分施氮 80% 和 20%;平衡施肥法为头季割后 1 d、2 周和 4 周分施氮 40%、30% 和 30%;缺磷钾处理的施氮量及施用期同平衡施肥法;第 1、2、4 处理于第 1 次施氮时配施磷和钾各 70 kg/hm²。

3.5　水分管理

头季机插时保持田面湿润,次日开始灌浅水促蘖,插后 20~25 d 有效分蘖临界期排水烤田,挖田四周环沟,确保耕作层土壤干化,至田面微裂,足踏不陷为止。复水后实行湿润灌溉,即灌一次浅水,渗干后晾田 2~3 d 再灌一次浅水,周而复始,直到成熟前 10~15 d 排水干田,干到田面开裂,以利收割机下田收割。机收后次日灌跑马水,第 3 天起灌浅水施促蘖肥。但如遇雨机收时田块未充分晒干,即有大量稻桩被碾轧入泥,尤以田块周边为甚。遇此情况,宜晾田通气几天,让入泥蘗芽萌发后再灌水。机收后15～20 d有效分蘗临界期起实行湿润灌溉,方法如上,直至成熟机收前一周排水干田。

参考文献

[1]赵雅静,姜照伟,李小萍,等.再生稻分蘗花粉发育进程的形态诊断[J].福建稻麦科技,2012,30(4):21-23.

[2]李小萍,卓传营,赵雅静,等.再生稻各节位分蘗的抽穗期和经济性状观察[J].福建稻麦科技,2012,30(4):24-26.

[3]俞道标,赵雅静,黄顽春,等.低桩机割再生稻生育特性和氮肥施用技术研究[J].福建农业学报,2012,27(5):485-490.

[4]陈爱珠,卓传营,赵雅静,等.再生稻开花乳熟期的高温胁迫研究[J].福建稻麦科技,2013,31(1):16-19.

[5]俞道标,张燕,赵雅静,等.低桩机割再生稻氮肥施用技术研究[J].中国农学通讯,2013,28(3):210-214.

[6]俞道标.机械化生产再生稻施肥技术[J].南方农业学报.2014,45(7):43-45.

[7]廖海林,熊顺贵,郑景生,等.再生稻佳辐占再生季施肥试验初报[J].福建农业学报,2014,29(7):646-650.

[8]李小萍,赵雅静,李义珍,等.水稻幼苗根叶伸长动态观察[J].福建稻麦科技,2014,32(1):13-16.

[9]赵雅静,姜照伟,李小萍,等.优质稻佳辐占抗倒力与施氮量的关联性观察[J].福建稻麦科技,2014,32(3):10-12.

[10]李义珍.优质再生稻新栽培法的研究与示范(2011—2012年项目总结报告)[R].福州:福建省农业科学院,2013.

[11]姜照伟,赵雅静,李小萍,等.优质再生稻机械化高产栽培技术研究进展[C]//优质再生稻新栽培法研讨会论文.厦门:[出版者不详],2012.

[12]李义珍,姜照伟.水稻再生分蘗生育特性观察[C]//优质再生稻新栽培法研讨会论文.厦门:[出版者不详],2012.

[13]卓传营,张上守,郑荣和.尤溪基点2013年再生季施肥试验结果简报[C]//优质再生稻新栽培法研讨会论文.厦门:[出版者不详],2012.

[14]李义珍.优质再生稻机械化栽培研究:2013—2014年示范进展.福州:福建省农业科学院,2015.

[15]卓传营.尤溪县2009—2012年水稻生产产量与成本概算[Z].2013.

[16]赵雅静,李小萍,廖海林,等.再生稻佳辐占头季高产抗倒性的调控[J].福建农业学报,2015,30(10):927-932.

[17]姜照伟,李小萍,赵雅静,等.再生稻佳辐占干物质积累与施氮量的关系.

[18]郑景生,李小萍,李义珍,等.再生稻机割高度对再生季形态发育及产量的影响[J].福建农业学报,2016,31(8):791-796.

[19]廖海林,李小萍,解振兴,等.2个再生稻品种机械化生产的产量构成分析[J].厦门大学学报(自然科学版),2016,55(6):853-859.

[20]姜照伟,郑景生,沈如色,等.再生稻佳辐占低桩机割再生分蘗节根的萌发特性[J].厦门大学学报(自然科学版),2018,57(5):658-663.

十三、甬优 2640 再生季氮肥施用技术研究

建阳区潭香稻谷专业合作社,2010 年起发展 80 hm² 水稻机械化生产,其中再生稻 35 hm²,烟后稻 20 hm²,单季稻 25 hm²。再生稻原种植晚熟中秆型杂交稻,头季有倒伏风险,改种优质早熟常规稻佳辐占,但 2～3 年后发现头季单产超过 7 000 kg/hm² 时也发生倒伏。2014 年在品种示范田发现杂交稻甬优 2640 矮秆大穗,再生力强,决定试种。2015 年种植 10 hm²,结果表现双季高产,头季矮秆抗倒,10 丘共 2 hm² 测产验收田平均产量(10 598±1 333)kg/hm²;再生季再生力强,并保持头季穗大粒多的性状,10 丘共 2 hm² 测产验收田平均产量(10 126±1 527)kg/hm²,其中再生季有 8 丘田单产达 9 294～12 401 kg/hm²[3],超过国内外最高纪录[1-2]。

甬优 2640 试种成功,为再生稻机械化生产开辟了美好前景。为了推动甬优 2640 机械化生产,2016 年再生季在建阳区潭香稻谷专业合作社,设置氮肥施用技术试验,期望查明经济高效、稳定高产的氮肥施用量和分施技术。

1 材料与方法

1.1 种植概况

研究地点为福建省南平市建阳区潭香稻谷专业合作社,供试品种为杂交稻甬优 2640。头季于 2016 年 3 月 5 日播种,4 月 3 日机插,株行距 30 cm×20 cm,每平方米 16.67 丛,每丛 2 株。6 月 25 日齐穗,8 月 10 日成熟机割。再生季 9 月 15 日齐穗,11 月 4 日成熟机割。各处理均于头季割后 15 日施钾肥 150 kg/hm²。

1.2 氮肥施用技术试验设计

设两类氮肥施用技术试验:一类为氮肥施用量试验,有 4 个处理(第 1、2、3、4 号处理,总施氮量分别为 0、75、150、225 kg/hm²,第 2、3、4 号处理均采用平衡施氮法,即于头季割后 2 d、15 d 和 30 d 分别施占总量 40%、30% 和 30% 的氮肥);另一类为氮肥分施法试验.有 3 个处理(总施氮量均为 150 kg/hm²,其中第 5 号处理采用前重后轻施氮法,即于头季割后 2 d 和 30 d 分别施占总量 70% 和 30% 的氮肥;第 6 号处理采用前后并重施氮法,即于头季割后 2 d 和 30 d 分别施占总量 50% 和 50% 的氮肥;第 3 号处理采用平衡施氮法,已如上述)。第 3 号处理为施氮量试验和分施法试验的共用处理,故合计为 6 个处理。试验 3

次重复,18 个小区,随机排列,小区面积 3 m×3 m＝9 m²。

1.3　再生季生育期及分蘖数发展动态调查

调查头季成熟机割期,再生季穗分化期、齐穗期和成熟期。在第 1 重复 6 个处理区,各定 10 丛稻株,从头季收割至再生季乳熟初期,每隔 5～8 d 观测一次分蘖数。

1.4　产量及其构成因素调查

再生季成熟收割前 1 d,在第 1 重复各处理区各掘取 5 丛稻株,洗去根部泥土,带回室内分解出不同节位分蘖,按蘖位归类,观测穗数、每穗粒数、结实率和千粒重。成熟时分试验小区单独收割脱粒,晒干扬净,称稻谷重。

2　结果与分析

2.1　再生分蘖数发展动态及对氮肥的反应

据定株观测(表 1),头季机割后,再生分蘖即迅猛萌发,分蘖数在割后 8 d 达峰值的 66％,割后 13 d 达峰值的 81％,割后 18 d 达峰值的 92％,割后 26 d 达分蘖数最高峰。随后无效分蘖逐渐停止生长,割后 44 d(再生季齐穗后 8 d),有效分蘖数稳定。

头季割后 13 d 的分蘖数已略多于最终穗数,可认定为有效分蘖临界期。在有效分蘖临界期内萌发了 2 批分蘖,一批为头季割后 8 d 内萌发的倒 3、4、5 节分蘖,平均每平方米萌发 254.2 个分蘖;另一批为头季割后 9～13 d 从倒 5 节分蘖前出叶节和第 1 叶节萌发的子蘖,该时段平均每平方米萌发 58.6 个分蘖。合计为 312.8 个分蘖,略多于最终穗数,表明有效分蘖临界期内萌发的分蘖大多为有效分蘖。

表 1 显示:再生分蘖的萌发数和成穗数,都随着氮肥施用量的提高而增加;在 3 个总施氮量均为 150 kg/hm² 处理中,以平衡施氮法处理的成穗数最多,前后并重施氮法处理次之。前重后轻施氮法处理前期的分蘖萌发数较多,但后期脱力早衰,成穗数反而较少。

表 1　甬优 2640 各处理再生分蘖数发展动态

头季割后日数(d)	施氮处理号						平均	占高峰蘖数(％)
	1	2	3	4	5	6		
8	228	238	255	278	266	260	254.2	65.8
13	272	297	316	342	328	322	312.8	80.9
18	318	342	355	398	365	361	356.5	92.2
26	352	375	396	424	387	385	386.5	100
44	263	292	315	328	306	308	302.0	78.1

* 各处理氮肥总施用量及分施法:1. 不施氮;2. 施氮 75 kg/hm²,平衡分施;3. 施氮 150 kg/hm²,平衡分施;4. 施氮 225 kg/hm²,平衡分施;5. 施氮 150 kg/hm²,前重后轻分施;6. 施氮 150 kg/hm²,前后并重分施。下同。

2.2　产量构成因素的变异度及对氮肥的反应

由表 2 看出：在 4 个产量构成因素中，每平方米穗数和每穗粒数的变异系数最高，蕴藏着较大的扩增潜力，是决定产量的主要因素；结实率和千粒重的变异系数较低，扩增潜力有限，尤其是千粒重是品种的稳定性状，难于指望靠增加粒重来提高产量。

每平方米穗数和每穗粒数受氮肥施用量和分施法的显著影响。表 2 显示：随着总施氮量由 0、75、150、225 kg/hm^2 逐渐增加，每平方米穗数和每穗粒数逐渐增加，产量也逐渐提高；在 3 个氮肥分施处理中，以第 4 号处理的平衡施氮法的每平方米穗数和每穗粒数最多，产量也最高，次为第 6 号处理的前后并重施氮法，再次为第 5 号处理的前重后轻施氮法。

表 2　不同施氮处理的产量构成

| 产量构成因素 | 施氮处理号 | | | | | | $\overline{x}$ | s | 变异系数(CV) |
	1	2	3	4	5	6			
每平方米穗数	266.7	290.0	316.8	330.0	306.7	313.3	303.9	22.5	7.4
每穗粒数	126.9	143.6	152.6	154.2	144.0	149.1	145.1	9.9	6.8
结实率(%)	90.5	91.4	90.7	90.4	91.4	90.7	90.9	0.5	0.6
千粒重(g)	23.7	23.4	23.7	23.0	23.5	23.4	23.5	0.3	1.3
每平方米总粒数	33 844	41 644	48 344	50 886	44 165	46 713	44 267	6 025	13.6
每平方米产量(g)	725.9	890.7	1 039.2	1 058.0	948.6	991.4	941.7	122.2	13.0

2.3　产量构成因素与产量的相关性

为了精准揭示产量构成因素与产量的相关度，由考种所得 6 个处理 4 个产量构成因素及产量数据（见表 2），计算出各产量构成因素之间及与产量的相关系数，列于表 3，看出：

表 3　产量构成因素之间及与产量的相关

| 产量构成因素 | 相关系数(r) | | | | |
	x_2	x_3	x_4	x_t	y(产量)
每平方米穗数 x_1	0.959 9**	−0.164 9	−0.600 7	0.992 6**	0.984 8**
每穗粒数 x_2		−0.040 3	−0.542 6	0.986 0**	0.989 4**
结实率 x_3			0.148 7	−0.135 7	−0.085 7
千粒重 x_4				−0.584 2	−0.515 1
每平方米总粒数 x_t					0.995 7**

* $r_{0.05}=0.754$，$r_{0.01}=0.874$。

每平方米穗数和每穗粒数与产量呈高度正相关，$r=0.984\,8**$，$0.989\,4**$，达极显著水平；结实率和千粒重与产量呈较低的负相关，$r=-0.085\,7$，$-0.515\,1$，未达显著水平。由每平方米穗数和每穗粒数组成的每平方米总粒数，与产量的相关度更高，$r=0.995\,7**$。由于千粒重是品种的稳定性状，在同一品种中，每平方米总粒数成为表达产量库容的主要指标，其与产量呈高度正相关，表明扩增产量库是争取高产的主攻方向。

构成因素与产量相关度的高低,与其变异度密切相关。6个处理平均的每平方米穗数、每穗粒数、结实率、千粒重的变异系数分别为7.4%、6.8%、0.6%、1.3%(见表2),同它们与产量的相关度变化趋势相同。

4个产量构成因素之间除每平方米穗数和每穗粒数呈高度正相关外,其余因素之间的相关均未达显著水平。

2.4 产量与氮肥施用量的关系

由表4看出:稻谷产量随着施氮量按0、75、150、225 kg/hm²顺次增加而提高,但增幅逐渐降低。其中总施氮量75 kg/hm²处理比不施氮处理,总施氮量150 kg/hm²处理比75 kg/hm²处理,产量差异均达极显著水平,但总施氮量225 kg/hm²处理比150 kg/hm²处理,产量差异未达显著水平,显示产量与施氮量呈抛物线型相关。经计算,其回归方程为

$$\bar{y} = 719.50 + 29.345\ 3x - 0.635\ 6x^2, r = 0.992\ 4^{**}。$$

由方程推导,达到最高理论产量 $y_{max} = a - b^2/4c = 1\ 058.2\ \text{g/m}^2 = 10\ 582\ \text{kg/hm}^2$,相应的施氮量 $x_{opt} = -b/2c = 23.1\ \text{g/m}^2 = 231\ \text{kg/hm}^2$。最高理论产量和相应施氮量与总施氮量225 kg/hm²的第4号处理相近,但第4号处理比总施氮量150 kg/hm²的第3号处理,产量差异未达显著性标准,却多施氮肥33%。为了提高经济效益和减少环境污染,适宜施氮量应为150 kg/hm²。

增施氮肥的形态学增产原因,是增加了每平方米穗数和每穗粒数。由表2数据计算,与不施氮处理相比,施氮75、150、225 kg/hm²处理的每平方米穗数,分别增加8.7%、18.8%和23.7%,每穗粒数分别增加13.2%、20.3%和21.5%。施氮75 kg/hm²和150 kg/hm²的增穗增粒效应十分显著,而施氮225 kg/hm²进一步增穗增粒的效应显著降低。

2.5 产量与氮肥分施法的关系

表4第3、5、6号是3个总施氮量均为150 kg/hm²而分施法不同的处理,其中6号前后并重施氮法处理比5号前重后轻施氮法处理,增产5.1%,3号平衡施氮法处理又比6号前后并重施氮法处理,增产4.0%,差异均达极显著水平。增产的形态学原因仍然是增加了每平方米穗数和每穗粒数。由表2数据计算,每平方米穗数和每穗粒数组成的每平方米总粒数,前后并重施氮法处理比前重后轻施氮法处理增加5.8%,平衡施氮法处理又比前后并重施氮法处理增加3.5%。

表4 不同氮肥施用量及分施法处理的稻谷产量

处理编号	稻谷产量(kg/hm²)				显著性	
	Ⅰ	Ⅱ	Ⅲ	平均	5%	1%
1	7 220	7 098	7 381	7 233	f	F
2	8 892	8 779	9 101	8 924	d	D
3	10 275	10 110	10 458	10 281	a	A
4	19 520	10 744	10 362	10 542	a	A
5	9 381	9 239	9 585	9 405	c	C
6	9 852	9 728	10 069	9 883	b	B

* PLSD$_{0.05}$ = 266 kg/hm²,PLSD$_{0.01}$ = 378 kg/hm²。

3 总结与讨论

3.1 再生季氮肥施用技术

首先要确定经济高效的施氮量。稻谷产量与施氮量呈抛物线型相关。由回归方程推导出最高理论产量的施氮量 $x_{opt}=-b/2c$ 和最佳效益施氮量 $x_{eco}=(p-b)/2c$，不失为一种定量化分析法。但由建阳、永安、龙海等三个基点研究结果看到，氮肥/稻谷单价比 (p) 低，由方程计算出的最佳效益施氮量节省有限；而从不同施氮水平产量方差分析结果却看到，每公顷施氮 150 kg 处理与接近最高理论产量的施氮 225 kg 处理相比，产量降低 2%～3%，差异未达显著水平，然而节氮达 1/3。据此感悟，实践上可通过产量方差分析，找出比最高理论产量低近一个最低显著差数（PLSD$_{0.05}$）产量所需的施氮量，作为经济高效的施氮量推荐。本试验结果与上述研究结果相似，即每公顷施氮 150 kg 处理与接近最高理论产量的施氮 225 kg 处理相比，产量降低 2.5%，差异未达显著水平，而节氮达 33%，扣除地力产量之后，平均施 1 kg 氮肥增产稻谷 20 kg，经济效益甚高。

在确定经济施氮量基础上，再追求合理的分施技巧。再生季普遍推行头季成熟前 10～15 d 重施芽肥，头季割后 2～3 d 轻施苗肥的施氮法。采用头季低桩机割后，再生分蘖形态发育特性有所改变。据永安基点 2011 年试验[5]，显示采用传统的施氮法，再生季中后期出现脱力早衰，产量显著较低，改为前重后轻施氮法，增产 24%。次年进一步开展试验[6]，结果显示采用前中后期平衡施氮法，又比前重后轻施氮法增产 13%。本试验再次证明平衡施氮法比前后并重施氮法，前后并重施氮法比前重后轻施氮法均显著增产，差异均达极显著水平。

3.2 改进氮肥施用技术取得显著增产的形态学原因

相关研究[3-6]显示，再生稻头季机割，再生季的每平方米穗数和每穗粒数变异系数都较高，蕴藏着较大的扩增潜力，是决定产量的主要因素。本研究结果表明，施用适量氮肥，采用平衡分施，取得显著增产，都源于显著增加每平方米穗数和每穗粒数，而结实率和千粒重与对照处理相差无几。如施氮量 150 kg/hm² 处理与施氮量 75 kg/hm² 处理相比，每平方米穗数和每穗粒数分别增加 9.2% 和 6.3%，千粒重增加 1.3%，结实率减少 0.8%，结果因穗多穗大，增产 15.2%。再如施氮量同为 150 kg/hm²，采用平衡施氮法比前重后轻施氮法，每平方米穗数和每穗粒数分别增加 3.3% 和 6.0%，千粒重增加 0.9%，结实率减少 0.8%，结果也因穗多穗大，增产 9.3%。

在通常条件下，结实率和千粒重比较稳定，扩增潜力有限。特别是千粒重是品种的稳定性状，难于提高粒重去求得增产。但是值得注意的倒是结实率，在正常条件下，结实率稳定在 85%～90%，但遭遇气候、土壤灾害或施氮过量，结实率将大幅下降，成为限制产量的主要因素。

3.3 经济高效稳定高产的施氮量

为探索再生稻甬优 2640 机械化生产的氮肥施用技术，设置再生季施氮试验，结果明确：再生季经高效、稳定高产的施氮量为 150 kg/hm²,采用前中后期平衡分施法;在 4 个产量构成因素中,每平方米穗数和每穗粒数的变异系数最高,蕴藏着较大的扩增潜力;适量、平衡施用氮肥显著扩增了每平方米穗数和每穗粒数,而取得显著增产。

参考文献

[1]施能浦,焦世纯.中国再生稻栽培[M].北京:中国农业出版社,1999:15.

[2]卓传营,姜照伟,张上守,等.图解再生稻高产栽培技术[M].福州:福建科学技术出版社,2013:6.

[3]廖海林,郑景生,李小萍,等.2 个再生稻品种机械化生产的产量构成分析[J].厦门大学学报(自然科学版),2016,55(6):853-859.

[4]廖海林,熊顺贵,郑景生,等.再生稻佳辐占再生季施肥试验初报[J].福建农业学报,2014,29(7):646-650.

[5]俞道标,赵雅静,黄顽春,等.低桩机割再生稻生育特性和氮肥施用技术研究[J].福建农业学报,2012,27(5):485-490.

[6]俞道标,张燕,赵雅静,等.低桩机割再生稻氮肥施用技术研究[J].中国农学通讯,2013,28(3):210-214.

[7]王惠珠.氮钾肥在水稻中的积累规律及合理施用技术[J].江西农业学报,2015,27(4):28-32.

第五章
稻作发展的综合分析

一、中国稻作超高产的追求与实践

追求水稻高产再高产一直是中国人的夙愿。经过半个世纪长期不懈的努力,育种技术和栽培方法不断开拓创新,水稻单产增长 2.37 倍,居世界高产大国,总产增长 3.13 倍,占世界总产的 35%,并取得了许多辉煌的科技成就。其中杂交水稻育种技术居世界领先水平[1],水稻最高单产屡屡突破世界纪录。本节回顾了中国对水稻超高产执着追求的实例、水稻产量的极限、中国水稻产量的提高历程、提高水稻产量的育种、栽培途径及高新技术的应用,并展望中国稻作未来的发展。

1　前言

中国是人口多耕地少的国家,半数以上人口以大米为主食。长期以来水稻高产再高产倍受中国人民的关注,从农民到科学家对水稻高产都有执着的追求,可以说追求水稻高产是中国人的夙愿。

1950 年代初期,在全国开展的丰产竞赛中,涌现出一批种稻高手,其中影响较大的有南方的陈永康和北方的崔竹松[2]。陈永康的种稻丰产经验为"落谷稀、小株密植、浅水勤灌、看苗施肥",于 1951 年创造了一季晚粳单产 10.74 t/hm^2 的高产成绩。1958 年中国农业专家总结出陈永康的叶色"三黑三黄"变化的高产看苗诊断经验,并在太湖流域积极推广。崔竹松于 1950 年在北方创造了水稻单产达 6.0 t/hm^2 的高产纪录,其丰产经验为"适时早播、培育壮秧、看苗施肥、合理灌溉"。为追求稻作高产,1958 年在全国开展放"卫星"竞赛运动,出现了一批稻谷产量达 75 t/hm^2 到 450 t/hm^2,甚至高达 975 t/hm^2 的田块的报道。然而,假设 1 公顷田块均匀铺满 75 t 的稻谷,按稻谷的平均质量 0.62 g/cm^3(长粒型稻谷 0.60 g/cm^3,短粒型稻谷 0.64 g/cm^3)计算,则稻谷厚度可达 1.2 cm;若均匀铺满 450 t 稻谷,则稻谷厚度为 7.3 cm;若均匀铺满 975 t 稻谷,则稻谷厚度高达 15.8 cm。要达到这样厚度的稻谷产量是不可想象的。显然,这些数字存在严重的虚假成分,它只能说明中国人对稻作高产的追求达到一种前所未有的狂热的程度。经过冷静的反思,中国开展了水稻合理群体结构的研究,日本开展了水稻最高产量界限的研究。

对超高产水稻有着特别情怀的我国著名水稻育种家——"杂交水稻之父"袁隆平院士把一生精力倾注在一粒小小的稻种上,他甚至连做梦都离不开水稻。他说他在年轻时曾做了个好梦,梦到"我们种的水稻像高粱那么高,穗子像扫帚那么长,颗粒像花生那么大,我和几个朋友就坐在稻穗下面乘凉"。这种梦中水稻也许永远都不可能实现,但这是他长期追求稻作高产的一种精神寄托。经过长期艰苦的不懈努力,他梦寐以求的高产杂交水稻终于在 1973 年实现三系配套,1976 年在全国大面积推广应用,单产比常规水稻增产 20%。此后他苦苦求索的超高产杂交水稻,也育出首批组合,其中,他亲自培育的培矮 64S/E32 于 1999 年在云南种植的 1 丘展示田,产量高达 17 071 kg/hm^2;他与邹江石合作育成的两优培九,于

1999—2000 年在湖南、江苏省的 34 个示范片共 500 多 hm^2 面积上,平均单产超过 10.5 $t/hm^{2[3]}$。我国另外一位著名水稻育种家谢华安研究员对水稻高产、超高产也情有独钟。他于 1980 年代初培育出中国种植面积最大的杂交水稻组合"油优 63"。至今已累计推广 6 107 万 hm^2,共增产稻谷 6 770 万 t,是中国推广面积最广、时间最长、增产效果最显著的杂交水稻组合,并被国外大面积引种,被誉为"东方神稻"。后来他又培育出超高产杂交稻组合"Ⅱ优明 86",2001 年在云南平均产量达 17 947.5 kg/hm^2,超过印度 1974 年创造的 17 232 kg/hm^2 的单产世界纪录。

水稻栽培学家对水稻高产、超高产同样有执着的追求,积极探索水稻高产遗传表达的规律,建立水稻高产栽培技术体系,不断创造出令人刮目相看的佳绩。福建省农科院李义珍研究员 1978 年在福建省龙海县的水稻高产工程研究中,有两块田双季杂交稻平均年产量达 23 298 kg/hm^2 和 23 906 $kg/hm^{2[4-5]}$。由于他对稻作超高产的研究矢志不渝,1999—2001 年又从福建远赴云南金沙江河谷,与丽江地区农科所高级农艺师杨高群和云南农业大学教授彭桂峰合作,探索更高产量的奥秘。结果,种植的 15 个品种(组合)有 38 丘展示田的产量突破 15 $t/hm^{2[6]}$,其中 2001 年种植的"特优 175"和"Ⅱ优明 86",平均产量分别达17 782.5 kg/hm^2 和 17 947.5 $kg/hm^{2[7]}$,先后刷新世界单产最高纪录。与此同时,李义珍课题组还与福建省尤溪县农技站合作,在尤溪县建立 6.8 hm^2 再生稻超高产示范片,头季平均产量超过 12 t/hm^2;再生季平均产量超过 7 t/hm^2,最高产量田块头季产量达 13 830 kg/hm^2,再生季产量达 8 727 kg/hm^2,刷新再生季单产最高世界纪录(8 716.5 kg/hm^2)$^{[8]}$。江苏省徐州农科所颜振德研究员应用高产群体理论与实践相结合,于 1979 年在淮北也创造出杂交中稻"赣化 2 号"每公顷产稻谷 12.0～13.5 t 的高产典型。$^{[9]}$

上述例子表明,不管是农民还是科学家,由于他们长期对稻作高产孜孜不倦的追求,不断取得了水稻高产再高产,从而使我国水稻超高产研究走在世界最前沿,对我国粮食生产做出了重大贡献。

时至今日,摆在中国人面前的问题仍然是:"水稻产量已经达到相当高的程度,再进一步提高有可能吗?稻作高产有极限吗?稻作高产的极限是多少?进一步提高水稻产量有哪些途径?"等等。

2 水稻潜在最高产量和现实最高产量

1958 年报道的每公顷产稻谷 75 t 至 975 t 的新闻在稻作界曾引起巨大的震动。这么高的产量虽其后证明是虚假的,但人们仍不禁会想到水稻的产量潜力到底可以达到何种程度,最高产量界限是多少。这个问题引起各国科学家的关注并进行热烈的讨论。日本还开展了水稻最高产量的生理生态学观察研究。

太阳辐射是水稻产量形成的能量源泉。各国科学家都是从能量的观点来推算水稻的最高产量潜力的。得出的结论虽有一些差异,但观点没有多大不同,都是依据以下几点进行综合推算的:

(1)水稻光合生产的日数,即本田期日数,或所谓"产量形成期"日数(从抽穗前 10 d 至成熟期的日数)。

(2)单位稻田面积上每天入射的太阳辐射量。

(3)能利用于光合作用的有效辐射占总辐射的比率,据计算为 44.4%～50%。

(4)有效辐射中除去反射、漏射而为叶层吸收的比率,约为 70%～90%。

(5)吸收的光能转变为化学能的效率,理论值为 28%,而据实测,有的仅为 15%。

（6）扣除呼吸消耗的能量，净同化量占总同化量的比率，据测定，该值约为 50％。

（7）合成 1 g 碳水化合物所需的化学能（3 750 cal/g＝15 675 J/g），或合成 1 g 糙米所需的化学能（3 500 cal/g＝14 630 J/g）。

（8）净积累的干物质向谷粒的转移率。中国学者按全生长期干物质总积累量×收获指数（转移率），估算稻谷产量，确定转移率为 50％。日本学者认为籽粒物质来源于抽穗前的贮藏性干物质（主要在抽穗前 10 d 积累）和抽穗—成熟期的光合产物，糙米产量相当于抽穗前 10 d—成熟期（即所谓产量形成期）的干物质净积累量，确定转移率为 100％。

上述 8 项可归并为三大项：（1）、（2）的乘积为水稻本田期或"产量形成期"入射的太阳总辐射量；（3）、（4）、（5）、（6）的乘积为理论上最高的光能利用率；（7）、（8）为能量——干物质的转换系数及向谷粒的转移率。（1）、（2）、（3）、（4）、（5）、（6）、（7）、（8）等项的乘积，即为潜在的最高产量。

能量—干物质—产量的转换是相对稳定的。太阳总辐射量则因地区、季节、品种生长期的不同而异。不同科学家计算的最高光能利用率也有些差异：武田为 6.7％，村田为 5.5％，薛德榕为 4.4％；高亮之等为单季稻 2.7％～4.3％，双季稻 3.7％～4.5％。因此，不同科学家推算出来的潜在的最高产量也差异较大：武田的推算值为糙米产量 36 t/hm²，相当于稻谷产量 45 t/hm²；村田的推算值为糙米产量 24 t/hm²，相当于稻谷产量 30 t/hm²；薛德榕推算的广州地区的稻谷产量，早稻为 16.3 t/hm²，晚稻为 23.7 t/hm²；高亮之等推算的中国各稻区的稻谷产量，双季早稻为 16.1～18.4 t/hm²，双季晚稻为 15.0～18.4 t/hm²，单季稻为 16.1～26.6 t/hm²。潜在的最高产量推算值的差异，在于太阳总辐射量和光能利用率的估测有较大差异。[10-11]

尽管如此，当时水稻大面积产量及超高产田产量，仍离潜在的最高产量很远。当时我国各地区已经达到的超高产纪录，大致相当于潜在最高产量的一半，而大面积平均产量水平又只相当于超高产纪录的一半。由此可见，水稻还有巨大的增产潜力。

据高亮之等研究[11]，达到潜在的最高产量，相当于还原 1 分子 CO_2 需要 8 个光量子的光能转化效率 28％；已经达到的高产纪录，相当于还原 1 分子 CO_2 需要 15 个光量子的光能转化效率 15％，特称为现实的最高产量或现实生产力。我们的目标是大面积产量向现实最高产量攀升，现实最高产量向潜在最高产量攀升。

3　中国水稻产量提高的历程

图 1、表 1 是中国 1949—2001 年的稻谷产量提高历程，可以看出，播种面积升降变化较大，单产和总产呈波浪式攀升[12~34]。1997 年总产达历史最高峰（20 073.7 万 t），比 1949 年增长 313％，占谷物总产的 45％；次年单产也达历史最高峰（6 366 kg/hm²），比 1949 年增长 237％。综合分析播种面积、单产和总产三项指标，水稻生产大致可以划分为五个发展阶段[35]：

（1）恢复发展阶段（1949—1957 年）。新中国成立伊始，农民种田热情高潮，播种面积、单产、总产三增长。8 年间分别增长 25.4％、42.1％和 78.4％。

（2）连续下降阶段（1958—1961 年）。发生严重自然灾害，加上政策失误，出现播种面积、单产、总产三下降局面，4 年间分别降低 18.5％、24.0％和 38.2％。

(3)稳定发展阶段(1962—1976 年)。矮秆品种的育成推广和大面积单季稻改双季稻,再次推动播种面积、单产、总产三增长。1976 年播种面积达历史最高峰(3 621.7×10⁴hm²),比 1949 年扩大 40.9%,比 1961 年扩大 37.8%。单产在"文化大革命"前跳跃性提高,每公顷产量由 1961 年的 2 040 kg 跳到 1966 年的 3 533 kg,5 年提高 73.2%,平均每年每公顷增产 299 kg。其后单产徘徊,"文化大革命"初期甚至下降,但播种面积扩大,总产仍然稳定增长,1976 年比 1961 年,总产增长 134.5%,平均每年增产稻谷 481 万 t。

(4)快速发展阶段(1977—1984 年)。杂交水稻和新一代常规矮秆良种的大面积推广,化肥施用量成倍增长,加上农村实行家庭联产承包责任制,激发了农民生产积极性,在播种面积有所减少的情况下,单产快速提高,每公顷稻谷产量由 1976 年的 3 473 kg 提高到 1984 年的 5 370 kg,8 年间提高 54.6%,平均每年每公顷增产 237 kg。由此推动总产快速增长,8 年间增长 41.7%,平均每年增产稻谷 655.6 万 t,是总产增长最快的时期。

(5)徘徊发展阶段(1985—2001 年)。随着种植业结构的调整,水稻播种面积台阶式下降,1985—1988 年降为 3 200 万 hm² 左右,1993—1995 年降为 3 000 万 hm² 左右,2000 年以后又降到 2 900 万 hm² 以下,仅相当于 1955 年水平。而单产呈波浪式上升,1985—2001 年的 17 年间,有 9 年增产,8 年减产,但增幅大于减幅。由于新一代高产、多抗品种的育成,一批适应不同生态地区的栽培技术推广,水稻单产在已经较高水平上大幅度提高,1998 年达历史最高峰,平均每公顷 6 366 kg,比 1984 年增产 18.5%。播种面积和单产的变化,引起总产呈波浪式升降。1985—1992 年总产缓缓登上一个新高峰,随后下降,1995—1997 年再次止跌回升,1997 年达历史最高峰,其后 4 年复又减产,2001 年的总产降到 1984 年的水平。显然,总产徘徊不前,在于播种面积减少,抵消了单产提高的正效应。

回首中国这 52 年水稻产量的发展历程,获得三点重要的启示:一是保护耕地,保证有必要的播种面积对提高总产至关重要;二是单产不断提高,是推动总产不断增长的主要因素,52 年来总产的增长,10% 依靠播种面积的扩大,90% 依靠单产的提高,预料今后趋势依然;三是单产的不断提高,依靠良种良法配套技术体系的不断开拓创新。

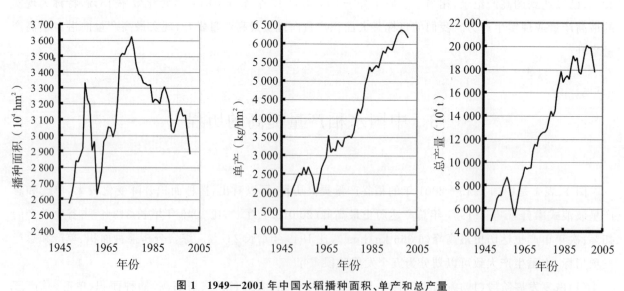

图 1　1949—2001 年中国水稻播种面积、单产和总产量

表 1　1949—2001 年中国水稻播种面积、单产和总产量

年份	播种面积 (10⁴hm²)	单产 (kg/hm²)	总产量 (10⁴t)	年份	播种面积 (10⁴hm²)	单产 (kg/hm²)	总产量 (10⁴t)
1949	2 570.9	1 890	4 864.4	1976	3 621.7	3 473	12 580.5
1950	2 614.9	2 108	5 510.0	1977	3 552.6	3 615	12 856.0
1951	2 693.3	2 243	6 055.2	1978	3 442.1	3 975	13 692.5
1952	2 838.2	2 408	6 842.6	1979	3 387.3	4 245	14 375.0
1953	2 832.1	2 513	7 127.1	1980	3 375.5	4 125	13 926.5
1954	2 872.2	2 460	7 085.1	1981	3 329.5	4 320	14 395.5
1955	2 917.3	2 670	7 802.4	1982	3 323.6	4 875	16 124.5
1956	3 331.2	2 475	8 247.9	1983	3 313.6	5 093	16 886.5
1957	3 224.1	2 685	8 677.3	1984	3 317.8	5 370	17 825.5
1958	3 191.5	2 535	8 084.7	1985	3 207.0	5 250	16 856.9
1959	2 903.4	2 393	6 936.4	1986	3 226.6	5 340	17 222.4
1960	2 960.7	2 018	5 972.8	1987	3 219.3	5 415	17 441.6
1961	2 627.6	2 040	5 364.2	1988	3 198.7	5 355	17 122.7
1962	2 693.5	2 340	6 298.6	1989	3 270.0	5 595	18 301.5
1963	2 771.5	2 663	7 376.5	1990	3 306.4	5 805	19 174.8
1964	2 960.6	2 805	8 300.2	1991	3 259.0	5 745	18 735.1
1965	2 982.5	2 940	8 771.9	1992	3 209.0	5 918	18 992.0
1966	3 052.9	3 533	9 538.7	1993	3 035.5	5 854	17 770.2
1967	3 043.6	3 075	9 368.5	1994	3 017.2	5 831	17 593.2
1968	2 989.4	3 165	9 453.0	1995	3 074.5	6 024	18 522.7
1969	3 043.2	3 113	9 475.1	1996	3 140.6	6 212	19 510.2
1970	3 222.1	3 398	10 955.4	1997	3 176.5	6 319	20 073.7
1971	3 491.8	3 300	11 520.5	1998	3 121.4	6 366	19 871.2
1972	3 514.3	3 225	11 335.2	1999	3 128.4	6 345	19 848.8
1973	3 509.0	3 473	12 174.2	2000	2 996.2	6 272	18 790.8
1974	3 551.2	3 488	12 391.7	2001	2 881.2	6 163	17 758.0
1975	3 572.8	3 518	12 556.0				

注：资料来源于《中国农业年鉴》，1980—2000；《中国统计年鉴》，2001—2002。

4　提高水稻产量的途径

育种和栽培犹如两个轮子,推动了中国 50 年来水稻总产的不断增长。目前中国水稻种植面积占世界的 20%,稻谷总产占世界的 35%[36],单产比世界平均水平高 68%,与日本并列几个产稻大国单产首位。展望未来,增产潜力巨大,但任重道远。开发育种和栽培新技术,仍然是推动水稻高产再高产的基本途径。

4.1　提高水稻产量的育种途径

矮化育种和杂交稻育种的突破,促进了中国水稻产量的两次飞跃。1980 年代起的超高产育种,已取得明显的进展,正孕育着新的突破。

4.1.1　矮化育种

高秆品种在高肥、密植以及台风雨的袭击下,极易倒伏,产量很不稳定。培育矮秆抗倒品种,曾是 1950 年代的重要目标。经过努力,终于在 1956 年培育出两个世界上最早的矮秆品种:一是广东省潮阳县(今潮阳市)农民育种家发现 2 株矮秆自然变异株,从中培育成的"矮脚南特";一是台湾省育种家利用低脚乌尖矮秆基因,通过杂交育成的"台中在来 1 号"。紧接着,广东省农科院黄耀祥院士首次发掘出矮子占矮秆基因,用于矮化育种,于 1959 年育成"广场矮",1961—1963 年又育成早籼"珍珠矮"、"二九矮"、"广陆矮"和晚籼"广二矮"。此后,各省也积极开展矮化育种,育成一大批早、中、晚型水稻矮秆良种。至 1960 年代后期,我国南方基本上实现了矮秆良种化,有效解决了稻作倒伏减产的问题,并为 1970 年代南方大面积单季稻改双季稻提供熟期配套的品种。据大面积生产统计,矮秆品种的单产一般比高秆品种提高 20%～30%。矮秆品种的育成及在生产上应用,中国比其他产稻国领先 10 年,是国际水稻研究上的一项划时代的成就。

4.1.2　杂交水稻育种

中国杂交水稻的研究和应用率先取得成功,居世界领先地位。誉为"杂交水稻之父"的袁隆平院士,早在 1964 年从洞庭湖区早籼中找到雄性不育株,揭开我国水稻杂种优势利用的序幕。1960 年代后期,聚集了以袁隆平为首的一代人才,进行全国杂交稻育种攻关。1970 年袁隆平的学生李必湖在海南的普通野生稻中发现花粉败育的雄性不育株,以此为突破口,到 1973 年实现三系配套,1976 年首批杂交水稻组合大面积推广。20 世纪 90 年代,全国杂交水稻种植面积约 1 533 万 hm²,约占全国水稻播种面积的 50%[3,37-39]。杂交水稻发挥强大的杂种优势,平均单产又比矮秆品种提高 20% 左右。当时杂交水稻已占全国稻作面积的 51%,占全国稻谷总产的 57%～59%。杂交水稻的选育成功是中国科学家对世界水稻生产的杰出贡献。

4.1.3　水稻超高产育种

在经历了矮化育种和杂交稻育种的两次飞跃后,1980 年以来,品种生产潜力停滞不前。日本和 IRRI

相继实施超高产育种计划。中国则于 1980 年代中期,组织中国农科院、沈阳农业大学和广东省农科院合作研究超高产育种的理论和方法。1996 年起正式组织全国育种单位,采用常规稻、三系杂交稻、两系杂交稻等多种途径并举,合作培育超高产品种(组合)。目标单产是 2005 年突破 12 t/hm²,2015 年突破 13.5 t/hm²[40]。现已形成四套超高产育种技术框架,成功创造了一批优异种质,育成首批品种。

(1)两系超级杂交稻。袁隆平院士提出,通过两系法直接利用籼粳稻亚种间杂交产生的强大优势,可以育成比现有三系杂交稻增产 20% 的超高产品种。[3]光温敏核不育和广亲和基因的发现,为实现籼粳亚种间杂种优势利用提供了可能性。但亚种间直接杂交产生"负向优势"、结实率低的问题远未克服。为此,目前两系稻育种仍以品种间杂交为主,辅以利用带有籼/粳亲缘材料的亚亚种间杂交,提高杂种优势水平。袁隆平曾经明确提出形态改良与提高杂种优势水平相结合的技术路线。形态改良指标是:顶部三叶长、直、狭、厚,穗型中大,穗层弯垂。经合作选配,江苏省农科院邹江石研究员与袁隆平终于育成了超高产、米质优的两系稻新组合"两优培九",1999 年在江苏、湖南共有 13 个 6.67 hm² 示范片和 1 个 66.7 hm² 示范片,2000 年有 16 个 6.67 hm² 示范片和 4 个 66.7 hm² 示范片,平均产量超过 10.5 t/hm²;2001 年在全国推广 113.3 万 hm²,平均产量 9.2 t/hm²。

(2)三系超级杂交稻。以谢华安为代表的福建省育种家提出,采用形态生理改良与提高杂种优势水平相结合的技术路线,培育三系超级杂交稻。形态生理指标是:分蘖力中等,偏大穗,冠层叶片直立,茎秆粗壮坚韧;光温钝感,基本营养生长期长;中后期干物质积累强,生物产量高。从 1998 年起,陆续育成一批接近目标的新组合。其中"特优 175"、"Ⅱ优明 86",2001 年在云南省永胜县涛源乡种植,曾突破世界单产纪录;"特优 898",又于 2003 年在同地种植,创每公顷产量 18 496.5 kg,第三次突破世界单产纪录。

(3)常规粳型超级稻。沈阳农业大学杨守仁教授提出培育"增加生物产量,优化产量结构,使理想株型与非 F_1 优势相结合的常规粳型超高产品种"。制订了采用籼粳亚种间杂交或地理远缘杂交来创造新株型和强优势,再通过复交或回交进行优化性状组配,使理想株型与优势相结合,进而选育超高产品种的技术路线[41]。经过长期努力,已成功创造出一批新株型优异种质,并育成单产 11~12 t/hm² 的常规粳型超高产品种"沈农 265"和"沈农 606"。"沈农 265"于 1999 年在沈阳示范 8 hm²,平均单产达 11.14 t/hm²;"沈农 606"于 2000 年在辽宁中部示范 21.25 hm²,平均单产达 12.14 t/hm²。并且米质的多数指标达到部颁一级优质粳米标准。

(4)常规籼型超级稻。广东省农科院黄耀祥院士提出培育"矮秆早长"和"丛生早长"为主攻方向的常规籼型超高产品种的构想[42]。即选用株型出众的矮秆、半矮秆和丛生快长类型的高产、超高产品系为组配亲本,选育具有"早长"性状的品种。该类品种在生长前期叶长鞘厚,根系发达,早发快长,可为孕育大穗奠定营养基础,使穗数和粒数协调发展,进一步提高产量潜力。经过汰选,1980 年代育成"特青"、"双青",1990 年代育成"胜优 2 号"、"胜泰"、"胜桂"[43],其产量潜力均达到 12~13 t/hm² 水平。

4.2 提高水稻产量的栽培途径

中国科技人员从总结南陈北崔丰产经验起步,结合生产实际,开展从器官建成、库源结构、光合生产到作物与环境因素关系和调控技术的系统研究,形成独具特色的作物栽培学科技体系,取得诸如耕作改制、叶龄模式栽培、群体质量超高产栽培、巨库强源超高产栽培、轻简栽培、寒地稻作栽培等一系列世界瞩目的成果。良法与良种配套,相辅相成,推动了中国水稻产量不断提高,从稻作低产国跃居为世界高产国。

4.2.1 稻田耕作改制

1954—1956 年和 1963—1966 年,在华南开展单季改双季、间作改连作的熟制改革,水稻复种指数由 111% 提高到 133%,双季稻面积扩大 240 万 hm²。1970—1976 年,单改双在南方稻区全面开展,水稻复种指数提高到 148%,双季稻面积又扩大 208 万 hm²[44]。按当时平均单产匡算,两次改制使每年稻谷总产分别增加 670 万 t 和 709 万 t。

单季稻改双季稻的基本经验是:依据当地热量资源,确定水稻安全生长季;依据水稻安全生长季,确定品种搭配;依据水稻品种特性,确定安全播栽期和栽培技术。做到气候、品种、技术三配套。

1980 年代后期,随着双季稻面积缩减,单季杂交稻面积扩大,依据当地气候资源,单季杂交稻适当早播早栽,收获后蓄养一季再生稻,成为一种新的省工省本高效的耕作制,在南方悄然兴起。据 1997 年统计,全国再生稻面积达 75 万 hm²,再生季平均单产 2 040 kg/hm²,总产 154 万 t。[45-46]

4.2.2 叶龄模式化栽培

根据器官相关生长关系,江苏省凌启鸿教授创立了水稻叶龄模式,用于精准、简捷诊断不同节位叶、鞘、茎、穗的发育动态,并根据苗、蘖、穗、粒数量最佳变化动态及与环境措施关系的大量研究成果,按叶龄期确定数量化的形态生理指标和规范化的栽培措施,编制为定时定量的高产栽培模式图。最先在江浙一带推广,然后辐射全国,在 1980—1990 年代推动了我国水稻单产的大幅度提高。据全国水稻叶龄模式推广协作组的试验资料统计,1981—1990 年累计推广叶龄模式栽培面积 693 万 hm²,在相同条件下,平均增产 766.5 kg/hm²,增产 11.46%。[47-49]

4.2.3 群体质量超高产栽培

对大水大肥、高度密植负向效应的反思,促成 1960 年代殷宏章等一批科学家,开展水稻群体合理结构的研究。北京农业大学廉平湖教授在其发起的全国第一届水稻高产理论与实践学术会上,发表了"三个 90%"的高产形成论,即水稻产量 90% 以上来自光合产物,高产水稻 90% 左右来自抽穗后光合产物,水稻产量的 90% 来自叶片的光合作用[50]。凌启鸿教授[51]进一步将产量表述为:经济产量=花后光合积累量+花前光合贮藏量×运转率。并将提高花后群体光合积累量作为提高群体质量的总目标,确定苗、蘖、穗、粒和叶面积指数最适发展动态及定量化的技术措施,从而形成群体质量超高产栽培体系[48-49]。其主要措施为:(1)建立合理的群体起点。(2)在有效分蘖临界期形成预期穗数的茎蘖数。(3)塑造最适叶面积指数,提高库/叶比、有效叶面积率和高效叶面积率。(4)改前重式施肥为前轻中控后重式施肥。(5)宽行狭株种植。1990 年代在江苏省建立几十个 6.67 hm² 的群体质量超高产示范片,平均单产达到 10.5 t/hm²,并带动全省水稻增产。江苏省 2001 年水稻播种面积 201 万 hm²,平均单产达 8.42 t/hm²,居国内首位,其面积和单产也都遥遥超过日本和美国。

4.2.4 巨库强源超高产栽培

自 1930 年代提出源库理论以来,国内外常以源库的观点去探讨作物高产的途径。库指贮藏籽粒物质的内外颖容积的总和,等于单位面积总粒数与籽粒容积的乘积;源指贮藏物质的生产量,决定于光合生产的干物质积累量及其向穗部的转移率。李义珍研究了超高产水稻库源的多层次结构模式及其栽培技术体系,揭示:水稻超高产必须建设巨库强源的群体;建立巨大库容量的途径是稳定穗数,主攻大穗,发育巨量的单位面积总粒数;积累高额库藏物质的途径,一靠调节生育期,增加太阳辐射截获量,二靠调节冠层叶片面积及姿态,提高群体光合率,增加中、后期的干物质积累。通过综合技术的调控,建立巨库强源群体,1978 年在福建龙海创造双季杂交稻年产超 23 t/hm²[4-5],2001 年在云南永胜创造单季杂交稻超 17.9 t/hm² 的世界单产纪录。

4.2.5　再生稻超高产栽培

1980 年代以后,随着一批头季产量高、再生力也高的"双高"杂交稻组合的问世,再生稻在我国南方迅速发展。但是,大面积单产徘徊在 1 000～2 000 kg/hm²。福建省农业厅推广研究员施能浦主持了再生稻超高产的研究与示范,在 1990 年代创造了 3 000 hm² 示范片两季年产 15 t/hm² 的成绩,其中尤溪县文峰村 135 hm² 再生稻,头季平均单产 10.25 t/hm²,再生季平均单产 6.06 t/hm²,麻洋村 149 hm² 再生稻,头季平均单产 9.92 t/hm²,再生季平均单产 6.36 t/hm²,并有 2 丘田再生季单产分别达 8 114 kg/hm² 和 8 384 kg/hm²,先后创再生稻单产世界纪录。20 世纪 90 年代,尤溪县再生稻生产更上一层楼:6.8 hm² 中心示范片,头季平均单产 12 633 kg/hm²,再生季平均单产 7 115 kg/hm²,两季年单产达 19 747 kg/hm²,有一丘田再生季单产达 8 727 kg/hm²,再次突破再生稻世界单产纪录;另外 5 个 67 hm² 示范片平均单产达 10 555＋6 282＝16 837 kg/hm²;由此带动全县再生稻生产发展,三年头季＋再生季平均单产达 13.66 t/hm²,超过该县同期双季稻平均单产[8]。施能浦和李义珍课题组与尤溪县农技站合作,总结再生稻超高产栽培的主要技术是:(1)选用头季产量高、再生力也高的杂交稻新组合;(2)提早播种,头季本田期延长 30 d,增加太阳辐射截获量 13％,再生季利用 8、9 月份强光适温的气候生育,安全高产;(3)头季前中后期平衡施肥,稳定穗数,培育大穗,再生季重施芽肥,争多穗高产;(4)畦厢式种稻,间歇性沟灌,降低土壤还原性,培育形态发达、机能高而持久的根系;(5)头季收割时高留稻桩,保留倒 2～3 节位的优势腋芽和尽量多的稻桩贮藏性物质。

4.2.6　轻简栽培

改变作业方式、简化作业程序、减轻劳动强度的"轻简"栽培,取得一系列成果,因其省工节本、高产高效,受到广大农民群众的欢迎。主要成果有:(1)少免耕技术;(2)化学除草技术;(3)抛秧。其中化学除草已经普及,解除了一项弯腰劳作的辛苦作业。抛秧由中国农科院杨泉涌研究员从日本引进,经消化创新,1981 年研制出塑料育秧硬盘。1987 年黑龙江省牡丹江地区农科所与上海塑料厂合作研制出塑料育秧软盘。经广泛探索,抛秧自北而南在全国推广,1996 年推广面积达 154 万 hm²。盘育小苗抛栽,又解除了一项弯腰劳作的苦活,工效提高 3～5 倍,水稻单产提高一成左右。[52]

4.2.7　寒地水稻高产栽培

东北三省是高纬寒地稻作区,种稻历史短,1961 年水稻播种面积仅 50.6 万 hm²,占全国的 1.9％,平均单产 1.91 t/hm²。1980—1990 年代大力开发易涝洼地、盐碱地和平原沿江低地种稻,面积迅速扩大,单产稳步上升。至 2001 年水稻播种面积扩大到 276.9 万 hm²,比 1961 年增长 4.47 倍,平均单产 6.22 t/hm²,超过全国平均水平,稻谷总产 1 722.7 万 t,比 1961 年增长 16.8 倍,占全国稻谷总产的 9.7％。在全国水稻播种面积不断缩减之时,唯独东北三省水稻面积不断扩大,目前已成为我国重要的稻米商品基地。据黑龙江省农科院寒地水稻研究中心张矢研究员总结,寒地水稻低产变高产的主要技术经验是:(1)选育和推广高产优质、适应不同气候生态的粳稻良种;(2)保温旱育壮秧,比直播稻延长生长期 30 d,增加≥10

℃积温 300 ℃,弥补寒地生长期短的不足,为扩种高产的中晚熟品种提供可能;(3)推广适应抛秧、机插、手插等多种移栽方式的温棚盘育秧,缓解寒地农事季节紧张,提高规模种稻效益;(4)化学除草。

寒地水稻生长季较短,但稻作期间日照充足(日均 8 h 左右),太阳辐射强[日均>16 MJ/(m² · d)],日夜温差大,有利于干物质积累,各地出现了一批 10~12 t/hm² 的超高产田。据东北农业大学金学泳教授研究,超高产栽培的主要技术为:(1)选用优质超高产品种;(2)保温旱育稀植,培育多蘖壮秧;(3)宽行稀植,每平方米栽 15 丛,每丛 1~2 株;(4)深层施肥;(5)间歇性湿润灌溉。

4.3 提高水稻产量的高新技术途径

4.3.1 外源 DNA 遗传转化技术

外源 DNA 遗传转化是近十几年来发展起来的育种新技术,它可以打破自然界遗传资源的种族界限,实现有利基因的重组、聚合,从而培育出优良的新品种。禾谷类作物外源基因遗传转化技术常用的方法有:农杆菌介导法、脂质体介导法、聚乙二醇(PEG)法、电激法(又称电穿孔法)、基因枪法(又称粒子轰击法)、花粉管通道法、注射法、浸渍法、超声波导入法、激光微束穿刺法等[53]。张福泉等[54]采用 DNA 溶液浸种法把慈利玉米 DNA 直接导入水稻"湘早籼 8 号",选育成穗多、穗大、结实率高的属间远缘杂交稻新品系"遗传工程水稻 1 号"。洪亚辉等[55]采用花粉管通道法将密穗高粱总 DNA 导入水稻晚粳品种鄂宜 105,从 D_1 至 D_5 代变异材料中选育出 DH3、DH4、DH5 等多个具有高光效、高产和优质的水稻新株系。袁隆平与香港中文大学合作,已获得具有玉米 C_4 基因的转基因水稻植株,并进一步将 C_4 基因转育到超级稻亲本中。据测定,C_4 水稻叶片的光合效率比 C_3 水稻的高 30%[3]。由此可见,利用外源基因遗传转化技术将为选育高产水稻品种展示美好前景。

4.3.2 基因聚合育种

基因聚合育种是利用分子选择技术将分散在不同种质中的有用基因聚合到同一基因组中[56]。在进行基因聚合时,通常只关注目标基因,即只进行前景选择,暂不考虑遗传背景。应用分子标记辅助选择技术可把控制产量及产量性状的数量基因座位(QTL)中具有正向加性效应的位点聚合起来,并剔除负向效应的 QTL,从而使产量大幅提高。1995 年袁隆平与美国康奈尔大学合作,采用 RFLP 分子标记技术,结合田间试验,在普通野生稻($O.rufipogon$)中定位了两个控制产量增效的 QTL 基因座位(RZ776 和 RG256),它们分别位于第 1 号和第 2 号染色体上,每一基因位点具有比现有高产杂交稻威优 64 增产 20%的效应[3,37-38],并将含这两个位点的染色体片段转育到了 V20B 的核背景中[43]。他们通过分子标记辅助选择技术与常规育种技术相结合的方法,选育携带该两个位点的近等基因系,以其利用远缘有利基因。

4.3.3 花培育种

花药培养是当今生物技术育种中较为成熟、实用、有效的育种技术,是在无菌和人为控制外因(营养成分、光、温、湿)条件下,花粉囊中的花粉经过适当的诱导,有可能去分化而发育成单倍体胚或愈伤组织,最终形成花粉植株的技术。它具有遗传纯合快、选择效率高、遗传特性较稳定等特点,但培养率很低,粳稻为 5%~10%,籼稻为 1%左右。尽管培养率低,但利用花培技术进行单倍体育种仍是快速培育水稻新品种的有效途径。我国的花培育种研究始于1951年,1975年中科院植物所和黑龙江省农科院及松花江地区水稻试验站等单位进行协作,育成了粳稻品种"单丰1号",此后各单位又先后育成了"牡花1号"、"花育1号"、"单籼1号"、"中花8号"、"中花9号"[57]、"中花10号"、"中花11号"、"金优1号"、"南抗1号"[58]、"蜀恢162"、"花1A"[59]、"佳禾早占"等品种。其中大面积推广的有"中花8号"、"中花9号"等。到目前为止,我国用花培方法已育成了100多个水稻品种。我国水稻花药培养技术主要应用在以下三个方面:一是花培技术与常规品种间杂交育种相结合培育新品种,二是将花培技术应用于籼、粳亚种间杂交育种,三是将花培技术用于杂交水稻提纯复壮。[58]

4.3.4　航天诱变育种

水稻航天育种技术是将水稻干种子搭载返回式航天器如人造卫星、宇宙飞船等,经过空间强辐射、微重力、高真空的诱变作用产生变异,在地面选择有益变异培育新种质、新品种的育种方法。它具有变异频率高、幅度大、多数性状能遗传、稳定快、育种周期短等特点[60]。目前,我国已育成了一些高产的水稻新品种(组合)进入商品化生产,如"航育1号"[61]、"华航1号"、"赣早籼"[62]、"博优721"[63]、"特优航1号"[64]、"Ⅱ优航1号"、"Ⅱ优247"等。福建省农科院利用航天技术培育的杂交水稻组合"Ⅱ优航1号",2003年在福建尤溪6.67 hm^2再生稻超高产示范片栽培,头季平均每公顷超12 t,最高达13.61 t/hm^2。2003年在云南省永胜县涛源乡种植,"Ⅱ优航1号"产量达17.43 t/hm^2,"Ⅱ优247"产量达17.76 t/hm^2。研究和实践表明,利用航天技术可在较短时间内创造出优良的种质,选育出高产、优质、抗逆性强的水稻新品种(组合),为水稻产量潜力的提高开辟了一条新途径。

不仅航天诱变培育出了许多高产优良品种,利用γ射线辐照育种也有很大的应用前景。厦门大学王侯聪教授利用γ射线水稻花粉辐照诱变技术与常规杂交技术相结合,获得200多个大粒、优质、株形好、生育期适宜的株系新材料,并选育出福建省第一个优质早籼新品种"佳禾早占"。该品种2000年在福建省推广68 406 hm^2,其中早稻面积52 836 hm^2,占福建省早稻面积的11.3%[65]。这对提高农民收入,实现农业现代起了积极的推广作用。

4.3.5　无融合生殖育种

无融合生殖是指不经过两性细胞融合仅用无性胚或无性种子繁殖后代的过程。由于无性胚或无性种子具有保持杂合性的特点,因此能够固定杂种优势,且被认为是固定杂种优势的最理想方式。用无融合生殖方法固定农作物品种间、亚种间、种间杂种优势的育种方法,是选育新品种的一个新途径。水稻无融合生殖育种是一个早代稳定或固定杂种优势育种的新技术。该技术保留了杂交稻的杂种优势和常规稻的可多代利用、不需年年制种的优点,是水稻超高产育种的一个有效途径。中国农科院作物所陈健三等利用无融合生殖育种法经过10多年的研究培育出具远缘杂种优势、增产潜力大、可多代利用、不需年年制种的水稻无融合生殖系84-15,并用它做亲本与其他材料杂交选育出多个无融合品种[66]。我国选育的无融合生殖材料还有"籼稻3027"、"HDAR001-002"、"SAR-1"、"C1001"等[67]。陈健三首次利用首创的无融合生殖水稻育种技术育成了超高产无融合生殖杂交稻"固优8号"[68],他与武穴市农作物良种所合作育成了超级无融合生殖杂交稻新品种"固优20号",其单季产量高达13.5 t/hm^2。[69]

5　结束语

经过半个世纪的不懈努力,中国粮食总产在 1996—1999 年登上 50 000 万 t 的台阶,人均拥有粮食 400～412 kg,实现了低水平的供需平衡而略有盈余。但 2000 年以后连续减产,人均粮食降到 355 kg,已近于淘空库存余粮。粮食安全又亮起红灯。随着人民生活水平的提高,要求消费更多的肉蛋奶而需消费 3 倍于此的饲料。如人均消费 100 kg 肉蛋奶,即需投入 300 kg 饲料。则未来人均拥有粮食 450 kg 必不可少,其中人均稻谷消费量 150 kg,折精米消费量 105 kg,相当于 21 世纪初日本的稻米消费水平。据预测,2030 年中国人口将达到最高峰 15 亿,则届时粮食和稻谷总产需分别比 2001 年增加 49％和 27％。考虑到耕地减少不可逆转,将要求单产以更大的幅度提高。因此,在大力改进米质的同时,追求水稻高产更高产,终究是中国人不变的心愿。

著录论文

郑景生,黄育民.中国稻作超高产的追求与实践[J].分子植物育种.2003,1(5/6):585-596.

参考文献

[1]YUAN L P. Super hybrid rice[J]. Chinese Rice Research News Letter,2000,8(1):13-15.

[2]农业部科学技术委员会,农业部科学技术司.中国农业科技工作四十年(1949～1989)[M].北京:中国科学技术出版社,1989:63-69.

[3]袁隆平.超级杂交水稻的现状与展望[J].粮食科技与经济,2003(1):2-3.

[4]李义珍,王朝祥.水稻高产工程研究(早稻部分)[J].福建农业科技,1979(1):1-9.

[5]李义珍,王朝祥.水稻高产工程研究(晚稻部分)[J].福建农业科技,1979(4):11-17.

[6]杨惠杰,杨仁崔,李义珍,等.水稻超高产品种的产量潜力及产量构成因素分析[J].福建农业学报,2000,15(3):1-8.

[7]杨惠杰,杨高群,李义珍,等.杂交稻特优 175 的超高产生理生态特性研究[J].福建稻麦科技,2001,19(4):1-2.

[8]张上守,卓传营,姜照伟,等.超高产再生稻产量形成栽培技术分析[J].福建农业学报,2003,18(1):1-6.

[9]颜振德,胡承太.杂交稻赣化 2 号高产群体的建立与调节[J].作物学报,1986,12(3):145-153.

[10]户茨义次.作物的光合作用与物质生产[M].薛德榕,译.北京:科学出版社,1979:469-478.

[11]高亮之,郭鹏,张立中,等.中国水稻的光温资源与生产力[J].中国农业科学,1984,17(1):17-22.

[12]中国农业年鉴编辑委员会.中国农业年鉴(1980)[M].北京:农业出版社,1980.

[13]中国农业年鉴编辑委员会.中国农业年鉴(1981)[M].北京:农业出版社,1981.

[14]中国农业年鉴编辑委员会.中国农业年鉴(1982)[M].北京:农业出版社,1982.

[15]中国农业年鉴编辑委员会.中国农业年鉴(1983)[M].北京:农业出版社,1983.

[16]中国农业年鉴编辑委员会.中国农业年鉴(1984)[M].北京:农业出版社,1984.

[17]中国农业年鉴编辑委员会.中国农业年鉴(1985)[M].北京:农业出版社,1985.

[18]中国农业年鉴编辑委员会.中国农业年鉴(1986)[M].北京:农业出版社,1986.

[19]中国农业年鉴编辑委员会.中国农业年鉴(1987)[M].北京:农业出版社,1987.

[20]中国农业年鉴编辑委员会.中国农业年鉴(1988)[M].北京:农业出版社,1988.

[21]中国农业年鉴编辑委员会.中国农业年鉴(1989)[M].北京:农业出版社,1989.

[22]中国农业年鉴编辑委员会.中国农业年鉴(1990)[M].北京:农业出版社,1990.

[23]中国农业年鉴编辑委员会.中国农业年鉴(1991)[M].北京:农业出版社,1991.

[24]中国农业年鉴编辑委员会.中国农业年鉴(1992)[M].北京:农业出版社,1992.

[25]中国农业年鉴编辑委员会.中国农业年鉴(1993)[M].北京:农业出版社,1993.

[26]中国农业年鉴编辑委员会.中国农业年鉴(1994)[M].北京:农业出版社,1994.

[27]中国农业年鉴编辑委员会.中国农业年鉴(1995)[M].北京:农业出版社,1995.

[28]中国农业年鉴编辑委员会.中国农业年鉴(1996)[M].北京:农业出版社,1996.

[29]中国农业年鉴编辑委员会.中国农业年鉴(1997)[M].北京:农业出版社,1997.

[30]中国农业年鉴编辑委员会.中国农业年鉴(1998)[M].北京:农业出版社,1998.

[31]中国农业年鉴编辑委员会.中国农业年鉴(1999)[M].北京:农业出版社,1999.

[32]中国农业年鉴编辑委员会.中国农业年鉴(2000)[M].北京:农业出版社,2000.

[33]中华人民共和国国家统计局.中国统计年鉴(2000)[M].北京:中国统计出版社,2001

[34]中华人民共和国国家统计局.中国统计年鉴(2001)[M].北京:中国统计出版社,2002.

[35]蔡洪发,朱明芬.中国稻米的生产、消费和贸易[M]//熊振民,蔡洪发.中国水稻.北京:中国农业科技出版社,1992:182-196.

[36]徐匡迪,沈国舫.依靠稻作科技创新,推动中国水稻产业发展:在首届国际水稻大会上做的主题报告[J].中国稻米,2002(6):8-11.

[37]袁隆平.从育种角度展望我国水稻的增产潜力[J].杂交水稻,1996(4):1-2.

[38]袁隆平.杂交水稻超高产育种[J].杂交水稻,1997,12(6):1-6.

[39]袁隆平.我在杂交水稻方面所做的工作[J].中国科技奖励,2001,9(1):14-19.

[40]程式华.中国超级稻研究:背景、目标和有关问题的思考[J].中国稻米,1998(1):3-5.

[41]陈温福,徐正进,张步龙,等.水稻超高产育种研究进展与前景[J].中国工程科学,2002,4(1):31-35

[42]黄耀祥.水稻超高产育种研究[J].作物杂志,1990(4):1-2.

[43]王文明.水稻超高产育种的现状与展望[J].西南农业学报,1998,11(增刊2):7-11.

[44]黄国勤.中国南方稻田耕作制度的演变和发展[J].中国稻米,1997(4):3-8.

[45]施能浦.杂交中稻:再生稻超高产栽培技术[J].中国稻米,1997(5):18-20.

[46]施能浦,焦世纯.中国再生稻栽培[M].北京:中国农业出版社,1999.

[47]凌启鸿,张洪程,蔡建中,等.水稻高产群体质量及其优化控制探讨[J].中国农业科学,1993,26(6):1-11.

[48]凌启鸿,苏祖芳,张海泉.水稻成穗率与群体质量的关系及其影响因素的研究[J].作物学报,1995,21(4):463-469.

[49]凌启鸿,过益先,黄槐林,等.水稻栽培理论与技术兼作物栽培学的发展述评(上)[J].中国稻米,1999(1):3-8.

[50]方宣钧,王守林,巫伯舜,等.水稻栽培技术[M].北京:金盾出版社,1991:27-30.

[51]凌启鸿.论中国特色作物栽培科学的成就与振兴[C]//全国第九届水稻高产理论与实践学术研讨会论文.三亚:中国作物学会,2003.

[52]刘浩恩,史建良,刘泽书,等.水稻抛秧技术的应用与发展[J].河北农垦科技,1998(7):21-25.

[53]易自力,周朴华,刘选明,等.植物外源基因直接导入技术及其在禾谷类作物中的应用[J].作物研究,1999,4:43-46.

[54]张福泉,万文举,董延瑜,等.外源DNA导入水稻的初步研究[J].湖南农学院学报,1992,18(2):241-247.

[55]洪亚辉,董延瑜,赵燕,等.密穗高粱总DNA导入水稻的研究[J].湖南农业大学学报,1999,25(2):87-91.

[56]方宣钧,吴为人.分子选择[J].分子植物育种,2003,1(1):1-5.

[57]张淑红,刘玉玲,谢丽霞,等.浅谈水稻花培育种[J].垦殖与稻作,2001(6):11-13.

[58]葛胜娟.水稻花培育种现状与发展方向[J].中国农学通报,1999,15(5):45-46.

[59]白新盛,周开达,李梅芳,等.生物技术在水稻育种中的应用研究[M].北京:中国农业科技出版社,1999:66-73,78-83.

[60]郑家团,谢华安,王乌齐,等.水稻航天诱变育种研究进展与应用前景[J].分子植物育种,2003,1(3):367-371.

[61]陈先彰.水稻航天育种获突破性进展[J].农业科技要闻,1996(3):4-5.

[62]李源祥.航天育种新成果:赣早籼47[J].中国种业,2001(3):42.

[63]沈桂芳.航天育种:21世纪前景诱人的农业高新技术[J].农业科研经济管理,2001(3):4-7.

[64]杨东,张水金,马宏敏,等.特优航1号产量结构分析及高产栽培技术研究[J].福建稻麦科技,2003,21(2):26-27.

[65]王侯聪,邱思密,陈如铭,等.γ射线辐照水稻成熟花粉的杂交后代突变效应分析[J].分子植物育种,2003,1(1):33-41.

[66]陈健三.水稻无融合生殖育种论文集[C].北京:中国科学技术出版社,1992.

[67]陈健三,李昌发,李科祥,等.我国无融合生殖水稻育种的发展趋势[J].中国农学通报,1993,9(3):17-21

[68]张金华.超高产无融合生殖杂交稻:固优8号栽培技术[J].杂交水稻,1997(2):13.

[69]钟修合,常小平.超级无融合生殖杂交稻:固优20号[J].良种之窗,2003(4):33.

二、闽台稻作生产及科技进步比较与评述

闽台隔海相望,历史上稻作生产基本相同,但因日本据台 50 年后又人为隔绝 40 余年,造成了稻作发展各具特色。本节谨就闽台稻作制、生态环境、品种改良、栽培技术改进及稻米供需概况等的发展轨迹作粗略的比较与阐述,冀以从中吸取有益的经验,启发进一步发展的思路。误漏之处尚祈学界匡正。

1 生态环境

福建位于 23°23′N～28°18′N,土地总面积 12.13 万 km²,耕地 1 850 万亩,占 10%。境内由西部武夷山,中部鹫峰山—戴云山—博平岭两列大山带分隔,构成稻作区三类:(1)闽东南低丘平原为南亚热带双季稻区,水田 430 万亩,其中福州、莆田、泉州、漳州 4 个平原共 1 865 km²,有水田 150 万亩,(2)内陆低山丘陵为中亚热带单双季稻区,有水田 725 万亩;(3)两列山带主体所经之处为海拔 700～1 000 m 的中亚热带山地气候单季稻区,有水田 210 万亩,沿海平原及山区盆地多属冲积的潴育性水稻土;丘陵台地及山坡梯田多属红黄壤发育的渗育性水稻土;山垅峡谷间的冷烂田属红黄壤长期渍水的潜育性水稻土;滨海新垦稻田属盐渍性水稻土。全省地形气候颇为复杂,年均温 14～22 ℃,降水 800～2 200 mm。主要的气候灾害:沿海地区为台风(年均登陆 1.7 次)、夏秋干旱、洪涝,山区为"三寒"、夏旱、山洪。

台湾位于 21°50′N～25°20′N,土地总面积 3.6 万 km²,耕地 1 300 万亩,占 24%。西部沿海为冲积平原,其中台南平原 5 000 km²。屏东平原 1 200 km²。西部平原至中部山地之间为海拔 100～600 m 的丘陵台地。其中台北盆地 245 km²,台中盆地 400 km²。中部、东部为山地,中央山脉纵贯南北,不少山峰海拔超过 3 000 m,最高峰玉山 3 997 m,构成台岛的屋脊,使福建沿海成为雨影区。水稻集中于西部沿海平原及丘间盆地,因而多为双季连作稻。北部为南亚热带双季稻作区,中南部为热带稻蔗轮作区。年均温 20～25 ℃,降水 1 800～3 000 mm,南北两端的多雨中心达 5 000 mm。水稻土有两大类:平原、盆地为冲积土,丘陵台地为红壤。主要气候灾害:台风(年均登陆 3.5 次)、梅雨(引起早稻涝害)、夏旱、秋寒。

2 稻作制发展

新石器时代遗存表明,福建 4 000 年前即有原始稻作。2 300 年前的战国中期越人国破南迁带入先进的稻作技术。唐时漳泉即种植双季连作稻,宋时在闽东开始种植双季间作稻。至清代,莆田普及连作

稻,福州、宁德沿海地区普及间作稻,广大山区则仍以种单季稻为主,仅山间盆地发展一部分早稻—秋大豆—油菜(小麦)的一年二、三熟制。这种稻作制一直维持到 1940 年代。1950 年代后期至 1960 年代前期,闽东进行间作稻改连作稻。1970 年代初,山区大面积进行单改双。1980 年代末,单季杂交稻蓄留再生稻,成为一种新的稻作制在山区崛起,1992 年达 65.6 万亩。福建以种籼稻为主。1950 年代征集到约 3 948 份稻种资源中,籼占 79.6%,粳占 20.4%,而现在粳稻只占 1% 左右。

台湾 3 500~4 200 年前亦已有原始稻作。但直至 300 多年前郑成功收复台湾(1661—1682 年),大批闽人渡海垦殖,带入大陆水稻品种和先进技术,稻作才取得长足发展。初时只种单季稻,1752 年推广日长钝感的新品种"双冬"后逐渐发展双季连作稻。台湾原来只种籼稻。日据时期,在"工业日本,农业台湾"的殖民政策下,于 1922 年开始引种粳稻。1930 年代育成一批粳稻新品种,种植面积日益扩大,至 1936 年超过籼稻面积。光复后粳稻一度萎缩,1950 年代为争取外销,粳稻面积迅速回升,至 1984 年占水稻总面积的 93%,五六十年间台湾逐渐由籼稻区变为粳稻区。

3 产量变迁

福建 50 多年来稻谷产量上过 6 个台阶:(1)1938—1949 年为低产期,最高的 1941 年亩产 110 kg,总产 241.5 万 t。(2)1950—1961 年为恢复重建期,最高的 1957 年播种面积 2 212 万亩,亩产 149 kg,总产 328.5 万 t,分增 10%、35% 和 136%。(3)1962—1968 年为沿海地区增产期,由于间作改连作,高秆品种改矮秆品种,最高的 1965 年全省播种面积 1 975 万亩,减少 11%,平均亩产 180 kg,总产 355.1 万 t,分别增长 21% 和 8%。(4)1969—1976 年为山区增产期,单改双 500 万亩,最高的 1975 年全省播种面积 2 573 万亩,亩产 199 kg,总产 510.9 万 t,分增 30%、11% 和 44%。(5)1977—1984 年为高速增长期,化肥增加 3 倍,大面积推广杂交稻和红系新品种,1983 年播种面积 2 427 万亩,减少 6%,亩产 311 kg,总产 750.4 万 t,分增 56% 和 37%。(6)1985 年以后为调整期,播种面积逐步减少,单产缓慢增长,1989 年播种面积 2 264 万亩,减少 7%,亩产 338 kg,总产 765 万 t,分别增长 9% 和 2%。(图 1)

台湾 50 多年来产量上过 5 个台阶:(1)1938—1945 年日据低产期,最多的 1938 年播种面积 938 万亩,亩产 187 kg,总产 175.3 万 t,二战爆发后每况愈下,至 1945 年播种面积 750 万亩,亩产 107 kg,总产 80.6 万 t,

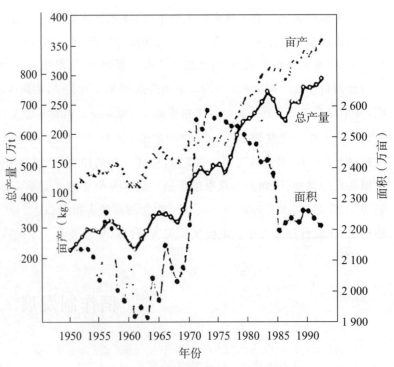

图 1 福建省水稻面积、单产、总产动态

减产 54％。(2)1946—1959 年光复恢复期。播种面积增加 300 多万亩,单产提高,最高的 1958 年面积 1 167 万亩,亩产 263 kg,总产 236.8 万 t,比 1938 年分别增长 24％、9％、35％。(3)1960—1973 年高速增产期,最高的 1968 年 1 185 亩,亩产 266 kg,总产 314.8 万 t,分别增长 31％和 33％。(4)1974—1978 年缓慢增长期,1970 年代初因工商业发展,劳力外流,工价提高,一度减产,但 1974 年起实行保价收购,无息贷款等政策,刺激农民生产,1976 年达到产量最高峰,播种面积 1 181 万亩,保持不变,亩产 288 kg,总产 339.1 万 t,增产 8％。(5)1979 年以后调整期。由于肉蛋奶生产发展,人均稻米消费量大幅度减少,外销又因成本过高而萎缩,呈现稻米过剩,财政负担沉重,遂于 1977 年起实行稻米限量保价收购,1983 年起实行稻田转作政策,播种面积逐年减少,单产缓慢增长,总产降低,1989 年播种面积 713 万亩,减少 40％,亩产 327 kg,提高 14％,总产 233.1 万 t,减产 31％,人均稻谷生产量 116 kg,消费量 97 kg,供需保持平衡(见图 2)。闽台两省水稻单产水平台湾长期遥遥领先,1980 年代徘徊,但 1989 年起福建超过了台湾。

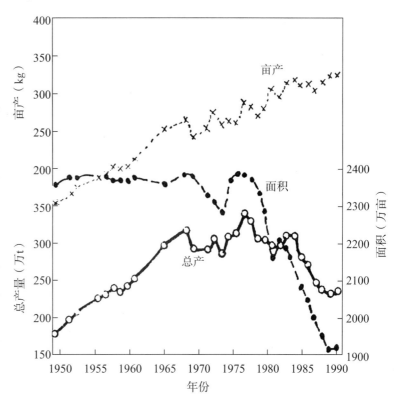

图 2　台湾省水相面积、单产、总产动态

4　品种改良

福建自建立省农林改良总场长乐农场(1935 年)与扩建为省农业改进处农事试验场(1938 年),开始了水稻地方品种、省外引进品种的鉴定及纯系育种,筛选出南特号,小南占、黄尖等品种,但推广面积不大。1950 年代以来省农事试验场几经扩建,不仅成立了省农科院,并先后建立 9 个地区农科所,广泛开展品种资源征集、评价和纯系育种,征集到地方品种 3 948 份,普及了高秆良种。1960 年代突破矮秆育种至今共育成 95 个矮秆品种。1960 年代后期至 1970 年代前期普及了矮秆水稻。1970 年代初开始籼型杂交稻育种,1973 年育成野败型不育系 V41A,实现三系配套,1977 年起大面积推广。总的品种演进情况:高秆品种以早籼南特号(1956—1960)、陆才号(1960—1965)推广面积最大;早稻矮秆主栽品种经历 4 代的演进:矮脚南特(1964—1972)→珍珠矮(1966—1978)、珍汕 97(1972—1979)→红 410(1976—1986),77-175、7944(1982—1985)→78130、79106(1984—1992);晚稻矮秆主栽品种经历 3 代演进。其中一类是同期早稻主栽品种的倒种春,即珍珠矮→红 410→78130。另一类是感光型品种,即赤块矮、鸭子矮、矮脚白米仔(1969—1976)→包胎(1973—1982)、广包(1979—1984),红晚 52(1976—1984)→钢白矮(1985—1992);杂交水稻经历 3 代主栽组合的演进,即四优 2 号(1977—1982)→感光型的四优 30(1980—1985)、威优 30、威优红田谷(1982—1986)→威优 64、油优 64(早季栽培为主)、汕优桂 33、汕优桂 32(晚季栽培为主)、威优 63、汕优 63(中晚季栽培为主)。以上主栽品种中,以感温型品种推广面积较大,可两季兼用,累计种植面积多超过 1000 万亩,并且,这些品种多属珍珠矮的衍生品种(图 3)。

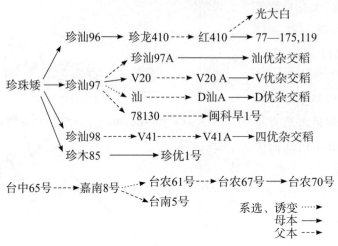

图 3　闽台水稻主栽品种的血缘

台湾原为籼稻区。日据时期为满足日本需要,强制推广粳稻,1922 年开始引种日本粳稻,1936 年育成第一个适应台湾生态的粳稻品种(蓬莱稻)——台中 65 号,面积迅速扩大,1936 年种植面积超过籼稻(在来稻)。光复后采取粳籼品种改良并重的方针。1946—1987 年共育成 101 个品种,其中粳型 74 个,籼型 20 个,陆稻 7 个。育种目标是耐肥、抗倒、高产、优质、抗多种病虫。注重拓宽抗源利用范围,培育持久抗稻瘟病品种,曾以回交方法将粳稻台农 67 号的 Bph1、2、3、4 抗虱基因导入籼稻,培育抗稻飞虱品种。1970 年代起强调优质育种。为提高丰产性,还进行了籼粳杂交。40 多年来,粳稻主栽品种经历了 4 代的演进:台中 65 号(1946—1960)→嘉南 8 号(1960—1867)→台南 5 号(1967—1978)→台农 67 号(1970 年—)、台农 70 号(1985 年—)。品种种植有单一化倾向,几个主栽品种占当时水稻总面积的比率为:台中 65 号为 30%,台南 5 号为 50%,台农 67 号为 70%。以上主栽品种都是以前一代主栽品种为父本杂交育成的(图 3)。籼稻种植面积虽小,但籼稻育种不逊粳稻,1956 年杂交育成世界第一个矮秆品种——台中在来 1 号,主栽期 1962—1976 年,高峰年占籼稻总面积的 78%,并引种到印度广为种植,其衍生品种遍布亚非拉各国。但不抗稻飞虱,米质差。1970 年代转向长粒型优质米育种,先后育成台中籼 3 号(1977—1983)、台中籼 10 号(1984 年—)。台湾也开展杂交稻育种,育成一批不育系和恢复系,但由于制种及米质原因尚未实际应用。

5　栽培技术改进

福建 50 年来水稻单产和总产增长 2 倍,除品种改良因素外,以下栽培技术改进起了很大作用。

(1)稻作制改革。1950 年代后期至 1960 年代前期,全省间作稻改连作稻 180 万亩,单季稻改双季连作稻 100 万亩,1970 年代初山区又单改双 500 万亩,促成产量的大幅度提高。

(2)育秧技术改革。1960 年代起改水秧为湿润育秧和薄膜保温育秧,解决了烂秧问题。1970 年代在早稻推广了带土移栽的卷秧(场地育秧)和铲秧。1980 年代在杂交水稻推广超稀播种及喷布 pp-333 培育多蘖壮秧;同时引进日本的盘式育秧,还创造了聚氯乙烯编织布隔离层育秧,为机械插秧提供了专业化育秧技术。

(3)化肥使用。1960 年代开始普遍使用化肥,但用量有限,1978 年平均每亩施氮 2.7 kg、磷 0.7 kg、钾 0.05 kg,1980 年代化肥增加 3 倍,至 1991 年平均每亩施氮 9.1 kg、磷 3.3 kg、钾 3.1 kg,促进了单产大幅度提高。各地还相继研究推广微机模型测算法、产量—施肥量回归方程计算法、地力差减法等多种氮、磷、钾优化配方。

(4)高产栽培技术。1950 年代研究推广了高秆品种烤田防倒措施。1960 年代研究推广了矮秆品种"攻头控中补尾"施肥法和叶色"黑—黄—青"营养诊断法。1970 年代末以来研究推广了杂交水稻"大库强源"调控技术体系,大面积亩产 500~600 kg 高产片随处可见。

(5)品种布局及生育期调整。1970 年代闽南沿海平原推广了早季稻选用迟熟品种(组合),调整在"断梅"后强光季节齐穗,晚季稻调整在台风已断,秋寒未至的 10 月初齐穗的栽培方案。1980 年代在山区研究建立光热资源时空分布模式,划分为暖地、温地、凉地三类气候生态区,提出各区稻作制、品种类型和生育期布局的栽培方案。推广后都充分发挥了各地气候资源的生产潜力,建立起区域化综合栽培的框架。

(6)病虫害防治。摸清了螟虫、稻飞虱的发生发展规律,建立预测预报网络,基本上控制了大面积危害。查清稻瘟病有 7 群 39 个生理小种,通过培育抗病品种,有效控制了大流行。化学除草经过 1960 年代试验,1970 年代示范、1980 年代已大面积推广应用。

(7)低产田改良。经过两次土壤普查,基本摸清水稻土有 5 个亚类及三大低产田——冷烂田、黄泥田、沙质田的分布及理化性状。在冷烂田推行开"三沟"(剖腹排水沟、灌排两用支沟、环山排洪沟)、排"三水"(地下水、冷泉水、铁锈水)及垄畦栽培技术;在黄泥田、沙质田推行有机——无机结合的养地体系,都取得显著的改良增产效果。

台湾 50 年来水稻单产增长 75％,除品种因素外,以下栽培技术改进也起了很大作用:

(1)育秧技术改革。1950 年代推广湿润育秧,1960 年代推广塑料保温育秧,1970 年代推广盘式育秧。为配合机插,"农复会"资助设立大型育苗中心,至 1986 年统计,设育苗中心 1 145 处,供苗占稻作面积的 70％。普遍采用谷壳粉混合细土作为育苗介质。

(2)播植期及株行距调整。据周年播植试验结果,早稻调整在 1 月下旬—3 月下旬,晚稻调整在 6 月下旬至 8 月上旬插秧。1950 年代推广小株正条密植,株行距为 22~24 cm,行距为 18 cm,1960 年代试验成功宽行密植,其后与机插相配套,株距为 30 cm,行距为 13~16 cm。

(3)耕地平整及土壤改良。1959—1991 年共重划平整耕地 975 万亩,占计划数的 93％。同时抓了两类低产田的改良:一类是严重缺磷的强酸性红砖化土壤,每亩施磷 10 kg,可增产 3 倍;一类是发生根腐、赤枯病的排水不良田,以建设排水系统进行改良最有效,其次是间歇性灌溉,多施钾肥,避免施大量有机肥。此外,对缺硅、锌的土壤进行了对症治理。

(4)化肥使用。根据历次土壤普查及田间试验结果,制定出各地各种土壤的氮肥推荐量。根据土壤有效磷、钾速测结果制订出磷、钾肥推荐量。据 1986 年统计,平均每亩田实际施氮 9.7 kg、磷 2.8 kg、钾 3.5 kg,与福建省相近。早期采用磷、钾肥作基肥,氮肥作基、蘖肥各半的施用法,经过研究改进,磷肥作基肥或基、蘖肥各半,钾肥 40％作基肥,60％作分蘖盛期迫肥,氮肥作基、蘖、穗肥分施。还推行 75％氮肥作基肥用耕耘机拌入土壤,25％氮肥作穗肥的省力施肥法。试验证明复合肥料与单质肥料混施的肥效相同,因多数地区磷、钾肥效降低,认为复合肥料有徒增成本之嫌。

(5)病虫草害防治。主要病虫害有稻瘟病、白叶枯病、小粒菌核病、纹枯病、黄叶病、黄萎病、褐飞虱、二化螟、三化螟、纵卷叶螟、黑尾叶蝉等。为提高防治效率,建立7个大区50个小区298个乡镇区的测报网络,推行共同防治。化学除草已全面普及。

(6)稻作机械化。1970年代以来工商业发展,农村劳力外流,工价上涨,研究机械化遂成为稻作第一要务。1970年成立农机推行小组,1979年设立农机化基金。经长期努力,1984年的机械化程度为:整地97%,机插96%,机收85%,机械干燥63%,并实现育苗专业化,耕作收割机械大型化。

(7)晚稻低产原因及改进措施。晚稻单产一般仅为早稻的80%～90%,经研究明确低产的原因为:(1)营养生长期持续高温,抑制分蘖,生长期显著缩短;(2)白叶枯病、褐飞虱严重为害;(3)品种。改进措施:选育晚季高产、耐高温、抗病虫的品种;提早插秧(6月下旬—7月下旬)避过高温;防治病虫害。

6　粮食供需分析

福建人多地少,自明朝中叶开始缺粮,入清更为严重。中华人民共和国成立后,粮食增长超过人口增长,1970年代缺粮问题有所缓解,但1980年代饲料需求量激增,又从省外大量调粮。1992年粮食总产量897万t,省外调入212万t(其中稻谷140万t,玉米35万t,小麦33万t),自给率为81%。粮食消费总量1 109万t,口粮741万t,占66.8%,种子、工业粮及贮备粮80万t,占7.2%,饲料粮288万t,占26.0%。福建人口3 116万,人均消费粮食356 kg,其中口粮238 kg,饲料粮92 kg,种子等26 kg。由此可见,粮食缺口主要在饲料。福建以稻米为主食。1992年稻谷总产733万 t,人均235 kg,用作口粮200 kg,种子等20 kg,因而总体上应可自给。但是各地余缺不均,有余谷的山区用大量稻谷作饲料,缺粮的沿海地区便依靠省外粮食调剂。

台湾素有"谷仓"之称,清代有余粮运入大陆,日据时期为日本稻米供应基地,1950—1960年代继续有大量稻谷销日。自1970年代日本实现稻米自给后,外销量锐减,且因工价提高,成本为国际市场的2.6倍,外销不畅。随着肉蛋奶生产的迅速发展,人均稻谷消费量大幅度下降,1970年代中期,出现稻谷严重过剩压库(图4)。为此,实行限量保价收购、稻谷转作等政策,水稻播种面积逐年减少,1976年至

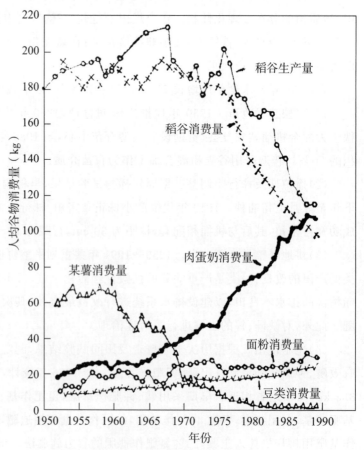

图4　台湾人均谷物消费量变化

1989 年,面积减少 40%,总产量降低 31%。1989 年稻谷总产 233 万 t,人均生产量 116 kg,消费量 97 kg,保持供需基本平衡。但是饲料需求量却大幅度增加,1989 年进口谷物饲料达 474 万 t,相当于稻谷自产量的 2 倍。还进口了小麦 87 万 t,大豆 181 万 t,因此,实际粮食自给率仅 30%。

　　数据表明,随着生活水平的提高,肉蛋奶消费量增加,稻谷消费量减少(图 4)。据台湾 1952—1989 年数据计算,人均稻谷消费量(y)与肉蛋奶消费量(x)呈极显著负相关(-0.942 9),其线性关系为 $y=217.57-1.023\ 2x$(图 5)。福建目前人均肉蛋奶消费量为 36 kg,而台湾为 108 kg,因而人均稻谷消费量比台湾高出 1 倍。随着肉蛋奶生产的发展,预期人均稻谷消费量将减少,但饲料需求将膨胀,粮食形势是严峻的。

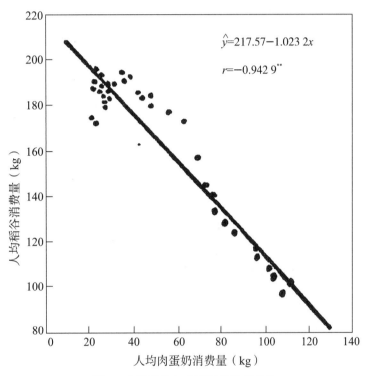

图 5　台湾稻谷与肉蛋奶消费相关性

著录论文

李义珍,黄育民,黄波.闽台稻作生产及科技进步比较与评述[J].台湾农业情况,1993(4):11-16.

参考文献

[1]李义珍,黄育民.福建的水稻[M]//熊振民,蔡洪发.中国水稻.北京:中国农业科技出版社,1992:241-257.

[2]柳世铭,李建,厉葆初.台湾的水稻[M]//熊振民,蔡洪发.中国水稻.北京:中国农业科技出版社,1992:258-272.

[3]黄正华.台湾地区稻米之生产改进[J].科学农业,1985,33(9/10):295-328.

三、福建省中低产区稻作现状和增产途径

水稻是福建省的主要粮食作物。1981年稻田面积1 434万亩,总产136.2亿斤,分别占粮食作物的77%和84%。中低产区的稻田面积占全省的3/4,占本区粮食面积的90%以上,发展中低产区稻作生产,是实现福建粮食自给,到20世纪末工农业总产值翻二番三的战略性措施。本节依据对14个中低产县的调查考察,和全省历年生产统计资料的整理分析,论述中低产区的分布,稻作生产现状及增产经验,进而分析稻作发展战略和增产策略。

1　中低产区的分布

划分水稻高、中、低产区的尺度颇不一致,所得结果也不相同。鉴于本省气候垂直分布十分明显,单双季稻比例悬殊,我们认为播种面积平均亩产(以下简称"播面亩产")较能反映一地光热资源的利用程度,因而以播面亩产平均值附近的某一范围,划为中产区,以此范围以上划为高产区,以下划为低产区,较为适宜。但单季稻生育期间的光热资源比较丰富,评价标准应适当提高一些。根据以上原则,以县为基本统计单位,划分福建省水稻高、中、低产区如下(见表1):

高产区:双季稻地区的播面亩产在600斤(1斤=0.5 kg)以上,单双季稻各半地区的播面亩产在650斤以上,单季稻地区的播面亩产在700斤以上的县。共21个县,属于南亚热带。集中分布在从连江至诏安的闽东南沿海平原及低丘地区,稻田面积占全省的24.6%,稻谷总产占全省的34.7%,平均播面亩产691斤,耕地年亩产1 339斤。

中产区:双季稻地区的播面亩产在450~600斤,单双季稻各半地区的播面亩产在500~650斤,单季稻地区的播面亩产在500~700斤的县。共38个县,稻田面积占全省的59.2%,稻谷总产占全省的53.1%,平均播面亩产514斤,耕地年亩产851斤。

表1　福建省水稻高、中、低产区现状(1981)

| 类型 | 县 | | 稻田面积 | | 稻谷总产 | | 播种面积 | | 播面亩产(斤) | 耕地年亩产(斤) |
	数量	占比(%)	面积(万亩)	占比(%)	产量(亿斤)	占比(%)	面积(万亩)	占比(%)		
高产区	21	31.3	353.1	24.6	47.29	34.7	684.8	27.7	691	1 339
中产区	38	56.7	849.4	59.2	72.31	53.1	1 407.6	56.8	514	851
低产区	8	11.9	231.5	16.2	16.56	12.2	383.8	15.5	432	716
中、低产区合计	46	68.6	1 080.9	75.4	88.87	65.3	1 791.4	72.3	496	822
全省合计	67	99.9	1 434.0	100	136.17	100	2 476.2	100	550	950

低产区：双季稻地区的播面由产在 450 斤以下，单双季稻各半地区及单季稻地区的播面亩产在 500 斤以下的县。共 8 个县，稻田面积占全省的 16.2%，稻谷总产占全省的 12.2%，平均播面亩产 432 斤，耕地年亩产 716 斤。

中产区与低产区的平均产量差距较小，有的县的播面产量相近，故将中产区和低产区合称为中低产区更符合实际情况。则中低产区合计 46 个县，分布在内陆山区和闽东北沿海低山丘陵地区，多属于中亚热带，一部分属南亚热带，包括建阳、三明、龙岩三地区各县，宁德地区除连江以外的各县，以及闽东南地区的 8 个县（闽清、永泰、德化、永春、安溪、华安、南靖、平和）。稻田面积占全省的 75.4%，稻谷总产占全省的 65.3%，平均播面亩产 496 斤，耕地年亩产 822 斤。（见图 1）

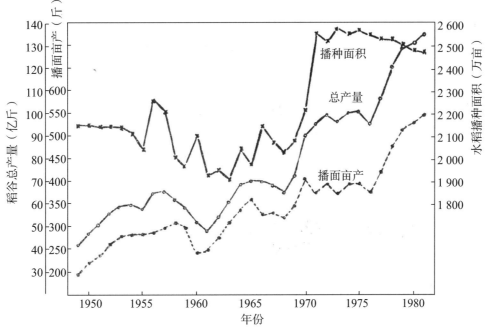

图 1　福建省水稻播种面积、单产、总产量发展动态

2　中低产区稻作生产的现状、经验和问题

2.1　稻作生产条件和水平

福建省有两大山带。闽西山带从浦城沿闽赣边界延伸至武平，为武夷山脉；闽中山带从寿宁、柘荣向西南延伸至永定，被闽江、九龙江分割为鹫峰山脉，戴云山脉和博平岭山脉。两大山带所经之处，地势高峻，稻田分布在海拔 600 m 以上。两大山带之间的广大腹地，在闽江、九龙江、汀江上游诸支流两岸，有大量盐谷地，稻田分布在海拔 400 m 以下，多洋面田和溪边田，盐谷地四周是低山丘陵，峡谷间分布有大量山垅田。闽中山带东坡坡度较陡，以梯田居多。中低产区内，大致是洋田、山垅田、梯田各占 1/3，因北、闽中度地多垅田，闽东北、闽西南多梯田。

由于中低产区地形复杂,气候垂直变化十分明显。一般规律是:纬度增加 1°,相当于海拔升高 100 m,稻作期间的平均气温下降 0.6 ℃,积温减少 250 ℃,春暖相应推迟 3~4 d,秋寒相应提前 3~4 d。因此,在北纬 27°,海拔 300~500 m,和北纬 26°,海拔 400~600 m,以及北纬 25°,海拔 500~700 m 的地区,热量资源相近,年平均气温在 17℃ 左右,日平均气温≥22 ℃ 的持续时间在 80~90 d,为单双季稻混作区,稻田面积约 300 万亩,双季稻占一半左右。在此线以下为双季稻区,稻田约 600 万亩,双季稻占 80% 以上。在此线以上为单季稻区,稻田约 200 万亩,双季稻不足 10%。

1981 年 46 个中低产县合计种稻 1 080.9 万亩,总产 88.87 亿斤,平均年亩产 822 斤,其中双季稻 699.4 万亩,占 64.5%,平均年亩产 949 斤,单季中晚稻 370.5 万亩,平均亩产 578 斤;单季早稻 22.1 万亩,平均亩产 483 斤,合计播种面积 1 791.4 万亩,平均播面亩产 496 斤。

2.2　主要增产经验

中低产区的水稻增产历程,呈现出三个台阶式上升阶段,每一增产阶段都有一个产量显著增加期和一个产量平稳期。平稳期进行技术经验的积累,当一套新的技术体系普及时,产量又显著上升,过渡到新的增产阶段。

1949—1968 年阶段,由于解放了生产力落实传统的精耕细作技术,如推广农家良种,增施有机肥料,兴修小型水利等,1949—1957 年产量逐年增加。据 11 个中低产县统计,播种面积增加 7.4%,播面亩产提高 50%,总产提高 63%。金省同期播面亩产由 196 斤提高到 297 斤,总产由 42 亿斤提高到 65.7 斤。1958 年以后由于水田减少 200 多万亩,加上政策失误和洪涝灾害,产量又逐渐下降。1962 年生产开始恢复,但由于沿用旧的一套栽培技术,单产提高不多,而播种面积的减少使中低产区多数县的总产未超过 1957 年水平,形成 1957—1968 年 12 年产量徘徊不前。同期,闽东南高产区由于高秆品种改矮秆品种,间作改连作,普及了双季矮秆连作化技术体系,产量却有很大提高,全省 1965 年总产达 71 亿斤,比 1957 年提高 5.3 亿斤。

1969—1976 年阶段,闽东南高产区从 1960 年代后期起改种高秆品种为矮秆品种,产量不断提高。山区中低产田 1969 至 1993 年由单季改双季 500 万亩,又研究总结了"三定"防"三寒"的技术经验,产量大幅度提高。据 11 个中低产县统计,1975 年比 1965 年,播种面积增加 40.2%,单产增加 23.7%,总产增加 71.6%。全省同期亩产由 360 斤提高到 397 斤,总产由 71 亿斤提高到 102.2 亿斤。1976 年虽然"三寒"并发,但总产仍然高于 1971 年,更高于 1965 年,表明双季矮秆连作技术体系的增产成效是稳固的。

1977 年至目前的阶段,1977 年以后连年持续增产。据 11 个中低产县统计,1981 年比 1975 年播种面积减少 7.8%,播面亩产提高 48%,总产提高 35%。全省同期播面亩产由 397 斤提高到 550 斤,总产由 102.2 亿斤提高到 136.2 亿斤。1982 年播面亩产进一步提高到 583 斤,比 1975 年亩增 186 斤,耕地年亩产达 995 斤,居华南四省之首位。单产增加幅度之大为历史所未有。福建省水稻播种面积、单产和总产发展动态如图 1。大增产是由于普及了良种、良法、增肥、改土为主的技术体系,即:

(1)进一步普及良种良法。早稻面积的 60% 推广了"红系"良种,单晚、双晚面积的 45%~60% 推广了杂交水稻,并总结推广一套相应的丰产栽培技术。据估算,杂交水稻近六年平均种植面积为 673 万亩,每亩增产 100 斤左右,其增产额占稻谷增产总额的 20% 左右。

(2)大量增施化肥。化肥用量大幅度增加,1981 年平均每亩粮食播种面积施氮肥 81.4 斤、磷肥 39.1 斤和钾肥 3.7 斤(商品量),分别为 1976 年的 2.9 倍、4.0 倍和 19.9 倍。

（3）改良中低产土壤：从 1970 年代初期起，中低产区的 50％～60％稻田推行早稻草回田，累计平整土地 176 万亩，山垅田开三沟 200 万亩。至 1970 年代后期，这些措施逐步发挥出巨大的增产效益。采取工程改良措施后产量翻一番的事例，比比皆是。

2.3　限制丰产的主要因素

中低产区目前的水稻单产，仍然是不高的。1981 年播面亩产仅 496 斤，比高产区低 195 斤，耕地年亩产仅 822 斤，比高产区低 517 斤。限制丰产的主要因素是：

（1）中低产土壤面积大：主要有三类，一是冷浸田，约 400 万亩，分布在山地丘陵的峡谷，一部分分布在盆谷地的低洼处。主要障碍因素是"渍害"，土壤"冷烂酸毒"，有机质及全氮含量高，但有效养分低，特别是缺磷缺钾很严重。二是红壤性黏瘦田，约 400 万亩，分布在山坡梯田，一部分分布在盆谷地，主要障碍因素是"黏瘦"，有机质及有效养分偏低，"干时一把刀，湿时一团糟"。三是砂漏田，约 70 万亩，分布在误边、沙洲，一部分分布在水土流失严重的坡地，主要障碍因素是"漏水漏肥"，缺钾特别严重，往往是稻瘟病的发病中心。

（2）双季稻冷害频繁：32 年来，在 5 月下旬—6 月上旬出现梅寒 9 年，在 9 月中下旬出现秋寒 10 年，频繁伤害双季稻的花粉发育和开花受精，引起大面积大幅度减产。例如：1973 年的梅寒，使全省早稻减产 4.3 亿斤；1974 年的秋寒，使全省晚稻减产 3.9 亿斤，1975 年的梅寒，使全省早稻减产 4.4 亿斤；1976 年的秋寒，使全省晚稻减产 7.1 亿斤；1981 年的梅寒，使全省早稻减产 2.6 亿斤。冷害威胁居各种自然灾害之首。

（3）稻瘟病严重：稻瘟病菌有 39 个生理小种，容易变异，致病力很强，对双早和单晚威胁很大，尤其是早稻抽穗灌浆期正值梅雨季节，最易暴发成灾。1973 年开始推广抗病的珍汕 97，3～5 年后即丧失抗性，1977 年开始推广抗病的红 410，1980 年又丧失抗性，第一批育成的杂交水稻组合也先后丧失抗性。1981 年早稻发生穗颈瘟达 225 万亩，损失稻谷 2 亿斤。1982 年早稻发生穗颈瘟 127 万亩，损失稻谷 1.3 亿斤。目前推广的一批抗病品种，其抗性仍然是脆弱的。

（4）耕作粗放，科学种田水平低。

表 2　福建省稻作生产发展动态

年份	稻田面积（万亩）	双季稻面积（万亩）	播种面积（万亩）	总产量（亿斤）	播面亩产（斤）	稻田年亩产（斤）	播种面积增长率（%）			稻谷总产增长率（%）			播面亩产增长率（%）		
							全省	11个中低产县	4个高产县	全省	11个中低产县	4个高产县	全省	11个中低产县	4个高产县
1949 年	1 600.0	—	2 150.0	42.04	196	263	100	100	100	100	100	100	100	100	100
1952 年	1 604.2	459.3	2 146.6	56.21	262	350	97.7	99.8	99.8	121.4	121.1	122.1	121.4	121.7	122.6
1957 年	1 568.0	568.5	2 211.7	65.69	297	419	102.6	107.4	99.5	156.3	162.6	163.1	151.5	149.9	164.1
1965 年	1 355.8	557.1	1 974.5	71.01	360	524	91.8	91.7	81.1	168.9	161.6	171.6*	183.7	174.1	200.5
1972 年	1 399.9	1 064.1	2 523.7	99.79	395	713	117.4	119.0	97.7	9 237.4	240.8	207.5	201.5	201.1	212.4
1975 年	1 420.2	1 108.9	2 573.1	102.17	397	719	119.7	128.6	97.8	243.0	277.3	189.1	202.6	215.3	192.9
1981 年	1 434.1	1 026.8	2 476.2	136.16	550	950	115.2	118.6	94.8	323.9	873.9	254.9	280.6	318.9	268.3

　　* 11 个中低产县是：浦城、建宁、太宁、建瓯、周宁、霞浦、大田、永太、长汀、武平、龙岩，4 个高产县是云霄、龙海、南安、长乐。为 1966 年资料。

3 稻作发展战略

水稻中低产区的面积大,问题复杂,为了改变中低产面貌,必须扩大视野,作一些长远打算,总体设想。下面着重讨论两个发展战略。

3.1 稳定稻田面积,主攻单产

中低产区扩大耕地的潜力不大,1972 年以后双季稻种植面积也接近极限,今后进一步增产的主攻方向是提高单产。但只有在稳定稻田面积基础上,才能保证通过提高单产达到增加总产的目的。全省1952 年稻田面积为 1 604 万亩,1981 年稻田面积 1 434 万亩,比 1952 年减少 170 万亩,按目前水稻复种指数 172.7%计算,相当于减少播种面积 294 万亩。由此之故,解放 30 多年来花了很大力气搞单改双,旱改水和围海造田,水稻播种面积只净增 330 万亩,扩大 15%。可见减少稻田面积损失之大。耕地是人类赖以生存的基础,要十分爱惜,今后要采取法律措施,切实保护稻田不被随意侵占和改种。

3.2 建立"四良"的丰产技术体系

福建 32 年来的每一增产阶段,都靠普及一套新的栽培技术体系,当新的栽培技术体系尚未形成时,产量就停滞不前。四个增产阶段的栽培技术体系中,良种、良法是两项基本技术。如第一阶段抓了农家良种和传统的精耕细作技术,第二阶段抓了矮秆品种和双季稻连作化栽培技术,第三阶段抓了杂交水稻和第三代矮秆品种以及相应的综合性栽培技术,再加上增肥改土,促进单产以前所未有的幅度提高。总结本省历史经验,借鉴外国稻作发展史,今后进一步增产,要向建立良田、良制、良种、良法的丰产技术体系努力。良田、良种是基础,合理的复种轮作制,是培育高产土壤的重要措施,科学的栽培方法是充分发挥良种增产潜力的保证。

建设良田的难度最大,收效较缓,但不从根本上改良占稻田面积 80%左右的中低产土壤,中低产区的面貌就无法改变。改良中低产田,首先要保护,发展绿色水库——森林。中低产区的山地占土地总面积的 80%以上,森林覆盖率在 60%左右,终年山泉溪水不断,稻田的 90%可以自流灌溉,这是一大优势。但是普遍存在森林过伐现象,如不扭转,90%稻田旱涝保收的优势将会丧失。一些森林遭受破坏的社队,出现了严重的水土流失,土壤沙化,水源日益枯竭,已受到自然的惩罚。其次,改良中低产田要针对不同的障碍因素,采取生物措施和工程措施相结合的方法进行综合治理。冷浸田首先要采取工程排水措施,降低地下水位,干化土壤。黏瘦田要着重种植绿肥,增施有机肥料,实行稻秆回田,合理轮作。为了建设丰产稳产良田,国家应在物质和资金上给农民以一定的支持。日本就曾在 1950 年代大力资助农民进行土地平整和渠道建设,促进了 1960—1970 年代水稻生产大发展。

4　增产策略

作为增产策略,要从现有技术成果中挑选一批省工、省本、省力,能充分利用当地资源,具有显著增产效果和较高经济效益的科学技术,集中力量进行推广。根据调查考察,提出下列几项科学技术供各地选择。概括起来就是"三个普及,四个调整"。

4.1　三个普及

(1)普及深层施肥:化肥表施的利用率只有 20％～30％,改为深施,利用率可提高 30％以上,增产稻谷 10％～15％。目前可先普及碳铵和磷肥作基肥深施,双季稻生长期短。可将大部分氮磷钾肥作基肥深施。

(2)普及培育壮秧:据 1982 年全省协作试验,杂交水稻培育三叉壮秧亩施氮 15 斤,比单秆细秧亩施氮 22～25 斤的,13 个试点中有 7 个试点显著增产,平均亩增 105 斤,有 3 个试点平产,3 个试点略为减产。可见壮秧省肥、省种、增产。培育壮秧的关键在于稀播,杂交水稻要坚持亩播 30 斤左右,常规水稻大苗移栽掌握亩播 100 斤左右。小苗移栽掌握亩播 400 斤左右。

(3)普及营养诊断技术:目前可用的诊断方法有化学诊断法,形态诊断法,试验对比法。省外已有大面积应用的成功经验,本省也有一定应用基础。实践表明,采用营养诊断技术,了解作物各种营养的丰缺和土壤供肥状况,计算需要肥料的种类、数量和比例,进行配方施肥,可以克服各种营养元素过多、过少现象,协调作物与土壤的养分平衡,达到省肥、增产的目的。

4.2　四个调整

(1)调整品种布局。在稻瘟病区,根据生理小种分布,选用几个抗瘟品种配套种植,同时积极鉴定接班品种,3～4 年后轮换更新。在纬度偏南,海拔较低地区,扩大耐粗、耐瘠、抗病、生长期长的弱感光型杂交水稻组合,更充分地利用中低产区的气候土壤资源。

(2)调整抽穗期:根据当地气候资源,通过合理安排品种和播插期,使早稻孕穗—抽穗期避过"梅寒",晚稻抽穗期避过"秋寒",单季稻抽穗期避过高温伤害和诱发穗颈瘟的"秋淋雨"。

(3)调整肥料结构:中低产区有 60％以上的稻田缺磷缺钾,而目前氮、磷、钾肥比例是 1：0.36：0.11,不相适应。增加磷钾肥供应量,并集中用于缺磷缺钾田,把氮、磷、钾肥比例调整为 1：0.5：0.5,是一条增产的有效途径。据 1982 年全省协作试验,13 个试点中,有 7 个点土壤速效磷在 10 mg/kg 以下,亩施过磷酸钙 50 斤,平均增产稻谷 123 斤;有 9 个点土壤速效钾在 60 mg/kg 以下,亩施氯化钾 15 斤,平均增产稻谷 113 斤。

(4)调整作物结构。中低产区稻田的作物结构过于单一化,水稻占 95％以上,只用地不养地。除了应该恢复紫云英外,在单双季稻混作区和双季稻区的 200 多万亩单季稻田,至少有 100 万亩可改为豆—稻两熟,前作春大豆于 6 月下旬至 7 月上旬收获,后作杂交水稻比双晚可早插一个节气,不仅可以增加粮食总产。而且可以提高经济效益,还可改良土壤,为市场提供大量紧缺的豆制品,可谓一举数得。

著录论文

李义珍,郑志强,张琳.福建省中低产区稻作现状和增产途径[C]//福建省农业委员会,福建省农业厅.福建省中低产田改造与科学利用学术论文选编.福州,福建农业委员会,1983:6-13.

四、闽南粮食三熟超高产栽培研究初报

研究地点在 $24°23'$N、$117°53'$E 的福建省南部沿海平原龙海市。属南亚热带气候,光热水资源丰富。年平均气温 21.6 ℃,年太阳总辐射 5 200 MJ/m²,年降水 1 661 mm。稻田为海陆相沉积的轻黏性灰泥田,肥力上等。

1 粮食三熟超高产的最佳作物组合

1997—1999 年,在东园镇建立 3.33 hm² 稻—稻—小麦和稻—稻—马铃薯超高产试验田。在白水镇建立 1.33 hm² 稻—稻—甘薯超高产试验田。由产量验收结果(表1)看出:稻—稻—马铃薯三熟组合的产量高而稳定,平均(27 050±190.5) kg/hm²;稻—稻—小麦三熟组合的产量次之.平均(24 010±1057.5) kg/hm²,由于年际春雨早迟多寡不定,小麦产量波动颇大,组合产量较不稳定;稻—稻—甘薯三熟组合的产量较低,平均(22 455±457.5) kg/hm²,由于越冬甘薯生长期长,翌年 5 月初才收获,早稻延误移栽佳期,产量明显降低。结果表明,稻—稻—马铃薯是争取粮食三熟超高产的最佳作物组合。其经济效益也相对较高,每公顷产值可达 75 000 元,纯经济效益可达 52 500 元。

2 双季杂交稻的超高产特性

在历年超高产竞赛中,曾出现小面积杂交稻一季产量达 11～12 t/hm²,显示水稻尚有很大的增产潜力。因而多年来着重研究了双季杂交稻的超高产生理生态特性、主要限制因素和栽培技术,以寻求突破产量瓶颈的途径。

表 1　粮食三熟组合的产量比较

年份	产量(kg/hm²)											
	稻—稻—马铃薯				稻—稻—小麦				稻—稻—甘薯			
	早稻	晚稻	马铃薯	合计	早稻	晚稻	小麦	合计	早稻	晚稻	甘薯	合计
1997 年	10 155	9 540	7 230	2 6925	9 975	9 450	4 965	24 390	8 250	9 373	1 815	22 440
1998 年	10 260	9 465	7 545	27 270	10 140	9 480	5 205	24 825	8 490	9 390	5 040	22 920
1999 年	10 380	8 895	7 680	26 955	10 290	8 685	3 840	22 815	8 775	8 730	4 500	22 005
平均	10 265	9 300	7 485	27 050	10 135	9 205	4 670	24 010	8 505	9 165	4 785	22 455
标准差	112.5	352.5	231.0	190.5	157.5	450.0	729.0	1 057.5	262.5	376.6	271.5	457.5

* 马铃薯、甘薯产量按鲜薯产量的 20% 折算。

2.1 超高产水稻的产量构成特征

在超高产试验田和大田生产中,曾调查 161 丘主栽品种特优 63 的产量构成,经分析[1]看到:随着产量水平的提高,穗数、每穗粒数和每平方米总粒数都逐渐增加,而结实率和千粒重变化不大;在诸产量构成因素中,以每平方米总粒数与产量的相关最密切($r=0.9163^{**}$),单产 12 t/hm² 为 5 万粒/m²;而每平方米穗数和每穗粒数对平方米总粒数的贡献率各占 75% 和 25%。但是又看到一些产量高于特优 63 的品种,是在保持相近的穗数、发育更大的穗子而增产的。表明超高产水稻的产量构成特征是兼容足穗与大穗,形成巨大的库容量。

2.2 超高产水稻的物质积累运转规律

据对平均产量 9.75 t/hm² 的特优 63 定位追踪田观测结果(见表 2)[2],看到:氮、磷、钾、干物质和贮藏性碳水化合物(SC)的积累动态,都呈 Logistic 生长曲线,前期、中期、后期的净积累量之比,氮为 36:45:19,磷为 30:67:3,钾为 30:55:15,干物质为 14:52:34,SC 为 3:33:64。表明氮、磷、钾养分的吸收积累优势在前期和中期,干物质和 SC 的积累优势在中期和后期。前、中期积累于营养器官的氮、磷、钾素,在抽穗后有相当一部分转运到穗部,构成籽粒氮、磷、钾积累量的 67%~95%;中期贮积于茎鞘中的 SC,在抽穗后源源转运到穗部,构成籽粒 SC 积累量的 33%,并且,SC 以在齐穗后 10 d 内输出量最多,占到同期穗部 SC 净积累量的 50% 左右,这对于启动籽粒发育,特别是在不利气候条件下光合作用削弱时保持结实率的稳定,起了十分重要的作用。这些结果表明,改进传统的施肥技术,合理调控前、中期的氮、磷、钾营养水平,促进中、后期干物质和 SC 的积累,对实现超高产至关重要。

表 2　水稻各种物质的积累运转动态

物质类别	移栽—苞分化净积累量(g/m²)				苞分化—齐穗净积累量(g/m²)					齐穗—成熟净积累量(g/m²)					总计(g/m²)
	叶	鞘	茎	合计	叶	鞘	茎	穗	合计	叶	鞘	茎	穗	合计	
干物质	117.4	120.1	5.8	243.3	193.2	203.2	280.1	213.4	889.9	−48.4	−94.0	−84.7	794.0	566.9	1 700.1
SC	4.75	11.02		15.77	12.61	80.98	89.90	11.13	194.62	−12.08	−89.87	−81.86	561.31	377.50	587.89
氮	4.55	2.27		6.82	3.04	0.63	2.09	2.63	8.39	−4.52	−1.38	−1.08	10.48	3.50	18.71
磷	0.41	0.55		0.96	0.36	0.24	1.09	0.49	2.18	−0.46	−0.65	−0.93	2.14	0.10	3.24
钾	2.13	3.03		5.16	2.01	1.49	4.68	1.30	9.48	−1.64	−1.50	3.98	1.67	2.51	17.15

2.3 超高产水稻的根系形态与机能

对 20 区不同产量水平的特优 63 的根系发育形态进行了精细的观察(表 3)[3],可以看到:随着产量水平的提高,分布在土壤各层次根系的干重、体积、根系总长度和根长密度都逐渐增加,平均产量 12.22 t/hm² 的水稻,根系总干重达 352.6 g/m²,T/R 值为 6.4,分枝根十分发达。根系总长度达 8.06 万 m/m²,根长密度达 32.2 cm/cm³,在耕层密集成网,为形成强大的水分、养分吸收能力和物质合成能力确立了形态学基础。另据在齐穗期观测,衡量根系活力综合指标的伤流量,也随产量水平的提高而增加,每公顷产量为 6.55 t、9.33 t、10.90 t、12.63 t 的水稻,每平方米稻株的总伤流量分别为 38.0、41.4、53.5 和 67.4 g/h。

研究结果显示:改善土壤生态环境,培育形态发达、活力高而持久的根系,是突破产量瓶颈的一个关键。

表3　水稻不同产量水平各层次根系的发育形态

分布层次	根系干重(g/m²)			根系总长度(10³ m/m²)			根长密度(cm/m³)		
(cm)	A	B	C	A	B	C	A	B	C
0～5	173.7	140.8	105.2	42.6	42.3	26.2	85.1	84.54	52.4
5～10	88.7	79.5	63.6	19.6	14.9	12.0	39.1	29.8	23.9
10～15	58.9	47.1	41.6	12.6	9.8	6.7	25.2	19.6	13.5
15～20	24.0	16.8	16.8	4.8	1.9	3.6	9.7	3.9	7.3
20～25	7.3	7.8	7.8	1.0	0.7	1.0	2.0	1.4	2.0
合计	352.6	292.0	235.0	80.6	69.6	49.5	32.2	27.8	19.8

*A:取样6区,平均产量12.2 t/hm²;B:取样9区,平均产量9.28 t/hm²;C:取样5区,平均产量6.79 t/hm²。

　　根据多年研究结果,提出水稻一季产量稳定达到(11～12 t/hm²)的农田基本建设、良种选用、育秧密植和施肥管水等系列技术的构想,拟于今后集成、验证、完善。对马铃薯的超高产特性和栽培系统,尚待研究开发。

著录论文

黄亚昌,苏连庆,郑景生,等.闽南粮食三熟超高产栽培研究初报[J].中国农业科技导报,2000,2(3):26-28.

参考文献

[1]杨惠杰,李义珍,黄育民,等.超高产水稻的产量构成和库源结构[J].福建农业学报,1999:14(1):1-5
[2]李义珍,黄育民,庄占龙.华南双季杂交稻高产生理特性[M]//水稻高产高效理论与新技术.北京:中国农业科技出版社,1996:56-63
[3]郑景生,林文,姜照伟,等.超高产水稻根系发育形态学研究[J].福建农业学报,1999:14(3):1-6

五、福建龙海稻菇生产系统的养分循环和有机质平衡

福建省龙海市是双季稻高产区,为了发展持续高效农业,十几年来利用稻草培养蘑菇,菇渣回田改土,逐步形成稻菇双高产,副产品循环利用的生态系统。1998—1999 年在龙海市东园镇调查研究了稻菇生产系统中氮、磷、钾素和有基质的投入输出,为优化农业结构,发展持续高效农业提供参考。

1 材料与方法

根据国家科技攻关计划"持续高效农业技术研究与示范"项目的任务,在龙海市东园镇建立"稻菜菇高产高效示范区,1998 年、1999 年每年种植双季稻 1 333 hm²,培养蘑菇 77 万 m²。我们以东园镇大面积稻菜菇高产高效示范片为基地,定点追踪观测了有、无机肥料投入量、稻菇主副产品的产出量及其氮、磷、钾素含量,测定了土壤有机质、全氮和速效磷、钾素含量。

东园镇地处九龙江下游河网平原,24°23′N,117°53′E。稻田为海陆相沉积的轻黏性灰泥田,含有机质 3.74%,全氮 0.196%,速效磷 3 mg/kg,速效钾 73 mg/kg。属南亚热带气候,年平均气温 21.6 ℃,降水 1 661 mm,日照 1 986 h,太阳总辐射 5200 MJ/m²。

2 结果与分析

2.1 双季稻田有机物质及氮、磷、钾素物质的投入产出

据定点追踪观测,结果如表 1 所示:

每公顷双季稻田的投入:菇渣 13 500 kg(内含氮素 113 kg,磷素 19 kg,钾素 211 kg);上年度残留水稻根茬 7 550 kg(内含氮素 24 kg,磷素 5 kg,钾素 91 kg);化肥氮 357 kg,磷 62 kg,钾 53 kg。合计每公顷总投入的有机干物质 21 050 kg,氮 494 kg,磷 86 kg,钾 355 kg。其中菇渣和根茬所含氮、磷、钾养分量分别占总投入氮、磷、钾量的 28%、28% 和 85%。

每公顷双季稻田的产出:稻谷 16 650 kg(内含氮素 226 kg,磷素 30 kg,钾素 42 kg);稻草 13 500 kg(内含氮素 120 kg,磷素 16 kg,钾素 211 kg);根茬 7 550 kg(内含氮素 24 kg,磷素 5 kg,钾素 91 kg)。合计每公顷总产出的有机干物质 37 700 kg,氮 370 kg,磷 51 kg,钾 354 kg。

通过水稻作用,双季稻产出的有机物质远高于投入的菇渣和根茬有机质(＋79％),虽然稻谷带走了一部分有机质,但留存的有机质经直接和间接回田,仍可保持土壤有机质的动态平衡。

氮、磷、钾素物质不能再生,氮素因氨的挥发和反硝化而损失25％,磷素被土壤固定而损失41％,钾素表观上几未损失,实际上是因投入不足,挖了土壤库存。但总体而言,稻菇生产系统中的稻田氮、磷、钾素的利用率还是较高的。

表 1　双季稻田有机物质及氮、磷、钾素物质的投入产出

物质	投入(kg/hm²)				产出(kg/hm²)				亏损量 (kg/hm²)	亏损率 (％)
	化肥	菇渣	根茬	合计	稻谷	稻草	根茬	合计		
有机干物量	—	13 500	7 550	21 050	16 650	13 500	7 550	37 700	−16 650	−79
氮素含量	357	113	24	494	226	120	24	370	124	25
磷素含量	62	19	5	86	30	16	5	51	35	41
钾素含量	53	211	91	355	42	221	91	354	1	0.3

＊各类有机干物质的氮、磷、钾素含有率:菇渣分别为0.84％、0.14％、1.56％;根茬分别为0.32％、0.07％、1.21％;稻谷分别为1.36％、0.18％、0.25％;稻草分别为0.89％、0.12％、1.64％。

2.2　蘑菇床的有机物质及氮、磷、钾素物质的投入产出

据定点追踪观测,每平方米蘑菇床的培养料为稻草15 kg,牛粪干5 kg,碳酸氢铵0.5 kg,过磷酸钙0.5 kg,石灰1 kg;每平方米蘑菇床产鲜菇10 kg,菇渣15 kg。每公顷双季稻草13 500 kg,铺设蘑菇床900 m²。由此计算900 m²菇床的投入和产出,结果如表2所示。

900 m²蘑菇床的投入:稻草13 500 kg(内含氮素120 kg,磷素16 kg,钾素221 kg);牛粪干4 500 kg(内含氮素69 kg,磷素4 kg,钾素43 kg);碳酸氢铵450 kg(折算为氮肥68 kg)过磷酸钙450 kg)(折算为磷肥24 kg)。合计总投入的有机干物质18 000 kg,氮257 kg,磷44 kg,钾264 kg。其中稻草所含氮、磷、钾养分量占总投入氮、磷、钾量的47％、36％和84％。

900 m²蘑菇床的产出:鲜蘑菇9 000 kg,折干蘑菇1 000 kg(内含氮58 kg,磷6 kg,钾15 kg);菇渣13 500 kg(内含氮113 kg,磷19 kg,钾211 kg);合计产出的有机干物质14 500 kg,氮171 kg,磷25 kg,钾226 kg。

蘑菇培养粉经过酵解及蘑菇的吸收转化,氮损失33％,磷损失43％,钾损失14％。蘑菇以培养料中的碳水化合物为能源,至采菇结束,有机质耗减19％。

表 2　蘑菇床的有机物质及氮、磷、钾素物质的投入产出

物质	投入(kg/hm²)				产出(kg/hm²)			亏损量 (kg/hm²)	亏损率 (％)
	化肥	稻草	牛粪干	合计	蘑菇干	菇渣	合计		
有机干物质	—	13 500	4 500	18 000	1 000	13 500	14 500	3 500	19
氮素含量	68	120	69	257	58	113	171	86	33
磷素含量	24	16	4	44	6	19	25	19	43
钾素含量	0	221	43	264	15	211	226	38	14

＊各类有机干物质的氮、磷、钾素含有率:牛粪干分别为1.53％、0.09％、0.96％;蘑菇干分别为5.80％、0.63％、1.46％;稻草、菇渣同表1。

2.3 稻菇生产系统的氮、磷、钾素循环

根据表1、表2数据,整理出稻菇生产系统的氮、磷、钾素收支平衡账(表3)和物质循环网络(图1),看出:

稻菇生产系统的两头是稻田蘑菇床,1 hm² 双季稻草供培养 900 m² 蘑菇。从系统外部向稻菇生产系统投入的化肥、牛粪折合氮 494 kg、磷 90 kg、钾 96 kg;而从系统内部输出的主产品稻谷和蘑菇折合氮 284 kg、氮 36 kg、钾 57 kg,氮、磷、钾素的亏损率分别为 43%、60% 和 41%。

稻菇生产系统副产品——稻草、根茬和菇渣,其所含氮、磷、钾素则在系统内循环利用,其中菇渣和根茬回田,每公顷含氮 137 kg、磷 24 kg、钾 302 kg,分别占相应养分总投入量的 28%、28% 和 85%;1 hm² 稻草培养 900 m² 蘑菇,含氮 120 kg、磷 16 kg、钾 221 kg,分别占培养料中相应养分总量的 47%、36% 和 84%。由此可见,稻菇系统副产品的循环利用,节省了大量能源(化肥)的投入,特别是这些副产品富含钾素,是稻菇系统运行的主要钾源。

稻菇系统内外合计总投入氮 638 kg、磷 111 kg、钾 408 kg,总输出氮 421 kg、磷 60 kg、钾 359 kg,损失氮 34%、磷 46%、钾 12%。不过这只是表观亏损率,估计有相当一部分的氮、磷、钾素被稻田土壤吸附,而计算在"亏损"之中。

表3　1 hm² 双季稻田—900 m² 蘑菇床生产系统的氮、磷、钾素循环

	氮				磷				钾			
	投入(kg)	产出(kg)	亏损(kg)	亏损率(%)	投入(kg)	产出(kg)	亏损(kg)	亏损率(%)	投入(kg)	产出(kg)	亏损(kg)	亏损率(%)
系统外	494	284	210	43	90	36	54	60	96	57	39	41
系统内	144	137	7	5	21	24	−3	−14	312	302	10	3
合计	638	421	217	34	111	60	51	46	408	359	49	12

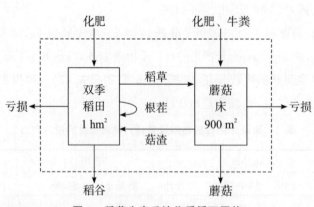

图1　稻菇生产系统物质循环网络

2.4 稻菇生产系统中稻田土壤有机质的动态平衡

菇渣富含有机质,据测定,含有机质 17.1%。900 m² 蘑菇渣 13 500 kg 返回 1 hm² 稻田,为稻田土壤新添有

机质达 2 310 kg。1 hm² 稻田还残留根茬 7 550 kg,按其腐殖化系统数 0.3 计算,又在土壤形成 2 265 kg 有机质。两项合计,每公顷稻田新积累的腐殖质化有机质达 4 575 kg。

据研究,南方水旱轮作田的有机质年矿化度为 6.3% 左右。按龙海市东园镇稻田土壤含有机质 3.74% 计算,1 hm² 稻田耕作层含有机质 67 t,年矿化量为 4 221 kg。则土壤有机质的积累矿化比为 1.08∶1。

数据表明:稻菇生产系统由于大量菇渣回田和根茬残留,保持了土壤有机质的动态平衡。

3　总结与讨论

福建龙海利用稻草培养蘑菇,菇渣回田改土,逐渐形成稻菇双高产,副产品循环利用的持续高效生产系统。观测系统中氮、磷、钾素和有机物的投入产出,结果明确:(1)1 hm² 双季稻草培养 900 m² 蘑菇,添加适量的化肥、牛粪,产出鲜蘑菇 9 000 kg,菇渣 13 500 kg,折算为养分量,氮素投入 257 kg,输出 171 kg,表观亏损率 33%;磷素投入 44 kg,输出 25 kg,表观亏损率 43%;钾素投入 264 kg,输出 226 kg,表观亏损率 14%。(2)每公顷回田菇渣 13 500 kg,残留根茬 7 550 kg,添加适量的化肥,产出稻谷 16 650 kg,稻草 13 500 kg,根茬 7 550 kg,折算为养分量,氮素投入 494 kg,输出 370 kg,表观亏损率 25%;磷素投入 86 kg,输出 51 kg,表观亏损率 41%;钾素投入 335 kg,输出 334 kg,表观亏损率 0.3%。(3)稻菇副产品富含钾素和有机质,也含有一定的氮、磷素,在系统内循环利用,节约了大量能源(化肥)投入,并维持了土壤有机质的动态平衡。其中,回田的菇渣和根茬,含有相当于投入总氮量的 28%、总磷量的 28% 和总钾量的 85%,转化的腐殖质化有机质相当于土壤有机质年矿化量的 108%;培养蘑菇的稻草,含有相当于培养总氮量的 47%、总磷量的 36% 和总钾量的 84%。

著录论文

[1]郑景生,李义珍,姜照伟,等.福建龙海稻菇生产系统的养分循环和有机质平衡[J].福建稻麦科技,2001,19(增刊1):3-5.

[2]郑景生,李义珍,姜照伟,等.福建龙海稻菇生产系统的氮素循环和管理[J].土壤学报,2002,39(增刊1):216-219.

参考文献

[1]鲁如坤,时长元,钱承梁.我国农田养分再循环—潜力和问题[J].中国农业科学,1983,26(5):1-6.

[2]谭林.吨粮田土壤有机质平衡初探[M]//吨粮田技术.北京:农业出版社,1991:150-160.

[3]DE DATTA S K,BURESH R J.灌溉稻的综合氮素管理[M]//中国水稻研究所.灌溉稻研究进展和前景.杭州:浙江科学技术出版社,1987:159-173.

[4]刘经荣,张德远,吴建富,等.稻田养分循环利用模式的研究[J].江西农业大学学报,1995,17(2):105-109.

[5]袁从祎.水稻生产中的氮肥效率[J].江苏作物通讯,1996(1):58-59.

[6]黄育民,李义珍,郑景生,等.杂交稻高产群体的氮磷钾素积累运转[J].福建省农科院学报,1997,12(3):1-6.

六、冷烂田的稻根发育和排渍调根增产效应

福建省山区有冷烂田 16.7 万 hm^2，占当地稻田面积的 30%。由于地处山丘峡谷，地下水位高，长年泉水浸渍沼泽化，烂泥层一般达 20～30 cm，呈高度嫌气状态。有机质经嫌气分解，产生大量的 CH_4、H_2S、CO_2 等还原性物质，强烈地抑制稻根发育，产量很低。为此，我们对冷烂田的稻根发育及改良措施的排渍调根增产效应进行了观测。

1 材料与方法

应用 Monolith 改良法，在明溪、建瓯、连城等地分别观测了浅底冷烂田、深底冷烂田和沙壤田各层次稻根的体积和干重。在福建省农业科学院稻麦研究所试验农场观测了稻根形态的时空变化，在有关试点还同时观测了稻根的 α-NA 氧化力、伤流强度、土壤的氧化还原电位（E_h）值、Fe^{2+} 和还原性物质含量。有关试验处理随机排列，3 次重复，小区面积 13.3 m^2，成熟期测产并调查产量构成。

2 结果与分析

2.1 冷烂田的稻根发育形态

水稻根群随生育时间的推移，不断向深层伸展，根数、体积和干重不断增加。如移栽后 7 d 稻根伸展深度为 10 cm，绝大部分分布在 0～5 cm 土层，根群干重为最终质量的 12%；拔节初期稻根伸展深度为 30 cm，绝大部分分布在 0～20 cm 土层，根群干重为最终质量的 67%；齐穗期稻根伸展深度为 35 cm，绝大部分分布在 0～25 cm 土层，根群干重为最终质量的 98%。

浅底冷烂田、深底冷烂田和沙壤田等 3 类土壤的稻根，都在表土层分枝最密集，体积最大，干重最高，愈向下根数愈少，体积和干重也愈小。如成熟期的稻根总干重，0～5 cm 占 42%～46%，5～10 cm 占 25%～31%，10～15 cm 占 16%～18%，15～20 cm 占 7%～13%，20～25 cm 占 1%～2%。冷烂田的稻根发育显著不良，浅底冷烂田的稻根干重仅为沙壤田的 63%，深底冷烂田的稻根干重仅为沙壤田的 42%；而且，愈是深层的稻根，干重减幅愈大，如 0～10 cm 土层根重，浅底冷烂田和深底冷烂田分别为沙

壤田的 68％ 和 48％；10～25 cm 土层根重，浅底冷烂田和深底冷烂田分别为沙壤田的 51％ 和 31％。[1]

2.2　冷烂田稻根形态与稻谷产量的相关性

冷烂田稻根发育不良，制约了地上部的生长，前期坐苗，后期早衰。只有改良土壤，培育强大根系，才能有效地提高稻谷产量。曾在两处冷烂田，各选尚未改良、改良 1～2 年或改良多年的稻田 8 块，每块取 2 株，测定各株稻谷产量和不同层次稻根的体积及干重。从表 1 结果看出，稻谷产量与各层次稻根的体积和干重，都呈极显著正相关。其中分布于 5～20 cm 土层的下层根，比分布在 0～5 cm 土层的表层根，与稻谷产量的相关程度又较高。

表 1　冷烂田稻根形态与稻谷产量的相关系数

相关因素	稻根层次（cm）	浅底冷烂田（明溪县福西）	深底冷烂田（建瓯县徐墩）
稻根干重	0～5	0.725 7**	0.805 4**
	5～10	0.739 0**	0.927 2**
	10～15	0.681 2**	0.750 0**
	15～20	0.658 0**	0.736 1**
稻谷产量	5～20	0.787 7**	0.859 9**
稻根体积	0～5	0.687 0**	0.805 2**
	5～10	0.626 4**	0.824 4**
	10～15	0.692 8**	0.829 1**
	15～20	0.675 7**	0.669 0**
稻谷产量	5～20	0.718 2**	0.857 3**

2.3　冷烂田建三沟的排渍调根效应

改良冷烂田的根本途径是建设三沟，降低地下水位，改变土壤长年渍水，高度嫌气状态。三沟规格：(1)顺垄向建设剖腹式石砌排水主沟，深 1.2～1.5 m，宽 1～2 m；(2)沿垄田两侧开灌水沟，深 0.5 m；(3)沿垄田两旁开环山排洪沟，深宽度视积雨面积而定。

据观测，冷烂田建设三沟后，还原性物质和 Fe^{2+} 含量逐年大幅度降低，E_h 迅速提高，有机质矿化增强，氮、磷养分略有提高（表 2）。据在建瓯县徐墩村观测，冷烂田建设三沟后，土壤理化性和稻根发育，沿主沟两侧先近后远得到改善。与未改良的冷烂田相比，在距主沟 5 m、15 m、25 m 处，E_h 分别提高 253％、251％ 和 173％，稻根干重分别增加 204％、96％ 和 37％，稻谷产量分别提高 117％、91％ 和 47％（表 3）。

表 2　冷烂田开"三沟"后土壤理化性的变化

测定时间	土层 5 cm 处 E_h(mV)	还原性物质总量 (mg/100 g)	活性还原性物质量 (mg/100 g)	Fe^{2+} 含量 (mg/kg)	有机质含量 (%)	全氮含量 (%)	全磷含量 (%)	速效磷含量 (mg/kg)
开沟前(1983 年 3 月)	56	8.9	8.0	581	3.88	0.242	0.195	19
开沟后 1 年 (1983 年 11 月)	98	7.5	7.2	475	3.01	0.254	0.208	14
开沟后 2 年 (1984 年 11 月)	195	6.1	5.5	301	2.71	0.251	0.231	14
开沟后 3 年 (1985 年 11 月)	350	4.0	2.9	203	3.03	0.259	0.233	18

注:建阳县麻沙。

表 3　开"三沟"对土壤理化性的影响

项目	开三沟田			未开三沟
	距主沟 5 m 处	距主沟 15 m 处	距主沟 25 m 处	
土层 5 cm 处 E_h(mV)	371.0	369.0	287.0	105.0
垂直渗水速度(mm/d)	2.1	1.5	1.2	0.3
还原性物质总量(mg/100 g)	7.4	8.0	7.9	14.1
活性还原性物质(mg/100 g)	6.8	7.3	6.8	13.1
稻根干重(g/株)	14.9	9.6	6.7	4.9
稻谷产量(kg/hm²)	5 303.0	4 658.0	3 593.0	2 445.0

注:建瓯县徐墩,1984 年春开沟,1985 年秋测定。

2.4　冷烂田垄畦栽培的排渍调根效应

冷烂田建设三沟的一次性投资大,只能分期开展。在建设三沟之前或建设三沟不久,土壤未干化之前,实行垄畦栽培,是一项省工节本排渍调根的有效措施。垄畦栽培的技术要点是:(1)种稻前起垄,垄高 20 cm,垄面宽 25～120 cm,垄沟宽 25～30 cm;(2)垄上种稻,垄沟灌水,生长期间清沟 1～2 次,割稻后免耕,下季种稻前再清沟一次,在稻桩间栽新秧;(3)栽稻后半个月浅水淹垄,分蘖期灌半沟水,够苗时烤田。中后期进行间歇性沟灌,保持垄面湿润状态。[2]

由于垄畦露出水面 10～20 cm,依靠毛细管水浸润,沿土壤孔隙导入大量氧气,并通过稻根组织向深层土壤泌氧,从而改变冷烂田高度嫌气状态,还原物质在一度上升后逐渐下降,E_h 则逐渐提高。至乳熟末期,垄作田比平作田的还原性物质含量减少 28.6%,E_h 提高 110%。

由此,稻根形态发育得到改善,稻根机能增强。据乳熟末期观测(表 4),垄作比平作稻根干重增加

98.4％,稻根体积扩大 61.5％,稻根容重提高 22.6％,稻根对 α-NA 氧化力增强 62.9％,伤流量增加 53.4％。其中 0～10 cm 土层的稻根形态和机能改善尤为明显。

表 4　垄畦栽培对稻根形态及活力的影响

栽培方式	稻根层次 （cm）	稻根干重 （g/株）	稻根体积 （cm³/株）	稻根容重 （mg/cm³）	α-NA 氧化力 [μg/(g·h)]	伤流强度 [mg/(g·h)]
垄作	0～10	6.38	28.2	226	55.8	
	10～20	0.98	6.6	149	9.3	
	20～30	0.16	1.7	94	6.7	
	全体	7.52	36.5	206	48.7	198.3
平作	0～10	3.20	15.8	203	33.9	
	10～20	0.50	5.7	91	9.0	
	20～30	0.09	1.1	82	0.2	
	全体	3.79	22.6	168	29.9	129.3

注:汕优 63,乳熟末期,武夷山市,1988。

垄畦栽培排渍调根,促进了稻谷显著增产。1987—1989 年福建省累计推广垄畦栽培 32.3 hm²,平均产量 5 133 kg/hm²,增产 11.3％,其中 21 个试点平均增产 22.3％。垄畦栽培田的稻根具有高而持久的活力,还有利培育再生稻,据 4 个试点对比,垄作田的水稻—再生稻年产量达 9 989 kg/hm²,其中头季稻 7 402 kg/hm²,比平作增产 15％,再生稻 2 587 kg/hm²,比平作增产 131％。

著录论文

李义珍,黄育民.冷烂田的稻根发育和排渍调根增产效应[J].作物杂志,1996(5):31-32.

参考文献

[1]森田茂纪,李义珍,杨惠杰.中国福建省における水稻の畦立栽培[J].根の研究,1997,6(4):141.

[2]黄育民,李义珍.冷烂型稻田起垄栽培的排渍调根增产机理研究[J].福建省农科院学报,1991,6(2):11-17.

七、杂交稻制种母本机插技术研究

杂交水稻的推广应用,为提高粮食产量水平,保障我国粮食安全作出了巨大贡献。并将继续发挥重要作用。而杂交稻的种子生产则是杂交稻生产的重要基础。但目前杂交稻种子生产上存在技术复杂,用工量大,生产成本高的问题。特别是制种过程中的母本插秧作业,目前大面积生产上仍采用人工插秧方式。需耗费大量人工,不但成本高,而且在当前农村劳动力大量转移,农业用工紧张的形势下,对杂交稻种子的正常生产直接产生不利影响。解决杂交稻制种母本种植机械化问题,对于稳定杂交稻种子生产,降低杂交稻生产成本,提高水稻生产效益,保障粮食生产安全具有重要意义。

水稻机械化育插秧技术在我国取得了极大的完善与发展[1]。采用该技术,实施母本插秧机械化,有望解决目前杂交稻制种母本插秧用工多,工效低,成本高的问题。福建农科院水稻研究所与福建省建宁县农业局,建宁县农机管理中心合作,于2009年开始在建宁县溪口乡桐元村制种基地进行了这方面的试验研究,取得了初步成功。该试验的供试材料为杂交稻组合Ⅱ优673的亲本Ⅱ-32A和福恢673。试验父本分别于4月1日和12日分两期播种,均于5月13日移栽,单行单本插植,株距20 cm,行间宽210 cm。母本Ⅱ-32A插植规格行距30 cm,两父本行间插植6行(采用久保田6行步行式插秧机)株距调整至12 cm,实测13.3 cm。用种量通过调整取秧量控制为每亩1.0、1.5、2.0 kg三个处理。育秧方式采用干土软盘法育秧。每盘(面积28 cm×58 cm)播种量100 g干种。4月27日播种,5月15日插秧,秧龄18 d,叶龄3.1叶。对照人工插秧4月25日播种,秧龄20 d,移栽叶龄3.4叶。插植株行距16.7 cm×16.7 cm。双本插,亩用种量1.5 kg。试验结果采用母本机械插秧不但节省用工,降低成本(每亩节约育插秧成本57~68元),而且还能增产。亩用种量采用1.5 kg的机插处理,实收产量达到5 006 kg/hm²,比对照人工手插增产2.43%。增产原因主要为机插处理的抽穗期集中,结实率有所提高。

1 母本机插主要技术措施

1.1 育秧备土

机插育秧使用的土壤有干土和泥浆两种。采用干土育秧虽然备土过程要多用些工,但能有效去除土壤中的石块等杂质,有利提高插秧效率,减少设备损坏,且培育的秧苗生长整齐,出苗快,成苗率高,白根多,秧苗素质好,对杂交稻制种更加有利。故本试验采用干土法培育母本秧苗。备土一般在冬季进行,从一般水稻田或菜园取土即可,每亩插秧大田需干土约100 kg(0.08 m³)。取土时应先对取土田块用铧犁进行耕翻晒田,当土壤水分含量降到适宜碎土时,用旋耕机反复旋耕,然后用 8 mm×8 mm 的筛网对其进行过筛。也可直接从田中取土运往晒场均匀摊开晾晒(平均厚度约 5 cm)。当土壤晾晒干燥到一定程度时(压碎后不会重新结块黏结),用车辆(汽车,拖拉机)碾轧。然后再进行过筛。筛土时可将筛子放在斗车上,筛出的细土直接落入斗车中,未通过筛网的土块应重新摊开,继续进行碾轧过筛,重复 3 次后即可有 90% 的土壤成为细土供育秧用。剩余的为含杂质、石块较多的土壤,弃之不用。备好的土要集中堆放,盖好薄膜(防雨)备用。

1.2　秧田准备

选择排灌方便,光照充足,便于运输,土壤肥力较高的田块做秧地。秧田、大田比例宜为 1∶100。播种前 5 d 应将秧畦做好。秧畦面宽 1.4 m,沟宽 0.3 m。做好的秧畦彻底排水晒畦。播种前铲高补低,填平裂缝,充分拍实。

1.3　种子准备

种子需进行浸种、消毒、催芽处理。具体方法与一般杂交稻种子的浸种催芽方法相同,催芽程度以破胸露白为宜,需要 18～24 h,催好芽的种子让其自然晾干后运往秧地播种。

1.4　铺土

先将软盘套在硬盘中,然后在盘中装土,用木板将盘中的土刮平后用铲板将软盘从硬盘中脱出摆放在畦面上。这样可保证铺土厚度均匀一致。

1.5　播种

在播种前铺好底土后,直接用喷壶喷水,使底土水分达饱和状态后立即播种。播种应力求均匀。可按秧板面积精确称量后分 3 次播下。播种后应立即用干土盖种。盖土程度以盖没种子为宜。最后要搭竹架覆盖遮阳网。

1.6　秧田管理

播种后秧田畦面通过间隙灌水或灌平沟水保持湿润,4～5 d 后,于傍晚拆去遮阳网,在畦面无水的情况下,喷施多效唑 30 g/亩(有效成分)。次日早上灌水上畦面,并施一次肥(16-16-16 复合肥 15 kg/亩,均匀撒施即可),此后保持水层至插秧前 1～2 d,排水晒苗。秧田病虫防治按当地习惯实施。

1.7　插秧

采用 30 cm 行距 6 行步行式插秧机实施插秧的,父本插秧方式与传统人工插秧方式相同。两父本行距为 210 cm。母本插秧前一天排干田水,使大田土壤适当沉实,以利浅插。插秧前将插秧机的插植株距调整至 12 cm。送秧移距调整至 14 mm。取秧深度按每亩计划用秧盘数计算调整。本试验中每亩大田插植穴数为 666.7/0.3/0.12×(6/7)＝15 874,计划用秧量分别为 10、15、20 盘。相应每盘秧应插 1 587、1 058、794 穴。相应取秧深度分别调整为 7、11、14.5 mm。插秧机调试好后就可开入田间准备插秧,开入田间前应考虑好行走路线,使机器插好秧后能顺利驶出田间。插秧机在田间行走和作业过程中,需要跨越已插父本行时,应将机身升起,并尽量让车轮从父本株间穿过。以最大限度减少对已插父本的损伤。

插秧后的田间管理与人工手插相同。

2 问题讨论

2.1 播种密度和秧龄

现有机插技术采用的秧苗均为带土毯状秧。受插秧机结构限制,秧田播种密度大,适宜秧龄短。根据现有机插技术规范,适宜机插的秧苗叶龄为 2.1～4.1 叶,相应的播种密度范围为每盘 120～60 g 干种。折每亩净秧田面积播干种 490～245 kg。采用较小秧龄的秧苗插秧,有利延长本田营养生长期,构建丰产苗架。在适宜范围内降低播种量有利提高秧苗素质[2]。建议机插母本播种量采用每盘 60 g,插秧叶龄 3.1 叶。由于机插秧苗播种密度高,在实际应用过程中应尽量避免超秧龄。否则会严重影响秧苗素质,并较大幅度推迟抽穗期。

2.2 父本行间距

现行生产上应用较多的水稻插秧机,按机身宽度分类,主要有行距 30 cm 的 4 行机和 6 行机以及行距 24 cm 的 8 行机。按恢复系与相邻不育系的大行距为 30 cm 计算,两父本行间距相应为 1.50、2.10、2.28 m。

2.3 种植密度与每穴插植苗数

为了去杂方便,杂交稻制种母本插秧往往要求采用单本插[3],因而导致种植密度很高,增加了插秧用工和成本。实际生产中有些单位将原来的单本插改为双本插。综合效益也很好。现有机械插秧技术很难做到精确单本插。单位面积种植密度也有限。一般情况下,要取得较为满意的机插效果,单穴插植苗数最低为 2 苗。现有插秧机行距是固定不可调的,有 30 cm 和 24 cm 两种规格,株距可调,一般有 12、14、16、17、20 cm 几种规格(个别机型有 10 cm 的规格),因而在计划采用母本机插时,应根据基本苗要求,按每穴种植 2 苗或 2 苗以上(无分蘖)来计算插植密度,并据此选择插植规格和相应机型。

2.4 机型选择

现将福建省常用的,可供杂交稻制种母本机插选用的主要插秧机型及特点介绍如下[4]:

2.4.1　步行式插秧机

该机型价格较低,在田间行走作业需要跨越已插父本行时,可将机身升起,从父本株间通过。从而最大限度减少对已插父本的损伤。因而父本插植方式与传统人工手相同。单机作业每天一般可插 1~1.3 hm²。但该机型行距规格只有 30 cm 一种。机手操作时需跟在机器后面行走,劳动强度很大。主要机型有久保田农业机械(苏州)有限公司生产的 SPW-68C 型(6 行),井关农机(常州)有限公司生产的 2ZS-6A 型(6 行)。

2.4.2　四轮驱动乘坐式高速插秧机

这种机型是乘坐操作,操作轻松。插秧作业效率很高,比非高速机提高效率一倍以上,一台行距 30 cm 的六行机一般每天可插秧 2~3 hm²。由于该机型是四轮驱动,在跨越已插父本行时,容易对已插父本造成较多损伤。故当制种先插父本时,田头两端应各留 2 m 距离暂不插父本(先寄秧在其他田中),待母本插完后再补插。该机型技术含量高,结构复杂,产品价格高。常用机型:行距 30 cm 的六行机有洋马农机(中国)有限公司生产的 VP6 型,久保田农业机械(苏州)有限公司生产的 2ZGQ-6 型,井关农机(常州)有限公司生产的 2Z-6A(B)型。行距 24 cm 的八行机有中机南方机械股份有限公司生产的 2ZG824 型。

2.4.3　独轮行走乘坐式插秧机

该型插秧机的插植部分仿造日本机型,行走支撑机构采用独轮行走秧船支撑。早期产品因插秧机的秧船装置在作业过程中容易产生拥土压苗现象,故对大田的沉实度要求很高。目前新开发的秧船装置已克服了这一重大缺陷。并已投入批量生产。该型机作业效率稍高于步行机,并且是乘坐操作,劳动强度低。该机结构简单,生产成本低。相应售价和维修费用都很低,但作业质量完全能满足使用要求。由于该机采用秧船支撑,在田间行走作业过程中机身不能升起,故在用于制种田母本机插时,也和四轮驱动高速机一样,插植父本时,在田块两端应保留 2 m 宽度暂不插,待母本插完后补插。可选用的机型有宁波协力机电制造有限公司生产的行距 30 cm 的六行机、行距 24 cm 的八行机。

著录论文

[1]张琳,黄庭旭,杨东,等.杂交水稻制种母本机插技术[J].杂交水稻,2010,25(增刊1):479-481.

[2]黄庭旭,张琳,张数标,等.杂交水稻制种母本机插主要技术措施总结[J].杂交水稻,2013,28(3):21-23.

[3]张琳,黄庭旭,杨东,等.杂交水稻制种母本机插技术[J].杂交水稻,2010,25(S1):479-481.

参考文献

[1]陆为农.水稻育插秧技术推广概述[J].农机科技推广,2008(4):8-10

[2]王智才,张天佐,刘恒新,等.水稻机插秧技术培训讲义[G].北京:农业部农机化管理司,2006:7-10.

[3]程式华,曹立勇,占小登.杂交水稻制种技术[M].北京:金盾出版社,2005:25.

[4]福建农业机械化管理局.福建省农业机械购置补贴专利[M].福建农机杂志编辑部,2010:86-95.

附录　本课题组已发表研究论文列表

A.水稻形态建成研究

[1]李义珍.水稻器官的相关生长和形态诊断[J].福建农业科技,1978(4):20-31.

[2]李义珍.水稻器官相关生长和形态诊断(修订稿)[Z].全国杂交水稻生产现场会技术报告论文,1978.

[3]陈仰文,徐兴,李义珍.水稻叶长对氮素追肥的定位反应[Z].福建省农业科学院稻麦研究所科学研究年报,1981:34-37.

[4]李义珍.陈仰文,余亚白,等.水稻根系研究[Z].福建省农业科学院稻麦研究所科学研究年报,1983:41-45.

[5]李义珍,郑志强,陈仰文,等.水稻根系的生理生态研究[J].福建稻麦科技,1986,4(3):1-4.

[6]黄育民,郑志强,余亚白,等.水稻根群形态发育[J].福建稻麦科技,1988,6(1):21-24.

[7]黄育民.水稻再生丰产技术研究Ⅹ报、水稻高节位分蘖器官发育进程研究[J].福建稻麦科技,1993,11(2):27-29.

[8]林汉璋,林文.R₁杀雄剂诱导水稻雄性不育的扫描电镜观察(简报)[J].福建省农科院学报,1994,9(1):61-64.

[9]李义珍,黄育民.冷烂田的稻根发育和排渍调根增产效应[J].作物杂志,1996(5):31-32.

[10]郑景生,谢冬容,郭其寿.水稻根系生长发育与基因型及地上部的关系[J].福建稻麦科技,1999,17(1):11-12.

[11]森田茂紀,李义珍,杨惠杰.中国福建省における水稲の畝立栽培[J].根の研究,1997,6(4):141.

[12]林文,郑景生,姜照伟,等.水稻根系研究方法[J].福建稻麦科技,1997,15(4):18-21.

[13]林文,李义珍,郑景生,等.施氮量及施肥法对水稻根系形态发育和地上部生长的影响[J].福建稻麦科技,1999,17(3):21-24.

[14]郑景生,林文,姜照伟,等.超高产水稻根系发育形态学研究[J].福建农业学报,1999,14(3):1-6.

[15]林文,李义珍,姜照伟,等.不同处理对水稻根系形态及机能的影响[J].福建稻麦科技,2000,18(4):5-7.

[16]林文,李义珍,郑景生,等.杂交水稻根系形态与机能对养分的反应[J].福建农业学报,2000,15(1):1-6.

[17]李义珍,杨高群,彭桂峰.两系杂交稻培矮64S/E32的超高产特性与栽培研究Ⅱ.超高产的植株性状[J].杂交水稻,2000,15(3):28-30.

[18]杨惠杰,杨仁崔,李义珍,等.水稻茎秆性状与抗倒性的关系[J].福建农业学报,2000,15(2):1-7.

[19]林文,张上守,姜照伟,等.再生稻产量与根系机能的相关性[J].福建稻麦科技,2001,19(4):9-11.

[20]林文,李义珍,姜照伟,等.再生稻根系形态和机能的品种间差异及与产量的关联性[J].福建农业学报,2001,16(1):1-4.

[21]李义珍,林文,李小萍,等.水稻应用立丰灵调控抗倒性和产量性状的研究[R]//北京:中国农业大学,中国农业大学新型水稻抗倒增产剂立丰灵试验示范报告集.2006:12-19.

[22]郑荣和,李小萍,张上守,等.再生稻茎生腋芽的生育特性观察[J].福建农业学报,2009,24(2):91-95.

[23]赵雅静,姜照伟,李小萍,等.再生稻分蘖花粉发育进程的形态诊断[J].福建稻麦科技,2012,30(4):21-23.

[24]李小萍,赵雅静,李义珍,等.水稻幼苗根叶伸长动态观察[J].福建稻麦科技,2014,32(1):13-16.

[25]王侯聪,黄育民,郑景生,等.核辐照水稻育成品种的应用推广和新发展[Z].2016.

[26]姜照伟,郑景生,沈如色,等.再生稻佳辐占低桩机割再生分蘖节根的萌发特性[J].厦门大学学报(自然科学版),2018,57(5):658-663.

[27]姜照伟,沈如色,解振兴,等.甬优2640再生分蘖形态发育特性观察[Z].

[28]林文,黄育民,李义珍,等.R诱导水稻雄性不育的形态学机理研究[J].福建稻麦科技,1993,11(3):1-6.

[29]郑景生,李义珍,朱睦兵.水稻根系形态发育研究进展[J].福建稻麦科技,1998,16(3):40-42.

[30]杨惠杰,李义珍,杨高群.超高产水稻的分蘖特性观察[J].福建农业学报,2003,18(4):205-208.

[31]李义珍.水稻器官生育与合理施肥的研究[D].北京:北京农业大学,1964.

[32]黄育民.水稻不同生态环境物质生产比较研究[D].北京:北京农业大学,1987.

[33]黄育民.水稻品种改良与库源结构研究[D].福州:福建农林大学,1997.

[34]张琳.MET对水稻产量的影响及其残留效应的研究[D].北京:北京农业大学,1988.

[35]郑景生.高产水稻根系发育形态研究[D].福州:福建农林大学,1998.

[36]郑景生.再生稻高产栽培特性与相关性状的基因定位研究[D].福州:福建农林大学,2004.

[37]姜照伟.再生稻的N素吸收特性及增产效应的研究[D].福州:福建农林大学,2002.

[38]姜照伟.稀土元素镧对红壤地区牧草生长的生物及环境效应的研究[D].北京:中国农业大学,2008.

[39]杨惠杰.超级稻品种的遗传生理特性研究[D].福州:福建农业大学,1999.

B.福建水稻气候生态研究

[1]李义珍,陈人珍.福建山区双季稻冷害的调查研究[J].福建农业科技,1975(1):27-36.

[2]福建省农科站牛洋基点.福州北峰山区气候与双季稻安全生产[J].福建农业科技,1975(1):37-44.

[3]福建省农业科学实验站黎明基点,龙海县气象站,龙海县农业科学研究所.利用气候资源,争取三熟高产:龙海县稻麦生育期的合理布局[Z].1974:1-16.

[4]李义珍,张达聪,黄亚昌,等.龙海县双季稻生育期的合理调整[Z].福建省农业科学院稻麦研究所科学研究年报,1981:42-48.

[5]李义珍,彭嘉桂,蔡金禄.亚热带山区水稻生态和丰产技术体系:200年稻作展望[M].杭州:浙江科学技术出版社,1991:346-360.

[6]李义珍,彭嘉桂,蔡金禄,等.福建亚热带山区水稻生态和丰产技术体系[J].福建省农科院学报,1992,7(1):1-8.

[7]李义珍,黄育民,林文,等.水稻再生丰产技术研究Ⅶ报、福建山区再生稻气候生态适应性区划[J].福建稻麦科技,1993,11(2):15-21.

[8]尤志明,姜照伟,程雪华,等.杂交稻Ⅱ优131高产结构与气候生态适应性研究[J].福建农业学报,

2008,23(3):281-287.

[9]程雪华,李小萍,陈建民,等.闽恢3301配制的4个杂交稻品种的光温特性研究[J].福建农业学报,2010,25(1):39-46.

[10]李小萍,程雪华,姜照伟.山区单季稻和再生稻早播气候效应观察[J].福建稻麦科技,2010,28(4):22-25.

[11]苏松涛,李义珍,李小萍,等.福建龙海太阳辐射与粮食作物光合生产关系研究[J].福建农业学报,2011,26(1):33-44.

[12]陈爱珠,卓传营,赵雅静,等.再生稻开花乳熟期的高温胁迫研究[J].福建稻麦科技,2013,31(1):16-19.

[13]沈如色,解振兴,姜照伟,等.福建省日长变化动态及与稻作的关系[J].福建稻麦科技,2018,36(4).

[14]解振兴,沈如色,姜照伟,等.福建省气温变化规律及与稻作的关系[J].福建稻麦科技,2018,36(4):38-41.

C.福建山区水稻中低产田改良增产技术研究

[1]李义珍,郑志强,张琳.福建省中低产区稻作现状和增产途径[J].福建农业科技,1983(3):41-44.

[2]李义珍,郑志强,张琳.福建中低产区水稻增产对策[J].福建稻麦科技,1983,1(1):1-7.

[3]李义珍,郑志强.杂交水稻中低产田的配套增产技术[J].福建稻麦科技,1985,3(1):21-27.

[4]李义珍,郑志强.福建山区水稻中低产田配套增产技术研究(综合报告)[J].福建稻麦科技,1985,3(2):1-28.

[5]李义珍.应用微电脑对福建山区杂交水稻产量结构的多元分析[J].福建稻麦科技,1985,3(2):33-50.

[6]李义珍,郑志强.福建山区杂交水稻中低产田配套增产技术研究[Z].福建山区中低产田配套增产技术专题研究资料(1983—1985).1986:1-16.

[7]李义珍,郑志强.水稻中低产田氮钾肥施用技术试验总结[Z].福建山区中低产田配套增产技术专题研究资料(1983—1985).1986:98-99.

[8]福建省中低产田协作攻关领导小组.福建省冷烂型、黄泥型中低产稻田改良增产规范化技术研究(综合报告)[Z].1989:1-27.

[9]李义珍,黄育民,郑志强,等.水稻垄畦栽培配套技术研究总结[Z].福建省冷烂型、黄泥型中低产稻田改良增产规范化技术专题研究资料,1989:20-25.

[10]李义珍,黄育民,蔡亚港,等.再生稻生育特性和栽培技术研究[Z].福建省冷烂型、黄泥型中低产稻田改良增产规范化技术专题研究资料,1989:32-40.

[11]李义珍,彭嘉桂,蔡金禄,等.福建亚热带山区水稻生态和丰产技术体系[J].福建省农科院学报,1992,7(1):1-8.

[12]黄育民,李义珍,郑志强,等.冷烂型稻田起垄栽培的排渍调根增产机理研究[J].福建省农科院学报,1991,6(2):11-17.

[13]李义珍,黄育民.冷烂田的稻根发育和排渍调根增产效应[J].作物杂志,1996(5):31-32.

[14]森田茂紀,李义珍,杨惠杰.中国福建省における水稻の畝立栽培[J].根の研究,1997,6(4):141.

[15]LI Y Z,HUANG Y M.The characters of rice rooting gleyed paddy soils and their improvement by ridge cultivation[C].Proceedings of the 4th JSRR(Japanese Society for Root Research)Symposium,Tokyo,1997:30-31

[16]陈子聪,冯怀信,李义珍,等.烂泥田水稻垅畦栽培的增产机理[J].福建稻麦科技,1989,7(4):29-32.

D.杂交稻产量构成与高产技术研究

[1]福建省农科院黎明基点,龙海县农科所.水稻四优 2 号的高产因素结构及其技术[J].福建农业科技,
　　1978(5):31-34.

[2]李义珍,王朝祥.水稻高产工程研究(早稻部分)[J].福建农业科技,1979(1):1-9.

[3]李义珍,王朝祥.水稻高产工程研究(晚稻部分)[J].福建农业科技,1979(4):11-17.

[4]李义珍.水稻丰产栽培技术的分析[J].福建农业科技,1980(2):1-5,10.

[5]潘无毛,张达聪.双季稻亩产过"四纲"的技术总结[J].福建农业科技,1980(2):6-10.

[6]张琳.水稻产量库的效应和调控[J].福建稻麦科技,1986,4(4):17-21.

[7]郑景生,庄占龙,陈子聪.杂交早稻光合产物的积累运转动态[J].福建稻麦科技,1992,10(4):29-34.

[8]陈子聪,庄占龙,李义珍.高产杂交水稻体内氮糖及淀粉的变化规律[J].福建稻麦科技,1992,10(4):
　　34-38.

[9]郑景生,庄占龙,黄育民,等.杂交稻氮素水平与物质生产关系的研究[J].福建稻麦科技,1994,12(3):
　　20-25.

[10]杨惠杰,黄育民,李义珍,等.优质早籼水稻品种主要经济性状的相关与通径分析[J].福建稻麦科技,
　　1995,13(4):1-6.

[11]黄育民,李义珍,庄占龙,等.高产稻田的经济效益分析[J].福建农业科技,1995(S1):18-20.

[12]李义珍,黄育民,杨惠杰,等.水稻库源遗传生理学研究:Ⅰ水稻不同时期主栽品种的库源特征研究
　　[J].福建稻麦科技,1996,14(4):1-6.

[13]杨惠杰,黄育民,李义珍,等.水稻库源遗传生理学研究:Ⅱ水稻不同时期主栽品种的产量及其构成因
　　素分析[J].福建稻麦科技,1996,14(4):7-10.

[14]黄育民,杨惠杰,李义珍,等.水稻库源遗传生理学研究:Ⅲ水稻不同时期主栽品种的干物质生产分配
　　特性研究[J].福建稻麦科技,1996,14(4):11-14.

[15]黄育民,李义珍,杨惠杰,等.水稻库源遗传生理学研究:Ⅳ几个不同历史阶段主栽水稻品种 N 素的吸
　　收、运转与分配特性研究[J].福建稻麦科技,1996,14(4):14-18.

[16]陈进明,苏连庆,蔡亚港,等.杂交稻密肥技术研究Ⅰ.施肥水平的产量效应[J].福建稻麦科技,1999,
　　17(2):29-31.

[17]赵文权,姜照伟,杨惠杰,等.杂交稻密肥技术研究Ⅱ.肥料分施技术[J].福建稻麦科技,1999,17(3):
　　17-19.

[18]陈进明,苏连庆,姜照伟,等.杂交稻密肥技术研究Ⅲ.栽植密度的产量效应[J].福建稻麦科技,1999,
　　17(3):19-21.

[19]蔡亚港,黄继生,黄晓辉,等.杂交稻分蘖调控研究Ⅰ.几个杂交稻组合不同出生期分蘖成穗的追踪观
　　察[J].福建稻麦科技,1999,17(3):11-13.

[20]姜照伟,李义珍,蔡亚港,等.杂交稻分蘖调控研究Ⅱ.不同栽植密度分蘖成穗的追踪观察[J].福建稻
　　麦科技,1999,17(3):13-16.

[21]杨惠杰,李义珍,杨仁崔.云南超高产水稻与龙海高产稻性状的比较[J].福建稻麦科技,1998,16(3):

38-40.

[22]杨惠杰,李义珍,姜照伟,等.水稻超高产品种的产量构成及生理特性研究[J].福建稻麦科技,2000, 18(1):21-22.

[23]杨惠杰,杨高群,李义珍,等.杂交稻特优175的超高产生理生态特性研究[J].福建稻麦科技,2001, 19(4):1-3.

[24]郑景生,李义珍,姜照伟,等.福建龙海稻菇生产系统的养分循环和有机质平衡[J].福建稻麦科技, 2001,19(S1):3-5.

[25]杨惠杰,杨仁崔,姜照伟,等.水稻超高产品种的植株性状[J].福建稻麦科技,2002,20(4):19-22.

[26]蔡亚港,苏连庆,陈进明,等.优质稻佳辐占的高产结构分析[J].福建稻麦科技,2005,23(1):3-5.

[27]王惠珠,郭聪华,江世龙.龙海市稻田土壤养分变化的调查分析[J].福建稻麦科技,2005,23(2):18- 19,33.

[28]李小萍,郭聪华,王惠珠,等.杂交水稻高产施氮量的研究[J].福建稻麦科技,2005,23(4):15-16.

[29]赵雅静,李小萍,姜照伟.水稻高产的产量构成分析[J].福建稻麦科技,2011,29(3):27-29.

[30]李小萍,赵雅静,李义珍,等.水稻幼苗根叶伸长动态观察[J].福建稻麦科技,2014,32(1):13-16.

[31]李义珍,黄育民,庄占龙,等.杂交稻高产结构研究[J].福建省农科院学报,1995,10(1):1-6.

[32]黄育民,李义珍,庄占龙,等.杂交稻高产群体光合生产研究[J].福建省农科院学报,1995,10(1):7-12.

[33]黄育民,李义珍,庄占龙,等.杂交稻高产群体干物质的积累运转Ⅰ.干物质的积累运转[J].福建省农 科院学报,1996,11(2):7-11.

[34]李义珍,黄育民,庄占龙,等.杂交稻高产群体干物质积累运转Ⅱ.碳水化合物的积累运转[J].福建省 农科院学报,1996,11(2):1-6.

[35]黄育民,李义珍,郑景生,等.杂交稻高产群体的氮磷钾素积累运转[J].福建省农科院学报,1997, 12(3):1-6.

[36]李义珍,郑景生,庄占龙,等.杂交稻施氮水平效应研究[J].福建农业学报,1998,13(2):58-64.

[37]杨惠杰,李义珍,黄育民,等.超高产水稻的产量构成和库源结构[J].福建农业学报,1999,14(1):1-5.

[38]杨惠杰,杨仁崔,李义珍,等.水稻超高产品种的产量潜力及产量构成因素分析[J].福建农业学报, 2000,15(3):1-8.

[39]杨惠杰,杨仁崔,杨惠杰,等.水稻超高产的决定因素[J].福建农业学报,2002,17(4):199-203.

[40]谢华安,王乌齐,杨惠杰,等.杂交水稻超高产特性研究[J].福建农业学报,2003,18(4):201-204.

[41]杨惠杰,李义珍,杨高群.超高产水稻的分蘖特性观察[J].福建农业学报,2003,18(4):205-208.

[42]尤志明,黄景灿,陈明朗,等.杂交水稻氮钾肥施用量的研究[J].福建农业学报,2007,22(1):5-9.

[43]王海勤.杂交水稻生育与施氮量相关性研究[J].福建农业学报,2007,22(3):245-250.

[44]尤志明,姜照伟,程雪华,等.杂交稻Ⅱ优131高产结构与气候生态适应性研究[J].福建农业学报, 2008,23(3):281-287.

[45]姜照伟,李小萍,赵雅静,等.立丰灵对水稻抗倒性和产量性状的影响[J].福建农业学报,2011,26(3): 355-359.

[46]姜照伟,李小萍,赵雅静,等.杂交水稻氮钾素吸收积累特性及氮素营养诊断[J].福建农业学报,2011, 26(5):852-859.

[47]黄育民,李义珍,方宣钧,等.应用"BA-984"促进水稻秧苗生长初报[J].福建省农科院学报,1988,

3(2):92-94.

[48]廉平湖,李义珍,兰林旺.论水稻的合理施肥问题[J].中国农业科学,1964(7):16-21.

[49]福建省农科院黎明基点,龙海县黎明大队农科组.亩产一千六百斤的早稻是怎样种出来的[G]//龙海县一九七八年杂交水稻栽培技术与三熟高产措施总结选编.漳州:龙海县农业局,1979:5-9.

[50]李义珍,张达聪,潘无毛,等.杂交水稻的高产结构和调控[J].农牧情报研究,1981(21):31-33.

[51]陈仰文,徐兴,李义珍.水稻叶片伸长对氮素追肥的定位反应[Z].福建省农业科学院稻麦研究所科学研究年报,1981:34-37.

[52]李义珍,张达聪,黄亚昌,等.龙海县双季稻生育期的合理调整[Z].福建省农业科学院稻麦研究所科学研究年报,1981:42-48.

[53]杨立炯,李义珍,颜振德,等.水稻高产结构与诊断[M]//中国农业科学院.中国稻作学.北京:农业出版社,1984:645-682.

[54]熊振民.中国水稻[M].北京:中国农业科技出版社,1992.

[55]李义珍,黄育民,庄占龙,等.华南双季杂交稻高产生理特性[C]//水稻高产高效理论与新技术:第五届全国水稻高产与技术研讨会论文集.北京:中国农业科技出版社,1996:56-63.

[56]黄育民.水稻品种改良与库源结构研究[D].福州:福建农业大学,1997.

[57]黄育民,陈启锋,李义珍.我国水稻品种改良过程库源特征的变化[J].福建农业大学学报,1998,27(3):271-278.

[58]杨惠杰.超级稻品种的遗传生理特性研究[D].福州:福建农业大学,1999.

[59]彭桂峰,李义珍,杨高群.两系杂交稻培矮64S/E32的超高产特性与栽培研究Ⅰ.超高产的决定因素[J].杂交水稻,2000,15(1):95-96.

[60]李义珍,杨高群,彭桂峰.两系杂交稻培矮64S/E32的超高产特性与栽培研究Ⅱ.超高产的植株性状[J].杂交水稻,2000,15(3):28-30.

[61]杨高群,彭桂峰,李义珍.两系杂交稻培矮64S/E32的超高产特性与栽培研究Ⅲ.超高产栽培[J].杂交水稻,2000,15(S1):34-36.

[62]李义珍,杨高群,彭桂峰,等.水稻超高产库源结构的研究[C]//福建省农业科学院稻麦研究所.2001年全国水稻栽培理论与实践研讨会交流论文集.厦门:福建省农业科学院,2001:1-5.

[63]杨惠杰,杨高群,李义珍.杂交水稻超高产生理生态特性研究[C]//福建省农业科学院稻麦研究所.2001年全国水稻栽培理论与实践研讨会交流论文集.厦门:福建省农业科学院2001:6-11.

[64]李义珍,杨惠杰,杨高群,等.超高产水稻的分蘖生育特性[C]//福建省农业科学院稻麦研究所.全国水稻栽培理论与实践研讨会交流论文集.厦门:福建省农业科学院,2001:12-15.

[65]杨惠杰,李义珍,杨仁崔,等.超高产水稻的干物质生产特性研究[J].中国水稻科学,2001,15(4):265-270.

[66]郑景生,李义珍,姜照伟,等.福建龙海:稻菇生产系统的氮素循环和管理[J].土壤学报,2002,39(增刊):216-219.

[67]杨惠杰,李义珍,杨仁崔,等.超高产水稻生理生态特性[J].福建农林大学学报,2002,31(增刊):58-62.

[68]郑景生,黄育民.中国稻作超高产的追求与实践[J].分子植物育种,2003,1(S1):585-596.

[69]林志强,苏连庆,陈进明,等.水稻喷施立丰灵的抗倒增产效应[Z].中国农业大学新型水稻抗倒增产剂立丰灵试验示范报告集,2006:8-11.

[70]郭聪华,李小萍,苏连庆,等.立丰灵调控水稻抗倒性和产量的示范总结[Z].中国农业大学新型水稻抗倒增产剂立丰灵试验示范报告集,2006:20-23.

[71]王惠珠.氮钾肥在水稻中的积累规律及其合理施用研究[J].江西农业学报,2015,27(4):28-32.

[72]黄育民,李义珍,方宣钧,等.应用"BA-984"促进水稻秧苗生长初报[J].福建省农科院学报,1988,3(2):92-94.

[73]李义珍,郑景生,林文,等.水稻根系与产量的相关性研究[C].全国水稻栽培理论与实践研讨会交流论文,2001:1-4.

[74]云南省丽江地区农业科学研究所,云南省滇型杂交水稻研究中心,福建省农业科学院稻麦研究所,等.水稻超高产研究技术总结报告(1998—2000)[Z].云南省科学技术委员会,2001:1-58.

[75]杨高群,彭桂峰,李义珍,等.超高产水稻生理生态特性[C]//全国水稻栽培理论与实践研讨会交流论文,1999:1-13.

[76]邹江石,李义珍,吕川根.两系杂交稻两优培九产量构成及其生态关联[J].杂交水稻,2008,23(6):65-72.

[77]李义珍,黄育民.福建的水稻[M]//熊振民,蔡洪法.中国水稻.北京:中国农业科技出版社,1992:241-257.

[78]苏连庆,李志忠,陈进明,等.闽南1998年超级稻品种示范总结[J].福建稻麦科技,1999,17(2):16-18.

[79]李义珍,马静雯,姜素梅.早稻不同育秧方式及不同播种密度对秧苗质量的影响[D].南京:南京农学院,1960.

[80]福建省革命委员会农业局生产组.建阳地区双季稻生产调查报告[R].1972:24-52.

[81]LI Y Z,HUANG Y M.Studies on eco-physiological characters of hybrid rice (F₁) with double crop in southern China[C].Crop Research in Asia:Achievements and Perspective,Tokyo,1996:500-501.

[82]LI Y Z,HUANG Y M.Rice cultivation in China and the importance of root research[C].Proceedings of the 4th JSAA (Japanese Society for Root Research) Symposium,Tokyo,1997:6-7.

[83]HUANG Y C,LI Y Z, HUANG Y M.Studies on the relationship of root morphological development to grain yield for super high yielding hybrid rice (F₁)[C].Proceedings of the 4th JSAA (Japanese Society for Root Research) Symposium,Tokyo,1997:44.

[84]陈子聪,黄育民,李义珍.提高杂交稻制种异交率的化学调控初探[J].福建稻麦科技,1991,9(2):24-28.

[85]陈子聪,庄占龙,李义珍,等.杂交水稻氮素吸收运转及合理施肥的研究[J].福建稻麦科技,1992,10(2):17-23.

[86]陈子聪,庄占龙,李义珍.高产杂交水稻体内氮糖及淀粉的变化规律[J].福建稻麦科技,1992,10(4):34-38.

[87]黄亚昌,苏连庆,郑景生,等.闽南粮食三熟超高产栽培研究初报[J].中国农业科技导报,2000,2(3):26-28.

[88]邹江石,吕川根,胡凝,等.两系杂交稻两优培九的生态适应性研究及其种植区域规划[J].中国农业科学,2008,41(11):3563-3572.

[89]邹江石,李义珍,吕川根.两系杂交稻两优培九产量构成及其生态关联[J].杂交水稻,2008,23(6):65-72.

[90]张上守,陈双龙,卓传营,等.不同施氮量对优质稻天优3301产量及干物质生产的影响[J].福建农业学报,2012,27(8):800-804.

E.再生稻产量构成与高产技术研究

[1]李义珍,黄育民,蔡亚港,等.再生稻生育特性和栽培技术研究[Z].福建省冷浸型、黄泥型中低产田改良增产规范化技术专题研究资料,1989:32-40.

[2]李义珍,黄育民.水稻再生丰产技术研究:1报:再生稻的生育特性及宜栽生态环境[J].福建稻麦科技,1989,7(4):24-29.

[3]李义珍,黄育民.再生稻丰产栽培技术研究Ⅱ水稻再生成穗规律[J].福建稻麦科技,1990,8(1):26-28.

[4]李义珍,黄育民,陈子聪,等.水稻再生丰产技术研究:Ⅲ报.再生稻产量构成的多元分析[J].福建稻麦科技,1990,8(2):64-69.

[5]李义珍,黄育民,蔡亚港,等.水稻再生丰产技术研究:Ⅳ再生稻留茬高度[J].福建稻麦科技,1990,8(3):43-45.

[6]李义珍,黄育民,蔡亚港,等.水稻再生丰产技术研究:Ⅴ报、芽肥N素水平对再生稻干物质积累运转的影响[J].福建稻麦科技,1993,11(2):9-12.

[7]黄育民,李义珍.水稻再生丰产技术研究:Ⅵ报、再生稻枝梗、颖花分化退化规律研究[J].福建稻麦科技,1993,11(2):12-15.

[8]李义珍,黄育民,林文,等.水稻再生丰产技术研究:Ⅶ报、福建山区再生稻气候生态适应性区划[J].福建稻麦科技,1993,11(2):15-21.

[9]李义珍,黄育民,蔡亚港,等.水稻再生丰产技术研究:Ⅷ报、水稻-再生稻高产栽培技术分析[J].福建稻麦科技,1993,11(2):22-24.

[10]李义珍,黄育民,蔡亚港,等.水稻再生丰产技术研究:Ⅸ报、水稻-再生稻吨谷田产量形成规律研究[J].福建稻麦科技,1993,11(2):25-27.

[11]黄育民.水稻再生丰产技术研究:Ⅹ报、水稻高节位分蘖器官发育进程研究[J].福建稻麦科技,1993,11(2):27-29.

[12]李义珍,黄育民.水稻再生丰产技术研究:Ⅺ报稻桩养分转运规律研究[J].福建稻麦科技,1994,12(4):4-9.

[13]黄育民,李义珍,蔡亚港.水稻再生丰产技术研究:Ⅻ报再生稻生产效益调查分析[J].福建稻麦科技,1994,12(4):9-11.

[14]黄育民,李义珍,蔡亚港,等.再生稻丰产技术研究[J].福建稻麦科技,1995,13(3):45-47.

[15]张海峰,黄育民,林文,等.再生稻的光合作用和物质生产[J].福建稻麦科技,1991,9(4):41-45.

[16]陈金铨,刘志兵,李义珍,等.多年生粳稻留桩高度研究[J].福建稻麦科技,1996,14(4):22-24.

[17]蔡金玉.再生稻不同施氮水平对分蘖成穗的影响[J].福建稻麦科技,2001,19(2):23-24.

[18]林文,张上守,姜照伟,等.再生稻产量与根系机能的相关性[J].福建稻麦科技,2001,19(4):9-11.

[19]姜照伟,卓传营,林文,等.再生稻产量构成因素分析[J].福建稻麦科技,2002,20(2):8-9.

[20]卓传营,张上守,李义珍,等.再生稻喷施移栽灵的增产效应[J].福建稻麦科技,2003,21(4):28-29.

[21]李小萍,陈爱珠,林玉婷.水稻再生分蘖的萌发成穗规律研究[J].福建稻麦科技,2008,26(4):12-14.

[22]陈爱珠,林玉婷,李小萍.再生稻头季倒伏对再生季生育的影响[J].福建稻麦科技,2010,28(3):16-18.

[23]李小萍,程雪华,姜照伟.山区单季稻和再生稻早播气候效应观察[J].福建稻麦科技,2010,28(4):22-

25.

[24]李小萍,赵雅静,姜照伟,等.再生稻芽肥施用期探讨[J].福建稻麦科技,2011,29(4):50-51.

[25]赵雅静,姜照伟,李小萍,等.再生稻分蘖花粉发育进程的形态诊断[J].福建稻麦科技,2012,30(4):21-23.

[26]李小萍,卓传营,赵雅静,等.再生稻各节位分蘖的抽穗期和经济性状观察[J].福建稻麦科技,2012,30(4):24-26.

[27]陈爱珠,卓传营,赵雅静,等.再生稻开花乳熟期的高温胁迫研究[J].福建稻麦科技,2013,31(1):16-19.

[28]赵雅静,姜照伟,李小萍,等.优质稻佳辐占抗倒力与施氮量的关联性观察[J].福建稻麦科技,2014,32(3):10-12.

[29]李义珍,黄育民,陈子聪,等.再生稻丰产技术研究[J].福建农业学报,1991,6(1):1-12.

[30]蔡亚港,黄育民,李义珍.再生稻产量形成过程稻桩的形态生理学效应[J].福建农业学报,1998,13(4):7-11.

[31]林文,李义珍,姜照伟,等.再生稻根系形态和机能的品种间差异及与产量的关联性[J].福建农业学报,2001,16(1):1-4.

[32]张上守,卓传营,姜照伟,等.超高产再生稻产量形成和栽培技术分析[J].福建农业学报,2003,18(1):1-6.

[33]姜照伟,林文雄,李义珍,等.不同氮肥施用量对再生稻氮素吸收和分配的影响[J].福建农业学报,2003,18(1):50-55.

[34]姜照伟,林文雄,李义珍,等.不同氮肥施用量对再生稻干物质积累运转的影响[J].福建农业学报,2004,19(2):103-107.

[35]杨惠杰,郑景生,姜照伟,等.再生稻超高产库的结构特征[J].福建农业学报,2005,20(2):65-68.

[36]姜照伟,林文雄,李义珍,等.不同氮肥施用量对再生稻若干生理特性的影响[J].福建农业学报,2005,20(3):168-171.

[37]卓传营.Ⅱ优航1号作再生稻栽培的超高产特性及调控技术[J].福建农业学报,2006,21(2):89-94.

[38]郑荣和,李小萍,张上守,等.再生稻茎生腋芽的生育特性观察[J].福建农业学报,2009,24(2):91-95.

[39]张上守.播种期对超高产再生稻生育及干物质生产的影响[J].福建农业学报,2009,24(4):290-295.

[40]俞道标,赵雅静,黄顽春,等.低桩机割再生稻生育特性和氮肥施用技术研究[J].福建农业学报,2012,27(5):485-490.

[41]廖海林,熊顺贵,郑景生,等.再生稻"佳辐占"再生季施肥试验初报[J].福建农业学报,2014,29(7):646-650.

[42]李义珍,黄育民,张海峰,等.再生稻的生育和丰产栽培[G].杭州:中国水稻研究所学术委员会一届二次会议论文摘要汇编,1991:7-8.

[43]蔡亚港,黄育民,李义珍.稻桩对再生稻产量形成的形态生理学效应[C]//水稻高产高效理论与新技术第五届全国水稻高产与技术研讨会论文集.北京:中国农业科技出版社,1996:108-113.

[44]孙伟,陈春燕,程大新,等.杂交水稻再生力多样性初探[J].中国农学通报,2002,18(2):12-14.

[45]郑景生,林文雄.水稻再生力研究进展[J].福建农林大学学报,2002,31(增刊):30-38.

[46]林文.水稻理想型根系研究概述[J].福建农林大学学报,2002,31(增刊):41-43.

[47]姜照伟.再生稻的N素吸收特性及增产效应的研究[D].福州:福建农林大学,2002.

[48]郑景生.再生稻高产栽培特性与相关性状的基因定位研究[D].福州:福建农林大学,2004.

[49]姜绍丰.福建再生稻[M].福州:福建科学技术出版社,2008.

[50]任周俤.杂交稻天优3301再生高产的产量构成及其调控[J].江西农业学报,2009,21(8):25-28.

[51]郑景生,林文雄,李义珍,等.再生稻头季不同施氮水平的双季氮素吸收及产量效应研究[J].中国生态农业学报,2004,12(3):43-45.

[52]郑景生,林文,卓传营,等.再生稻根干物质量及根系活力与产量的相关性研究[J].中国生态农业学报,2004,12(4):106-109.

[53]郑景生,李义珍,林文雄.应用SSR标记定位水稻再生力和再生产量及其构成的QTL[J].分子植物育种,2004,2(3):342-347.

[54]张上守,卓传营,郑荣和,等.再生稻超高产优化集成技术[J].中国稻米,2007,13(3):44-48.

[55]李义珍,姜照伟,李小萍,等.再生稻应用立丰灵调控抗倒性的试验示范[R].中国农业大学新型水稻抗倒增产剂立丰灵试验示范报告集,2008:23-25.

[56]谢华安,李义珍,姜照伟,等.再生稻超高产结构及其调控[M]//刘纪原.中国航天诱变育种.北京:中国宇航出版社,2007.

[57]俞道标,张燕,赵雅静,等.低桩机割再生稻氮肥施用技术研究[J].中国农学通报,2013,29(36):210-214.

[58]俞道标.机械化生产再生稻施肥技术[J].南方农业学报,2014,45(7):43-45.

[59]廖海林,郑景生,李小萍,等.2个再生稻品种机械化生产的产量构成分析[J].厦门大学学报(自然科学版),2016,55(6):853-859.

[60]HUANG Y M, LI Y Z.Ratoon character of indica hybrid rice(F₁)in mountain area of southern China[C].Crop Research in Asia:Achievements and Perspective,Tokyo,1996:388-389.

[61]李义珍,黄育民,张海峰,等.再生稻的生育和丰产栽培[G].中国水稻研究所学术委员会一届二次会议论文摘要汇编,1991:7-8.

[62]蔡亚港.武夷山区水稻热量资源分析[J].福建稻麦科技,1990,8(4):29-35.

[63]蔡亚港.水稻不同节位分蘖再生性状[J].福建稻麦科技,1993,11(1):54-55.

[64]蔡亚港,李凌,方各海.再生稻芽肥的适宜施氮量[J].福建稻麦科技,1994,12(1):9-11.

[65]李凌,曾凌云.再生稻不同产量水平的生育特性和栽培技术[J].福建稻麦科技,1994,12(1):11-14.

[66]蔡亚港,李凌,方各海,等.再生稻吨谷田干物质和产量的形成观察[J].福建稻麦科技,1994,12(2):25-27.

[67]蔡亚港,吴少宏.播期对再生稻的影响[J].福建稻麦科技,1996,14(3):34-35.

[68]张上守,卓传营,郑荣和,等.Ⅱ优航1号特征特性及作再生稻超高产栽培技术分析[J].福建稻麦科技,2004,22(4):17-18.

[69]卓传营.图解再生稻高产栽培技术[M].福州:福建科学技术出版社,2013.

[70]王侯聪,黄育民,郑景生,等.核辐照水稻育成品种佳辐占的应用推广和发展[Z].2016.

[71]李小萍,赵雅静,廖海林,等.再生稻佳辐占干物质积累与施氮量的关系[Z].

[72]陈子聪,林文,黄育民,等.植物生长调节剂在再生稻上的应用[J].福建稻麦科技,1991,9(4):50-51.

[73]黄育民,李义珍,蔡亚港,等.再生稻丰产技术研究[J].福建稻麦科技,1995,13(3):45-47.

[74]何花榕,杨惠杰,李义珍,等.超级稻Ⅱ优航1号再生高产栽培的库源结构特征分析[J].中国农学通

报,2008,24(6):52-57.

[75]郑荣和,卓传营,张上守,等.优质稻天优3301在尤溪县示范表现及再生高产栽培技术[J].福建稻麦科技,2008,26(4):33-34.

[76]姜照伟,郑景生,沈如色,等.再生稻佳辐占低桩机割再生分蘖节根的萌发特性[J].厦门大学学报(自然科学版),2018,57(5):658-663.

[77]郑景生,沈如色,李小萍,等.再生稻头季机割高度对再生季形态发育和产量的影响[J].福建农业学报,2016,31(8):791-796.

[78]蔡宝旺,谢新旺,张德顺,等.直播-再生稻栽培试验及直播稻高产栽培技术[J].福建稻麦科技,2011,29(3):23-26.

[79]李小萍,卓传营,赵雅静,等.再生稻各节位分蘖的抽穗期和经济性状观察[J].福建稻麦科技,2012,30(4):24-26.

[80]赵雅静,李小萍,廖海林,等.再生稻佳辐占头季高产抗倒性的调控[J].福建农业学报,2015,30(10):927-932.

[81]解振兴,卓传营,林祁,等.头季氮肥不同施用量对再生稻生长发育及产量的影响[J].福建农业学报,2017,32(8):849-853.

[82]解振兴,姜照伟,卓传营,等.植物生长调节剂对再生稻产量的影响[J].福建农业科技,2017(8):28-30.

[83]解振兴,张居念,林祁,等.植物生长调节剂对再生稻头季抗倒伏能力和两季产量的影响[J].中国水稻科学,2019,33(2):158-166.

[84]姜照伟,解振兴,张数标,等.机收再生稻高产高效栽培技术规程[J].福建稻麦科技,2019,37(4):22-24.

F.稻作发展的综合分析研究

[1]李义珍.福建省粮食发展的宏观战略[J].福建稻麦科技,1987,5(4):31-34.

[2]李义珍.福建省未来粮食战略[Z].福建农村发展研究中心:农村发展论坛,1991,(2):33-37.

[3]李义珍.福建稻作展望及研究构想[G].福建省农业科学院:"2000年农牧业展望与研究对策"研究员报告会暨福建省农科院管理研讨会论文汇编.1994:5-7.

[4]李义珍,黄育民,黄波.闽台稻作生产及科技进步比较与评述[J].台湾农业情况,1993(4):11-16.

[5]庄占龙,余瑞远.闽东南小麦干物质积累运转动态[J].福建稻麦科技,1991,9(4):52-56.

[6]庄占龙,陈子聪,郑景生,等.闽东南小麦可移动性醣类的积累运转[J].福建稻麦科技,1992,10(4):43-47.

[7]李义珍,黄育民,庄占龙,等.三熟制小麦丰产结构研究[J].福建省农科院学报,1995,10(2):5-9.

[8]黄育民,李义珍,庄占龙,等.三熟制小麦丰产群体光合生产研究[J].福建省农科院学报,1995,10(2):10-14.

[9]翁定河,李小萍,王海勤,等.马铃薯钾素吸收积累与施用技术[J].福建农业学报,2010,25(3):319-324.

[10]李小萍,陈少珍,王惠珠,等.马铃薯氮钾肥适宜施用量研究[J].福建稻麦科技,2010,28(3):19-21.

[11]赵雅静,李小萍,姜照伟,等.马铃薯的钾肥积累运转特性及合理施用[J].福建稻麦科技,2011,29(3):19-22.

[12]林永忠,李小萍,姜照伟,等.马铃薯氮素吸收积累特性与施用技术研究[J].福建农业学报,2012,

27(7):679-684.

[13]郑龙川.冬种马铃薯不同种植密度的产量效应研究[J].福建农业科技,2012(7):16-17.

[14]郑龙川.含氯钾肥对马铃薯裂薯和产量的影响[J].福建农业科技,2013(11):48-51.

[15]郑景生,李义珍,杨惠杰,等.水稻孔穴塑盘育秧技术研究[J].福建稻麦科技,1995,13(4):11-14.

[16]姜照伟,李义珍,苏连庆,等.杂交稻抛秧高产实用技术研究[J].福建稻麦科技,1999,17(2):24-27.

[17]郑景生,姜照伟,林海俤,等.水稻抛秧机的使用效果及其使用要点[J].福建稻麦科技,1997,15(4):36-37.

[18]苏连庆,李志忠,陈振明,等.水稻机械抛秧的综合效益和配套高产技术[J].福建稻麦科技,1999,17(2):27-29.

[19]李义珍,沙征贵,冯瑞集,等.粮油作物[M]//福建省地方志编纂委员会.福建省地方志:科学技术志.北京:方志出版社,1997:88-104.

[20]李义珍.水稻研究所水稻栽培学研究回顾[Z].福建省农业科学院水稻研究所所志(1935—2015),2005:18-21.

[21]林文,黄育民,李义珍.化学杂交育种研究[J].福建稻麦科技,1995,13(4):22-27.

[22]林文,黄育民,沈顺来.R_1对水稻开花习性的影响[J].福建稻麦科技,1996,14(4):19-21.

[23]陈家驹,李义珍,刘中柱.W型施肥法提高肥料稻谷生产率的研究[J].土壤通报,1981,12(4):33-34.

[24]李义珍,川田信一郎.中国稻作技术的若干问题:福建省等地的稻作见闻[J].福建稻麦科技,1984,2(4):97.

[25]李义珍,陈超.福建省粮食短缺问题与科技对策[J].福建农业科技,1988(6):21-23.

[26]黄育民,李义珍.作物化学杂交育种研究进展[J].福建稻麦科技,1991,9(2):19-23.

[27]黄育民,陈子聪,林文,等.水稻化学调控研究初报[J].福建稻麦科技,1991,9(3):33-37.

[28]杨惠杰,黄育民,李义珍,等.优质早籼水稻品种主要经济性状的相关与通径分析[J].福建稻麦科技,1995,13(4):1-6.

[29]尤志明,郑金贵,翁伯琦,等.福建龙海持续高效农业技术示范区建设及启示[J].福建农业学报,2000,15(S1):171-176.

[30]江良荣,李义珍,王侯聪,等.稻米外观品质的研究进展与分子改良策略[J].分子植物育种,2003,1(2):243-255.

[31]郑景生,江良荣,曾建敏,等.应用明恢86和佳辐占的F_2群体定位水稻部分重要农艺性状和产量构成的QTL[J].分子植物育种,2003,1(S1):633-639.

[32]郑景生,陈良兵,符文英,等.野生稻不同基因组的SSR多样性分析[J].分子植物育种,2004,2(1):25-33.

[33]韩继成,江良荣,郑景生,等.海南疣粒野生稻乙烯受体的保守序列分析[J].分子植物育种,2004,2(1):54-59.

[34]江良荣,李义珍,王侯聪,等.稻米营养品质的研究现状及分子改良途径[J].分子植物育种,2004,2(1):112-120.

[35]郑景生,李义珍,方宣钧.水稻第2染色体上细菌性条斑病抗性QTL的检测[J].中国农业科学,2005,38(9):1923-1925.

[36]姜照伟,蔡亚港,苏连庆,等.闽南2000年早季超级稻新品种示范结果报告[J].福建稻麦科技,2000,18(4):21-22.

[37]谢祖钦,姜照伟,何花榕,等.水稻与玉米远缘杂交后代植株性状分析[J].福建稻麦科技,2004,22(4):5-6.

[38]杨惠杰,谢祖钦,姜照伟,等.远缘杂交材料恢复力的测定[J].福建稻麦科技,2004,22(4):10-11.

[39]姜照伟,翁伯琦,黄元仿,等.不同施用条件下稀土元素镧在牧草体内的含量及分布特征[J].浙江大学学报(农业与生命科学版),2008,34(3):281-288.

[40]姜照伟,翁伯琦,黄元仿,等.喷施和土施镧对圆叶决明生长影响的比较[J].作物学报,2008,34(7):1273-1279.

[41]姜照伟,翁伯琦,黄元仿,等.施用稀土元素镧对南非马唐生长及若干生理特性的影响[J].植物营养与肥料学报,2008,14(4):713-720.

[42]姜照伟,翁伯琦,黄元仿,等.镧对土壤微生物的影响[J].中国稀土学报,2008,26(4):498-502.

[43]姜照伟.水稻田管技术要点[J].福建农业科技,2010(5):96-98.

[44]林永忠,李小萍,姜照伟,等.马铃薯氮素吸收积累特性与施用技术研究[J].福建农业学报,2012,27(7):679-684.

[45]解振兴,张居念,姜照伟.化学调控技术在水稻栽培中的研究进展[J].福建稻麦科技,2016,34(4):68-73.

[46]解振兴,姜照伟,林丹.丘陵山区稻鱼综合种养产量及经济效益分析[J].福建稻麦科技,2018,36(4):23-25.

[47]解振兴,林丹,张数标,等.丘陵山区稻鱼综合种养技术规程[J].福建稻麦科技,2020,38(1):14-16.

G.水稻机械化技术研究

[1]姜照伟,张数标,郑家团,等.低桩再生稻品种的筛选及主要机械化生产技术[J].福建稻麦科技,2015,33(4):15-16.

[2]姜照伟,解振兴,张数标,等.机插对水稻生育期的影响及高产栽培技术[J].福建稻麦科技,2018,36(2):4-7.

[3]张数标,张居念,解振兴,等.紫两优737全程机械化栽培产量表现与关键技术[J].福建稻麦科技,2020,38(2):13-15.

[4]张琳.MET在水稻体内的分配运转[J].北京农业大学学报,1992(S1):112-114.

[5]张琳,吴华聪,李清华,等.水稻编织布秧机插技术研究与现状[J].福建稻麦科技,1997,15(4):38-39.

[6]林济生,张琳,吴贻开,等.水稻编织布育秧研究[J].福建农业大学学报,1997,26(增刊):48-52.

[7]林济生,张琳,李清华,等.福建沿海水稻规模机械栽培研究[J].福建农业学报,1998,13(2):20-24.

[8]张琳,吴华聪,刘一峰,等.水稻编织布秧配套国产插秧机在机插作业中的漏苗问题与对策[J].福建农机,1998(3):8-9.

[9]张琳,吴华聪,李清华,等.水稻机插用编织布秧的育秧技术[J].福建农业科技,1998(6):29-30.

[10]张琳,吴华聪.适宜水稻机插的几种育秧方式比较[J].福建稻麦科技,1999,17(1):12-14.

[11]李清华,张琳,吴华聪.提高水稻规模经营效益途径初探[J].福建稻麦科技,1999,17(1):34-35.

[12]张琳,吴华聪.水稻种植机械化新技术:编织布旱秧与机械插秧[J].福建稻麦科技,2000,18(4):8-9.

[13]吴华聪,张琳.水稻编织布秧机插与高产栽培技术[J].福建农业科技,2001(1):32-34.

[14]张琳,吴华聪.水稻栽培中的烤田措施对收割机行走性能的影响[J].福建农机,2001(4):15.

[15]张琳,吴华聪.我省水稻机动插秧机的机型选择[J].福建农机,2002(1):14.

[16]吴华聪,张琳.水稻不同品种(组合)谷粒分离力研究[J].福建稻麦科技,2002,20(4):25.

[17]张琳.起畦机在水田耕地作业上的应用[J].福建农机,2003(3):18.

[18]吴华聪,张琳,李清华.稻田排水晒田对土壤饱和含水量的影响和在机械作业上的应用[J].福建稻麦科技,2003,21(1):26-27.

[19]张琳,吴华聪.水稻无载体培育机插秧苗技术[J].福建稻麦科技,2004,22(1):13-14.

[20]张琳,吴华聪.机插前应对插秧机做哪些调整[J].福建农机,2004(1):28.

[21]吴华聪,张琳.水稻群体质量栽培和营养诊断技术与机插技术的组合应用[J].福建稻麦科技,2004,22(2):15-16.

[22]张琳,吴华聪,张数标,等.双季晚稻机械插秧的配套栽培技术[J].作物杂志,2007(3):104-105.

[23]张琳,吴华聪,张数标,等.福建双季晚稻机械化育插秧中的问题与对策[J].中国农学通报,2007,23(5):200-202.

[24]张琳,吴华聪,方秀然,等.起畦机与宽边铁轮组合应用的稻田耕地技术简介[J].农业机械,2007(10):94.

[25]张琳,黄庭旭,杨东,等.杂交水稻制种母本机插技术[J].杂交水稻,2010,25(S1):479-481.

[26]张琳,吴华聪,张数标,等.基本苗数对机插双晚杂交稻产量的影响[J].湖南农业科学,2010(3):30-31.

[27]张数标,张琳,吴华聪.不同种植密度对机插双季晚稻产量的影响[J].湖南农业科学,2011(15):27-28.

[28]张琳,范希强,张数标,等.水稻机械化育插秧技术在建阳市的推广现状与主要问题[J].福建农业学报,2011,26(增刊):38-39.

[29]张琳,黄庭旭,张数标,等.杂交水稻制种母本机插主要技术措施总结[J].杂交水稻,2013,28(3):21-23.

[30]吴志源,蔡巨广,张数标,等.谷优2329母本机插制种技术[J].杂交水稻,2013,28(6):32-34.

[31]张琳,吴华聪.水稻机械化育秧、插秧技术与设备(省农机大户培训教材)[G].省农机局,农机学会,农机杂志,合编.2004.